U0352090

编审委员会

“十二五”职业教育国家规划教材
经全国职业教育教材审定委员会审定

建筑工程技术专业

JIANZHU GONGCHENG JILIANG YU JIJIA

建筑工程计量与计价

第二版

贾莲英　主编
周 永　高秀玲　叶晓容　副主编

化学工业出版社
·北京·

本书是根据《建设工程工程量清单计价规范》(GB 50500—2013)、《建筑安装工程费用项目组成》建标［2013］44号文及其他新技术、新标准、新规范，结合各个地区最新定额编写的。体现我国当前建设工程造价全过程工程计价技术与管理的最新精神，反映我国工程计量与计价的最新动态。另外在内容组织上以“必需”和“够用”为度，突出了职业技术教育的特点，强调实用，案例教学，图文并茂，浅显易懂。

全书共分七章，其内容主要有建筑工程计量与计价概述、建筑工程定额原理、建筑安装工程费用的组成、工程计量、施工图预算、工程量清单及计价的编制、工程结算等。书中附有大量的案例和图表，有的分部“一则一例”，即一条计算规则对应一个计算实例来说明，为学生学习、教师备课提供最大方便。

本书为高职高专建筑工程技术专业等土建类及相关专业教材，可作为成人教育土建类及相关专业的教材，也可作为建筑工程执业资格考试和岗位培训教材，还可供从事建筑工程技术、工程造价管理等工作的人员参考使用。

图书在版编目（CIP）数据

建筑工程计量与计价/贾莲英主编. —2版. —北京：化学工业出版社，2014.8
“十二五”职业教育国家规划教材
ISBN 978-7-122-20995-5

Ⅰ.①建… Ⅱ.①贾… Ⅲ.①建筑工程-计量-高等职业教育-教材②建筑造价-高等职业教育-教材 Ⅳ.①TU723.3

中国版本图书馆CIP数据核字（2014）第132954号

责任编辑：李仙华 王文峡
责任校对：宋 玮　　　装帧设计：尹琳琳

出版发行：化学工业出版社（北京市东城区青年湖南街13号 邮政编码100011）
印 装：三河市延风印装厂
787mm×1092mm 1/16 印张20¾ 字数550千字 2014年9月北京第2版第1次印刷

购书咨询：010-64518888（传真：010-64519686）　售后服务：010-64518899
网 址：http://www.cip.com.cn
凡购买本书，如有缺损质量问题，本社销售中心负责调换。

定 价：39.00元

前言

《建设工程工程量清单计价规范》(GB 50500—2013) 已于2013年正式执行，新清单规范细化了措施项目费计算的规定，改善了计量计价的可操作性，有利于结算纠纷的处理等。《建筑安装工程费用项目组成》建标［2013］44号文自2013年7月起施行，使建筑安装工程费用组成、计算方法等发生了变化，计价程序也发生了根本性改变。为了适应近年来工程造价行业发展的需要，更新知识内容，特组织行业企业专家和兄弟院校专业教师等人员对本教材进行修订。

第二版修订的主要内容如下：第三章按照新的费用组成、计算方法、计价程序编写，删除了直接费、间接费等概念；第四章钢筋工程部分依据11G101系列平法图集，钢筋分类保护层厚度的概念的变化，以及对平法钢筋算量变化的影响进行了修订；第五章施工图预算实例依据最新定额2013版编制；第六章按照新清单规范 (GB 50500—2013) 改编，也是本次修订的新亮点。

本书由湖北城市建设职业技术学院贾莲英任主编，黄冈师范学院建筑学院周永、天津城市建设管理职业技术学院高秀玲、湖北城市建设职业技术学院叶晓容任副主编，青海建筑职业技术学院王艳萍、李向华、宋小红参编。第一章和第七章由王艳萍编写；第二章由宋小红编写；第三章由贾莲英编写；第四章由高秀玲与贾莲英合编；第五章由李向华与金幼君合编；第六章由金幼君与叶晓容合编。全书由贾莲英完成统稿。

本书在编写过程中，有幸请到湖北赛因特工程造价咨询公司经理、高级工程师王勇审阅，也得到了危道军教授的关心与帮助以及兄弟院校的支持，同时参考了大量同类专著和教材等文献资料，在此一并表示由衷的感谢！

随着《建设工程工程量清单计价规范》(GB 50500—2013) 等新规范、新标准的刚刚施行，相关的法律、法规、制度、规范陆续出台，有许多问题仍需进一步研究和探索，由于编者水平有限，难免会存在不足之处，敬请各位专家、同行和读者提出宝贵意见，我们将不断加以改进。

本书提供有PPT电子课件，可登录网站 www.cipedu.com.cn 免费获取。

编　者

2014年2月

前言

[illegible] GB 50016—2014 [illegible]

[illegible]（GB 50016—2014）[illegible]

[illegible]

[illegible]

[illegible]

[illegible]

编 者

2014年[illegible]

第一版前言

随着土建类专业人才培养模式转变及教学方法改革，建筑工程技术及相关专业人才培养目标是以服务为宗旨，以就业为导向，培养面向生产、建设、服务和管理第一线需要的高素质技能型专门人才。在这一背景下，本书依据全国高等职业教育建筑工程技术专业教育标准和培养方案及主干课程教学大纲的基本要求，在继承以往教材建设方面的宝贵经验的基础上，确定了本书的编写思路。首先，这次新教材编写，坚持“面向实用，及时纳入新技术、新方法”的指导思想。以最新的《建设工程工程量清单计价规范》（GB 50500—2008）和全国和地方最新的建筑工程概预算定额为依据，对建筑安装费用项目构成和建筑安装费用计算方法进行调整，对工程量清单编制及计价内容进行扩充，对涉及的地方新定额内容进行调整。其次，体现职业教育课程改革的要求，以岗位需求为导向的内容体系，以计价动态性和阶段性（招标控制价、投标价、合同价、竣工结算价）特点为主线的编写思路，基于计价工作全过程所需的知识点技能建立本教材的模块化框架结构体系。

本书主要内容由建筑工程计量与计价基础、定额计价、工程量清单计价、计量与计价软件应用四大模块，对应八章组成。本书具有以下特点。

(1) 内容新颖实用　本书编写以最新颁布的国家和行业法规、标准、规范为依据，如GB 50500—2008和最新平法图集06G101－6、08G101－5，体现我国当前建设工程造价计量与计价技术与管理的最新精神，反映我国工程计量与计价的最新动态。

本书编写了完整的施工图预算和工程量清单计价实例，教会读者两种计价的编制，突出建筑工程计量与计价的可操作性和实用性。

本书编写跳出传统教材的编写基调，减少与以前教材内容雷同，从形式和内容上创新。注重理论知识传授与职业能力培养相互协调，既要传授“必需、够用”的理论知识，又要培养“准计量、精计价”的职业能力。

(2) 教材编写生动有趣，图文并茂　为充分发挥教材在引发学生学习兴趣和求知欲望中的作用，根据内容的需要编排了大量的图表，形象直观、引人入胜。

(3) 案例丰富　工程计量与计价是一门实践性很强的学科，本书在编写过程中以工学结合为手段，始终坚持实用性和可操作性原则，附有大量独创、典型实用的案例（部分章节编写甚至做到了“一则一例”），引入案例教学模式，通俗易懂，为读者搭设自主学习的平台。

(4) 教材内容广而精　由于目前我国工程造价实行的是定额计价与工程量清单计价两种模式并存的“双轨制”，所以本书内容较广泛。既兼顾目前仍沿用的定额计价原理，更注重国家最新实施的工程量清单计价法的应用和操作，体现了工程计价由“定额计价”向“清单计价”的过渡，逐步提升清单计价的发展趋势。而且教材的内容全面，涉及工程造价（招标控制价-投标价-合同价-竣工结算）全过程的计价。

(5) 构架设计力求创新　在教材体系方面每章前设立了学习目标，章末附加小结与之前呼后应，便于学生掌握完整的知识体系。每章后还设置思考题、习题及实训课题，更便于教师教学和学生自学，有助于学生尽快学习和领悟教材中的理论知识，提高学生实践动手能力。

本书由湖北城市建设职业技术学院贾莲英任主编，天津城市建设管理职业技术学院高秀玲、青海建筑职业技术学院段永萍任副主编，青海建筑职业技术学院王艳萍、李向华、宋小红三人也参加了编写。编写具体分工如下：第一章和第七章由王艳萍编写；第二章和第八章由宋小红编写；第三章由贾莲英编写；第四章由高秀玲与贾莲英合编；第五章和第六章由段永萍和李向华合编。全书由贾莲英统稿。

本书在编写过程中，有幸请到湖北赛因特工程造价咨询公司经理、高级工程师王勇审阅，也得到了危道军教授的关心与帮助，在此一并表示由衷的感谢！

随着工程量清单计价规范（GB 50500—2008）等新规范、新标准的施行，相关的法律、法规、制度、规范陆续出台，有许多问题仍属于需进一步研究和探索，由于编者水平有限，难免会存在不妥之处，敬请各位专家、同行和读者提出宝贵意见，我们将不断加以改进。

本书提供有电子教案，可发信到 cipedu@163.com 邮箱免费获取。

编　者

2010 年 5 月

目录

第一章 建筑工程计量与计价概述 1

第二章 建筑工程定额原理 9

第三章 建筑安装工程费用的组成 33

第四章 工程计量 46

第五章 施工图预算 170

第六章 工程量清单及计价的编制 193

第一章 建筑工程计量与计价概述

知识目标

- 了解工程建设的程序及项目划分
- 理解工程造价的基本含义和特点
- 掌握工程造价的两种计价模式及二者的区别

能力目标

- 能解释工程造价的概念及特点
- 能划分建设项目的层次
- 能分解工程造价的构成内容
- 能处理定额计价和工程量清单计价模式两种计价模式的关系

第一节 工程造价概述

一、工程建设的程序及其项目划分

（一）工程建设的程序

1. 工程建设的概念

工程建设（又称基本建设）是国民经济各部门用投资方式实现以扩大生产能力和工程效益为目的的新建、扩建、改建工程的固定资产投资及其相关管理活动。它是把一定的建筑材料、机械设备、资金等，通过购置、建造与生产安装等活动，转化为固定资产，形成新的生产能力或效益。工程建设还包括与以上活动相联系的其他活动（如土地征用、勘察设计、工程招标投标、工程监理等）。其实质是对固定资产的投资活动。所谓投资，是指通过资金的支出换取需要的资产的过程，其目的是实现投资效益。固定资产是指使用期限在一个生产周期（通常为一年）以上，同时其单位价值超过规定的限额以上（按照项目的规模大小确定固定资产的限额），在使用过程中不改变其外部形态的劳动资料和消费资料。

2. 基本建设的程序

基本建设程序是指建设项目从设想、选择、评估、决策、设计、施工到竣工验收以及投入生产的整个建设过程，各项工作必须遵循的先后次序的法则。按照建设项目发展的内在联系和发展过程，建设程序分为若干阶段，这些阶段有严格的先后次序，不能任意颠倒、违反其发展规律。

目前我国基本建设程序的内容和步骤主要有前期工作阶段（主要包括项目建议书、可行性研究、设计工作），建设实施阶段（主要包括施工准备、建设实施），竣工验收阶段和后评价阶段。

3. 工程建设的内容

工程建设一般包括以下内容。

(1) 建筑工程　指永久性和临时性建筑物（如各种住宅、宿舍、仓库、厂房、写字楼等）的土建、采暖、给水排水、电气照明等工程；矿井、公路、码头、桥梁、水塔等构筑物工程；各种管道、电力和电信导线的敷设工程；设备基础、各种工业炉砌筑、金属结构工程；水利工程和其他特殊工程。

(2) 设备安装工程　指各种需要安装的机械、电器设备（如动力、电信、起重运输、医疗等）各种设备的装配、安装工程；与设备相连的金属工作台、梯子等安装工程；附属于安装设备的管线敷设工程；被安装设备的绝缘、保温盒油漆工程；安装设备的测试盒无负荷试车等。

(3) 设备工器具及生产家具的购置　包括一切需要安装和不需要安装的设备及家具的选购和加工制作。

(4) 勘察与设计工作　包括工程的地质勘探、地形测量及工程设计工作。

(5) 其他工程建设工作　指除了上述工作内容以外的工程建设工作。包括土地征用、建设用地原有建筑物的拆除补偿安置、工程建设中各种手续的办理、职工培训等工作。

（二）工程建设项目的划分

根据工程建设项目管理和合理确定工程造价的需要，工程建设项目划分为建设项目、单项工程、单位工程、分部工程和分项工程五个层次。

1. 建设项目

建设项目是指在一个总体设计范围内，由一个或几个单项工程组成，经济上实行独立核算，行政上实行统一管理的建设单位。如医院、学校、工厂等。在我国一般将对工程建设进行管理的机构称作建设单位。一个建设项目可以由一个单项工程组成，也可以由几个单项工程组成。如医院可以由门诊楼大楼、住院部大楼、检验楼、食堂等组成，也可以由一栋大楼组成。

2. 单项工程

单项工程是指在一个建设项目中，有独立的设计图纸，能够独立施工，建成后能够独立发挥生产能力和使用效益的工程项目。它是建设项目的组成部分。如某医院的门诊楼、某工厂的食堂、车间、某学校的教学楼等。

3. 单位工程

单位工程是指有独立的设计图纸，能够独立施工，但建成后不能够独立发挥生产能力和使用效益的工程项目。它是单项工程的组成部分。如医院门诊楼的土建工程、给水排水工程、设备安装工程等，都是门诊楼这个单项工程中包括的不同性质工程内容的单位工程。

建筑安装工程一般以一个单位工程作为工程招投标、编制施工图预算和进行成本核算的最小单位。

4. 分部工程

分部工程是指以工程部位、结构形式的不同划分的工程项目。它是单位工程的组成部分。如土建工程中的土石方工程、砌筑工程、钢筋混凝土工程、脚手架工程、屋面工程等。

5. 分项工程

按照分部工程的划分原则，根据合理确定工程造价的需要，将分部工程进一步划分为若干分项工程。如将土石方工程划分为平整场地、基槽开挖、土方运输、基槽回填等分项工程。分项工程划分的粗细程度，视编制预算的要求不同而确定。

分项工程是建筑安装工程的基本构造要素，有时人们也把这一基本要素称为“假定建筑产品”。这一概念虽然没有独立存在的意义，但是它对了解工程造价的基本原理有非常重要的意义。

综上所述，一个建设项目由若干个单项工程组成，一个单项工程由若干个单位工程组成，一个单位工程又可以划分为若干个分部工程，分部工程由若干个分项工程组成。工程计价工作是从分项工程开始的。正确划分分项工程，是正确编制工程概预算，进行建筑工程计价的重要工作。

如图 1-1 所示，是某工厂新建项目划分示意图。

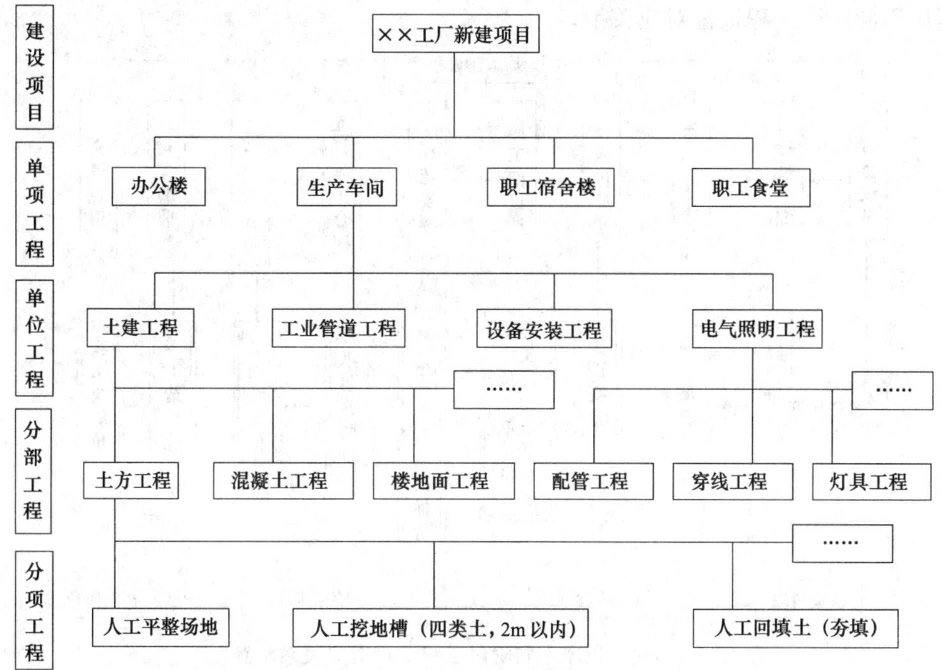

图 1-1 某工厂新建项目的划分示意图

二、工程计价概述

（一）工程计价的含义

工程计价，即建筑工程计价。是指计算建筑工程造价的过程。建筑工程造价即是建筑产品的价格。建筑工程价格由建筑工程的成本、利润、税金组成，这与一般工业产品的价格构成是一致的，都反映产品形成过程中的价值构成。

（二）工程计价的特点

1. 单件性计价

虽然工业产品和建筑产品的价格构成是一致的，但两者价格确定的方法却大不相同。一般工业产品是批量生产的，其价格也是按照批量价格确定。而建筑工程的价格必须是单件定价，这是由建筑产品的特点决定的。

建筑产品具有产品生产单件性、生产地点固定、施工生产流动性、施工周期长、体积庞大、施工露天作业多、生产受自然条件影响大等特点，每个建筑产品都必须单独立项，单独设计和独立施工才能完成。即使使用同一套图纸，如果建设地点、开竣工时间、地质条件、工期要求等情况不同，当地规费计取标准不同，其造价也不同。所以，建筑工程价格必须由特殊的定价方式来确定，即每件建筑产品单独计价。因此，建筑工程计价具有单件性特点。

2. 多次性计价

建筑产品体积庞大，生产周期长，其建设过程包括项目建议书、项目可行性研究、项目勘察设计、项目施工、项目竣工验收等阶段，同时随着建设阶段的延伸，对建设项目的管理也逐步加深。为了适应工程项目建设各方建设项目管理、工程造价控制和管理的要求，需要按照设计深度和建设阶段进行多次计价。

随着工程建设阶段的不断深入，对工程项目的计价也有不同的名称去表现。从投资估算、设计概算、修正概算、施工图预算，到工程承包合同价，再到工程的各阶段结算价、竣工结算价、竣工决算价，整个计价过程是一个由粗到细、由浅入深、最后确定建筑工程实际造价的过程。该过程各环节之间相互衔接，前者制约后者，后者补充前者。图 1-2 反映项目建设程序不同阶段工程造价对应关系。

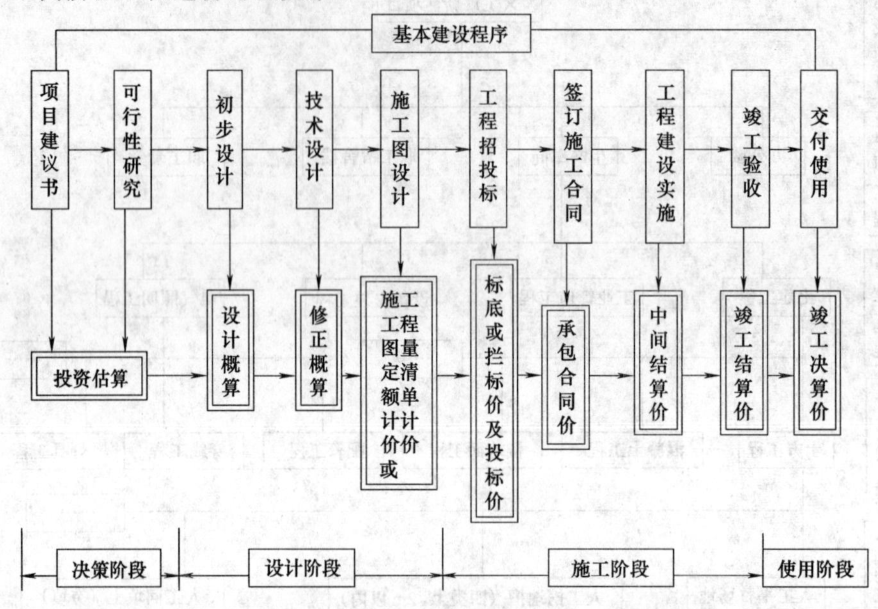

图 1-2　建设程序不同阶段工程造价对应关系示意图

3. 组合性计价

如前所述，工程项目由建设项目、单项工程、单位工程、分部工程、分项工程组成。其中分项工程是能够用较为简单的施工过程生产出来的、可以用适量的计量单位计量并便于测算其消耗的工程基本构造要素，也是工程结算中假定的建筑产品。此外，工程项目中包含的各单位工程、单项工程的结构类型、使用的材料、施工方法等也千差万别，为了实现建设项目科学、准确计价，必须对建设项目进行层层分解，按照构成分部计算，并逐层汇总。例如，为了确定建设项目的总概算，要先计算各单位工程的概算，再通过汇总计算各单项工程的综合概算，最后汇总成建设项目总概算。因此，建筑工程具有分部组合计价的特点。

（三）工程计价的内容

建设工程计价的内容包括：投资估算、设计概算、施工图预算、标底、标价、施工预算、竣工结算及竣工决算等。

1. 投资估算

投资估算，是指建设项目在可行性研究阶段，由可研单位或建设单位编制，用以确定建设项目的投资控制额的基本建设造价文件。它是判断项目可行性和进行项目决策的重要依据之一，并作为工程造价的目标限额，为以后编制概预算做好准备。因此，通常情况下，投资估算应将资金打足，以保证工程项目的顺利实施。

由于投资估算是在项目决策阶段对项目预期造价进行的计算，因此，投资估算一般比较粗略，仅作为控制项目总投资的依据。一般按照规定的投资估算指标、类似工程的造价资料、现行的设备材料价格并结合工程实际情况，进行投资估算。如某城市拟建造地铁 30km，经调查，邻近城市建造同类型同规模的地铁估计每千米造价约合资金 4.5 亿元，考虑到两个城市各方面的不同，确定调整系数 1.1，则估算其总投资为 30×4.5 亿元×1.1＝

148.5 亿元。

2. 设计概算

设计概算是在初步设计或者扩大初步设计阶段，设计单位根据初步设计图纸、概算定额（或概算指标）、各种费用定额等资料编制的工程造价文件，是设计文件的组成部分。它是确定和控制建设项目总投资、编制基本建设计划的依据。经过批准的设计总概算是确定建设项目总造价、编制固定资产投资计划、签订建设项目总承包合同和贷款合同的依据，也是控制基本建设拨款和施工图预算以及进行设计方案比选的依据。

施工图设计深度不同，设计概算的编制方法也不同。常见的设计概算编制方法有：概算指标法、类似工程预算法、概算定额法。

3. 施工图预算

施工图预算是在施工图设计完成以后，工程开工之前，根据施工图纸及相关资料编制，用以确定工程预算造价及工料的基本建设造价文件。

施工图设计阶段确定项目造价的模式有两种，即施工图定额计价和工程量清单计价。见本章第二节。

4. 标底、标价

标底是指建设工程发包方根据工程招标条件的要求，为施工招标确定的工程项目的预期价格。它是评价投标报价是否合理的依据。通常情况下，招标方为了避免标底泄露带来的负面影响，评标时又在各投标人的投标报价基础上进行修正。标底由招标人或委托有相应资质的造价咨询机构编制。

标价是指在工程施工投标过程中投标方投标的价格。标底和标价的编制方法是一致的。若招标人采用施工图定额计价方法进行招标，其标底也采用施工图定额计价方法编制，相应的，投标人的标价也采取该方法编制；反之，招标人采用工程量清单计价方法进行招标，其投标控制价也采用工程量清单计价方法编制，相应的，投标人投标也采用工程量清单计价方法进行。

5. 施工预算

施工预算是指施工企业根据施工图、单位工程施工组织设计和企业的施工定额等资料编制的，反映本企业各种消耗的工程造价文件，它是施工企业内部进行经济核算的依据。

6. 竣工结算

竣工结算是指建设工程承包商在单位工程竣工后，根据施工合同、设计变更、现场签证等竣工资料编制的，用于确定工程实际造价的经济文件。根据承发包双方合同的约定确定结算方式，有工程进度款结算和竣工结算之分。

竣工结算在单位工程竣工验收后，由施工单位编制，建设单位委托有相应资质的造价咨询机构审核，审核后经双方确认的竣工结算是双方办理工程最终结算的依据。

7. 竣工决算

竣工决算是指建设项目竣工验收后，由建设单位编制的反映项目从筹建到竣工验收、交付使用全过程实际支付全部建设费用的经济文件。它是由会计师编制，反映建设项目实际造价和投资效果。

可见，在基本建设的不同阶段，基本建设造价文件反映的内容不同。基本建设程序与工程造价文件的关系如图 1-2 所示。

第二节 建筑工程计价的基本模式

模式是指事物的标准形式或使人可以照着做的标准样式。由于建筑产品价格的特殊性，与工业产品计价方法相比，采取了特殊的计价模式，即定额计价模式和工程量清单计价模式。

一、定额计价模式

建筑工程定额计价模式，是我国现行的计价模式之一，它是在我国计划经济时期及计划经济向市场经济转型时期所采用的行之有效的计价模式。

定额计价采用的方法有“单价法”和“实物法”。“单价法”也称“单位估价法”，是根据国家或地方颁布的统一预算定额、人工、材料、机械台班预算价格以及地区规定的各种费用定额，先计算出各假定建筑产品的工程数量，套用相应的定额基价（即完成规定计量单位的分项工程所需人工费、材料费、机械使用费之和）计算出定额直接费，再在直接费的基础上根据各种费用的取费费率计算出间接费以及利润和税金，最后汇总形成建筑产品总造价。其计算模型如下：

建筑工程造价=[∑(工程量×定额基价)×(1+各种费用的费率+利润率)]×(1+税金率)

装饰及安装工程造价=[∑(工程量×定额基价)+∑(工程量×定额人工费单价)×(各种费用的费率+利润率)]×(1+税金率)

“实物法”是根据国家或地方颁布的统一预算定额、人工、材料、机械台班预算价格以及地区规定的各种费用定额，先计算出各假定建筑产品的工程数量，套用相应的预算定额中人工、材料、机械的消耗量标准，分别计算出各分部分项工程的人工、材料、机械消耗量，再在此基础上根据市场调查获得的人工单价、各种材料以及机械台班单价计算出单位工程的直接费，再根据各种费用的取费费率计算出间接费以及利润和税金，最后汇总形成建筑产品总造价。其计算模型如下：

建筑工程造价=[∑(工程量×定额中人工、材料、机械消耗量标准×市场人工单价、材料单价、机械台班单价)×(1+各种费用的费率+利润率)]×(1+税率)

建筑装饰及安装工程造价=[∑(工程量×定额人工、材料、机械消耗量标准×市场人工单价、材料单价、机械台班单价)+∑(工程量×定额人工消耗量×市场人工单价)×(各种费用的费率+利润率)]×(1+税率)

“单价法”和“实物法”的区别在于两者求直接费的方法不同，“单价法”需要在计算利润之前调整材料及人工的差价，而“实物法”则不需要。

由于预算定额规范了本地区消耗量标准，有各种文件规定人工、材料、机械单价及取费标准，因此，按照定额计价模式确定工程造价，在一定程度上防止了高估冒算和压级压价，体现出工程造价的规范性、统一性和合理性。但随着我国社会主义市场经济体制的建立以及建筑业加入 WTO，建筑企业之间的竞争日趋激烈，需要给建筑企业提供更为广阔的市场竞争空间。现在出现了新的计价模式——工程量清单计价模式。

二、工程量清单计价模式

工程量清单计价模式是在 2003 年提出的一种工程造价确定模式。这种模式以建筑工程招投标制为工程项目承发包形式为前提，由国家统一项目编码、项目名称、项目特征、计量单位和工程量计算规则（即“五统一”），由招标人在招标文件中提供招标项目的工程量清单，各施工企业在该工程量确定的前提下，根据企业自身劳动生产力水平、管理水平和其他情况自主进行投标报价，从而形成建筑产品的价格。这种工程计价模式，建立了强有力而行之有效的竞争机制，这与实行招投标制的初衷是一致的。由于施工企业在投标竞争中必须报出合理低价才可能中标，所以，这种计价模式对促进施工企业改进技术、加强管理、提高劳动生产率和市场竞争力都会起到积极的推动作用。

工程量清单计价模式的工程造价计算方法是“综合单价法”，即招标人给出工程量清单，投标人根据工程量清单组合计算包括分部分项工程人工费、材料费、机械费、管理费、利润以及一定范围内的风险费的综合单价，再计算出规费和税金，最后汇总成总造价。其基本模型为：

建筑工程造价＝［∑（分部分项工程量×综合单价）＋∑（施工技术措施工程量×综合单价）＋施工组织措施费＋其他项目费＋规费］×（1＋税率）

工程量清单计价的具体方法见本教材第六章。

三、两种计价模式的区别

工程量清单计价与定额计价是两种不同的计价模式。其中工程量清单计价模式要求必须是在采用招投标方式进行建筑工程承发包的基础上采纳的。定额计价模式是一种传统的计价模式。目前，是两种计价模式并存的局面。随着建筑业改革的进行，工程造价改革的进一步推进以及我国建筑业与国际接轨的进展，工程量清单模式将成为计价模式的主导。两种计价模式的区别主要表现在以下几方面。

（一）两者反映的生产力水平以及计价依据不同

如前所述，定额计价模式计算工程造价，是依据预算定额，在某地区统一的人工、材料、机械台班消耗量标准及单价的基础上进行的，因此，用这种计价模式计算出来的工程造价反映工程建设所在地的社会平均价格。其计价依据有：预算定额；施工图、施工组织设计；建筑工程地区人工、材料、机械台班消耗量及其基价；地区各种取费文件及费用定额；地区单位估价表。

工程量清单计价模式计算出的价格反映工程建设施工企业完成建筑工程的企业价格，因此，其计价依据有：招标文件；工程量清单；企业的施工定额（反映本企业人工、材料、机械台班的消耗量标准）；计价规范；施工图纸及答疑；施工组织设计；人工、材料、机械台班的市场单价；企业以往的管理费消耗情况资料；企业预期利润率；地区的规费及税率标准。

（二）计价程序和方法不同

定额计价模式下的计价程序为：熟悉图纸，列项，计算各分项工程的工程量，计算直接费，计算间接费，计算计划利润，计算税金，最后汇总得出工程总造价。计算过程中预算人员要根据预算定额（或单位估价表）的项目划分来列项，定额中的消耗量及其基价均为地区平均水平，间接费费率、利润率也是地区的平均水平。因此，理论上讲，采用定额模式计价，无论谁来计算，由于计算依据相同，只要不出现错误，其计算结果是相同的。

工程量清单模式下的计价程序为：熟悉图纸及现场情况；计算工程量，编制工程量清单；计算综合单价；计算分部分项工程费；计算措施项目费；计算其他项目费；计算规费、税金，汇总单位工程费；计算单项工程费；计算工程项目总造价。其中计算工程量，编制工程量清单是招标人在编制招标文件时就必须完成的，以后的工作由投标人完成。

（三）对招标人的要求不同

采用定额计价模式进行招标，招标人在招标文件中不需要提供工程量清单，在评标时依据评标标底进行评标，这样，招标人需要依据工程所在地区的单位估价表即相关的费用文件编制反映该地区平均价格的标底。而采用工程量清单招标，要求招标人向投标人提供工程量清单，承担工程量变化引起的风险，同时，编制招标控制价，以便在评标时评审投标单位的价格是否超过控制价，确定投标人的价格是否得到招标人的认可。可见，两种计价模式对招标人的要求是不同的。

（四）对投标企业的要求不同

采用定额计价模式进行招标，由于采用反映本地区平均水平的统一的单位估价表及其他相关文件进行报价，因此，投标人考虑的是如何将报价接近标底，以提高企业中标的可能性。从某种意义上说，在这种模式下编制投标报价，是预算人员在比赛预算业务水平，看谁的报价更接近于标底。

采用工程量清单报价，评标过程不仅要评审投标总价，同时还要评审投标的综合单价、分部分项工程费、主要材料价格等。因此，投标企业为了提高中标的可能性，不仅要注意投标策略的应用，还要注意平时对企业自身各种消耗量、管理费用的测算。只有做到对自身的情况了如指掌，才能做到在投标报价时可以根据企业自身的任务状况，管理水平，人工、材料、机械台班的消耗状况，巧妙应用投标策略，合理定价，提高中标率。可见，两种计价模式对投标企业的要求是不同的。

小　结

本章主要介绍工程造价的有关知识点。介绍了工程建设的程序及建设项目的划分；工程造价的基本含义和特点；工程造价的两种计价模式，即工程量清单计价模式和定额计价模式的概念，二者的区别及其特点。

思 考 题

1. 什么是基本建设？基本建设应遵循什么建设程序？
2. 基本建设如何分类？
3. 什么是工程项目、单项工程、单位工程、分部工程、分项工程？举例说明。
4. 什么是工程造价？它有什么特点？
5. 工程造价包括哪些内容？分别在什么阶段编制？各有什么作用？
6. 什么是标底？什么是标价？分别由谁来编制？
7. 什么是工程量清单计价？什么是定额计价？它们有什么区别？

第二章 建筑工程定额原理

知识目标

• 了解建筑工程定额的概念、作用、分类

• 理解施工定额（企业）定额、预算定额、概算定额与概算指标的概念及其区别

• 掌握劳动定额、材料消耗量定额、机械台班使用定额的制定方法；预算定额人工、材料、机械台班消耗量的确定以及人工工资单价、材料预算价格、机械台班单价的确定

• 掌握预算定额的应用

能力目标

• 能解释施工（企业）定额、预算定额、概算定额与概算指标的概念及其区别

• 能应用定额的编制原理，根据实际情况对定额进行套用与换算，并能编制一般项目的企业补充定额

第一节 建筑工程定额概述

一、建筑工程定额的概念

1. 定额

定额，即人为规定的标准额度。就产品生产而言，定额反映生产成果与生产要素之间的数量关系。在某产品的生产过程中，定额反映在现有的社会生产力水平条件下，为完成一定计量单位质量合格的产品，所必需消耗的一定数量的人工、材料、机械台班的数量标准。

2. 建筑工程定额

建筑工程定额，是指在正常的施工条件下，为了完成一定计量单位质量合格的建筑产品，所必需消耗的人工、材料（或构配件）、机械台班的数量标准。

二、建筑工程定额的作用

（1）是招投标活动中编制标底（招标控制价）、投标报价的重要依据　建筑工程定额是工程招投标活动中确定工程造价的重要依据。目前我国仍实行两种计价模式，定额计价模式下，建筑工程定额是确定标底、投标报价的依据，在工程量清单计价模式下，建筑工程定额是确定招标控制价（也称“拦标价”）、投标报价的依据。

（2）是施工企业组织和管理施工的重要依据　为了更好地组织和管理工程建设施工生产，必需编制施工进度计划、劳动力配置计划、材料供应计划等管理资料，这些资料必须依据建筑工程定额中人工、材料、机械台班的消耗量加工得出。

（3）是施工企业和项目实行经济责任制的重要依据　工程项目在组织实施过程中，以建筑工程定额为依据，进行成本计划和成本控制。

（4）是总结先进生产方法的手段　建筑工程定额是一定条件下，通过对施工生产过程的观察、分析综合制定的。它比较科学地反映出生产技术和劳动组织的先进合理程度。因此可以以建筑工程消耗量定额的标定方法为手段，对同一工程产品在同一施工条件下的不同生产方式进行观察、分析和总结。

（5）是评定优选工程设计方案的依据　一个设计方案是否经济是根据工程的造价来评定的，而确定工程造价的重要依据就是工程定额。

三、建设工程定额的分类

按照不同的分类方式对建筑工程定额进行如下分类。

（一）按照生产要素分类

生产过程的三个要素为劳动者、劳动手段、劳动对象；对应的建筑生产过程的三要素为：生产工人、生产工具（或施工机械）、建筑材料。按此三要素，建筑工程定额分为劳动定额、材料消耗定额、机械台班使用定额。

（1）劳动定额　完成一定单位的合格产品所规定的活劳动消耗的数量标准。

（2）材料消耗定额　完成一定单位的合格产品规定的材料消耗的数量标准。

（3）机械台班使用定额　完成一定单位的合格产品规定的施工机械台班消耗的数量标准。

（二）按照专业分类

建设工程按专业可以分为以下几类。

（1）建筑工程　是从狭义角度的房屋建筑工程结构部分。

（2）装饰工程　是房屋建筑工程中装饰装修部分。

（3）安装工程　是指各种管线、设备等的安装工程。主要包括机械设备安装、电气设备安装、热力设备安装、炉窑砌筑工程、静置设备与工艺金属结构制作安装、工业管道、消防、给水排水、采暖、热气、通风空调、自动化控制仪表安装、通信设备及线路、建筑智能化系统设备安装、长距离输送管道等工程。

（4）市政工程　是指城市的道路、桥涵、市政管网等公共设施及公用设施的建设工程。

（5）园林绿化与仿古建筑工程　包括绿化工程、园路、园桥、假山工程、园林景观工程。

（6）矿山工程　包括地面和地下工程。地面工程主要包括矿用机械设备及设施，如选厂、井塔、卷扬机、压风机、通风机等；地下工程包括井巷工程，硐室工程及部分安装工程。

（7）公路工程　包括城际交通公路工程和桥梁工程。

（8）铁路工程　包括（狭义）铁路选线、铁路轨道、路基工程、铁路站场及枢纽。

（9）水工工程　包括码头和护岸两部分。

以上各专业工程定额指完成各专业工程中的单位合格产品需要消耗的人工、材料、机械台班的数量标准。

（三）按照编制单位和使用范围分类

（1）全国定额　是由国家主管部门编制，用作各地区（省、市、区）编制地区消耗量定额的依据。

（2）地区定额　是指本地区建设行政主管部门根据社会平均人工、材料、机械消耗数量标准确定的地区性定额。

（3）企业定额　是指施工企业根据本企业的施工技术和管理水平而确定的本企业实际的人工、材料、机械台班消耗数量标准。以上定额关系见表 2-1。

表 2-1 全国定额、地区定额、企业定额比较表

指标 \ 定额名称	全国定额	地区定额	企业定额
编制内容相同	确定分项工程的人工、材料、机械台班消耗量标准		
定额水平不同	全国社会平均水平	本地区社会平均水平	本企业个别水平
编制单位不同	主管部门	各省、市、自治区	施工企业
使用范围不同	全国	本地区	本企业
定额作用不同	各地区编制地区定额的依据	本地区编制标底、施工企业参考	本企业内部管理、投标

（四）按照定额的用途分类

（1）施工定额（企业定额） 是施工企业内部使用的一种定额。它是以工序为编制对象，反映消耗量标准。是工程定额中项目划分最细、定额子目最多的定额，也是基础性定额。

（2）预算定额 是施工图设计阶段、招投标阶段确定工程造价、编制标底和投标报价的重要依据。它是以分项工程为编制对象，反映人工、材料、机械台班的消耗数量标准。

（3）概算定额 是在扩大初步设计阶段或施工图设计阶段编制设计概算的主要依据。它是反映完成扩大的分项工程需要的人工、材料、机械台班的消耗数量标准。

（4）概算指标 是在初步设计阶段编制设计概算的依据，其主要作用是优选设计方案和控制建设投资。它是以整个建筑物或构筑物为对象，以"m^2"、"m^3"、"座"等计量单位确定人工、材料、机械台班消耗量及其费用的标准。

（5）投资估算指标 是在项目建议书和可行性研究阶段，编制项目的投资估算、计算项目的需要量使用的一种定额。它非常概略，以独立的单项工程或完整的工程项目为计算对象，编制的内容是所有的费用之和。各种定额关系见表 2-2。

表 2-2 各种定额关系比较表

指标 \ 定额	企业定额	预算定额	概算定额	概算指标	投资估算指标
编制对象	工序	分项工程	扩大的分项工程	整个建筑物或构筑物	独立的单项工程或完整的工程项目
定额用途	编制施工预算	编制施工图预算	编制扩大初步设计概算	编制初步设计概算	编制投资估算
项目划分	最细	细	较粗	粗	很粗
定额水平	平均先进	平均	平均	平均	平均
定额性质	生产性	计价性			

第二节 施工定额

施工定额是施工企业（建筑安装企业）专用的一种定额。属于企业生产定额的性质，它主要是反映施工企业生产要素的消耗量标准，体现了社会的平均先进水平。

施工定额是由劳动定额、材料消耗定额、机械台班使用定额三部分组成，以下分别介绍三种定额的内容。

一、劳动定额

（一）劳动定额的概念及表现形式

1. 劳动定额的概念

劳动定额，又称人工定额，是指在正常的施工技术和合理的劳动组织条件下，为完成单

位合格产品所需消耗的工作时间。劳动定额反映生产工人劳动生产率的平均先进水平。

由住房和城乡建设部、人力资源和社会保障部联合发布的中华人民共和国劳动和劳动安全行业标准《建设工程劳动定额》自2009年3月1日起施行。《建筑工程劳动定额》分为建筑工程、装饰工程、安装工程、市政工程、园林绿化工程。

2. 劳动定额的表现形式

劳动定额的中劳动消耗量通常以“时间定额”表示，以“工日”为单位，每一工日按“8h”计算。

时间定额是指在正常的施工条件下，某工种工人生产单位合格产品所需要消耗的劳动时间。时间定额的常用单位有：工日/m^2、工日/t、工日/m^3、工日/套等。

下面以《建筑工程劳动定额》LD/T72.1～11—2008（建筑工程）中的砌筑工程为例，介绍劳动定额的时间定额表达形式。

5.1.1　砖基础

5.1.1.1　工作内容

包括清理地槽，砌垛、角，抹防潮砂浆等操作过程。

5.1.1.2　砖基础时间定额

表 2-3　砖基础时间定额　　单位：m^3

定额编号	AD0001	AD0002	AD0003	AD0004	AD0005	AD0006	AD0007	序号
项目	带形基础			圆、弧形基础		独立基础	砌挖孔桩护壁	
	厚度							
	1砖	1½砖	2、>2砖	1砖	>1砖			
综合	0.937	0.905	0.876	1.080	1.040	1.120	1.410	一
砌砖	0.39	0.354	0.325	0.470	0.425	0.490	0.550	二
运输	0.449	0.449	0.449	0.500	0.500	0.500	0.700	三
调制砂浆	0.098	0.102	0.102	0.110	0.114	0.130	0.160	四

注：1. 墙基无大放脚者，其砌砖部分执行混水墙的相应定额。

2. 带形基础亦称条形基础。

3. 挖孔桩护壁不分厚度，砂浆不分人拌与机拌，砖、砂浆均以人力垂直运输为准。

表2-3中定额编号为AD001项目表示：砌筑1m^3带形砖基础（1砖厚）的综合时间定额为0.937工日/m^3，其中，砌砖0.39个工日，运输0.449个工日，调制砂浆0.098个工日。

（二）劳动定额的作用

劳动定额为建筑企业编制施工作业计划、签发施工任务书、考核工效提供依据，是规范建筑劳务合同的签订和履行，指导施工企业劳务结算与支付管理的依据；是各地区、各部门编制预算定额人工消耗量标准的依据；是各地建设行政主管部门发布实物工程量人工单价的基础。

【例 2-1】 应用表2-3，计算完成200m^3（240厚）带形砖基础的总工日数。

解　查表2-3，完成1m^3（240厚）带形砖基础综合时间定额为0.937工日/m^3，因此，完成200m^3（240厚）带形砖基础时间=200m^3×0.937工日/m^3=187.4工日≈188天。

【例 2-2】 某工程有200m^3带形砖基础（240厚），每天有20名专业工人投入施工，根据表2-1，计算完成该砖基础工程的施工天数。

解　完成200m^3（240厚）带形砖基础时间：

$$T=200m^3\times 0.937\text{工日}/m^3=187.4\text{工日}\approx 188\text{工日}$$

施工天数为：188/20=9.4（天）

【例 2-3】 某抹灰班有 13 名工人，抹一住宅楼白灰砂浆砖墙面，施工 25 天完成抹灰任务，根据装饰工程劳动定额查到：完成 $10m^2$ 砖墙面抹白灰砂浆综合时间定额为 0.893 工日/$10m^2$。计算抹灰班 25 天应完成的抹灰面积。

解 13×25=325（工日）

325工日÷0.893工日/$10m^2$=363.94×$10m^2$=3639.4m^2

（三）劳动定额的编制

劳动定额是依据现行的施工规范、施工质量验收标准、建筑安装工人安全技术操作规程、现行的定额标准以及其他有关劳动定额制定的技术测定和统计分析资料为依据，根据施工生产水平，经过资料收集、整理、测算后编制而成。劳动定额中各工序时间消耗标准如下。

（1）作业时间。

（2）作业宽放时间。

（3）个人生理需要与休息宽放时间。

（4）必需分摊的准备与结束时间。

通过现场测定取得时间消耗资料后，确定出：

劳动定额时间＝作业时间＋作业宽放时间＋个人生理需要与休息宽放时间＋必需分摊的准备与结束时间

或
$$劳动定额时间=\frac{作业时间}{1-其他各项工作时间所占的百分比}$$

【例 2-4】 根据下列现场测定资料，计算每 $100m^2$ 水泥砂浆抹地面的时间定额和产量定额。作业时间：1437 工分/$50m^2$；作业宽放时间：占全部工作时间的 3%；必须分摊的准备与结束时间：占全部工作时间的 4.5%；个人生理需要与休息宽放时间：占全部工作时间的 10%。

解 抹$100m^2$水泥砂浆地面的时间定额$=\frac{1437\times100}{100-(3+4.5+10)}\times\frac{100}{50}=\frac{145000}{100-(17.5)}\times\frac{100}{50}$

=3483.64（工分）=58.06（工时）=7.26（工日）

抹水泥砂浆地面的时间定额=7.26 工日/$100m^2$

二、材料消耗定额

（一）材料消耗定额的概念

材料消耗量定额是指在正常施工、节约和合理使用材料的条件下，生产单位合格产品所消耗的一定品种、规格的材料数量。

（二）材料消耗量定额的作用

① 编制材料需要量计划、运输计划、供应计划、计算仓库面积。

② 签发限额领料单，进行经济核算。

③ 组织材料正常供应，保证生产顺利进行，合理利用资源，减少积压和浪费。

（三）材料消耗定额的组成

1. 组成

根据材料消耗的性质，定额材料消耗数量由材料净用量和材料损耗量组成。

（1）净用量　指直接构成工程实体的材料数量。

（2）损耗量　指不可避免的施工废料和施工操作损耗量（场内堆放、运输、加工、操作中的合理损耗）。

2. 计算公式

$$定额材料消耗量=材料净用量+材料损耗量$$

$$材料损耗量=材料消耗量\times材料损耗率$$

$$材料损耗率=\frac{材料损耗量}{材料消耗量}\times100\%$$

$$定额材料消耗量=\frac{材料净用量}{1-材料损耗率}$$

（四）材料消耗定额的制定方法

材料消耗量定额的制定方法主要有观测法、试验法、统计法、理论计算法。

1. 观测法

观测法是在施工现场按一定的程序，对完成合格产品的材料消耗量进行测定，分析整理，确定单位产品的消耗量定额。观测法需要注意区分不可避免的和可避免的材料损耗（可避免的损耗不计入定额）。

2. 试验法

试验法主要用于测定材料的配合比，计算出每 m^3 配合比材料中各种材料的净用量，所以试验法主要用于编制净用量定额。

3. 统计法

统计法是根据进料数、用料数、剩余数、完成产品数来获得材料消耗量。该方法的缺点是不能分清材料的消耗性质，不能确定净用量、损耗量。

4. 理论计算法

理论计算法是运用一定的计算公式确定材料消耗定额的方法。该方法比较适合计算块状、板状、卷材状等的材料消耗量，其中，净用量通过公式计算，损耗率通过现场实测取得。

以下介绍几个常用的计算公式。

(1) 标准砖砌体材料用量计算

$1m^3$ 标准砖墙中，砖、砂浆的净用量计算公式

$$标准砖净用量=\frac{1}{砌体厚\times(标准砖长+灰缝)\times(标准砖厚+灰缝)}\times2$$

$$砂浆净用量=1-标准砖净用量\times标准砖体积$$

所以，$1m^3$ 标准砖墙中，砖、砂浆的消耗量为：

$$标准砖消耗量=\frac{标准砖净用量}{1-损耗率}\times100\%$$

$$砂浆消耗量=\frac{砂浆净用量}{1-损耗率}\times100\%$$

【例 2-5】 计算 $1m^3$ 240 厚的标准灰砂砖墙中砖、砂浆各自的消耗量。灰缝 10mm 厚，砖损耗率 1.5%，砂浆损耗率 1.2%。

解 $$灰砂砖用量(净)=\frac{1}{0.24\times(0.24+0.01)\times(0.053+0.01)}\times2\times1=529.1(块)\approx530(块)$$

$$砂浆净用量=1-530\times(0.24\times0.115\times0.053)=0.225(m^3)$$

$$灰砂砖消耗量=530/(1-1.5\%)=538.07\ (块)\approx539(块)$$

$$砂浆消耗量=0.225/(1-1.2\%)=0.228(m^3)$$

(2) 砌块砌体材料用量计算

$1m^3$ 砌块砌体中砌块、砂浆的净用量计算公式

$$1m^3砌体砌块净用量=\frac{1}{墙厚\times(砌块长+灰缝)\times(砌块厚+灰缝)}\times分母体积中砌块的数量$$

$$砂浆净用量=1m^3砌体体积-砌块净用量\times砌块的单件体积(m^3)$$

【例 2-6】 计算尺寸为 390mm×190mm×190mm 每立方米 190 厚混凝土空心砌块墙的砌块和砂浆的总消耗量，灰缝 10mm，砌块与砂浆的损耗率均为 1.8%。

解 $$1m^3\text{砌体空心砌块净用量}=\frac{1}{0.19\times(0.39+0.01)\times(0.19+0.01)}\times 1$$

$$=\frac{1}{0.19\times 0.40\times 0.20}=65.8(\text{块})$$

$$1m^3\text{砌体空心砌块消耗量}=\frac{65.8}{1-1.8\%}=\frac{65.8}{0.982}=67.0(\text{块})$$

$$1m^3\text{砌体空心砌块砂浆净用量}=1-65.8\times 0.19\times 0.19\times 0.39=1-0.9264=0.074(m^3)$$

$$1m^3\text{砌体空心砌块砂浆消耗量}=\frac{0.074}{1-1.8\%}=\frac{0.074}{0.982}=0.075(m^3)$$

(3) 块料面层材料用量计算

$$100m^2\text{块料面层材料净用量}=\frac{100}{(\text{块料长}+\text{灰缝})\times(\text{块料宽}+\text{灰缝})}$$

$$100m^2\text{块料面层材料消耗量}=\frac{\text{净用量}}{1-\text{损耗率}}$$

$$100m^2\text{块料结合层砂浆净用量}=100m^2\times\text{结合层厚度}$$

$$100m^2\text{块料结合层砂浆消耗量}=\frac{\text{净用量}}{1-\text{损耗率}}$$

【例 2-7】 奶油色釉面砖规格为150mm×150mm，灰缝1mm，材料损耗率均为1.5%，试计算$100m^2$地面釉面砖消耗量。

解 $$\text{釉面砖消耗量}=\frac{100}{(0.15+0.001)\times(0.15+0.001)}\times(1+1.5\%)=4452\ (\text{块})$$

三、机械台班使用定额

(一) 机械台班使用定额的概念和表现形式

1. 机械台班使用定额的概念

机械台班定额是指在正常的施工条件下，为生产单位合格产品所需消耗的某种机械的工作时间。由于我国机械消耗定额是以一台机械一个工作班为计量单位，所以称为机械台班定额。机械台班定额是施工机械生产率的反映。

2. 机械台班使用定额的表现形式

机械定额消耗量表现为机械时间定额。

机械时间定额是指在正常的施工条件和合理的劳动组织下，完成单位合格产品所必需消耗的机械台班数。

(二) 机械台班定额的编制

1. 拟定正常的施工条件

(1) 工作地点的合理组织　施工现场的人、材、机场所的科学合理布置，如：施工机械和操作工人之间的距离在最小范围，但不阻碍机械运转、工人操作；机械的开关和操作装置尽可能集中装置，节省时间和劳动强度。

(2) 合理的劳动组织　合理确定工人人数，保证机械正常生产率和工人正常生产率。根据施工机械性能、设计能力、工人的专业分工、劳动强度，确定操作机械的工人和直接参加机械化施工过程的工人人数。

2. 确定机械净工作1h生产率

确定净工作时间指机械必需消耗的时间，包括：正常负荷下的工作时间、有根据地降低负荷下的工作时间、不可避免的无负荷下的工作时间、不可避免的中断时间。

(1) 循环动作机械净工作1h生产率

$$\text{机械净工作1h循环次数}=\frac{3600s}{\text{1次循环的正常延续时间}}$$

(1次循环的正常延续时间＝运行时间＋空转＋不可避免中断)

$$机械净工作1h生产率=净工作1h循环次数\times一次循环生产的产品数量$$

如：混凝土搅拌机，上料 40s，搅拌 120s，出料 40s，一次出料 0.4m^3。

则：一次循环时间为 200s，1h 循环次数 3600/200＝18(次)，净工作 1h 生产率＝18×0.4＝7.2(m^3)。

(2) 连续动作机械净工作 1h 生产率

$$净工作1h生产率=\frac{工作时间内完成的产品数量}{工作时间(h)}$$

3. 确定机械的正常利用系数

机械正常利用系数是指机械在工作班内生产时对工作时间的利用率，它与工作班内的工作状况有着密切的关系。

$$K=\frac{机械在一个工作班内的净工作时间}{一个工作班延续时间(8h)}$$

4. 计算机械台班定额

机械台班产量定额＝机械1h 正常生产率×工作班净工作时间

＝机械1h 正常生产率×[工作班延续时间(8h)×机械正常利用系数]

【例 2-8】 某工地现场采用出料容量 500L 的混凝土搅拌机，每一次循环中，装料、搅拌、卸料、中断需要的时间分别是 1min、3min、1min、1min，机械正常功能利用系数为 0.9，计算机械的台班产量定额。

解 搅拌机一次循环的正常延续时间＝1＋3＋1＋1＝6(min)＝0.1(h)

搅拌机纯工作 1h 循环次数＝1/0.1＝10(次)

1h 正常生产率＝10×500＝5000 (L)＝5(m^3)

台班产量定额＝5×8×0.9＝36(m^3)

第三节 预算定额

建筑工程预算定额是工程项目在施工图设计、招投标阶段确定工程造价的重要依据。

一、预算定额的概念、分类和作用

(一) 预算定额的概念

预算定额，是指在合理的施工组织设计、正常的施工条件下，生产一个规定计量单位合格结构构件、分项工程所需的人工、材料和机械台班的社会平均消耗量标准。预算定额是工程建设中的一项重要的技术经济文件。

(二) 预算定额的作用

(1) 预算定额是编制施工图预算、确定建筑安装工程造价的基础　施工图纸设计完成后，工程造价就取决于预算定额水平和人、材、机的单价。预算定额起着控制人工、材料、机械消耗量的作用，进而起着控制工程造价。

(2) 预算定额是编制施工组织设计的依据　施工企业可以根据预算定额中的各种消耗量指标确定各种资源的需要量，进而开展劳动力的组织、材料的采购、施工机械的调配。

(3) 预算定额是工程结算的依据　工程结算是承发包双方对已完工程价款进行支付的活动。工程结算中的中间结算和竣工结算都需要依据预算定额、施工图纸和其他造价文件进行。

(4) 预算定额是施工单位进行经济活动分析的依据　预算定额的编制水平为社会平均水平，其中的消耗量指标应是企业允许消耗的最大值，否则企业难以盈利。施工企业根据预算定额预算中的消耗量标准和企业实际消耗水平比较，加强管理，降低成本，取得效益。

(5) 预算定额是编制概算定额的基础　概算定额是在预算定额基础上综合扩大编制的，不但节省了人力物力，还可以与预算定额保持一致。

(6) 预算定额是合理编制招标控制价、投标报价的基础　工程量清单计价模式下，预算定额是确定招标控制价的主要依据，同时也是施工企业编制投标报价时的参考定额。

二、预算定额的人工、材料、机械台班消耗量指标的确定

(一) 人工工日消耗量指标

1. 人工工日消耗量指标的定义

预算定额中的人工消耗量是指完成单位分项工程或结构构件所需的各种用工量。

2. 人工工日消耗量指标的组成

预算定额中的人工消耗量指标包括：基本用工、材料的超运距用工、辅助用工、人工幅度差。通常以劳动定额为基础确定，如果劳动定额缺项，则采用以现场观察资料确定。

① 基本用工。完成分项工程的技术用工。例如砌砖墙中的砌砖、调运砂浆、铺砂浆、运砖等的用工。

② 超运距用工。预算定额和劳动定额取定的运距不同，预算定额中取定的运距远，因此产生超运距所需要的用工。

③ 辅助用工。指施工现场配合技术工种的用工，如筛砂子、淋石灰膏、机械土方配合、电焊点火用工等。

④ 人工幅度差。由于定额水平不同，劳动定额中未含而预算定额中应考虑的用工，如工作地点的转移、质量检查（钢筋绑扎后检查）、机械水电线路转移、各工序交接的修复（砌砖搭架留洞、抹灰工抹洞）等。为便于使用，用系数表示，人工幅度差系数一般取10%～15%。

$$\text{人工幅度差}=(\text{基本用工}+\text{辅助用工}+\text{超运距用工})\times\text{人工幅度差系数}$$

3. 计算方法

$$\text{人工工日消耗量}=(\text{基本用工}+\text{辅助用工}+\text{超运距用工})\times(1+\text{人工幅度差系数})$$

(二) 材料消耗量指标

1. 材料消耗量指标的定义

材料消耗量指标是指完成单位分项工程或结构构件所需的各种材料用量。施工材料主要有主要材料、辅助材料（构成工程实体的用量很少的材料，如垫木、钉子、铅丝等）、周转性材料（主要指措施性材料，如脚手架、模板等）、其他材料。预算定额中的材料消耗量较施工定额中的消耗量要综合。

需要注意，施工工具性材料，如技术工种工人操作所用的工具，未列入预算定额，而是列入间接费中。

2. 材料消耗量指标的组成

预算定额中的材料消耗量也包括两部分，即净用量和不可避免的损耗量。

3. 计算方法

$$\text{材料消耗量}=\text{材料净用量}+\text{材料损耗量}$$

$$\text{材料损耗量}=\text{材料消耗量}\times\text{材料损耗率}$$

$$\text{材料损耗率}=\frac{\text{材料损耗量}}{\text{材料消耗量}}\times100\%$$

$$\text{材料消耗量}=\frac{\text{材料净用量}}{1-\text{材料损耗率}}$$

(三) 施工机械台班消耗量指标

1. 施工机械台班消耗量指标的定义

施工机械台班消耗量是指正常的施工条件下，完成单位分项工程或结构构件必需消耗的某种型号机械的台班数量。

2. 施工机械台班消耗量指标的计算方法

(1) 大型机械类（土石方机械、打桩机械、构件的运输和安装机械等）

机械台班耗用量＝施工定额机械耗用台班×(1＋机械幅度差系数)

机械幅度差指实际施工中不可避免产生的影响机械或使机械停歇的时间，主要包括：机械转移工作面及配套机械相互影响的时间；工序间歇损失时间；工程开工或收尾时工作量不饱满的损失时间；检查工程质量影响机械操作时间；临时停机、停电、机械维修的停歇时间等。机械幅度差系数见表 2-4。

表 2-4　机械幅度差系数表

机械类型	土石方机械	打桩机械	运输和安装机械	其他机械
机械幅度差系数	1.3	1.33	1.3	1.1

(2) 中小型机械类　指按照小组配用的机械，如混凝土砂浆搅拌机，振动器、振捣机械等，按照小组的产量计算台班产量。

$$机械台班耗用量=\frac{分项工程定额计量单位}{小组总产量}$$

分项工程常用的计量单位有 $10m^3$、$100m^2$、$1000m^3$、块、根等。

三、人工单价、材料价格、机械台班单价的确定

(一) 人工工日单价

1. 人工工日单价的定义

人工单价是指一个建筑工人一个工作日在预算中应计入的全部人工费用。按照我国劳动法规定，一个工作日的工作时间为 8h，简称“工日”。

2. 人工工日单价的组成（见表 2-5）。

表 2-5　人工工日单价的组成

费 用 项 目	组 成 内 容
生产工人基本工资	发放给生产工人的基本工资(岗位、技能、工龄工资)
工资性补贴	物价补贴、燃煤气补贴、交通费补贴、住房补贴、流动施工津贴、地区津贴
生产工人辅助工资	生产工人年有效施工天数以外非作业天数的工资，包括：职工学习、培训期间工资、调动工作、探亲、休假期间工资、因气候影响的停工工资、女职工哺乳时间的工资，病假在 6 个月以内的工资及产、婚、丧假期的工资
职工福利费	按规定标准计提的职工福利费
生产工人劳动保护费	按规定标准发放的劳动保护用品的购置、修理费、服装补贴、防暑降温费、有碍身体健康的施工环境中的施工保健费等

3. 人工工日单价的计算

人工工日单价＝生产工人基本工资＋生产工人工资性补贴＋生产工人辅助工资＋职工福利费＋生产工人劳动保护费

全国各地区人工单价组成内容不相同，但每一项都来自法律法规的规定。随着社会经济的飞速发展，人民生活消费指数的提高，社会福利的提高以及劳动力市场供需变化，人工工资单价的组成也会发生变化，单价也会不断提高。

目前，根据劳务市场行情确定人工工日单价已经成为计算工程人工费的主流，这是社会主义市场经济发展的必然结果，根据劳务市场行情确定人工工资单价需要注意以下几个方面的问题。

① 要尽可能掌握劳动力市场价格的长期资料；

② 要考虑季节性对工资的影响以及农忙季节农民工工资的变化；

③ 要采用加权平均的方法综合确定各劳务市场的人工单价；

④ 要考虑工程的工期、风险等实际情况对工资的影响。

根据劳务市场确定人工工资单价的数学模型如下。

$$\text{人工工日单价}=\sum_{i=1}^{n}(\text{某劳务市场工资单价}\times\text{权重})_i\times\text{季节变化系数}\times\text{工期风险系数}$$

【例 2-9】 据市场调查取得的资料，抹灰工在劳务市场的价格分别为：甲市场 35 元/工日，乙市场 38 元/工日，丙市场 34 元/工日。调查表明，各劳务市场可提供抹灰工的比例为甲市场 40%，乙市场 26%，丙市场 34%，当季节变化、工期风险系数均为 1.0 时，计算抹灰工的人工工资单价。

解 人工工日单价＝(35×40%＋38×26%＋34×34%)×1.0×1.0

＝(14＋9.98＋11.56)×1×1＝35.44 (元/工日)

（二）材料预算价格

建筑工程中，材料费占总造价 60%～70%左右，在金属结构工程中比重更大，所以合理确定材料单价对工程造价的控制作用很大。

1. 材料预算价格的定义

材料预算价格是指材料从采购起到达工地仓库或堆放场地后的出库价格。

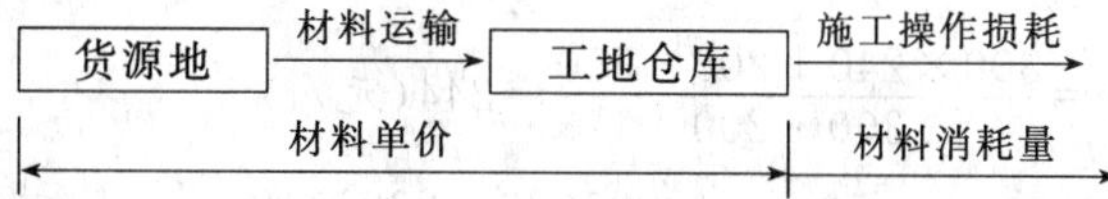

2. 材料预算价格的组成

材料预算价格一般由材料原价、材料运杂费、材料运输损耗费、材料采购及保管费组成，这四项构成材料的基价，此外，在计价时还应包括单独列项计算的检验试验费。

$$\text{材料费}=\sum(\text{材料消耗量}\times\text{材料基价})+\text{检验试验费}$$

$$\text{材料基价}=\text{材料原价}+\text{材料运杂费}+\text{材料运输损耗费}+\text{材料采购和保管费}$$

（1）材料原价　即材料的购买价（材料的包装费和供销部门的手续费包含在内）。

（2）材料运杂费　材料自货源地运至工地仓库的过程中发生的一切费用。包括调车费、装卸费、运输费、附加工作费（搬运、整理、分类堆放）。

（3）材料运输损耗费　是指材料在运输和装卸过程中发生的不可避免的损耗。

（4）材料采购及保管费　为组织材料采购、工地保管所发生的各项必要的费用。包括采购费和工地保管费两部分。

（5）材料检验试验费　是指对建筑材料、构件和建筑安装物进行一般鉴定、检查所发生的费用。包括自设试验室进行试验所耗用的材料和化学药品等费用。不包括新构件、新材料的试验费和建设单位对具有出厂合格证明的材料进行检验、对构件做破坏性试验及其他特殊要求检验试验的费用。

3. 材料预算价格的确定

同一种材料若购买地及单价不同，应根据不同的供货数量及单价，采用加权平均的方法确定材料预算价格。

（1）材料原价

$$\text{总金额法:加权平均原价}=\frac{\sum(\text{各货源地供货数量}\times\text{材料原价})}{\sum\text{各货源地供货数量}}$$

$$\text{权数法:某地权数}=\frac{\text{某货源地供货数量}}{\sum\text{各货源地供货数量}}\times 100\%$$

$$加权平均原价=\sum(各地原价\times各地权数)$$

(2) 材料运杂费

$$材料运杂费=材料运输费+材料装卸费$$

$$材料运输费=\sum(各地购买的材料运输距离\times运输单价\times各地权数)$$

$$材料装卸费=\sum(各地购买的材料装单价\times各地权数)$$

(3) 运输损耗费

$$运输损耗费=(材料原价+材料运杂费)\times运输损耗费率$$

(4) 采购保管费

$$采购保管费=(材料原价+材料运杂费+运输损耗费)\times采购保管费率$$

由此，

$$材料基价=[(材料原价+材料运杂费)\times(1+运输损耗率\%)]\times(1+采购及保管费率\%)$$

【例 2-10】 某工地水泥从两个地方采购，采购量及有关费用如表 2-6 所示，求该工程的水泥基价。

表 2-6 某工地水泥采购量及费用表

采购处	采购量/t	原价/(元/t)	运杂费/(元/t)	运输损耗率/%	采购及保管费率/%
来源 1	300	240	20	0.5	3
来源 2	200	250	15	0.4	

解 $加权平均原价=\dfrac{300\times240+200\times250}{300+200}=244(元/t)$

$$加权平均运杂费=\frac{300\times20+200\times15}{300+200}=18(元/t)$$

$$加权平均运输损耗费=\frac{300\times[(240+20)\times0.5\%]+200\times[(250+15)\times0.4\%]}{300+200}=1.204(元/t)$$

$$水泥基价=(244+18+1.204)\times(1+3\%)\approx271.1(元/t)$$

(5) 检验试验费

$$检验试验费=\sum(单位材料检验试验费\times材料消耗量)$$

(三) 施工机械台班单价的确定

1. 机械台班单价的定义

施工机械台班单价是指一台施工机械在正常的运转条件下，一个工作班中发生的全部费用。

2. 机械台班单价的组成与确定

机械台班单价的组成费用按性质可分为两类。见表 2-7。

表 2-7 机械台班单价组成表

第一类(不变费用)		第二类(可变费用)	
费用项目	性 质	费用项目	性 质
折旧费	属于分摊性质	人工费	属于支出性质
大修理费		燃料动力费	
经常修理费		养路费	
安拆费及场外运输费		车船使用税、保险费	

(1) 折旧费 是指施工机械在规定使用的期限内，每台班所分摊的机械原值及支付贷款利息的费用。

$$台班折旧费=\frac{购置机械全部费用\times(1-残值率)}{耐用总台班}$$

购置机械全部费用包括机械原价、购置税、保险费、牌照费及运费。

$$耐用总台班=预计使用年限\times年工作台班$$

（预计使用年限和年工作台班可参照有关部门的规定执行）

【例 2-11】 5 吨载重汽车的成交价为 75000 元，购置附加税税率 10%，运杂费 2000 元，残值率 3%，耐用总台班 2000 个，计算台班折旧费。

解 $$台班折旧费=\frac{[75000\times(1+10\%)+2000]\times(1-3\%)}{2000}=\frac{81965}{2000}=40.98(元/台班)$$

(2) 大修理费　是指施工机械按规定的大修理间隔期进行大修，以恢复其正常使用功能所需要的费用。

$$台班大修理费=\frac{一次大修理费\times(大修理周期-1)}{耐用总台班}$$

【例 2-12】 5 吨载重汽车一次大修理费为 8700 元，大修理周期为 4 个，耐用总台班 2000 个，计算台班大修理费。

解 $$台班大修理费=\frac{8700\times(4-1)}{2000}=\frac{26100}{2000}=13.05(元/台班)$$

(3) 经常修理费　是指机械除大修理以外的各级保养和临时故障排除所需要的费用。

$$台班经常修理费=台班大修理费\times经常修理费系数(K)$$

$$K=\frac{经常修理费}{大修理费}$$

（如载重汽车 6t 以上，$K=3.93$；载重汽车 6t 以内，$K=5.61$；自卸汽车 6t 以上，$K=3.34$；自卸汽车 6t 以内，$K=4.44$；塔式起重机：$K=3.94$）

(4) 安拆费及场外运输费　安拆费是指施工机械在现场安装、拆卸所发生的人工、材料、机械费用、试运转费用以及辅助设施（如轨道、枕木等）的折旧、搭设、拆除费用等。场外运输费是指施工机械整体或分件，从停放场地运至施工场地的装卸、运输、辅材、架线等费用。

$$安拆费及场外运输费=\frac{历年统计安拆费及场外运输费的年平均数}{年工作台班}$$

该费用计算时需要注意的三种情况如下。

① 计入台班单价：工地间移动频繁的小型机械、部分中型机械；

② 单独计算费用：移动有困难的大型、特大型机械（少数中型）；

③ 不计算费用：不需要安、拆，而且能自行开行的或固定在车间的不需要安装、拆、运的机械。

(5) 机上人工费　是指机上司机（或随机人员）的工资、津贴等。

$$台班人工费=机上操作人员人工工日数\times人工单价$$

(6) 燃料动力费　是指施工机械在施工作业中所耗用的燃料、水、电等费用。

$$台班燃料动力费=每台班耗用的燃料(动力)数量\times燃料(动力)单价$$

(7) 其他费用　养路费及车船使用税、保险费等是按照国家有关规定应缴纳的费用。

$$台班养路费=\frac{核定吨位\times每月每吨养路费\times12个月}{年工作台班}$$

$$台班车船使用税=\frac{每年车船使用税}{年工作台班}$$

$$台班保险费=\frac{按规定年缴纳的保险费}{年工作台班}$$

由此确定：

施工机械台班单价＝折旧费＋大修理费＋经常修理费＋安拆费及场外运费＋机上人工费＋燃料动力费＋其他费用

四、预算定额的组成形式及应用

（一）预算定额的组成形式

预算定额一般由总说明、分部定额、附录三部分组成，有些地区还编制了预算定额配套的定额基价，反映单位项目的货币价值。

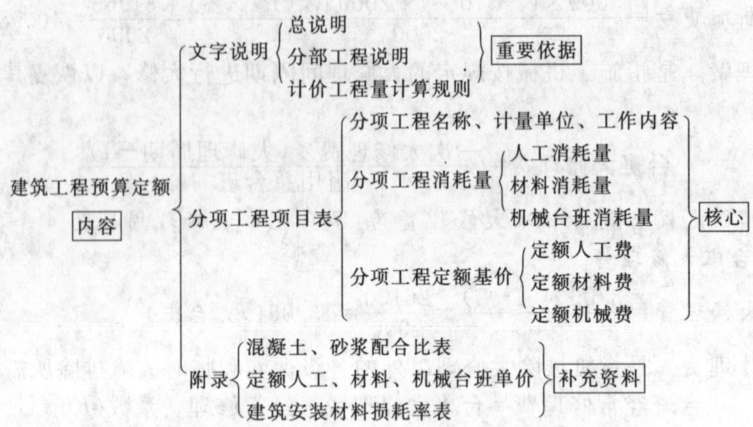

例如，某地区土建部分砌体工程中实心砖墙砌筑的预算定额的见表 2-8～表 2-10。

表 2-8　实心砖墙消耗定额

工作内容：调、运、铺砂浆、运砖；砌砖、包括窗台虎头砖、腰线、门窗套，安放木砖、铁件等

计量单位：10m³

定额编号			3-2	3-3	3-4	3-5	3-6
项目			内墙（厚度）				
			1 砖以上	1 砖	3/4 砖	1/2 砖	1/4 砖
名　称		单位	数量				
人工	综合工日	工日	15.630	16.080	19.640	20.140	28.170
材料	普通黏土砖	千块	5.350	5.400	5.510	5.641	6.158
	混合砂浆 M2.5	m³	2.400	2.250	—	—	—
	混合砂浆 M5.0	m³	—	—	2.130	1.950	—
	混合砂浆 M10	m³	—	—	—	—	1.180
	水	m³	1.070	1.090	1.100	1.130	1.230
机械	灰浆搅拌机 200L	台班	0.400	0.380	0.350	0.330	0.200

表 2-9　实心砖墙定额基价表　　单位：元

定额编号	项 目 名 称	计量单位	定额基价	人工费	材料费	机械费
3-2	内墙　厚 1 砖以上	10m³	1631.25	398.25	1212.18	20.82
3-3	内墙　厚 1 砖	10m³	1633.00	409.72	1203.50	19.78
3-4	内墙　厚 3/4 砖	10m³	1772.15	500.43	1253.51	18.21
3-5	内墙　厚 1/2 砖	10m³	1782.02	513.17	1251.68	17.17
3-6	内墙　厚 1/4 砖	10m³	2003.87	717.77	1275.69	10.41

表 2-10 砌筑砂浆配合比表（含单价）

定额编号			295	296	297	298	299
项目			混合砂浆				
			M1.0	M2.5	M5.0	M7.5	M10
名称		单位	数量				
材料	水泥 32.5#	kg	68.00	117.00	194.00	261.00	326.00
	石灰膏	m^3	0.23	0.18	0.14	0.09	0.04
	净砂	m^3	1.20	1.20	1.20	1.20	1.20
	水	m^3	0.60	0.40	0.40	0.40	0.40
单价		元/m^3	105.05	116.14	137.16	154.20	170.57

以表 2-8、表 2-9 为预算定额的核心部分，需要强调以下几点。

① 定额基价＝人工费＋材料费＋机械费

② 人工费＝分项工程定额人工消耗量×人工工资单价

材料费＝∑（分项工程各种材料定额消耗量×相应预算价格）

机械费＝∑（分项工程各种机械台班定额消耗量×相应机械台班单价）

③ 分项工程的材料消耗数量中，半成品材料（混凝土、砂浆等）中的原材料数量需要根据《混凝土、砂浆配合比表》中的用量计算推出。

（二）预算定额的应用

预算定额中分项工程的消耗数量是基于典型工程编制得出的，而实际工程的图纸设计要求往往与预算定额不完全一致，基于这个原因，定额的应用形式主要有：直接套用、定额换算、定额补充。

1. 直接套用（定额最主要的应用形式）

（1）适用条件　分项工程的设计要求与定额项目内容完全相同，直接套用定额。

（2）应用步骤

① 根据施工图纸、设计说明和做法说明，选择定额项目。

② 确定工程量。

③ 查询定额基价（工程单价）。

④ 确定该分项工程直接工程费（工程量×定额基价）。

【例 2-13】 某工程实心砖内墙（240）共 500m^3，采用 MU10 黏土砖、M2.5 混合砂浆砌筑。根据表 2-8 及表 2-9，计算该工程内墙的直接工程费。

解　查定额 3-3，工程设计要求与定额比较，材料品种与规格一致，因此采用直接套用定额。

定额基价(工程单价)＝1633.00元/10m^3

直接工程费＝1633.00×50＝81650.00(元)

【课堂练习】 采用本地区定额，计算完成 200m^3 的现浇混凝土矩形柱的直接工程费。

2. 定额的换算

（1）适用条件　当施工图纸中分项工程的设计与定额项目内容不同时，采用定额换算。

（2）换算思路　换算后的定额基价＝原定额基价＋换入的费用－换出的费用

（3）换算的主要类型

① 砌筑砂浆、构件混凝土的换算。

② 抹灰砂浆、楼地面混凝土的换算。

③ 系数换算。

④ 其他换算。

3. 砌筑砂浆、构件混凝土的换算

(1) 换算原因　设计图纸要求的砂浆(混凝土)强度等级与预算定额中的内容不一致，需要调整强度等级，求出新的定额基价。

(2) 换算特点　砂浆(混凝土)用量不变，所以人工、机械消耗量不变。

(3) 换算公式

换算后定额基价＝原定额基价＋定额砂浆用量×(换入砂浆基价－换出砂浆基价)

或

换算后定额基价＝原定额基价＋定额混凝土用量×(换入混凝土基价－换出混凝土基价)。

【例 2-14】 根据表 2-8～表 2-10，计算 240 内墙(M5.0 混合砂浆)的定额基价。

解　查定额 3-3，预算定额中内墙(一砖)为 M2.5 混合砂浆，设计为 M5.0 混合砂浆。

原基价＝1633.00元/10m^3，砂浆消耗量＝2.25m^3

M5.0混合砂浆单价＝137.16元/m^3，M2.5混合砂浆单价＝116.14元/m^3

换算后基价＝1633.00＋2.25×(137.16－116.14)＝1680.30(元/10m^3)

【课堂练习】 采用本地区定额，计算 C30 现浇混凝土矩形柱的定额基价。

4. 抹灰砂浆、楼地面混凝土换算

(1) 换算原因　设计图纸要求的抹灰砂浆(楼地面混凝土)做法厚度与预算定额中的厚度不一致，需要调整厚度，求出新的定额基价。

(2) 换算特点　砂浆(混凝土)用量变化，所以人工、材料、机械消耗量都发生变化。

(3) 换算公式

换算后定额基价＝原定额基价＋(定额人工费＋定额机械费)×($K-1$)＋$\sum$(各层换入砂浆用量×换入砂浆基价－各层砂浆定额用量×换出砂浆基价)

$$K=\frac{\text{设计抹灰砂浆总厚}}{\text{定额抹灰砂浆总厚}}\text{（}K\text{ 为人工、机械换算系数）}$$

$$\text{各层换入砂浆实际用量}=\frac{\text{设计厚度}}{\text{定额砂浆厚度}}\times\text{定额砂浆用量}$$

【例 2-15】 根据某地区定额(表 2-11、表 2-12)，计算水泥砂浆抹地面(25mm)的定额基价。

表 2-11　整体面层(水泥砂浆面层)

工作内容：清理基层、调运砂浆、刷素水泥浆、抹面、压光、养护等　　　计量单位：10m^3

定额编号			1-1	1-2	1-3	1-4
项目			水泥砂浆			
			楼地面 20mm	加浆抹光随捣随抹 5mm	防滑坡道	防滑坡道(蹉)
名称		单位	数量			
人工	综合工日	工日	0.1027	0.0753	0.1439	0.3840
材料	水泥砂浆 1∶1	m^3	—	0.0051	—	—
	水泥砂浆 1∶2	m^3	—	—	0.0258	0.0276
	水泥砂浆 1∶2.5	m^3	0.0202	—	—	—
	素水泥浆	m^3	0.0010	—	0.0010	0.0011
	草袋	m^2	0.2200	0.2200	0.2244	—
	水	m^3	0.0380	0.0380	0.0388	0.0041
机械	灰浆搅拌机 200L	台班	0.0034	0.0009	0.0043	0.0048

注：1. 水泥砂浆楼地面面层厚度每增减 5mm，按水泥砂浆找平层每增减 5mm 项目计算。

2. 水泥砂浆抹地面，如用 107 胶做胶结材料者，每 m^2 增加 107 胶 0.075kg。

3. 水泥砂浆地面如设计规定起分格线者，每 m^2 增加抹灰工 0.0158 工日。

表 2-12 整体面层（水泥砂浆面层）定额基价表 单位：元

定额编号	项目名称	计量单位	基价	人工费	材料费	机械费
1-1	水泥砂浆 楼地面 20mm	m^2	8.49	2.62	5.69	0.18
1-2	水泥砂浆 加浆抹光随捣随抹 5mm	m^2	4.16	1.92	2.19	0.05
1-3	水泥砂浆 防滑坡道	m^2	11.26	3.67	7.37	0.22
1-4	水泥砂浆 防滑坡道(蹉)	m^2	17.07	9.69	7.13	0.25

已查出：1∶2.5 水泥砂浆单价为 221.43 元/m^3。

解 查消耗量定额 1-1

水泥砂浆地面基价＝8.49 元/m^2

$$K=\frac{\text{设计抹灰砂浆总厚}}{\text{定额抹灰砂浆总厚}}=\frac{25}{20}=1.25$$

$$\text{换入砂浆实际用量}=\frac{\text{设计厚度}}{\text{定额砂浆厚度}}\times\text{定额砂浆用量}=\frac{25}{20}\times0.0202=0.0253(m^3)$$

$$\begin{aligned}\text{水泥砂浆地面(25mm)基价}&=8.49+(2.62+0.18)\times(1.25-1)+(0.0253-0.0202)\times221.43\\&=8.49+2.80\times0.25+0.0051\times221.43\\&=8.49+0.70+1.13=10.32(\text{元})\end{aligned}$$

提示：一般对于厚度做法，定额中列有调增减厚度的子项，可以直接采用定额费用相加减。

【例 2-16】 根据定额表 2-13、表 2-14，计算细石混凝土找平层（20mm）的定额基价。

表 2-13 找平层

工作内容：清理基层、调运砂浆、找平、压实；混凝土搅拌、捣平、压实、刷素水泥浆等

计量单位：10m^3

定额编号			1-266	1-267	1-268	1-269	1-270
项目			水泥砂浆			细石混凝土	
			混凝土或硬基层上	在填充材料上	每增减 5mm	30mm	每增减 5mm
			20mm				
名称		单位	数量				
人工	综合工日	工日	0.0780	0.0800	0.0141	0.0812	0.0141
材料	C20 半干硬性混凝土，砾石 10，水泥 425	m^3	—	—	—	0.0303	0.0051
	水泥砂浆 1∶3	m^3	0.0202	0.0253	0.0051	—	—
	素水泥浆	m^3	0.0010	—	—	0.0010	—
	水	m^3	0.0060	0.0060	—	0.0060	—
机械	混凝土振捣器(平板式)	台班	—	—	—	0.0024	0.0004
	灰浆搅拌机 200L	台班	0.0034	0.0042	0.0009	—	—
	混凝土搅拌机 400L	台班	—	—	—	0.0030	0.0005

表 2-14 找平层定额基价表 单位：元

定额编号	项目名称	计量单位	基价	人工费	材料费	机械费
1-266	水泥砂浆 混凝土或硬基层 20mm	m^2	6.61	1.99	4.44	0.18
1-267	水泥砂浆 填充材料上 20mm	m^2	7.19	2.04	4.93	0.22
1-268	水泥砂浆 每增减 5mm	m^2	1.40	0.36	0.99	0.05
1-269	细石混凝土 30mm	m^2	8.24	2.07	5.87	0.30
1-270	细石混凝土 每增减 5mm	m^2	1.31	0.36	0.90	0.05

解 根据表2-13，细石混凝土找平层（30mm厚）的基价=8.24元/m^2

细石混凝土找平层每增减5mm基价=1.31元/m^2

因此，细石混凝土找平层（20mm厚）的基价=8.24−1.31×2=5.62(元/m^2)

5. 乘系数换算

乘系数换算指在使用某些预算定额项目时，定额的人工、材料、机械中某一项或全部项乘以规定的系数。例如，某地区预算定额规定，砌筑弧形砖墙的定额基价是对砌筑直形砖墙定额基价中人工费乘以1.10的系数；楼地面垫层用于基础垫层时，定额人工费乘以系数1.20。

【例2-17】 计算砖基础3∶7灰土垫层的定额基价。

表2-15 楼地面垫层基价 单位：元

定额编号	项目名称	计量单位	基价	人工费	材料费	机械费
1-249	素土	m^3	40.87	10.85	28.18	1.84
1-250	3∶7灰土	m^3	82.88	20.66	61.40	0.82
1-251	三合土	m^3	110.59	32.87	76.77	1.17

解 根据定额表（见表2-15），楼地面3∶7灰土垫层基价=82.88元/m^3

基础3∶7灰土垫层基价=原定额基价+定额人工费×(系数−1)

=82.88+20.66×(1.20−1)=82.88+4.132=87.01(元)

6. 其他换算

(1) 超运距换算

【例2-18】 铲运机铲土方（自行式，斗容量8m^3），运距472m，请确定基价。

表2-16 自行式铲运机运坊基价表 单位：元

定额编号	项目名称	计量单位	定额基价	人工费	材料费	机械费
1-45	自行式铲运机(8～10m^3)运土方 运距2000m以内300	1000m^3	4050.81	152.88	8.15	3889.78
1-46	自行式铲运机(8～10m^3)运土方 运距2000m以内500	1000m^3	5119.58	152.88	8.15	4958.55
1-47	自行式铲运机(8～10m^3)运土方 运距2000m以内每增200	1000m^3	1197.01	0.00	0.00	1197.01

解 查表2-16中定额编号1-45，原基价=4050.81元/1000m^3，每增200m基价=1197.01元/1000m^3

因此，172m（为472−300所得）增加的费用=1197.01×172/200=1029.43(元/1000m^3)

新基价=4050.81+1029.43=5080.24(元/1000m^3)

(2) 增加费用的换算

【例2-19】 地面面层采用水泥砂浆，设计厚度20mm，但要求掺加107胶，根据表2-11、表2-12确定基价。已知107胶单价为2.5元/kg。

解 查消耗量定额（表2-11）1-1，水泥砂浆地面基价=8.49元/m^2

根据表2-11注2可知：水泥砂浆抹地面，如用107胶做胶结材料者，每m^2增加107胶0.075kg，因此，新基价=8.49元/m^2+0.075kg/m^2×2.5元/kg=8.49元/m^2+0.1875元/m^2=8.68元/m^2。

预算定额的换算方法很多，具有区域性，应按各地区预算定额的具体规定执行。

第四节 概算定额与概算指标

一、概算定额的基本概念

（一）概算定额的概念

概算定额，亦称扩大结构定额，是指一定计量单位规定的扩大分部分项工程或扩大结构构件的人工、材料和机械台班的消耗量标准。

概算定额是在预算定额基础上的综合和扩大。它将预算定额中有联系的若干个分项工程项目综合为一个概算定额项目，较预算定额更为综合扩大，所以又称为“扩大结构定额”。

例如，民用建筑带形砖基础工程，在预算定额中由挖地槽、基础垫层、砖基础砌筑、防潮层铺设、基槽回填、余土外运等项目组成，而且这些项目分别属于不同的分部工程，但是在概算定额中，则综合为一个带形基础。

概算定额也包括人工、材料、机械台班使用量定额这三个基本部分，并列有基准价。

定额基准价＝定额单位人工费＋定额单位材料费＋定额单位机械费

＝$\sum$(人工概算定额消耗量×人工工资单价)＋$\sum$(材料概算定额消耗量×材料预算价格)＋$\sum$(施工机械概算定额消耗量×机械台班费用单价)

（二）概算定额与预算定额的比较

1. 概算定额与预算定额的相同之处

① 概算定额和预算定额都是反映社会平均水平。

② 它们都是以建（构）筑物各个结构部分和分部分项工程为单位表示的，内容包括人工、材料和机械台班使用量定额三个基本部分，并列有基准价。表达的主要内容、主要方式及基本使用方法都相近。

③ 随着科学技术的进步，社会生产力的发展，人工、材料和机械台班价格的调整以及其他条件的变化，概算定额和预算定额都应进行补充和修订。

2. 概算定额与预算定额的不同

① 项目划分和综合扩大程度上存在差异。

② 概算定额主要用于设计概算的编制。

③ 由于概算定额综合了若干分项工程的预算定额，因此概算工程量计算和概算表的编制，都比编制施工图预算简化一些。

（三）分类

概算定额根据专业性质的不同可分为如图 2-1 所示的各种适用于不同专业的概算定额。

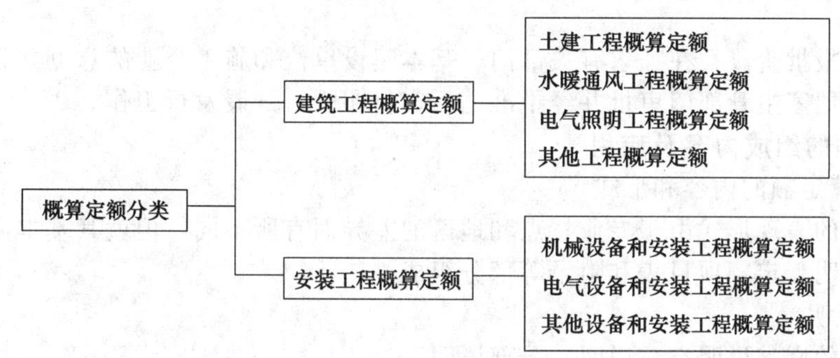

图 2-1 概算定额分类

二、概算定额的编制

（一）概算定额的用途

① 概算定额是编制概算、初步设计概算、修正概算的主要依据。

② 概算定额是对设计方案进行技术经济分析和比较的依据。概算定额扩大综合后，可为设计方案的比较提供方案条件。

③ 概算定额是编制主要材料需要量的计算基础。根据概算定额所列材料消耗指标计算工程用料数量，为合理组织材料供应提供了前提条件。

④ 概算定额是编制建设工程概算指标和投资估算指标的依据。

⑤ 概算定额是快速编制施工图预算、标底、投标报价的依据之一。

（二）概算定额编制原则、依据和方法

1. 概算定额的编制原则

概算定额应该贯彻社会平均水平、简明适用和少留活口的原则。

在市场经济条件下，确定概算定额的消耗指标，应遵循价值规律的要求，按照产品生产所消耗的社会平均劳动确定。概算定额是在预算定额的基础上的综合，所以概算定额必须在项目划分、工程量的计算、活口处理等方面更加简明。应在概算和预算定额之间应保留必要的幅度差，并且在概算定额的编制过程中严格控制。为了稳定概算定额水平，在编制概算定额时不要留活口或少留活口。

2. 概算定额的编制依据

① 现行的设计规范、标准图集、典型工程设计图纸等；

② 现行的预算定额、概算定额、概算指标及其他编制资料；

③ 概算定额编制期定额工资标准、材料预算价格和机械台班费用等；

④ 编制期的施工图预算或工程结算资料等。

（三）概算定额的编制步骤

概算定额的编制一般分为准备工作阶段、编制初稿阶段、测算阶段和审查报批阶段。

（1）准备工作阶段　主要有建立编制机构，确定人员组成，组织人员进行调查研究，了解现行概算定额执行情况与存在问题、编制范围等。在此基础上制定概算定额的编制目的、编制计划和概算定额项目划分。

（2）编制初稿阶段　根据已制定的编制规则，如定额项目划分和工程量计算规则等，调查研究，对收集到的设计图纸、资料进行细致的测算和分析，编出概算定额初稿，并将概算定额中分项定额的总水平和预算水平相比控制在允许的幅度之内，以保证两者在水平上的一致性。

（3）测算阶段　测算新编概算定额和现行预算定额、概算定额水平的差值，保证定额水平测算报告。如果概算定额和预算定额水平差距较大时，则需对概算定额水平进行必要的调整。

（4）审查报批阶段　在征求有关部门、基本建设单位和施工企业的意见并且修改之后形成报批稿，交国家主管部门审批并经批准之后交付印刷，开展发行工作。

三、概算定额的组成内容及应用

（一）概算定额的内容和形式

概算定额的表现形式由于专业特点和地区的差异而有所不同，但就其基本内容上说是由目录、文字说明、定额项目表和附录等部分组成。

1. 文字说明

概算定额的文字说明有总说明、分部说明。

在总说明中，主要阐述概算定额编制的目的和依据，所包括的内容和用途，使用范围和应遵守的规定，建筑面积的计算规则等。分部说明，主要阐述分部分项工程的综合工作内容和工程量计算规则等。

2. 定额项目表

定额项目表是定额手册的核心内容，其中规定的人工、材料、机械台班消耗和基价是编制设计概算的主要依据。它由定额项目名称、定额单位、定额编号、估价表、综合内容、工料消耗组成，见表 2-17、表 2-18。

表 2-17　现浇钢筋混凝土柱概算定额表

定额编号	项目名称		计算单位	概算基价/元	人工以及主要材料				
					人工	水泥	钢材	板枋材	圆木
					工日	kg	kg	m^3	m^3
Ⅲ-63	现浇混凝土柱	矩形柱	m^3	913.66	8.80	349.16	162.01		
Ⅲ-64		构造柱		820.64	7.51	349.16	137.63		
Ⅲ-65		圆形柱		989.10	11.30	349.16	147.25		

注：取自《湖北省建筑工程概算定额统一基价表》中土建工程部分。

表 2-18　现浇钢筋混凝土柱综合预算定额项目

定额编号	项目名称			综合内容								单位 100m^3
			编号	5-25	5-29	5-27	5-123	5-124	5-127	5-128	5-129	6-40
			单项名称	现浇钢筋混凝土柱			现浇构件钢筋					钢筋运输
				矩形柱 C20	构造柱 C20	圆形柱 C20	Φ 6 内	Φ 8 内	Φ 16 内	Φ 20 内	Φ 25 内	
			单位	100m^3			t					10t
			单价	3916.22	3677.36	5144.46	3392.40	3268.48	3202.92	3167.65	3149.88	717.61
Ⅲ-63	现浇钢筋混凝土柱	矩形柱	工程量	10.00				1.525		0.924	13.694	1.614
Ⅲ-64		构造柱			10.00		1.788		11.939			1.373
Ⅲ-65		圆形柱				10.00		1.640			13.033	1.467

注：取自《湖北省建筑工程概算定额统一基价表》中土建工程部分。

（二）概算定额应用规则

① 符合概算定额规定的应用范围。

② 应用概算定额时，工程内容、计量单位以及综合程度应与概算定额的有关规定一致。

③ 必要的调整和换算应严格按定额的文字说明和附录进行。

④ 工程量的计算应尽量准确，避免重复计算和漏算。

第五节　概算指标

一、概算指标的基本概念

（一）概算指标的概念

建筑安装工程概算指标通常是以整个建筑物和构筑物为对象，以建筑面积、体积或成套设备装置的台或组为计算单位而规定的人工、材料和机械台班的消耗量标准和造价指标。它是一种比概算定额综合性、扩大性更强的一种定额指标。

（二）概算指标的分类

概算指标可分为两大类，一类是建筑工程概算指标，另一类是设备安装工程概算指标。其分类如图 2-2 所示。

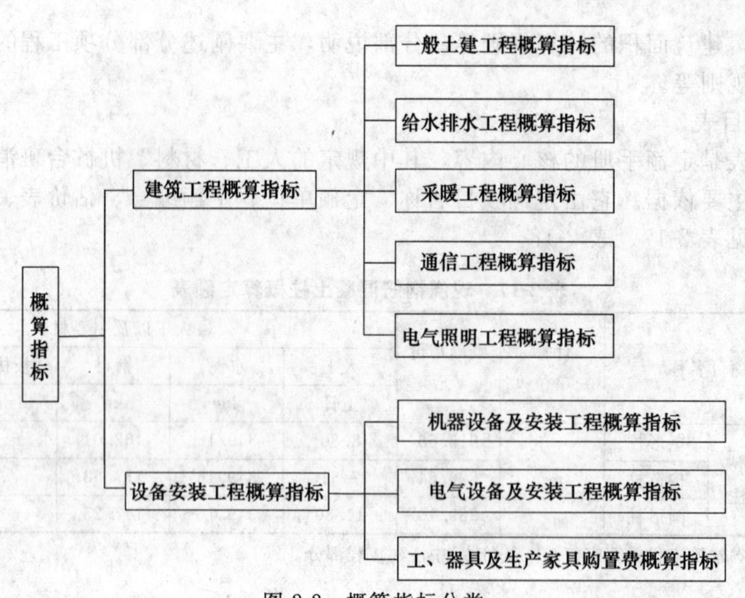

图 2-2　概算指标分类

（三）概算指标的作用

① 概算指标可作为标准投资估算的参考；

② 在初步设计阶段，概算指标是编制建设工程初步设计概算的依据；

③ 概算指标中的主要材料指标可作为估算主要材料用量的依据；

④ 概算指标是设计单位进行设计方案比较、建设单位选址的一种依据；

⑤ 概算指标是编制固定资产投资计划、确定投资拨款额度的主要依据。

二、概算指标的组成内容

概算指标组成内容一般分为文字说明和列表形式两部分，以及必要的附录。

1. 文字说明

其内容一般包括概算指标的编制范围、编制依据、分册情况、指标包括的内容、指标未包括的内容、指标的使用方法、指标允许调整的范围及调整方法等。

2. 列表形式

房屋建筑、构筑物一般是以建筑面积、建筑体积、“座”、“个”等为计量单位，附以必要的示意图，并列出其建筑结构特征（如结构类型、层数、檐高、层高、跨度、基础深度等）、综合指标（元/m^2 或元/m^3）、自然条件（如地耐力、地震烈度等）、建筑物的类型、结构形式以及各部位中结构主要特点和主要工程量，分别见表 2-19～表 2-22。

表 2-19　轻板框架住宅结构特征表

结构类型	层数	层高	檐高	建筑面积
轻板结构	七层	3m	21.9m	3746m^2

表 2-20　轻板框架住宅经济指标　　单位：元/100m^2 建筑面积

造价分类＼造价构成		合计	其中				
			直接费	间接费	计划利润	其他	税金
单方造价		43774	25352	6467	2195	8493	1267
其中	土建	38617	22365	5705	1937	7492	1118
	水暖	3416	1978	505	171	663	99
	电照	1741	1009	257	87	338	50

表 2-21 轻板框架住宅构造内容及工程量指标（每 100m² 建筑面积）

序号	构造及内容		工程量		占单方造价/%
			单位	数量	
土建					
1	基础	钢筋混凝土条形基础	m^3	6.05	13.9
2	外墙	250mm 加气混凝土外墙板	m^3	13.43	13.9
3	内墙	125mm 加气块/砖、石膏板	m^3	19.46,8.17,17.75	12.5
4	柱及间隔	预制柱、间距 2.7m、3m	m^3	3.50	5.48
5	梁	预制叠合梁、阳台挑梁、纵向梁	m^3	3.34	3.10
6	地面	80mm 混凝土垫层、水泥砂浆面层	m^2	12.60	2.79
7	楼层	100mm 钢筋混凝土整间板、面层	m^2	73.10	15.23
8	顶棚				
9	门窗	木门窗	m^2	58.77	14.64
10	屋架及跨度				
11	屋面	三毡四油防水、200mm 加气保温、预制空心板	m^2	18.60	6.21
12	脚手架	综合脚手架	m^2	100	2.30
13	其他	厕所、水池等零星工程			9.92

表 2-22 轻板框架住宅人工及主要材料消耗指标（每 100m² 建筑面积）

序号	名称及规格	单位	数量	序号	名称及规格	单位	数量
一	土建			1	人工	工日	38
1	人工	工日	459	2	钢管	t	0.20
2	钢筋	t	2.43	3	暖气片	m^2	21
3	型钢	t	0.06	4	卫生器具	套	47
4	水泥	t	14.00	5	水表	个	1.87
5	白灰	t	0.50	三	电照		
6	沥青	t	0.3	1	人工	工日	19
7	石膏板、红砖/墙板、加气板	千块	17.75,8.17/13.43,19.46	2	电线	m	274
8	木板	m^3	3.81	3	钢(塑)管	t	0.052
9	砂	m^3	30	4	灯具	套	8.7
10	砾(碎)石	m^3	26	5	电表	个	1.54
11	玻璃	m^2	29	6	配电管	套	0.79
12	卷材	m^2	88	四	机械使用费	%	7.60
二	水暖			五	其他材料费	%	17.53

三、概算指标的编制

（一）概算指标的编制依据

① 标准设计图纸和各类工程典型设计；

② 国家颁发的建筑标准、设计规范、施工规范等；

③ 各类工程造价资料；

④ 现行的概算定额和预算定额及补充定额资料；

⑤ 人工工资标准、材料预算价格、机械台班预算价格及其他价格资料。

（二）概算指标的编制原则

1. 按平均水平确定概算指标的原则。

在我国社会主义市场经济条件下，概算指标作为确定工程造价的依据，同样必须遵照价值规律的客观要求，在其编制时必须按社会必要劳动时间，贯彻平均水平的编制原则，只有这样才能使概算指标合理确定和控制贯彻造价的作用得到充分发挥。

2. 概算指标的编制依据，必须具有代表性。

编制概算指标所依据的工程设计资料，应具有代表性，且技术上先进，经济上合理。

3. 概算指标的内容和表现形式，要贯彻简明适用的原则。

应根据用途不同划分概算指标的项目，确定其项目的综合范围。遵循粗而不漏、适用面广的原则，体现综合扩大的性质。概算指标从形式到内容应简明易懂，且便于在采用时根据拟建工程的具体情况进行调整换算，能在较大范围内满足不同用途的需要。

小　结

本章主要介绍建筑安装工程定额的有关知识点。介绍了建筑安装工程定额的概念、作用、分类，分节详细介绍了施工定额（企业定额）的组成与制定；预算定额中“三量”与“三价”的确定，通过例题讲解了预算定额的应用；概算定额与概算指标的相关内容。

思 考 题

1. 建筑工程定额的分类有哪些?

2. 施工定额中人工、材料、机械台班消耗数量如何确定?

3. 预算定额的主要组成内容是什么?

4. 预算定额的应用有哪几种方式? 换算的思路是什么?

5. 概算定额与概算指标的概念与区别是什么?

练 习 题

1. 根据本地区定额计算 M5.0 混合砂浆砌筑 240mm 灰砂砖外墙（$10m^3$）的基价。

2. 根据本地区定额计算 C15 混凝土基础垫层的（m^3）的基价。

3. 某工程外墙裙水刷石工程量为 $1000m^2$，面层 1∶2 水泥白石子浆 12mm 厚，底层1∶3水泥砂浆 15mm 厚，试根据本地区消耗量定额计算该工程墙面人工、材料、机械耗用量。

第三章 建筑安装工程费用的组成

知识目标

- 了解建筑安装工程费用及构成内容（即费用项目）的含义
- 理解建筑安装工程费用的组成内容
- 掌握两种计价模式下建筑安装工程费用的确定

能力目标

- 能写出建筑安装工程费用的构成
- 能正确应用费用定额确定工程造价
- 能操作两种计价模式下建筑安装工程取费表的编制

第一节 建筑安装工程费用的组成内容

一、建筑安装工程费用的组成

在工程项目建设中，建筑安装工作是创造项目固定资产价值的主要生产活动。建筑安装工程费用作为建筑安装工程价值的货币表现，亦可称为建筑安装工程造价，是指各种建筑物、构筑物的建造及其各种设备的安装所需要的建设安装工程费用。它和其他任何产品价格一样符合劳动价值规律，即 $P=C+V+m$ 。

国家统一了建筑安装工程费用划分的口径。按照住房和城乡建设部和财政部于 2013 年 3 月联合颁布的《建筑安装工程费用项目组成》（建标［2013］44 号）中规定，我国现行建筑安装工程费用修订调整为两种组成形式。

(1) 建筑安装工程费用项目按费用构成要素组成划分为人工费、材料费、施工机具使用费、企业管理费、利润、规费和税金，见图 3-1。

(2) 为指导工程造价专业人员计算建筑安装工程造价，将建筑安装工程费用按工程造价形成顺序划分为分部分项工程费、措施项目费、其他项目费、规费和税金，见图 3-2。

二、建筑安装工程费用的内容

(一) 按费用构成要素

建筑安装工程费用是由人工费、材料费、施工机具使用费、企业管理费、利润、规费和税金组成。其中人工费、材料费、施工机具使用费、企业管理费和利润包含在分部分项工程费、措施项目费、其他项目费中。

1. 人工费

是指按工资总额构成规定，支付给从事建筑安装工程施工的生产工人和附属生产单位工人的各项费用。包括以下内容。

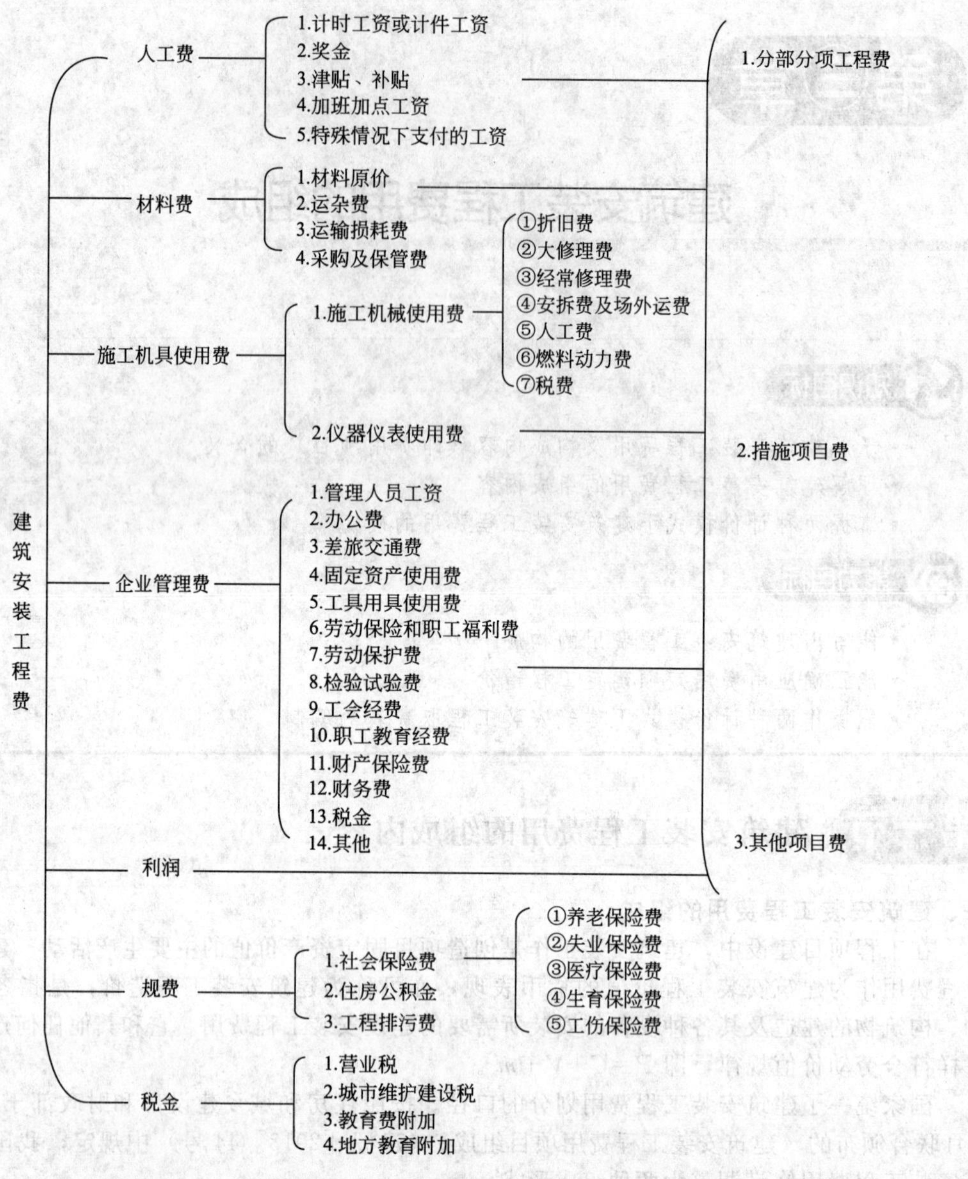

图 3-1 建筑安装工程费用组成（按费用构成要素划分）

(1) 计时工资或计件工资：是指按计时工资标准和工作时间或对已做工作按计件单价支付给个人的劳动报酬。

(2) 奖金：是指对超额劳动和增收节支支付给个人的劳动报酬。如节约奖、劳动竞赛奖等。

(3) 津贴补贴：是指为了补偿职工特殊或额外的劳动消耗和因其他特殊原因支付给个人的津贴，以及为了保证职工工资水平不受物价影响支付给个人的物价补贴。如流动施工津贴、特殊地区施工津贴、高温（寒）作业临时津贴、高空津贴等。

(4) 加班加点工资：是指按规定支付的在法定节假日工作的加班工资和在法定日工作时间外延时工作的加点工资。

(5) 特殊情况下支付的工资：是指根据国家法律、法规和政策规定，因病、工伤、产假、计划生育假、婚丧假、事假、探亲假、定期休假、停工学习、执行国家或社会义务等原

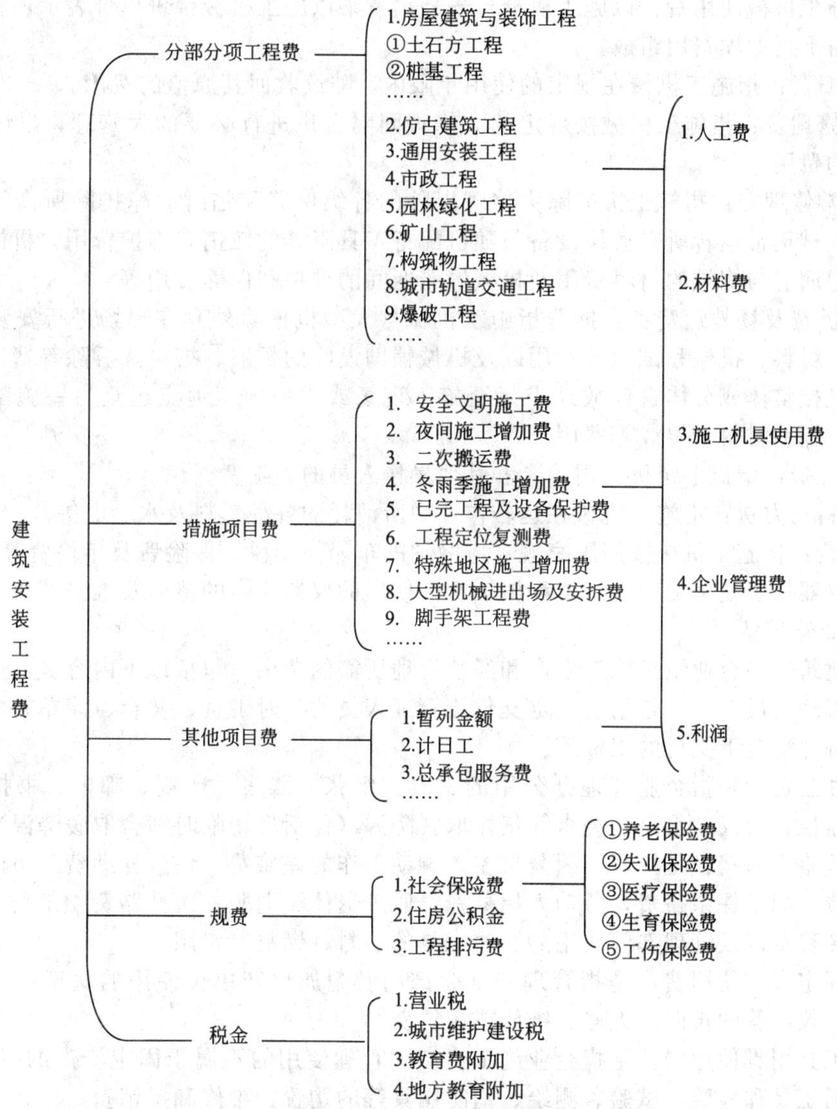

图 3-2 建筑安装工程费用组成（按造价形成划分）

因按计时工资标准或计时工资标准的一定比例支付的工资。

2. 材料费

是指施工过程中耗费的原材料、辅助材料、构配件、零件、半成品或成品、工程设备的费用。包括以下内容。

（1）材料原价：是指材料、工程设备的出厂价格或商家供应价格。

（2）运杂费：是指材料、工程设备自来源地运至工地仓库或指定堆放地点所发生的全部费用。

（3）运输损耗费：是指材料在运输装卸过程中不可避免的损耗。

（4）采购及保管费：是指为组织采购、供应和保管材料、工程设备的过程中所需要的各项费用。包括采购费、仓储费、工地保管费、仓储损耗。

工程设备是指构成或计划构成永久工程一部分的机电设备、金属结构设备、仪器装置及其他类似的设备和装置。

3. 施工机具使用费

是指施工作业所发生的施工机械、仪器仪表使用费或其租赁费。

(1) 施工机械使用费：以施工机械台班耗用量乘以施工机械台班单价表示，施工机械台班单价应由下列七项费用组成。

① 折旧费：指施工机械在规定的使用年限内，陆续收回其原值的费用。

② 大修理费：指施工机械按规定的大修理间隔台班进行必要的大修理，以恢复其正常功能所需的费用。

③ 经常修理费：指施工机械除大修理以外的各级保养和临时故障排除所需的费用。包括为保障机械正常运转所需替换设备与随机配备工具附具的摊销和维护费用，机械运转中日常保养所需润滑与擦拭的材料费用及机械停滞期间的维护和保养费用等。

④ 安拆费及场外运费：安拆费指施工机械（大型机械除外）在现场进行安装与拆卸所需的人工、材料、机械和试运转费用以及机械辅助设施的折旧、搭设、拆除等费用；场外运费指施工机械整体或分体自停放地点运至施工现场或由一施工地点运至另一施工地点的运输、装卸、辅助材料及架线等费用。

⑤ 人工费：指机上司机（司炉）和其他操作人员的人工费。

⑥ 燃料动力费：指施工机械在运转作业中所消耗的各种燃料及水、电等。

⑦ 税费：指施工机械按照国家规定应缴纳的车船使用税、保险费及年检费等。

(2) 仪器仪表使用费：是指工程施工所需使用的仪器仪表的摊销及维修费用。

4. 企业管理费

是指建筑安装企业组织施工生产和经营管理所需的费用。包括以下内容。

(1) 管理人员工资：是指按规定支付给管理人员的计时工资、奖金、津贴补贴、加班加点工资及特殊情况下支付的工资等。

(2) 办公费：是指企业管理办公用的文具、纸张、账表、印刷、邮电、书报、办公软件、现场监控、会议、水电、烧水和集体取暖降温（包括现场临时宿舍取暖降温）等费用。

(3) 差旅交通费：是指职工因公出差、调动工作的差旅费、住勤补助费，市内交通费和误餐补助费，职工探亲路费，劳动力招募费，职工退休、退职一次性路费，工伤人员就医路费，工地转移费以及管理部门使用的交通工具的油料、燃料等费用。

(4) 固定资产使用费：是指管理和试验部门及附属生产单位使用的属于固定资产的房屋、设备、仪器等的折旧、大修、维修或租赁费。

(5) 工具用具使用费：是指企业施工生产和管理使用的不属于固定资产的工具、器具、家具、交通工具和检验、试验、测绘、消防用具等的购置、维修和摊销费。

(6) 劳动保险和职工福利费：是指由企业支付的职工退职金、按规定支付给离休干部的经费，集体福利费、夏季防暑降温、冬季取暖补贴、上下班交通补贴等。

(7) 劳动保护费：是企业按规定发放的劳动保护用品的支出。如工作服、手套、防暑降温饮料以及在有碍身体健康的环境中施工的保健费用等。

(8) 检验试验费：是指施工企业按照有关标准规定，对建筑以及材料、构件和建筑安装物进行一般鉴定、检查所发生的费用，包括自设试验室进行试验所耗用的材料等费用。不包括新结构、新材料的试验费，对构件做破坏性试验及其他特殊要求检验试验的费用和建设单位委托检测机构进行检测的费用，对此类检测发生的费用，由建设单位在工程建设其他费用中列支。但对施工企业提供的具有合格证明的材料进行检测不合格的，该检测费用由施工企业支付。

(9) 工会经费：是指企业按《工会法》规定的全部职工工资总额比例计提的工会经费。

(10) 职工教育经费：是指按职工工资总额的规定比例计提，企业为职工进行专业技术和职业技能培训，专业技术人员继续教育、职工职业技能鉴定、职业资格认定以及根据需要对职工进行各类文化教育所发生的费用。

(11) 财产保险费：是指施工管理用财产、车辆等的保险费用。

(12) 财务费：是指企业为施工生产筹集资金或提供预付款担保、履约担保、职工工资支付担保等所发生的各种费用。

(13) 税金：是指企业按规定缴纳的房产税、车船使用税、土地使用税、印花税等。

(14) 其他：包括技术转让费、技术开发费、投标费、业务招待费、绿化费、广告费、公证费、法律顾问费、审计费、咨询费、保险费等。

5. 利润

是指施工企业完成所承包工程获得的盈利。

6. 规费

是指按国家法律、法规规定，由省级政府和省级有关权力部门规定必须缴纳或计取的费用。包括下列内容。

(1) 社会保险费

① 养老保险费：是指企业按照规定标准为职工缴纳的基本养老保险费。

② 失业保险费：是指企业按照规定标准为职工缴纳的失业保险费。

③ 医疗保险费：是指企业按照规定标准为职工缴纳的基本医疗保险费。

④ 生育保险费：是指企业按照规定标准为职工缴纳的生育保险费。

⑤ 工伤保险费：是指企业按照规定标准为职工缴纳的工伤保险费。

(2) 住房公积金：是指企业按规定标准为职工缴纳的住房公积金。

(3) 工程排污费：是指按规定缴纳的施工现场工程排污费。其他应列而未列入的规费，按实际发生计取。

7. 税金

是指国家税法规定的应计入建筑安装工程造价内的营业税、城市维护建设税、教育费附加以及地方教育附加。

(二) 按工程造价形成

建筑安装工程费用是由分部分项工程费、措施项目费、其他项目费、规费、税金组成，分部分项工程费、措施项目费、其他项目费包含人工费、材料费、施工机具使用费、企业管理费和利润。

1. 分部分项工程费

是指各专业工程的分部分项工程应予列支的各项费用。

(1) 专业工程：是指按现行国家计量规范划分的房屋建筑与装饰工程、仿古建筑工程、通用安装工程、市政工程、园林绿化工程、矿山工程、构筑物工程、城市轨道交通工程、爆破工程等各类工程。

(2) 分部分项工程：指按现行国家计量规范对各专业工程划分的项目。如房屋建筑与装饰工程划分的土石方工程、地基处理与桩基工程、砌筑工程、钢筋及钢筋混凝土工程等。各类专业工程的分部分项工程划分见现行国家或行业计量规范。

2. 措施项目费

是指为完成建设工程施工，发生于该工程施工前和施工过程中的技术、生活、安全、环境保护等方面的费用。内容包括：

(1) 安全文明施工费

① 环境保护费：是指施工现场为达到环保部门要求所需要的各项费用。

② 文明施工费：是指施工现场文明施工所需要的各项费用。

③ 安全施工费：是指施工现场安全施工所需要的各项费用。

④ 临时设施费：是指施工企业为进行建设工程施工所必须搭设的生活和生产用的临时建筑物、构筑物和其他临时设施费用。包括临时设施的搭设、维修、拆除、清理费或摊销

费等。

(2) 夜间施工增加费：是指因夜间施工所发生的夜班补助费、夜间施工降效、夜间施工照明设备摊销及照明用电等费用。

(3) 二次搬运费：是指因施工场地条件限制而发生的材料、构配件、半成品等一次运输不能到达堆放地点，必须进行二次或多次搬运所发生的费用。

(4) 冬雨季施工增加费：是指在冬季或雨季施工需增加的临时设施、防滑、排除雨雪，人工及施工机械效率降低等费用。

(5) 已完工程及设备保护费：是指竣工验收前，对已完工程及设备采取的必要保护措施所发生的费用。

(6) 工程定位复测费：是指工程施工过程中进行全部施工测量放线和复测工作的费用。

(7) 特殊地区施工增加费：是指工程在沙漠或其边缘地区、高海拔、高寒、原始森林等特殊地区施工增加的费用。

(8) 大型机械进出场及安拆费：是指机械整体或分体自停放场地运至施工现场或由一个施工地点运至另一个施工地点，所发生的机械进出场运输及转移费用及机械在施工现场进行安装、拆卸所需的人工费、材料费、机械费、试运转费和安装所需的辅助设施的费用。

(9) 脚手架工程费：是指施工需要的各种脚手架搭、拆、运输费用以及脚手架购置费的摊销（或租赁）费用。

措施项目及其包含的内容详见各类专业工程的现行国家或行业计量规范。

3. 其他项目费

(1) 暂列金额：是指建设单位在工程量清单中暂定并包括在工程合同价款中的一笔款项。用于施工合同签订时尚未确定或者不可预见的所需材料、工程设备、服务的采购，施工中可能发生的工程变更、合同约定调整因素出现时的工程价款调整以及发生的索赔、现场签证确认等的费用。

(2) 暂估价：是指发包人在工程量清单中给定的用于支付必然发生但暂时不能确定价格的材料、设备以及专业工程的金额。

(3) 计日工：是指在施工过程中，施工企业完成建设单位提出的施工图纸以外的零星项目或工作所需的费用。

(4) 总承包服务费：是指总承包人为配合、协调建设单位进行的专业工程发包，对建设单位自行采购的材料、工程设备等进行保管以及施工现场管理、竣工资料汇总整理等服务所需的费用。

4. 规费

指按国家法律、法规规定，由省级政府和省级有关权力部门规定必须缴纳或计取的费用，内容同上。

5. 税金

指国家税法规定的应计入建筑安装工程造价内的营业税、城市维护建设税、教育费附加以及地方教育附加。

第二节 建筑安装工程费用的确定

为适应深化工程计价改革的需要，根据国家有关法律、法规及相关政策，现行《建筑安装工程费用项目组成》的通知，即建标［2013］44 号文规定，建筑安装工程费用项目组成包括按费用构成要素划分和按造价形成划分两种，因此，建筑安装工程费用的确定和计算亦有所变化，有以下两种方法。

一、建筑安装工程各费用构成要素参考计算方法

（一）人工费

$$人工费=\sum(工日消耗量\times日工资单价)$$

【例 3-1】 砌筑 $10m^3$ 一砖半混水砖墙需要 15.3 工日，人工日工资单价为 46 元/工日，则人工费为：15.3×46=703.80 元。

（二）材料费

1. 材料费

$$材料费=\sum(材料消耗量\times材料单价)$$

$$材料单价=\{(材料原价+运杂费)\times[1+运输损耗率(\%)]\}\times[1+采购保管费率(\%)]$$

【例 3-2】 某工程项目，材料甲消耗量为 300 吨，材料供应价格为 1000 元/吨，运杂费为 18 元/吨，运输损耗率为 2.5%，采购保管费率为 1%，材料的检验试验费为 40 元/吨，则该项目材料甲的材料费为多少元？

解 材料费=300×[(1000+18)×(1+2.5%)]×(1+1%)=316165.35(元)

2. 工程设备费

$$工程设备费=\sum(工程设备量\times工程设备单价)$$

$$工程设备单价=(设备原价+运杂费)\times[1+采购保管费率(\%)]$$

（三）施工机具使用费

1. 施工机械使用费

$$施工机械使用费=\sum(施工机械台班消耗量\times机械台班单价)$$

【例 3-3】 工程项目需租赁 1 台机械，已知该租赁机械的购置费为 150000 元，贷款年利率 6%，该机械转手价值 5000 元，每年平均工作时数 2000 小时，设备的寿命年数 10 年，每年的保险费 3000 元，每年的车船税 300 元，每小时 5L 燃料单价 4 元，机油和润滑油为燃料费的 10%，修理和保养费为购置费的 15%，人工费 20000 元，要求达到的资金利润率 15%，管理费 3%，求该机械使用费。

解 ① 台班折旧费=(150000−5000)×[1+(10+1)/2×6%]/(2000×10/8)=77.14(元)

② 台班大修费，经常修理费=150000×0.15/(2000×10/8)=9.00(元)

③ 人工费=20000/(2000×10/8)=8.00(元)

④ 燃料动力费=10×2000×5×4×(1+10%)/(2000×10/8)=176.00(元)

⑤ 车船使用税=10×300/(2000×10/8)=1.20(元)

⑥ 保险费=10×3000/(2000×10/8)=12.00(元)

⑦ 合计=292.34(元)

⑧ 该租赁机械的台班单价=292.34×(1+15%+3%)=344.96(元/台班)

该机械使用费=台班消耗量×台班单价=(2000×10/8)×344.96=862400(元)

2. 仪器仪表使用费

$$仪器仪表使用费=工程使用的仪器仪表摊销费+维修费$$

（四）企业管理费

企业管理费的计算方法按取费基数的不同分为以下三种。

1. 以分部分项工程费为计算基础

$$企业管理费费率(\%)=\frac{生产工人年平均管理费}{年有效施工天数\times人工单价}\times人工费占分部分项工程费比例(\%)$$

【例 3-4】 某施工项目由预算表可知，其分部分项工程费为 500 万元，按规定标准计算的措施费为 100 万元，企业管理费费率为 15%，则该项目的企业管理费为多少万元？

解 企业管理费=500×15%=75(万元)

2. 以人工费和机械费合计为计算基础

$$企业管理费费率(\%)=\frac{生产工人年平均管理费}{年有效施工天数\times(人工单价+每一工日机械使用费)}\times100\%$$

【例 3-5】 某施工项目由预算表和规定标准可知，其分部分项工程费为 800 万元。其中，人工费和机械费合计为 300 万元，按人工费和机械费之和计算的企业管理费费率为 20%，则该项目的企业管理费为多少万元？

解 企业管理费＝300×20%＝60(万元)

3. 以人工费为计算基础

$$企业管理费费率(\%)=\frac{生产工人年平均管理费}{年有效施工天数\times人工单价}\times100\%$$

【例 3-6】 某施工项目由预算表和规定标准可知，其分部分项工程费为 800 万元。其中，人工费为 300 万元，按人工费计算的企业管理费费率为 30%，则该项目的企业管理费为多少万元？

解 企业管理费＝300×30%＝90(万元)

（五）利润

（1）施工企业根据企业自身需求并结合建筑市场实际自主确定，列入报价中。

（2）工程造价管理机构在确定计价定额中利润时，应以定额人工费或（定额人工费＋定额机械费）作为计算基数，在税前建筑安装工程费的比重可按不低于 5%且不高于 7%的费率计算。利润应列入分部分项工程和措施项目中。

利润＝取费基数×利润率(%)

【例 3-7】 某施工项目由预算表可知，其直接工程费为 500 万元，按规定标准计算的措施费为 100 万元，按直接费计算的间接费费率为 15%，按直接费与间接费之和计算的利润率为 2%，则该项目的利润为多少万元？

解 间接费＝（500＋100）×15%＝90(万元)

利润＝（500＋100＋90）×2%＝13.8(万元)

（六）规费

1. 社会保险费和住房公积金

社会保险费和住房公积金应以定额人工费为计算基础，根据工程所在地省、自治区、直辖市或行业建设主管部门规定费率计算。

社会保险费和住房公积金＝Σ（工程定额人工费×社会保险费和住房公积金费率）

式中，社会保险费和住房公积金费率可以每万元发承包价的生产工人人工费和管理人员工资含量与工程所在地规定的缴纳标准综合分析取定。

2. 工程排污费

工程排污费等其他应列而未列入的规费应按工程所在地环境保护等部门规定的标准缴纳，按实计取列入。

（七）税金

根据我国现行税法规定，建筑安装工程的税金包括营业税、城市维护建设税、教育费附加和地方教育附加四个部分。税金计算如下：

税金＝税前造价×综合税率(%)

1. 营业税

营业税＝总收入×3%

2. 城市维护建设税

城市维护建设税＝营业税×7%(工程所在地在市区)

城市维护建设税＝营业税×5％（工程所在地在县城、镇）

城市维护建设税＝营业税×1％（工程所在地不在市区、县城、镇）

3. 教育费附加

教育费附加＝营业税×3％

4. 地方教育附加

地方教育附加＝营业税×2％

5. 综合税率

为了计算简便，将上述四种税金综合计算。综合税率计算公式如下 。

$$综合税率(\%)=\frac{1}{1-营业税-(营业税\times城市建设维护税)-(营业税\times教育费附加)-(营业税\times地方教育附加)}-1$$

(1) 纳税地点在市区的企业

$$综合税率(\%)=\frac{1}{1-3\%-(3\%\times7\%)-(3\%\times3\%)-(3\%\times2\%)}-1=3.48\%$$

(2) 纳税地点在县城、镇的企业

$$综合税率(\%)=\frac{1}{1-3\%-(3\%\times5\%)-(3\%\times3\%)-(3\%\times2\%)}-1=3.41\%$$

(3) 纳税地点不在市区、县城、镇的企业

$$综合税率(\%)=\frac{1}{1-3\%-(3\%\times1\%)-(3\%\times3\%)-(3\%\times2\%)}-1=3.28\%$$

税金＝(税前造价＋利润)×综合税率(％)

【例 3-8】 市区某建筑公司承建某县城的建筑工程，工程不含税造价为 8000 万元，则该施工企业应缴纳的城市维护建设税为多少万元?

解 含税造价＝8000/[1－3％－(3％×7％)－(3％×3％)－(3％×2％)]＝8278.4(万元)

应纳营业税＝8278.4×3％＝248.35 (万元)

城市维护建设税＝248.35×7％＝17.38 (万元)

二、建筑安装工程计价的方法

(一) 分部分项工程费

分部分项工程费＝Σ(分部分项工程量×综合单价)

式中：综合单价包括人工费、材料费、施工机具使用费、企业管理费和利润以及一定范围的风险费用（下同）。

(二) 措施项目费

1. 国家计量规范规定应予计量的措施项目

计算公式为：

措施项目费＝Σ(措施项目工程量×综合单价)

2. 国家计量规范规定不宜计量的措施项目

计算方法如下：

(1) 安全文明施工费

安全文明施工费＝计算基数×安全文明施工费费率（％）

计算基数应为定额基价（定额分部分项工程费＋定额中可以计量的措施项目费）、定额人工费或（定额人工费＋定额机械费），其费率由工程造价管理机构根据各专业工程的特点综合确定。

(2) 夜间施工增加费

夜间施工增加费＝计算基数×夜间施工增加费费率（%）

（3）二次搬运费

二次搬运费＝计算基数×二次搬运费费率（%）

（4）冬雨季施工增加费

冬雨季施工增加费＝计算基数×冬雨季施工增加费费率（%）

（5）已完工程及设备保护费

已完工程及设备保护费＝计算基数×已完工程及设备保护费费率（%）

上述（2）～（5）项措施项目的计费基数应为定额人工费或（定额人工费＋定额机械费），其费率由工程造价管理机构根据各专业工程特点和调查资料综合分析后确定。

（三）其他项目费

（1）暂列金额由建设单位根据工程特点，按有关计价规定估算，施工过程中由建设单位掌握使用、扣除合同价款调整后如有余额，归建设单位。

（2）计日工由建设单位和施工企业按施工过程中的签证计价。

（3）总承包服务费由建设单位在招标控制价中根据总包服务范围和有关计价规定编制，施工企业投标时自主报价，施工过程中按签约合同价执行。

（四）规费和税金

建设单位和施工企业均应按照省、自治区、直辖市或行业建设主管部门发布标准计算规费和税金，不得作为竞争性费用。

三、建筑安装工程计价的程序

建筑安装工程计价包括建设单位工程招标控制价、施工企业工程投标报价和竣工结算价，计算的程序各有不同。

1. 建设单位工程招标控制价计价程序（见表3-1）

表3-1　建设单位工程招标控制价计价程序

工程名称：　　　　　　　　　　　　　　　　标段：

序　号	内　容	计算方法	金　额/元
1	分部分项工程费	按计价规定计算	
2	措施项目费	按计价规定计算	
2.1	其中:安全文明施工费	按规定标准计算	
3	其他项目费		
3.1	其中:暂列金额	按计价规定估算	
3.2	其中:专业工程暂估价	按计价规定估算	
3.3	其中:计日工	按计价规定估算	
3.4	其中:总承包服务费	按计价规定估算	
4	规费	按规定标准计算	
5	税金(扣除不列入计税范围的工程设备金额)	(1＋2＋3＋4)×规定税率	
招标控制价合计＝(1＋2＋3＋4＋5)			

2. 施工企业工程投标报价计价程序（见表 3-2）

表 3-2 施工企业工程投标报价计价程序

工程名称： 标段：

序 号	内 容	计算方法	金额/元
1	分部分项工程费	自主报价	
2	措施项目费	自主报价	
2.1	其中：安全文明施工费	按规定标准计算	
3	其他项目费		
3.1	其中：暂列金额	按招标文件提供金额计列	
3.2	其中：专业工程暂估价	按招标文件提供金额计列	
3.3	其中：计日工	自主报价	
3.4	其中：总承包服务费	自主报价	
4	规费	按规定标准计算	
5	税金（扣除不列入计税范围的工程设备金额）	（1＋2＋3＋4）×规定税率	
投标报价合计＝（1＋2＋3＋4＋5）			

3. 竣工结算价计价程序（见表 3-3）

表 3-3 竣工结算价计价程序

工程名称： 标段：

序 号	汇总内容	计算方法	金额/元
1	分部分项工程费	按合同约定计算	
2	措施项目	按合同约定计算	
2.1	其中：安全文明施工费	按规定标准计算	
3	其他项目		
3.1	其中：专业工程结算价	按合同约定计算	
3.2	其中：计日工	按计日工签证计算	
3.3	其中：总承包服务费	按合同约定计算	
3.4	索赔与现场签证	按发承包双方确认数额计算	
4	规费	按规定标准计算	
5	税金（扣除不列入计税范围的工程设备金额）	（1＋2＋3＋4）×规定税率	
竣工结算总价合计＝（1＋2＋3＋4＋5）			

四、建筑安装工程费用计算实例

1. 定额计价建筑安装工程费用

由于各个地区建筑水平的不同，在建筑安装工程费用的计算上，各个地区关于工程费用的划分、取费标准和计算程序可能不一致，没有完全统一的标准。一般是以国家的《建筑安装工程费用组成》为依据，结合各地区的实际情况，编制费用组成和计算程序。

下面以湖北省现行的建筑安装工程费用定额为依据，介绍建筑安装工程费用的计算方法，各地可结合本地区的费用定额进行学习。

【例 3-9】 某一住宅楼工程，六层框架结构，建设地点位于某省某市内，经计算该项目有关费用如下：

① 分部分项工程费 1200 万元，其中人工费 240 万元，材料费 840 万元，机械费 120

万元；

② 单价措施项目费150万元，其中人工费40万元，材料费50万元，机械费60万元；

③ 根据有关规定，材料价差40万元，不考虑人工价差。

请以某地区2013年《建筑安装工程费用定额》为依据，采用定额计价，计算该工程的含税工程造价，并将计算步骤填入表3-4。所有步骤计算结果四舍五入取整数（万元）。

表3-4 单位工程造价计算程序表

序号	费用项目		计算方法	
1	分部分项工程费		1.1+1.2+1.3	1.1+1.2+1.3
1.1	其中	人工费	Σ(人工费)	
1.2		材料费	Σ(材料费)	
1.3		施工机具使用费	Σ(机械费)	
2	措施项目费		2.1+2.2	
2.1	单价措施项目费		2.1.1+2.1.2+2.1.3	
2.1.1	其中	人工费	Σ(人工费)	
2.1.2		材料费	Σ(材料费)	
2.1.3		施工机具使用费	Σ(施工机具使用费)	
2.2	总价措施项目费		2.2.1+2.2.2	
2.2.1	其中	安全文明施工费	(1.1+1.3+2.1.1+2.1.3)×费率	
2.2.2		其他总价措施项目费	(1.1+1.3+2.1.1+2.1.3)×费率	
3	总承包服务费		项目价值×费率	
4	企业管理费		(1.1+1.3+2.1.1+2.1.3)×费率	
5	利润		(1.1+1.3+2.1.1+2.1.3)×费率	
6	规费		(1.1+1.3+2.1.1+2.1.3)×费率	
7	索赔与现场签证		索赔与现场签证费用	
8	不含税工程造价		(1+2+3+4+5+6+7)	
9	税金		(8)×费率	
10	含税工程造价		(8+9)	

解 某住宅楼工程造价计算见表3-5。

表3-5 某住宅楼工程造价表

序 号	费用项目		计算方法	金额/万元
1	分部分项工程费		1.1+1.2+1.3	1200
1.1	其中	人工费	Σ(人工费)	240
1.2		材料费	Σ(材料费)	840
1.3		施工机具使用费	Σ(机械费)	120
2	措施项目费		2.1+2.2	214.08
2.1	单价措施项目费		2.1.1+2.1.2+2.1.3	150
2.1.1	其中	人工费	Σ(人工费)	40
2.1.2		材料费	Σ(材料费)	50
2.1.3		施工机具使用费	Σ(施工机具使用费)	60
2.2	总价措施项目费		2.2.1+2.2.2	64.08
2.2.1	其中	安全文明施工费	(1.1+1.3+2.1.1+2.1.3)×13.28%	61.09
2.2.2		其他总价措施项目费	(1.1+1.3+2.1.1+2.1.3)×0.65%	2.99
3	企业管理费		(1.1+1.3+2.1.1+2.1.3)×23.84%	109.66
4	利润		(1.1+1.3+2.1.1+2.1.3)×18.17%	83.58
5	规费		(1.1+1.3+2.1.1+2.1.3)×24.72%	113.71
6	不含税工程造价		(1+2+3+4+5)	1721.03
7	税金		(6)×3.48%	59.89
8	含税工程造价		(6+7)	1779.92

2. 清单计价费用计算实例

【例 3-10】 已计算出某三层宿舍楼工程的分部分项直接工程费为 32654.27 元，措施项目费为 10000 元，其他项目费 5000 元，试计算该建筑工程清单计价模式下的工程造价。

解 以某地区 2013 年《建筑安装工程费用定额》为依据，采用清单计价，计算该工程的含税工程造价，并将计算步骤填入表 3-6。

表 3-6 宿舍楼工程造价清单计价计算表

序号	费用项目	计算方法	金额/元
1	分部分项工程费	Σ(分部分项工程费)	32654.27
2	措施项目费	Σ(措施项目费)	10000.00
3	其他项目费	Σ其他项目费	5000.00
4	规费	(1+2+3)×24.72%	11780.14
5	税金	(1+2+3+4)×3.48%	2068.32
6	含税工程造价	(1+2+3+4+5)	61502.73

小结

本章主要介绍建筑安装工程费用的有关知识点。介绍了建筑安装工程费用的组成内容；两种计价模式——定额计价和清单计价体系下建筑安装工程费用的构成及确定方法和程序；通过实例说明建筑安装工程费用的计算方法。

思考题

1. 建筑安装工程由哪些费用组成？各费用具体包括的内容有哪些？
2. 按费用构成要素，建筑安装工程费用由哪些项目组成？
3. 按工程造价形成顺序，建筑安装工程费用由哪些项目组成？
4. 两种计价模式的建筑安装工程费用计算方法是否相同？为什么？

练习题

已知某六层住宅工程的建筑面积为 1000m^2，其分部分项工程费为 235038.50 元，措施项目费 102000.00 元，试求：(1) 工程造价；(2) 每 m^2 造价。

技能考核表

见表 3-7。

表 3-7 建筑安装工程费用计算技能考核表

知识要求	评价范围	评价内容	评价分值
基础知识	建筑安装工程费用的组成内容	① 建筑安装工程费用的概念 ② 建筑安装工程费用的构成 ③ 建筑安装工程费用的内容	20 分
专业知识	建筑安装工程费用的确定	① 定额计价模式下工程造价的构成及计算程序 ② 清单计价模式下工程造价的构成及计算程序	50 分
专项能力	工程造价文件的编制	① 施工图预算书中取费表的编制 ② 工程量清单计价的编制	30 分

第四章 工程计量

知识目标

- 了解工程量的含义和工程计量的方法
- 理解工程量计算规则
- 掌握定额计价模式下建筑工程及装饰装修工程各分部分项工程量的计算

能力目标

- 能正确解释工程量的概念及计算技巧
- 能熟练应用工程量计算规则
- 能操作建筑工程、装饰装修工程各分部分项工程及技术措施项目工程量的计算

工程量的计算是确定建筑安装工程直接费用，进而编制准确的单位工程造价的重要环节；是编制施工图预算、编制工程量清单计价和投标报价的重要依据；是进行财务管理与成本核算的重要指标。因此，正确计算工程量，对于正确确定工程造价和加强内部管理都具有十分重要的意义。

要准确计算工程量，就必须按照一定的规则来计算，本章以现行的《全国统一建筑工程预算工程量计算规则》（土建工程）（GJDGZ-101—1995）、《全国统一建筑工程基础定额》（GJD-101—1995）、《全国统一建筑装饰装修工程消耗量定额》（GYD-901—2002）为依据，并结合相应实例重点介绍定额计价方式下建筑工程及装饰装修工程的工程量计算规则及计算方法。

第一节 工程计量的原理和方法

一、工程量的概念

工程量，就是以物理计量单位或自然单位所表示的各个分项工程和结构配件的数量。

物理计量单位表示物体的长度、面积、体积、重量等。如建筑工程中挖土方、基础、墙体、混凝土梁、板、柱等工程量以体积（m^3）为计量单位；楼地面、墙面抹灰等工程量以面积（m^2）为计量单位；管道工程、装饰线等工程量以长度（m）为计量单位、钢柱、钢梁、钢屋架等工程量以重量（t）为计量单位等。

自然计量单位是指以施工对象本身自然组成情况为计量单位，如个、樘、台、组、套等。

二、工程量计算的依据和原则

（一）工程量计算的依据

工程量计算的依据一般有以下几点。

① 经审定的施工图纸及设计说明；

② 经审定的施工组织设计或施工方案；

③《建设工程工程量清单计价规范》；

④ 工程招标文件、施工合同或协议；

⑤ 定额说明及其工程量计算规则；

⑥ 工具书和有关手册等。

（二）工程量计算的一般原则

工程量计算是一个重要而细致的过程，为防止计算过程中出现错算、漏算和重复计算，通常要遵循以下一些原则。

1. 熟悉相关基础资料，熟练掌握工程量计算规则

对于初学者来说，计算前要熟悉设计说明、施工图纸和施工组织设计说明；熟悉定额及计价规范的项目内容，工程量计算规则及说明；熟悉施工现场情况、施工方案和施工方法是准确计算工程量的必要条件。

2. 计算口径必须一致

计算工程量时，根据施工图及有关资料列出的分项工程的口径（指分项工程所包括的工作内容和范围），必须与规范或定额中相应分项工程的口径相一致。例如：楼地面工程中，整体面层和块料面层均不包括踢脚线工料，设计如做踢脚线者，按相应定额项目计算。

3. 计量单位必须一致

工程量的计量单位，应以定额的计量单位为准。例如某市预算基价规定，砌墙体的工程量以 $10m^3$ 作为计量单位，建筑面积的工程量以 $100m^2$ 作为计量单位，钢材的工程量以吨（t）作为计量单位。

4. 工程量计算精确度要统一

计算工程量的小数位数，要按规定的位数保留。一般以吨（t）为单位的项目保留三位小数；以立方米（m^3）、平方米（m^2）、米（m）、千克（kg）为单位的项目保留两位小数，以个、件为单位的项目保留整数。

5. 工程量计算完毕后应进行复核

复核时应注意检查其项目、算式、数字及小数点等是否有错误和遗漏。

三、工程量计算的顺序和方法

计算工程量应按照一定的顺序依次进行，既可以节省看图时间，加快计算速度，又可以避免重算或漏算。下面分别介绍土建工程中工程量计算通常采用的几种方法。

（一）按施工顺序计算

按施工顺序计算就是按照施工先后顺序依次计算工程量，即按先地下，后地上；先底层，后上层；先基础，后结构；先结构，后装修；先主要，后次要的顺序计算。大型和复杂工程应先划成区域，编成区号，分区计算。

（二）按定额顺序计算

在计算分部分项工程量时，可以按当地定额章节编制顺序列出分项工程子目，即按土石方工程→桩基础工程→砌筑工程→钢筋混凝土工程→门窗木结构工程等，依次进行计算。按这个顺序计算可以避免重算或漏算现象发生。

（三）按图纸顺时针方向计算

先从平面图左上角开始，按照房间号的顺序依次计算，绕一圈后回到左上角止。如图4-1所示，此方法适用于外墙、外墙基础、外墙挖地槽、楼地面、墙面、天棚等抹灰工程量的计算。

（四）按“先横后竖、先上后下、先左后右”的顺序计算

如图 4-2 所示，以平面图上从左到右、先外后内、先横后竖、从上到下的顺序依次计算。此方法较适宜于内墙挖地槽、内墙砌筑、内墙装饰等工程量的计算。

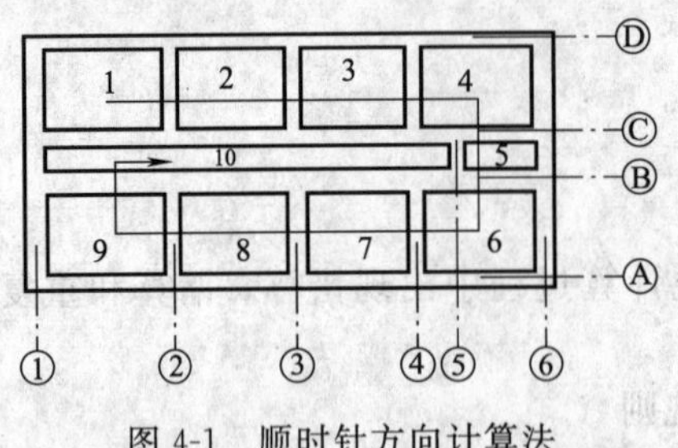

图 4-1 顺时针方向计算法

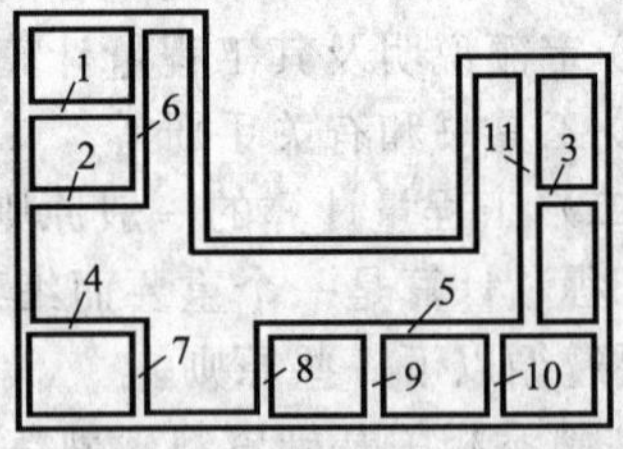

图 4-2 横竖计算法

（五）按图纸的轴线编号顺序计算

可按先外后内的顺序进行。如外墙、内墙有关工程项目的工程量计算。

（六）按建筑物层数以及结构构件的编号进行计算

多层及高层建筑物可按层次进行计算（如首层、二层、三层等）。结构构件可按图纸柱、梁、板的编号顺序分别计算。如图 4-3 所示，柱按编号 Z1、Z2…的顺序计算；梁按 L1、L2…的顺序计算；板按 B1、B2…的顺序计算。门窗工程量计算可按门窗明细表的排列顺序计算。

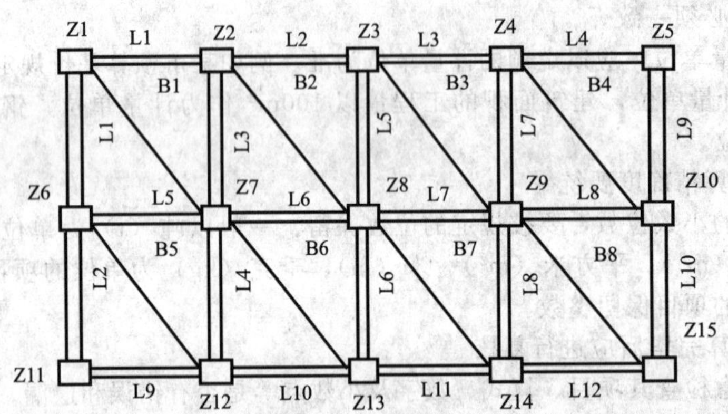

图 4-3 按编号分类顺序计算法

总之，工程量计算顺序，并不完全限于以上几种，预算人员可根据自己的经验和习惯，采取各种不同的方法和形式，但要求计算式简明易懂，层次清楚，有条不紊，算式统一，准确不漏项，且易检查核算。

第二节 建筑面积计算规则

一、建筑面积的概念

建筑面积也称为建筑展开面积，是建筑物各层面积之和。建筑面积包括使用面积、辅助面积和结构面积。

（1）使用面积　是指建筑物各层平面中直接为生产或生活使用的净面积之和。如办公室、卧室、客厅等。

（2）辅助面积　是指建筑物各层平面中为辅助生产或生活所占净面积之和。如楼梯间、电梯间等。使用面积与辅助面积的总和称为“有效面积”。

(3) 结构面积　是指建筑物各层平面中墙体、柱子等结构所占用的面积的总和。

二、建筑面积的作用

① 建筑面积是编制建筑工程概预算的基础数据，通常用来确定占地面积、建筑密度、居住面积系数及单方造价的指标，也是确定建筑工程技术经济指标的重要依据。

② 建筑面积是确定建筑工程分部分项工程量的基础数据，如平整场地，楼地面工程，脚手架工程项目，都与建筑面积有直接关系。

③ 建筑面积是控制、评价设计方案的重要依据，对于评定设计方案优劣，对于施工企业及建设单位加强科学管理，降低工程造价，提高投资效益都具有重要意义。

三、建筑面积的计算

(一) 计算建筑面积的范围

(1) 单层建筑物的建筑面积，应按其外墙勒脚以上结构外围水平面积计算。如图 4-4 所示。

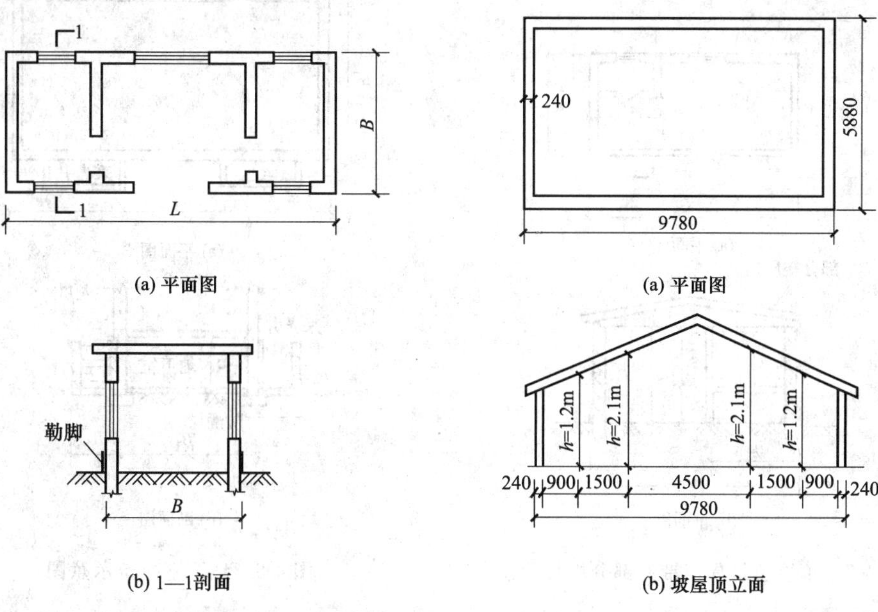

图 4-4　单层建筑物建筑面积示意图　　图 4-5　坡屋顶建筑物示意图

用公式表示为：

$$S=L\times B \tag{4-1}$$

式中，S 为单层建筑物建筑面积；L 为两端山墙勒脚以上外围水平距离；B 为两端纵墙勒脚以上外围水平距离。

单层建筑物计算建筑面积时应符合以下规定。

① 单层建筑物高度在 2.20m 及以上者应计算全面积；高度不足 2.20m 者应计算 1/2 面积。

② 利用坡屋顶内空间时，顶板下表面至楼面的净高超过 2.10m 的部位应计算全面积；净高在 1.20～2.10m 的部位应计算 1/2 面积；净高不足 1.20m 的部位不应计算面积。如图 4-5 所示。

【例 4-1】 某单层建筑物平面图如图 4-6 所示，建筑物檐高 3.6m，平屋顶，求该建筑物的建筑面积。

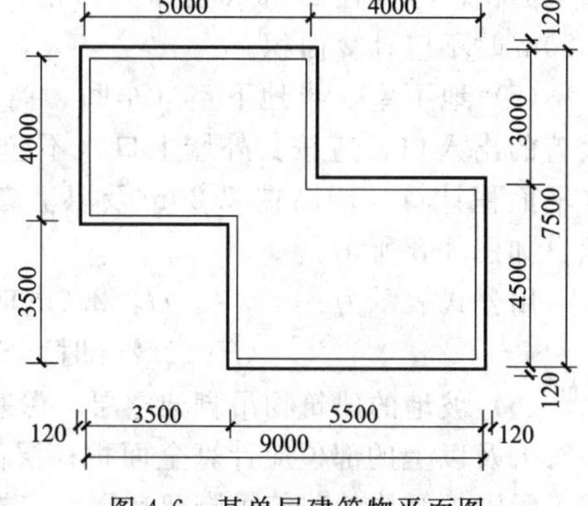

图 4-6　某单层建筑物平面图

解　$S=(9+0.24)\times(7.5+0.24)-4\times3-$

3.5×3.5=47.27(m^2)

则该单层建筑的建筑面积为 47.27m^2。

【例 4-2】 某单层坡屋顶建筑物坡屋顶加以利用，如图 4-5 所示，试计算该单层建筑物建筑面积。

解 $S=9.78\times5.88+2\times5.88\times1.5\times1/2+4.5\times5.88=92.79$ (m^2)

(2) 单层建筑物内设有局部楼层者，局部楼层的二层及以上楼层，有围护结构的应按其围护结构外围水平面积计算。无围护结构的应按其结构底板水平面积计算。层高在 2.20m 及以上者应计算全面积；层高不足 2.20m 者应计算 1/2 面积。如图 4-7 所示。

用公式表示为： $$S=L\times B+a\times b \tag{4-2}$$

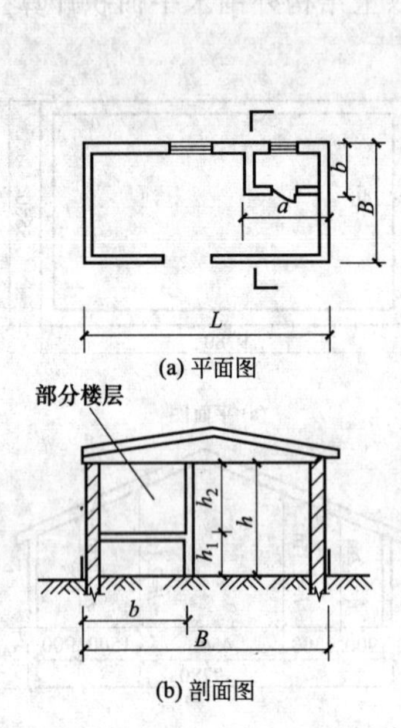

图 4-7 单层建筑局部带有部分楼层示意图

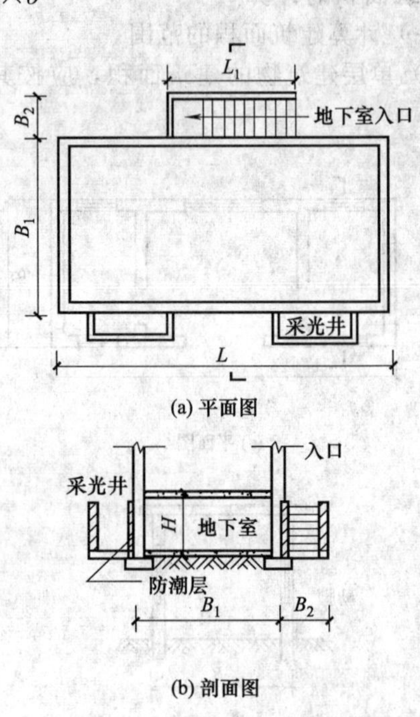

图 4-8 地下室建筑示意图

(3) 多层建筑物首层应按其外墙勒脚以上结构外围水平面积计算；二层及以上楼层应按其外墙结构外围水平面积计算。层高在 2.20m 及以上者应计算全面积；层高不足 2.20m 者应计算 1/2 面积。

(4) 多层建筑坡屋顶内和场馆看台下，当设计加以利用时净高超过 2.10m 的部位应计算全面积；净高在 1.20m 至 2.10m 的部位应计算 1/2 面积；当设计不利用或室内净高不足 1.20m 时不应计算面积。

(5) 地下室、半地下室（车间、商店、车站、车库、仓库等），包括相应的有永久性顶盖的出入口，应按其外墙上口（不包括采光井、外墙防潮层及其保护墙）外边线所围水平面积计算。层高在 2.20m 及以上者应计算全面积；层高不足 2.20m 者应计算 1/2 面积。如图 4-8 所示。

用公式表示为： $H\geqslant2.2$m 时，$S=L\times B_1+L_1\times B_2$ (4-3)

$H<2.2$m 时，$S=1/2\times(L\times B_1)+L_1\times B_2$ (4-4)

(6) 坡地的建筑物吊脚架空层、深基础架空层，设计加以利用并有围护结构的，层高在 2.20m 及以上的部位应计算全面积；层高不足 2.20m 的部位应计算 1/2 面积。设计加以利用、无围护结构的建筑吊脚架空层，应按其利用部位水平面积的 1/2 计算；设计不利用的深基础架空层、坡地吊脚架空层、多层建筑坡屋顶内、场馆看台下的空间不应计算面积。如图 4-9、图 4-10 所示。

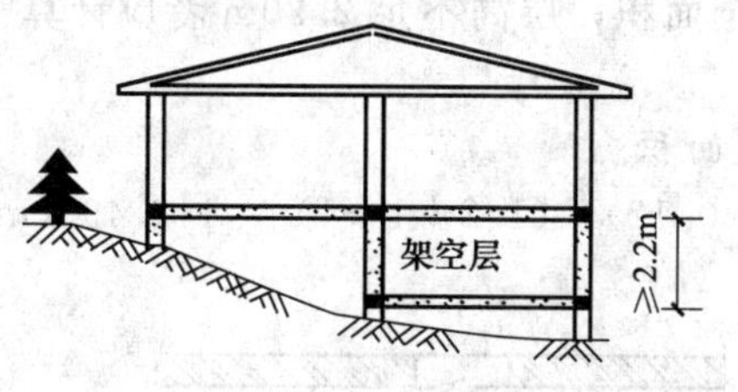

图 4-9　坡地吊脚架空层示意图

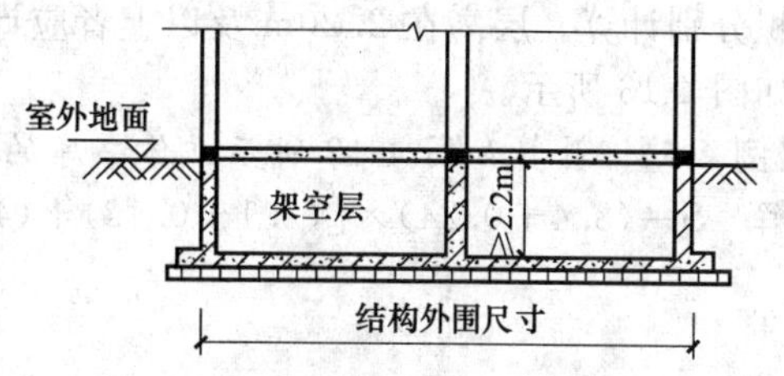

图 4-10　深基础架空层示意图

(7) 建筑物的门厅、大厅按一层计算建筑面积。门厅、大厅内设有回廊时，应按其结构底板水平面积计算。回廊层高在 2.20m 及以上者应计算全面积；层高不足 2.20m 者应计算 1/2 面积。

【例 4-3】 计算如图 4-11 所示回廊建筑面积，已知①回廊层高为 2.4m，②回廊层高为 2.1m。

解 ① 回廊层高为 2.4m 时，

回廊建筑面积 $S=(15-0.24)\times1.6\times2+(10-0.24-1.6\times2)\times1.6\times2=68.22$ (m²)

② 回廊层高为 2.1m 时，

回廊建筑面积 $S=[(15-0.24)\times1.6\times2+(10-0.24-1.6\times2)\times1.6\times2]\times1/2=34.11$ (m²)

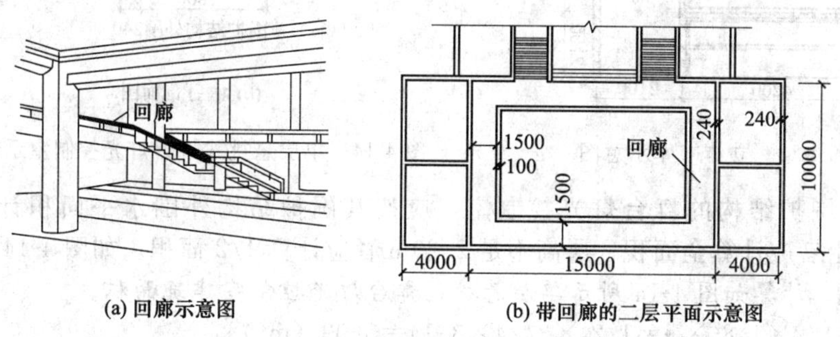

图 4-11　带回廊建筑物示意图

(8) 建筑物间有围护结构的架空走廊，应按其围护结构外围水平面积计算，层高在 2.20m 及以上者应计算全面积；层高不足 2.20m 者应计算 1/2 面积。有永久性顶盖无围护结构的应按其结构底板水平面积的 1/2 计算。如图 4-12 所示。

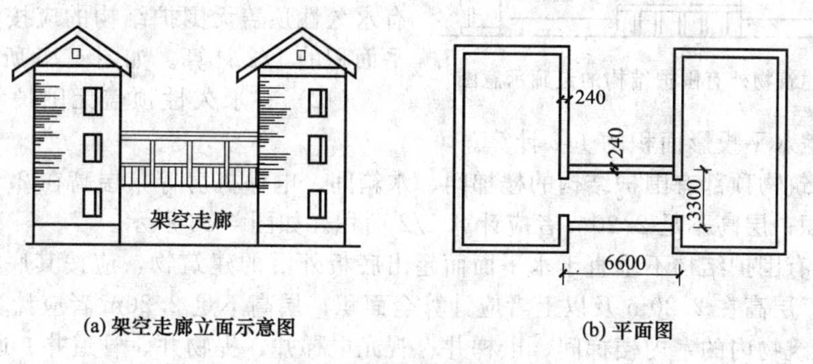

图 4-12　有围护结构架空走廊建筑物示意图

【例 4-4】 如图 4-12 所示，某架空走廊层高为 2.1m，试计算该架空走廊的建筑面积。

解 $S=1/2\times(6.6-0.24)\times(3.3+0.24)=11.26\ (m^2)$

(9) 立体书库、立体仓库、立体车库，无结构层的应按一层计算，有结构层的应按其结构面积分别计算。层高在 2.20m 及以上者应计算全面积；层高不足 2.20m 者应计算 1/2 面积。如图 4-13 所示。

【例 4-5】 计算如图 4-13 所示立体书库的建筑面积。

解 $S=(8.4+0.24)\times[(2.1+0.12)+(4.2+0.12)\times(1/2+1+1)]=112.49\ (m^2)$

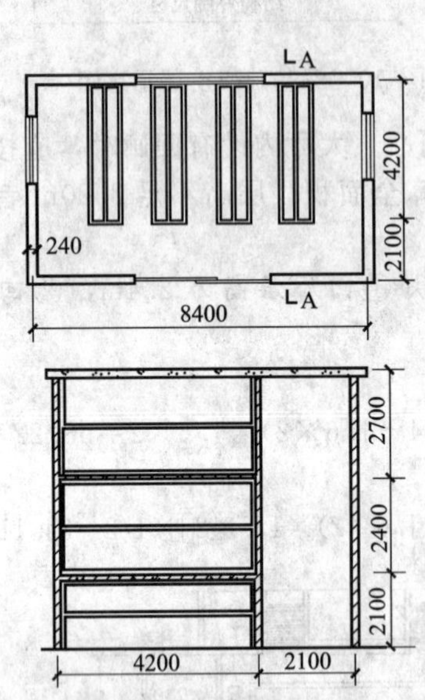

图 4-13 立体书库示意图

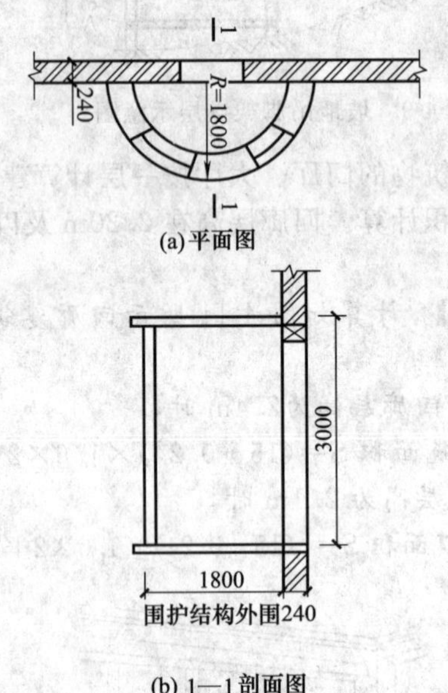

图 4-14 单层悬挑式舞台灯光控制室示意图

(10) 有围护结构的舞台灯光控制室，应按其围护结构外围水平面积计算。层高在 2.20m 及以上者应计算全面积；层高不足 2.20m 者应计算 1/2 面积。如图 4-14 所示。

【例 4-6】 计算如图 4-14 所示单层悬挑式舞台灯光控制室建筑面积。

解 $S=1/2\times1.8^2\times\pi=1/2\times3.24\times3.14=5.09\ (m^2)$

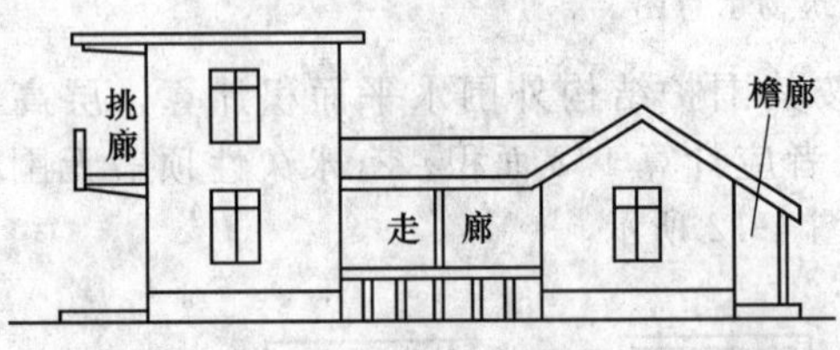

图 4-15 建筑物外有围护结构的走廊示意图

(11) 建筑物外有围护结构的落地橱窗、门斗、挑廊、走廊、檐廊，应按其围护结构外围水平面积计算。层高在 2.20m 及以上者应计算全面积；层高不足 2.20m 者应计算1/2面积。有永久性顶盖无围护结构的应按其结构底板水平面积的 1/2 计算。如图 4-15 所示。

(12) 有永久性顶盖无围护结构的场馆看台应按其顶盖水平投影面积的 1/2 计算。

(13) 建筑物顶部有围护结构的楼梯间、水箱间、电梯机房等，层高在 2.20m 及以上者应计算全面积；层高不足 2.20m 者应计算 1/2 面积。如图 4-16 所示。

(14) 设有围护结构不垂直于水平面而超出底板外沿的建筑物，应按其底板面的外围水平面积计算。层高在 2.20m 及以上者应计算全面积；层高不足 2.20m 者应计算 1/2 面积。

(15) 建筑物内的室内楼梯间、电梯井、观光电梯井、提物井、管道井、通风排气竖井、垃圾道、附墙烟囱应按建筑物的自然层计算。如图 4-17 所示。

用公式表示为： 电梯井面积＝电梯井长×电梯井宽×楼层数 (4-5)

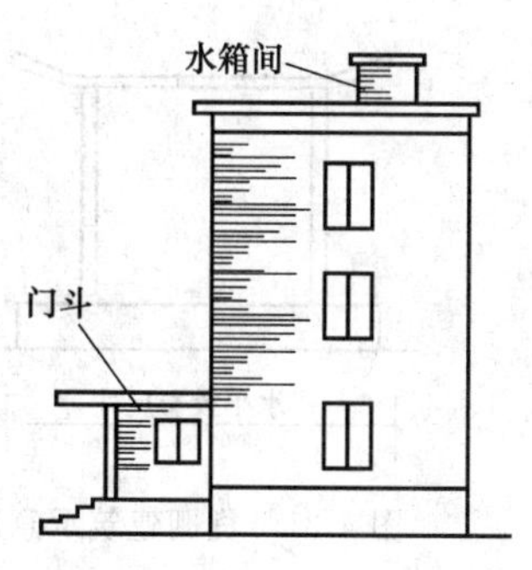

图 4-16 有围护结构的门斗和水箱间示意图

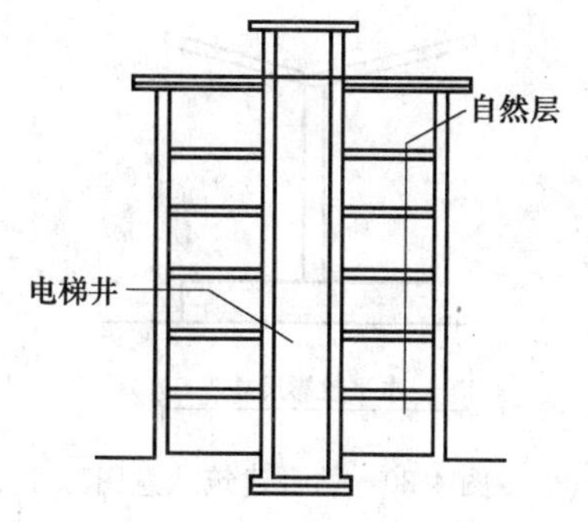

图 4-17 电梯井示意图

(16) 雨篷结构的外边线至外墙结构外边线的宽度超过 2.10m 者，应按雨篷结构板的水平投影面积的 1/2 计算。如图 4-18 所示。

用公式表示为：

$$S=1/2\times A\times B \tag{4-6}$$

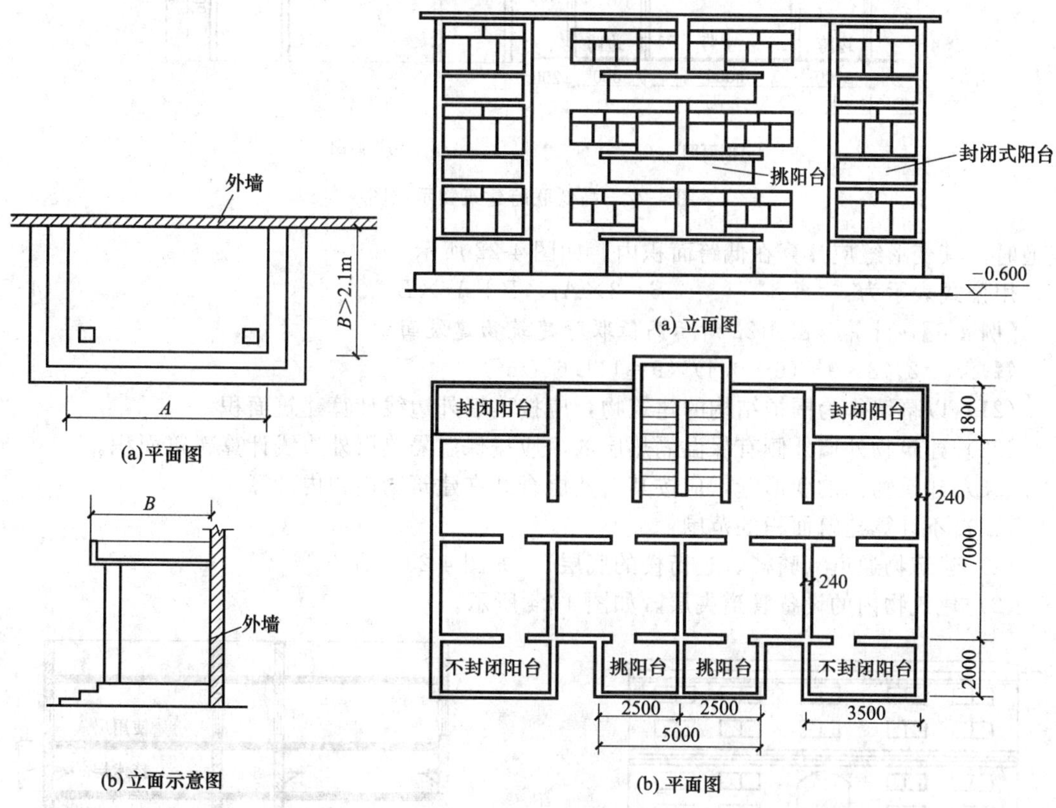

图 4-18 雨篷结构示意图

图 4-19 某民用建筑示意图

(17) 有永久性顶盖的室外楼梯，应按建筑物自然层的水平投影面积的 1/2 计算。

(18) 建筑物的阳台均应按其水平投影面积的 1/2 计算。如图 4-19 所示。

【例 4-7】 试计算如图 4-19 所示某民用建筑阳台建筑面积。

解 $S=2\times(3.5+0.24)\times(2-0.12)\times1/2+(5+0.24)\times(2-0.12)\times1/2+2\times3.5\times(1.8-0.12)\times1/2=17.84\ (\text{m}^2)$

(19) 有永久性顶盖无围护结构的车棚、货棚、站台、加油站、收费站等，应按其顶盖水平投影面积的 1/2 计算。如图 4-20、图 4-21 所示。

(20) 高低联跨的建筑物，应以高跨结构外边线为界分别计算建筑面积；其高低跨内部

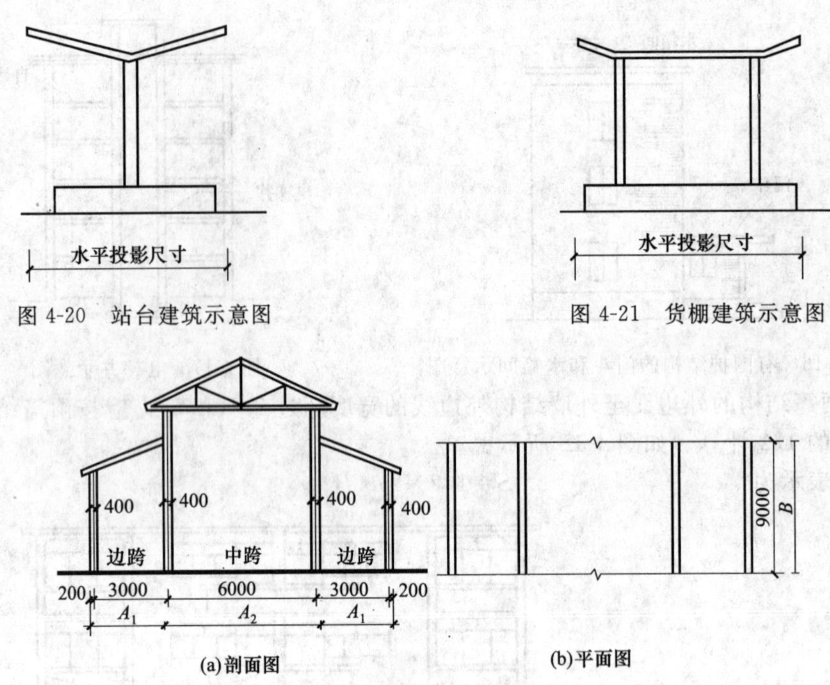

图 4-20 站台建筑示意图

图 4-21 货棚建筑示意图

图 4-22 高低联跨建筑物示意图

连通时，其变形缝应计算在低跨面积内。如图 4-22 所示。

用公式表示为：

$$S=2\times A_1\times B+A_2\times B \tag{4-7}$$

【例 4-8】 计算如图 4-22 所示高低联跨建筑物建筑面积。

解 $S=2\times3\times9+(6+0.4)\times9=111.6\ (\mathrm{m}^2)$

(21) 以幕墙作为围护结构的建筑物，应按幕墙外边线计算建筑面积。

(22) 建筑物外墙外侧有保温隔热层的，应按保温隔热层外边线计算建筑面积。

(23) 建筑物内的变形缝，应按其自然层合并在建筑物面积内计算。

(二) 不计算建筑面积的范围

(1) 建筑物通道（骑楼、过街楼的底层）。如图 4-23 所示。

(2) 建筑物内的设备管道夹层。如图 4-24 所示。

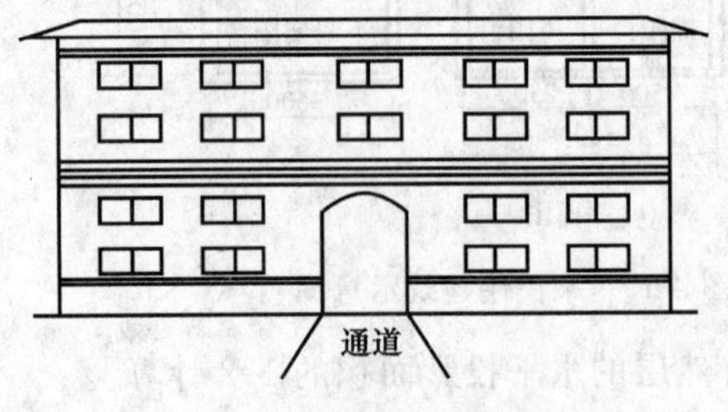

图 4-23 建筑物通道示意图

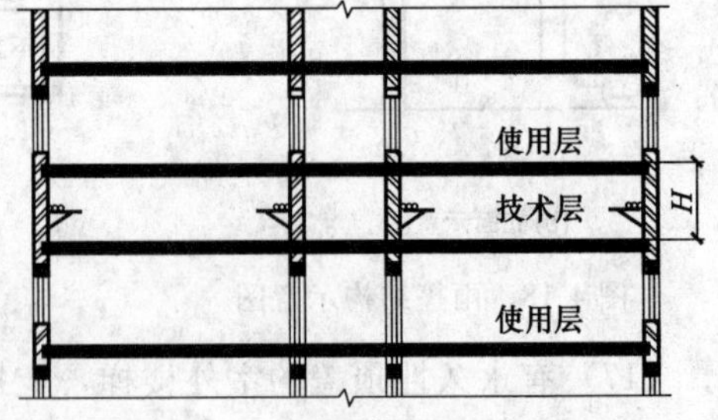

图 4-24 设备管道夹层示意图

(3) 建筑物内分隔的单层房间，舞台及后台悬挂幕布、布景的天桥、挑台等。

(4) 屋顶水箱、花架、凉棚、露台、露天游泳池。

(5) 建筑物内的操作平台、上料平台、安装箱和罐体的平台。

(6) 勒脚、附墙柱、垛、台阶、墙面抹灰、装饰面、镶贴块料面层、装饰性幕墙、空调室外机搁板（箱）、飘窗、构件、配件、宽度在 2.10m 及以内的雨篷以及与建筑物内不相连通的装饰性阳台、挑廊。

(7) 无永久性顶盖的架空走廊、室外楼梯和用于检修、消防等的室外钢楼梯、爬梯。

(8) 自动扶梯、自动人行道。

(9) 独立烟囱、烟道、地沟、油(水)罐、气柜、水塔、贮油(水)池、贮仓、栈桥、地下人防通道、地铁隧道。

(三) 建筑面积计算综合举例

【例 4-9】 某别墅工程平面示意如图 4-25 所示，试计算该别墅工程建筑面积。

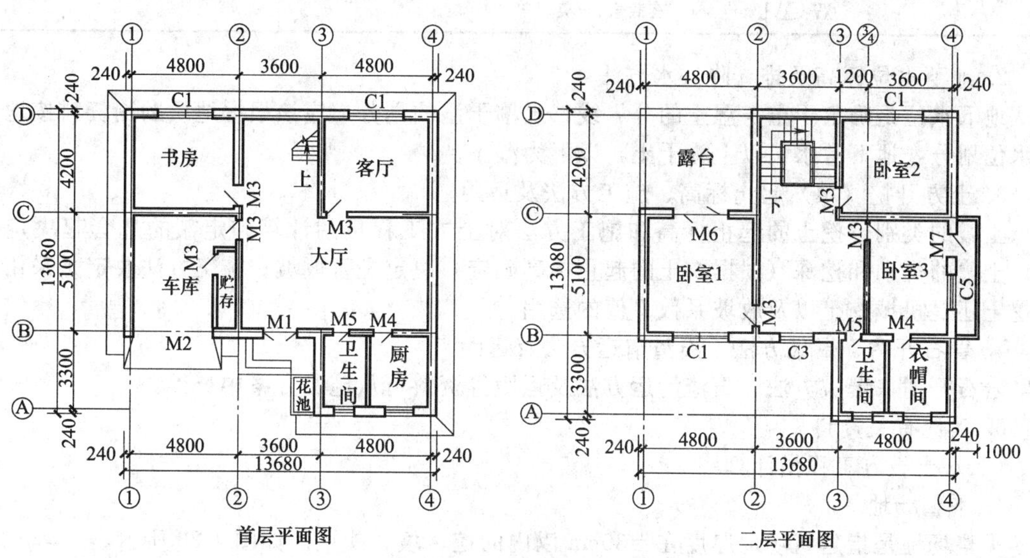

图 4-25 某别墅工程平面图

解 首层建筑面积＝13.68×13.08－3.3×(4.8＋3.6)＝151.21(m^2)

二层建筑面积＝首层建筑面积－4.8×4.2(露台)＋1/2×5.1×1.0(阳台)

＝151.21－20.16＋2.55＝133.6(m^2)

第三节 建筑工程定额工程量计算

一、土石方工程工程量的计算

土石方工程包括平整场地、挖地槽(管沟槽)、挖地坑、挖土方、回填土、土方运输等项目。

(一) 土石方工程的工作内容

土石方分部的工作内容主要涉及土石方的挖掘、运输、爆破、场地平整、回填土、降水等。计算土石方工程量前应确定下列资料。

1. 土壤及岩石的类别

土壤及岩石有两种分类方法，一种是按地质勘测的分类方法(普氏分类)，一种是按定额分类方法。见表 4-1。

表 4-1 土壤及岩石分类对照表

定额分类	普氏分类	土(或岩石)的形状	开挖方法及工具	平均密度/(kg/m³)	坚固系数
一、二类土	Ⅰ、Ⅱ	普通土	锹、镐	600～1900	0.5～0.8
三类土	Ⅲ	坚土	尖锹与镐	1400～1900	0.8～1.0
四类土	Ⅳ	砂砾坚土	尖锹、镐、撬棍	1950～2000	1.0～1.5

续表

定额分类	普氏分类	土(或岩石)的形状	开挖方法及工具	平均密度/(kg/m³)	坚固系数
松石	Ⅴ	砾岩、片岩等	手工凿、爆破	1800～2600	1.5～2.0
次坚石	Ⅵ、Ⅶ、Ⅷ	中等及坚实灰岩石	风镐、爆破开挖	1100～2900	2.0～8.0
普坚石	Ⅸ、Ⅹ	石灰岩、大理石等	爆破开挖	2400～3000	8.0～12
特坚石	Ⅺ、Ⅻ、ⅩⅣ、ⅩⅤ、ⅩⅥ	花岗岩、硬石灰岩玄武岩、石英岩等	爆破开挖	2600～3300	12～25

2. 地下水位标高及排（降）水方法

地下水位是确定干土与湿土的分界线，土壤干湿的划分，应该根据地质勘测资料按地下常水位划分，地下常水位以上为干土，以下为湿土。

3. 土方开挖（填）起止标高、施工方法及运距

土壤的类别、挖土的起止标高和施工方法对土方工程量的计算和定额的选套起决定作用。土壤的类别和挖深（根据挖土的起止标高确定）决定是否放坡；施工方法决定是采用人工挖土还是机械挖土以及放坡系数 k 值的选用。

4. 岩石开凿、爆破方法、石渣清运方法及运距

岩石开凿、爆破方法、石渣清运方法及运距等资料可从施工方案中查得。

5. 其他有关资料

（二）土石方工程量计算

1. 平整场地

平整场地是指建筑场地厚度在±30cm 以内的挖、填、找平。如图 4-26 所示。

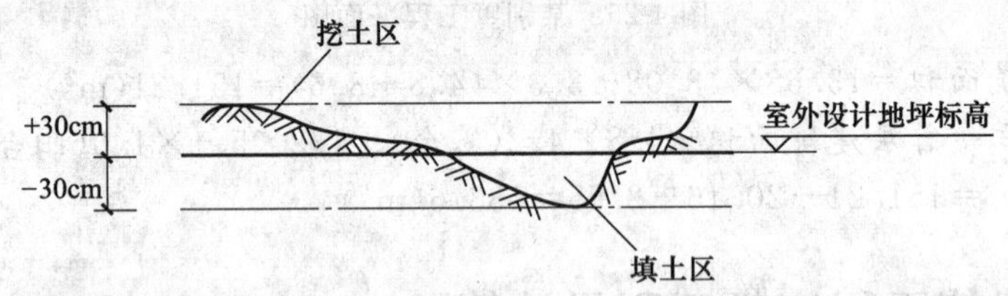

图 4-26　平整场地与挖、填土关系示意图

挖、填土厚度超过±30cm 以外的竖向布置挖土和山坡切土，另行计算。

平整场地工程量按建筑物（或构筑物）首层的外墙外边线每边向外各加 2m 所围成的面积计算。如图 4-27 所示。

一般公式为：

$$平整场地面积=S_{底}+2\times L_{外}+16(\mathrm{m}^2) \tag{4-8}$$

或

$$平整场地面积=(a+2\times 2)\times(b+2\times 2)(\mathrm{m}^2)$$

式中，$S_{底}$ 为底层建筑面积；$L_{外}$ 为建筑物外墙外边线长；其中：$S_{底}=a\times b$；$L_{外}=2\times(a+b)$。

【例 4-10】 计算如图 4-27 所示平整场地工程量。

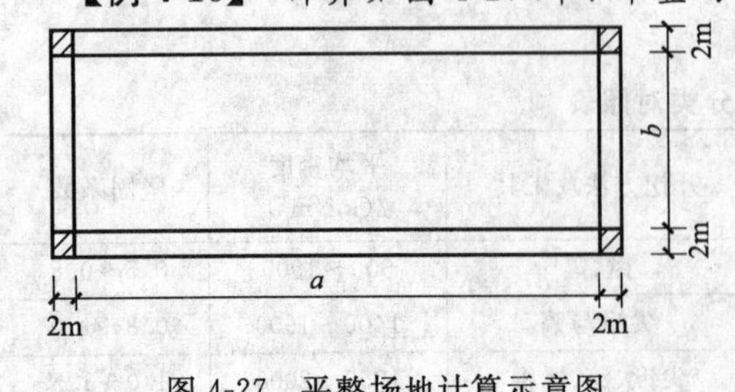

图 4-27　平整场地计算示意图

解　平整场地工程量$=(13.68+4)\times(13.08+4)-3.3\times(4.8+3.6)=274.25(\mathrm{m}^2)$

此外，当建筑场地为原土碾压时以 m^2 计算；为填土碾压时按图示填土厚度以 m^3 计算。

2. 挖沟槽、基坑和土方

土石方的开挖，均按开挖前的天然密实体积，以立方米计算。不同状态的土方体积，按

表 4-2 换算。挖土一律以设计室外地坪标高为准计算。

表 4-2 土方体积折算系数表

虚方体积	天然密实体积	夯实后体积	松填体积
1.00	0.77	0.67	0.83
1.30	1.00	0.87	1.08
1.50	1.15	1.00	1.25
1.20	0.92	0.80	1.0

(1) 沟槽和基坑的划分　凡图示沟槽底宽在 3m 以内，且沟槽长大于槽宽 3 倍以外的，为沟槽；凡图示基坑底面积在 $20m^2$ 以内的为基坑；凡图示沟槽底宽 3m 以外，坑底面积 $20m^2$ 以外，建筑场地挖土方厚度在±30cm 以外，均按挖土方计算。

(2) 放坡系数的确定　为了保持土体的稳定和施工安全，当挖土深度 H 超过规定时，应考虑放坡。放坡增加的宽度等于 kH（k 称为放坡系数）。放坡示意如图 4-28(a)、(b) 所示。放坡系数按表 4-3 规定计算。

表 4-3 挖沟槽、基坑、土方时的放坡系数表

土壤类别	人工挖土	机械挖土		放坡起始深度/m
		在槽、坑、沟底挖土	在槽、坑、沟上挖土	
一、二类土	1∶0.50	1∶0.33	1∶0.75	1.20
三类土	1∶0.33	1∶0.25	1∶0.67	1.50
四类土	1∶0.25	1∶0.10	1∶0.33	2.00

注：1. 沟槽、基坑中土壤类别不同时，分别按其放坡起点、放坡系数、依不同土壤厚度加权平均计算。
2. 计算放坡时，在交接处的重复工程量不予扣除，原槽、坑作基础垫层时，放坡自垫层上表面开始计算。

(3) 支挡土板的确定　挖沟槽、基坑时，如果受施工条件限制，需支挡土板时，其宽度应按图示沟槽、基坑底宽，单面加 10cm，双面加 20cm 计算。挡土板面积，按槽、坑垂直支撑面积计算，支挡土板后，不得再计算放坡。如图 4-28（c）所示。

(4) 工作面宽度的确定　基础施工时，为满足施工操作需要，有时需沿基础或基础垫层

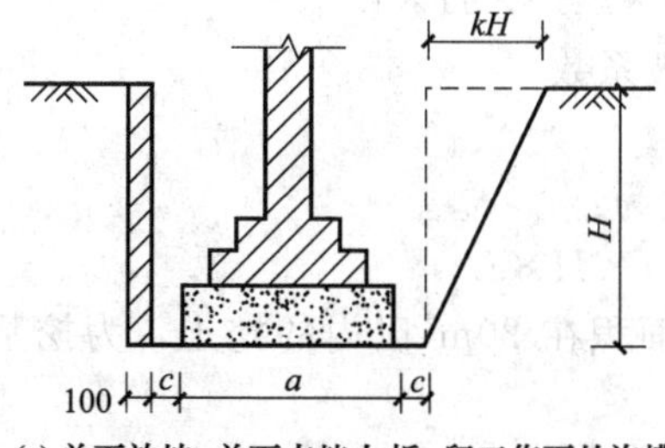

(a) 单面放坡、单面支挡土板、留工作面的沟槽

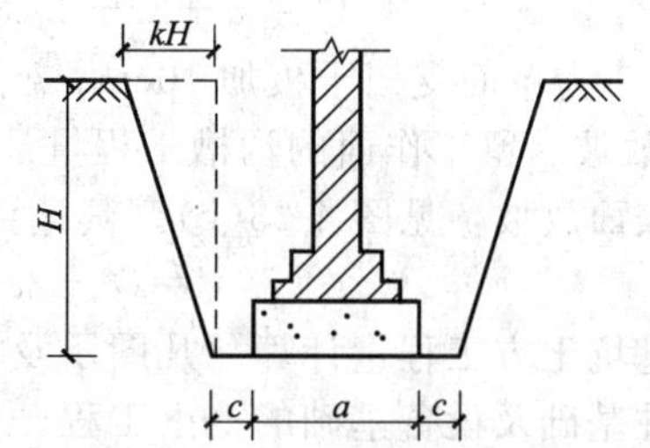

(b) 双面放坡、垫层下表面放坡、留工作面的沟槽

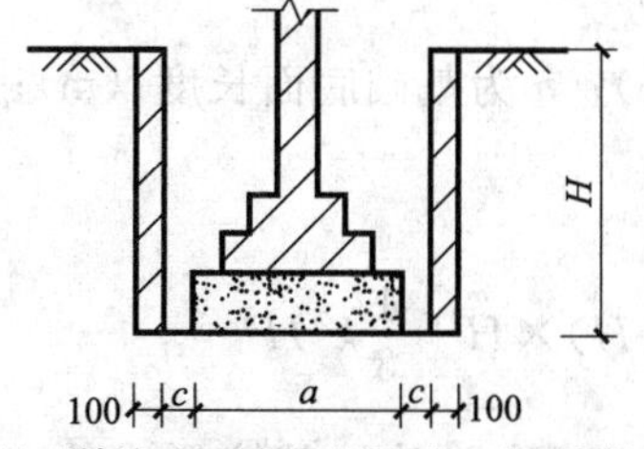

(c) 不放坡、双面支挡土板、留工作面的沟槽

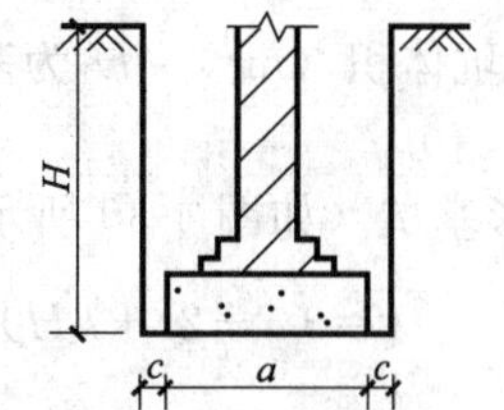

(d) 不放坡、不支挡土板、留工作面的沟槽

图 4-28　挖沟槽示意图

的两边增加一定的操作宽度，称为工作面。如图 4-28(d) 所示。当设计或施工组织设计有规定时，按规定增加工作面；无规定时，按表 4-4 中的规定增加。

表 4-4　基础施工所需工作面宽度计算表

基础材料	每边各增加工作面宽度/mm	基础材料	每边各增加工作面宽度/mm
砖基础	200	混凝土基础支模板	300
浆砌毛石、条石基础	150	基础垂直面做防潮层	800(防水层面)

(5) 沟槽长度和深度的确定　挖沟槽长度，外墙按图示中心线长度计算；内墙按图示槽底净长线长度计算；内外突出部分（垛、附墙烟囱等）体积并入沟槽土方工程量内计算。挖管道沟槽按图示中心线长度计算，沟底宽度，设计有规定的，按设计规定尺寸计算。如图 4-29 所示。

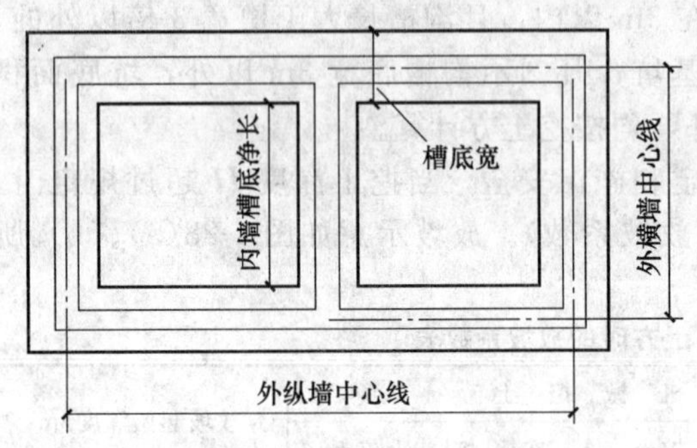

图 4-29　沟槽长度计算示意图

沟槽、基坑深度，按图示槽、坑底面至室外地坪深度计算；管道地沟按图示沟底至室外地坪深度计算。如图 4-29 所示。

(6) 挖沟槽工程量的计算

① 不放坡、不支挡土板、留工作面的沟槽工程量计算。见图 4-28(d)。

$$V=(a+2c)\times H\times L \tag{4-9}$$

式中，a 为基础垫层宽度（m）；c 为工作面宽度（m）；H 为挖槽深度（m）；L 为沟槽长度（m）。

② 不放坡、双面支挡土板、留工作面的沟槽工程量计算。见图 4-28(c)。

$$V=(a+2c+0.2)\times H\times L \tag{4-10}$$

式中，0.2 为双面支挡土板加 20cm。

③ 单面放坡、单面支挡土板、留工作面的沟槽工程量计算。见图 4-28(a)。

$$V=(a+2c+0.1+0.5\times kH)\times H\times L \tag{4-11}$$

式中，0.1 为单面支挡土板加 10cm；k 为放坡系数。

④ 双面放坡、留工作面的沟槽工程量计算。

垫层下表面放坡，见图 4-28(b)。其计算公式为：

$$V=(a+2c+kH)\times H\times L \tag{4-12}$$

(7) 挖基坑土方工程量计算　凡图示及坑底面积在 $20m^2$ 以内的挖土，为挖基坑。如地下室、独立柱基础及设备基础的挖土工程。

① 不放坡和不支挡土板的矩形基坑。

$$V=H\times a\times b \tag{4-13}$$

式中，V 为基坑体积（m^3）；H 为基坑深度（m）；a 为基础底面长度（m）；b 为基础底面宽度（m）。

② 放坡的矩形基坑（如图 4-30 所示）。

$$V=(a+2c+kH)\times(b+2c+kH)\times H+\frac{1}{3}k^2H^3 \tag{4-14}$$

式中，c 为工作面宽度（m）；k 为放坡系数；$\frac{1}{3}k^2H^3$ 为放坡基坑形成的四角的角锥体体积。

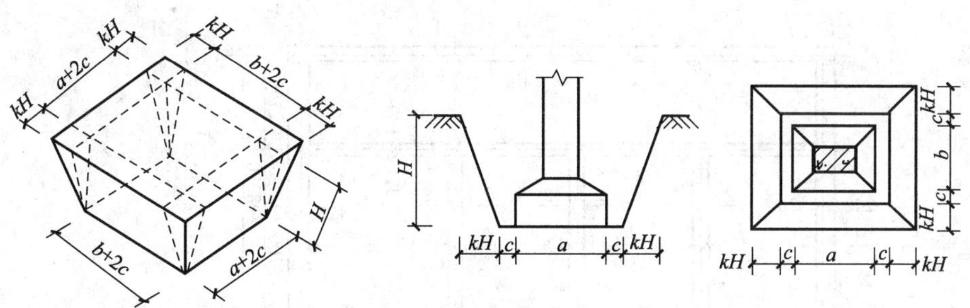

图 4-30　放坡的矩形基坑示意图

③ 不放坡的圆形基坑

$$V=\pi\times r^2\times H \tag{4-15}$$

式中，V 为基坑体积（m^3）；H 为基坑深度（m）；r 为基坑下口半径。

④ 放坡的圆形基坑（如图 4-31 所示）。

$$V=1/3\times\pi\times H\times(r^2+R^2+r\times R) \tag{4-16}$$

式中，R 为基坑上口半径（m），$R=r+kH$；k 为放坡系数。

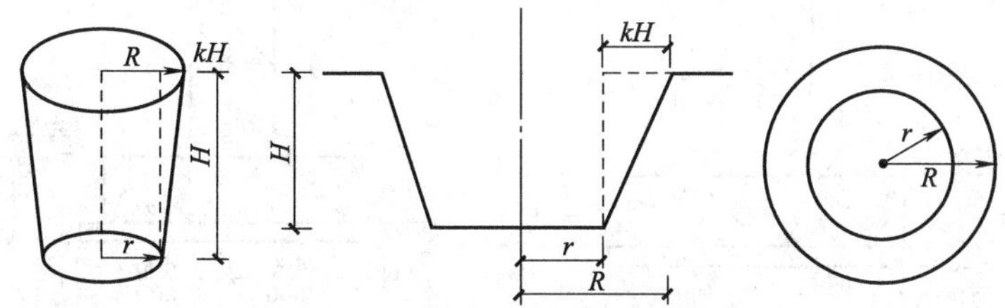

图 4-31　放坡的圆形基坑示意图

（8）挖土方工程量计算　凡槽底宽度在 3m 以上，或坑底面积在 $20m^2$ 以上，或建筑场地挖土厚度在±30cm 以上，均按挖土方项目计算。挖土方工程量按图示尺寸以 m^3 计算，根据土壤类别、挖土深度不同分别套用相应的挖土方项目。

（9）人工挖孔桩工程量计算　人工挖孔桩土方量按图示桩断面积乘以设计桩孔中心线深度计算。

（10）计算举例

【例 4-11】　某工程基础如图 4-32 所示，现场土质为普通土，室外设计地坪标高为−0.3m，不考虑排水沟和排水井，要求按图计算：1）人工挖地槽工程量；2）若图中垫层上皮标高改为 1.5m，试计算人工挖地槽工程量。

解　1）挖土深度 $H=1.3+0.1-0.3=1.1$(m)（普通土放坡起点为 1.2m，故不放坡）

人工挖地槽工程量：$V=(a+2c)\times H\times L$

外墙地槽长度：$L_{中}=(3.6\times3+3.9+0.06\times2+5.1+2.7+0.06\times2)\times2=45.48$(m)

故　$V_{外}=45.48\times(0.64+0.52+0.1\times2+0.3\times2)\times1.1=98.055(m^3)$

内墙地槽长度：$L_{3-3}=3.6\times3+3.9-(0.52+0.1+0.3)\times2=12.86$(m)

$L_{2-2}=[5.1-0.92-(0.6+0.1+0.3)]\times3=9.54$(m)

故　$V_{内}=[12.86\times(0.6+0.1+0.3)\times2+9.54\times(0.4+0.1+0.3)\times2]\times1.1=45.082(m^3)$

$$V_{挖}=98.055+45.082\approx143.14(m^3)$$

2）挖土深度 $H=1.5+0.1-0.3=1.3$(m)（普通土放坡起点为 1.2m，所以放坡，查放坡系数表可知 $k=0.5$）

人工挖地槽工程量：$V=(a+2c+kH)\times H\times L$

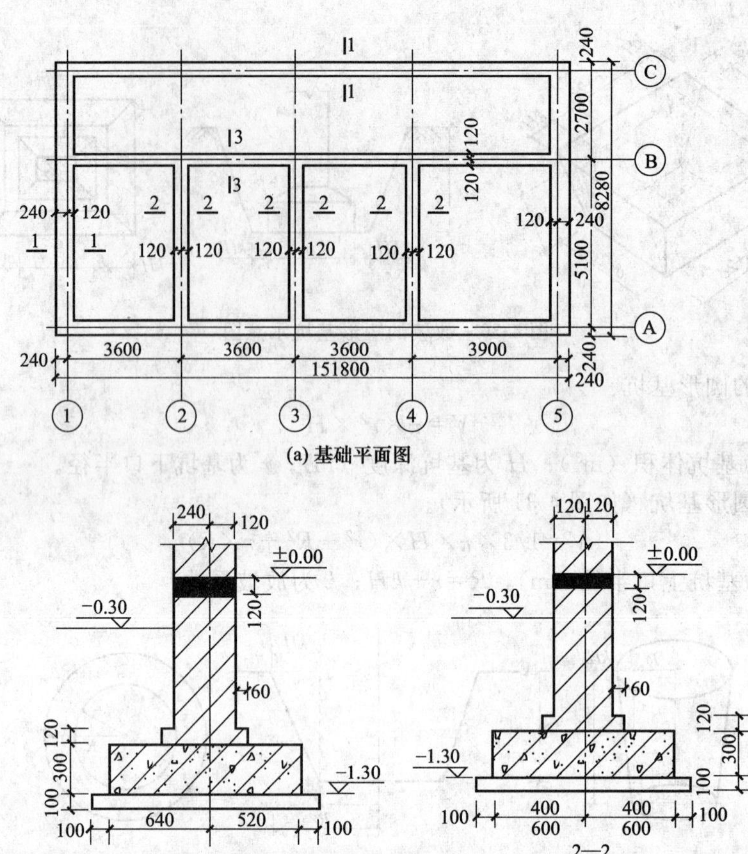

图 4-32 基础平面图和断面图

$V_{外}=45.48\times(1.96+0.5\times1.3)\times1.3=118.703(m^3)$

$V_{内}=[9.54\times(2+0.5\times1.3)+12.86\times(1.6+0.5\times1.3)]\times1.3=(25.281+28.935)\times1.3$
$=70.481(m^3)$

故 $V_{挖}=118.703+70.481\approx189.18(m^3)$

【例 4-12】 某独立基础如图 4-33 所示，现场土质为三类土，室外设计地坪标高为－0.3m，垫层上皮标高为－1.8m，试计算人工挖地坑工程量。

解 挖土深度 $H=1.8+0.1-0.3=1.6(m)$（三类土放坡起点为 1.5m，所以放坡，查放坡系数表可知 $k=0.33$）

$$人工挖地坑工程量=(a+2c+kH)\times(b+2c+kH)\times H+\frac{1}{3}k^2H^3$$

$$=(2+2\times0.1+0.3\times2+0.33\times1.6)\times(2.5+2\times0.1+0.3\times2+0.33\times1.6)\times1.6+1/3\times0.33^2\times1.6^3=2.328\times3.828\times1.6+0.149\approx14.41(m^3)$$

3. 人工挖孔桩土方工程量

人工挖孔桩土方量按图示桩断面积乘以设计桩孔中心线深度计算。施工中，挖孔桩的底部一般为球冠体，其体积计算按球冠体公式计算。

4. 回填土

回填土分夯填、松填两种形式，按图示回填体积以 m^3 计算。如图 4-34 所示。

（1）沟槽、基坑回填土　沟槽、基坑回填体积以挖方体积减去设计室外地坪以下埋设砌

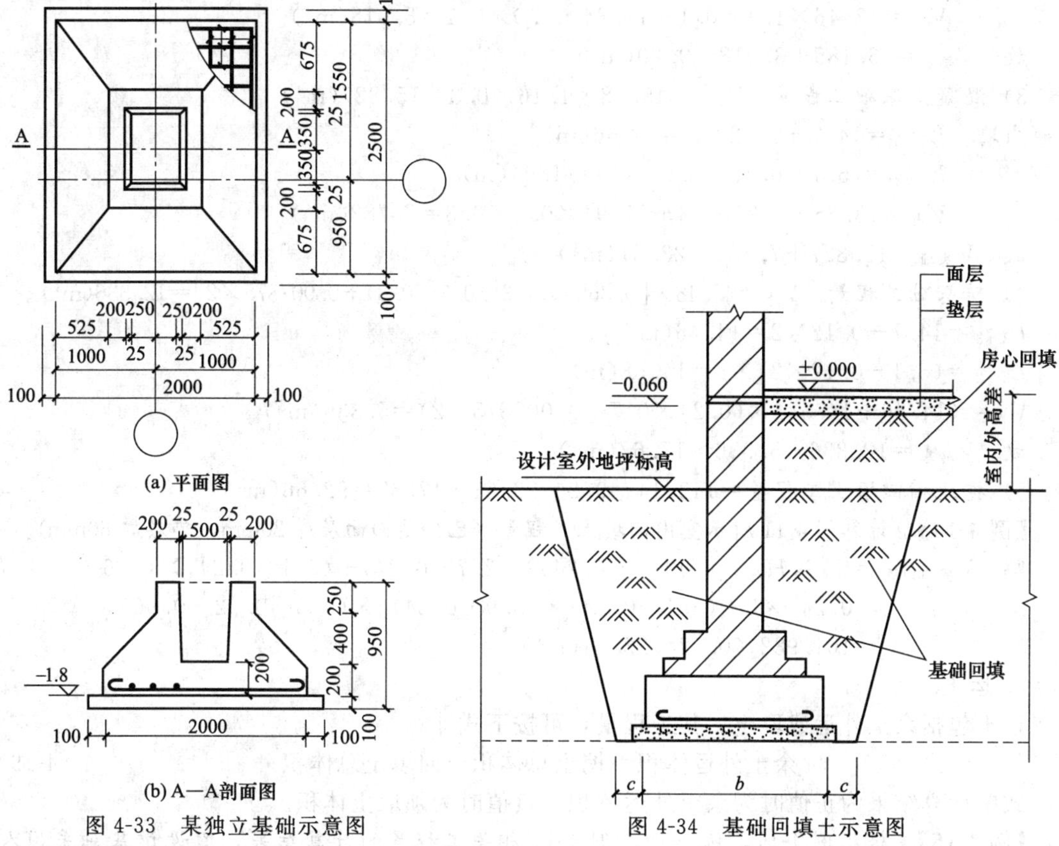

图 4-33　某独立基础示意图

图 4-34　基础回填土示意图

筑物（包括：基础垫层、基础等）体积计算。用公式表示为：

$$V_{槽、沟回填}=V_{挖土}-V_{垫层}-V_{基础} \tag{4-17}$$

（2）管道沟槽回填　以挖方体积减去管径所占体积计算。管径在 500mm 以下的不扣除管道所占体积；管径超过 500mm 以上时按表 4-5 规定扣除管道所占体积计算。

（3）房心回填土　又称室内回填土，指室外地坪至室内设计地坪垫层下表皮范围内的夯填土。其工程量按主墙之间的面积乘以回填土厚度计算。用公式表示为：

$$V_{室内回填}=S_{净}\times H_{厚} \tag{4-18}$$

式中，$S_{净}$ 为主墙间净面积；$H_{厚}$ 为回填土厚度（$H_{厚}$＝室内外高差－垫层、找平层、面层的厚度）。

表 4-5　管道扣除土方体积表

管道直径/mm 管道名称	501～600	601～800	801～1000	1001～1200	1201～1400	1401～1600
钢管	0.21	0.44	0.71			
铸铁管	0.24	0.49	0.77			
混凝土管	0.33	0.60	0.92	1.15	1.35	1.55

【例 4-13】 计算例 4-11（图 4-32）所示地槽回填土工程量。

解　1）挖土工程量＝143.14(m^3)（计算见例 4-11）

2）垫层工程量　$V_{外}=45.48\times1.36\times0.1=6.185(m^3)$

内墙　$L_{3-3}=3.6\times3+3.9-(0.52+0.1)\times2=13.46(m)$

$L_{2-2}=[5.1-0.62-(0.6+0.1)]\times3=11.34(\text{m})$

$V_{内}=13.46\times1.4\times0.1+11.34\times1.0\times0.1=3.018(\text{m}^3)$

故 $V_{垫层}=6.185+3.018\approx9.20(\text{m}^3)$

3）混凝土基础工程量 $V_{外}=45.48\times1.16\times0.3=15.827(\text{m}^3)$

内墙 $L_{3-3}=14.7-0.52\times2=13.66(\text{m})$

$L_{2-2}=(5.1-0.52-0.6)\times3=11.94(\text{m})$

$V_{内}=13.66\times1.2\times0.3+11.94\times0.8\times0.3=7.782(\text{m}^3)$

故 $V_{基础}=15.827+7.782=23.61(\text{m}^3)$

4）砖基础工程量 $V_{外}=45.48\times[0.365\times(1.3-0.3-0.3)+0.007875\times2]=12.336(\text{m}^3)$

$L_{3-3}=14.7-0.12\times2=14.46(\text{m})$

$L_{2-2}=(5.1-0.12\times2)\times3=14.58(\text{m})$

$V_{内}=(14.46+14.58)\times(0.24\times0.7+0.007875\times2)=5.336(\text{m}^3)$

故 $V_{砖基}=12.336+5.336\approx17.67(\text{m}^3)$

5）挖地槽回填土工程量$=143.14-9.2-23.61-17.67=92.66(\text{m}^3)$

【例 4-14】 计算例 4-11 所示室内回填土工程量（已知地面面层厚 20mm，垫层厚 60mm）。

解 $V_{室内回填}=S_{净}\times H_{厚}=[(14.7-0.24)\times(2.7-0.24)+(5.1-0.24)\times(3.6-0.24)\times3+(5.1-0.24)\times(3.9-0.24)]\times(0.3-0.02-0.06)$

$=101.982\times0.22\approx22.44(\text{m}^3)$

5. 运土

运土包括余土外运或取土。其工程量，可按下式计算。

$$余土外运体积=挖土总体积-回填土总体积 \tag{4-19}$$

式中计算结果为正值时为余土外运体积，负值时为须取土体积。

【例 4-15】 根据例 4-11、例 4-13、例 4-14 相关工程量的计算结果，假设该基础采用人力车运土，运距为 150m，试计算图 4-32 所示余土外运或取土工程量。

解 余土外运体积＝挖土总体积－回填土总体积$=143.14-92.66-22.44=28.04(\text{m}^3)$

6. 机械土方运距

按下列规定计算。

(1) 推土机推土运距　按挖方区重心至回填区重心之间的直线距离计算。

(2) 铲运机运土运距　按挖方区重心至卸土区重心加转向距离 45m 计算。

(3) 自卸汽车运土运距　按挖方区重心至填土区（或堆放地点）重心的最短距离计算。

7. 地基强夯

按设计图示强夯面积，区分夯击能量，夯击遍数以 m^2 计算。

二、桩基础工程工程量的计算

桩基础是由若干个沉入土中的单桩在其顶部用承台连接起来的一种深基础（如图 4-35 所示）。它具有承载能力大、抗震性能好、沉降量小等特点。采用桩基础施工可省去大量土方、排水、支撑、降水设施，而且施工方便，可节约劳动力和压缩工期。

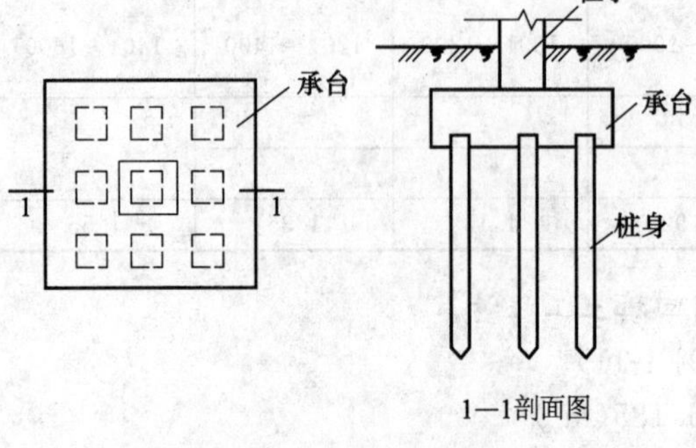

桩基础工程包括打预制钢筋混凝土桩、打拔钢板桩、灌注桩、接桩、送桩等项目。计算打桩（灌注桩）工程量前应确定土质级别、施工方法、工艺流程、桩及土壤泥浆运距等。

图 4-35　桩基础示意图

（一）桩的分类

桩基础按桩体材料不同分砂桩、木桩、灰土桩、碎石桩、混凝土桩、钢板桩；按受力情况不同分摩擦桩、端承桩；按施工方法不同分预制桩和灌注桩两大类。预制桩包括钢筋混凝土桩、钢桩、木桩等；灌注桩根据成孔方法的不同可分为钻、挖、冲孔灌注桩、沉管灌注桩和爆扩桩等。

（二）桩基础工程工程量计算

1. 打预制钢筋混凝土桩

打预制钢筋混凝土桩的体积，按设计桩长（包括桩尖，不扣除桩尖虚体积）乘以桩截面面积计算。管桩的空心体积应扣除。如管桩的空心部分按设计要求灌注混凝土或其他填充材料时，应另行计算。计算公式如下。

（1）打预制方桩

$$V=a^2\times L\times N \tag{4-20}$$

式中，a 为方桩的边长（m）；L 为方桩的长度（m），包括桩尖的长度；N 为方桩的根数。

（2）打预制管桩

$$V=[(\pi\times D^2\div 4)\times L-(\pi\times d^2\div 4)\times S]\times N \tag{4-21}$$

式中，D 为管桩外径；d 为管桩内径；L 为单根管桩长度（包括桩尖）；S 为单根管桩长度（不包括桩尖）；N 为管桩的根数。

【例 4-16】 如图 4-36 所示，某桩基础工程需打预制钢筋混凝土方桩 326 根，单根桩长 15.6m，其中桩尖 0.6m，桩截面尺寸为 400mm×400mm，土质为二类土，混凝土强度等级为 C40，试计算图示打预制钢筋混凝土方桩工程量。

解 打预制钢筋混凝土方桩工程量为：

$V=0.4\times 0.4\times 15.6\times 326\approx 813.70\ (m^3)$

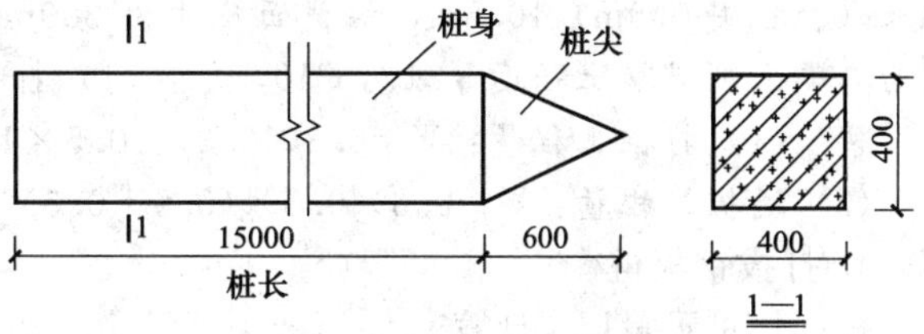

图 4-36 预制混凝土方桩示意图

【例 4-17】 如图 4-37 所示，某桩基础工程需打预制钢筋混凝土管桩 150 根，单根桩长 17.8m（含桩尖 0.8m），管桩外径 400mm，内径 250mm，管内灌注 C10 细石混凝土，混凝土强度等级为 C40，土质为三类土，试计算图示打预制钢筋混凝土管桩工程量。

解 打预制钢筋混凝土管桩工程量为：

$$V=(1/4\times\pi\times 0.4^2\times 17.8-1/4\times\pi\times 0.25^2\times 17)\times 150\approx 210.24(m^3)$$

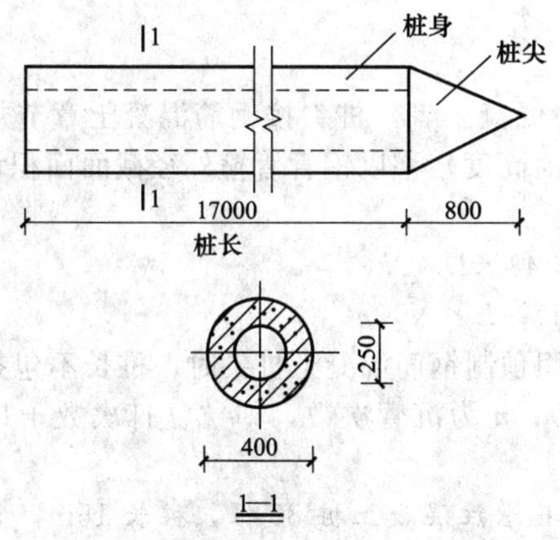

图 4-37 预制混凝土管桩示意图

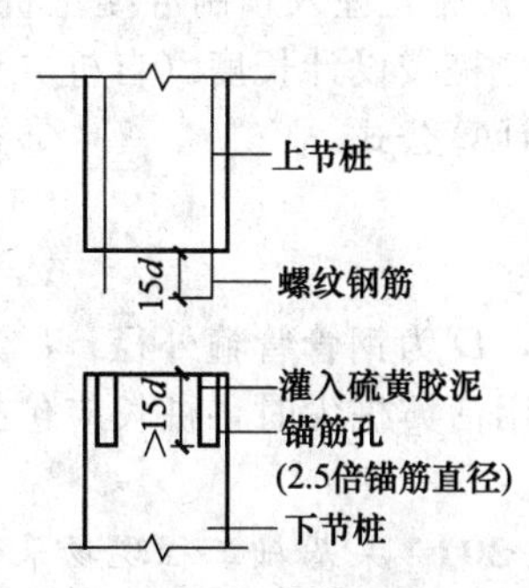

图 4-38 硫磺胶泥接桩示意图

2. 接桩

有些桩基设计很深，而预制桩因吊装、运输、就位等原因，不能将桩预制很长，而需要接头。接桩应区分不同接头形式进行计算。电焊接桩按设计接头，以个计算；硫黄胶泥接桩按桩截面以 m^2 计算（如图 4-38 所示）。

【例 4-18】 某工程需打预制混凝土方桩，截面尺寸为 450mm×450mm，用硫黄胶泥接桩，接桩数量为 150 根，求接桩工程量。

解 根据工程量计算规则，硫黄胶泥接桩按桩截面以 m^2 计算。

则　　　　接桩工程量 $=0.45\times0.45\times2\times150=60.75(m^2)$

3. 送桩

打桩过程中如果要求将桩顶面打到低于桩架操作平台以下，或打入自然地坪以下时，由于桩锤不能直接触击到桩头，就需要另用一根冲桩（送桩），放在桩头上，将桩锤的冲击力传给桩头，使桩打到设计位置，然后将送桩去掉，这个施工过程叫送桩。如图 4-39 所示。

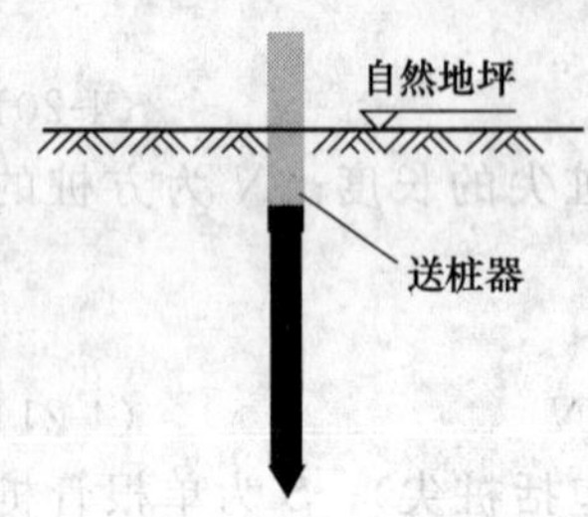

图 4-39　送桩示意图

送桩工程量按桩截面面积乘以送桩长度（即打桩架底至桩顶面高度或自桩顶面至自然地坪另加 0.5m）计算。单根送桩工程量计算式为：

$$V=S\times(h+0.5) \tag{4-22}$$

式中，S 为桩截面面积；h 为桩顶面至自然地坪高度。

【例 4-19】 某建筑物基础工程需打钢筋混凝土方桩 150 根，桩长（含桩尖 0.5m）10.5m，桩截面尺寸为 300mm×300mm，需将桩送入地下 0.6m，土质为二类土，混凝土强度等级为 C40，求：(1) 打桩工程量；(2) 送桩工程量。

解 (1) 打桩工程量：$V=0.3\times0.3\times10.5\times150=141.75(m^3)$

(2) 送桩工程量：$V=0.3\times0.3\times(0.6+0.5)\times150=14.85(m^3)$

4. 打拔钢板桩

按钢板桩重量以 t 计算。

5. 打孔灌注桩

(1) 基本概念　打孔灌注桩又称沉管灌注桩，是用锤击沉管成孔，然后再灌注混凝土。将带有活瓣桩尖或钢筋混凝土桩靴的钢管锤击沉入土中，然后边浇筑混凝土边拔管成桩。分为单打法、复打法和翻插法。

(2) 工程量计算规则

① 混凝土桩、砂桩、碎石桩的体积，按设计规定的桩长（包括桩尖，不扣除桩尖虚体积）乘以钢管管箍外径截面面积计算。

② 扩大桩的体积按单桩体积乘以次数计算。

③ 打孔后先埋入预制混凝土桩尖，再灌注混凝土者，桩尖按钢筋混凝土章节规定计算体积，灌注桩按设计长度（自桩尖顶面至桩顶面高度）乘以钢管管箍外径截面面积计算。

(3) 计算公式

单打法　　$$V=(\pi\times D^2\div4)\times L\times N \tag{4-23}$$

复打法　　$$V=(\pi\times D^2\div4)\times L\times N\times n \tag{4-24}$$

式中，D 为钢管管箍外径；L 为桩长（采用预制钢筋混凝土桩尖时，桩长不包括桩尖长度；当采用活瓣桩尖时，桩长应包括桩尖长度）；n 为沉管次数，即“复打次数＋1”；N 为桩的根数。

【例 4-20】 某基础工程现场采用单打法打孔灌注混凝土桩 80 根，桩长 15m，钢管管箍外径为 350mm，采用振动打桩机施工，土质为二类土，要求计算打孔灌注混凝土桩工程量。

解 应用式（4-23），打桩工程量为：$V=1/4\times0.35^2\times\pi\times15\times80\approx115.40(m^3)$

【例 4-21】 如图 4-40 所示，某基础工程现场打孔灌注混凝土桩 50 根，设计桩长 14m，钢管管箍外径为 500mm，采用振动打桩机施工，要求复打 1 次，土质为二类土，计算打桩工程量。

解 应用式（4-24），复打桩工程量为：$V=1/4\times0.5^2\times\pi\times14\times(1+1)\times50=19.625(m^3)$

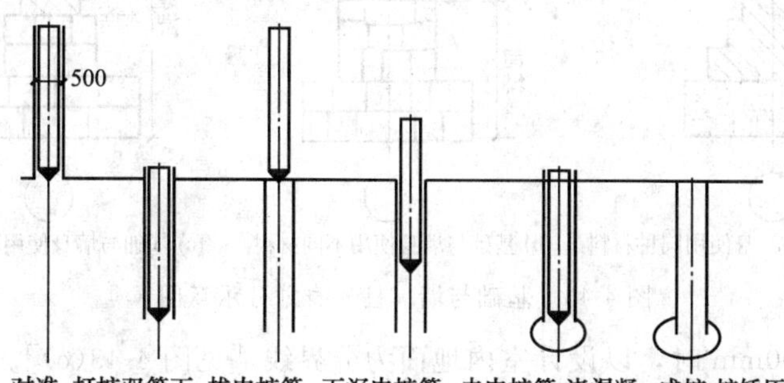

图 4-40 复打桩示意图

6. 钻孔灌注桩

钻孔灌注桩工程量按设计桩长（包括桩尖，不扣除桩尖虚体积）增加 0.25m 乘以设计断面面积计算（如图 4-41 所示）。用公式表示为：

$$V=S\times(L+0.25)\times N \qquad (4\text{-}25)$$

式中，S 为桩的设计断面面积；L 为设计桩长（包括桩尖，不扣除桩尖虚体积）；N 为桩的根数。

【例 4-22】 如图 4-41 所示，某桩基础采用履带式螺旋钻机钻孔灌注混凝土桩，设计桩长 13m（含桩尖 0.5m），土质为二类土，共计 80 根，计算钻孔灌注桩工程量。

解 应用式（4-25），则钻孔灌注桩工程量为：

$$V=1/4\times0.5^2\times\pi\times(13+0.25)\times80=208.13(m^3)$$

7. 灌注混凝土桩的钢筋笼制作依设计规定，按钢筋混凝土章节相应项目以 t 计算

8. 泥浆运输工程量按钻孔体积以 m^3 计算

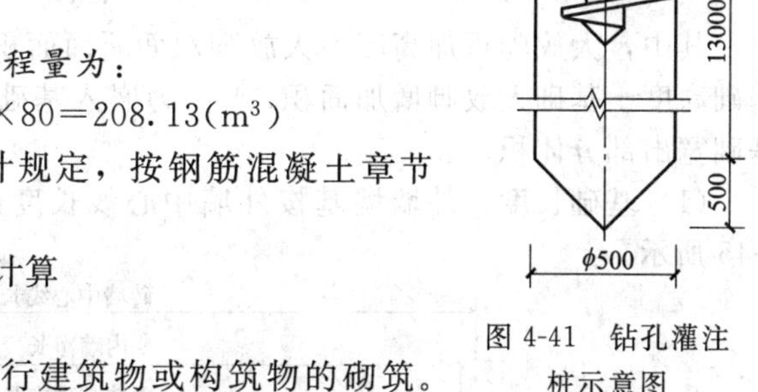

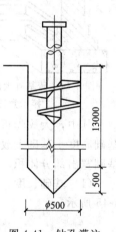

图 4-41 钻孔灌注桩示意图

三、砌筑工程工程量的计算

砌筑工程是指用砖、石和各类砌块进行建筑物或构筑物的砌筑。主要工作内容包括：基础、墙体、柱和其他零星砌体等的砌筑。

（一）砖基础工程量计算

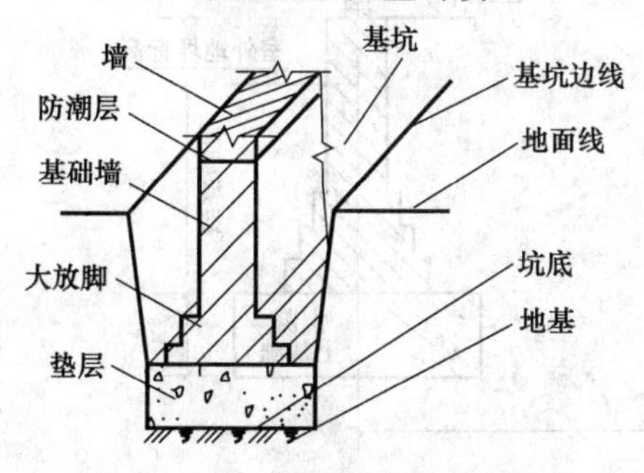

图 4-42 条形砖基础示意图

最常见的砖基础为带形基础，又称条形砖基础（如图 4-42 所示）。

1. 基础与墙身（柱身）的划分

（1）基础与墙（柱）身使用同种材料时，以设计室内地面为界（有地下室者，以地下室设计室内地面为界），以下为基础，以上为墙（柱）身［如图4-43(a)所示］。

（2）基础与墙身使用不同材料时，位于设计室内地面±300mm 以内时，以不同材料为分界线［见图

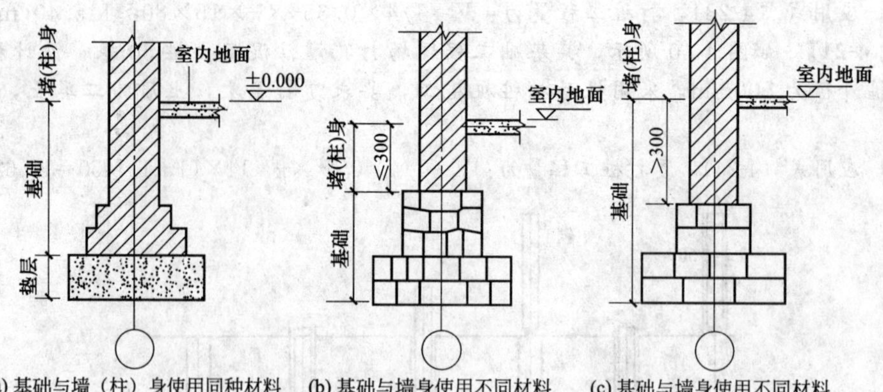

图 4-43　基础与墙（柱）身划分示意图

4-43(b)]，超过±300mm 时，以设计室内地面为分界线［见图 4-43(c)]。

(3) 砖、石围墙，以设计室外地坪为界线，以下为基础，以上为墙身。

2. 砖基础工程量计算规则

砖基础工程量计算规则是不分基础厚度和高度，均按图示尺寸以 m^3 计算。基础大放脚T形接头处的重叠部分（如图 4-44 所示）以及嵌入基础的钢筋、铁件、管道、基础防潮层及单个面积在 0.3m^2 以内孔洞所占体积不予扣除，但靠墙暖气沟的挑檐亦不增加。附墙垛基础宽出部分体积应并入基础工程量内。

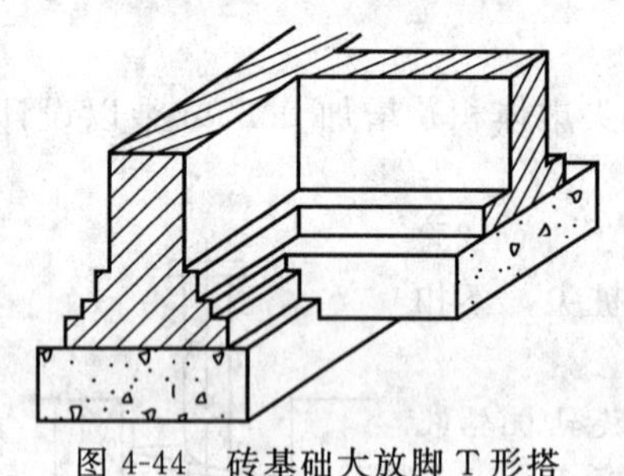

图 4-44　砖基础大放脚 T 形搭接示意图

其计算公式为：

$$V_{基础}=基础长度\times墙厚\times(设计基础高度+大放脚折加高度)-V_{扣}+V_{垛} \quad (4\text{-}26)$$

或

$$V_{基础}=基础长度\times基础断面积-V_{扣}+V_{垛} \quad (4\text{-}27)$$

其中，大放脚折加高度＝大放脚双面断面面积÷基础墙厚度；基础断面积＝墙厚×设计基础高度＋基础大放脚增加面积；$V_{扣}$ 为嵌入基础的构造柱及地梁等的体积；$V_{垛}$ 为附墙垛基础宽出部分体积。

(1) 基础长度　外墙墙基按外墙中心线长度计算；内墙墙基按内墙基净长计算。如图 4-45 所示。

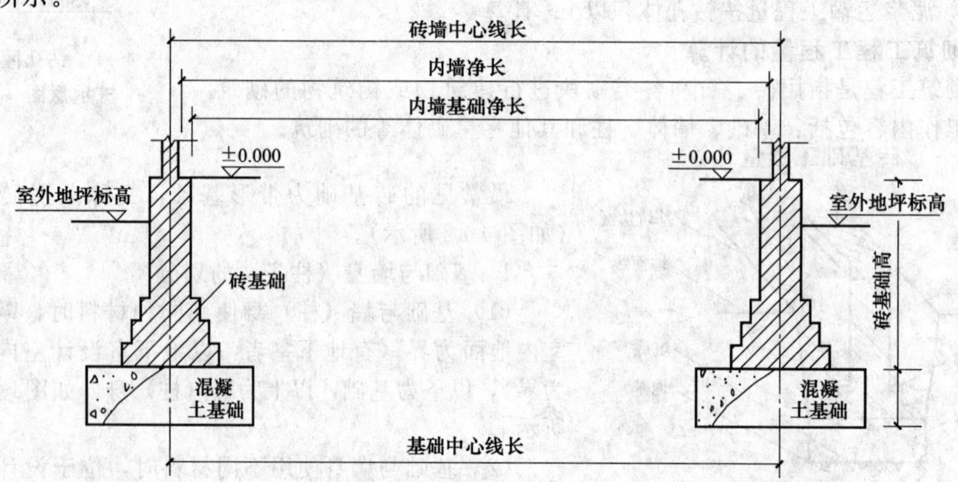

图 4-45　基础长度计算示意图

（2）基础墙基厚度　为基础主墙身厚度，采用标准砖以 240mm×115mm×53mm 为准，其砌体计算厚度见表 4-6。使用非标准砖时，其砌体厚度按砖的实际规格和设计厚度计算。

表 4-6　标准砖砌体计算厚度表

墙厚(砖数)	1/4	1/2	3/4	1	1.5	2	2.5	3
计算厚度/mm	53	115	180	240	365	490	615	740

（3）基础高度　为墙基墙身分界线至放脚底面距离（如图 4-43 所示）。

（4）基础大放脚增加面积计算　砖基础受刚性脚的限制，需在基础底部做成逐步放阶的形式，俗称大放脚。放脚方式分两皮砖挑 1/4 砖长［称为等高式大放脚，如图 4-46(a) 所示］和两皮砖挑 1/4 砖长与一皮砖挑 1/4 砖长相间砌筑［称为不等高式或间隔式大放脚，如图 4-46(b) 所示］。

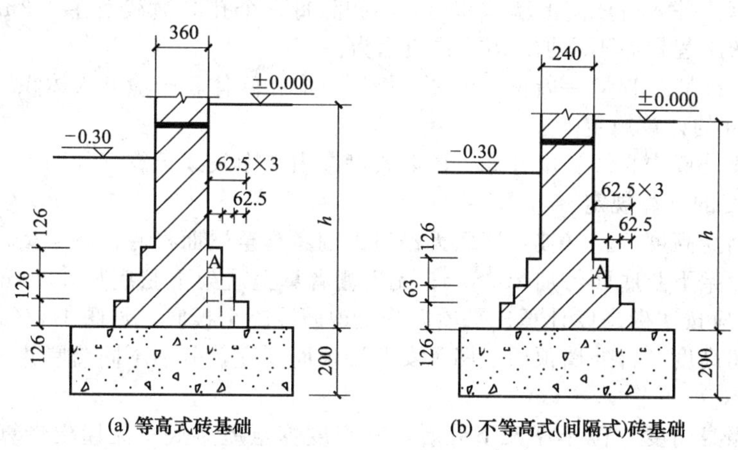

图 4-46　砖基础断面图

砖基础大放脚增加面积可按下式计算。

① 等高式大放脚增加面积计算：

等高式大放脚增加面积＝0.0625×0.126×放脚层数×(层数＋1)　　(4-28)

② 不等高式大放脚增加面积计算：

大放脚增加面积＝0.0625×［0.126×(高步步数＋1)＋0.063×低步步数］×放脚总层数(高低层数相同)　　(4-29)

大放脚增加面积＝0.0625×(0.126×高步步数＋0.063×低步步数)×(放脚总层数＋1)(高低层数不同)　　(4-30)

式中，0.0625 为一个放脚的的宽度，为 1/4（砖长加灰缝），(0.24＋0.01)÷4＝0.0625(m)；0.126 为放脚的厚度为两层砖加两道灰缝厚，(0.053＋0.01)×2＝0.126(m)；0.063 为放脚的厚度为一层砖加一道灰缝厚，(0.053＋0.01)＝0.063(m)；高步步数为两皮砖放脚层数；低步步数为一皮砖放脚层数。

【例 4-23】　如图 4-46 所示，试分别计算图 4-46(a)、(b) 所示的砖基础大放脚增加的面积。

解　图 4-46 (a) 中的砖基础大放脚增加的面积计算如下。

等高式大放脚增加面积＝0.0625×0.126×3×(3＋1)＝0.007875×12＝0.0945(m^2)

图 4-46 (b) 中的砖基础大放脚增加的面积计算如下。

不等高式大放脚增加面积＝0.0625×(0.126×2＋0.063×1)×4

＝0.007875×8＋0.0039375×4＝0.07875(m^2)

由于等高式和不等高式大放脚的砌筑是有规律的，因此大放脚的断面面积不仅可以通过计算得出，也可通过查表方式直接应用有关数据。

注：由于标准砖等高式和不等高式大放脚的砌筑是有规律的，可以按照上述公式和查表的方法计算大放脚的断面面积，对于非标准砖砌基础，则只能按图示尺寸计算大放脚的断面面积。

砖基础工程量计算举例详见例 4-13。

（二）砌墙工程量计算

计算墙体工程量时，应分内外墙及厚度不同，外墙按中心线、内墙按净长线长度乘以墙高再乘以墙厚以 m^3 计算，扣除门窗洞口、过人洞、空圈、嵌入墙身的钢筋混凝土柱、梁、过梁、圈梁、板头、砖过梁及暖气包壁龛所占体积，但不扣除每个面积在 $0.3m^2$ 以内的孔洞、梁头、垫块、木砖、墙内加固筋、铁件、钢管等所占体积，凸出墙面的窗台虎头砖、压顶线、山墙泛水、门窗套、三皮砖以下腰线、挑檐等体积亦不增加，凸出墙体的砖垛、三皮砖以上腰线、挑檐等体积则并入墙身体积内计算。附墙烟囱（包括附墙通风道、垃圾道）按其外形体积计算，并入所依附的墙体积内，不扣除每一个孔洞横截面在 $0.3m^2$ 以下的体积，但孔洞内的抹灰工程量亦不增加。用公式表示为：

砌墙工程量＝墙长×墙高×墙厚－应扣除体积＋应并入体积　　(4-31)

1. 墙体长度的计算规定

外墙长度按外墙中心线长度计算，内墙长度按内墙净长线计算（如图 4-45 所示）。

2. 墙身高度的计算规定

（1）外墙墙身高度　斜（坡）屋面无檐口天棚者算至屋面板底；有屋架，且室内外均有天棚者，算至屋架下弦底面另加 200mm；无天棚者算至屋架下弦底加 300mm，出檐宽度超过 600mm 时，应按实砌高度计算；平屋面算至钢筋混凝土板底，见图 4-47(a)、(b)、(c)。

（2）女儿墙高度　自外墙顶面至图示女儿墙顶面高度，分别不同墙厚并入外墙计算［如图 4-47(d) 所示］。

（3）内墙墙身高度　位于屋架下弦者，其高度算至屋架底；无屋架者算至天棚底另加 100mm；有钢筋混凝土楼板隔层者算至板底；有框架梁时算至梁底面（见图 4-48）。

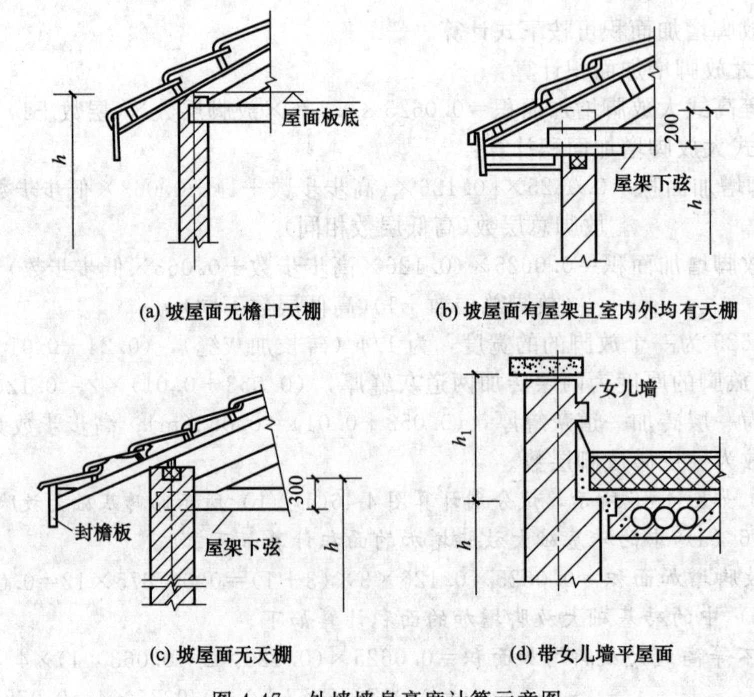

图 4-47　外墙墙身高度计算示意图

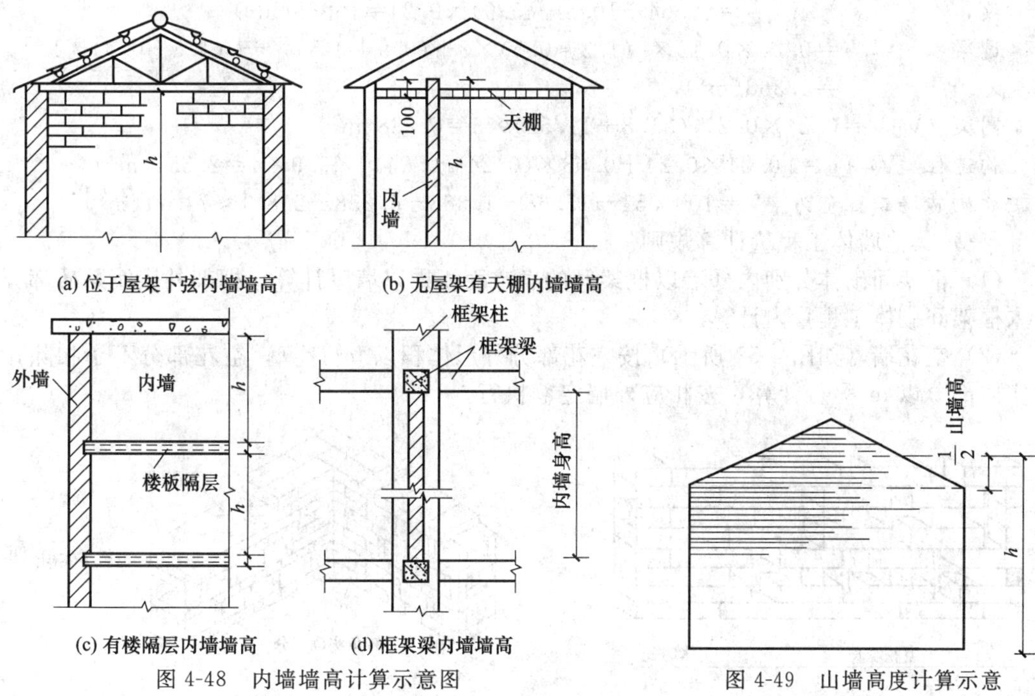

(a) 位于屋架下弦内墙墙高　(b) 无屋架有天棚内墙墙高

(c) 有楼隔层内墙墙高　(d) 框架梁内墙墙高

图 4-48　内墙墙高计算示意图

图 4-49　山墙高度计算示意

(4) 内、外山墙墙身高度　按其平均高度计算（如图 4-49 所示）。

【例 4-24】 某建筑物平面、立面如图 4-50 所示，墙厚 240mm，M2.5 混合砂浆砌筑，M-1 为 1200mm×2400mm，M-2 为 900mm×2000mm，C-1 为 1500mm×1800mm，过梁断面为 240mm×120mm，过梁长为洞口宽度加 500mm，外墙四角设置构造柱到女儿墙顶面，断面为 240mm×240mm，檐口处圈梁断面为 240mm×200mm，试计算砌墙工程量。

解　外墙(含女儿墙)　$L_{中}=(3.3\times3+6)\times2=31.8(\mathrm{m})$

墙高　$h=3.3+3\times2+0.6=9.9(\mathrm{m})$

内墙　$L_{净}=(6-0.24)\times2=11.52(\mathrm{m})$

墙高　$h=3.3+3\times2-2\times0.13$(板厚)$=9.04(\mathrm{m})$

故　$V_{墙}=[31.8\times9.9+11.52\times9.04]\times0.24=100.551(\mathrm{m}^3)$

扣除部分体积：

门窗　$S_{\mathrm{M\text{-}1}}=1.2\times2.4\times3=8.64(\mathrm{m}^2)$

$S_{\mathrm{M\text{-}2}}=0.9\times2\times6=10.8(\mathrm{m}^2)$

$S_{\mathrm{C\text{-}1}}=1.5\times1.8\times17=45.9(\mathrm{m}^2)$

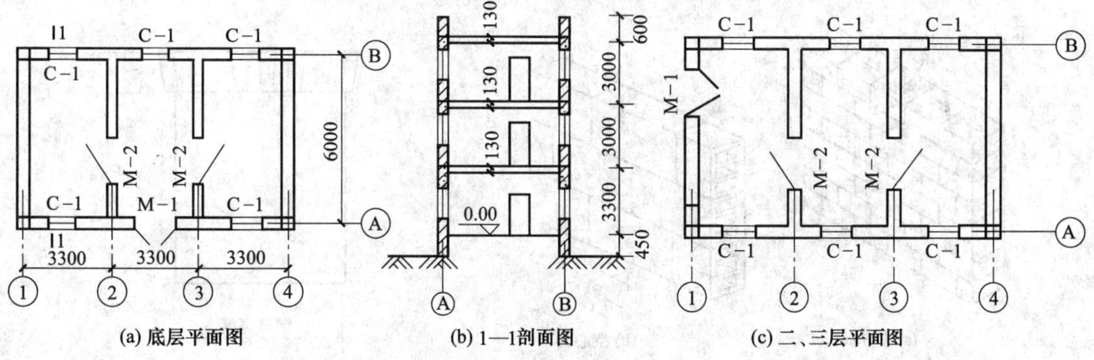

(a) 底层平面图　(b) 1—1剖面图　(c) 二、三层平面图

图 4-50　三层楼房的平、立面图

故，　　　$V_{门窗}=(8.64+10.8+45.9)\times0.24=15.68(m^3)$

过梁　$V_{过梁}=0.24\times0.12\times[(1.2+0.5)\times3+(0.9+0.5)\times6+(1.5+0.5)\times17]=1.368(m^3)$

圈梁　$V_{圈梁}=0.24\times0.2\times(31.8+11.52)\times3=6.238(m^3)$

构造柱　$V_{构造柱}=[0.24\times0.24+0.03\times(0.24+0.24)]\times9.9\times4=2.851(m^3)$

故砌砖墙工程量为　$V=100.551-15.68-1.368-6.238-2.851\approx74.41(m^3)$

（三）其他墙体工程量计算规则

(1) 框架间砌体分别内外墙以框架间的净空面积乘以墙厚计算，框架外表镶贴砖部分亦并入框架间砌体工程量内计算。

(2) 空花墙（如图 4-51 所示）按空花部分外形体积以 m^3 计算，空花部分不予扣除，其中实体部分以 m^3 另行计算，按相应外墙定额执行。

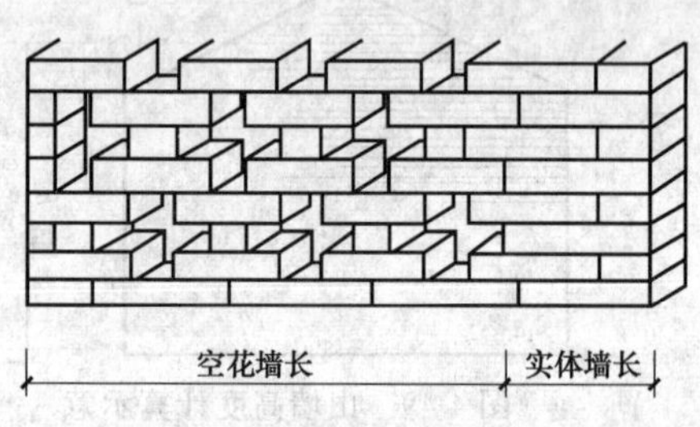

图 4-51　空花墙与实体墙划分示意

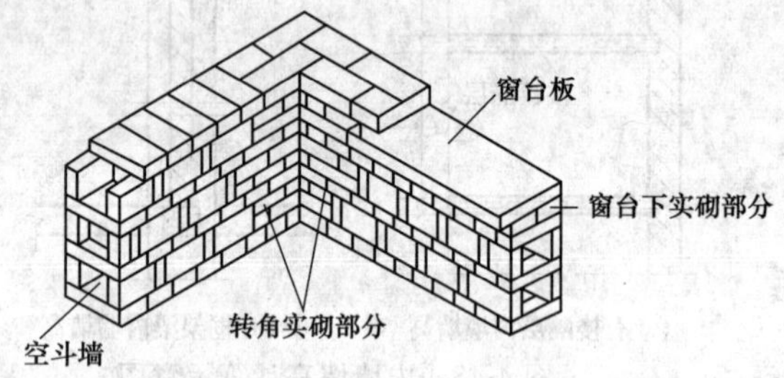

图 4-52　空斗墙砌筑示意

(3) 空斗墙（如图 4-52 所示）按外形尺寸以 m^3 计算，扣除门窗洞口、钢筋混凝土过梁、圈梁所占体积，墙角、内外墙交接处，门窗洞口立边，窗台砖及屋檐处的实砌部分已包括在定额内，不另行计算，但窗间墙、窗台下、楼板下、梁头下等实砌部分，应另行计算，套零星砌体定额项目。

(4) 多孔砖、空心砖按图示厚度以 m^3 计算，不扣除其孔、空心部分体积（如图 4-53 所示）。

(5) 填充墙按外形体积以 m^3 计算，扣除门窗洞口、钢筋混凝土过梁、圈梁所占的体积。其中实砌部分已包括在定额内，不得另行计算。

(6) 加气混凝土墙、硅酸盐砌块墙及小型空心砌块墙，按图示尺寸以 m^3 计算。应扣除门窗洞口、钢筋混凝土过梁、圈梁等所占体积，按设计规定需要镶嵌砖砌体部分已包括在定额内，不得另行计算。

(7) 砖平碹平砌砖过梁按图示尺寸以 m^3 计算。如设计无规定时，砖平碹按门窗洞口宽度两端共加 100mm，乘以高度（门窗洞口宽小于 1500mm 时，高度为 240mm；大于 1500mm 时，高度为 365mm）计算；平砌砖过梁按门窗洞口宽度两端共加 500mm，高度按 440mm 计算。如图 4-54 所示。

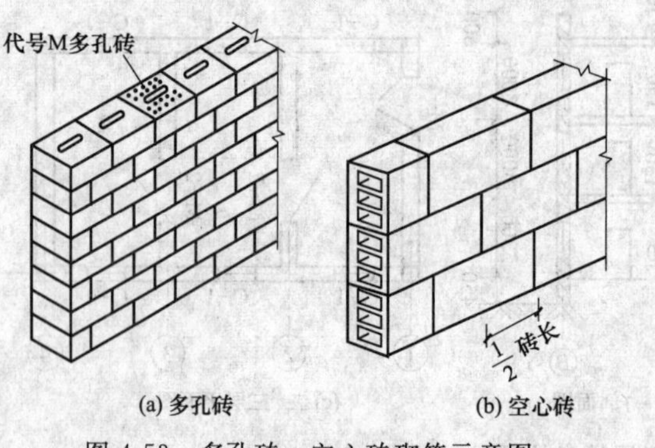

图 4-53　多孔砖、空心砖砌筑示意图

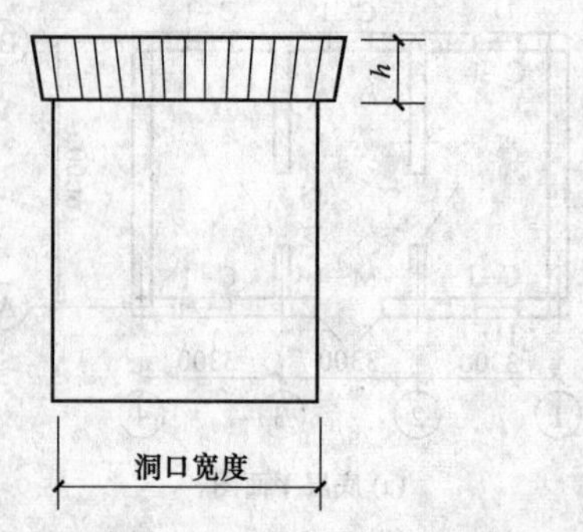

图 4-54　砖平碹平砌砖过梁示意图

(8) 砖砌围墙应分别不同墙厚以 m^3 计算，按外墙定额执行。定额中已综合了围墙垛、压顶、砖碹等因素，不另计算。

(四) 其他砖砌体工程量计算规则

(1) 砖砌锅台、炉灶不分大小，均按图示外形尺寸以 m^3 计算，不扣除各种空洞的体积。

(2) 砖砌台阶（不包括梯带）按水平投影面积以 m^2 计算。如图 4-55 所示。

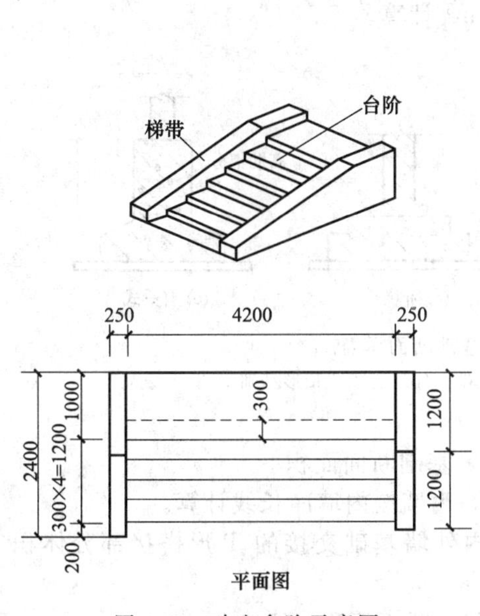

图 4-55　砖砌台阶示意图

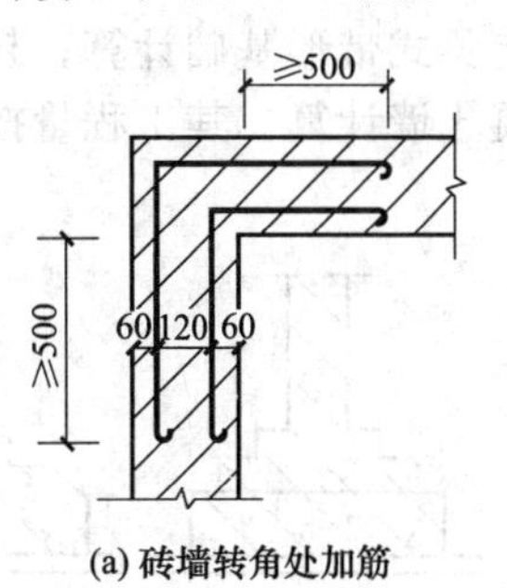

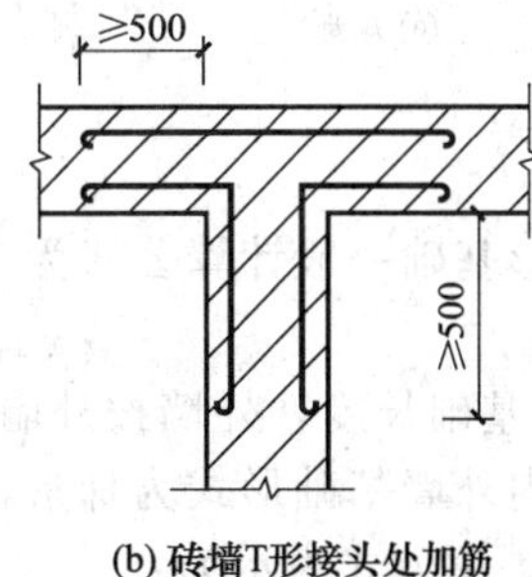

图 4-56　砖砌体内钢筋加固示意图

【例 4-25】 计算如图 4-55 所示砖砌台阶工程量。

解　$S=4.2\times0.3\times5=6.3(m^2)$

(3) 厕所蹲台、水槽腿、灯箱、垃圾箱、台阶挡墙或梯带、花台、花池、地垄墙及支撑地楞的砖墩，房上烟囱、屋面架空隔热层砖墩及毛石墙的门窗立边、窗台虎头砖等按实砌体积，以 m^3 计算，套用零星砌体定额项目。

(4) 检查井及化粪池不分壁厚均以 m^3 计算，洞口上的砖平拱碹等并入砌体体积内计算。

(5) 砖砌地沟不分墙基、墙身合并以 m^3 计算。石砌地沟按其中心线长度以延长米计算。

(五) 砖砌挖孔桩护壁工程量

按实砌体积计算。

(六) 砌体内的钢筋加固

应根据设计规定，以吨计算，套用钢筋混凝土章节相应项目。如图 4-56 所示。

四、混凝土及钢筋混凝土工程工程量的计算

混凝土及钢筋混凝土工程是一个重要的分部工程，基础定额中包括混凝土工程、钢筋工程和模板工程三部分，本小节主要叙述混凝土工程和钢筋工程两部分，模板工程工程量计算在措施项目中进行介绍。混凝土工程根据施工方法不同分为现浇和预制。

(一) 现浇混凝土及钢筋混凝土构件工程量计算

现浇混凝土工程量除另有规定者外，均按图示尺寸实体体积以 m^3 计算，不扣除构件内

钢筋、预埋铁件及墙、板中 0.3m² 内的孔洞体积。

1. 现浇混凝土基础工程量计算

现浇混凝土基础包括带形基础、独立基础、满堂基础、设备基础、桩承台基础等。

(1) 带形基础　从基础结构而言，凡墙下的长条形基础，或柱和柱间距离较近而连接起来的条形基础，都称为带形基础。它又分为无梁式（板式基础）和有梁式（有肋带形基础）两种。常见断面形式如图 4-57 所示。当带形基础梁（肋）高 h 与梁（肋）宽 b 之比在 4∶1 以内的按有梁式带形基础计算；超过 4∶1 时，带形基础底板按无梁式计算，底板以上部分按钢筋混凝土墙计算。其工程量按图示体积以 m³ 计算。

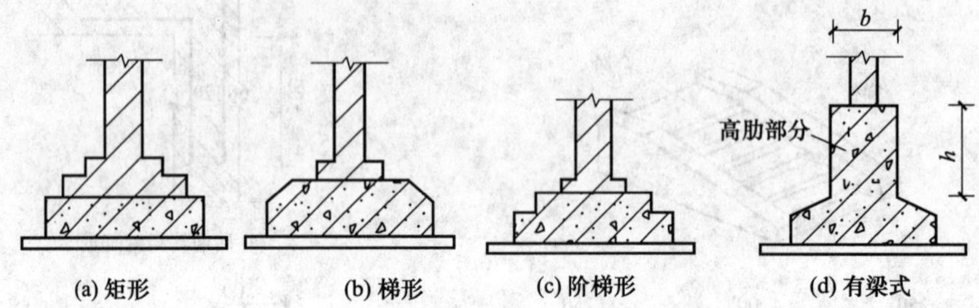

图 4-57　带形基础断面示意

(a),(b),(c) 无梁式带形基础；(d) 有梁式带形基础

1) 带形基础一般计算公式为：

$$V_{基础}=基础长度\times基础断面面积 \tag{4-32}$$

式中，基础长度，外墙按外墙中心线计算，内墙按内墙净长线计算。

2) 若内外墙基础形式为梯形，则需增加内外墙基础交接的 T 形搭接部分体积（如图 4-58 所示）。用公式表示为：

$$V_{基础}=基础长度\times基础断面面积+V_{搭} \tag{4-33}$$

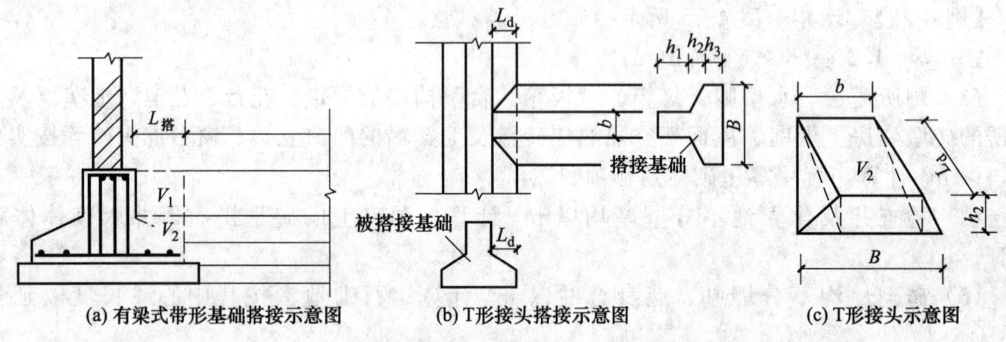

图 4-58　基础内外墙搭接示意图

① 有梁式带形基础：

$$V_{搭}=V_1+V_2=L_{搭}\times b\times h_1+L_{搭}\times h_2\times\frac{2b+B}{6} \tag{4-34}$$

式中，V_1 为 h_1 断面部分搭接体积；V_2 为 h_2 断面部分搭接体积；b 为搭接基础梯形断面上底长；B 为搭接基础梯形断面下底长。

② 无梁式带形基础：

$$V_{搭}=L_{搭}\times h_2\times\frac{2b+B}{6} \tag{4-35}$$

【例 4-26】　计算如图 4-59 所示某工程带形钢筋混凝土基础工程量，混凝土强度等级为 C20。

解 $V_{基础}=V_{外}+V_{内}+V_{搭}=7.2\times[0.2\times1.2+1/2\times(0.6+1.2)\times0.12]+(4.8-0.6\times2)\times[0.2\times1.1+1/2\times(0.6+1.1)\times0.12]+2\times1/6\times0.3\times0.12\times(2\times0.6+1.1)=2.506+1.507+0.028=4.04(m^3)$

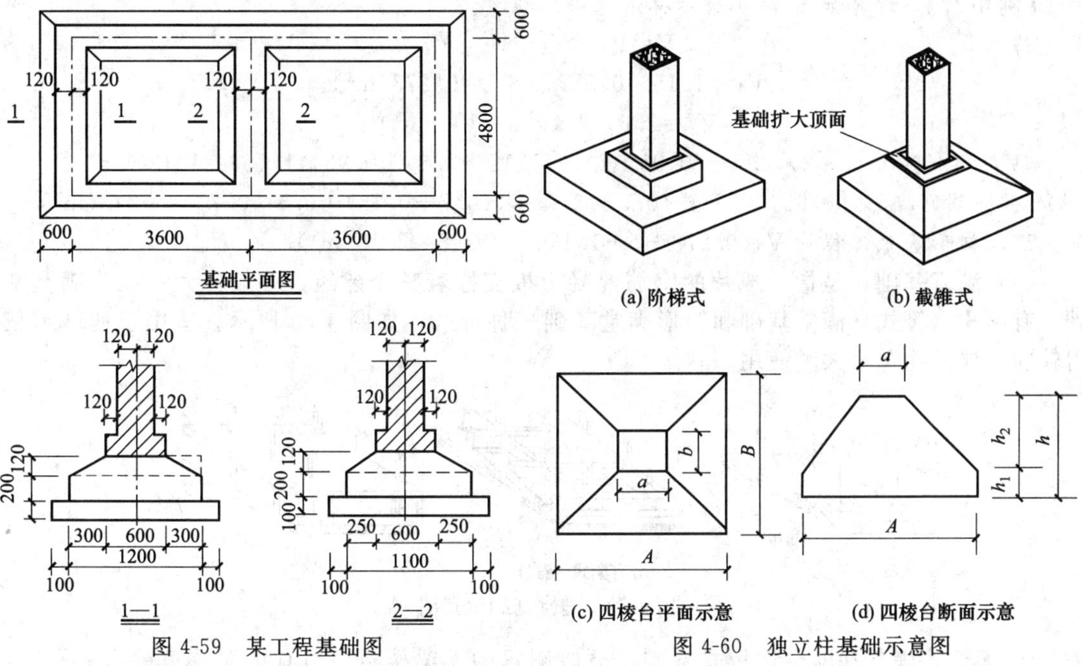

图 4-59 某工程基础图

图 4-60 独立柱基础示意图

(2) 独立柱基础 一般为阶梯式和截锥式形状，如图 4-60 所示。独立柱基础与柱现浇成一整体，其分界线以基础扩大顶面为界。当基础为阶梯形时，其体积为各阶矩形的长、宽、高相乘后相加；截锥式形状独立柱基础，其体积由矩形体积和四棱台体积之和构成。

四棱台体积计算公式为：

$$V=h_2/6\times[AB+(A+a)(B+b)+ab] \tag{4-36}$$

式中，a，b 为四棱台上底的长和宽（m）；A，B 为四棱台下底的长和宽（m）。

(3) 杯形基础 是独立基础中的一种形式，如图 4-61 所示。

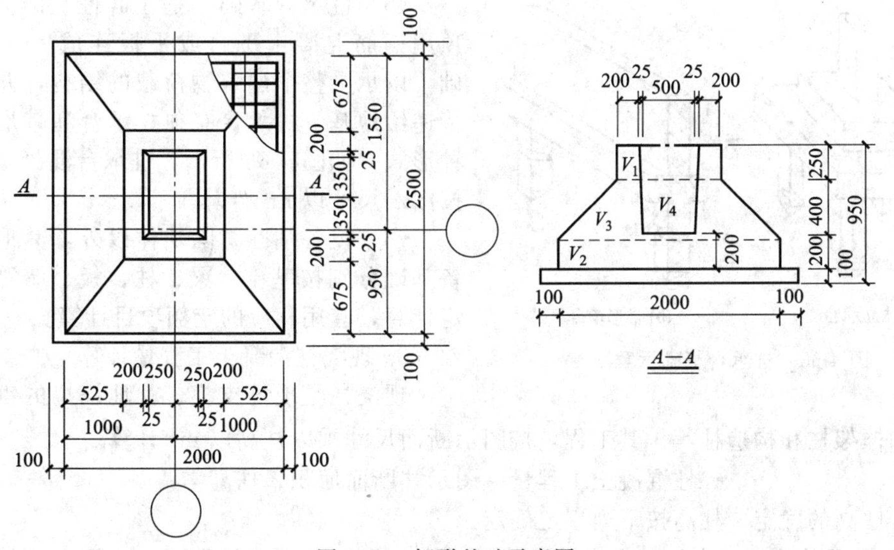

图 4-61 杯形基础示意图

其体积为：

$$V=V_1+V_2+V_3-V_4 \tag{4-37}$$

式中，V_1，V_2 为上下两个矩形体积；V_3 为四棱台体积；V_4 为杯口体积。

【例 4-27】 计算如图 4-61 所示杯形基础工程量。

解

$$V=V_1+V_2+V_3-V_4$$

$$V_1=1.15\times0.95\times0.25=0.273(\text{m}^3)$$

$$V_2=2.5\times2\times0.2=1.0(\text{m}^3)$$

$$V_3=1/6\times0.4\times[2\times2.5+(0.95+2)\times(1.15+2.5)+0.95\times1.15]=1.124(\text{m}^3)$$

$$V_4=1/6\times0.65\times[0.55\times0.75+(0.5+0.55)\times(0.7+0.75)+0.5\times0.7]=0.248(\text{m}^3)$$

故，杯形基础工程量 $V=0.273+1+1.124-0.248=2.15(\text{m}^3)$

(4) 满堂基础　是指由成片的钢筋混凝土板支撑着整个建筑，一般分为无梁式满堂基础、有梁式（筏式）满堂基础和箱形满堂基础三种形式，如图 4-62 所示。适用于地基承载力较弱，建筑物重量大时使用。

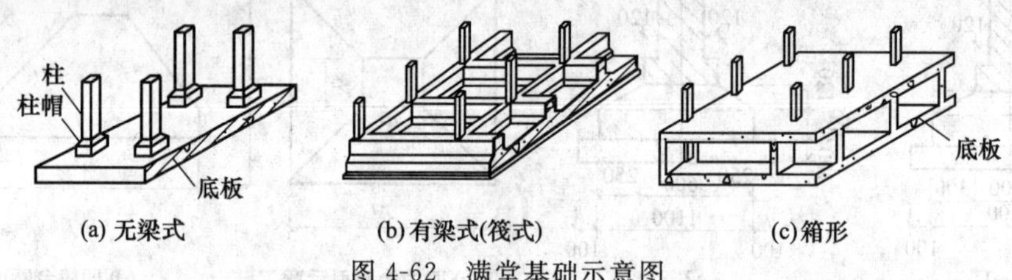

图 4-62　满堂基础示意图

① 无梁式满堂基础也称板式基础，类似倒置的无梁楼板，当有扩大或角锥形柱墩时，应并入无梁式满堂基础内计算。其混凝土工程量可按下式计算：

无梁式满堂基础混凝土工程量＝基础底板面积×基础底板厚度＋柱墩体积　(4-38)

② 有梁式满堂基础也称梁板式基础，类似倒置的井字楼盖，其混凝土工程量按板、梁（肋）体积合并计算，其计算公式为：

有梁式满堂基础混凝土工程量＝基础板面积×板厚＋梁截面面积×梁长　(4-39)

③ 箱形满堂基础是指由顶板、底板及纵横墙板连成整体的基础。工程量应分别按无梁式满堂基础、柱、墙、梁、板有关规定以 m^3 计算。

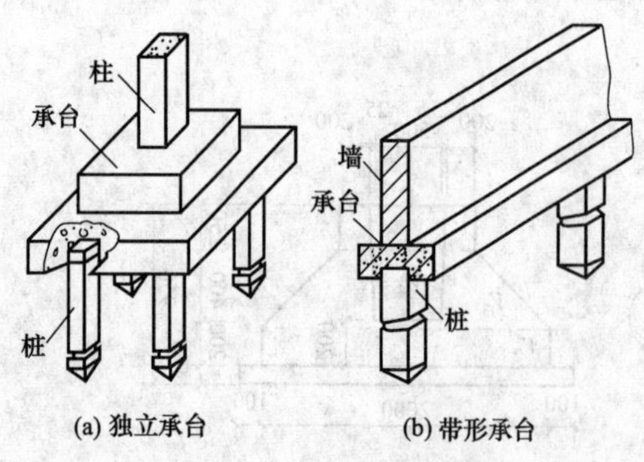

图 4-63　桩承台基础示意图

(5) 桩承台基础　是在群桩基础上，将桩顶用钢筋混凝土平台或平板连成一个整体基础，以承受整个建筑物荷载的结构，并通过桩传递给地基。桩承台有独立承台和带形承台两种形式，如图 4-63 所示，桩承台混凝土工程量按图示尺寸以 m^3 计算。

(6) 设备基础　除块体以外，其他类型设备基础分别按基础、梁、柱、板、墙等有关规定计算，套用相应的定额项目计算。

2. 现浇柱混凝土工程量计算

现浇柱是现场支模、就地浇捣的钢筋混凝土柱，如框架柱和构造柱等。其工程量按图示断面尺寸乘以柱高以 m^3 计算。

柱混凝土工程量＝图示柱断面面积×柱高　(4-40)

(1) 柱高的确定　柱高按下列规定确定。

① 有梁板的柱高，自柱基上表面（或楼板上表面）至上一层楼板上表面之间的高度计

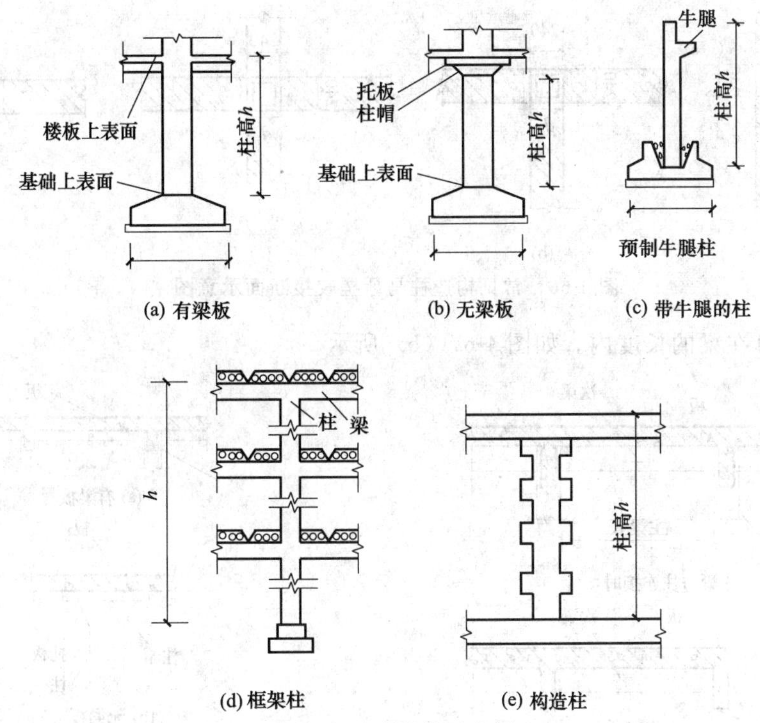

图 4-64　柱高计算示意图

算。如图 4-64(a) 所示。

② 无梁板的柱高，自柱基上表面（或楼板上表面）至柱帽下表面之间的高度计算。如图 4-64(b) 所示。

③ 框架柱的柱高，自柱基上表面至柱顶高度计算。如图 4-64(d) 所示。

④ 构造柱按设计高度计算，与墙嵌接部分的体积并入柱身体积内计算。如图 4-64(e) 所示。

⑤ 依附柱上的牛腿，并入柱体积内计算。如图 4-64(c) 所示。

(2) 构造柱　构造柱一般是先砌墙后浇筑，在砌墙时每隔五皮砖（约 300mm）留一马牙槎缺口以便咬接，每缺口按 60mm 留槎。如图 4-65 所示。计算构造柱的断面积时，槎口平均每边按 30mm 计入到柱宽内。构造柱常见的马牙槎咬接断面形式如图 4-66 所示。构造柱的断面积计算公式为：

$$构造柱断面积=d_1\times d_2+0.03\times(n_1\times d_1+n_2\times d_2) \tag{4-41}$$

式中，d_1、d_2 为构造柱两个方向的尺寸；n_1、n_2 为 d_1、d_2 方向咬接的边数。

构造柱计算实例详见例 4-24。

3. 现浇混凝土梁工程量计算

现浇梁包括基础梁、单梁、连续梁、圈梁、过梁、叠合梁等。其工程量按图示断面尺寸乘以梁长以 m^3 计算。梁长的计算规定如下。

① 主梁、次梁与柱连接时，梁长算至柱侧面。如图 4-67(a) 所示。

② 次梁与主梁连接时，次梁长度算至主梁侧面；伸入墙

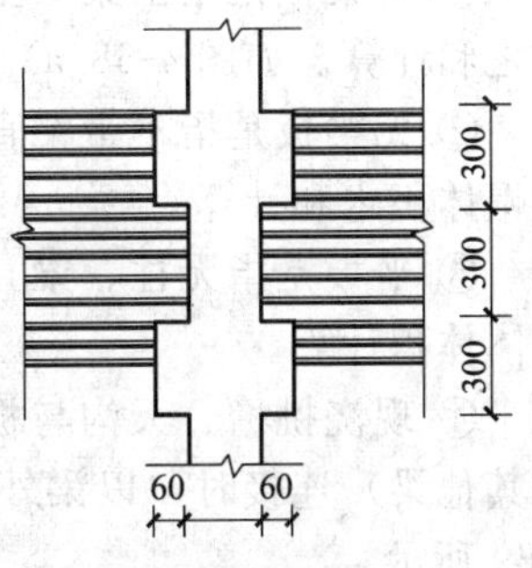

(a) 构造柱断面示意

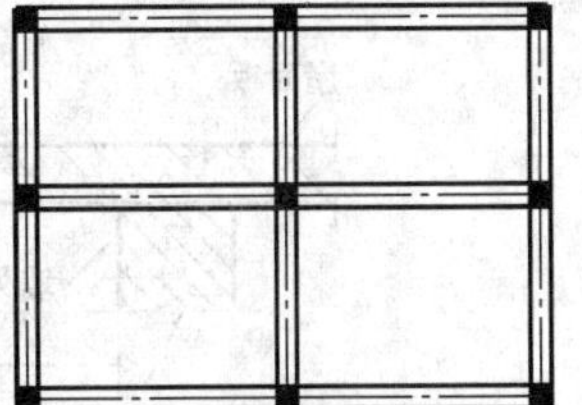

(b) 平面图

图 4-65　构造柱断面示意图

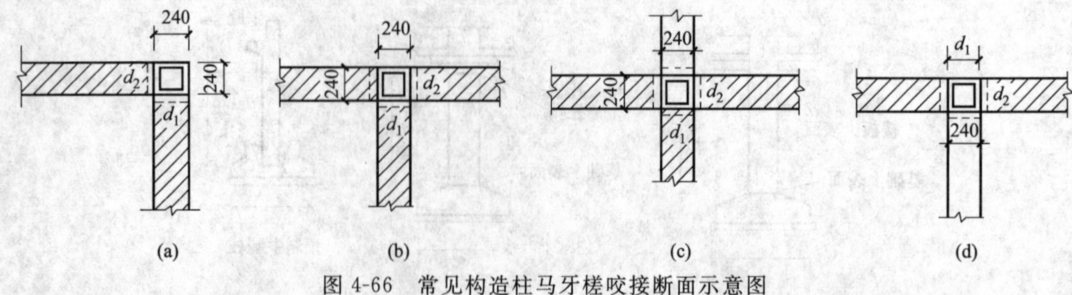

图 4-66　常见构造柱马牙槎咬接断面示意图

内的梁头应计算在梁的长度内。如图 4-67（b）所示。

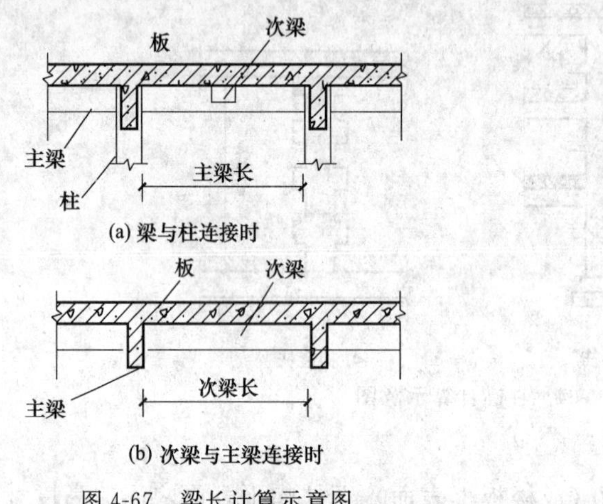

图 4-67　梁长计算示意图

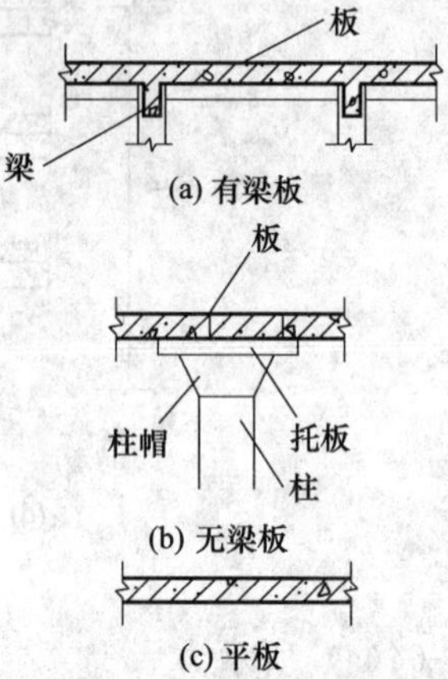

(a) 有梁板

(b) 无梁板

(c) 平板

图 4-68　现浇混凝土板构造形式

4. 现浇混凝土板工程量计算

现浇混凝土板的构造形式可分为有梁板、无梁板和平板等，其工程量是按图示面积乘以板厚以 m^3 计算。如图 4-68 所示。

① 有梁板是指由梁（主梁、次梁）与板现浇成整体的板。其混凝土工程量按梁、板体积之和计算。如图 4-68(a) 所示。

② 无梁板是指不带梁直接由柱支撑的板，如图 4-68(b) 所示。其混凝土工程量按板与柱帽体积之和计算。

③ 平板是指无柱、梁，直接支撑在墙上的板如图 4-68(c) 所示。其混凝土工程量按板实体体积计算。

④ 现浇挑檐、天沟与板（包括屋面板、楼板）连接时，以外墙为分界线，与圈梁（包括其他梁）连接时，以梁外边线为分界线，外墙边线以外或梁外边线以外为挑檐天沟。如图 4-69 所示。

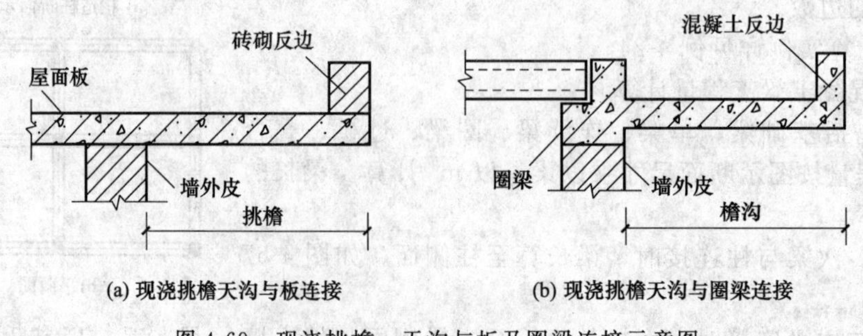

图 4-69　现浇挑檐、天沟与板及圈梁连接示意图

⑤ 各类板伸入墙内的板头并入板体积内计算。

【例 4-28】 某现浇钢筋混凝土有梁板，如图 4-70 所示，混凝土为 C25，计算有梁板的工程量。

解

$$V_{有梁板}=V_{板}+V_{梁}$$

$$V_{板}=2.7\times3\times2.4\times3\times0.12=6.998(\text{m}^3)$$

$$V_{梁}=0.25\times(0.5-0.12)\times2.4\times3\times2+0.25\times0.50\times0.12\times4+0.2\times(0.4-0.12)\times(2.7\times3-0.5)\times2+0.20\times0.40\times0.12\times4=2.317(\text{m}^3)$$

$$V_{有梁板}=6.998+2.317=9.32(\text{m}^3)$$

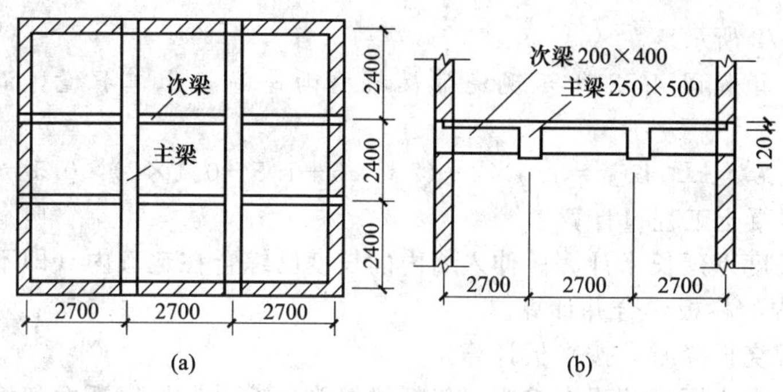

图 4-70 现浇混凝土有梁板示意图

5. 现浇混凝土墙工程量计算

现浇混凝土墙工程量按图示中心线长度乘以墙高及厚度以 m^3 计算，应扣除门窗洞口及 0.3m^2 以外孔洞的体积，墙垛及突出部分并入墙体积内计算。

6. 现浇混凝土整体楼梯工程量计算

现浇混凝土整体楼梯包括休息平台、平台梁、斜梁及楼梯的连接梁，按水平投影面积计算，不扣除宽度小于 500mm 的楼梯井，伸入墙内部分不另增加。如图 4-71 所示。

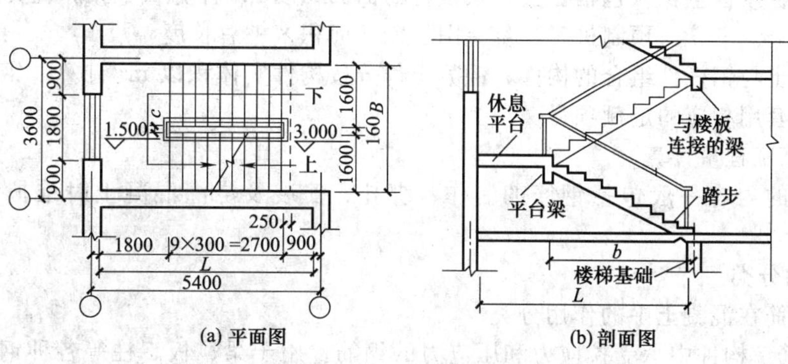

图 4-71 现浇整体楼梯示意图

用公式表示为：　　当 $c\leqslant50\text{cm}$ 时，$S_{楼梯}=L\times B$　　(4-42)

当 $c>50\text{cm}$ 时，$S_{楼梯}=L\times B-c\times b$　　(4-43)

式中，$L\times B$ 为楼梯水平投影面积；$c\times b$ 为楼梯井面积；c 为楼梯井宽度。

【例 4-29】 计算如图 4-71 所示整体楼梯的混凝土工程量。

解　　$S_{楼梯}=(1.8+2.7+0.25)\times(1.6+0.16+1.6)=15.96(\text{m}^2)$

7. 现浇阳台、雨篷混凝土工程量计算

现浇阳台、雨篷等悬挑板的混凝土工程量均按伸出外墙的水平投影面积计算。伸出墙外的挑梁式牛腿已包括在定额内，不另计算；带反挑檐的雨篷应将垂直展开面积并入雨篷工程

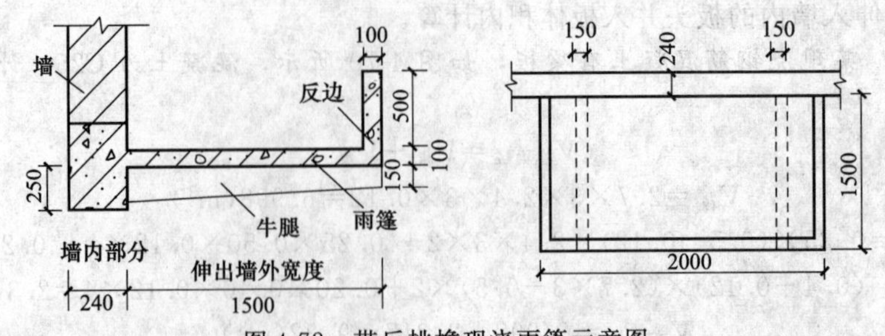

图 4-72　带反挑檐现浇雨篷示意图

量内计算。如图 4-72 所示。

【例 4-30】 计算如图 4-72 所示现浇带反挑檐雨篷混凝土工程量，混凝土强度等级为 C15。

解 现浇雨篷混凝土工程量＝1.5×2＋(2＋1.5＋1.5－0.1×2)×0.5＝5.4(m^2)

8. 其他现浇混凝土工程量计算

① 栏杆按净长度以延长米计算。伸入墙内的长度已综合在定额内（即不另计）。栏板以 m^3 计算，伸入墙内的栏板，合并计算。

② 预制板补现浇板缝时，按平板计算。

③ 预制钢筋混凝土框架柱现浇接头（包括梁接头）按设计规定断面和长度以 m^3 计算。

（二）预制混凝土构件工程量计算

预制构件是在预制构件加工厂或施工现场制作好，再从加工厂运到施工现场进行装配，最后进行接头灌缝，形成工程实体。预制混凝土工程量按以下规定计算。

(1) 混凝土工程量均按图示尺寸以 m^3 计算，不扣除构件内钢筋、铁件、预应力钢筋预留孔洞及小于 300mm×300mm 以内孔洞所占的体积。

$$预制混凝土工程量＝图示断面面积×构件长度 \tag{4-44}$$

(2) 预制桩按桩全长（包括桩尖）乘以桩断面面积以 m^3 计算（不扣除桩尖虚体积）。

$$预制桩工程量＝图示断面面积×桩总长度 \tag{4-45}$$

(3) 混凝土与钢杆件组合的构件，混凝土部分按构件实体积以 m^3 计算，钢构件部分按吨计算，分别套用相应的定额项目。

（三）钢筋工程量计算

钢筋工程的内容一般包括钢筋的制作、绑扎、安装及浇灌混凝土时维护钢筋等操作过程。

1. 钢筋的分类

(1) 按钢筋在混凝土中的作用分类

1) 受力筋　构件中承受拉应力和压应力的钢筋。用于梁、板、柱等各种钢筋混凝土构件中。包括受拉钢筋、弯起钢筋和受压钢筋。如图 4-73 所示。

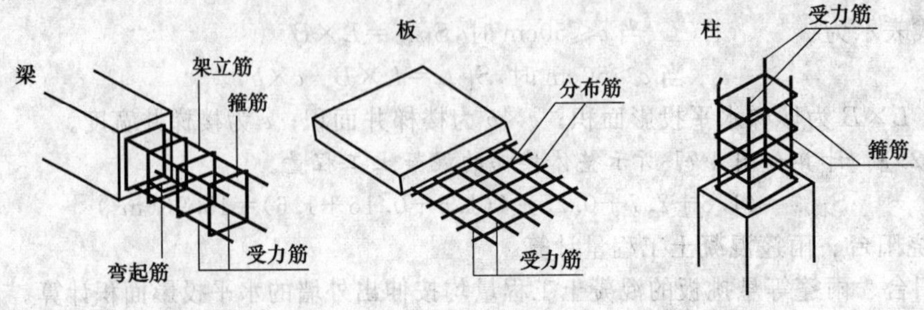

图 4-73　梁、板、柱中的钢筋名称和分布位置示意图

2）构造筋　因构造要求和施工安装需要配置的钢筋。包括分布筋、架立筋和箍筋。如图 4-73 所示。

① 分布筋。是将构件所受外力分布于较广的范围，以改善受力情况，这种钢筋用在板中与受力钢筋相垂直，保证受力钢筋的位置正确。也兼做抵抗收缩、温度应力。分布筋与板内受力筋一起构成钢筋的骨架，垂直于受力筋。

② 架立筋。用来保证箍筋的间距和固定受力钢筋，与梁内受力筋、箍筋一起构成钢筋的骨架。

③ 箍筋。构件中承受一部分斜拉应力（剪应力），并固定纵向钢筋的位置。用于梁和柱中。

（2）按外形分类　分为光面圆钢筋和螺纹钢筋。

（3）按强度等级分类　分为Ⅰ级钢筋、Ⅱ级钢筋、Ⅲ级钢筋和Ⅳ级钢筋。

（4）按化学成分分类　分为普通碳素钢钢筋、普通低合金钢钢筋。

（5）按机械性能分类　分为碳素钢丝、刻痕钢丝、钢丝及其制品、钢绞线、冷拔低碳钢丝等。

2. 钢筋工程量计算一般规则

（1）钢筋工程，应区别现浇、预制构件、不同钢种和规格，分别按设计长度乘以单位重量，以 t 计算。

$$钢筋重量=钢筋计算长度\times钢筋每米理论重量 \tag{4-46}$$

钢筋的每米理论重量可以通过查表得到或利用公式：

$$钢筋重量(kg/m)=0.00617\times D^2 \tag{4-47}$$

式中，D 为钢筋的直径（mm）。

（2）计算钢筋工程量时，设计已规定钢筋搭接长度的，按规定搭接长度计算；设计未规定搭接长度的，已包括在钢筋的损耗率之内，不另计算搭接长度。钢筋电渣压力焊接、套筒挤压等接头，以个计算。

（3）先张法预应力钢筋，按构件外形尺寸计算长度，后张法预应力钢筋按设计图规定的预应力钢筋预留孔道长度，并区别不同的锚具类型，分别按下列规定计算。

① 低合金钢筋两端采用螺杆锚具时，预应力的钢筋按预留孔道长度减 0.35m，螺杆另行计算。

② 低合金钢筋一端采用镦头插片，另一端螺杆锚具时，预应力钢筋长度按预留孔道长度计算，螺杆另行计算。

③ 低合金钢筋一端采用镦头插片，另一端采用帮条锚具时，预应力钢筋增加 0.15m，两端采用帮条锚具时预应力钢筋共增加 0.3m 计算。

④ 低合金钢筋采用后张混凝土自锚时，预应力钢筋长度增加 0.35m 计算。

⑤ 低合金钢筋或钢绞线采用 JM 型、XM 型、QM 型锚具孔道长度在 20m 以内时，预应力钢筋长度增加 1m；孔道长度 20m 以上时预应力钢筋长度增加 1.8m 计算。

⑥ 碳素钢丝采用锥形锚具，孔道长在 20m 以内时，预应力钢筋长度增加 1m；孔道长在 20m 以上时，预应力钢筋长度增加 1.8m。

⑦ 碳素钢丝两端采用镦粗头时，预应力钢丝长度增加 0.35m 计算。

3. 各种钢筋计算长度的确定

$$钢筋长度=构件图示尺寸-保护层厚度+钢筋增加长度 \tag{4-48}$$

（1）保护层厚度　为了使钢筋在构件中不被锈蚀，加强钢筋与混凝土的粘接力，在各种构件中的受力筋外面，必须要有一定厚度的混凝土，这层混凝土就被称为保护层。受力钢筋的混凝土保护层最小厚度（见表 4-7），应根据混凝土结构的环境类别（见表 4-8）、构件类别等来选取，遵守规范 11G101-1 第 54 页中的规定，且不宜小于受力钢筋的直径。

表 4-7　混凝土保护层最小厚度　　单位：mm

环境类别	墙、板	梁、柱	环境类别	墙、板	梁、柱
一	15	20	三 a	30	40
二 a	20	25	三 b	40	50
二 b	25	35			

注：1. 表中混凝土保护层厚度指最外层钢筋外边缘至混凝土表面的距离，适用于设计使用年限为 50 年的钢筋混凝土结构。

2. 构件中受力钢筋的保护层厚度不应小于钢筋的公称直径。

3. 设计使用年限为 100 年的混凝土结构，一类环境中，最外层钢筋的保护层厚度不应小于表中数值的 1.4 倍；二、三类环境中，应采取专门的有效措施。

4. 混凝土强度等级，不大于 C25 时，表中保护层厚度数值应增加 5mm。

5. 基础底面钢筋保护层的厚度，有混凝土垫层时应从垫层顶面算起，且不应小于 40mm。

表 4-8　混凝土结构的环境类别

环境类别	条件
一	室内干燥环境 无侵蚀性静水浸没环境
二 a	室内潮湿环境 非严寒和非寒冷地区的露天环境 非严寒和非寒冷地区与无侵蚀性的水或土壤直接接触的环境 严寒和寒冷地区的冰冻线以下与无侵蚀性的水或土壤直接接触的环境
二 b	干湿交替环境 水位频繁变动环境 严寒和寒冷地区的露天环境 严寒和寒冷地区的冰冻线以上与无侵蚀性的水或土壤直接接触的环境
三 a	严寒和寒冷地区冬季水位变动区环境 受除冰盐影响环境 海风环境
三 b	盐渍土环境 受除冰盐作用环境 海岸环境
四	海水环境
五	受人为或自然的侵蚀性物质影响的环境

(2) 钢筋增加长度　包括钢筋弯钩增加长度、弯起钢筋增加长度、钢筋搭接增加长度、钢筋锚固增加长度等。

1) 钢筋弯钩增加长度　应根据钢筋弯钩形状、弯弧内直径（弯心直径）、弯后平直段长度来确定。钢筋的弯钩形式可分为三种：半圆弯钩（180°）直弯钩（90°）和斜弯钩。如图 4-74 所示。180°的每个弯钩长度＝6.25d；135°的每个弯钩长度＝4.9d；90°的每个弯钩长度＝3.5d（d 为钢筋直径 mm）。

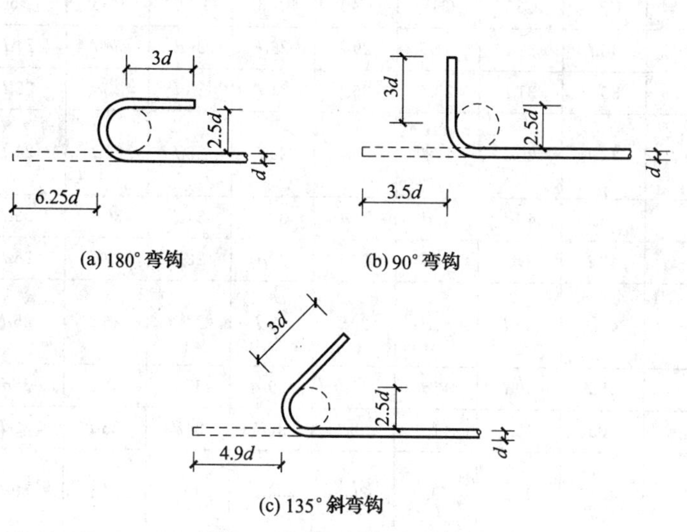

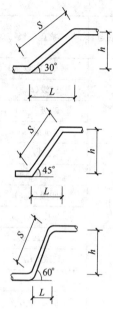

图 4-74　弯起钢筋示意图

图 4-75　弯起钢筋示意图

2）弯起钢筋增加长度　应根据弯起的角度和弯起的高度计算求出。

弯起钢筋的弯起角度一般有 30°、45°、60°三种，其弯起增加值是指钢筋斜长与水平投影长度之间的差值。如图 4-75 所示。弯起钢筋斜长及增加长度见表 4-9。

表 4-9　弯起钢筋斜长及增加长度计算表

弯 起 角 度	$\alpha=30°$	$\alpha=45°$	$\alpha=60°$
斜边长度 S	$2.000h$	$1.414h$	$1.155h$
底边长度 L	$1.732h$	$1.000h$	$0.577h$
增加长度 $S-L=\Delta L$	$0.268h$	$0.414h$	$0.578h$

3）钢筋锚固增加长度　钢筋的锚固长度是指各种构件相互交接处彼此的钢筋应互相锚固的长度。

《混凝土结构施工图平面整体表示方法制图规则和构造详图 11G101》（11G101-1 第 53 页）以表格形式提供了纵向受拉钢筋的基本锚固长度 l_{ab} 和纵向受拉钢筋抗震基本锚固长度 l_{abE}（见表 4-10）。钢筋锚固长度按照基本锚固值×钢筋锚固修正系数×抗震修正系数计算（见表 4-11 和表 4-12）。

表 4-10　受拉钢筋基本锚固长度 l_{ab}、l_{abE}

<table>
<tr><th rowspan="2">钢筋种类</th><th rowspan="2">抗震等级</th><th colspan="9">混凝土强度等级</th></tr>
<tr><th>C20</th><th>C25</th><th>C30</th><th>C35</th><th>C40</th><th>C45</th><th>C50</th><th>C55</th><th>≥60</th></tr>
<tr><td rowspan="4">HPB300</td><td>一、二级（l_{abE}）</td><td>45d</td><td>39d</td><td>35d</td><td>32d</td><td>29d</td><td>28d</td><td>26d</td><td>25d</td><td>24d</td></tr>
<tr><td>三级（l_{abE}）</td><td>41d</td><td>36d</td><td>32d</td><td>29d</td><td>26d</td><td>25d</td><td>24d</td><td>23d</td><td>22d</td></tr>
<tr><td>四级（l_{abE}）</td><td rowspan="2">39d</td><td rowspan="2">34d</td><td rowspan="2">30d</td><td rowspan="2">28d</td><td rowspan="2">25d</td><td rowspan="2">24d</td><td rowspan="2">23d</td><td rowspan="2">22d</td><td rowspan="2">21d</td></tr>
<tr><td>非抗震（l_{ab}）</td></tr>
</table>

续表

钢筋种类	抗震等级	混凝土强度等级								
		C20	C25	C30	C35	C40	C45	C50	C55	≥60
HRB335 HRBF335	一、二级(l_{abE})	44d	38d	33d	31d	29d	26d	25d	24d	24d
	三级(l_{abE})	40d	35d	31d	28d	26d	24d	23d	22d	22d
	四级(l_{abE}) 非抗震(l_{ab})	38d	33d	29d	27d	25d	23d	22d	21d	21d
HRB400 HRBF400 RRB400	一、二级(l_{abE})	—	46d	40d	37d	33d	32d	31d	30d	29d
	三级(l_{abE})	—	42d	37d	34d	30d	29d	28d	27d	26d
	四级(l_{abE}) 非抗震(l_{ab})	—	40d	35d	32d	29d	28d	27d	26d	25d
HRB500 HRBF500	一、二级(l_{abE})	—	55d	49d	45d	41d	39d	37d	36d	35d
	三级(l_{abE})	—	50d	45d	41d	38d	36d	34d	33d	32d
	四级(l_{abE}) 非抗震(l_{ab})	—	48d	43d	39d	36d	34d	32d	31d	30d

表 4-11　受拉钢筋锚固长度 l_a、抗震钢筋锚固长度 l_{aE}

非抗震	抗震	注:
$l_a=\zeta_a l_{ab}$	$l_{aE}=\zeta_{aE} l_a$	1. l_a不应小于 200。 2. 锚固长度修正系数 ζ_a按受拉钢筋锚固长度修正系数 ξ_a表取用,当多于一项时,可按连乘计算,但不应小于 0.6。 3. ζ_{aE}为抗震锚固长度修正系数,对一、二级抗震等级取 1.15,对三级抗震等级取 1.05,对四级抗震等级取 1.0。

注:1. HPB300 级钢筋末端应做 180°弯钩,弯后平直长度不应小于 3d,但做受压钢筋时可不做弯钩。

2. 当锚固钢筋的保护层厚度不大于 5d 时,锚固钢筋长度范围内应设置横向构造钢筋,其直径不应小于 $d/4$(d 为锚固钢筋的最大直径);对梁、柱等构件间距不应大于 5d,对板、墙等构件间距不应大于 10d,且均不应大于 100(d 为锚固钢筋的最小直径)。

表 4-12　受拉钢筋锚固长度修正系数 ζ_a

锚固条件		ζ_a	
带肋钢筋的公称直径大于 25		1.10	—
环氧树脂层带肋钢筋		1.25	
施工过程中易受扰动的钢筋		1.10	
锚固区保护层厚度	3d	0.8	注:中间时按内插值。 d 为锚固钢筋直径
	5d	0.7	

表 4-13　纵向受拉钢筋绑扎搭接长度 l_l、l_{lE}

纵向受拉钢筋绑扎搭接长度 l_l、l_{lE}				
抗震	非抗震			注: 1. 当不同直径的钢筋搭接时,l_l、l_{lE}按直径较小的钢筋计算。 2. 在任何情况下 l_l和 l_{lE}不小于 300mm。 3. 式中 ζ_l为纵向受拉钢筋搭接长度修正系数,当纵向钢筋搭接接头百分率为表的中间值时,可按内插取值。
$l_{lE}=\zeta_l l_{aE}$	$l_l=\zeta_l l_a$			
纵向受拉钢筋绑扎搭接长度修正系数 ζ_l				
纵向钢筋搭接接头面积百分率/%	≤25	50	100	
ζ	1.2	1.4	1.6	

4）钢筋搭接增加长度　按照混凝土结构平法施工图对钢筋搭接长度的规定，纵向受拉钢筋的连接分绑扎连接、机械连接和焊接三类。纵向受拉钢筋的绑扎搭接长度 l_l 和 l_{lE} 的取值和搭接长度的修正系数 ζ，见表 4-13（规范 11G101-1 第 55 页）。

（3）箍筋的长度　箍筋是用来满足斜截面抗剪强度，并联结受力主筋和受压区混筋骨架的钢筋。箍筋的末端应作弯钩，弯钩形式应符合设计要求。当设计无具体要求时，用Ⅰ级钢筋或低碳钢丝制作的箍筋，其弯钩的弯曲直径 D 不应大于受力钢筋直径，且不小于箍筋直径的 2.5 倍；弯钩的平直部分长度，一般结构的，不宜小于箍筋直径的 5 倍；有抗震要求的结构构件箍筋弯钩的平直部分长度不应小于箍筋直径的 10 倍。箍筋示意见图 4-76。

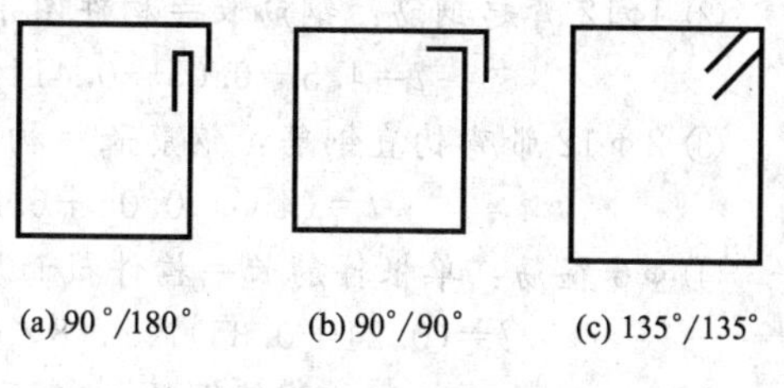

图 4-76　箍筋示意图

箍筋长度可按下式计算：

$$箍筋长度=构件截面周长-8\times保护层厚度+弯钩增加长度 \quad (4\text{-}49)$$

箍筋弯钩增加长度见表 4-14。

表 4-14　箍筋弯钩增加长度

弯钩形式		180°	90°	135°
钩增加值	一般结构	8.25d	5.5d	6.87d
	有抗震要求结构	13.25d	10.5d	11.87d

$$箍筋数量=箍筋配置范围长度/箍筋间距+1 \quad (4\text{-}50)$$

4. 传统现浇混凝土钢筋表示方法工程量计算举例

【例 4-31】 如图 4-77 所示，求现浇 C25 混凝土矩形梁钢筋用量。

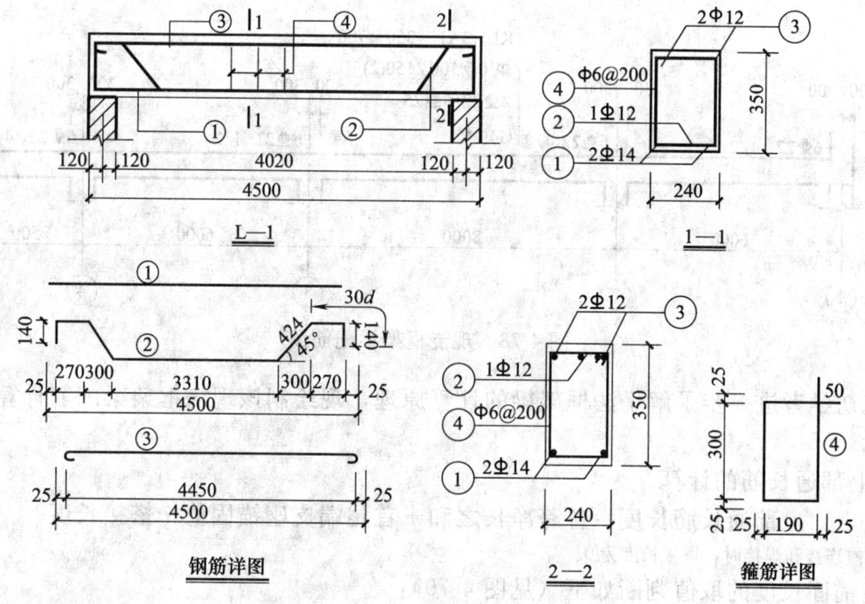

图 4-77　混凝土矩形梁钢筋示意图

解 (1) 钢筋长度计算

① 2Φ14 直钢筋：钢筋长＝构件图示尺寸－保护层厚度

$$l=(4.5-0.025\times2)\times2=8.9(\mathrm{m})$$

② 1Φ12 弯起钢筋：钢筋长＝构件图示尺寸－保护层厚度＋弯起钢筋增加长度

$$l=4.5-0.05+0.414\times0.3\times2+2\times0.14=4.98(\mathrm{m})$$

③ 2Φ12 带弯钩直钢筋：钢筋长＝构件图示尺寸－保护层厚度＋弯钩增加长度

$$l=(4.5-0.05+6.25\times0.012\times2)\times2=9.2(\mathrm{m})$$

④ Φ6 箍筋：单根箍筋长＝构件截面周长－8×保护层厚度＋弯钩增加长度

$$l=(0.24+0.35)\times2-8\times0.025+11.9\times0.006\times2=1.12(\mathrm{m})$$

$$箍筋根数=(4.5-0.05)/0.2+1\approx23(根)$$

(2) 图示钢筋重量

Φ14：$G=0.00617\times14^2\times8.9=10.76(\mathrm{kg})\approx0.011(\mathrm{t})$

Φ12：$G=0.00617\times12^2\times(4.98+9.2)=12.6(\mathrm{kg})\approx0.013(\mathrm{t})$

Φ6：$G=0.00617\times6^2\times1.12\times23=5.722(\mathrm{kg})\approx0.006(\mathrm{t})$

5. 平法钢筋工程量计算

建筑结构施工图平面整体表示设计方法（简称平法）是把结构构件的尺寸和配筋等，按照平面整体表示法制图规则，整体直接表达在各类构件的结构平面布置图上，再与标准构造详图相配合，即构成一套新型完整的结构设计。目前的平法图集主要有①11G101-1：现浇混凝土框架、剪力墙、梁、板；②11G101-2：现浇混凝土板式楼梯；③11G101-3：独立基础、条形基础、筏形基础及桩承台等。

(1) 框架梁钢筋的计算　框架梁中钢筋主要包括：纵向受力筋、弯起筋、架立筋、箍筋、吊筋（当主梁上有次梁时，在次梁下的主梁中布置吊筋，承担次梁集中荷载产生的剪力）和腰筋（指受扭钢筋和构造钢筋，需用拉筋来固定）等。下面结合例题来学习框架梁钢筋的计算。

【例 4-32】 计算如图 4-78 所示现浇框架梁钢筋工程量。已知，混凝土强度等级为 C30，抗震类型为三级，保护层厚度为 25mm，采用焊接连接，钢筋选用规范 11G101-1。

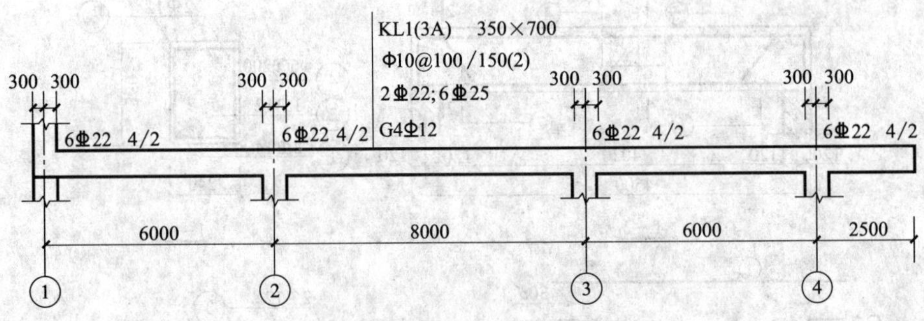

图 4-78　现浇框架梁配筋图

为使初学者进一步了解平法框架梁的计算原理，现绘制该现浇框架梁配筋计算简图如图 4-79 所示。

1) 上部通长筋的计算

$$上部通长筋长度＝各跨净长之和＋首尾端支座锚固值＋搭接长度 \tag{4-51}$$

注：机械连接和焊接时，搭接长度为 0。

支座锚固长度的取值判断如下（见图 4-79）：

左、右支座锚固长度的取值判断：

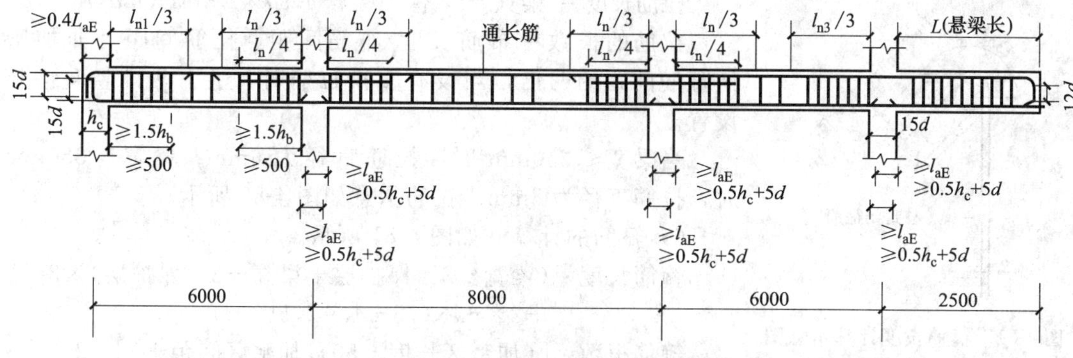

图 4-79　现浇框架梁配筋计算简图

当 h_c（钢筋的端支座宽）－保护层≥l_{aE}时，取 max(l_{aE}，0.5h_c＋5d)；

当 h_c（钢筋的端支座宽）－保护层 ＜ l_{aE}时，必须弯锚，取 max(l_{aE}，0.4l_{abE}＋15d，h_c－保护层＋15d)。

式中：抗震锚固长度 $l_{aE}=\zeta_{aE}l_a$；$l_a=\zeta_a l_{ab}$

2）下部通长钢筋的计算

下部通长钢筋长度＝净跨长＋左右支座锚固值＋搭接长度　　(4-52)

式中，支座锚固值的取值同上部通长筋。

注：机械连接和焊接时，搭接长度为 0。

3）支座负筋的计算（如图 4-79 所示）

端支座负筋长度：　　第一排钢筋长度＝本跨净跨长/3＋端支座锚固值　　(4-53)

第二排钢筋长度＝本跨净跨长/4＋端支座锚固值　　(4-54)

中间支座负筋长度:第一排钢筋长度＝2×l_n/3＋支座宽度　　(4-55)

第二排钢筋长度＝2×l_n/4＋支座宽度　　(4-56)

式中，l_n为相邻梁跨大跨的净跨长；端支座锚固值的取值同上部通长筋。

注：当梁的支座负筋有三排时，第三排钢筋的长度计算同第二排。

4）腰筋的计算　当梁的腹板高度 h_w≥450mm 时，需要在梁的两个侧面沿高度配置纵向构造钢筋（如图 4-80 所示），间距 a≤200；梁侧面构造筋的搭接与锚固长度可取为 15d，侧面受扭筋的搭接长度为 l_l 或 l_{lE}，其锚固长度与方式同框架梁下部纵筋。

侧面构造钢筋长度＝净跨长＋2×15d　　(4-57)

侧面纵向抗扭钢筋长度＝净跨长度＋2×锚固长度＋搭接长度　　(4-58)

5）拉筋的计算

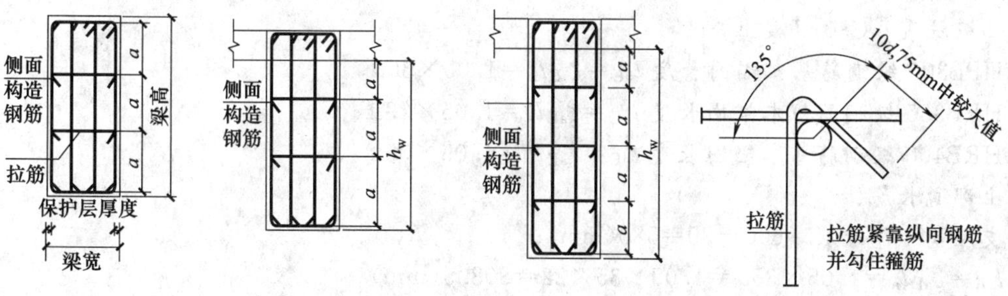

图 4-80　腰筋和拉筋构造示意图

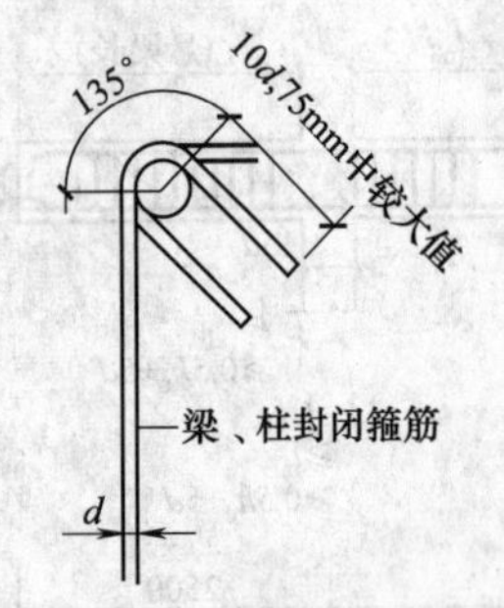

图 4-81　箍筋长度计算示意图

拉筋长度＝(梁宽－2×保护层)＋1.9d×2＋max(10d,75)×2

拉筋的根数＝布筋长度/布筋间距，拉筋间距为非加密区箍筋间距的两倍，当设有多排拉筋时，上下两排竖向错开设置。

当梁宽≤350mm 时，拉筋直径为 6mm；梁宽＞350mm 时，拉筋直径为 8mm。拉筋示意如图 4-80 所示。

6）箍筋的计算　如图 4-81 所示。

箍筋长度＝(梁宽－2×保护层＋梁高－2×保护层)×2
　　　　＋2×max(75＋1.9d,11.9d)

箍筋根数＝[(加密区长度－50)/加密区间距＋1]×2
　　　　＋(非加密区长度/非加密区间距－1)

梁箍筋加密区：如图 4-82、图 4-83 所示。

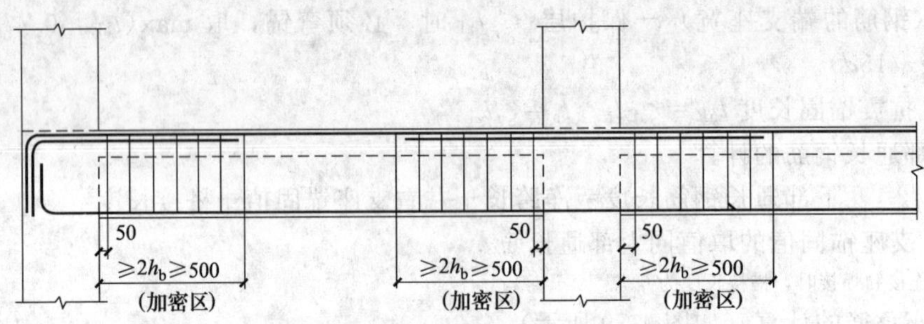

图 4-82　一级抗震框架梁箍筋布置示意图

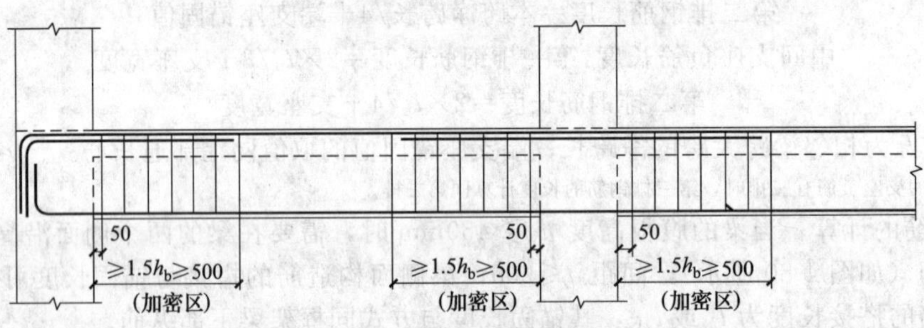

图 4-83　二～四级抗震框架梁箍筋布置示意图

梁箍筋的起步距离是 50mm，一级抗震时梁箍筋加密区≥2h_b≥500。

二～四级抗震：梁箍筋加密区≥1.5h_b≥500。其中，h_b 表示梁高。

解　依据以上所述，本例钢筋工程量计算见表 4-15。首先判断支座是否可以直锚。

三级抗震，C30 混凝土，

HPB300 级钢筋基本锚固长度 $l_{aE}=\zeta_{aE}l_a=1.05\times30d$

HRB335 级钢筋基本锚固长度 $l_{aE}=\zeta_{aE}l_a=1.05\times29d$

HRB400 级钢筋基本锚固长度 $l_{aE}=\zeta_{aE}l_a=1.05\times35d$

上部通长筋：

支座宽－保护层＝600－20＝580(mm)；

$l_{aE}=\zeta_{aE}l_a=1.05\times35d=1.05\times35\times22=808.5$(mm)

因（支座宽－保护层）＜l_{aE}，故需弯锚。

弯锚长度取支座宽－保护层＋15d。

表 4-15　现浇框架梁钢筋计算表

序号	钢筋名称	直径	根数	简　图	单筋长度计算式/mm	合计长度/m	单位重量/kg	总重/kg
1	上部通长钢筋	22mm	2	330 22760 264	15×22+600−20+6000+8000+6000+2500−20+12×22=23354	46.708	2.986	139.47
2	下部通长筋	25mm	6	375 22760	600−20+15×22+6000+8000+6000+2500−20=23135	138.81	3.856	535.25
3	第一支座负筋（第一排）	22mm	2	330 2380	15×22+600−20+(6000−600)÷3=2710	5.42	2.986	16.18
4	第一支座负筋（第二排）	22mm	2	330 1930	15×22+600−20+(6000−600)÷4=2260	4.52	2.986	13.50
5	第二支座负筋（第一排）	22mm	2	5533	2×(8000−600)÷3+600=5533	11.066	2.986	33.04
6	第二支座负筋（第二排）	22mm	2	4300	2×(8000−600)÷4+600=4300	8.6	2.986	25.68
7	第三支座负筋（第一排）	22mm	2	5533	2×(8000−600)÷3+600=5533	11.066	2.986	33.04
8	第三支座负筋（第二排）	22mm	2	4300	2×(8000−600)÷4+600=4300	8.6	2.986	25.68
9	第四支座负筋（第一排）	22mm	2	4580 264	(6000−600)÷3+600+2500−300−20+12×22=4844	9.688	2.986	28.93
10	第四支座负筋（第二排）	22mm	2	640 3580 45 220	(6000−600)÷4+600+(2500−300)×0.75+(700−20×3)×1.414+220=4725	9.45	2.986	28.22
11	腰筋	12mm	4	22360	15×12+6000+8000+6000+2500−300−20=22360	89.44	0.888	79.42
12	腰筋的拉筋	6mm	144	310	长度：(350−20×2)+2×(75+1.9×6)=482.8 根数：{[(6000−600−100)/300+1]×2+[(8000−600−100)/300+1]+[(2500−300−100)/300+1]}×2=144	69.52	0.222	15.43
13	第一跨箍筋	10mm	43	310 660	根数：{[max(1.5×700,500)−50]÷100+1}×2+[6000−600−max(1.5×700,500)×2]÷150-1=43 长度：(350−40+700−40)×2+2×11.9×10=2178	93.65	0.617	57.78
14	第二跨箍筋	10mm	57		(1.5×700−50)÷100×2+(8000−600−1.5×700×2)÷150−1=57 长度：2178	124.15	0.617	76.60
15	第三跨箍筋	10mm	43		根数：(1.5×700−50)÷100+(1.5×700−50)÷100+(6000−600−1.5×700×2)÷150+1=43 长度：2178	93.65	0.617	57.78
16	右悬梁箍筋	10mm	22		根数：(2200−2×50)÷100+1=22 长度：2178	47.92	0.617	29.56
17	本构件钢筋重量合计：1195.56kg							

（2）柱构件钢筋工程量计算　柱钢筋主要分为纵筋和箍筋。柱纵筋分角筋、截面 b 边中部筋和 h 边中部筋；相邻柱纵向钢筋连接接头要相互错开；在同一截面内钢筋接头面积百分率不应大于50%；柱纵筋连接方式包括绑扎搭接、机械连接和焊接连接。柱纵筋连接构造见 11G101-1 第 57 页图所示。

柱钢筋计算需了解以下参数：基础层层高、柱所在楼层高度、柱所在楼层位置、柱所在平面位置、柱截面尺寸、节点高度和搭接形式等。下面结合例题来学习柱钢筋的计算。

【例 4-33】 计算如图 4-84 所示框架柱钢筋工程量。已知：混凝土强度等级为 C30，抗震类型为三级，采用焊接连接，保护层厚度为 30mm，基础保护层厚度为 40mm，钢筋选用规范 11G101-1。

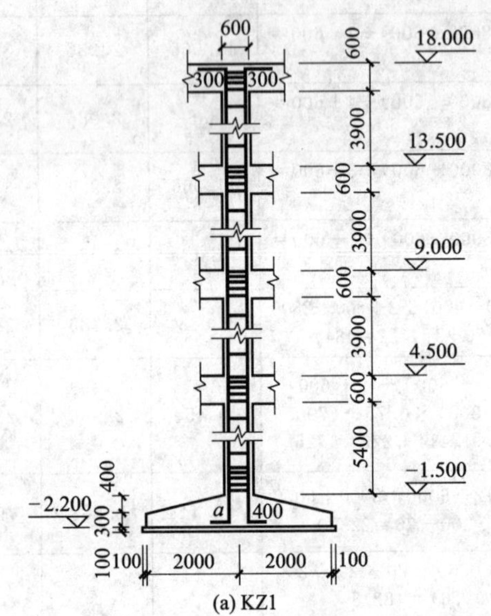

(a) KZ1

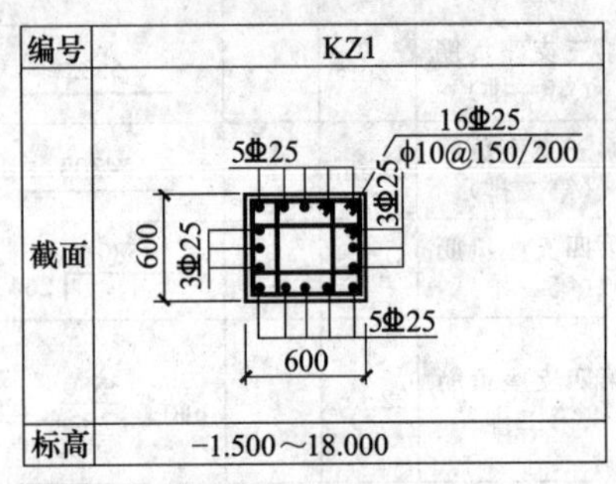

编号	KZ1
截面	16Φ25；5Φ25；ϕ10@150/200；3Φ25；600；3Φ25；5Φ25；600
标高	−1.500～18.000

(b) 柱截面示意图

图 4-84　现浇框架柱配筋图

1）基础层纵筋工程量计算　基础层钢筋构造要求如图 4-84 所示。

基础插筋＝弯折长度 a＋基础高度 h_j－基础保护层厚度＋非连接区 $H_n/3$＋搭接长度 l_{lE}

弯折长度的取定：根据 h_j 与 $l_{aE}(l_a)$ 大小比较 。

若插筋保护层厚度＞ $5d$ 或≤$5d$ 时；$h_j > l_{aE}(l_a)$，则弯折长度 $a=\max(6d, 150)$；

若插筋保护层厚度＞ $5d$ 或≤$5d$ 时；$h_j \leq l_{aE}(l_a)$，则弯折长度 $a=15d$。

注：当采用焊接连接方式时，搭接长度为零。以下同。

本例中，$h_j=700\text{mm}$，$l_{aE}=1.05\times 31d=1.05\times 31\times 25=813.75(\text{mm})$，$h_j<l_{aE}$，故弯折长度 a 取 $15d=375\text{mm}$。

2）首层纵筋工程量计算

$$纵筋长度＝首层层高－首层净高 H_n/3+\max\{二层楼层净高 h_n/6,500,柱截面长边尺寸(圆柱直径)\}＋与二层纵筋搭接 l_{lE} \quad (4\text{-}59)$$

3）标准层纵筋工程量计算：

$$纵筋长度＝标准层层高－\max\{本层 H_n/6,500,柱截面长边尺寸(圆柱直径)\}+\max\{上一层楼层净高 H_n/6,500,柱截面长边尺寸(圆柱直径)\}＋与上一层纵筋搭接 l_{lE}$$

4）顶层纵筋工程量计算　顶层框架柱因其所处位置不同，分为角柱、边柱和中柱，也因此各种柱纵筋的顶层锚固各不相同。抗震 KZ 边柱和角柱柱顶纵向钢筋构造如图 4-85 所示。

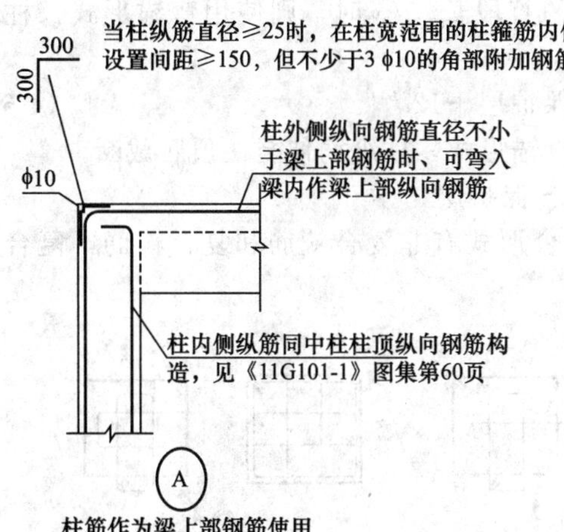

柱筋作为梁上部钢筋使用

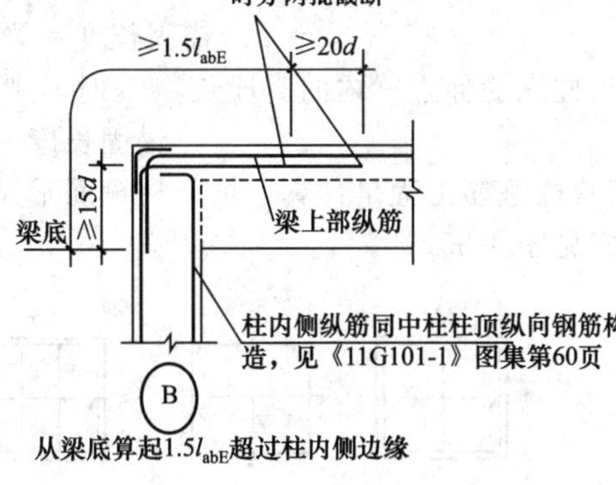

从梁底算起1.5l_{abE}超过柱内侧边缘

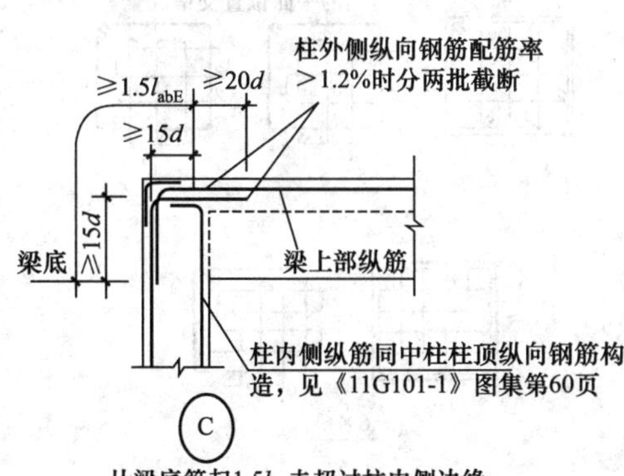

从梁底算起1.5l_{aE}未超过柱内侧边缘

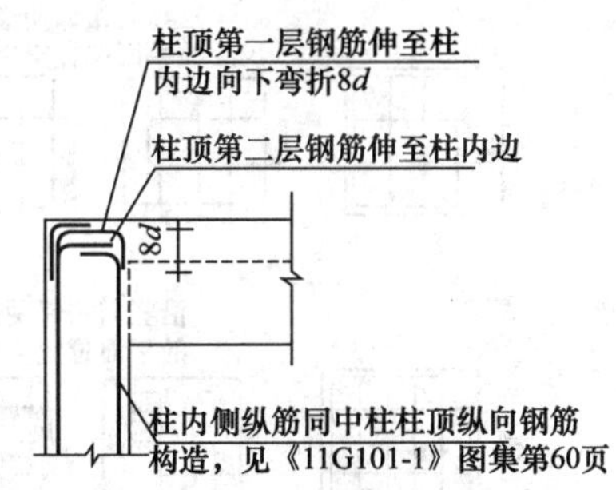

(用于Ⓑ或Ⓒ节点未伸入梁内的柱外侧钢筋锚固)

当现浇板厚度不小于100时，也可按Ⓑ节点方式伸入板内锚固，且伸入板内长度不宜小于15d

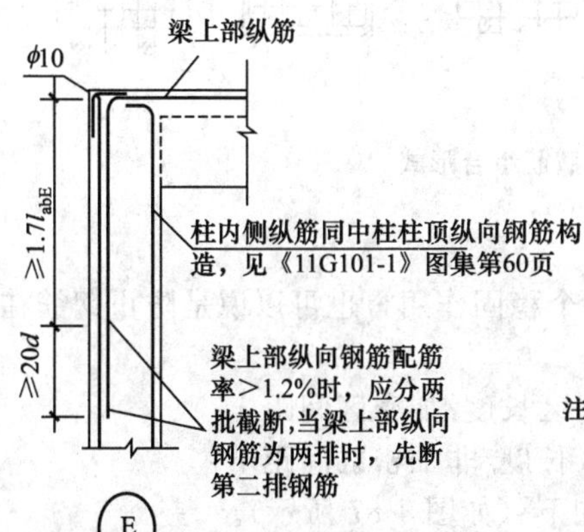

梁、柱纵向钢筋搭接接头沿节点外侧直线布置

d $d\leqslant25$ $r=6d$

$d>25$ $r=8d$

节点纵向钢筋弯折要求

注：1.节点Ⓐ、Ⓑ、Ⓒ、Ⓓ、应配合使用,节点Ⓓ不应单独使用(仅用于未伸入梁内的柱外侧纵筋锚固)，伸入梁内的柱外侧纵筋不宜少于柱外侧全部纵筋面积的65%。可选择Ⓑ+Ⓓ或Ⓒ+Ⓓ或Ⓐ+Ⓑ+Ⓓ或Ⓐ+Ⓒ+Ⓓ的做法。

2.节点Ⓔ用于梁，柱纵向钢筋接头沿节点柱顶外侧直线布置的情况，可为节点Ⓐ组合使用。

图 4-85　抗震 KZ 边柱和角柱柱顶纵向钢筋构造示意（A—E）

① 外侧钢筋长度＝顶层层高－max｛本层楼层净高 $H_n/6$,500,
柱截面长边尺寸（圆柱直径）｝－梁高＋1.5l_{abE}　　(4-60)

② 内侧纵筋长度＝顶层层高－max｛本层楼层净高 $H_n/6$,500,
柱截面长边尺寸（圆柱直径）｝－梁高＋锚固长度　　(4-61)

其中，锚固长度取值为：当柱纵筋伸入梁内的直段长$<l_{aE}$时，则使用弯锚形式，柱纵筋伸至柱顶后弯折 $12d$。

$$锚固长度=梁高-保护层+12d \tag{4-62}$$

当柱纵筋伸入梁内的直段长$\geqslant l_{aE}$时，则使用直锚形式，柱纵筋伸至柱顶后截断。

$$锚固长度=梁高-保护层 \tag{4-63}$$

5）柱箍筋工程量计算　框架柱箍筋常见的组合形式有非复合箍筋和复合箍筋，复合箍筋形式见图 4-86。

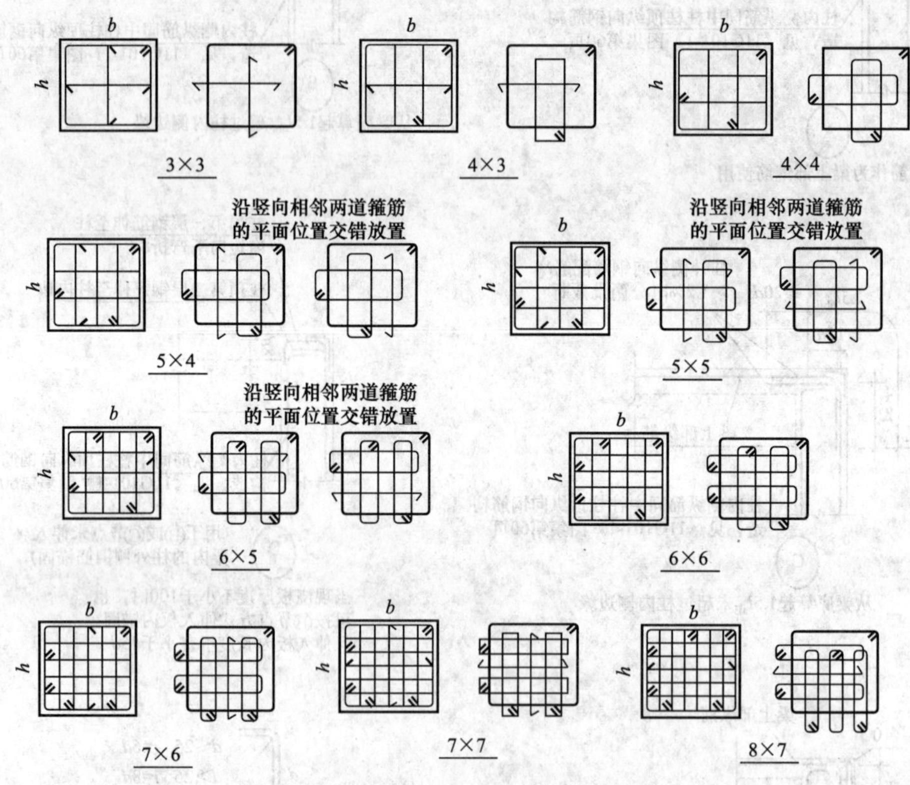

图 4-86　矩形复合箍筋组合形式

① 箍筋数量的计算。

基础层箍筋根数：基础内箍筋的作用仅起一个稳固作用，也可以说是防止钢筋在浇筑时受到扰动，一般是按 2 根进行计算。

$$\begin{aligned}其他层箍筋根数=&箍筋加密区长度/加密区间距+\\&非加密区长度/非加密区间距+1\end{aligned} \tag{4-64}$$

11G101-1 中，关于柱箍筋的加密区的规定如下（如图 4-87 所示）。

柱箍筋加密范围为：柱根（嵌固部位）$H_n/3$、柱框架节点范围内、节点上下 max（$H_n/6$，h_c，500）、绑扎搭接范围 $1.3l_{lE}$。其余为非加密范围。

②箍筋长度计算

$$\begin{aligned}单根外箍筋长度=&箍筋截面尺寸(B+H)\times2-8\times b\\&+2\times\max(75+1.9d,11.9d)\end{aligned} \tag{4-65}$$

$$\begin{aligned}内箍长度=&[(B-2b-2d-D)/(J-1)\times(j-1)+D+2d]\times2\\&+(H-2b)\times2+2\times1.9d+2\times\max(10d,75)\end{aligned} \tag{4-66}$$

式中：J、j 分别为柱大箍和小箍中所含的受力筋根数；b 为保护层厚度；d 为箍筋直

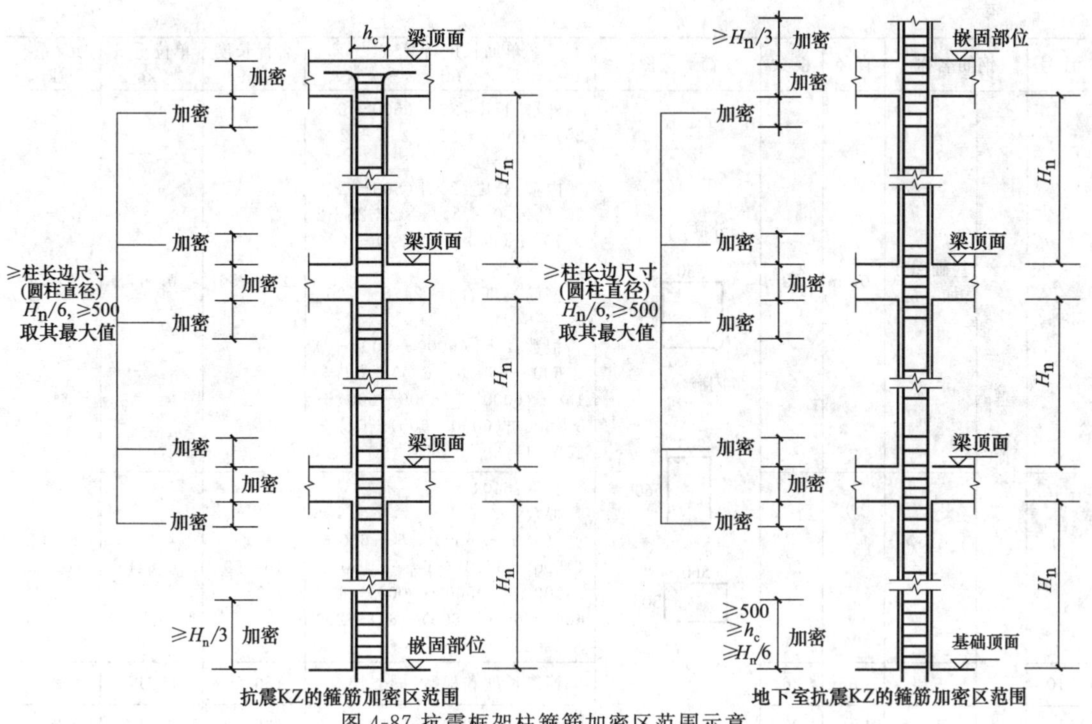

图 4-87 抗震框架柱箍筋加密区范围示意

（图中 H_n 为所在楼层净高）

径；D 为受力箍直径。

解： 本例钢筋工程量计算见表 4-16。

表 4-16 现浇框架柱钢筋工程量计算表

序号	钢筋名称		直径	根数	简图	单筋长度计算式 /mm	合计长度 /m	单位重量 /kg	总重 /kg
1	纵筋	基础部分 L1	25mm	8	2460 375	375＋(700－40)＋(6000－600)÷3＝2835	22.68	3.856	87.45
2	纵筋	基础部分 L2	25mm	8	3335 375	375＋(700－40)＋(6000－600)÷3＋35×25＝3710	29.68	3.856	114.45
3	纵筋	一层 L1＝L2	25mm	16	4850	6000－(6000－600)÷3＋max[(H_n/6，h_c，500)]＝6000－1800＋max(4500/6，600，500)＝4850	77.6	3.856	299.23
4	纵筋	二层 L1＝L2	25mm	16	4500	4500－650＋650＝4500	72	3.856	277.63
5	纵筋	三层 L1＝L2	25mm	16	4500	4500－650＋650＝4500	72	3.856	277.63
6	纵筋	四层 L1	25mm	8	300 3820	4500－650－30＋300＝4120	32.96	3.856	127.09
7	纵筋	四层 L2	25mm	8	300 2945	4500－650－35×25－30＋300＝3245	25.96	3.856	100.10

续表

序号	钢筋名称		直径	根数	简　　图	单筋长度计算式/mm	合计长度/m	单位重量/kg	总重/kg
8	箍筋	基础部分加一层	10mm	39	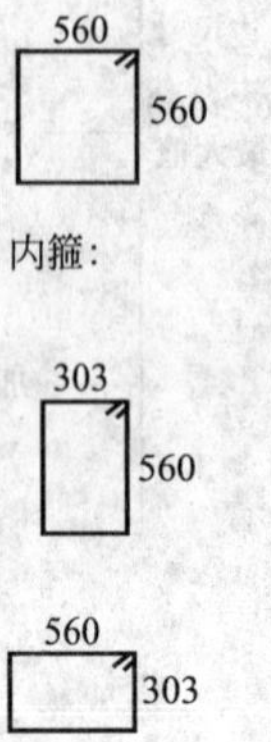 外箍：560 560 内箍：303 560	外箍：长度：2×[(600－2×20)＋(600－20×2)]＋2×11.9×10＝2478 内箍：长度：2×[(600－2×20－2×10－25)/4×2＋25＋2×10]＋(600－20×2)＋2×11.9×10＝1963 箍筋长度合计：2478＋1963×2＝6404 根数：2＋[(6000－600)÷3＋600＋(6000－600)÷6]÷150＋{6000－[(6000－600)÷3＋600＋(6000－600)÷6]}÷200＋1＝39	249.756	0.617	154.1
9		二层		26	560 303	长度：6404 根数： [(4500－600)÷6＋600＋(4500－600)÷6]÷150＋{4500－[(4500－600)÷6＋600＋(6000－600)÷6]}÷200＋1＝26	166.50	0.617	102.73
10		三层	10mm	26		箍筋长度和根数：同二层	166.50	0.617	102.73
11		四层	10mm	26		箍筋长度和根数：同二层	166.50	0.617	102.73
12	本构件钢筋重量合计：1745.87kg								

(3) 剪力墙构件钢筋工程量计算　剪力墙主要由墙身、墙柱、墙梁三类构件构成，其中墙身钢筋包括水平筋、垂直筋、拉筋和洞口加强筋；墙柱包括暗柱和端柱两种类型，其钢筋主要有纵筋和箍筋；墙梁包括暗梁、连梁和边框梁三种类型，其钢筋主要有纵筋和箍筋。参见规范 11G101-1。

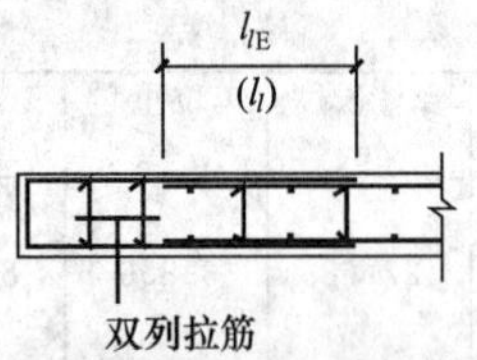

l_{lE} (l_l)

双列拉筋

(a)无暗柱时剪力墙水平钢筋锚固(一)(当墙厚度较小时)

10d

双列拉筋

(b)无暗柱时剪力墙水平钢筋锚固(一)

图 4-88　端部无暗柱时剪力墙水平钢筋端部做法

1) 剪力墙身钢筋工程量计算

① 剪力墙身水平钢筋计算

a. 当墙端部无暗柱时　剪力墙水平筋在端头锚固 $10d$。如图 4-88 所示。

b. 当墙端为端柱时　当墙端为端柱时，剪力墙墙身水平钢筋在端柱中弯锚 $15d$，当墙体水平筋伸入端柱的直锚长度 $\geqslant l_{aE}(l_a)$ 时，不必上下弯折，但必须伸至端柱对边竖向钢筋内侧位置。其构造详见 11G101-1(P69)。

外侧钢筋长度＝墙净长＋端柱长－保护层＋$15d$　(4-67)

内侧钢筋长度＝墙净长＋端柱长－保护层＋$15d$　(4-68)

c. 当墙端为暗柱时

内侧钢筋＝墙长－保护层＋2×$15d$　(4-69)

外侧钢筋连续通过，则水平筋伸至墙对边，外侧钢筋长度＝墙长－保护层　(4-70)

外侧钢筋不连续通过，长度＝墙净长＋2×l_{lE}　(4-71)

d. 水平钢筋根数计算

水平钢筋根数＝层高/间距＋1　(4-72)

e. 当剪力墙墙身有洞口时，墙身水平筋在洞口左右两边截断，分别向下弯折 $15d$。

② 剪力墙身竖向钢筋工程量计算。

剪力墙插筋是剪力墙钢筋与基础梁或基础板的锚固钢筋，包括垂直长度和锚固长度两部分。剪力墙插筋构造见图 4-89。剪力墙身竖向钢筋构造详见 11G101-1（P70）。

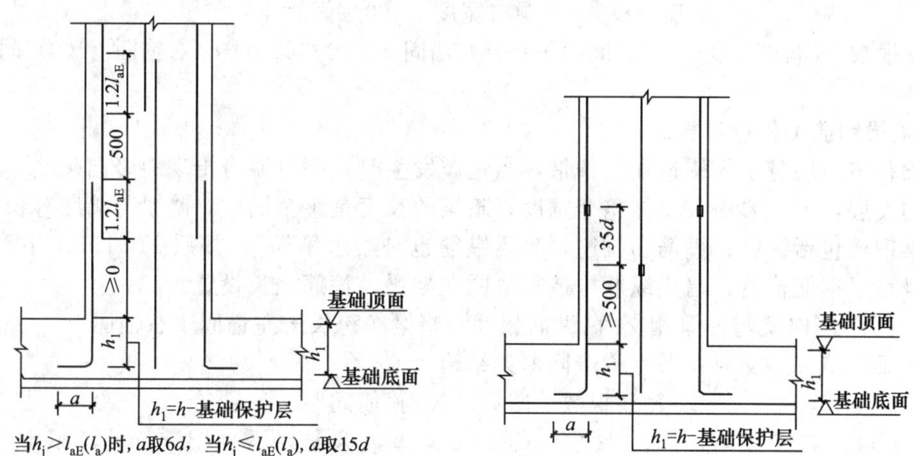

图 4-89　剪力墙插筋构造图

a. 基础层插筋长度＝基础底部弯折长度 a＋锚固竖直长度 h_1＋与上层钢筋连接长度（$1.2l_{aE}$或伸出基础长度 500mm）　(4-73)

b. 中间层墙身纵筋长度

无洞口时，中间层墙身纵筋长度＝层高＋搭接长度 $1.2l_{aE}$　(4-74)

有洞口时，墙身竖向钢筋在洞口上下两边截断，分别横向弯折 15d。

中间层墙身纵筋长度＝该层内钢筋净长＋弯折长度 15d＋搭接长度 $1.2l_{aE}$　(4-75)

机械连接或焊接时，搭接长度为 0。

c. 顶层墙身纵筋长度：

顶层剪力墙竖向钢筋应在板中进行锚固，锚固长度为 12d。

顶层墙身纵筋长度＝本层净高＋顶层锚固长度 12d　(4-76)

d.　墙身竖向钢筋根数＝墙净长/间距＋1　(4-77)

注：墙身竖向钢筋从暗柱、端柱边 50mm 开始布置。

③ 剪力墙身拉筋工程量计算

a.　拉筋长度＝墙厚－2×保护层＋max(75＋1.9d,11.9d)×2　(4-78)

b.　拉筋根数＝墙净面积/拉筋的布置面积　(4-79)

其中：墙净面积是指要扣除暗（端）柱、暗（连）梁，即墙面积－门窗洞总面积－暗柱剖面积－暗梁面积；拉筋的布置面积是指其横向间距×竖向间距。

注：当剪力墙竖向钢筋为多排布置时，拉筋的个数与剪力墙竖向钢筋的排数无关。

2）剪力墙墙柱钢筋工程量计算　剪力墙墙柱包括约束边缘暗柱 YAZ、约束边缘端柱 YDZ、约束边缘翼墙柱 YYZ、约束边缘转角柱 YJZ、构造边缘暗柱 GAZ、构造边缘端柱 GDZ、构造边缘翼墙柱 GYZ、构造边缘转角柱 GJZ、非边缘暗柱 AZ 和扶壁柱 FBZ 共十类，在计算钢筋工程量时，只需要考虑为端柱和暗柱即可。

剪力墙墙柱钢筋工程量计算可参考剪力墙身钢筋工程量相关计算方法。

3）剪力墙墙梁钢筋工程量计算　剪力墙墙梁分为：连梁、暗梁和边框梁。剪力墙墙梁配筋构造参见规范 11G101-1 第 74～75 页图所示。

①连梁钢筋工程量计算

a. 中间层连梁纵筋长度＝洞口宽度＋左右两边锚固值 $\max(l_{aE},600)$ (4-80)

b. 顶层连梁纵筋长度＝洞口宽度＋左右两边锚固值 $\max(l_{aE},600)$ (4-81)

c. 箍筋长度＝(梁宽 b＋梁高 h－4×保护层)×2＋$\max(75+1.9d,11.9d)\times 2$ (4-82)

箍筋根数＝(洞口宽度－100)/间距＋1 (4-83)

箍筋根数＝(洞口宽度－100)/间距＋1＋(左锚固－100)/150＋1＋(右锚固－100)/间距＋1 (4-84)

② 暗梁钢筋工程量计算。

暗梁是剪力墙身中的构造加劲条带，当地震发生时，一旦墙身出现斜竖向裂缝，可以阻止裂缝的发展，因此要横贯墙体整个宽度，暗梁的长度是整个墙肢，暗梁与墙肢等长。

暗梁钢筋包括纵筋、箍筋和拉筋，暗梁纵筋也是"水平筋"，按照11G101-1中第75页剪力墙身水平钢筋构造；暗梁纵筋构造做法同框架梁，箍筋全长设置。

当暗梁与连梁相交时：纵筋长度＝暗梁净跨长＋左锚固＋右锚固 (4-85)

当暗梁与暗柱相交时：节点构造同框架结构。

箍筋根数＝暗梁净长/箍筋间距＋1 (4-86)

【例 4-34】 某剪力墙，三级抗震，C30混凝土，保护层厚度15mm。各层板厚均为120mm。基础保护层厚度为40mm。如图4-90所示，剪力墙身表见表4-17，试计算该剪力墙钢筋工程量。

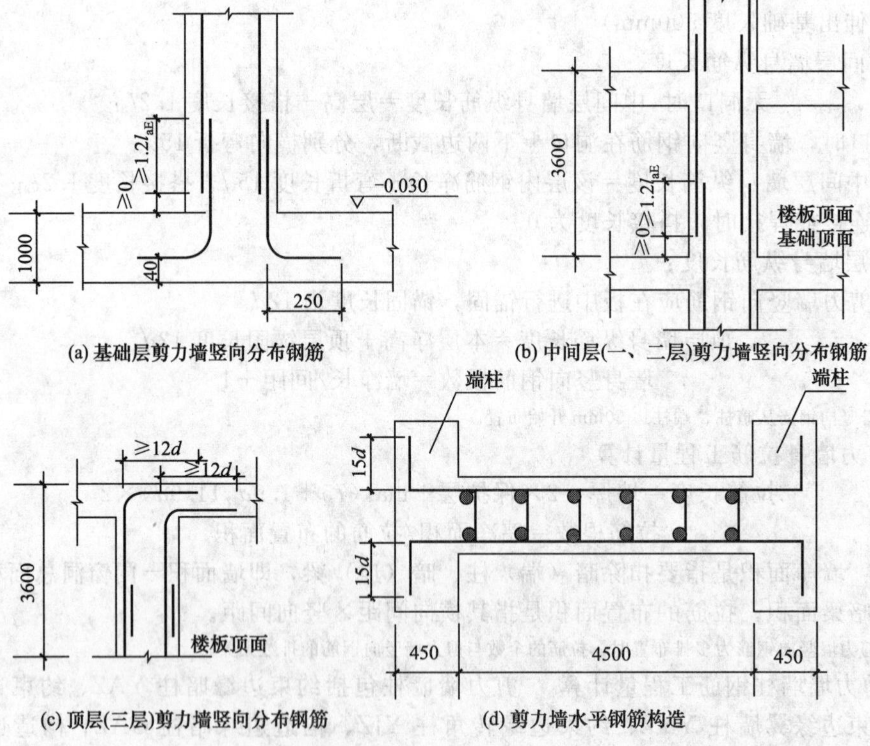

图 4-90 剪力墙构造示意

表 4-17 剪力墙身表

编号	标高	墙厚	水平分布筋	竖直分布筋	拉筋
Q1(2排)	－0.030～10.77	250	Φ10@200	Φ10@200	Φ6@200

解：钢筋工程量计算见表 4-18。

表 4-18　剪力墙钢筋工程量计算表

钢筋名称		直径	计算简图	根数计算	单筋长度计算 /mm	合计长度 /m	单位质量 /kg	总重 /kg
纵筋	基础部分	10mm	1338 250	2×[(4500－2×50)÷200＋1]＝46	250＋(1000－40)＋1.2×1.05×30×10＝1588	73.05	0.617	45.07
	一层	10mm	3978	2×[(4500－2×50)÷200＋1]＝46	3600＋378＝3978	182.99	0.617	112.90
	二层	10mm	3978	2×[(4500－2×50)÷200＋1]＝46	3600＋378＝3978	182.99	0.617	112.90
	三层	10mm	120 3480	2×[(4500－2×50)÷200＋1]＝46	3600－120＋12×10＝3600	165.60	0.617	102.18
水平筋	一层	10mm	150 5370 150	2×[(3600－120)÷200＋1]＝38	(450－15)×2＋4500＋15×10×2＝5670	646.38	0.617	398.82
	二层	10mm		2×[(3600－120)÷200＋1]＝38				
	三层	10mm		2×[(3600－120)÷200＋1]＝38				
拉筋	一层	6mm	220	(3600－120)×4500÷(200×200)＝392	250－15×2＋2×(75＋1.9×6)＝392.8	153.98	0.222	34.18
	二层	6mm		(3600－120)×4500÷(200×200)＝392				
	三层	6mm		(3600－120)×4500÷(200×200)＝392				
本构件钢筋重量合计：806.05kg								

(4) 现浇混凝土楼板和屋面板钢筋工程量计算　板内钢筋主要包括受力筋（面筋、底筋）、负筋（边支座负筋和中间支座负筋）、负筋分布筋及温度筋、附加筋等。

有梁楼盖楼面板 LB 和屋面板 WB 钢筋构造见图 4-91，板在端部支座的锚固构造见图 4-92，纵向钢筋连接构造详见 11G101-1(P93)。

1) 板受力钢筋工程量计算

① 板底钢筋工程量计算

$$板底钢筋的长度＝净跨＋伸进长度\times2＋6.25d\times2(弯钩) \quad (4\text{-}87)$$

式中，伸进长度计算如下。

a. 端部支座为梁，见图 4-92(a)：伸进长度＝max(支座宽/2，5d)

b. 端部支座为剪力墙，见图 4-92 (b)：伸进长度＝max(支座宽/2，5d)

c. 端部支座为砌体墙的圈梁，见图 4-92(c)：伸进长度＝max(支座宽/2，5d)

d. 端部支座为砌体墙，见图 4-92(d)：伸进长度＝max(120，h，墙厚/2)

② 板顶钢筋（面筋）工程量计算

$$板顶钢筋(面筋)长度＝净跨＋l_a$$

③ 钢筋根数计算

$$钢筋根数＝布筋范围/布筋间距＋1 \quad (4\text{-}88)$$

布筋范围和间距如图 4-93 所示。

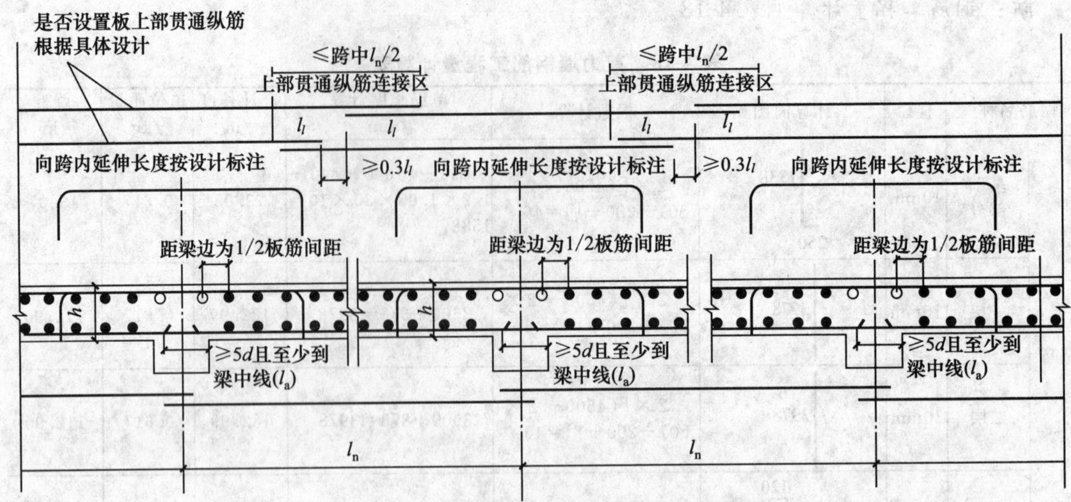

图 4-91　有梁楼盖楼面板和屋面板钢筋构造

（括号内的锚固长度 l_a 用于梁板式转换层的板）

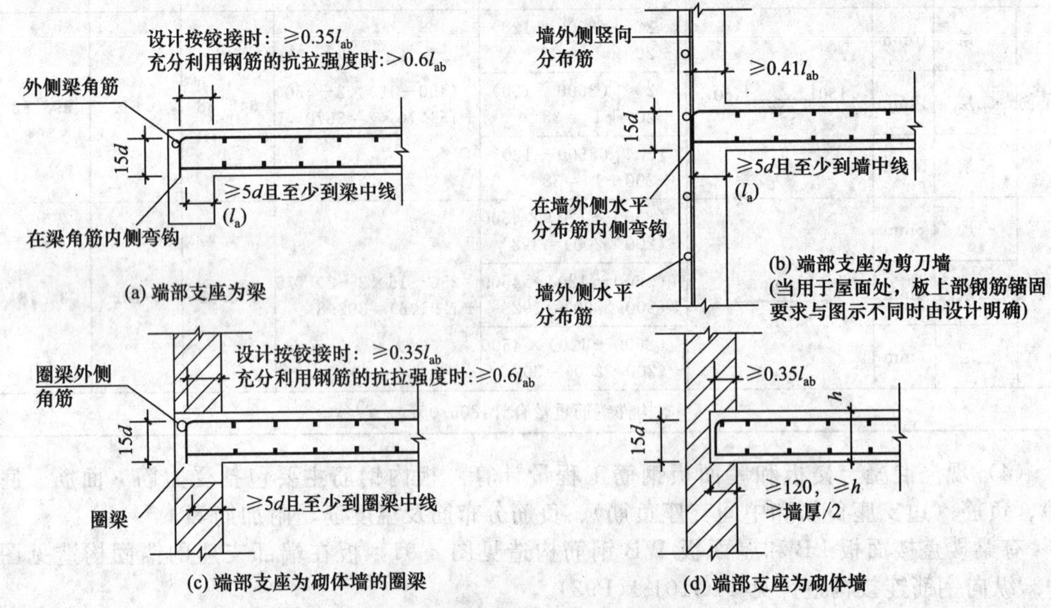

图 4-92　板在端部支座的锚固构造

（括号内的锚固长度 l_a 用于梁板式转换层的板）

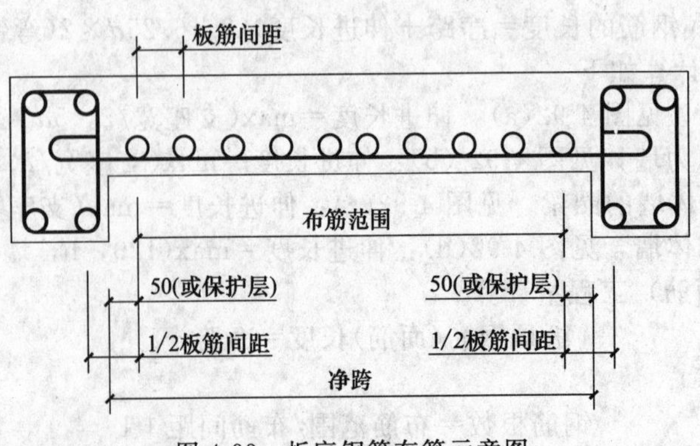

图 4-93　板底钢筋布筋示意图

2）负筋工程量计算

① 端支座负筋长度的计算如图 4-94 所示。

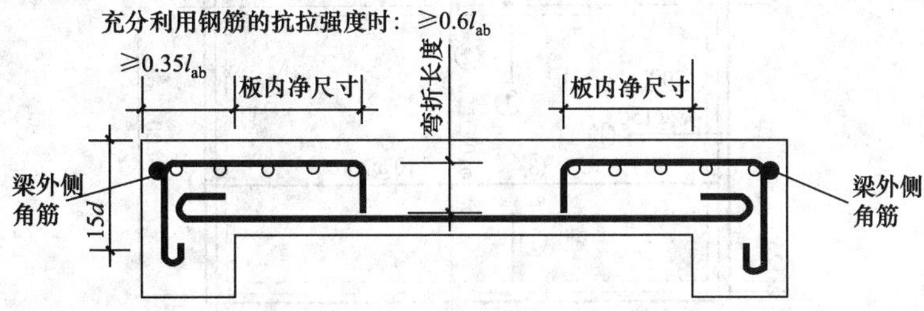

图 4-94 板负筋计算简图

端支座负筋长度＝锚入长度 l_{aE}(l_a)＋弯勾＋板内净尺寸＋弯折长度 (4-89)

② 中间支座负筋长度计算可参见图 4-95。

中间支座负筋长度＝水平长度＋弯折长度×2 (4-90)

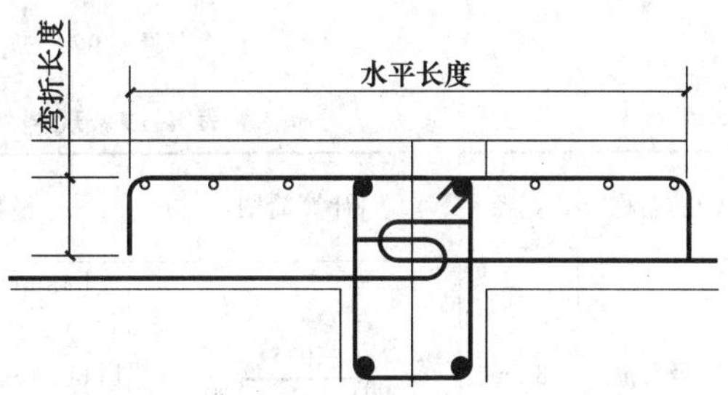

图 4-95 中间支座负筋长度计算简图

③ 负筋根数计算。负筋的布筋范围可参见图 4-93。

负筋根数＝布筋范围/布筋间距＋1

3）负筋分布筋工程量计算

① 负筋分布筋长度的计算。负筋分布筋计算示意如图 4-96 所示。

分布筋长度＝轴线长度－负筋标注长度×2＋2×150(搭接长度) (4-91)

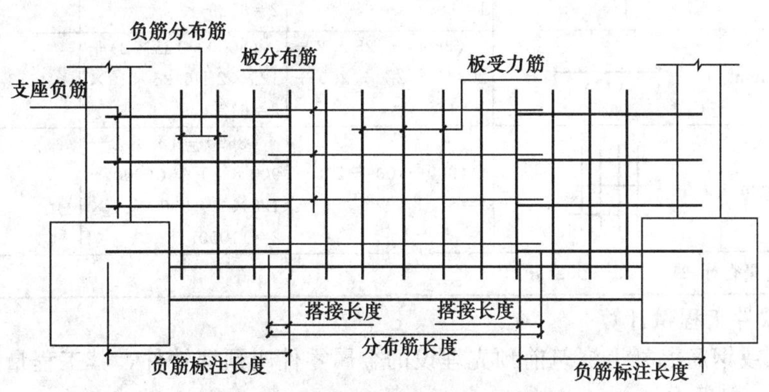

图 4-96 板支座负筋分布筋计算示意

② 负筋分布筋根数的计算。分布筋根数计算，主要有以下两种方式。

方式一： 分布筋根数＝负筋板内净长÷分布筋间距 (4-92)

方式二： 分布筋根数＝负筋板内净长÷分布筋间距＋1 (4-93)

4）温度筋工程量计算 温度筋一般用于较大面积的楼板上部，抵抗温度应力及传递荷载，一般与支座负筋进行搭接。

① 温度筋长度＝轴线长度－负筋标注长度×2＋搭接长度×2＋弯勾×2 (4-94)

② 根数＝(净跨长度－负筋标注长)/温度筋间距－1 (4-95)

【例 4-35】 某现浇混凝土板，板厚为 100mm，C25 混凝土，抗震等级为三级抗震，保护层为 15mm，采用焊接连接。如图 4-97 所示。要求：计算该板钢筋工程量。

解 现浇板钢筋工程量计算见表 4-19。

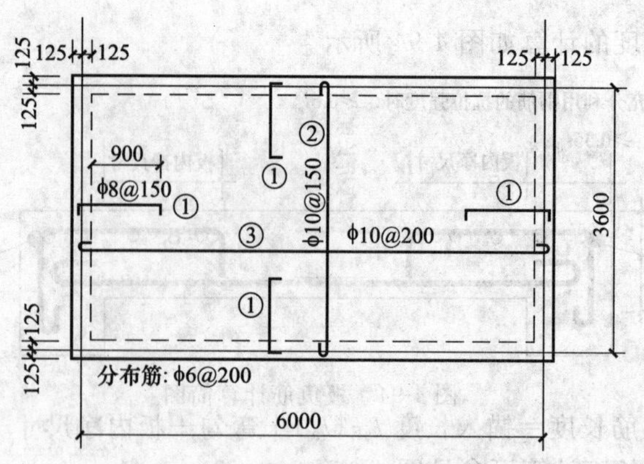

图 4-97　现浇板构造示意图

表 4-19　现浇板钢筋工程量计算表

钢筋名称	直径	计算简图	根数计算	单筋长度计算/mm	合计长度/m	单位质量/kg	总重/kg
①号负筋	8mm	90 1025 90	[(3600－125×2－150)÷150＋1]×2＋[(6000－125×2－150)÷150＋1]×2＝122	900＋125＋6.25d＋(100－15×2)＝1145	139.69	0.395	55.161
②号受力筋	10mm	3725	(6000－125×2－150/2×2)÷150＋1＝38	(3600－125×2)＋125×2＋6.25×10×2＝3725	141.55	0.617	87.336
③号受力筋	10mm	6125	(3600－125×2－200/2×2)÷200＋1＝17	(6000－125×2)＋125×2＋6.25×10×2＝6125	104.13	0.617	64.248
分布筋	6mm		(900－100)÷200＋1＝5	(3600－125×2－900×2)＋(6000－125×2－900×2)×2＝11000	55	0.222	12.21
本构件钢筋重量合计：219.21kg≈0.219t							

6. 预埋铁件工程量计算

在混凝土或钢筋混凝土浇筑前预先埋设的金属零件叫预埋铁件，其工程量按设计图示尺寸，以 t 计算。计算公式为：

$$预埋铁件工程量＝图示铁件重量 \quad (4\text{-}96)$$

$$钢板重量＝钢板面积×钢板每平方米重量 \quad (4\text{-}97)$$

式中，钢板的每平方米重量可查表确定，或利用式（4-89）：

$$钢板总重(kg)＝7.85×厚度(mm) \quad (4\text{-}98)$$

五、构件运输安装工程量计算

构件的运输及安装工程包括混凝土构件运输、金属构件运输、木门窗、铝合金、塑钢门窗运输、成型钢筋场外运输；预制混凝土构件安装、金属结构构件安装等内容。

（一）构件运输工程的内容

构件运输是指构件由堆放场地或加工厂运至施工现场的装运、卸过程的统称。构件运输执行相应的构件运输工程定额，构件运输定额按构件类别列项。构件类别分类见表 4-20 和表 4-21。

表 4-20 预制混凝土构件分类表

类别	项目
Ⅰ	4m 内空心板、实心板
Ⅱ	6m 内的桩、屋面板、工业楼板、基础梁、吊车梁、楼梯休息板、楼梯段、阳台板
Ⅲ	6m 以上至 14m 的梁、板、柱、桩，各类屋架、桁架、托架(14m 以上另行处理)
Ⅳ	天窗架、挡风架、侧板、端壁板、天窗上下档、门框及单件体积在 $0.1m^3$ 以内的小型构件
Ⅴ	装配式内、外墙板、大楼板、厕所板
Ⅵ	隔墙板(高层用)

表 4-21 金属结构构件分类表

类别	项目
Ⅰ	钢柱、屋架、托架梁、防风桁架
Ⅱ	吊车梁、制动梁、型钢檩条、钢支撑、上下档、钢拉杆栏杆、盖板、垃圾出灰门、倒灰门、篦子、爬梯、零星构件、平台、操作台、走道休息台、扶梯、钢吊车梯台、烟囱紧固箍
Ⅲ	墙架、挡风架、天窗架、组合檩条、轻型屋架、滚动支架、悬挂支架、管边支架

(二) 构件运输的工程量计算规则

(1) 预制混凝土构件的运输按构件图示尺寸，以实体积计算。钢构件按设计图示尺寸以吨计算，所需螺栓、电焊条等重量不另计算。单层木门窗以洞口面积以 m^2 计算。

(2) 预制混凝土构件运输及安装损耗率，按表 4-22 规定计算后并入构件工程量内。其中预制混凝土屋架、桁架、托架长度在 9m 以上的梁、板、柱不计算损耗率。

根据上述规定，预制混凝土构件运输工程量为：

预制混凝土构件运输工程量＝构件图示体积×(1＋运输损耗率＋安装损耗率) (4-99)

式中，构件运输、安装损耗率见表 4-22。

表 4-22 预制钢筋混凝土构件制作、运输、安装损耗率表

名称	制作废品率	运输堆放损耗率	安装(打桩)损耗率
各类预制构件	0.2%	0.8%	0.5%
预制钢筋混凝土桩	0.1%	0.4%	1.5%

(3) 预制混凝土构件运输的最大运输距离取 50km 以内；钢构件和木门窗的最大运输距离 20km 以内，超过时另行补充。

(4) 加气混凝土板（块）、硅酸盐块运输，每立方米折合钢筋混凝土构件体积 $0.4m^3$，按一类构件运输计算。

(三) 构件安装工程的工程量计算

1. 预制构件安装工程的工程量计算规则

预制钢筋混凝土构件的安装工程量按构件图示尺寸，以实体积计算，其安装损耗并入构件工程量内。其计算公式为：

预制混凝土构件安装工程量＝构件图示体积×(1＋安装损耗率) (4-100)

2. 钢构件安装工程量计算规则

① 钢构件安装按图示构件钢材重量以 t 计算。

② 依附于钢柱上的牛腿及悬臂梁等，并入柱身主材重量内计算。

③ 金属结构中所用钢板，设计为多边形者，按矩形计算，矩形的边长以设计尺寸中互相垂直的最大尺寸为准。

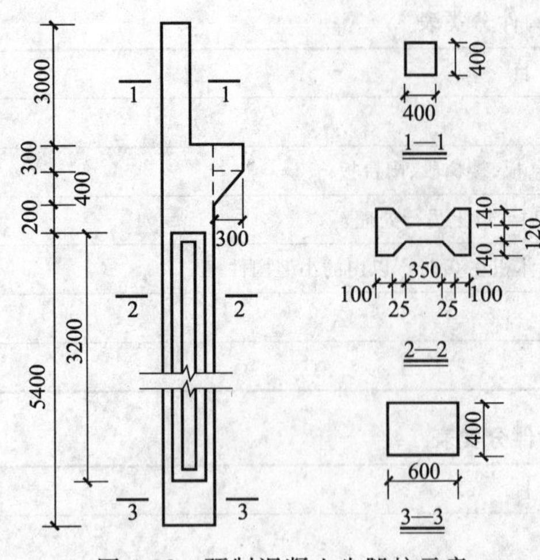

图 4-98 预制混凝土牛腿柱示意

(四) 计算举例

【例 4-36】 某厂房建筑需用预制混凝土工字型牛腿柱 24 根，如图 4-98 所示，试计算该厂房预制混凝土工字形牛腿柱的运输、安装工程量。

解 单个牛腿柱混凝土体积 $V=0.4\times0.4\times3+0.6\times0.4\times6.3+1/2\times(0.3+0.7)\times0.3\times0.4-1/3\times0.14\times(0.35\times3.15+0.4\times3.2+\sqrt{0.35\times3.15\times0.4\times3.2})\times2=0.48+1.512+0.06-0.333=1.719(m^3)$

故，该厂房牛腿柱的运输工程量 $=1.719\times20\times(1+0.8\%+0.5\%)=34.83(m^3)$

该厂房牛腿柱的安装工程量 $=1.719\times20\times(1+0.5\%)=34.55(m^3)$

六、门窗及木结构工程工程量的计算

门窗工程主要包括普通木门窗、钢门窗、厂库房大门、特种门等门窗的制作、安装等工作内容；木结构包括木屋架、屋面木基层、木楼梯等项目。

(一) 木材的分类

木材加工时，由于材质软硬程度不同，耗用的工日也不一样。一般预算定额中，木材按树种（木质软→硬）分为一类、二类、三类、四类。

(二) 门窗的种类

1. 木窗的类型

(1) 根据窗扇的组合形式分类　单扇、双扇、三扇、四扇等；

(2) 根据窗的开启方式分类　固定窗、平开窗（侧旋窗）、翻窗、推拉窗等。

2. 木门的类型

(1) 镶板门　将木质（或其他材质）的门芯板镶进门边或冒头槽内制成的门，多用于住宅的分户或内门。

(2) 拼板门　指用宽度 100～150mm 的木板拼成的门，有厚板与薄板之分。厚板 40mm 左右，薄板 15～25mm 左右。

(3) 夹板门　指中间为轻型骨架，一般用厚 32～35mm，宽 34～60mm 的方木做框，内为格形肋条，双面镶贴胶合板或纤维板的门。

(4) 全玻门　门芯全部为 5～6mm 厚的玻璃做成。

3. 其他门窗

(1) 厂库房大门。

(2) 特种门：如冷库门（要求有一定的保温层厚度）、防火门、变电室门、保温隔声门等。

(3) 钢门窗、铝合金门窗、塑钢门窗等。

(三) 门窗工程量计算规则

1. 各类门窗制作、安装工程量计算规则

各类门窗制作、安装工程量，除注明者外，均按图示门窗洞口面积计算。

$$门窗工程量=洞口宽\times洞口高 \tag{4-101}$$

(1) 门窗盖口条、贴脸、披水条，按图示尺寸以延长米计算，执行木装修项目。

(2) 普通窗上部带有半圆窗的工程量应分别按半圆窗和普通窗计算。其分界线以普通窗和半圆窗之间的横框上裁口线为分界线。如图 4-99 所示。

$$半圆窗工程量=\pi/8\times窗洞宽\times窗洞宽 \quad (4\text{-}102)$$

$$矩形窗工程量=窗洞宽\times矩形高 \quad (4\text{-}103)$$

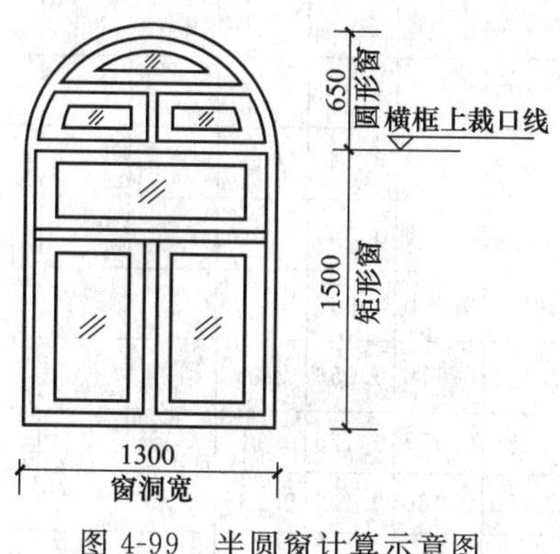

图 4-99 半圆窗计算示意图

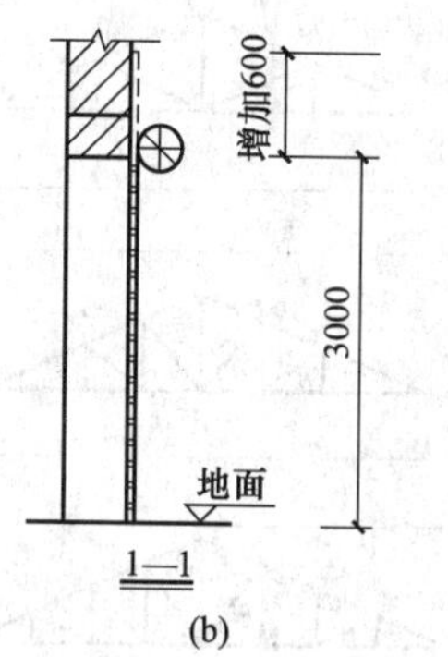

图 4-100 卷闸门示意图

(3) 门窗扇包镀锌铁皮，按门、窗洞口面积以 m^2 计算；门窗框包镀锌铁皮、钉橡皮条、钉毛毡，按图示门窗洞口尺寸以延长米计算。

2. 铝合金门窗制作、安装工程量计算规则

铝合金门窗制作、安装，铝合金、不锈钢门窗、彩板组角钢门窗、塑料门窗、钢门窗安装，均按设计门窗洞口面积计算。

3. 卷闸门安装工程量计算规则

卷闸门安装按洞口高度增加 600mm 乘以门实际宽度，以 m^2 计算。电动装置安装以套计算，小门安装以个计算。如图 4-100 所示。

$$卷闸门安装工程量=卷闸门宽\times(洞口高度+0.6) \quad (4\text{-}104)$$

4. 不锈钢片包门框和彩板组角钢门窗工程量计算规则

不锈钢片包门框按框外表面面积以 m^2 计算；彩板组角钢门窗附框安装按延长米计算。

(四) 木结构工程量计算规则

1. 木屋架工程量计算规则

(1) 木屋架制作安装均按设计断面竣工木料以 m^3 计算，其后备长度及配制损耗均不另外计算。

(2) 方木屋架一面刨光时增加 3mm，两面刨光时增加 5mm，圆木屋架按屋架刨光时木材体积每立方米增加 $0.05m^3$ 计算。附属于屋架的夹板、垫木等已并入相应的屋架制作项目中，不另计算；与屋架连接的挑檐木、支撑等，其工程量并入屋架竣工木料体积内计算。

(3) 屋架的制作安装应区别不同跨度，其跨度应以屋架上弦杆的中心线交点之间的长度为准。带气楼的屋架并入所依附屋架的体积内计算。

(4) 屋架的马尾、折角和正交部分半屋架，应并入相连接屋架的体积内计算。如图 4-101 所示。

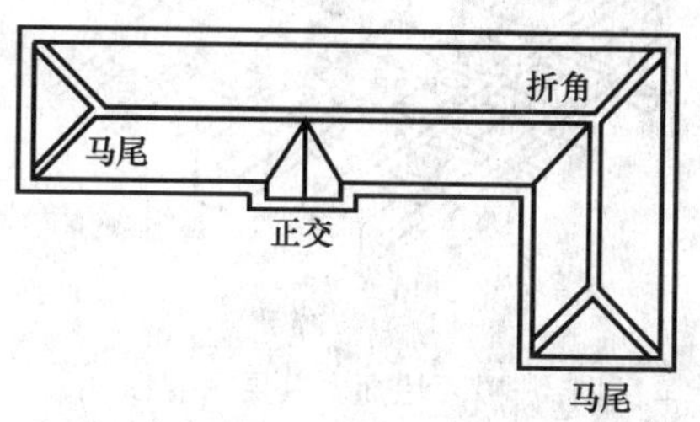

图 4-101 马尾、折角、正交示意图

(5) 钢木屋架区分圆、方木，按竣工木料以 m^3 计算。

$$木屋架制作工程量=图示屋架各杆件体积+木夹板、垫木、挑檐木等体积 \quad (4\text{-}105)$$

$$屋架各杆件长度=屋架跨度\ L\times杆件长度系数 \quad (4\text{-}106)$$

式中，屋架跨度 L 为屋架两端上、下弦中心线交点之间的长度。杆件长度系数可查表 4-23。

表 4-23　屋架杆件长度系数表

形式	高跨比	杆件编号										
		1	2	3	4	5	6	7	8	9	10	11
	1/4	1	0.559	0.250	0.280	0.125						
	1/5	1	0.539	0.200	0.269	0.100						
	1/6	1	0.527	0.167	0.264	0.083						
	1/4	1	0.559	0.250	0.236	0.167	0.186	0.083				
	1/5	1	0.539	0.200	0.213	0.133	0.180	0.067				
	1/6	1	0.527	0.167	0.200	0.111	0.176	0.056				
	1/4	1	0.559	0.250	0.225	0.188	0.177	0.125	0.140	0.063		
	1/5	1	0.539	0.200	0.195	0.150	0.160	0.100	0.135	0.050		
	1/6	1	0.527	0.167	0.177	0.125	0.150	0.083	0.132	0.042		
	1/4	1	0.559	0.250	0.224	0.200	0.180	0.150	0.141	0.100	0.112	0.050
	1/5	1	0.539	0.200	0.189	0.160	0.156	0.120	0.128	0.080	0.108	0.040
	1/6	1	0.527	0.167	0.167	0.133	0.141	0.100	0.120	0.067	0.105	0.033

2. 圆木屋架工程量计算规则

圆木屋架连接的挑檐木、支撑等如为方木时，其方木部分应乘以系数 1.7 折合成圆木并入屋架竣工木料内，单独的方木挑檐，按矩形檩木计算。

3. 屋面木基层工程量计算规则

屋面木基层是指檩条以上，瓦防水层以下的中间部分，包括木屋面板、挂瓦条、椽子等。

屋面木基层，按屋面的斜面积计算。天窗挑檐重叠部分按设计规定计算，屋面烟囱及斜沟部分所占面积不扣除。屋面木基层示意如图 4-102 所示。

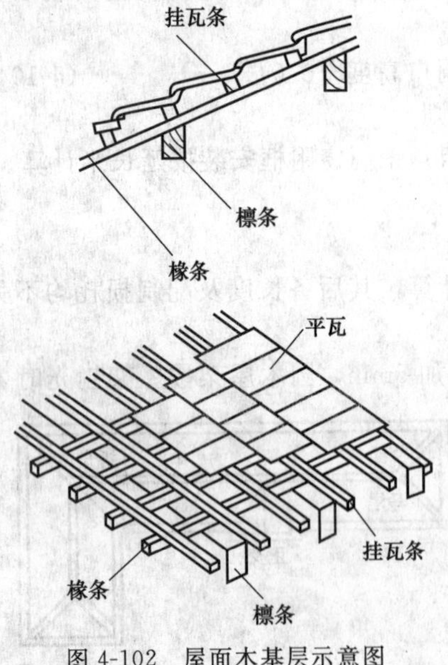

图 4-102　屋面木基层示意图

4. 封檐板、博风板工程量计算规则

封檐板是坡屋顶侧墙檐口排水部位的一种构造做法，它是在椽子顶头装钉断面约为 20mm×200mm 的木板，封檐板既用于防雨，又可使屋檐整齐、美观。

博风板又称拨风板、顺风板，它是山墙的封檐板，钉在挑出山墙的檩条端部，将檩条封住，檩条下面再做檐口顶棚，博风板两端的刀形头，称大刀头或称勾头板。

封檐板按图示檐口外围长度计算，博风板按斜长度计算，每个大刀头增加长度 500mm。如图 4-103 所示。博风板工程量用公式表示为：

博风板工程量=(一面山墙的长度+2×檐宽)×2×延尺系数 C+0.5×4　(4-107)

屋面坡度与斜面长度的延尺系数可参照表 4-19。

5. 木楼梯工程量计算规则

木楼梯按水平投影面积计算，不扣除宽度小于 300mm 的楼梯井，其踢脚线、平台和伸入墙内部分，不另计算。

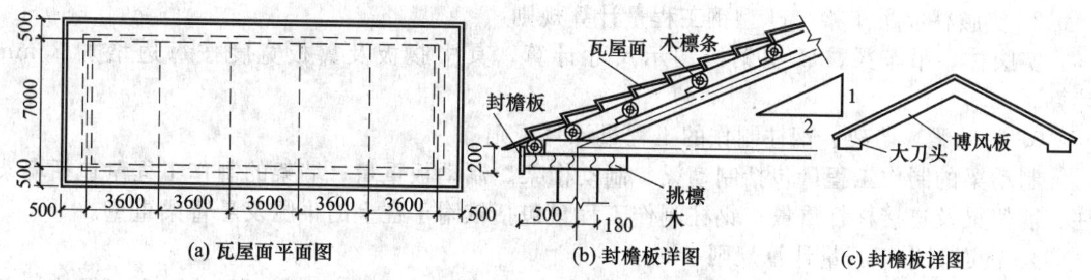

图 4-103　瓦屋面平面图及封檐板详图

（五）工程量计算举例

【例 4-37】　试计算如图 4-104 所示一玻一窗纱门连窗工程量。

解　工程量＝2.1×1.2＋0.9×1.5＝3.87(m^2)

【例 4-38】　试计算如图 4-99 所示半圆窗工程量。

解　半圆窗工程量＝1.3^2×3.14×1/8≈0.66(m^2)

矩形窗工程量＝1.3×1.5＝1.95(m^2)

【例 4-39】　某电动铝合金卷闸门洞口尺寸为 2800mm×3000mm，如图 4-100 所示，求该电动铝合金卷闸门安装工程量。

解　工程量＝2.8×(3＋0.6)＝10.08(m^2)

【例 4-40】　计算图 4-103 所示封檐板、博风板工程量。

解　封檐板按檐口长度计算；博风板按斜长度计算，每个大刀头增加 500mm。

封檐板工程量＝(3.6×5＋0.5×2)×2＝38(m)

博风板工程量＝(7＋0.5×2)×1.118×2＋4×0.5＝19.89(m)

合计：38＋19.89＝57.89(m)

七、金属结构工程工程量的计算

金属结构构件工程包括钢柱、吊车梁、制动梁、墙架、H 型钢、轨道、铁栏杆、钢漏斗等项目的加工制作。

（一）金属结构工程工程量计算规则

1. 金属结构制作工程量计算规则

金属结构制作按图示钢材尺寸以 t 计算，不扣除孔眼、切边的重量，焊条、铆钉、螺栓等重量，已包括在定额内不另计算。在计算不规则或多边形钢板重量时，均以其最大对角线乘最大宽度的矩形面积计算。见图 4-105。

$$制作工程量＝\sum[构件长度(或面积)×单位重量] \quad (4\text{-}108)$$

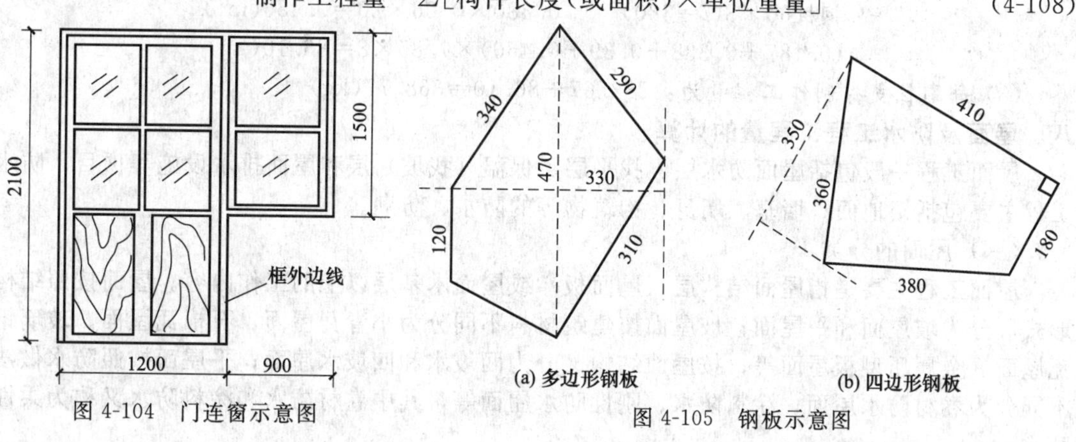

图 4-104　门连窗示意图

图 4-105　钢板示意图

2. 实腹柱、吊车梁、H型钢工程量计算规则

实腹柱、吊车梁、H型钢按图示尺寸计算，其中腹板及翼板宽度按每边增加25mm计算。

3. 制动梁、墙架、钢柱制作的工程量计算规则

制动梁的制作工程量包括制动梁、制动桁架、制动板重量；墙架的制作工程量包括墙架柱、墙架梁及连接柱杆重量；钢柱制作工程量包括依附于柱上的牛腿及悬臂梁重量。

4. 轨道制作工程量计算规则

轨道制作工程量，只计算轨道本身重量，不包括轨道垫板、压板、斜垫、夹板及连接角钢等重量。

5. 铁栏杆制作工程量计算规则

铁栏杆制作，仅适用于工业厂房中平台、操作台的钢栏杆。民用建筑中铁栏杆等按本定额其他章节有关项目计算。

6. 钢漏斗制作工程量

钢漏斗制作工程量，矩形按图示分片，圆形按图示展开尺寸，并依钢板宽度分段计算。每段均以其上口长度（圆形以分段展开上口长度）与钢板宽度，按矩形计算，依附漏斗的型钢并入漏斗重量内计算。

（二）工程量计算举例

【例4-41】 计算如图4-105所示多边形和四边形钢板制作工程量，已知钢板厚均为8mm。

解 根据工程量计算规则，在计算不规则或多边形钢板重量时，均以其最大对角线乘以最大宽度的矩形面积计算。

① 多边形钢板面积＝0.47×0.33＝0.1551(m^2)

② 四边形钢板面积＝0.41×0.35＝0.1435(m^2)

③ 钢板制作工程量＝7.85×8×(0.1551＋0.1435)＝18.752(kg)≈0.019(t)

【例4-42】 如图4-106所示为某工业厂房柱支撑，试计算其制作工程量。已知角钢每米质量为9.031kg/m。

解 (1) 角钢90×60×8：[3.875×4＋(3.935＋3.965)×2]×9.031＝282.67(kg)

(2) 钢板-8：

钢板550×170×8　　0.55×0.17×2＝0.187(m^2)

钢板325×260×8　　0.325×0.26×4＝0.338(m^2)

钢板375×260×8　　0.375×0.26×4＝0.39(m^2)

钢板60×8(l＝380)　　0.380×0.06×20＝0.456(m^2)

(0.187＋0.338＋0.39＋0.456)×7.85×8＝86.10(kg)

(3) 每副柱支撑制作工程量为：282.67＋86.10＝368.77(kg)

八、屋面及防水工程工程量的计算

屋面工程一般包括屋面防水层、找平层、保温（找坡）层和屋面排水设施等项目；防水工程主要包括楼地面、墙基、墙身、构筑物等的防水、防潮。

（一）屋面的分类

屋面工程主要是指屋面结构层（屋面板）或屋面木基层以上的工作内容。屋面按照结构形式可分为坡屋面和平屋面；坡屋面按建筑材料不同分为小青瓦屋面、石棉瓦屋面、玻璃钢瓦屋面、金属压型板屋面等；按屋面结构又分为两坡水和四坡水屋面；平屋面按照防水做法不同分为卷材防水屋面、涂料防水、刚性防水屋面等，其中卷材防水和涂料防水又称为柔性防水。

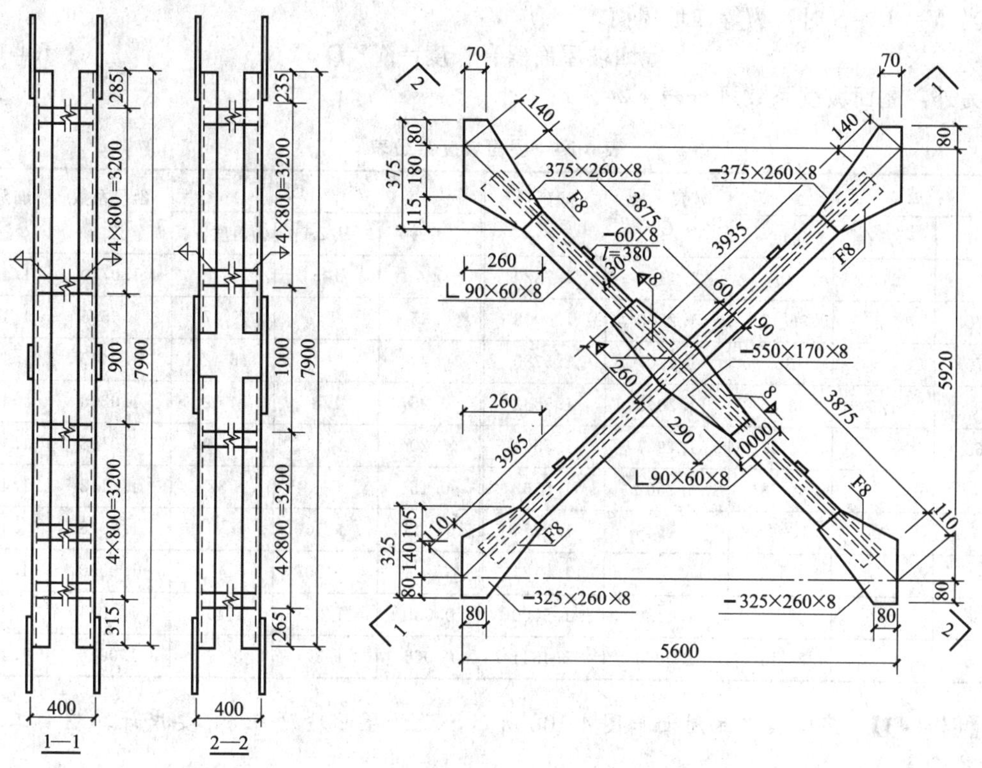

图 4-106　某工业厂房柱支撑示意图

（二）屋面工程量计算

1. 瓦屋面、金属压型板屋面工程量计算

瓦屋面、金属压型板（包括挑檐部分）均按屋面的水平投影面积乘以屋面坡度系数以平方米计算。不扣除房上烟囱、风帽底座、风道、屋面小气窗、斜沟等所占面积，屋面小气窗的出檐部分亦不增加。

坡屋面工程量计算公式为：坡屋面工程量＝屋面水平投影面积×屋面坡度系数

屋面坡度用系数表示，称为屋面坡度系数。如图 4-107 所示。

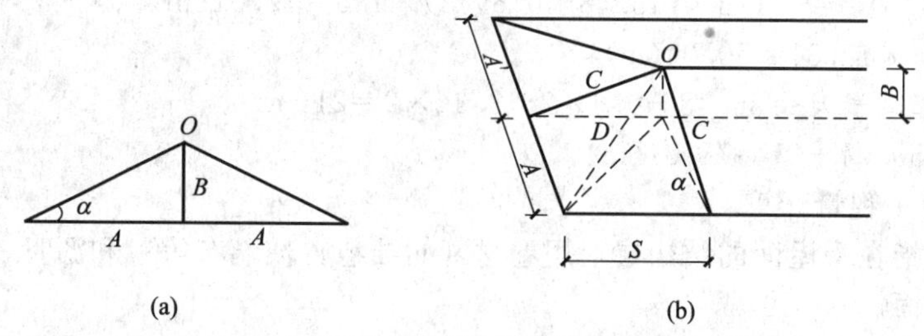

图 4-107　屋面坡度系数示意图

（1）两坡水屋面坡度系数，简称屋面系数（延尺系数）C，计算如下。

延尺系数 C＝屋面斜坡实际长/该斜面坡长的水平投影 A

屋面斜铺面积＝屋面水平投影面积×C　　(4-109)

（2）四坡水屋面坡度系数，简称屋脊系数（隅延尺系数）D，计算如下。

$$D=\sqrt{1+C^2}$$

注：当 $A=A'$，且 $S=0$ 时，为等两坡屋面；

当 $A=A'=S$ 时，为等四坡屋面；

$$等四坡屋面斜脊长度=A\times D \quad (4\text{-}110)$$

另外，屋面坡度系数可查表 4-24。

表 4-24 屋面坡度系数表

坡度			延尺系数 C	隅延尺系数 D	坡度			延尺系数 C	隅延尺系数 D
B/A	B/2A	角度 α			B/A	B/2A	角度 α		
1.00	1/2	45°	1.4142	1.7320	0.4	1/5	21°48′	1.0770	1.4697
0.75		36°52′	1.2500	1.6008	0.35		19°47′	1.0595	1.4569
0.70		35°	1.2207	1.5780	0.30		16°42′	1.0440	1.4457
0.666	1/3	33°40′	1.2015	1.5632	0.25	1/8	14°02′	1.0308	1.4362
0.65		33°01′	1.1927	1.5564	0.20	1/10	11°19′	1.0198	1.4283
0.6		30°58′	1.1662	1.5362	0.15		8°32′	1.0112	1.4222
0.577		30°	1.1545	1.5274	0.125	1/16	7°8′	1.0078	1.4197
0.55		28°49′	1.1413	1.5174	0.10	1/20	5°42′	1.0050	1.4178
0.50	1/4	26°34′	1.1180	1.5000	0.083	1/24	4°45′	1.0034	1.4166
0.45		24°14′	1.0966	1.4841	0.066	1/30	3°49′	1.0020	1.4158

【例 4-43】 某四坡水瓦屋面如图 4-108 所示，设计屋面坡度 0.5，要求计算屋面工程量和屋脊长度。

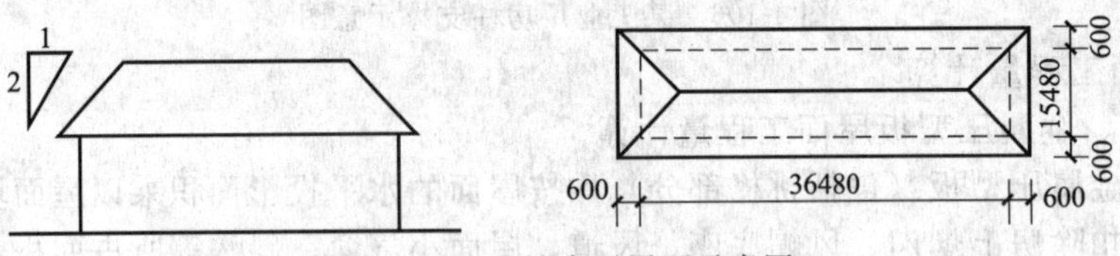

图 4-108 四坡水瓦屋面示意图

解 查表 4-19 可知 $C=1.1180$，$D=1.5$

则屋面工程量$=(36.48+0.6\times2)\times(15.48+0.6\times2)\times1.118=702.67(\text{m}^2)$

单面斜脊长$=A\times D=1/2\times(15.48+0.6\times2)\times1.5=12.51(\text{m})$

斜脊总长$=4\times12.51=50.04(\text{m})$

若 $S=A$，正脊长度$=36.48+0.6\times2-8.34\times2=21(\text{m})$

屋脊总长$=50.04+21=71.04(\text{m})$

2. 卷材屋面工程量计算

卷材屋面是指在平屋面的结构层上用卷材（如油毡、玻璃布等）和沥青、油膏等粘接材料铺贴而成的屋面。

卷材屋面通常分为三大类：沥青防水卷材屋面、高聚物改性沥青防水卷材屋面和合成高分子防水卷材屋面。卷材防水屋面的构造如图 4-109 所示。

卷材屋面工程量按图示尺寸的水平投影面积乘以规定的坡度系数（见表 4-19）以 m^2 计算。但不扣除房上烟囱、风帽底座、风道、屋面小气窗和斜沟所占的面积，屋面的女儿墙、伸缩缝和天窗等处的弯起部分，按图示尺寸并入屋面工程量计算。如图纸无规定时，伸缩缝、女儿墙的弯起部分可按 250mm 计算，天窗弯起部分可按 500mm 计算。如图 4-110 所示。

卷材屋面的附加层、接缝、收头、找平层嵌缝、冷底子油已计入定额内，不另计算。

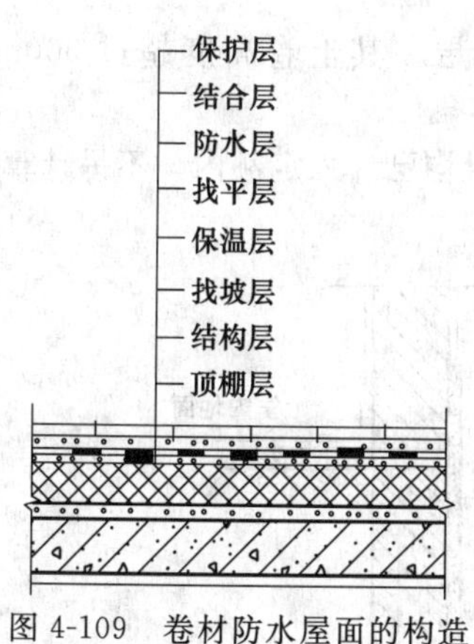

图 4-109 卷材防水屋面的构造

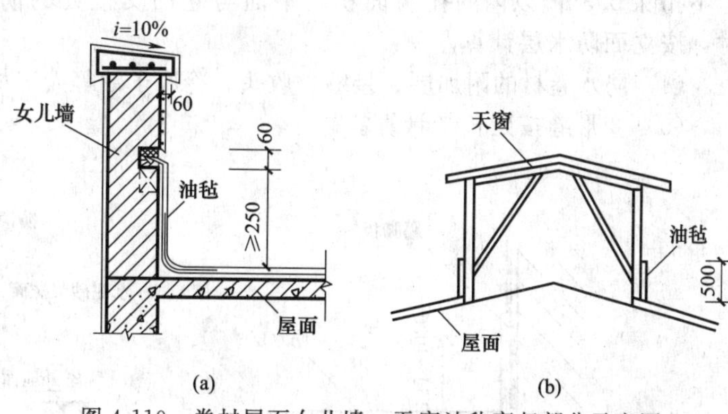

图 4-110 卷材屋面女儿墙、天窗油毡弯起部分示意图

3. 涂膜屋面工程量计算

涂膜屋面是板缝采用嵌缝材料防水，板面采用涂料防水或板面自防水并涂刷附加层的一种屋面。

涂膜屋面的工程量计算同卷材屋面。涂膜屋面的油膏嵌缝项目、玻璃布盖缝、屋面分格缝的工程量均以延长米计算。

4. 屋面排水工程量

屋面排水包括铁皮排水、铸铁排水设备，玻璃钢排水管及其部件等。

铁皮排水包括水落管、檐沟、天沟、泛水，其工程量均按图示尺寸以展开面积计算。如图纸中没有注明尺寸，可按表 4-25 规定的展开面积计算。铁皮咬口及搭接的工料用量已计入定额项目中，不得另算。

表 4-25 铁皮排水单体零件折算表　　单位：m^2/m

	项目	水落管	檐沟	水斗/个	漏斗/个	下水口/个		
铁皮排水	折算面积	0.32	0.30	0.40	0.16	0.45		
	项目	天沟	斜沟、天窗、窗台、泛水	天窗侧面泛水	烟尘泛水	通气管泛水	滴水檐头泛水	滴水
	折算面积	1.30	0.50	0.70	0.80	0.22	0.24	0.11

铸铁、玻璃钢水落管应区分不同直径按图示尺寸以延长米计算。雨水口、水斗、弯头、短管均以个为单位计算。如图 4-111 所示。

（三）防水工程量计算

防水工程量按以下规定计算。

（1）建筑物地面防水、防潮层，按主墙间净空面积计算，扣除凸出地面构筑物、设备基础等所占的面积，不扣除柱、垛、间壁墙、烟囱及 0.3m^2 以内孔洞所占面积。与墙面连接处高度在 500mm 以内者按展开面积计算，并入平面工程量内，超过 500mm 时，按立面防水层计算。如图4-112所示。用公式表示：

地面防水、防潮层工程量＝主墙间净长度×主墙间净宽度±增减面积　(4-111)

（2）建筑物墙基防水、防潮层、外墙长度按中心线，内墙按净长乘以宽度以 m^2 计算。如图 4-113 所示。

（3）构筑物及建筑物地下室防水层，按实铺面积计算，

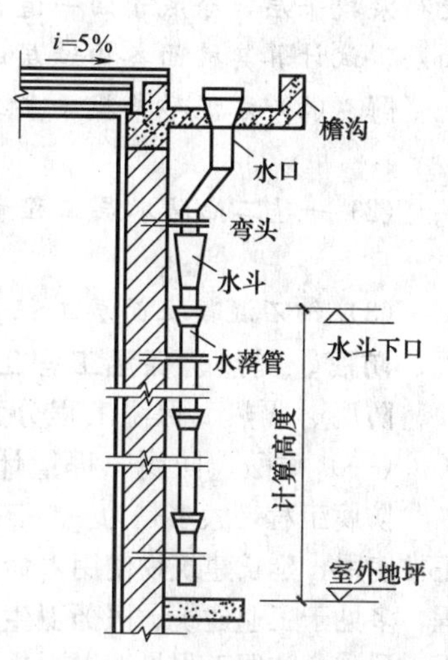

图 4-111 水落管计算示意图

但不扣除 0.3m² 以内的孔洞面积。平面与立面交接处的防水层，其上卷高度超过 500mm 时，按立面防水层计算。

(4) 防水卷材的附加层、接缝、收头、冷底子油等人工材料均已计入定额内，不另计算。

(5) 变形缝按延长米计算。

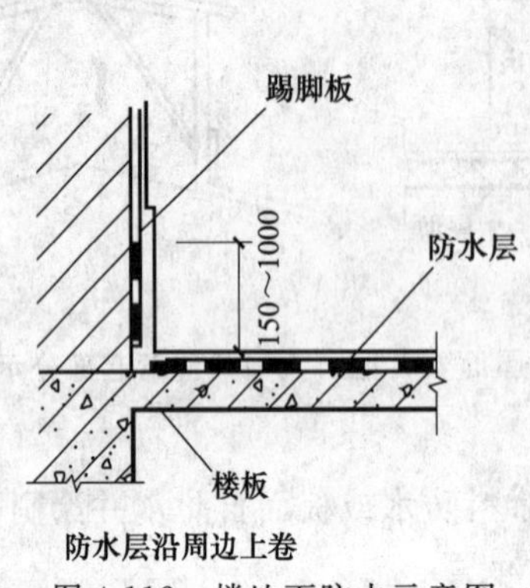

图 4-112 楼地面防水示意图

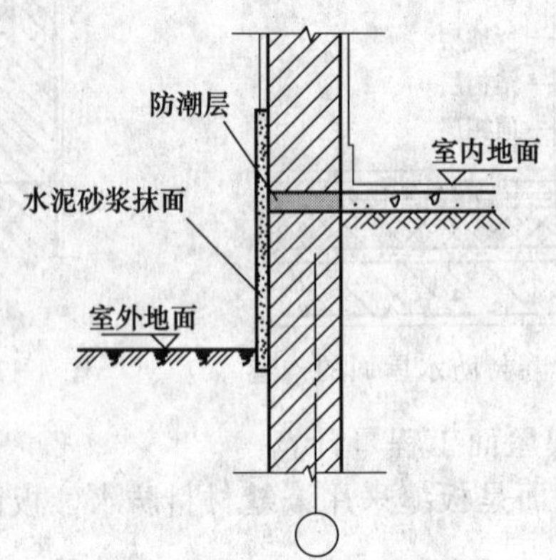

图 4-113 防潮层示意图

【例 4-44】 某建筑物如图 4-114 所示，墙厚 240mm，四周女儿墙，无挑檐。屋面做法：①混凝土基层；②MLC 轻质混凝土找坡、保温层，最薄处 50mm 厚；③16mm 厚 1∶3 水泥砂浆找平层表面抹光；④SBS 卷材防水层；⑤30mm 厚细石混凝土保护层。要求：计算屋面找平层、防水层工程量。

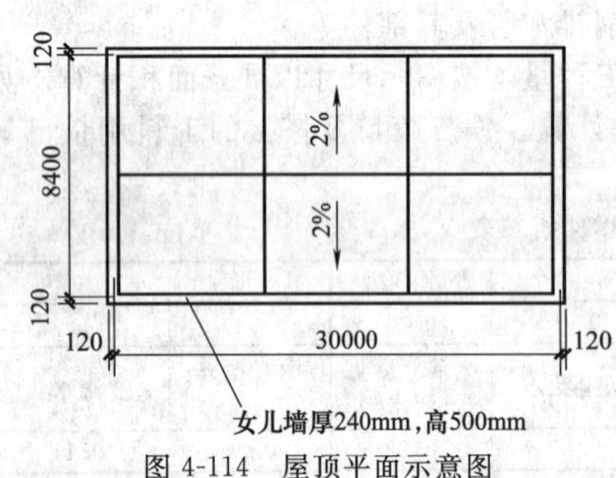

图 4-114 屋顶平面示意图

解 由于屋面坡度小于 1/30，因此按平屋面防水计算。

(1) 水泥砂浆找平层工程量＝(30－0.24)×(8.4－0.24)＝242.84(m²)

(2) SBS 卷材防水层工程量＝242.84＋0.25×(29.76＋8.16)×2＝261.80(m²)

【例 4-45】 某建筑物标准层卫生间，如图 4-115所示，其楼面做法如下：钢筋混凝土楼板，素水泥浆结合层一道，20mm 厚 1∶3 水泥砂浆找平层，冷底子油一道，一毡二油防水层四周卷起 200mm 高，30mm 厚细石混凝土面层。试计算其楼面各构造层的工程量。

解 (1) 水泥砂浆找平层工程量＝(3.3－0.24)×(6－0.24)

＝17.63(m²)

(2) 一毡二油防水层工程量＝17.63＋0.2×(3.06＋5.76)×2

＝21.16(m²)

(3) 细石混凝土面层工程量等于室内净面积，为 17.63m²。

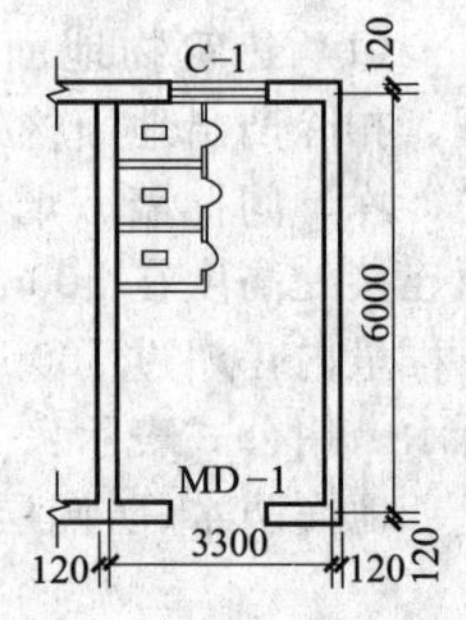

图 4-115 卫生间

九、防腐、隔热、保温工程工程量的计算

防腐、隔热、保温工程分为耐酸、防腐和保温、隔热两个部分。

(一) 耐酸、防腐工程量计算

防腐工程，大多是为一些工程中的特殊需要而采取的保护建筑物的正常使用、延长建筑物使用寿命的防范、抵御措施手段。建筑物的防腐工程，多见于工业建筑、医药卫生、科研单位、化工企业等具有较强酸、碱或化学腐蚀性物质的工程。耐酸、防腐工程量按以下规定计算。

① 防腐工程应区别不同防腐材料种类及其厚度列项，各项目的工程量均按设计实铺面积以 m^2 计算。应扣除凸出地面的构筑物、设备基础等所占面积；砖垛等凸出墙面部分按展开面积并入墙面防腐工程量内。

② 踢脚板按实铺长度乘以高度以 m^2 计算，应扣除门洞所占面积，并相应增加侧壁展开面积。

③ 平面砌筑双层耐酸块料时，按单层面积乘以系数 2 计算。

④ 防腐卷材接缝、附加层、收头等人工材料，已计入在定额中，不再另行计算。

（二）保温、隔热工程量计算

① 保温隔热层应区别不同保温隔热材料，除另有规定者外，均按设计实铺厚度以 m^3 计算。

② 保温隔热层的厚度按隔热材料（不包括胶结材料）净厚度计算。

③ 地面隔热层按围护结构墙体间净面积乘以设计厚度以 m^3 计算，不扣除柱、垛所占的体积。

④ 墙体隔热层，外墙按隔热层中心线、内墙按隔热层净长乘以图示尺寸的高度及厚度，以 m^3 计算。应扣除冷藏门洞口和管道穿墙洞口所占的体积。

⑤ 柱包隔热层，按图示柱的隔热层中心线的展开长度乘以图示尺寸高度及厚度，以 m^3 计算。

⑥ 池槽隔热层按图示池槽保温隔热层的长、宽、厚以 m^3 计算，其中池壁按墙面计算，池底按地面计算。

⑦ 门洞口侧壁周围的隔热部分，按图示隔热层尺寸以 m^3 计算，并入墙面的保温隔热工程量内。

⑧ 柱帽保温隔热层按图示保温隔热层体积并入天棚保温隔热层工程量内。

【例 4-46】 某建筑物轴线尺寸 30m×8.4m，墙厚 240mm，四周女儿墙，无挑檐。屋面做法：①混凝土基层；②MLC 轻质混凝土找坡、保温层，最薄处 50mm 厚；③16mm 厚 1∶3水泥砂浆找平层表面抹光；④SBS 卷材防水层；⑤30mm 厚细石混凝土保护层。如图 4-116所示。要求：计算屋面保温层工程量。

解 屋面保温层工程量＝保温层设计长度×设计宽度×平均厚度

保温层平均厚度＝最薄处厚度＋(保温层宽度/2×坡度)/2

＝0.05＋0.5×0.5×8.16×2%＝0.091(m)

屋面保温层工程量＝(30－0.24)×8.16×0.091＝22.05(m^3)

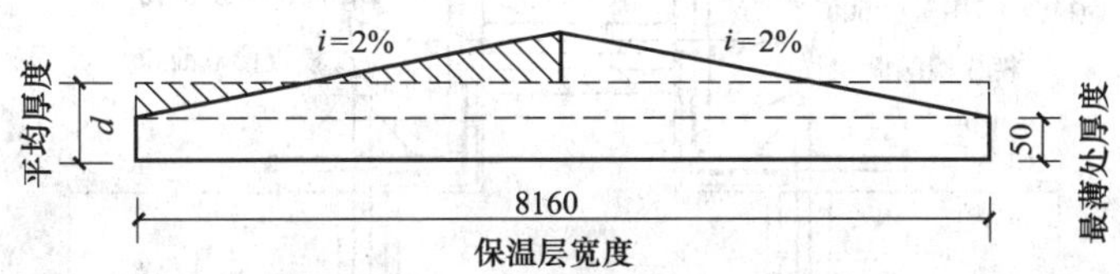

图 4-116　保温层平均厚度计算示意图

十、建筑工程可计量的技术措施项目工程量的计算

施工措施项目是指发生于该工程施工前和施工过程中技术、生活、安全等方面的工程实体项目。常用的施工措施项目一般包括文明施工（包括环境保护、安全施工）、临时设施、夜间施工、二次搬运、大型机械进出场及安拆、混凝土及钢筋混凝土模板工程、脚手架工程、已完工程及设备保护、施工排水、降水、垂直运输工程等，其中，可计量的措施项目主要包括混凝土及钢筋混凝土模板工程、脚手架工程、垂直运输工程等。

（一）混凝土结构及钢筋混凝土模板工程量计算

混凝土结构或钢筋混凝土结构成型的模具，由面板和支撑系统组成，叫做模板。

模板工程包括现浇混凝土模板、现场预制混凝土模板和构筑物混凝土模板三部分内容。

1. 现浇混凝土及钢筋混凝土构件模板工程量计算规则

（1）现浇混凝土及钢筋混凝土构件的模板工程量，除另有规定者外，均应区别模板的不同材质，按混凝土与模板的接触面积以 m^2 计算。不同构件模板接触面积如图 4-117 所示。

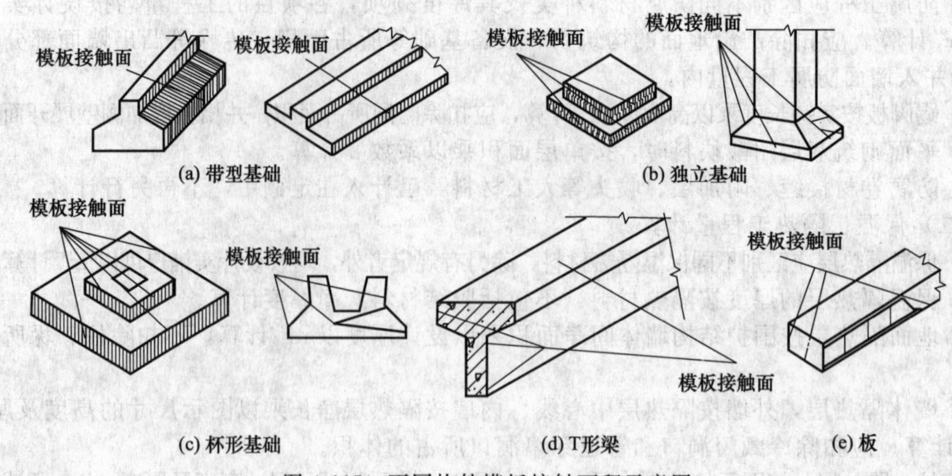

图 4-117　不同构件模板接触面积示意图

（2）现浇构件的支模高度以 3.6m 为准，超高 3.6m 以上部分，应另计算增加超高支模的工程量。

（3）现浇混凝土墙、板上单孔洞面积在 0.3m² 以内的孔洞不予扣除，洞侧壁模板亦不增加，单孔洞面积在 0.3m² 以外时应予扣除，洞侧壁模板面积并入墙、板模板工程量之内计算。

（4）现浇混凝土框架，应分别按柱、梁、板、墙有关规定计算模板工程量。附墙柱支模工程量并入所在墙的模板工程量内。柱与梁、柱与墙、梁与梁等连接的重叠部分以及伸入墙内的梁头、板头部分均不计算模板面积。

（5）构造柱外露面应按图示外露部分计算模板面积。构造柱与墙接触面不计算模板面积。构造柱模板支模安装如图 4-118 所示 。

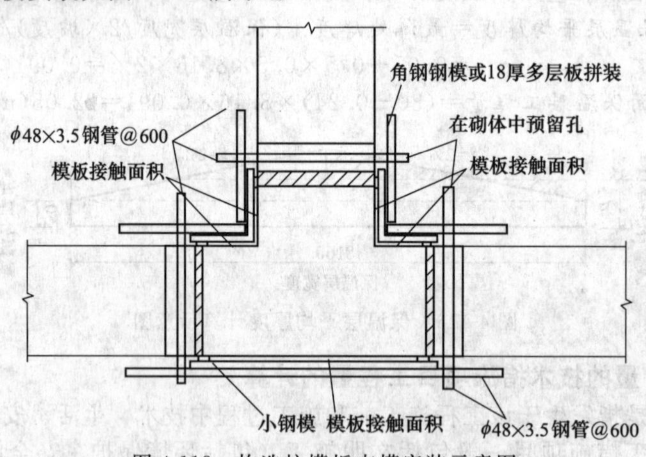

图 4-118　构造柱模板支模安装示意图

（6）现浇钢筋混凝土悬挑板（雨篷、阳台、挑檐）按图示外挑部分尺寸的水平投影面积计算支模工程量。挑出墙外的牛腿梁及板的边模板不另计算面积。

（7）现浇钢筋混凝土楼梯，以图示明露面尺寸的水平投影面积计算支模工程量，不扣除小于 500mm 宽的楼梯井所占面积。楼梯踏步、踏步板平台梁等侧面面积不另计算。

（8）混凝土台阶不包括梯带，按图示台阶尺寸的水平投影面积计算支模工程量，台阶端头两侧不另计算支模面积工程量。

（9）钢筋混凝土小型池槽按构件外围体积计算支模工程量。池槽内、外侧及底部的模板不另计算工程量。

2. 现浇混凝土及钢筋混凝土模板工程量的计算方法

现浇混凝土及钢筋混凝土模板工程量的计算主要有两种方法：直接法和查表法。

(1) 直接计算模板接触面积（直接法） 此方法根据设计图纸，直接按构件的尺寸，根据相应构件模板工程量的计算规则，计算混凝土构件与模板的接触面面积。这是一种准确的计算方法，但工作量大。

(2) 间接计算模板接触面积（查表法） 此方法根据设计图纸，先计算混凝土构件的体积，然后根据不同构件与材质，查“模板使用量参考表”（见各地区消耗量定额）计算出模板的接触面积。这是一种近似的计算方法，有时误差较大，但计算速度快，使用方便，工作量小。

3. 预制钢筋混凝土构件模板工程量计算

预制钢筋混凝土构件模板工程量，除另有规定者外，均按混凝土实体积以 m^3 计算。

4. 模板工程量计算举例

【例 4-47】 某工程基础平面和剖面图如图 4-119 所示，试计算该工程钢筋混凝土基础模板工程量。

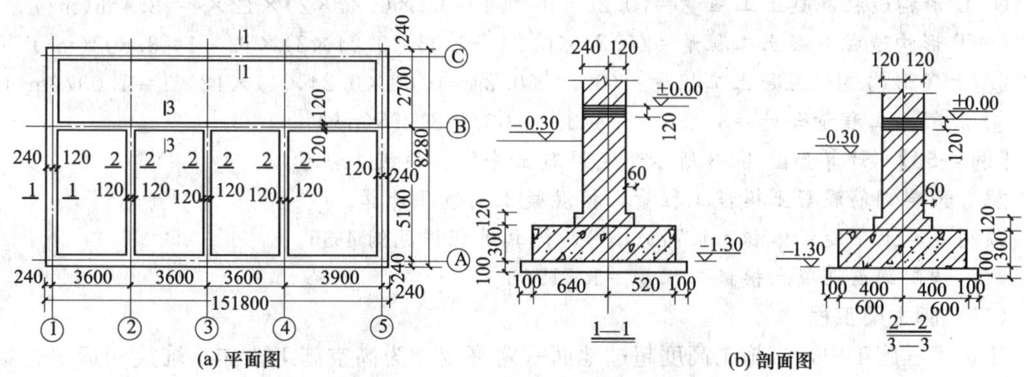

图 4-119 某工程带形基础示意图

解 钢筋混凝土基础工程量计算如下。

外墙 用基础中心线长度表示支模长度。

$$L_{中}=[(3.6\times3+3.9+0.06\times2)+(5.1+2.7+0.06\times2)]\times2=45.48(m)$$

$$外墙基础模板工程量=45.48\times0.3\times2-(0.8\times3+1.2\times2)\times0.3$$
$$=27.288-1.44\approx25.85(m^2)$$

内墙基础长度 $L_{净}$ $L_{3-3}=3.6\times3+3.9-0.52\times2=13.66(m)$

$L_{2-2}=(5.1-0.52-0.6)\times3=11.94(m)$

内墙基础模板工程量 $=(13.66\times2-0.8\times3+11.94\times2)\times0.3=14.64(m^2)$

故，钢筋混凝土基础工程量 $=25.85+14.64=40.49(m^2)$

【例 4-48】 计算如图 4-120 所示现浇混凝土台阶模板和混凝土工程量。

解 (1) 台阶模板工程量 $=0.3\times5\times4.5=6.75(m^2)$

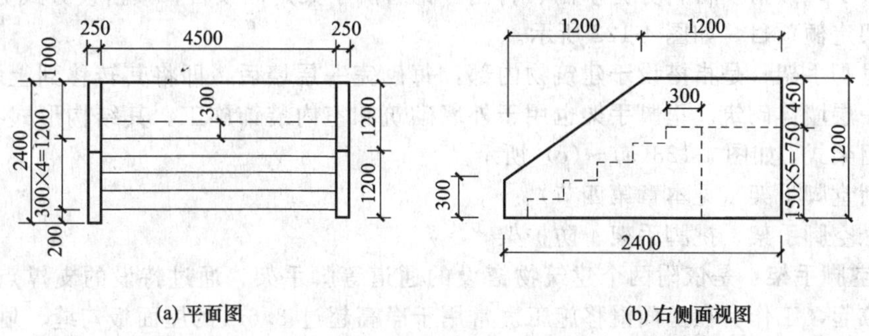

图 4-120 现浇混凝土示意图

(2) 混凝土工程量$=0.3\times0.15\times(1+2+3+4+5)\times4.5=3.038(m^3)$

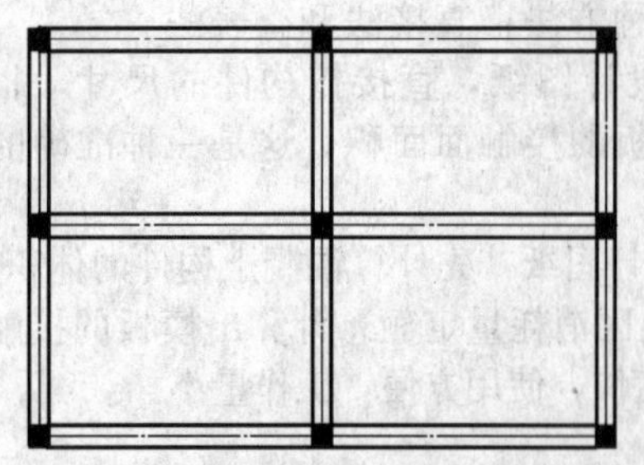

图 4-121 某建筑物构造柱平面示意图

【例 4-49】 如图 4-121 所示，某建筑物构造柱柱高均为 12m，构造柱断面尺寸为 240mm×240 mm，试计算该建筑物构造柱模板工程量和混凝土工程量。

解 (1) 模板工程量计算

① L 形构造柱模板工程量$=[(0.24+0.03)\times2+0.03\times2]\times12\times4=28.8(m^2)$

② T 形构造柱模板工程量$=(0.24+0.03\times2+0.03\times4)\times12\times4=20.16(m^2)$

③ 十字形构造柱模板工程量$=0.3\times8\times12=28.8(m^2)$

④ 模板工程量合计$=28.8+20.16+28.8=77.76(m^2)$

(2) 钢筋混凝土工程量计算

① L 形构造柱混凝土工程量$=(0.24\times0.24+0.03\times0.24\times2)\times12\times4=3.456(m^3)$

② T 形构造柱混凝土工程量$=(0.24\times0.24+0.03\times0.24\times3)\times12\times4=3.802(m^3)$

③ 十字形构造柱混凝土工程量$=(0.24\times0.24+0.03\times0.24\times4)\times12\times1=1.037(m^3)$

④ 混凝土工程量合计$=3.456+3.802+1.037=8.295(m^3)$

【例 4-50】 计算如图 4-98 所示预制混凝土牛腿柱模板工程量。

解 预制钢筋混凝土模板工程量，按混凝土实体积计算。

预制混凝土牛腿柱体积$=1.719(m^3)$，计算过程详见例 4-36。

故，预制钢筋混凝土模板工程量$=1.719(m^3)$

(二) 脚手架工程

建筑工程施工中，当施工高度超过地面一定高度，为高空施工操作、堆放和运送材料，并保证施工过程工人安全要求而搭设的架设工具或操作平台，称为脚手架，通俗讲就是搭架子。因此，脚手架在砌筑工程、混凝土工程、装修工程中有着广泛的应用，是建筑施工中不可缺少的临时设施。

工程预算中，选择脚手架类型和计算脚手架的费用，可直接影响施工作业的顺利进行和安全，还关系到工程质量、施工进度和施工单位经济效益的提高，是建筑工程计量与计价中一个不可忽视的重要环节。脚手架材料是周转性材料，在定额中规定的是使用一次应摊销的数量。

脚手架工程共分为：外、里脚手架；满堂脚手架；悬空、挑脚手架、防护架；依附斜道；安全网；烟囱（水塔）脚手架；电梯井字架；架空运输通道等八个分项工程共 67 个子目。

1. 脚手架工程主要定额项目及图释

(1) 外脚手架 是指房屋外墙四周所搭设的工作架子，既可用于外墙砌筑，又可用于外墙装修施工。其主要结构形式有多立杆式、框式、桥式等。多立杆式应用最广，框式次之，桥式应用最少。按搭设材料分为木制、竹制、钢管脚手架定额项目；按搭设方式分为单排和双排脚手架定额项目。如图 4-122 所示。

(2) 里脚手架 是指搭设于建筑物内部，每砌完一层墙后，即将其转移到上一层楼面，进行新的一层墙体砌筑。里脚手架也用于外墙砌筑和室内装饰施工。其结构形式有折叠式、支柱式和门架式。如图 4-123(a)～(c) 所示。

(3) 满堂脚手架（见本章第四节）。

(4) 悬空脚手架、挑脚手架、防护架

① 悬空脚手架：是依附两个建筑物搭设的通道等脚手架，通过特设的支撑点用钢丝绳沿对墙面拉起，工作台在上面滑移施工。常用于净高超过 3.6m 的屋面板勾缝、刷浆。

② 挑脚手架：是从建筑物内部通过窗洞口向外挑出的一种脚手架，依其搭设方式可分

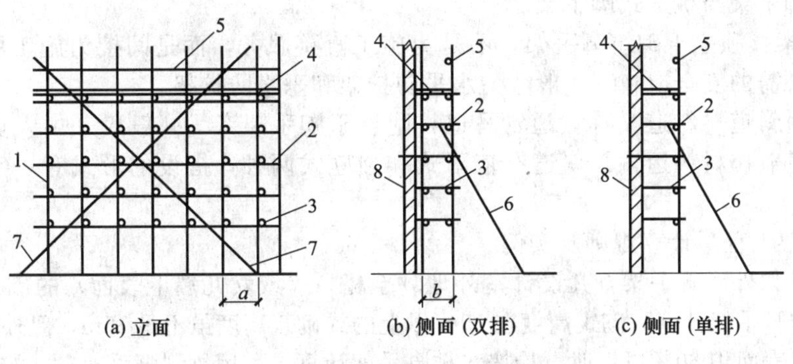

图 4-122　多立杆式脚手架

1—立杆；2—大横杆；3—小横杆；4—脚手板；5—栏杆；6—抛撑；7—斜撑（剪刀撑）；8—墙体

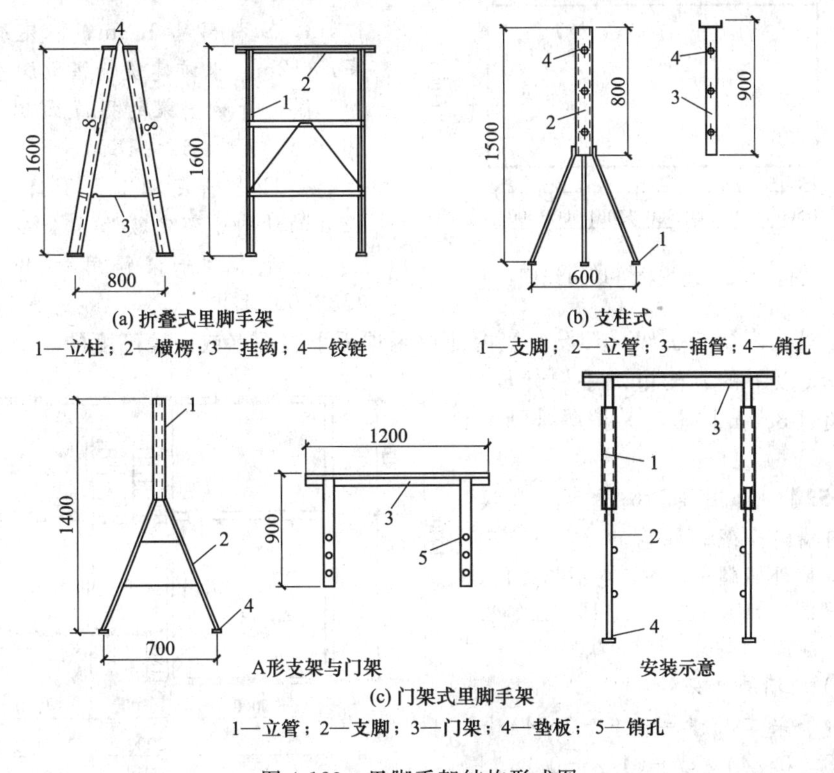

图 4-123　里脚手架结构形式图

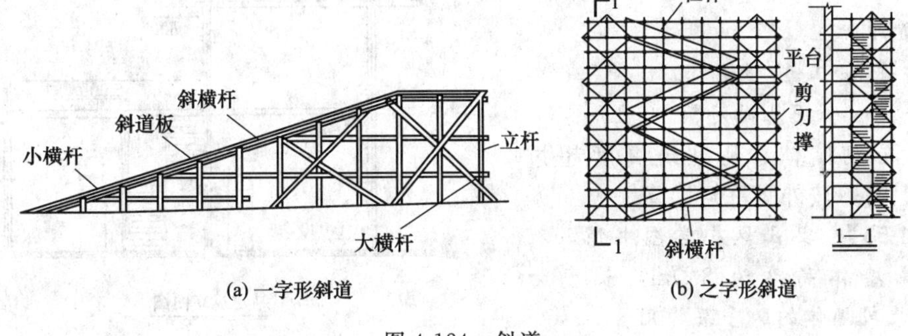

图 4-124　斜道

为支撑式挑脚手架与挑梁式脚手架。

③ 防护架：独立于砌筑脚手架，不是为施工直接服务，而是间接为施工服务。主要是建筑施工所必需的安全措施。一般分为水平防护架和垂直防护架。

(5) 依附斜道　斜道又称盘道、马道，附着于脚手架旁。一般用来供人员上下脚手架用，有些斜道兼作材料运输。斜道有依附式和独立式两种，搭设的形式有一字形和之字形(图 4-124)。

2. 脚手架工程量计算规则及实例

(1) 建筑物外墙脚手架，凡设计室外地坪至檐口（或女儿墙上表面）的砌筑高度在 15m 以下的按单排脚手架计算；砌筑高度在 15m 以上的或砌筑高度虽不足 15m，但外墙门窗及装饰面积超过外墙表面积 60%以上时，均按双排脚手架计算。采用竹制脚手架时，按双排计算。

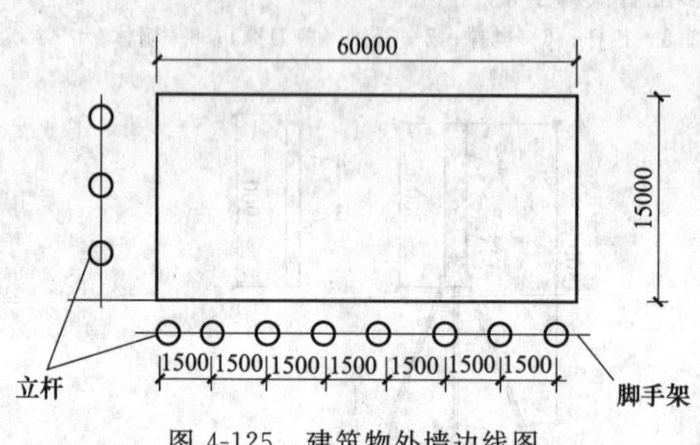

图 4-125　建筑物外墙边线图

【例 4-51】 某一在建办公楼外墙如图 4-125 所示，脚手架步高 1.2m，柱距 1.5m，立杆离墙 1.2m，取定脚手架架设高度 12m，求该建筑物搭设脚手架费用。

解　外脚手架的搭设面积即工程量＝(60＋15)×2×12＝1800(m^2)

套用基础定额 3-5 子目可查高度为 12m 的外脚手架定额为 5.49 元。

可计算脚手架费用＝1800×5.49＝9882.00(元)

(2) 建筑物内墙脚手架，凡设计室内地坪至顶板下表面（或山墙高度的 1/2 处）的砌筑高度在 3.6m 以下的，按里脚手架计算；砌筑高度超过 3.6m 以上时，按单排脚手架计算。

【例 4-52】 如图 4-126 所示，求该建筑物的内墙脚手架工程量。

注：计算内外墙脚手架时，均不扣除门、窗洞口、空圈洞口等所占的面积，同一建筑物高度不同时，应按不同高度分别计算。

解　① 内墙脚手架：

单排脚手架工程量＝[(6－0.24)＋(10.2－1.8－0.24)×2＋(4.2－0.24)]×4.8＝(5.76＋16.32＋3.96)×4.8＝124.99(m^2)　套用基础定额:3-5

② 里脚手架：

里脚手架工程量＝5.76×3.6＝20.74(m^2)　套用基础定额：3-15。

(3) 石砌墙体，凡砌筑高度超过 1.0m 以上时，按外脚手架计算。

【例 4-53】 某山区小学图书馆，有一段石砌墙体高度为 3.0m，长度为 15m，求此段墙体的脚手架费用。

解　根据本条规则，本例砌筑高度

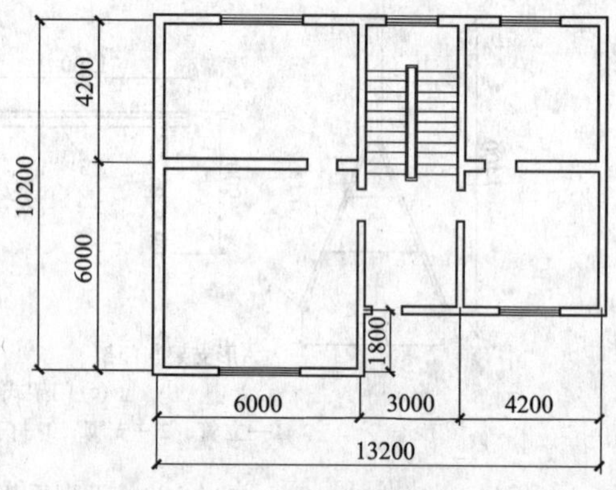

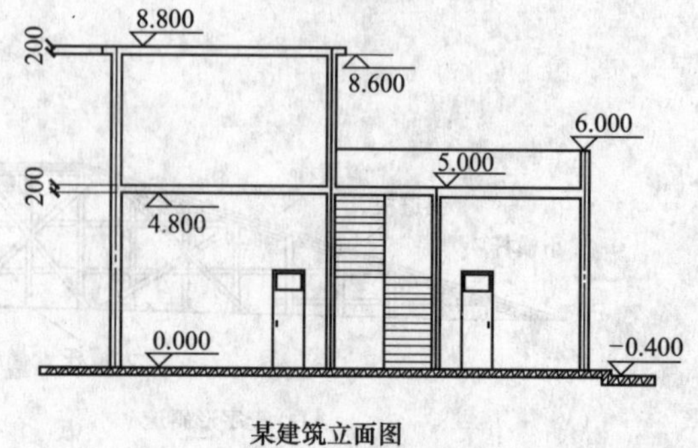

图 4-126　某建筑示意图

为 1.0m＜3.0m＜3.6m，故按单排外脚手架计算。

脚手架工程量：3.0×15＝45(m^2)

套用基础定额 3-5 项子目可得基价为 5.49 元。

则可计算工程费用：45×5.49＝247.05(元)

(4) 计算内、外墙脚手架时，均不扣除门、窗洞口、空圈洞口等所占的面积。

计算公式：

$$外墙脚手架＝外墙外边线长×外墙高$$

$$内墙脚手架＝内墙净长×内墙净高$$

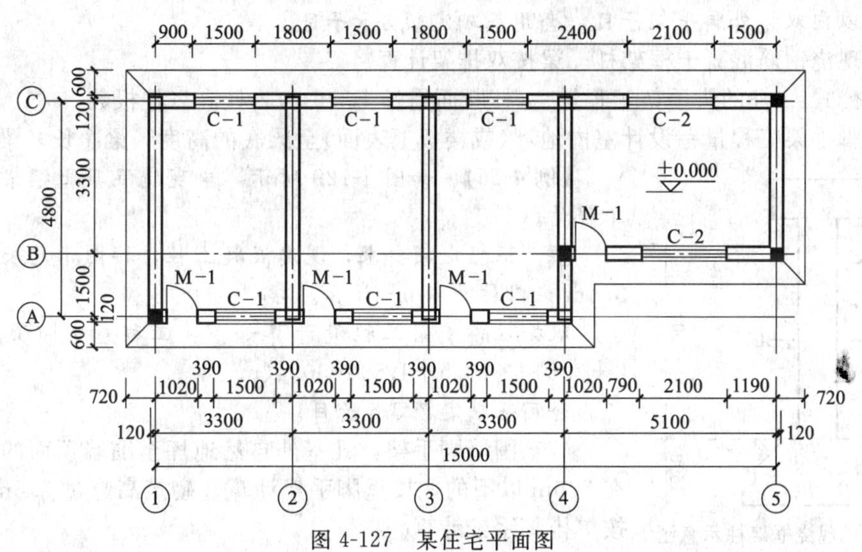

图 4-127 某住宅平面图

【例 4-54】 某七层砖混住宅平面如图 4-127 所示，女儿墙顶面标高 20.80m，楼层高 2.9m，楼板厚 0.12m，室内外高差 0.3m，试计算该工程内外墙脚手架工程量。

解 住宅砖墙砌筑高度 2.9m，外脚手架按钢管双排脚手架计算，室内净高为：(2.9 －0.12)＝2.78(m)，内墙脚手架按里脚手架计算，亦采用钢管架。

① 钢管式双排外脚手架工程量。

外墙外边线长 $L_{外}$＝(15＋0.24＋4.8＋0.24)×2＝40.56(m)

外脚手架工程量 S＝40.56×(20.8＋0.3)＝855.82(m^2)

② 内墙里脚手架工程量。

内墙总长 $L_{净}$＝(4.8－0.24)×2＋(3.3－0.24)＝12.18(m)

里脚手工程量＝12.18 ×(2.9－0.12)×7＝237.02(m^2)

(5) 同一建筑物高度不同时应按不同高度分别计算。

【例 4-55】 单层三跨工业厂房如图

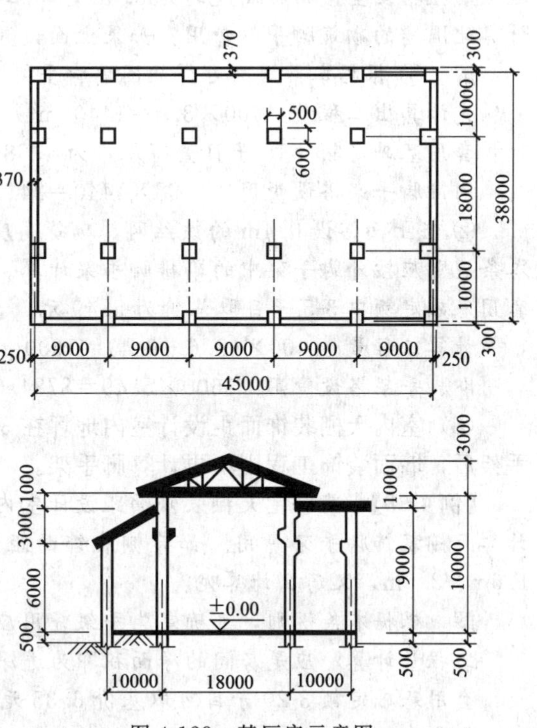

图 4-128 某厂房示意图

4-128所示，求厂房外墙脚手架工程量。

解 脚手架工程量计算如下。

墙高 7m 以内，外墙脚手架工程量=(45.0+0.25×2)×(6.0+0.5)=295.75(m^2)

墙高 10m 以内，外墙脚手架工程量=(45.0+0.25×2)×(9.0+0.5)+1.0×(6.0+0.5+3.0/2)+1.0×(9.0+0.5)=441.75+8.0=449.75(m^2)

墙高 14m 以内，外墙脚手架工程量=(18.0+0.6×2)×(9.0+1.0+3.0/2)=220.8(m^2)

合计：295.75+449.75+220.8=966.3(m^2)

15m 以内双排外脚手架子目，套用基础定额 3-5 子目。

(6) 现浇钢筋混凝土框架柱、梁按双排架计算。

计算公式：柱的脚手架工程量=(柱断面周长+3.6m)×柱高×柱根数

梁的脚手架工程量=设计室内地坪(或楼板上表面)至梁底的高度×梁净长×梁根数

【例 4-56】 如图 4-129 所示，求现浇混凝土框架柱脚手架工程量。

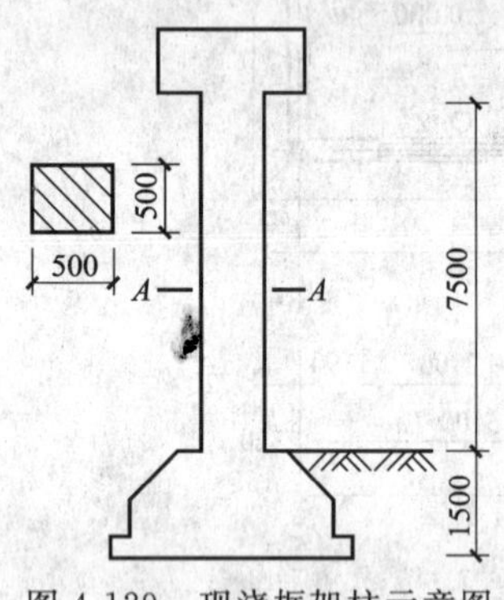

图 4-129 现浇框架柱示意图

解 根据定额要求，现浇混凝土柱，按图示周长尺寸另加 3.6m 乘以柱高以 m^2 计算。

双排柱脚手架工程量计算如下：工程量=[(0.5+0.5×2+3.6)]×(7.5+1.5)=50.4(m^2)

套用基础定额 3-6 子目。

(7) 围墙脚手架，凡室外自然地坪至围墙顶面的砌筑高度在 3.6m 以下的，按里脚手架计算；砌筑高超过 3.6m 以上时，按单排脚手架计算。

【例 4-57】 某大学试验地基周围拟建围墙，以确保实验基地里的植物安全，初拟高度约为 3.6m，中心线长约为 400m，即长为 150m，宽为 50m，试计算此围墙的砌筑脚手架费用？如果上面设置一道约为 0.4m 的铁丝网，又将怎样计费呢？

解 ① 根据本条规则可得此围墙脚手架为里脚手架。

先计算出工程量 400×3.6=1440(m^2)

套用基础定额 3-15 子目查得基价为 1.68 元。

则得脚手架搭设费用 1.68×1440=2419.2(元)

② 当上面搭设 0.4m 的铁丝网，砌筑高度发生了变化 3.6+0.4=4(m)>3.6(m)，根据本条规则应按外脚手架中的单排脚手架计算。由于围墙的高度一般不会超过 9m，故可直接套用基础定额中 3-5 子目取基价为 5.49 元。

计算工程量 400×(3.6+0.4)=1600(m^2)

即脚手架搭设费用 1600×5.49=8784.00(元)

(8) 室内天棚装饰面距设计室内地坪在 3.6m 以上时，应计算满堂脚手架，计算满堂脚手架后，墙面装饰工程则不再计算脚手架。

【例 4-58】 某卧室天棚装修面距设计室内地坪为 4m、室内进深为 6.3m，开间为 7.5m，计算天棚装饰脚手架费用。如天棚装饰面距设计室内地坪高为 3.6m，楞木距天棚装饰面 1.6m、2.5m，又怎么计算呢？

解 根据本条规则，可确定脚手架费用应套用满堂脚手架定额。

工程量计算，应是房间的净面积即为进深乘以开间 6.3×7.5=47.25(m^2)

套用基础定额 3-20 子目可取基价 6.35 元。

即费用 47.25×6.35=300.04(元)

当天棚装饰面距设计室内地坪高度不大于 3.6m（含 3.6m）时，计算楞木施工高度为 3.6＋1.6＝5.2，故不用重新计算增加层。从而计算的结果与上例的结果一样。

当楞木距天棚装饰面高度为 2.5m 时，即楞木的施工高度为 3.6＋2.5＝6.1(m)

增加层＝6.1－5.2＝0.9＞0.6，故算一个增加层。

即脚手架的费用为满堂脚手架基本层费用与满堂脚手架增加层的费用之和。

套用基础定额 3-21 查出增加层基价 1.43 元。

即总费用　300.04＋47.25×1.43 元＝367.61(元)

(9) 滑升模板施工的钢筋混凝土烟囱、筒仓，不另计算脚手架。

(10) 砌筑贮仓，按双排外脚手架计算。

【例 4-59】 某粮店拟修建储粮仓库一座，设计仓库长为 24m，宽为 12m。设计室外地坪至檐口高度为 4.5m，山墙高度为 6.0m，要求计算贮仓砌筑脚手架费用。

解　根据本条规则计算外双排脚手架工程量。

$$12\times4.5\times2+12\times(6.0-4.5)+24\times4.5\times2=288(m^2)$$

套用基础定额 3-6 子目取基价 7.43 元。

得脚手架费用　288×7.43＝2139.84(元)

(11) 贮水（油）池，大型设备基础，凡距地坪高度超过 1.2m 以上的，均按双排脚手架计算。

(12) 整体满堂钢筋混凝土基础，凡宽度超过 3m 以上时，按底板面积计算满堂脚手架。

【例 4-60】 如图 4-130 所示，求脚手架工程量（已知基础长 45m）。

解　基础满堂脚手架工程＝15×45＝675(m^2)，套用基础定额：3-20。

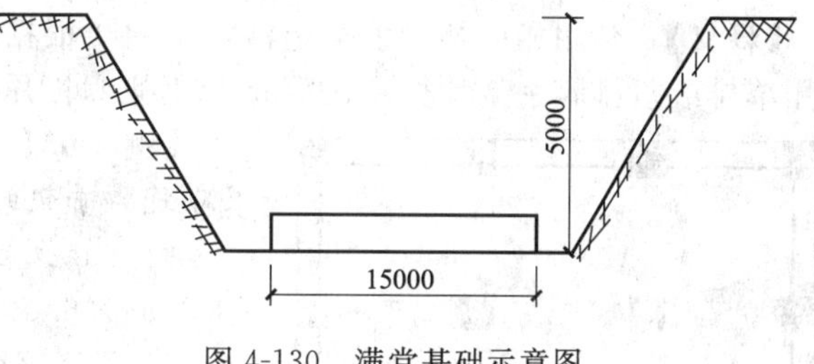

图 4-130　满堂基础示意图

3. 砌筑脚手架工程量的计算

(1) 外脚手架按外墙外边线长度，乘以外墙砌筑高度以 m^2 计算，突出墙外宽度在 24cm 以内的墙垛，附墙烟囱等不计算脚手架，宽度超过 24cm 以外时按图示尺寸展开计算，并入外脚手架工程量之内。

【例 4-61】 某建筑物中横墙外边线长度为 6m，纵墙外边线为 12m，室外设计地坪至檐口高度为 4m，在整个外墙中突出墙外的墙垛宽度都小于 240mm，计算外墙脚手架费用。如果外墙两墙中每隔 3m，有一墙垛突出墙体宽度为 30cm，又墙垛长度为 36.5cm，如图 4-131 所示，该如何计算外墙脚手架费用？

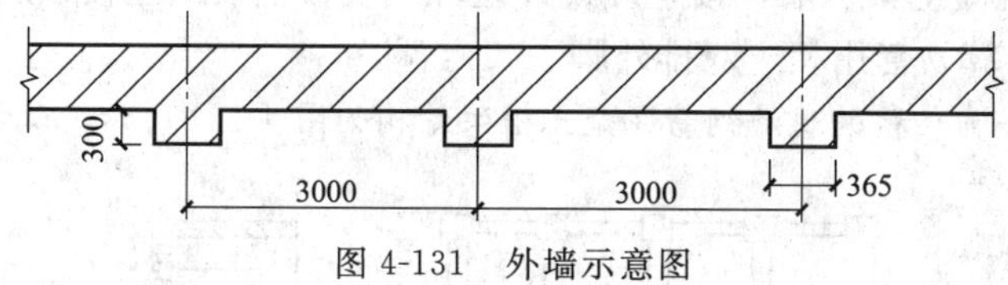

图 4-131　外墙示意图

解　① 外墙脚手架工程量＝(6＋12)×4×2＝144(m^2)

套用基础定额 3-5 子目，查得基价为 5.49 元。

外墙砌筑脚手架费用：5.49×144＝ 790.56(元)

② 墙垛宽度超出 24cm 以外，按规则规定应进行计算，每隔 3m 一个墙垛，那么纵横墙一共有 10 个。

每个墙垛边长为 0.3×2+0.365=0.965(m)

墙垛的总工程量：4×10×0.965=38.60(m^2)

外墙砌筑的总工程量：38.6+144=182.6(m^2)

套用基础定额 3-5 子目，取基价为 5.49 元。

脚手架费用：182.6×5.49=1002.47(元)

(2) 里脚手架按墙面垂直投影面积计算。

【例 4-62】 已知某砖砌围墙长 120m，高 2.0m，围墙厚度为 240mm，围墙内外壁柱为 370mm×120mm，如图 4-132 所示，计算围墙脚手架工程量（单面）。

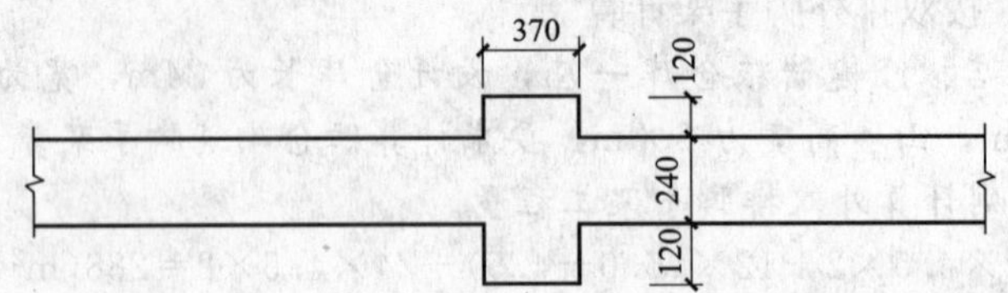

图 4-132 砖砌围墙示意图

解 砖砌围墙高 2.0m<3.6m，围墙脚手架按里脚手架计算。

工程量=120×2.0=240.00(m^2)，套用基础定额 3-15 子目。

(3) 独立柱按图示柱结构外围周长另加 3.6m，乘以砌筑高度以 m^2 计算，套用相应外脚手架定额。

【释义】 套用相应外脚手架定额，这主要根据砌筑高度不同而不同，在 15m 以内的则可用单排或双排脚手架计算。在 15m 以上则只能用双排脚手架计算。

【例 4-63】 两个断面为 2×2½ 砖、高 6m 的砖柱，求砌筑脚手架的工程量。

解 独立柱砌筑脚手架的工程量=(0.49+0.615×2+3.6)×6.0×2=70(m^2)

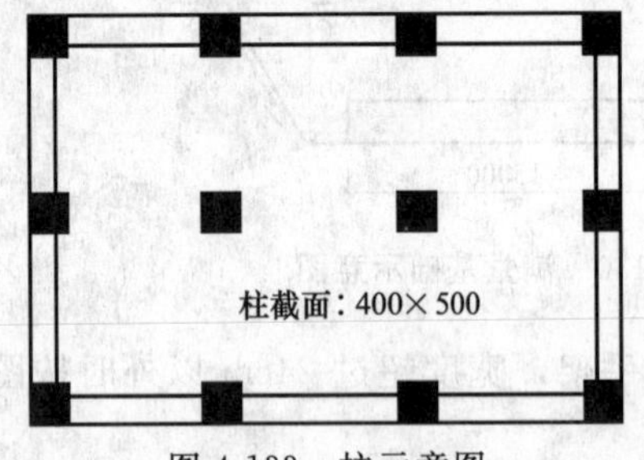

图 4-133 柱示意图

4. 现浇钢筋混凝土框架脚手架工程量计算

(1) 现浇钢筋混凝土柱，按柱图示周长尺寸另加 3.6m，乘以柱高以 m^2 计算，套用相应外脚手架定额。

【例 4-64】 要求根据图 4-133 计算柱的脚手架工程量（已知楼层高度为 3.2m，楼板厚度为 0.10m）。

解 附墙柱（外轴线柱）不另外计算脚手架；计算独立柱脚手架时脚手架高度应扣除板厚。

独立柱脚手架工程量 S=[(0.4+0.5)×2+3.6]×(3.2−0.1)×2=33.48(m^2)

(2) 现浇钢筋混凝土梁、墙，按室外设计地坪或楼板上表面至楼板底之间的高度，乘以梁、墙净长以 m^2 计算，套用相应双排外脚手架定额。

【例 4-65】 某一商住楼的现浇钢筋混凝土框架结构如图 4-134 所示，试计算脚手架工程量。

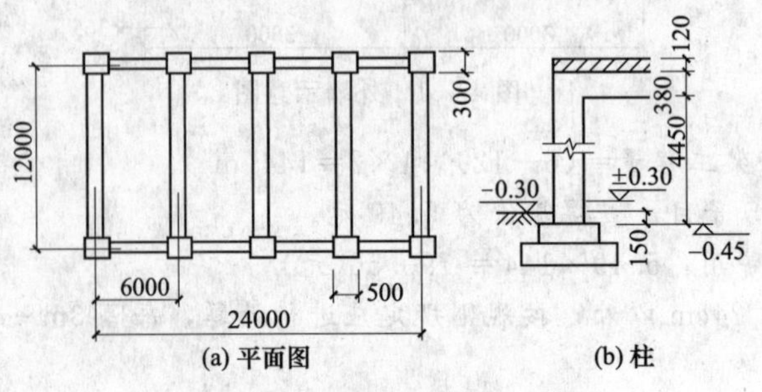

图 4-134 商住楼底层框架示意图

解 ① 柱脚手架工程量＝(柱断面周长＋3.6)×柱高＝[(0.5＋0.3)×2＋3.6]×(4.45＋0.38＋0.12)×10＝257.4(m^2)

② 梁脚手架工程量＝设计室内地坪（或楼板上表面）至楼板底的高度×梁净长

则，6m 开间梁脚手架工程量为（4.45＋0.38－0.15)×(6－0.3)×8＝213.41(m^2)

12m 跨度梁脚手架工程量为（4.45＋0.38－0.15)×(12－0.3)×5＝ 273.78(m^2)

③ 按规定，现浇钢筋混凝土框架柱、梁按双排脚手架计算，若施工组织设计采用钢管架，本项目应套用定额 3-6，其总工程量为 257.4 ＋ 213.41＋ 273.78＝ 744.59（m^2）。

【例 4-66】 某钢筋混凝土墙，尺寸如图 4-135所示，楼板上表面至上层楼的楼底之间高度为 4.0m，求墙的脚手架费用。

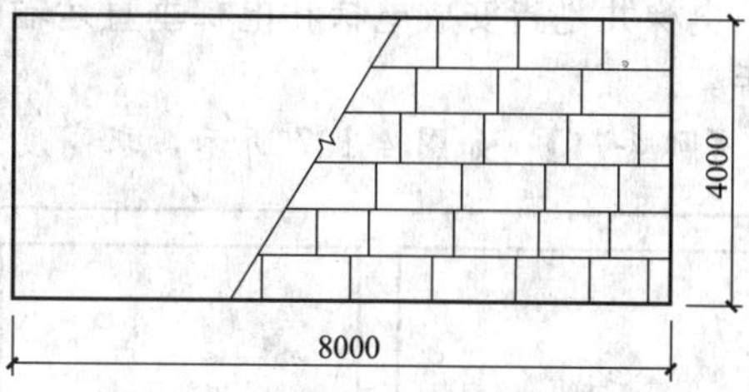

解 根据本条规则，采用双排外脚手架，工程量：40×80＝32(m^2)。

套用基础定额 3-6 项子目得脚手架费用 32×7.43＝237.76(元)。

图 4-135 墙的示意图

5. 装饰工程脚手架工程量计算

见本章第四节。

6. 其他脚手架工程量的计算

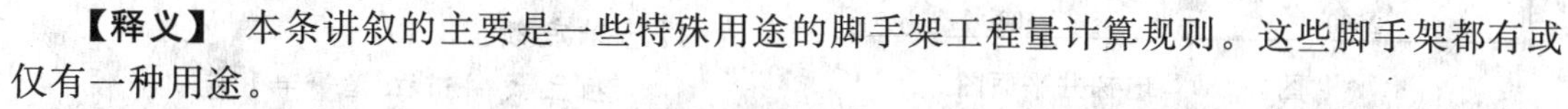

【释义】 本条讲叙的主要是一些特殊用途的脚手架工程量计算规则。这些脚手架都有或仅有一种用途。

(1) 水平防护架，按实际铺板的水平投影面积，以 m^2 计算。

【例 4-67】 如图 4-136 所示，求某商业楼二次扩建水平防护工程量（已知设防护长度为 60m)。

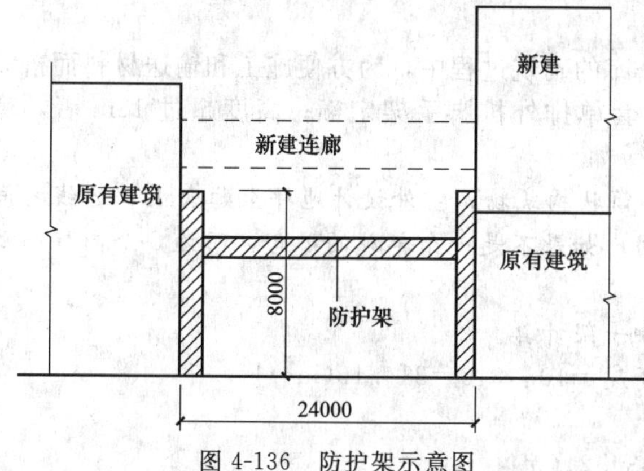

图 4-136 防护架示意图

解 水平防护架工程量＝24×60＝1440.00(m^2)

套用全国统一基础定额 3-26 子目取水平防护架基价 6.35 元。

则水平防护架的费用：6.35×1440＝9144(元)

(2) 垂直防护架，按自然地坪至最上一层横杆之间的搭设高度，乘以实际搭设长度，以 m^2 计算。

【例 4-68】 如图 4-136 所示，求某商业楼二次扩建垂直防护工程量（已知设防护长度为 60m)。

解 垂直防护架工程量＝8×60×2＝960.00(m^2)

套用基础定额：水平防护架套 3-26，垂直防护架套 3-27。

(3) 架空运输脚手架，按搭设长度以延长米计算。

(4) 烟囱、水塔脚手架区别不同搭设高度，以座计算。

【例 4-69】 某砖瓦厂砌筑三座烟囱，搭设高度一致，搭设底部直径一致，高度和直径分别为 25m、5m，要求计算烟囱脚手架费用。

解 根据本条规定，直接按高度与直径套用基础定额 3-49 取基价为 5008.7 元。

再将基价乘以座数：5008.7×3＝15026.10(元)

注：突出屋面的房上烟囱顶部至屋顶的高度超过 1.2m，外围周长即根据烟囱外形算周长，加上 3.6m 乘以砌筑高度作为工程量，套用 3.6m 以下脚手架定额。

【例 4-70】 某房上烟仓高度为 2m，烟囱形状为长方形，长宽分别为 0.5m 和 0.3m，要求计算房上烟囱的搭设脚手架费用。

解 当房上烟囱高度小于 1.2m，低于脚手架的搭砌高度，故不必搭设脚手架。高度超过 1.2m，以里脚手架定额来计算。

先计算工程量：[(0.5+0.3)×2+3.6]×2=10.4(m^2)

套用基础定额 3-15 子目，取基价 1.68 元，得房上烟囱费用：1.68×10.4=17.47(元)。

(5) 电梯井脚手架，按单孔以座计算。

电梯井是指安放电梯和电梯垂直运输的通道。在电梯井的装修和电梯的安装中均要使用脚手架。

【例 4-71】 如图 4-137 所示，求高度为 35m 的电梯井脚手架工程量。

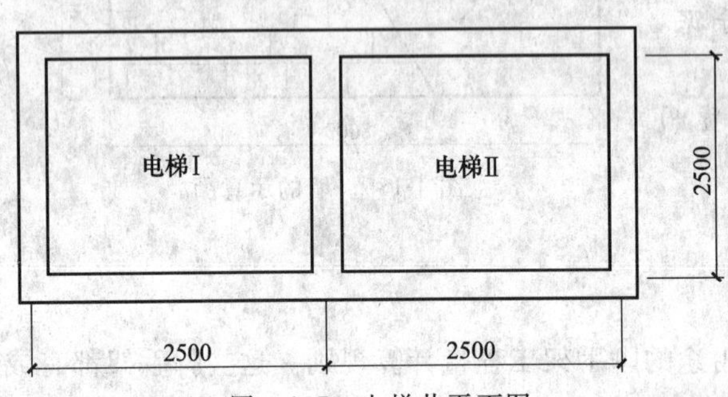

图 4-137 电梯井平面图

电梯井脚手架工程量=2(座)，套用基础定额：3-60。

(6) 斜道区别不同高度以座计算。

【例 4-72】 在某建筑施工中，搭设的斜道有依附式和独立式各一座，搭设高度为 20m，计算斜道脚手架费用。

解 依附式斜道工程量=1 座，套用基础定额：3-30。

独立式斜道工程量=1 座

套用基础定额：3-30 换，人工、材料、机械乘以系数 1.8。

(7) 砌筑贮仓脚手架，不分单筒或贮仓组均按单筒外边线周长，乘以设计室外地坪至贮仓上口之间高度，以 m^2 计算。

【释义】 砌筑用贮仓脚手架：在贮物仓库的砌筑过程中，为方便施工和输送材料而搭设的脚手架。贮仓脚手架，高度在 12m 内，套单排外排脚手架定额；高度超过 12m 者，套 12m 双排外脚手架定额。

【例 4-73】 一粮食贮仓半径为 5m 的单筒状构筑物，室外设计地坪至贮仓上口边线之间高度为 10m，要求计算砌筑贮仓脚手架费用。如果不是一个单独的贮仓，而为 5 个同样的贮仓组成的贮仓组，又如何计算？

解 根据规则粮食贮仓砌筑按单排外脚手架计算。

首先计算工程量：单筒外边线周长×高度=10π×10=314.16(m^2)

套用基础定额 3-6 子目取基价 7.43 元。

贮仓脚手架费用：7.43× 314.16= 2334.21(元)

当有 5 个同样的贮仓组成贮仓组时，根据本条规则，还是以单筒的外边线周长计算，此时已有 5 个单筒，则贮仓脚手架工程量为 5×10×10π=500π=1570.80(m^2)。

即贮仓组脚手架费用：7.43×1570.80=11671.02(元)

(8) 贮水（油）池脚手架，按外壁周长乘以室外地坪至池壁顶面之间高度，以 m^2 计算。

【例 4-74】 如图 4-138 所示，求贮油池脚手架工程量。

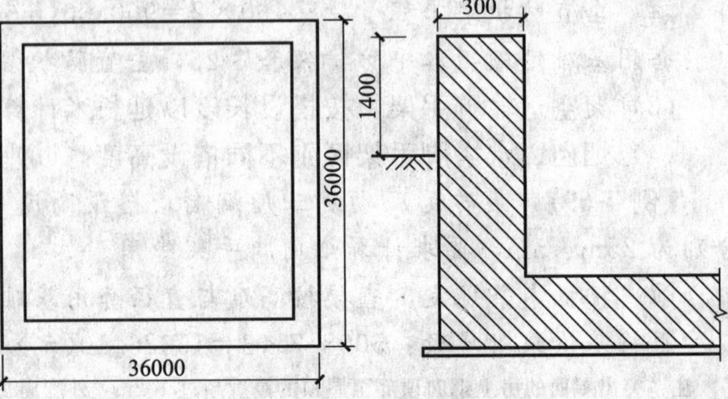

图 4-138 贮油池示意图

解 贮油池双排脚手架＝外边线×地坪至池顶高度

贮油池脚手架工程量＝(36＋36)×2×1.4＝201.6(m²)，套用基础定额：3-6。

(9) 大型设备基础脚手架，按其外形周长乘以地坪至外形顶面边线之间高度，以 m² 计算。

【例 4-75】 如图 4-139 所示，求混凝土块体设备基础脚手架工程量。

解 设备基础脚手架工程量：(3.6＋1.2＋1.8＋1.2)×2×2＝31.2(m²)，套用基础定额：3-6。

(10) 建筑物垂直封闭工程量按封闭面的垂直投影面积计算。

建筑物垂直封闭：同时也叫做架子封席。临街的高层建筑物施工中，为防止建筑材料及其他物品坠落伤及行人或妨碍交通，而采取竹席来进行外架全封闭，并且竹席还具有防风作用，减少了灰性材料的损失，也相对减轻了环境污染。

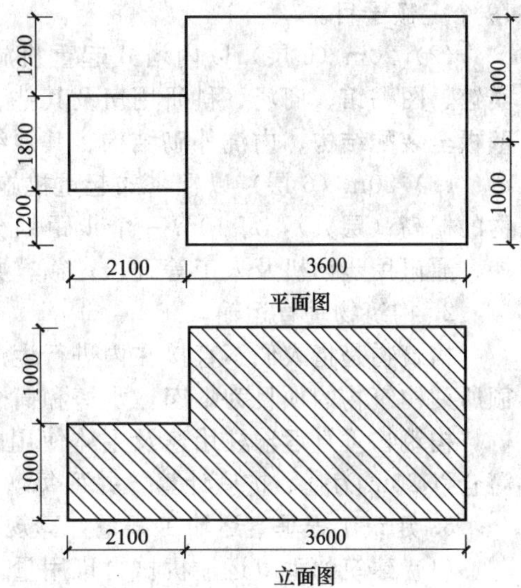

图 4-139 混凝土块体设备基础示意图

【例 4-76】 某一临街高层建筑，为施工安全，对建筑物施行垂直封闭，垂直封闭面的长和高分别为 25m 和 12m，要求计算垂直封闭面的搭设费用。

解 根据本条规则计算工程量：25×12＝300(m²)

套用基础定额 3-27 子目得基价为 3.12 元。

可得垂直封闭的费用：3.12×300＝936.00(元)

7. 安全网工程量计算

(1) 立挂式安全网（也叫做立网）按架网部分的实挂长度乘以实挂高度计算。

计算公式：立挂式安全网＝实挂长度×实挂高度

架网部分实挂长度：横向架设的安全网两端的外边缘之间长度。

架网部分实挂高度：从安全网搭设的最下部分网边绳到最上部分网边绳的高度。

【例 4-77】 某一高层临街建筑物沿街面方向脚手架安设了立挂式安全网。实挂长度为 12m，实挂高度为 20m，要求计算安全网的费用。

解 根据本条规则计算安全网工程量：12×20＝240(m²)，套用基础定额 3-41。

(2) 挑出式安全网按挑出的水平投影面积计算。

【例 4-78】 挑出式安全网挑出宽度为 1.6m，搭设长度为 55m，计算其安全网工程量（钢管挑出）。

解 挑出式安全网工程量＝55×1.6＝ 88.00(m²)，套用基础定额 3-42。

注：各地区增加了综合脚手架定额项目。综合脚手架一般按建筑物建筑面积以 m² 计算。具体计算方法，应按各地区预算基价的具体规定执行。

(三) 建筑工程垂直运输

建筑工程垂直运输工程分为建筑物垂直运输、构筑物垂直运输两个部分，共 162 个子目。本定额项目划分是以建筑物的檐高及层数两个指标同时界定的，凡檐高达到上限而层数未达到时，以檐高为准；如层数达到上限而檐高未达到时以层数为准。

1. 建筑物垂直运输

(1) 20m（6 层）以内卷扬机施工 按建筑物的用途、结构类型划分住宅、医院、宾馆、图书馆、商场、科研用房及其他、服务用房、单层厂房的混合结构、现浇框架结构等

19 个定额子目。

（2）20m（6 层）以内塔式起重机施工　按建筑物的用途、结构类型划分住宅、医院、宾馆、图书馆、商场、科研用房及其他、服务用房、单层厂房的混合结构、现浇框架结构、壁板全装配结构、内浇外砌结构、其他结构等 22 个定额子目。

（3）20m（6 层）以上塔式起重机施工　除按用途和结构类型划分项目外，还按照建筑物的檐高（层数），每 10m 一个步距划分子目，并将高层建筑施工中有关机械，如外用电梯、通讯用步话机及人工等列入定额，共分 111 个定额子目。

2. 构筑物垂直运输

构筑物是指人们不直接在内进行生产和生活的建筑物，如水塔、贮水池、烟囱等。本定额所列构筑物的项目为烟囱、水塔和筒仓。

构筑物垂直运输柱用途及主体使用的材料划分 10 个项目。烟囱以 30m 为基数，水塔、筒仓以 20m 为基数按座计算，并列每增加 1m 的子目。

3. 建筑工程垂直运输工程量计算规则及计算实例

（1）建筑物垂直运输机械台班用量，区分不同建筑物的结构类型及高度按建筑面积单位以 m^2 计算，建筑面积按《建筑面积计算规范》（GB/T 50353—2005）规定计算。

计算公式：建筑物垂直运输机械台班用量＝建筑面积×相应的定额项目

【例 4-79】 有一檐高为 27m 的现浇框架住宅，其层数为 9 层，层高为 3m，每层建筑面积为 $350m^2$，试求其垂直运输机械台班量。

解　按此建筑的结构型式及檐高，套用基础定额 13-44。则机械台班量为：

塔式起重机台班量＝层数×每层建筑面积×定额＝9×350×0.0343＝108.05(台班)

卷扬机台班量＝9×350×0.1144＝360.36(台班)

单笼施工电梯台班量＝ 9×350×0.0114＝35.91(台班)

对话机台班量＝ 9×350×0.0229＝ 72.14(台班)

（2）构筑物垂直运输机械台班以座计算。超过规定高度时再按每增高 1m 定额项目计算，其高度不足 1m 时，亦按 1m 计算。

【注释】 构筑物垂直运输机械台班以座按构筑物的高度来套用定额，其高度是指设计构筑物室外地坪与构筑物顶部之间的距离。烟囱以 30m、水塔和筒仓以 20m 为限，超过此高度时，在 1m 以内按增加 1m 计算，超过 2m 以内时按增加 2m 计算，如此类推。

【例 4-80】 某砖烟囱高 35.4m，试计算其机械台班量。

解　套用基础定额砖烟囱 13-153 子目、13-154 子目，其高度以 30m 为基数，以 1m 为间距设增加项目。

此烟囱高 35.4m，增加 35.4－30＝5.4(m)，其中增加的 0.4m 不足 1m，但仍按增加 1m 计算，则相当于以 30m 为基数，按增加 6 个 1m 的定额项目来计算。

卷扬机单筒慢速 3t 以内台班量＝ 90＋3×6＝108(台班)。

【课堂互动】 在 20m（6 层）以上塔式起重施工定额中，人工综合工日是否包含操纵机械的操作工所用的工日？

点评：没有包含，操纵机械的操作工所用的工日均以工资形式纳入机械台班单价内。

（四）建筑物超高增加人工、机械费

建筑物超高增加人工、机械费适用于建筑物檐高 20m（层数 6 层）以上的工程。

1. 建筑超高人工、机械降效率

本部分定额是垂直运输定额的延续，只适用于建筑物檐高在 20m（6 层）以上的工程。即当建筑物 7 层即檐高 20m 以上时，工人上下班降低工效以及由于人工降效引起的机械降效。见 14-1 至 14-4 中的定额，建筑物超高人工、机械降效率（%）见表 4-26（摘录部分）。

表 4-26　建筑超高人工、机械降效率表

定额编号		14-1	14-2	14-3	14-4
项目	降效率	檐高(层数)			
		30m (7～10)以内	40m (11～13)以内	50m (14～16)以内	60m (17～19)以内
人工降效	%	3.33	6.00	9.00	13.33
吊装机械降效	%	7.67	15.00	22.20	34.00
其他机械降效	%	3.33	9.00	9.00	13.33

注：工作内容是：① 工人上下班降低工效、上楼工作前休息及自然休息增加的时间。② 垂直运输影响的时间。③ 由于人工降效引起的机械降效。

2. 建筑物超高加压水泵台班

建筑物超高加压水泵台班主要是考虑由于自来水水压不足所需增加的加压水泵台班。按檐高（层数）分 10 个定额子目，见表 4-27（摘录部分）。

表 4-27　建筑物超高加压水泵台班表

定额编号		14-11	14-12	14-13	14-14
项目	降效率	檐高(层数)			
		30m (7～10)以内	40m (11～13)以内	50m (14～16)以内	60m (17～19)以内
加压用水泵	台班	0.0114	0.0174	0.0214	0.0248
加压用水泵停滞	台班	0.0114	0.0174	0.0214	0.0248

3. 工程量计算规则及计算实例

(1) 各项降效系数中包括的内容指建筑物基础以上的全部工程项目，但不包括垂直运输，各类构件的水平运输及各项脚手架。

【注释】 凡建筑物檐高在 20m（层数 6 层）以上的工程降效范围＝单位工程全部项目－(土石方工程＋桩基础工程＋脚手架工程＋构件运输工程＋垂直运输工程)。

(2) 人工降效按规定内容中的全部人工费乘以定额系数计算。

计算公式： 人工降效＝降效范围人工费×相应檐高(层数)额定人工降效系数

【例 4-81】 某高层建筑檐高 78.6m，基础以上全部人工费为 109.09 万元，其中垂直运输、构件运输、脚手架工程费人工费共计 27.27 万元，怎样计算该建筑物超高人工降效费？

解 该建筑物檐 20m＜78.6m＜80m，该建筑物超高。

根据基础定额 14-6 子目，檐高 80m 以内人工降效系数为 22.5%，则

人工降效增加费＝(109.09－27.27)×22.5%＝18.41(万元)

(3) 吊装机械降效按第六章吊装项目中的全部机械费乘以定额系数计算。

计算公式： $$Q=W\times j$$

式中，Q 为吊装机械降效费用额（元）；W 为按规定工程项中“构件运输及安装”分部计算的机械费用的总和（元）；j 为机械施工降效率（%）。

【例 4-82】 若例 4-81 中的建筑物基础以上全部机械费为 122.90 万元，构件运输及安装分部工程计算的机械费为 24.58 万元，试计算该建筑物超高吊装机械降效费？

解 该建筑物檐 20m＜78.6m＜80m，该建筑物超高。

根据基础定额 14-6 子目，檐高 80m 以内人工降效系数为 59.25%，则

吊装机械降效增加费＝24.58×59.25%＝14.56(万元)

(4) 其他机械降效按规定中的全部机械（不包括吊装机械）乘以定额系数。

【注释】 按规定中的全部机械降效中的全部机械为：层高超过 6 层或设计室外标高主檐口高度超过 20m 的建筑物工程机械。其工程机械只计算室外地坪以上的各分项费用，扣除

吊装机械的机械台班。不计算土石方工程、柱基础工程、脚手架工程、地面构件运输工程及建筑物垂直运输的机械台班。

计算公式： $Q_y = W_D \times j_D$

式中，Q_y 为其他机械降效费用额（元）；j_D 为其他施工降效率%；W_D 为不包括吊装机械费在内的全部机械费总和（元）。

【例 4-83】 若例 4-82 中的建筑物基础以上垂直运输、构件运输、构件吊装、脚手架工程计算的机械费为 79.89 万元，试计算该建筑物超高其他机械降效费？

解 该建筑物檐 20m＜78.6m＜80m，该建筑物超高。

根据基础定额 14-6 子目，檐高 80m 以内人工降效系数为 22.5%，则

其他机械降效增加费＝(122.9－79.89)×22.5%＝9.68(万元)

(5) 建筑物施工用水加压增加的水泵台班，按建筑面积以 m² 计算。

【注释】 建筑物超高加压水泵台班计算基础为 6 层以上（或 20m 以上），才开始计算其建筑面积。不同建筑物檐高或层数应分别取用相应的加压水泵台班及加压水泵停滞台班定额。即为：

加压用水泵台班＝单位工程建筑面积×相应定额加压用水泵台班÷100

若同一建筑物高度不同时，按不同高度的建筑面积，分别按相应项目计算。

【例 4-84】 某花园酒店多层群体多层次建筑物如图 4-140 所示，试计算该建筑物超高加压水泵台班。

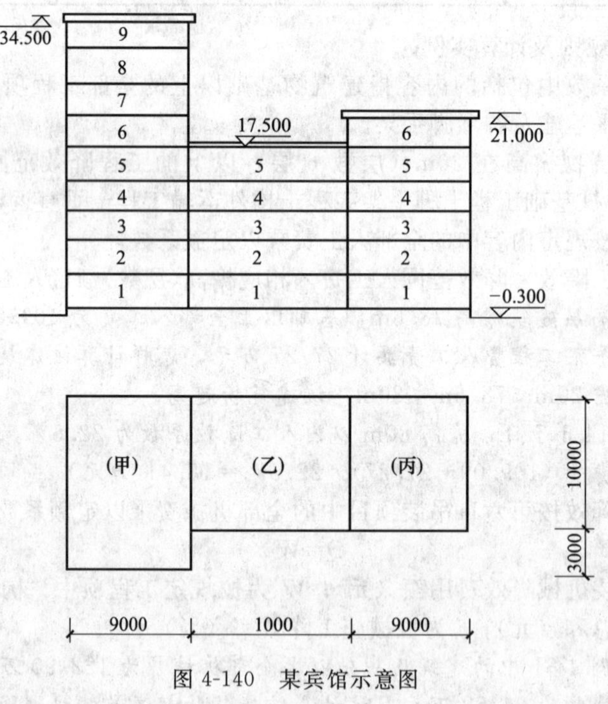

图 4-140 某宾馆示意图

解 ①甲建筑：(34.5＋0.30)÷3.3＝10.55(层)，0.55×3.3＜2.2(m)，取 10 层。

9×(10＋3)×(10－6)＝468.00(m²)，套用基础定额 14-12。

甲建筑超高加压水泵台班＝468m²×0.0174 台班/m²＝8.14 台班

②乙建筑檐高低于 20m，层数低于 6 层，不计算超高加压水泵台班。

③丙建筑檐高 21m：9×10＝90(m²)，套用基础定额 14-11。

丙建筑超高加压水泵台班＝90m²×0.0114 台班/m²＝1.03 台班

第四节 装饰装修工程定额工程量计算

【课堂导入】 有人类就有建筑，有建筑就有装饰，装饰既是建筑的组成部分，又是建筑业的延伸和发展。装饰装修工程是在建筑主体结构完成之后（即土建工程完成后），为保护建筑物主体结构、完善建筑物的实用功能和美化建筑物，采用装饰装修材料或饰物，对建筑物的内外表面即空间进行的各种处理过程。

随着我国经济的飞速发展和人们生活水平的提高，对建筑物的装饰装修越来越讲究，建筑装饰标准的档次越来越高，格调不断翻新，对其资金的投入也不断增长，因此，如何装饰装修工程的工程造价就显得非常重要。本节依据《全国统一建筑装饰装修工程消耗量定额》（GYD-901—2002）和《全国统一建筑工程基础定额》（土建工程 GJD-101—1995）等规范和标准，通过大量的工程实例，详细地介绍装饰装修工程工程量的计算。

一、楼地面工程

（一）常用楼地面做法

楼面地面是建筑物中使用最频繁的部位，因而也是室内装饰工程中的重要部位。按所在部位可分为楼面和地面两种，地面构造一般为面层、垫层和基层（素土夯实）；楼面构造一般为面层、填充层和楼板。根据使用或构造要求可增设结合层、隔离层、填充层、找平层等其他构造层次（见图 4-141 和表 4-28）。

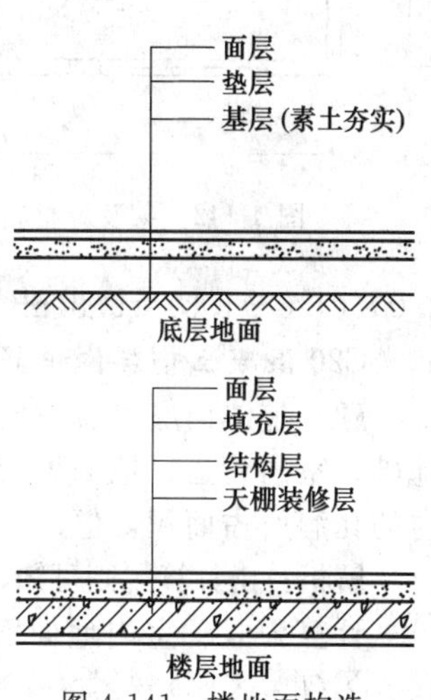

图 4-141 楼地面构造

表 4-28 楼地面构造

楼地面构造		作用
面层	饰面层	对结构层起着保护作用，使其免受损坏，同时，也起装饰作用
	结合层	饰面层与下一层连接的中间层，有时也作为面层的弹性底层
附加层也叫功能层	找平层	整平、找坡或加强作用的构造层
	管线敷设层	是用来敷设水平设备暗管线的构造层
	隔声层	是为隔绝撞击声而设的构造层
	防水(潮)层	是用来防止水渗透的构造层
	保温隔热层	保温或隔热层是改善热工性能的构造层
基层	垫层	传布地面荷载至基土或传布楼面荷载至结构上的结构层
	基土或楼面板	承受荷载的土层或楼板层

（二）楼地面工程定额项目

楼地面分部工程的定额项目，按材质和部位分为天然石材、人造大理石板、水磨石、陶瓷地砖、玻璃地砖、缸砖、陶瓷锦砖、水泥花砖、广场砖、分隔嵌条和防滑条、塑料橡胶板、地毯及附件、竹木地板、防静电活动地板、钛金不锈钢复合地砖、栏杆、栏板、扶手等 15 个分项工程共 242 个子目。

（三）工程量计算规则及计算实例

（1）地面垫层按室内主墙间净空面积乘设计厚度以 m^3 计算。应扣除凸出地面的构筑物、设备基础、室内铁道、地沟等所占的体积，不扣除柱、垛、间壁墙、附墙烟囱及面积在 $0.3m^2$ 以内孔洞所占面积。

注：主墙是指砖墙、砌块墙厚度在 180mm 以上（含 180mm）或超过 100mm 以上（含 100mm）的钢筋混凝土剪力墙。其他非承重的间壁墙都视为非主墙。

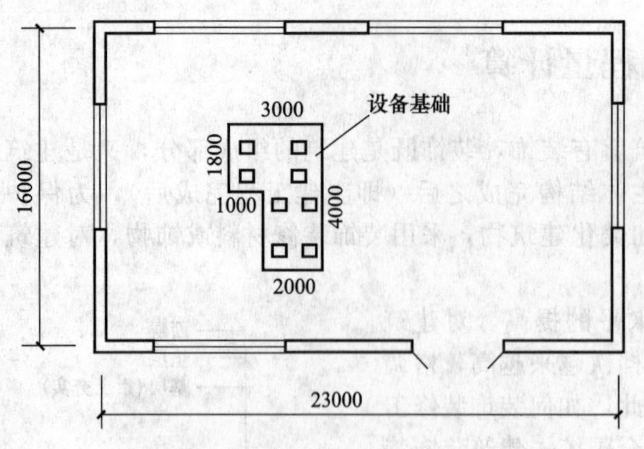

图 4-142　某装饰材料实验室地面垫层

间壁墙指墙厚在 120mm 以内的起分隔作用的非承重墙。

计算公式：地面垫层工程量＝(主墙间净空面积－凸出地面的构筑物、设备基础、室内管道、地沟等所占面积)×设计厚度－0.3m² 以上孔洞所占体积。

【例 4-85】 某装饰材料实验室地面垫层为 C20 混凝土 150 厚，根据图 4-142 所示尺寸计算垫层工程量。

解 室内净面积 $S_{净}$＝(16－0.24)×(23－0.24)＝358.70(m²)

设备基础所占面积 $S_{设}$＝3.0×1.8＋2.0×(4.0－1.8)＝9.8(m²)

C20 混凝土垫层体积 V＝(358.70－9.8)×0.15＝52.34(m²)

(2) 整体面层、找平层均按主墙间净空面积以 m² 计算。应扣除凸出地面构筑物，设备基础、室内管道、地沟等所占面积，不扣除柱、垛、间壁墙、附墙烟囱及面积在 0.3m² 以内的孔洞所占面积，但门洞、空圈、暖气包槽、壁龛的开口部分亦不增加。

解析：由计算规则可知，整体面层、找平层工程量即是垫层面积，也就是主墙间净空面积。

计算公式：室内地面面积工程量＝建筑面积－主墙结构面积＝各层外墙的外围面积之和－$\sum(L_{中}\times厚)-\sum(L_{净}\times厚)$

【例 4-86】 某商店平面如图 4-143 所示，地面面层为铜嵌条水磨石地面，计算地面工程量。

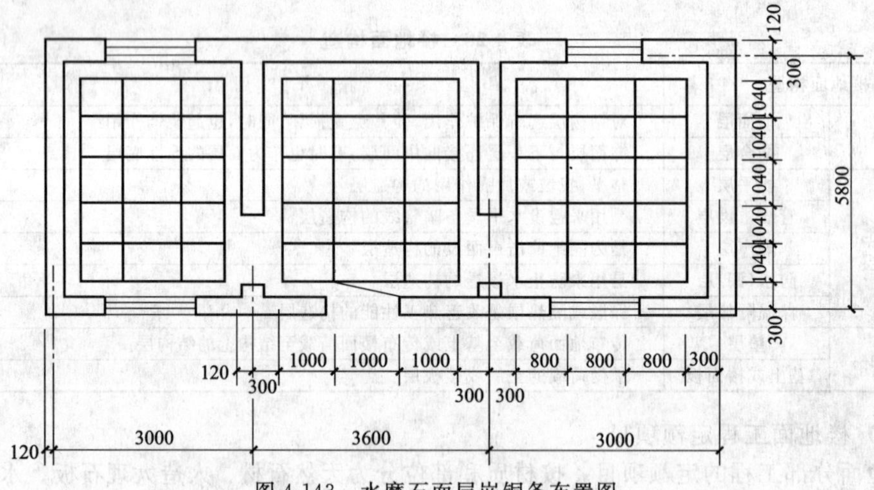

图 4-143　水磨石面层嵌铜条布置图

解 ① 水磨石地面面层工程量。

$$S=[(3.0-0.24)\times2+(3.6-0.24)]\times(5.8-0.24)=49.37\ (m^2)$$

② 嵌铜条工程量按设计图示嵌条长度计算，单位为 m。

沿长度方向条长：[(3－0.6)×2＋ (3.6－0.6)]×6＝46.8(m)

沿宽度方向条长：(5.8－0.6)×12＝62.4(m)

铜条工程量小计：46.8＋62.4＝109.2(m)

(3) 楼地面块料装饰面按饰面的净面积计算，不扣除 0.1m² 以内的孔洞所占面积。拼花部分按实贴面积计算。

计算公式：块料面层工程量＝实铺面积＝主墙间净空面积＋门洞开口部分面积

【例 4-87】 某银行营业厅铺贴 600×600 黄色大理石板，其中有三块拼花，如图 4-144 所示，试计算其工程量。

解：营业厅地坪三块拼花应按镶贴图案的矩形面积计算。

$$2.421\times2.421\times3=17.58(\mathrm{m}^2)$$

计算图案之外的块料装饰面积应按“算多少扣多少”的原则，将石材拼花的工程量扣除。

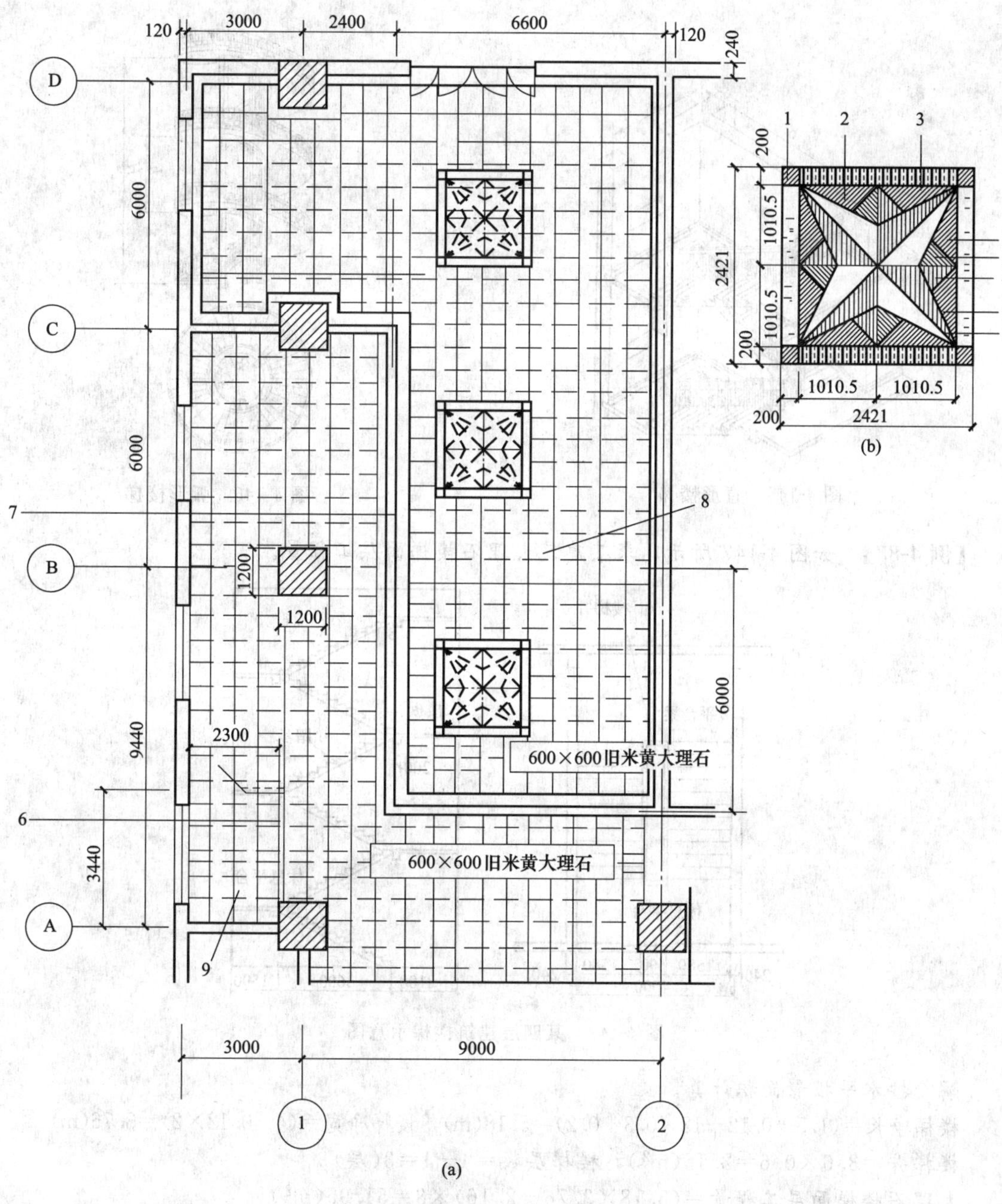

图 4-144　某银行营业厅地坪平面图

1—斑皮红；2—蒙古黑；3—大花绿；4—金花米黄；5—大花白；6—蒙古里压边；7—玻璃隔断；8—营业大厅；9—电脑主机房

[(6.6－0.24)×(6.0＋6.0＋6.0－0.12＋0.6－0.24)]＋[(6＋0.6－0.24－0.12)×5.4－1.2×(1.2－0.24)－1.2×(0.6－0.12)]＋3.2×0.24(门洞口)－17.58(拼花)＝131.17(m^2)

(4) 楼梯面积（包括踏步、休息平台，以及小于500mm宽的楼梯井）按水平投影面积计算。

计算公式： 楼梯水平投影面积＝$a \times b$×楼梯层数－大于0.5m宽梯井

【注释】 楼梯与走道、楼梯与平台连接时的分界线：有走道墙的以墙边线分界；无走道墙有梯口梁的，以梯口梁为界，将梯口梁算到楼梯面积内；无走道墙又无梯口梁的，以最上一层踏步棱向外300mm计算楼梯面积。见图4-145直形楼梯和图4-146弧形楼梯。

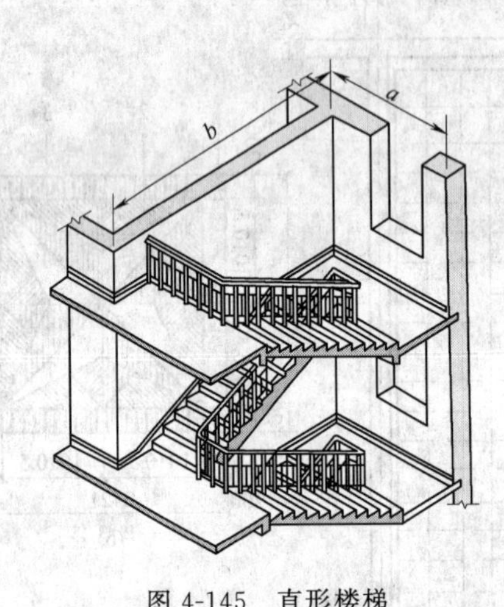

图4-145 直形楼梯

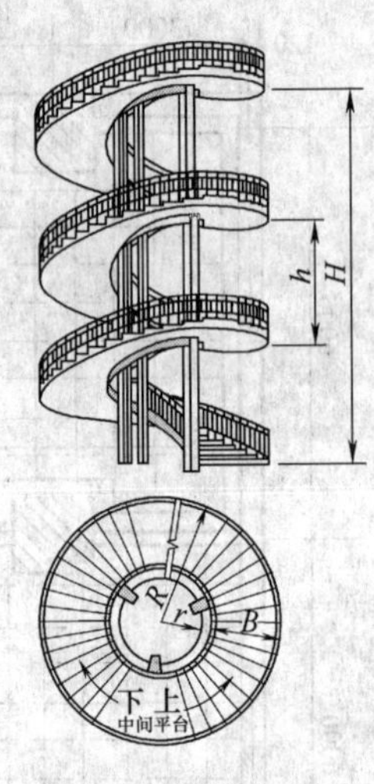

图4-146 弧形楼梯

【例4-88】 如图4-147所示，求某建筑大理石楼梯面层工程量。

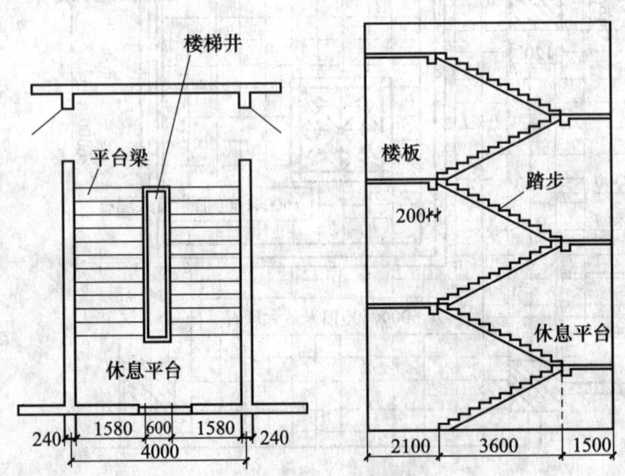

图4-147 某四层建筑楼梯示意图

解 按水平投影面积计算。

楼梯净长＝(1.5－0.12＋12×0.3＋0.2)＝5.18(m)，楼梯净宽＝(4－0.12×2)＝3.76(m)

楼梯井＝3.6×0.6＝2.16(m^2)，楼梯层数＝4－1＝3(层)

大理石楼梯面层工程量＝(5.18×3.76－2.16)×3＝51.95(m^2)

【注解】 楼梯井宽大于500mm应扣除，本楼梯井宽600mm，应扣除楼梯井面积。计算时，常先计算单层的楼梯面层工程量，然后乘以楼层数减1(n－1)。当楼顶为上人屋面时，楼梯常通到楼顶，此时单层的楼梯面层工程量应乘以楼层数 n。

(5) 台阶面层（包括踏步及最上一层踏步沿 300mm）按水平投影面积计算。

【说明】 在编制定额时已将台阶踏步立面部分的面积考虑了 1.48 系数折算到平面面积内，以便简化计算工程量，统一按台阶的水平投影面积计算。

计算公式： 台阶面层工程量＝(台阶水平投影长＋300mm)×台阶宽

【例 4-89】 某学院教学楼入口台阶如图 4-148 所示，花岗石贴面，试计算其台阶工程量。

解 台阶花岗石面层工程量＝(4＋0.3×2)×(0.3×2＋0.3)＋(3.0－0.3)×(0.3×2＋0.3)＝4.6×0.9＋2.7×0.9＝6.57(m^2)

平台部分工程量＝(4－0.3)×(3－0.3)＝9.99(m^2)

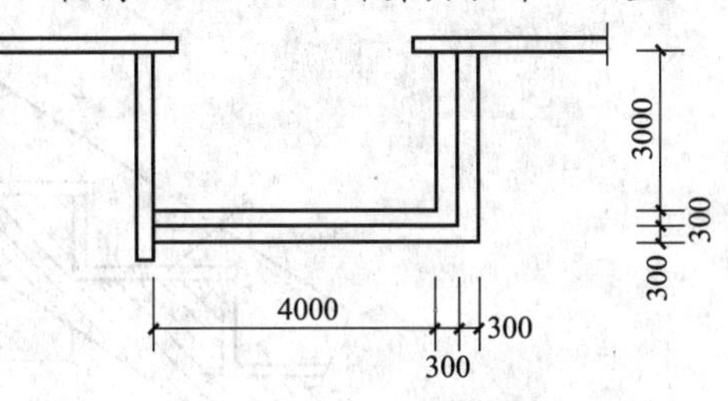

图 4-148 台阶示意图

(6) 踢脚线按实贴长乘高以平方米计算，成品踢脚线按实贴延长米计算。楼梯踢脚线按相应定额乘以 1.15 系数。

计算公式： ① 楼地面踢脚线工程量＝实贴长×踢脚板高

② 楼地面踢脚线工程量（成品）＝实贴延长米

③ 楼梯踢脚线工程量＝实贴长×踢脚板高×1.15

④ 楼梯踢脚线工程量（成品）＝实贴长×1.15

【例 4-90】 某房屋平面如图 4-149 所示，室内水泥砂浆粘贴 200mm 高大理石踢脚板，计算楼地面踢脚板工程量。

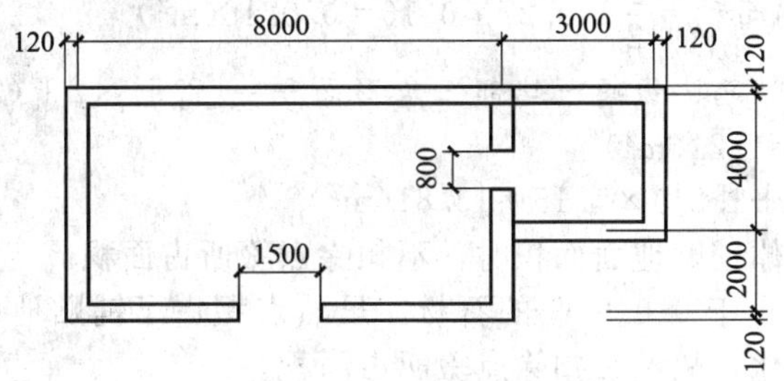

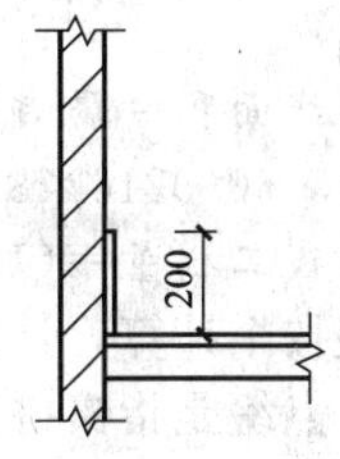

图 4-149 某房屋地面施工图

解 踢脚板工程量＝[(8.00－0.24＋6.00－0.24)×2＋(4.00－0.24＋3.00－0.24)×2－1.50－0.80×2＋0.24×4]×0.20＝7.59(m^2)

【例 4-91】 如图 4-150 所示，某六层房屋楼梯设计图，楼梯水泥砂浆贴花岗岩面层，计

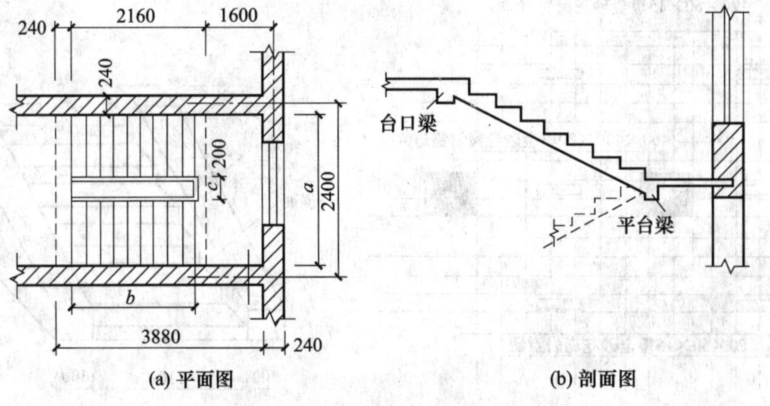

图 4-150 楼梯设计图

算工程量。楼梯端部的三角形堵头不考虑，靠墙一边做踢脚线。踢脚线高度为150mm，踢脚板高度160mm，踏步板宽270mm，每一楼梯段为8步，踏步大样如图4-151所示。计算踢脚板和踢脚线的工程量。

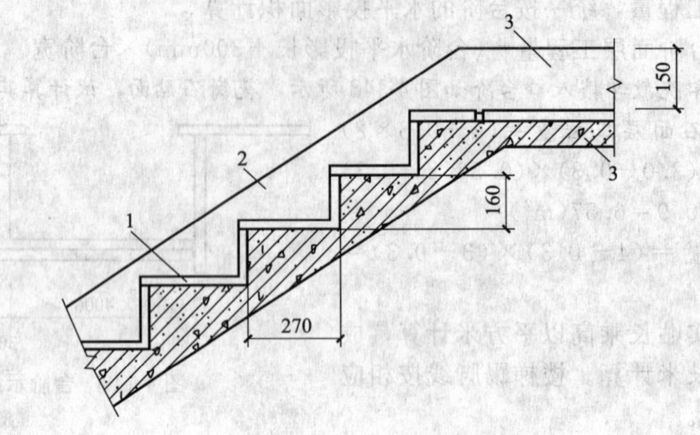

图4-151 楼梯踏步详图

1—块材；2—踢脚线；3—休息平台

解 ① 踢脚板（踢面）面积＝(2.4－0.24－0.2)×0.16×8×(6－1)＝12.54(m^2)

② 计算侧面踢脚线面积。

$$每一梯段斜长=\sqrt{2.16^2+(0.16\times8+0.0065)^2}=2.51(m)$$

$$每个踏步端面积=\frac{1}{2}\times0.27\times0.16=0.0216(m^2)$$

每层踢脚线面积＝踢脚线长×踢脚线高－端部三角形面积＝[2.51×2＋(2.4－0.24)＋1.6×2]×0.15－0.0216×8×2＝1.21(m^2)

楼梯踢脚线工程量＝(12.54＋1.21)×1.15＝15.81(m^2)

(7) 点缀按个计算，计算主体铺贴地面面积时，不扣除点缀所占面积。

【注释】 点缀是指镶拼面积小于0.015m^2的石材。虽然点缀占了铺贴地面面积，但地面装饰面积并未发生实质性的变化，故不必扣除点缀所占面积。

计算公式： 点缀工程量＝个数

【例4-92】 某房间地面如图4-152所示，计算黑金砂花岗岩点缀工程量。

解 黑金砂花岗岩点缀工程量＝6个

(8) 零星项目按实铺面积计算。

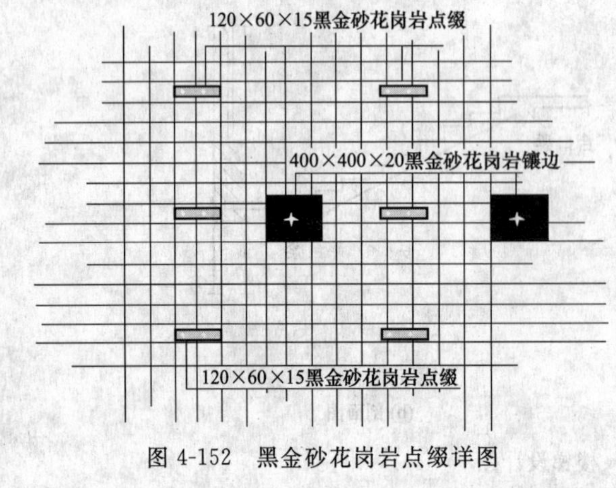

图4-152 黑金砂花岗岩点缀详图

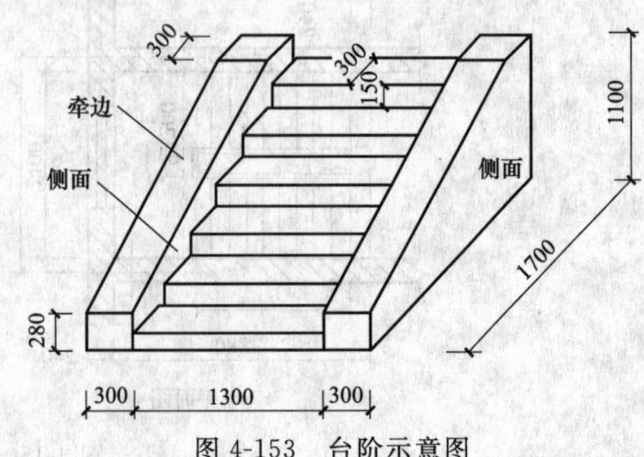

图4-153 台阶示意图

【注释】 零星项目面层适用于楼梯侧面、台阶的牵边，小便池、蹲台、池槽，以及面积在 $1m^2$ 以内且定额未列项目的工程。

【例 4-93】 根据图 4-153，计算台阶水平投影、牵边面积和侧面面积。

分析：牵边和侧面装饰按展开面积计算，套用零星项目。

解 台阶水平投影面积 $S_1=1.3\times1.7=2.21(m^2)$

$$\begin{aligned}\text{零星项目 } S_2 &= \text{牵边面积}+\text{侧面面积}=0.3\times0.3+\sqrt{(1.70-0.30)^2+(1.1-0.28)^2}\\ &\quad\times0.3)\times2+\left\{(0.30\times0.28)+\left[\frac{0.28+1.1}{2}\times(1.70-0.30)+0.30\times1.1\right]\right.\\ &\quad\left.\times2-0.15\times0.3\times\frac{6\times(6+1)}{2}\right\}\times2\\ &=(0.09+0.49)\times2+(0.084+2.59-0.945)\times21.16+3.46\\ &=4.62(m^2)\end{aligned}$$

(9) 栏杆、栏板、扶手均按其中心线长度以延长米计算，计算扶手时不扣除弯头所占长度。

计算公式：楼梯栏杆、栏板、扶手工程量=[每层水平投影长度×(层数−1)+顶层水平投影]×斜长系数

【例 4-94】 计算图 4-154 中楼梯的铁花栏杆及硬木扶手工程量。

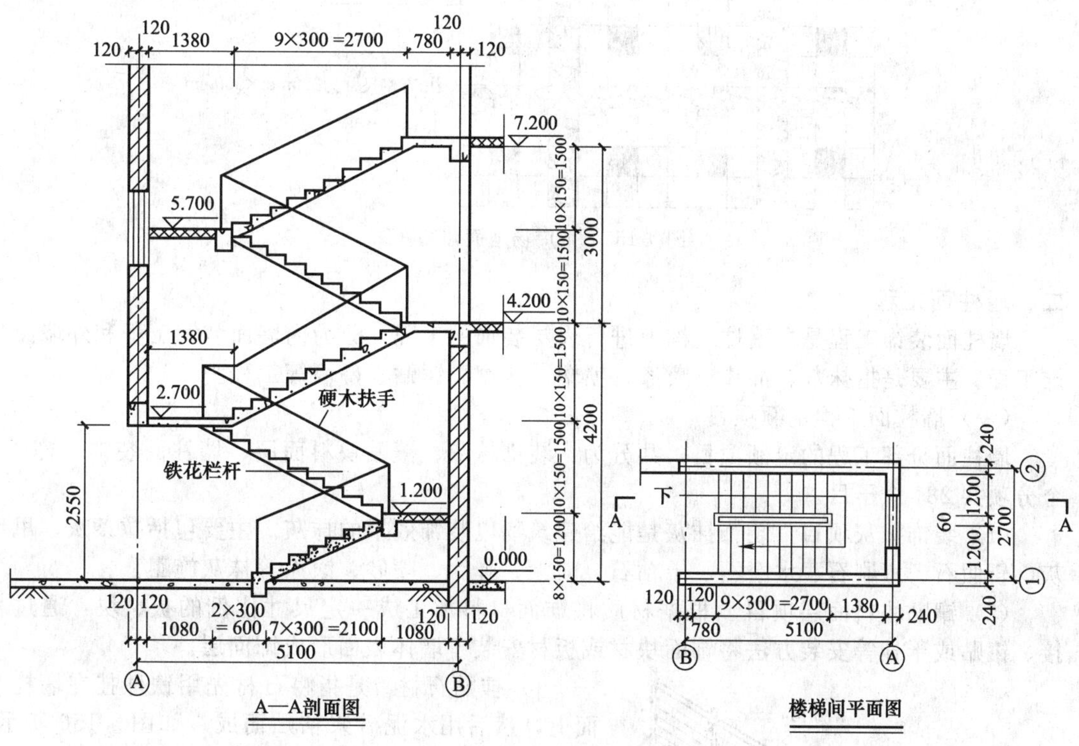

图 4-154 楼梯间详图

解 楼梯踏步斜长系数$=\dfrac{\sqrt{0.3^2+0.15^2}}{0.3}=1.118$

铁花栏杆工程量=[2.1+(2.1+0.6)+0.3×9+0.3×10+0.3×10]×1.118+0.6+(1.2+0.06)+0.06×4=15.093+0.6+1.26+0.24=17.19 (m)

硬木扶手工程量=17.19 (m) [同栏杆长]

(10) 弯头按个计算。

【例 4-95】 计算图 4-154 中楼梯弯头的工程量。

解 硬木弯头工程量：1×5=5（个）

(11) 石材底面刷养护液按底面面积加 4 个侧面面积，以 m^2 计算。

【注释】 因石村底面刷养护液会涉及四周侧面，因此，除计算底面面积外，再另加四周的 4 个侧面面积。

计算公式： 石材底面刷养护液面积=石材长×石材宽+(石材长+石材宽) ×2×石材厚度

【例 4-96】 某广场地面铺装样图如图 4-155 所示，计算图中 102 块天然黑色和灰色花岗石底面刷养护液工程量。

解 天然花岗石底面刷养护液工程量=[0.3×0.3+(0.3+0.3)×2×0.03]×102=12.85（m^2）

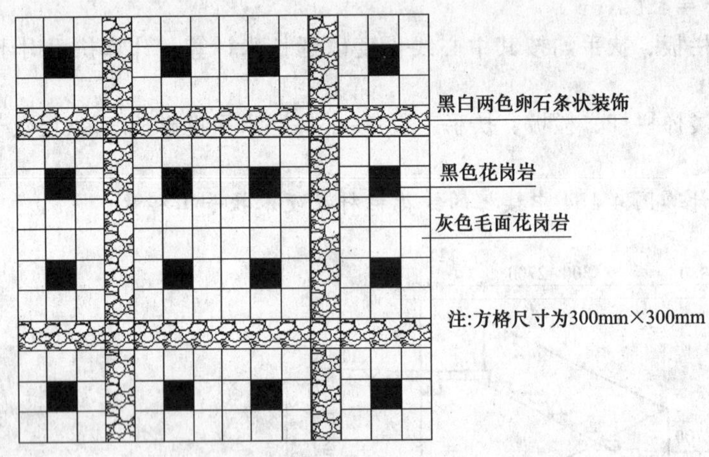

图 4-155 某广场地面铺装样图

二、墙柱面工程

墙柱面装饰工程是在墙柱结构上进行表层装饰的工程，分为内墙面装饰工程和外墙面装饰工程。主要是指抹灰、油漆、喷漆、喷塑、裱糊、镶贴、幕墙等工程。

(一) 墙柱面工程定额项目

墙柱面分部工程的定额项目，共分为：装饰抹灰、镶贴块料面层、墙柱面装饰、幕墙 4 个分项共 281 个子目。

(1) 装饰抹灰项目 装饰抹灰是能给建筑物以装饰效果的抹灰。主要包括拉条灰、甩毛灰、斩假石、水刷石、水磨石、干粘石、喷涂、弹涂、喷砂、滚涂等抹灰施工。

(2) 镶贴块料面层项目 根据材质将饰面材料加工成一定尺寸比例的板、块，通过粘接、镶贴或干挂等安装方法将饰面块材或板材安装于墙体表面形成饰面层。

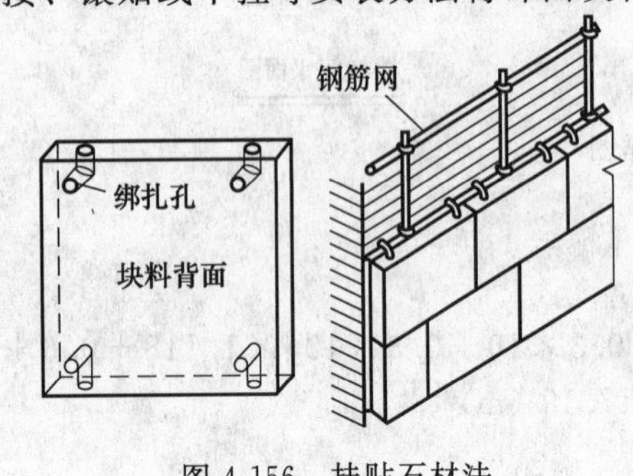

图 4-156 挂贴石材法

1) 挂贴石材 是指将石材先用铁件挂在墙柱基面上，然后用水泥砂浆粘贴而成。如图 4-156 所示。挂贴石材的基层面，分为砖墙面、砖柱面、混凝土柱面、零星项目等。

2) 粘贴石材 是指用水泥砂浆或干粉型胶黏剂作为粘贴材料，均匀涂抹上大理石材板背面平整地镶贴在将大理石粘贴到墙、柱、零星项目等面层上。待牢固时再勾缝清理表面而成。

3) 干挂石材 是指在基层墙面上埋进膨胀螺

栓，再连接铝合金骨架网，将钻孔的石材板用不锈钢连接件与其接牢，最后再进行清面理缝或勾缝即可。它是只挂不贴的石材饰面。其施工工艺如图 4-157 所示。

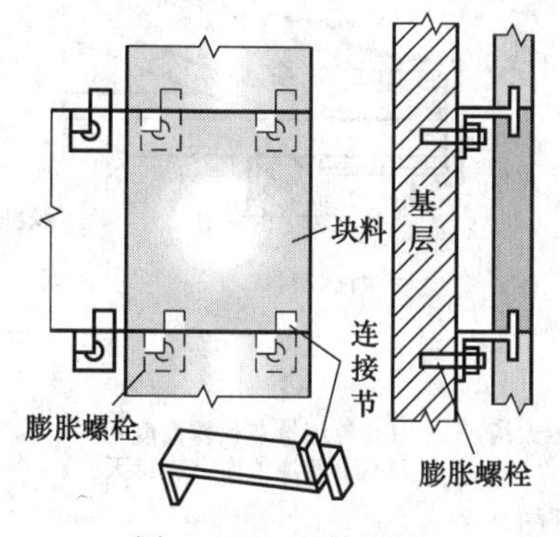

图 4-157　干挂石材

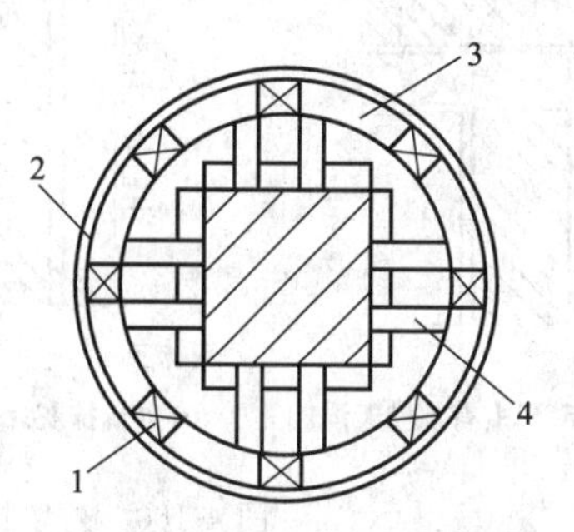

图 4-158　包圆柱饰面图

挂贴与干挂的最大区别是石板背后有否水泥砂浆粘贴材料，这在设计图纸上有明确说明。

4）大理石、花岗岩包圆柱饰面项目　是指在圆柱或方柱的基础上，用大理石、花岗岩的弧形石材，作为饰面材料，包成圆形柱面。如图 4-158 所示。大理石、花岗岩包圆柱饰面的工程量，按外包面积计算。

（3）墙柱面装饰项目　墙柱面装饰是指距离墙柱基层面，间隔一定架空距离或者重新设置龙骨基层，所进行饰面装饰的项目。这种装饰主要是为保持墙柱面原有基本特征，重新缔造一个新的界面，便于以后进行再次修改或重新装饰提供方便。该项目所包内容分为龙骨基层、夹板卷材基层、面层、隔断、柱龙骨基层及饰面等。

（4）幕墙项目　幕墙是对外墙墙面，做成大面积挂幕式的装饰项目。它是由结构框架与镶嵌板材组成，不承担主体结构载荷与作用的建筑围护结构。按材料分为玻璃幕墙、铝板幕墙、全玻璃幕墙等。

（二）工程量计算规则及实例

（1）外墙面装饰抹灰面积，按垂直投影面积计算，扣除门窗洞口和 0.3m^2 以上的孔洞所占的面积，门窗洞口及孔洞侧壁面积亦不增加。附墙柱侧面抹灰面积并入外墙抹灰面积工程量内。如图 4-159 所示。

计算公式：外墙抹灰工程量＝外墙外边线长度×外墙高度－门窗洞口及 0.3m^2 以上的孔洞等面积＋垛、梁、柱的侧面抹灰面积

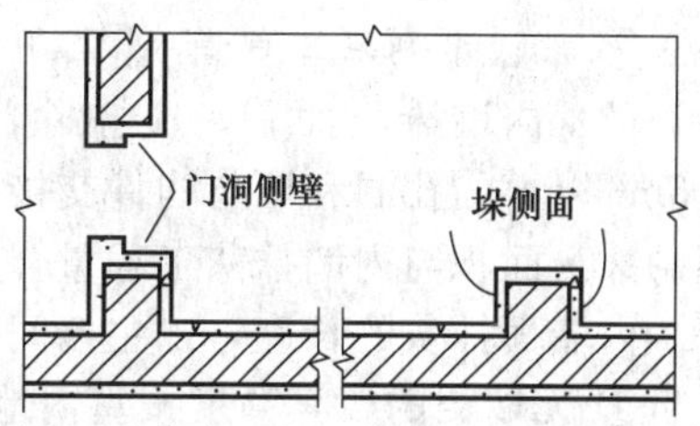

图 4-159　门窗洞口侧壁及抹灰示意图

外墙高：① 有挑檐天沟，由室外地坪算至挑檐下皮。

② 无挑檐天沟，由室外地坪算至压顶板下皮。

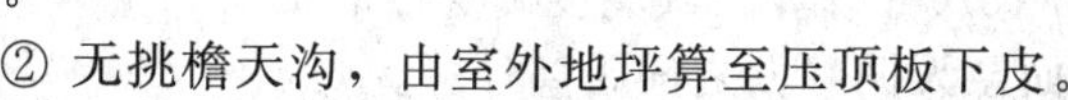

③ 坡顶屋面带檐口天棚者，由室外地坪算至檐口天棚下皮。

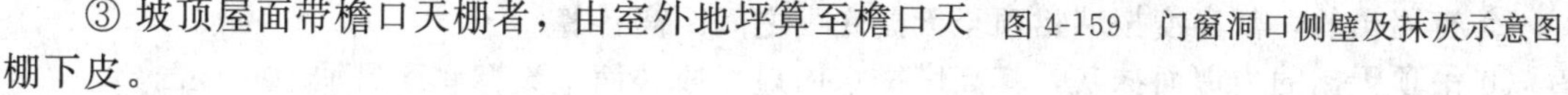

外墙抹灰计算高度详见图 4-160。

【例 4-97】　某砖混结构工程如图 4-161 所示，外墙面抹水泥砂浆，底层为 1∶3 水泥砂浆打底 14mm 厚，面层为 1∶2 水泥砂浆抹面 6mm 厚；外墙裙水刷石，1∶3 水泥砂浆打底 12mm 厚，刷素水泥浆 2 遍，1∶2.5 水泥白石子 10mm 厚，挑檐水刷白石子，M 为 1000mm×2500mm，C 为 1200mm×1500mm，计算外墙面抹灰和外墙裙及挑檐装饰抹灰工程量。

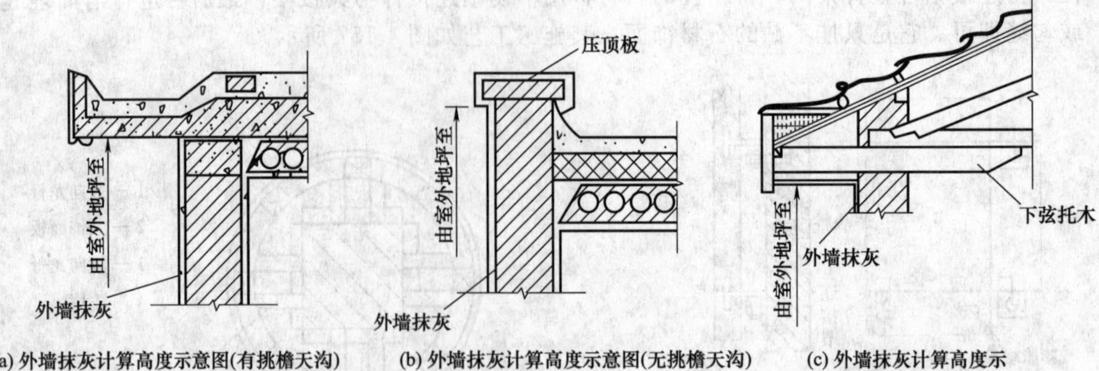

(a) 外墙抹灰计算高度示意图(有挑檐天沟)　(b) 外墙抹灰计算高度示意图(无挑檐天沟)　(c) 外墙抹灰计算高度示意图(坡顶屋面带檐口天棚)

图 4-160　外墙抹灰计算高度示意图

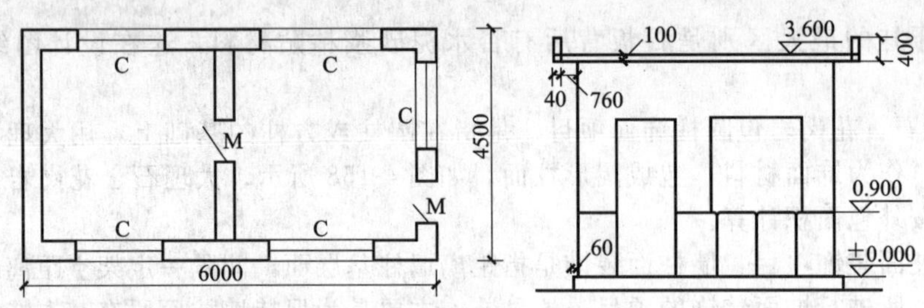

图 4-161　某砖混结构工程示意图

分析：外墙面抹灰工程量＝外墙垂直投影面积－门窗洞口及 0.3m² 以上孔洞所占面积＋墙垛侧壁面积

外墙裙抹灰工程量＝$L_{外}$×外墙裙高度－门窗洞口及 0.3m² 以上孔洞所占面积＋墙垛侧壁面积

零星项目装饰抹灰工程量＝按设计图示尺寸展开面积

解 ① 外墙面水泥砂浆工程量＝(6.0＋4.5)×2×(3.6－0.10－0.90)－1.00×(2.50－0.09)×2－1.20×1.50×5＝44(m²)

② 外墙裙水刷白石子工程量＝[(6.0＋4.5)×2－1.00]×0.09＝18(m²)

③ 挑檐水刷石工程量＝[(6.0＋4.5)×2＋0.8×8]×(0.1＋0.4)＝13.7(m²)

(2) 内墙抹灰面积，应扣除门窗洞口和空圈所占的面积，不扣除踢脚板、挂镜线、0.3m² 以内的孔洞和墙与构件交接处的面积，洞口侧壁和顶面亦不增加。墙垛、附墙烟囱侧壁的抹灰面积与内墙抹灰工程量合并计算。

内墙面抹灰的长度，以主墙间的图示净长尺寸计算，其高度确定如下。

① 无墙裙的，其高度按室内地面或楼面至天棚底面之间距离计算。

② 有墙裙的，其高度按墙裙顶至天棚底面之间距离计算。

③ 吊顶天棚的内墙面抹灰，其高度按室内地面或楼面至天棚底面另加 100mm 计算。

计算公式：内墙抹灰面积＝内墙净长×内墙高度－门窗洞口及 0.3m² 以上孔洞所占面积＋墙垛侧壁面积

内墙裙抹灰面积＝内墙净长×内墙裙高度－门窗洞口及 0.3m² 以上孔洞所占面积＋墙垛侧壁面积

【例 4-98】 如图 4-162、图 4-163 所示，求内墙抹混合砂浆工程量（做法：内墙做 1∶1∶6 混合砂浆抹灰 δ＝15，1∶1∶4 混合砂浆抹灰 δ＝5）。

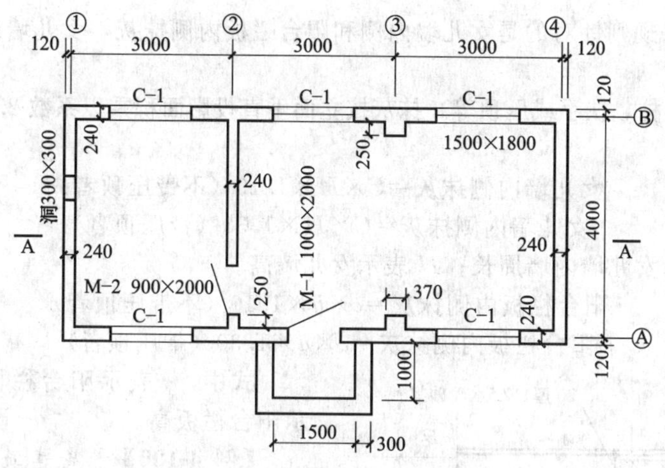

图 4-162 某工程平面示意图

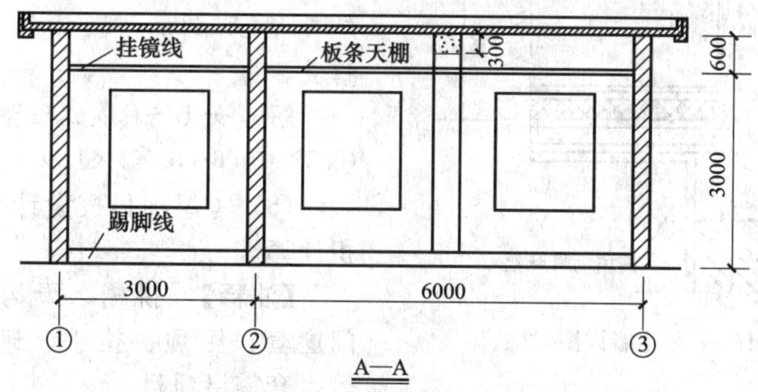

图 4-163 某工程剖面示意图

解 内墙抹混合砂浆工程量计算如下。

$(6-0.12\times2+0.25\times2+4-0.12\times2)\times2\times(3.0+0.1)-1.5\times1.8-1\times2-0.9\times2+(3-0.12\times2+4-0.12\times2)\times2\times3.6-1.5\times1.8\times2-0.9\times2\times1=89.97(\text{m}^2)$

套用基础定额 11-36、11-59。

(3) 柱抹灰按结构断面周长乘高计算。

计算公式： 柱面抹灰工程量＝柱结构断面周长×柱高

【例 4-99】 某工程中有一混凝土独立柱 16 根，构造见图 4-164，设计要求该柱面抹石灰砂浆，求柱面抹灰的工程量。

解 柱面抹灰工程量＝结构断面周长×柱高×根数$=0.4\times4\times3.0\times16=76.8(\text{m}^2)$

柱帽抹灰工程量按展开面积计算，即

$\frac{1}{2}\times(0.4+0.5)\times\sqrt{[(0.5-0.4)/2]^2+0.15^2}\times4\times16=4.55(\text{m}^2)$

柱面抹灰的工程量合计：$76.8+4.55=81.35(\text{m}^2)$

(4) 女儿墙（包括泛水、挑砖）、阳台栏板（不扣除花格所占孔洞面积）内侧抹灰按垂直投影面积乘以系数 1.10，带压顶者乘系数 1.30 按墙面定额执行。

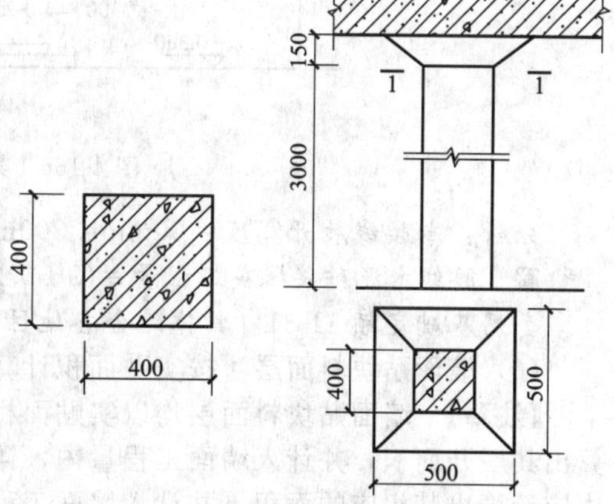

图 4-164 混凝土独立柱示意图

【注解】 本条规则针对的是女儿墙内侧和阳台栏板内侧抹灰，女儿墙外侧抹灰并入外墙计算。

栏杆（包括立柱、扶手或压顶等）抹灰按立面垂直投影面积乘以系数 2.2 以 m 计算。

计算公式：

$$女儿墙内侧抹灰=C\times H\times 1.10（不带压顶者）$$

$$女儿墙内侧抹灰=C\times H\times 1.30（带压顶者）$$

式中，C 表示女儿墙内墙周长；H 表示女儿墙高。

$$阳台栏板内侧抹灰=c\times h\times 1.10（不带压顶者）$$

$$阳台栏板内侧抹灰=c\times h\times 1.30（带压顶者）$$

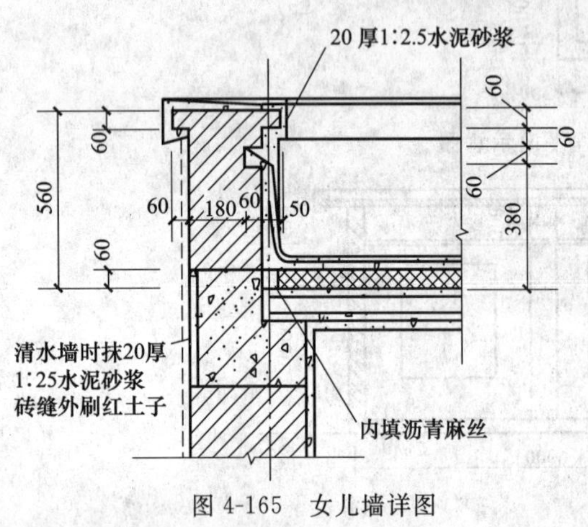

图 4-165 女儿墙详图

式中，c 表示阳台栏板内侧周长；h 表示阳台栏板高。

【例 4-100】 某建筑屋面女儿墙如图 4-165所示，女儿墙及压顶抹水泥砂浆，已知外墙长 61m，试计算女儿墙的抹灰工程量。

解 女儿墙抹灰工程量=(61−0.24×4)×(0.56−0.06−0.06)×1.3(系数)=34.34（m^2）

（5）零星项目按设计图示尺寸以展开面积计算。

【注释】 挑檐、天沟、腰线、窗台线、门窗套、压顶、扶手、遮阳板、雨棚周边等，套零星项目。

计算公式： 装饰抹灰零星项目=按构件结构尺寸计算的展开面积

镶贴块料零星项目=按构件饰面尺寸（成活尺寸）计算的展开面积

【例 4-101】 如图 4-162、图 4-166 所示，求腰线抹水泥砂浆工程量。

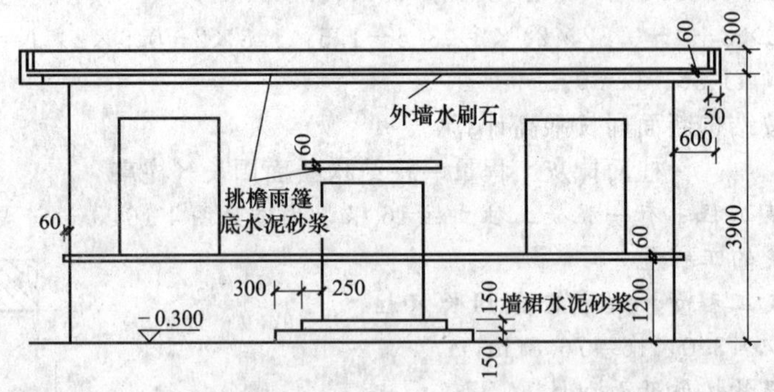

图 4-166 某工程立面图（一）

分析：本腰线展开宽度=60mm<300mm，故按延长米计算其工程量。

解 腰线水泥砂浆抹灰工程量=(9+0.24+0.06×2+4+0.24+0.06×2)×2=27.44(m)

套用基础定额 11-31（具体结合各地区定额套用，以下同）。

（6）墙面贴块料面层，按实贴面积计算。

【注释】 墙面贴块料面层均以实贴面积计算，也就是说凡是贴块料面层的部位，都要计算出其展开面积，并计入墙面工程量内，镶贴块料面层的门窗洞口侧壁、附墙柱、梁等侧壁边应计算出其相应的面积，并计入墙面工程量内。

计算公式： 外墙块料面层工程量＝$L_外$×外墙高度－门窗洞口及 0.3m² 以上孔洞所占面积＋附墙柱垛侧面实贴面积＋门窗洞口侧面实贴面积

外墙裙块料面层工程量＝$L_外$×外墙裙高度－门窗洞口及 0.3m² 以上孔洞所占面积＋附墙柱垛侧面实贴面积＋门窗洞口侧面实贴面积

内墙块料面层面积＝内墙净长×内墙高度－门窗洞口及 0.3m² 以上孔洞所占面积＋附墙柱垛侧面实贴面积＋门窗洞口侧面实贴面积

内墙裙块料面层面积＝内墙净长×内墙裙高度－门窗洞口及 0.3m² 以上孔洞所占面积＋附墙柱垛侧面实贴面积＋门窗洞口侧面实贴面积

【例 4-102】 如图 4-162、图 4-167 所示，求镶贴大理石面层及釉面砖面层工程量。

分析：镶贴大理石 h＝1200mm＜1500mm，故按墙裙计算工程量；超过 1500mm 釉面砖部分按墙面计算；挑檐展开宽度超过 300mm 以上时，按图示尺寸以展开面积计算，套零星抹灰定额项目。

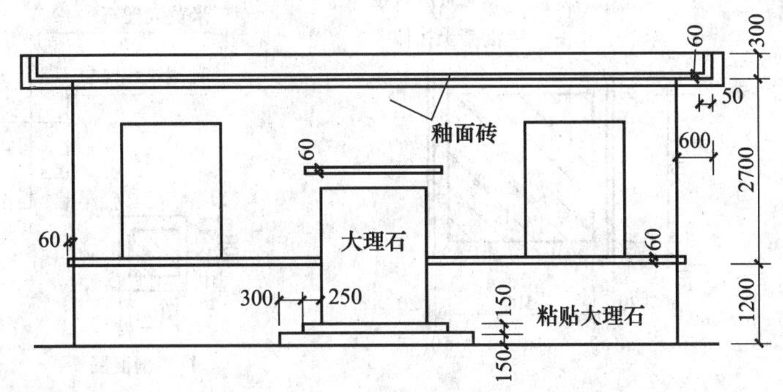

图 4-167 某工程立面图（二）

解 外墙裙镶贴大理石面层工程量＝(9＋0.24＋4＋0.24)×2×1.2－1.0×(1.2－0.15×2)－1.5×0.15－2.1×0.15＝30.91 (m²)

套用全国统一建筑装饰装修消耗量定额 2-031（以下简称套用定额）。

外墙镶贴釉面砖面层工程量＝(9＋0.24＋4＋0.24)×2×(2.7－0.06)－1.0×[2.0－(1.2－0.15×2)－0.06 雨篷]－1.5×1.8×5＝56.63 (m²)

套用定额 2-124。

挑檐工程量＝(9＋0.24＋0.6×2＋4＋0.24＋0.6×2)×2×(0.3＋0.05)＝11.12 (m²)

套用定额 2-091 换。

(7) 墙面贴块料、饰面高度在 300mm 以内者，按踢脚板定额执行。

【注释】 墙裙高度以 1500mm 以内为准，超过 1500mm 时按墙面计算，低于 300mm 以内时，按踢脚板计算。

(8) 柱饰面面积按外围饰面尺寸乘以高度计算。

【注释】 柱饰面是指以金属或木质材料为骨架或框架，在其表面用装饰面板所形成的墙面和柱面。它与以砖墙柱和混凝土墙柱为基层进行的表面装饰有所区别。饰面层工程量按柱外围饰面尺寸乘以柱高以 m² 计算，即是按柱面上所安装或铺钉的饰面层的面积计算。

计算公式： 柱饰面面积＝柱装饰外围周长×装饰高度＋柱帽、柱墩展开面积

【例 4-103】 某建筑物钢筋混凝土柱的构造如图 4-168 所示，柱面装饰板面层，试计算工程量。

解 所求工程量＝柱身工程量＋柱帽工程量

$$柱身工程量=0.64\times 4\times 3.75=9.6\ (\mathrm{m}^2)$$

$$柱帽工程量=(0.64+0.74)\times\left[\sqrt{(0.05^2+0.15^2)}\div 2\right]\times 4=0.44\ (\mathrm{m}^2)$$

方柱装饰板面层工程量＝9.6＋0.44＝10.04 (m^2)，套用定额 2-273。

(9) 挂贴大理石、花岗岩中其他零星项目的花岗岩、大理石是按成品考虑的，花岗岩、大理石柱墩、柱帽按最大外径周长计算。

计算公式： 圆柱腰线、阴阳角线、柱墩、柱帽＝图示尺寸

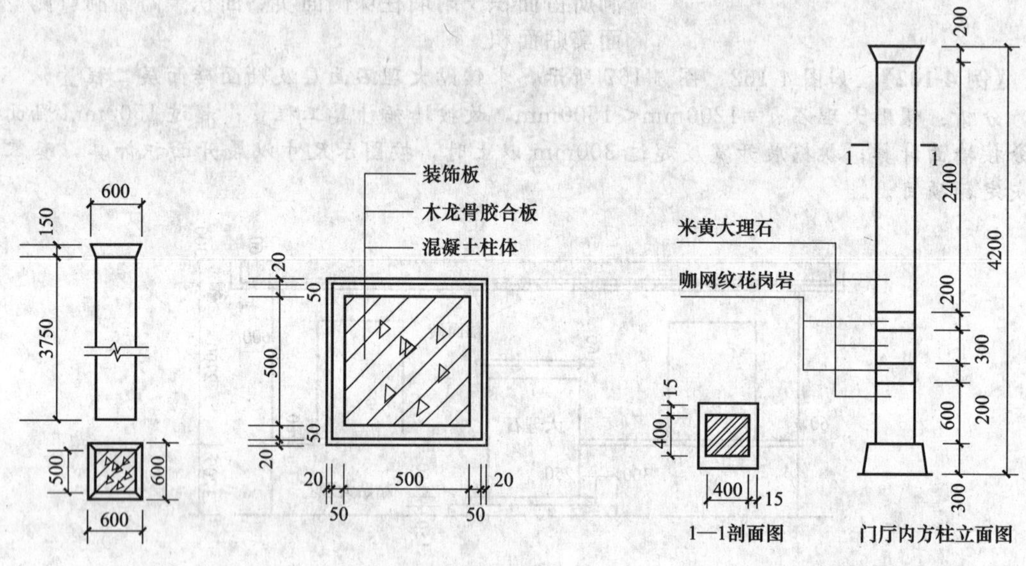

图 4-168 钢筋混凝土柱构造图　　　　图 4-169 门厅内方柱详图

【例 4-104】 某办公楼一门厅内的 2 根方柱详图如图 4-169 所示，计算其工程量。

解 ① 方柱米黄大理石工程量。

$$(0.4+0.015\times 2)\times 4\times(4.2-0.2\times 2-0.3-0.2)\times 2=11.35(\mathrm{m}^2)$$

套用定额 2-033。

② 方柱咖网纹花岗岩工程量。

$$(0.4+0.015\times 2)\times 4\times 0.2\times 2\times 2=1.38(\mathrm{m}^2)$$ 套用定额 2-051。

③ 柱墩、柱帽米黄大理石工程量：按最大外径周长计算。

$$(0.4+0.015\times 2)\times 4\times 2=3.44\ (\mathrm{m})$$

大理石柱墩、柱帽分别套用定额 2-078、定额 2-079。

(10) 除定额已列有柱帽、柱墩的项目外，其他项目的柱帽、柱墩工程量按设计图示尺寸以展开面积计算，并入相应柱面积内，每个柱帽或柱墩另增人工：抹灰 0.25 工日，块料 0.38 工日，饰面 0.5 工日。

其他项目的柱帽、柱墩工程量的计算公式如下。

独立柱装饰(柱抹灰、镶贴块料)工程量＝柱结构断面周长×柱高

独立柱装饰(层板、镜面不锈钢等)工程量＝柱装饰材料面周长×柱高

(11) 隔断按墙的净长乘净高计算，扣除门窗洞口及 0.3m^2 以上的孔洞所占面积。

计算公式： 隔断工程量＝净长×净高－门窗洞口及 0.3m^2 以上的孔洞所占面积

【例 4-105】 如图 4-170 所示，龙骨截面为 40mm×35mm，间距为 500mm×1000mm 的玻璃木隔断，木压条嵌花玻璃，门洞口尺寸为 900mm×2000mm，安装艺术门扇，计算隔断工程量。

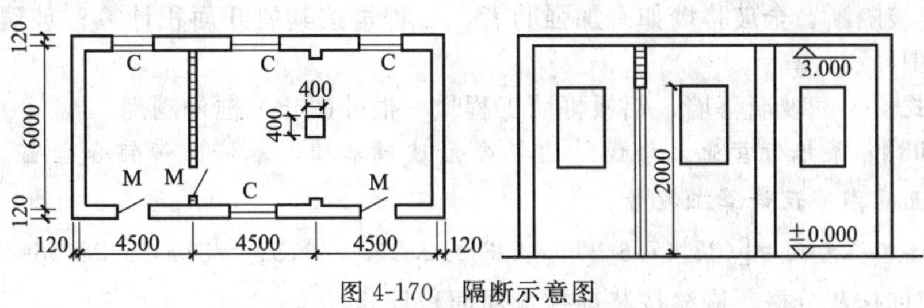

图 4-170 隔断示意图

解 木间壁、隔断工程量＝图示长度×高度－门窗面积＝[(6.00－0.24)×3.0－0.9×2]×1.15＝15.48 (m²)

【例 4-106】 如图 4-171 所示，试计算卫生间木隔断工程量（门与隔断的材质相同）。

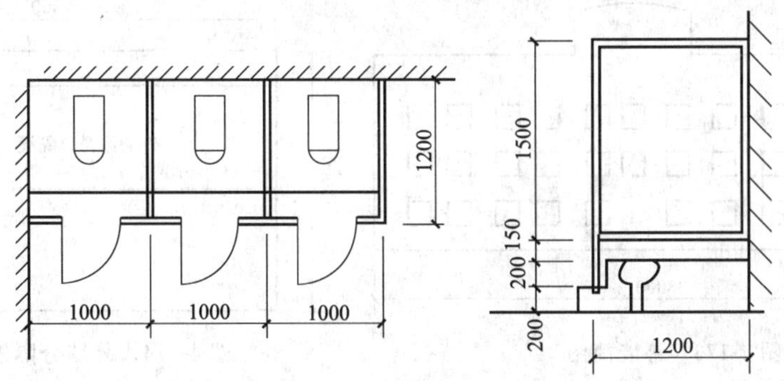

图 4-171 某厕所木隔断示意图

分析：浴厕门的材质与隔断相同时，门的面积并入隔断面积内。

解 卫生间木隔断的工程量＝1.2×1.5×3＝5.4(m²)

门扇面积＝1×1.5×3＝4.5(m²)

总工程量＝4.5＋5.4＝9.9(m²)

(12) 全玻隔断的不锈钢边框工程量按边框展开面积计算。

计算公式： 全玻隔断的不锈钢边框工程量＝边框展开面积

【例 4-107】 如图 4-172 所示不锈钢钢化玻璃隔断，计算其工程量。

解 不锈钢边框工程量＝0.25×[(4.0＋0.25×2)＋2.25]×2＋0.2×(4.5＋2.75)×2＝

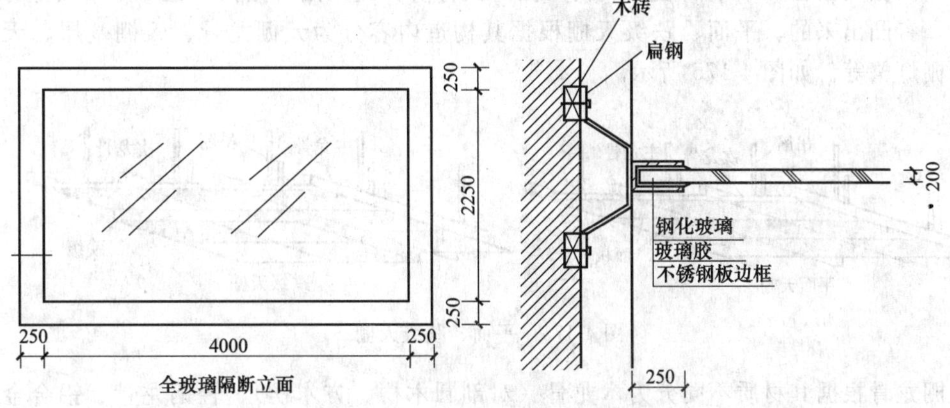

图 4-172 不锈钢钢化玻璃隔断

6.275 (m^2)　　套用定额 2-233。

钢化玻璃隔断工程量＝4×2.25＝9(m^2)　　套用定额 2-255。

(13) 全玻隔断、全玻幕墙如有加强肋者，工程量按其展开面积计算；玻璃幕墙、铝板幕墙以框外围面积计算。

计算公式：　　玻璃幕墙、铝板幕墙工程量＝框外围长×框外围高

【例 4-108】 某银行营业大楼设计为铝合金玻璃幕墙，幕墙上带铝合金窗。如图 4-173 为该幕墙立面简图。试计算工程量。

解　幕墙工程量为＝[(38×7.6＋11×2.3)－2.2×1.4×32]＝314.1－98.56＝215.54(m^2)

(14) 装饰抹灰分格、嵌缝按装饰抹灰面面积计算。

计算公式：　　装饰抹灰分格、嵌缝工程量＝墙长×墙高

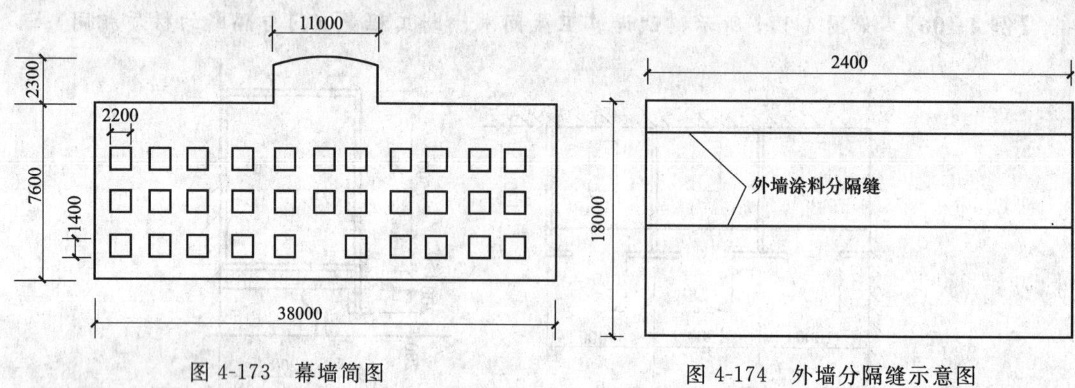

图 4-173　幕墙简图　　　　图 4-174　外墙分隔缝示意图

【例 4-109】 如图 4-174 所示，计算某建筑物外墙装饰嵌缝工程量。

解　外墙装饰嵌缝工程量＝24×18＝432 (m^2)

三、天棚工程

天棚装饰工程是在楼板、屋架下弦或屋面板的下面进行的装饰工程。

(一) 天棚工程的定额项目及图释

天棚工程的定额项目，共分为：平面跌级天棚、艺术造型天棚、其他天棚和其他项目等四个分项共 278 个子目。

1. 平面、跌级天棚项目

平面天棚是指在一个平面上；跌级天棚，又称阶梯式天棚，是指不在一个平面上，有凹进去的，有凸出来的。平面、跌级天棚根据其构造内容分为天棚龙骨、天棚基层、天棚面层、天棚灯槽等。如图 4-175 所示。

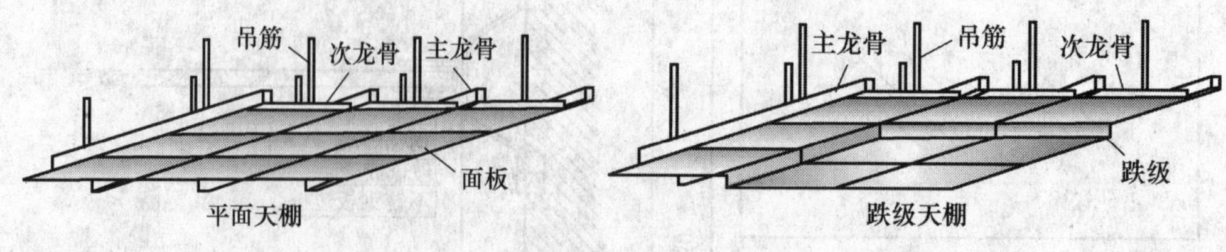

图 4-175　平面、跌级天棚

天棚龙骨根据其材质不同分为木龙骨（对剖圆木楞、方木楞）、轻钢龙骨、铝合金龙骨等，如图 4-176～图 4-179 所示。

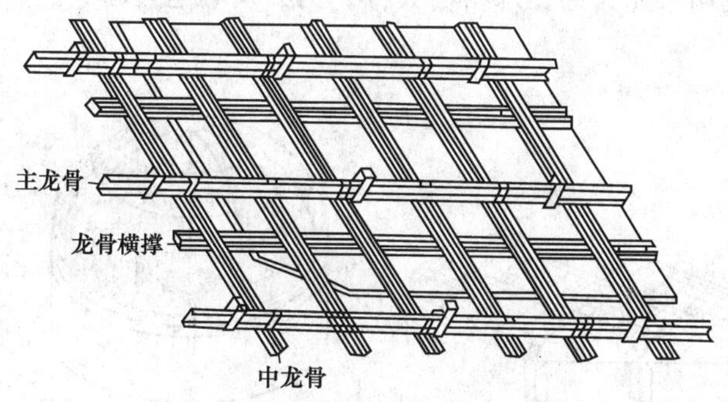

图 4-176　U 形轻钢龙骨构造示意图

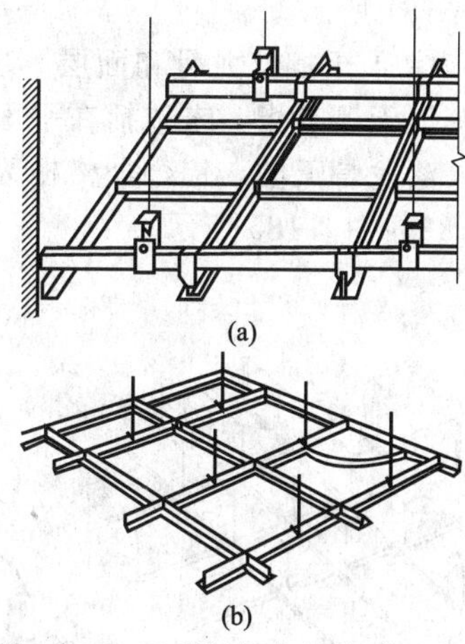

图 4-177　T 形轻钢龙骨构造示意图

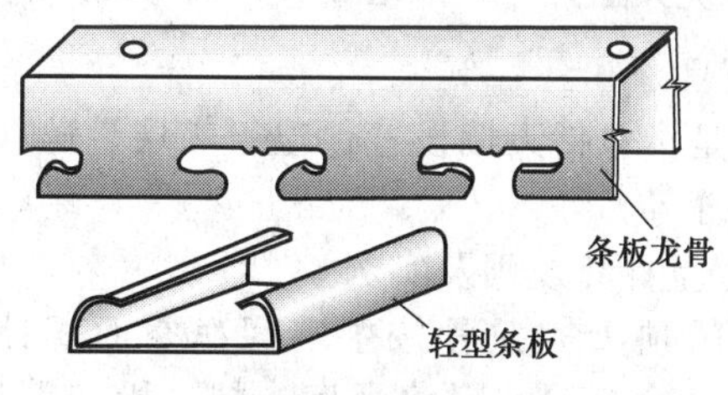

图 4-178　铝合金条板天棚龙骨

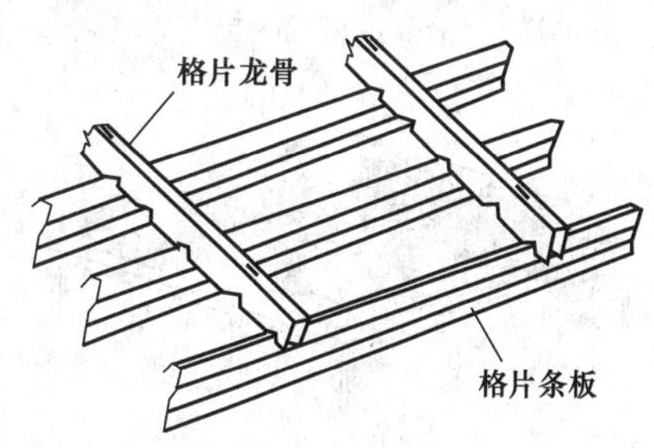

图 4-179　铝合金格片式天棚龙骨

2. 艺术造型天棚项目

艺术造型天棚，是指将天棚面层做成曲折形、多面体等形式的天棚，如图 4-180 所示。它同平面跌级天棚一样，根据其构造也分为轻钢龙骨、方木龙骨、基层、面层等内容。

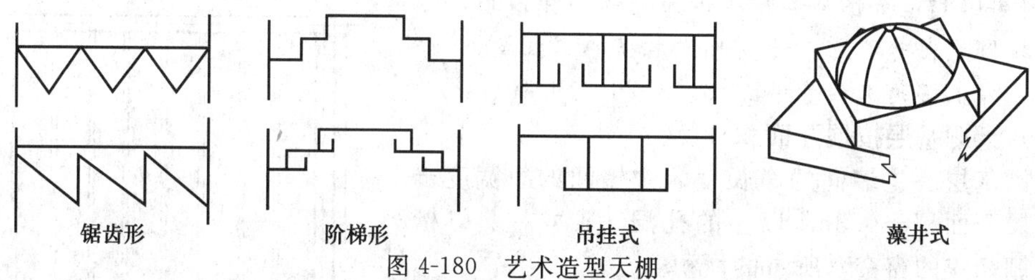

图 4-180　艺术造型天棚

轻钢龙骨根据其结构形式分为藻井天棚、吊挂式天棚、阶梯形天棚、锯齿形天棚等。

藻井天棚是指在现代装饰中，凡将天棚做成不同层次的组合体，并带有立体感的天棚，

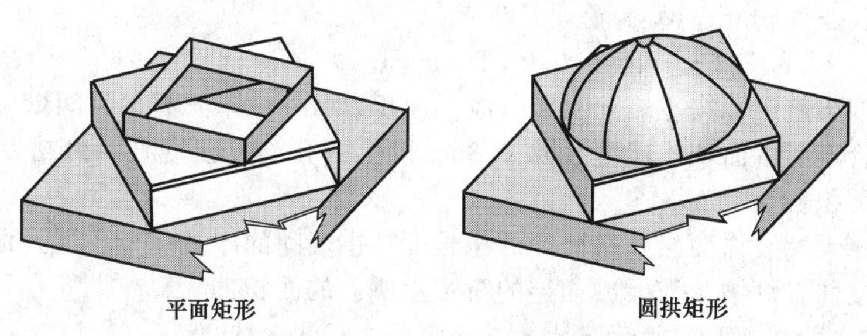

图 4-181　藻井天棚的形式

如图 4-181 所示。

3. 其他天棚（龙骨和面层）项目

其他天棚是指，未包括在平面跌级天棚和艺术造型天棚之内，具有一定特性的天棚，它包括烤漆龙骨天棚、铝合金格栅天棚、玻璃采光天棚、木格栅天棚、网架及其他天棚等。如图 4-182～图 4-185 所示。

图 4-182　铝合金格栅天棚

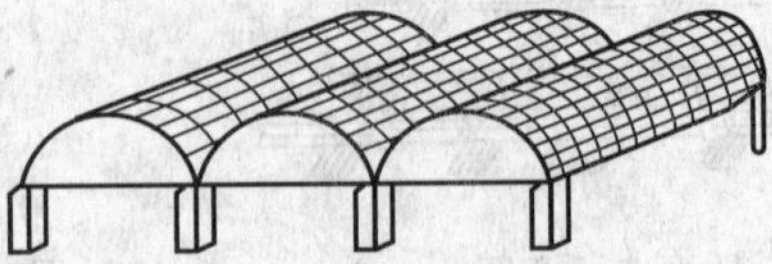

图 4-183　筒形采光天棚

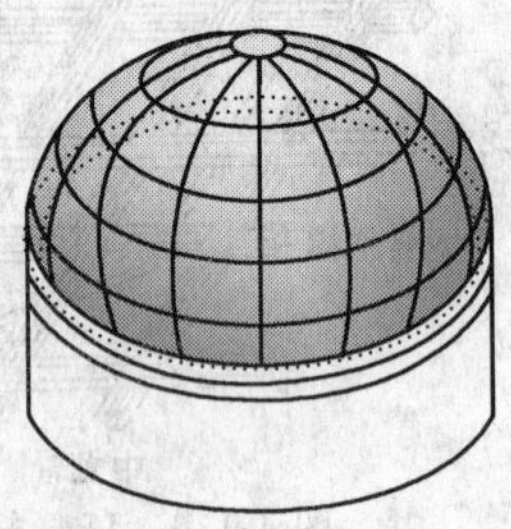

图 4-184　球形采光天棚

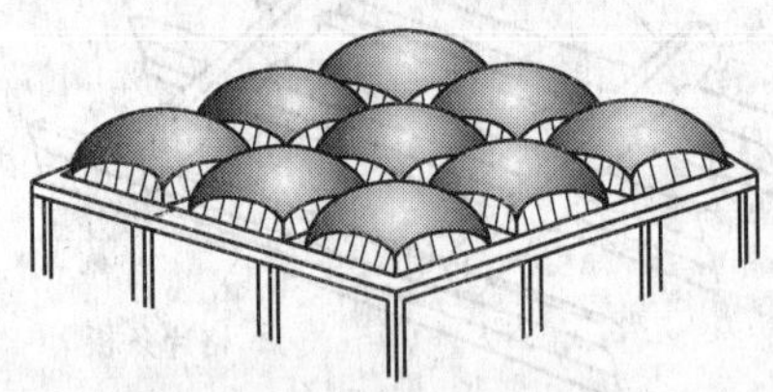

图 4-185　抛物线形采光天棚

4. 其他项目

其他项目是指包括天棚设置保温吸声层、送（回）风口安装、嵌缝等。

（二）工程量计算规则及实例

（1）各种吊顶天棚龙骨按主墙间净空面积计算，不扣除间壁墙、检查洞、附墙烟囱、柱、垛和管道所占面积。

【注释】 天棚中的折线、跌落、高低吊顶槽等面积不展开计算。

计算公式： 吊顶天棚龙骨工程量＝主墙间的净长度×主墙间的净宽度

【例 4-110】 如图 4-186 所示为一级顶棚吊顶，方木楞直接搁置在砖墙上。计算此方木楞的工程量。

解　方木楞的工程量＝5.16×3.76＝19.40(m^2)

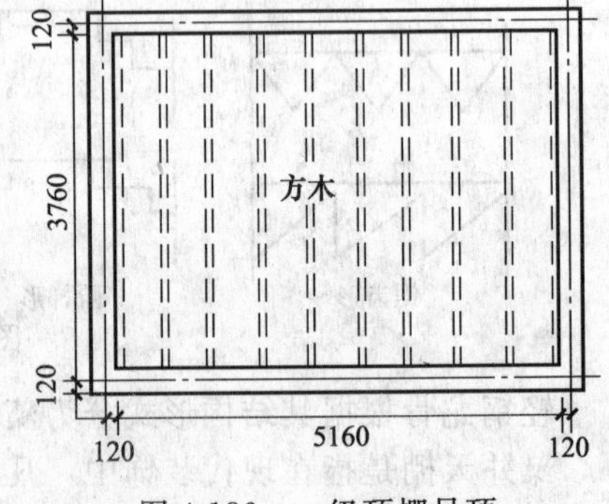

图 4-186　一级顶棚吊顶

（2）天棚基层按展开面积计算。

天棚基层＝主墙间的净长度×主墙间的净宽度＋凹凸面展开面积－0.3m^2 以上的孔洞、独立柱、灯槽及与天棚相连的窗帘盒所占的面积。

【例 4-111】 如图 4-187 所示某单位活动中心的吊顶平面布置图，计算吊顶天棚龙骨和基层胶合板的工程量。

解　轻钢龙骨工程量＝20.8×12＝249.6(m^2)

天棚基层胶合板 5mm，工程量计算如下：

$$20.8\times12+0.15\times(9.2+20.8-1.4\times2)\times2=257.76\ (m^2)$$

（3）天棚装饰面层，按主墙间实钉（胶）面积以 m^2 计算，不扣除间壁墙、检查口、附墙烟囱、垛和管道所占面积，但应扣除 0.3m^2 以上的孔洞、独立柱、灯槽及与天棚相连的窗帘盒所占的面积。

计算公式： 天棚装饰面层＝主墙间的净长度×主墙间的净宽度＋各展开面积－0.3m^2 以上的孔洞、独立柱、灯槽及与天棚相连的窗帘盒所占的面积。

【例 4-112】 如图 4-187 所示，计算吊顶面层工程量。

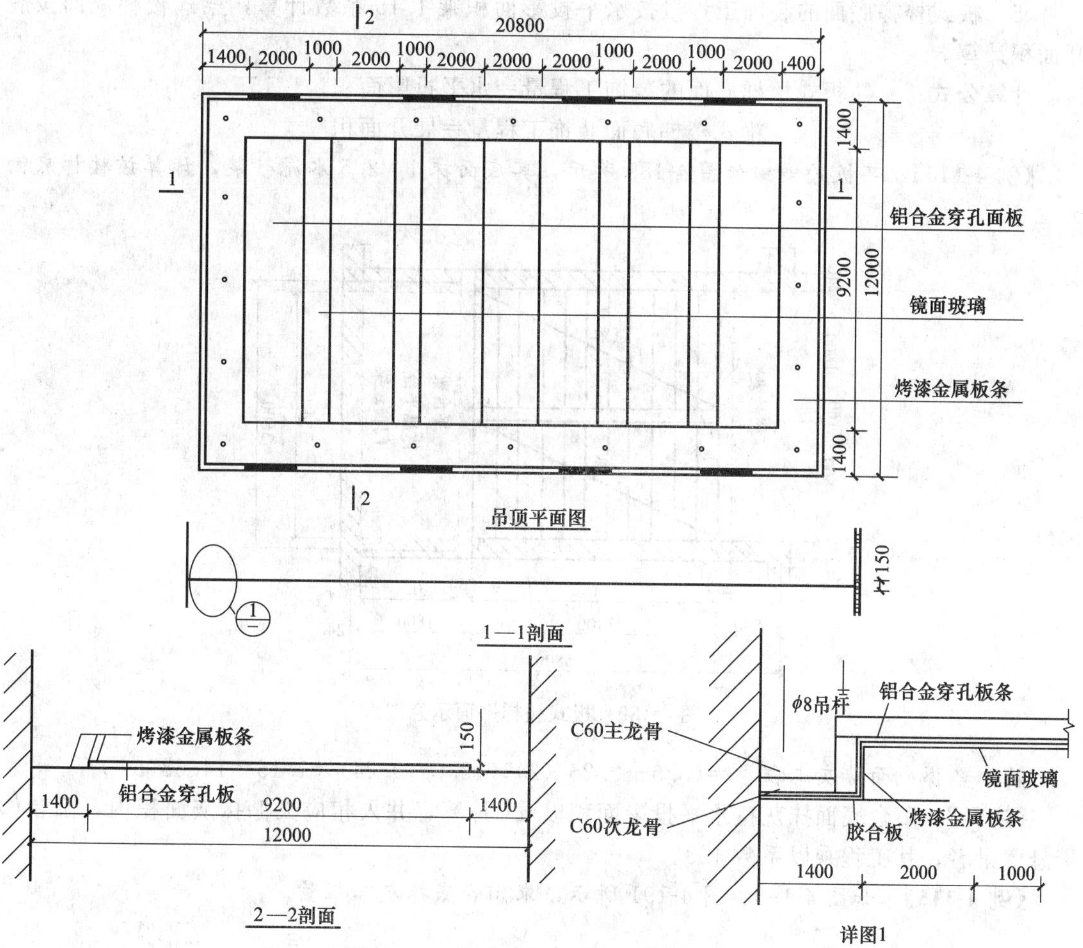

图 4-187　某活动中心的吊顶平面布置

解　吊顶面层烤漆金属板条工程量：

1.4×12×2＋1.4×(20.8－1.4×2)×2＋0.15×(9.2＋20.8－1.4×2)×2＝92.16(m^2)

吊顶面层镜面玻璃工程量：1.0×9.2×4＋2.0×9.2＝55.2(m^2)

吊顶面层铝合金穿孔面板工程量：2.0×9.2×6＝110.4(m^2)

(4) 本章定额中龙骨、基层、面层合并列项的子目，工程量计算规则同第一条。

计算公式：龙骨、基层、面层合并项目的工程量＝天棚净面积＝主墙间的净长度×主墙间的净宽度

【例 4-113】　某接待室天棚为铝合金龙骨钙塑板吊顶，如图 4-188 所示，计算其工程量。

分析：龙骨、基层、面层合并项目按主墙间净空面积计算。

解　铝合金龙骨钙塑板吊顶工程量 $S=10\times5=50(m^2)$

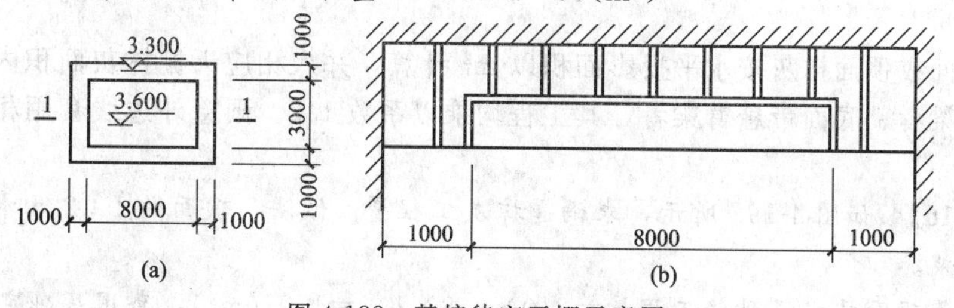

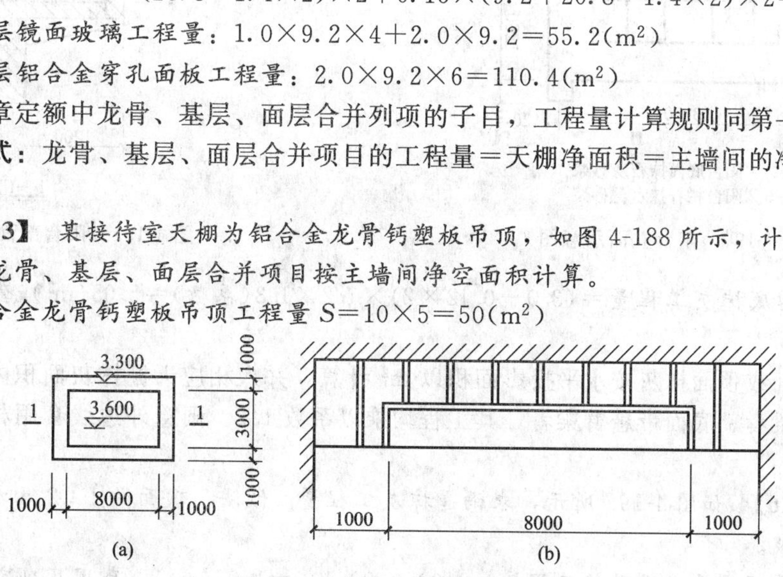

图 4-188　某接待室天棚示意图

(5) 板式楼梯底面的装饰工程量按水平投影面积乘 1.15 系数计算，梁式楼梯底面按展开面积计算。

计算公式： 板式楼梯底面的装饰工程量＝水平投影面积×1.15

梁式楼梯底面装饰工程量＝展开面积

【例 4-114】 某板式楼梯如图 4-189 所示，其底面抹 1∶2.5 水泥砂浆，计算该楼梯底面工程量。

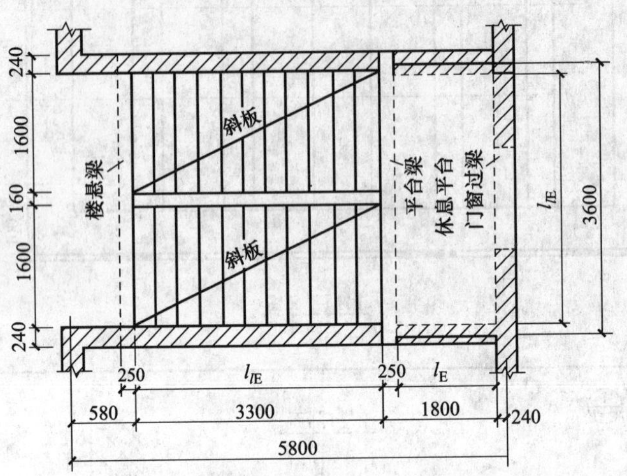

图 4-189 板式楼梯平面示意图

解 楼梯底面抹灰工程量＝(3.3＋0.25×2)×(3.6－0.24)×1.15＝14.68(m^2)

【注释】 阳台底面抹灰按水平投影面积以 m^2 计算，并入相应天棚抹灰面积内，阳台如带悬臂梁者，其工程乘以系数 1.3。

【例 4-115】 如图 4-190、图 4-191 所示，求阳台底抹灰工程量。

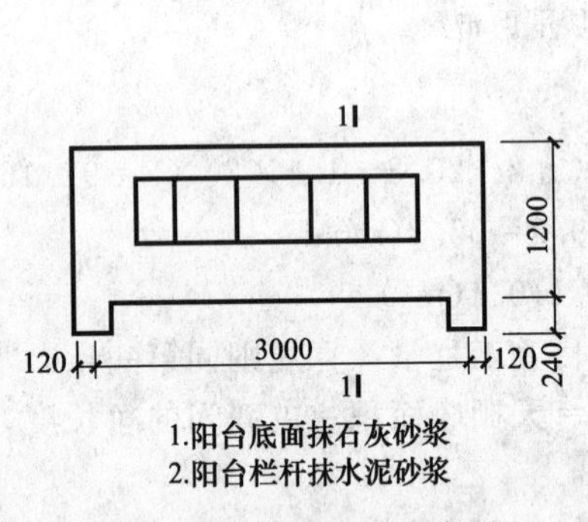

图 4-190 阳台立面示意图

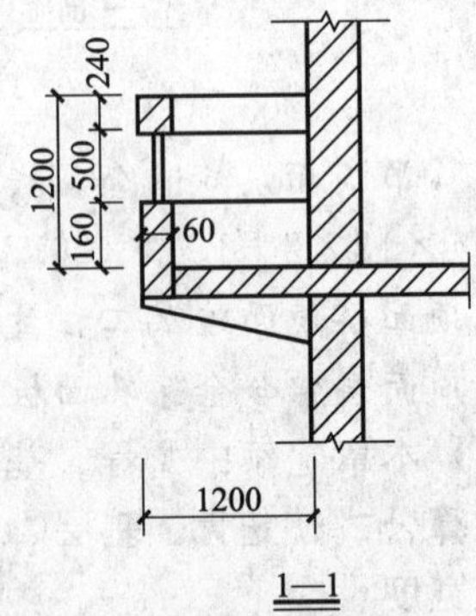

图 4-191 阳台剖面示意图

解 阳台底抹灰工程量＝(3.0＋0.12×2)×1.2×1.3(系数)＝5.05(m^2)，套用基础定额 11-286。

雨篷底面或顶面抹灰按水平投影面积以 m^2 计算，并入相应天棚抹灰面积内，雨篷顶面带反沿或反梁者、底面带悬臂梁者，其工程均乘以系数 1.2。雨篷外边线套用相应装饰或零星子目。

【例 4-116】 如图 4-192 所示，求雨篷抹灰工程量。做法：顶面做 1∶2.5 水泥砂浆；底面抹石灰砂浆。

解 雨篷顶面抹水泥砂浆工程量＝2.0×0.8×1.2＝1.92(m^2)，套用基础定额 11-288。

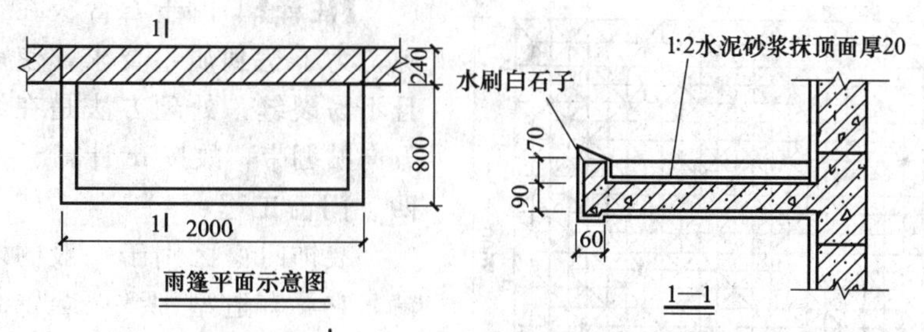

图 4-192 某雨篷示意图

雨篷底面抹石灰砂浆工程量=2.0×0.8=1.6(m^2)，套用基础定额 11-286。

(6) 灯光槽按延长米计算。

计算公式： 灯光槽=灯光槽图示长度

【例 4-117】 如图 4-193 所示，计算灯光槽工程量。

解 灯光槽工程量=(7.0+8.0)×2=30(m)

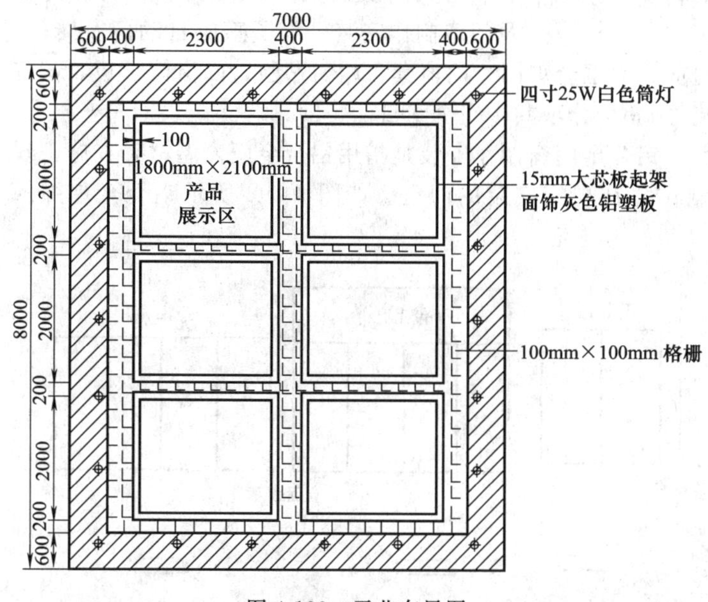

图 4-193 天花布局图

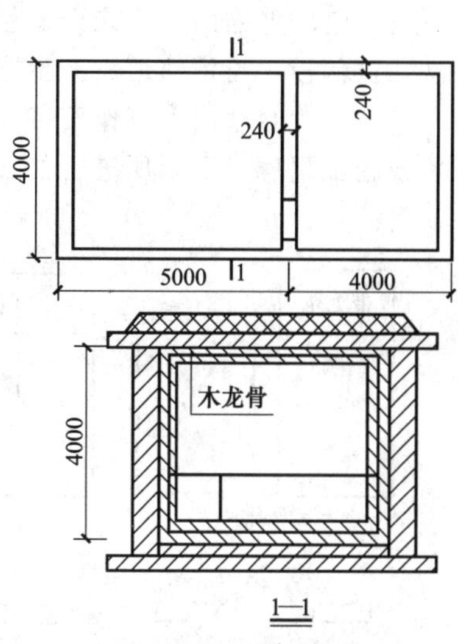

图 4-194 某小型冷库保温隔热示意图

(7) 保温层按实铺面积计算。

计算公式： 保温层工程量=水平投影面积

【例 4-118】 如图 4-194 所示冷库，计算室内天棚保温层工程量。

解 天棚保温层工程量：

(5.0−0.24)×(4.0−0.24)+(4.0−0.24)×(4.0−0.24)=32.04(m^2)，套用全国统一基础定额 10-207。

(8) 网架按水平投影面积计算。

计算公式： 网架工程量=水平投影面积

【例 4-119】 某玻璃屋面网架结构如图 4-195 所示，计算钢网架工程量。

解 钢网架工程量=9.6×9.6=92.16(m^2)

(9) 嵌缝按延长米计算。

计算公式： 嵌缝工程量=实贴长度

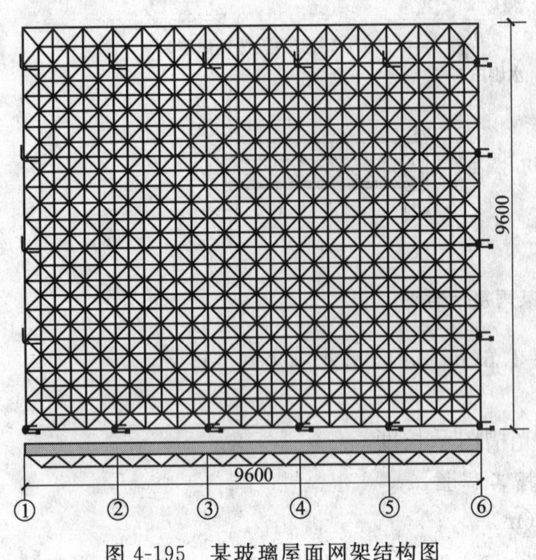

图 4-195　某玻璃屋面网架结构图

【注释】　由于石膏板在拼接时存在缝隙，为了达到质量要求，使吊顶面层平整且不易裂缝，处理方法是在缝隙上沿长度方向贴绷带，故按 m 计算。

四、门窗工程

装饰门窗区别于一般的木门窗和钢门窗，它具有造型别致、装饰效果好、造价较高等特点。

（一）门窗工程定额项目

门窗工程项目从材质和配件两个方面分为：铝合金门窗制作安装、铝合金门窗（成品）安装、卷闸门安装、彩板组角钢门窗安装、塑钢门窗安装、防盗装饰门窗安装、防火门及防火卷帘门安装、装饰门框及门扇制作安装、电子感应自动门及转门、不锈钢电动伸缩门、不锈钢板包门框、无框全玻门、门窗套、门窗贴脸、门窗筒子板、窗帘盒、窗台板、窗帘轨道、五金安装等 19 个分项共 101 个子目。

(1) 铝合金门窗制作安装项目　铝合金门窗制作安装是指用铝合金门窗型材，在施工现场或施工附属工厂，所进行加工制作并在现场安装的门窗。如图 4-196 所示铝合金地弹门项目。

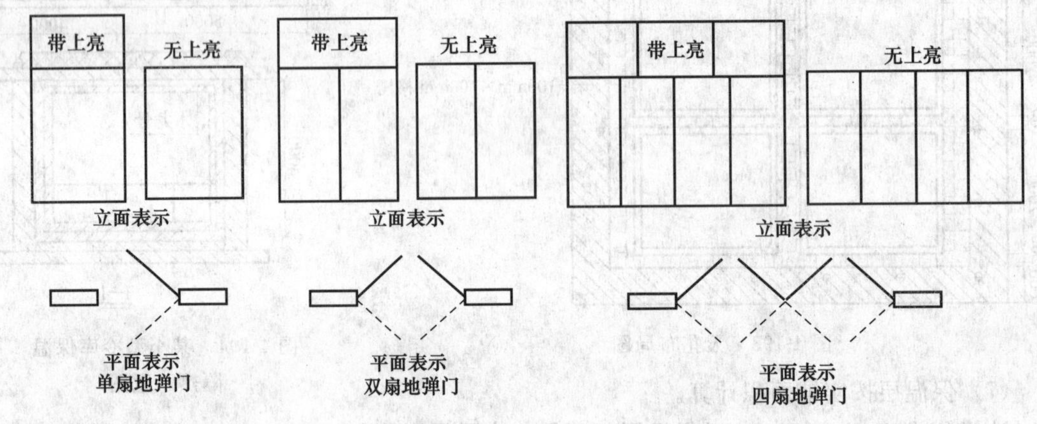

图 4-196　铝合金地弹门的图示

(2) 卷闸门安装项目　卷闸门也有称为卷帘门，是铝合金材质的成型产品，安装时悬挂在门洞横梁以上，向上卷起为开，下拉到地面关闭。根据开关构造分为手动式、链条式、摇杆式、电动式等，如图 4-197 所示。

(3) 防火门、防火卷帘门安装项目　防火门分为钢质防火门、木质防火门。防火门安装工作包括凿洞、安装、周边塞缝等操作过程。

防火卷帘门一般均为钢质，分为普通型和复合型。防火卷帘门安装工作包括安装导槽。如图 4-198 所示。

(4) 电子感应自动门及转门项目　电子感应自动门是指采用电磁场或光电管感应来控制开关的门，它由玻璃门扇和电磁感应装置等组成，如图 4-199 所示。

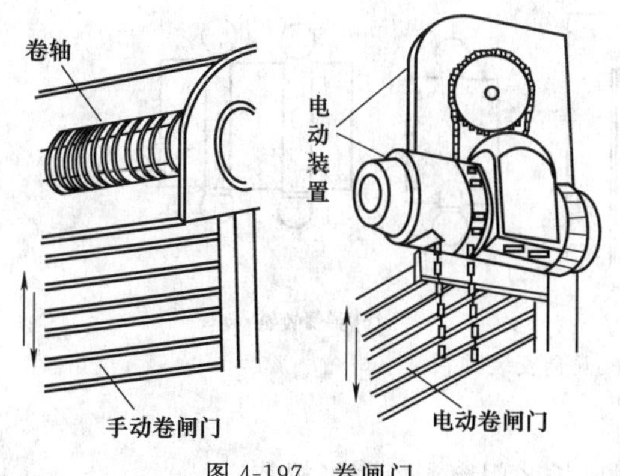

图 4-197 卷闸门

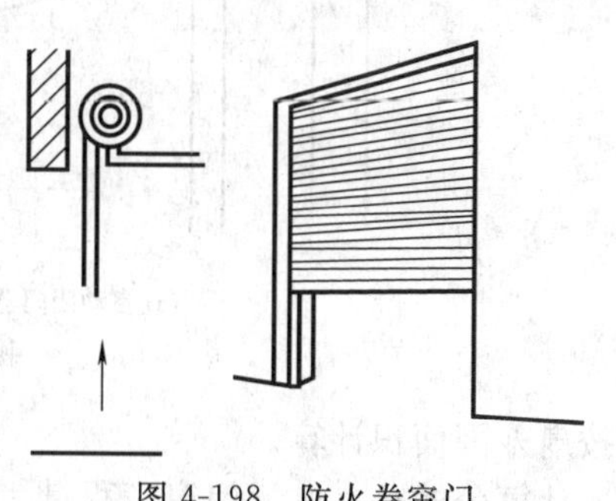
图 4-198 防火卷帘门

转门是指在门的对称中轴线上，安装上下轴承，使门扇能自由旋转的玻璃门，如图 4-200所示。

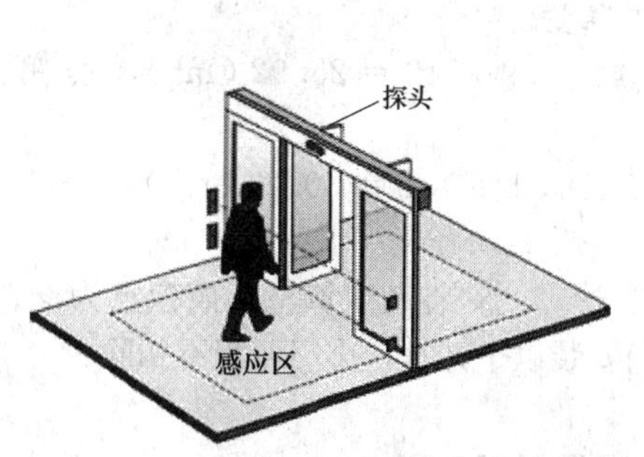

图 4-199 电子感应自动门示意图

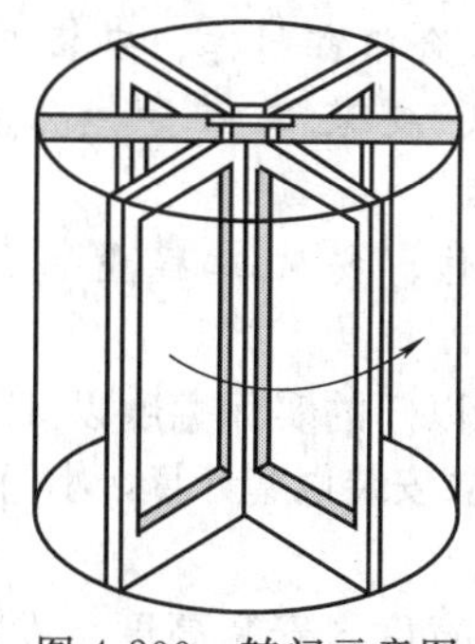
图 4-200 转门示意图

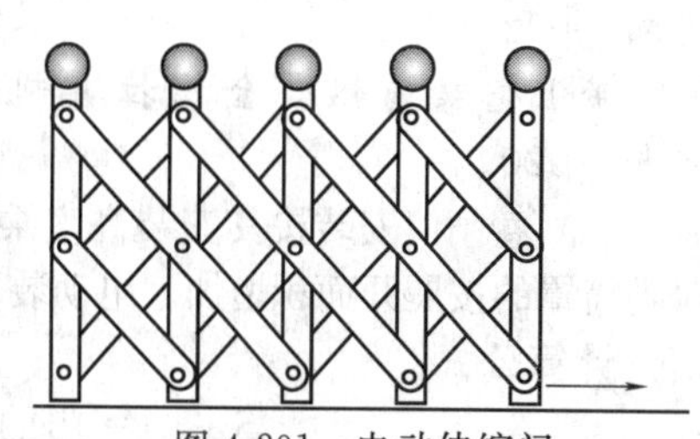
图 4-201 电动伸缩门

(5) 不锈钢电动伸缩门项目　伸缩门又称折叠门、不锈钢电动伸缩门，是用不锈钢杆件，通过直杆与斜杆的螺杆连接，组成可以拉开和缩折的栏栅，在栏栅底加设滑轨和电动牵引即成为伸缩门，如图 4-201 所示。

(6) 门窗套项目　门窗套是指对门窗洞口外围周边，用宽板进行覆盖的高级装饰，如图 4-202 所示。它可以采用木质门窗套、不锈钢门窗套或石材门窗套等。

(7) 门窗贴脸项目　门窗贴脸悬指对门窗洞口外围周边所进行的一般装饰，如图 4-202 所示，采用较窄的木质板条或塑料板条，将门窗框与墙之间的缝隙遮盖起来，这遮盖的扳条称为贴脸。

(8) 门窗筒子板项目　筒子板是指，对门窗洞口内圈洞壁所进行的高级装饰，如图4-202 所示。筒子板一般只采用木质板材，分为带木筋硬木板、不带木筋硬木板、木工板基层贴饰面板等。

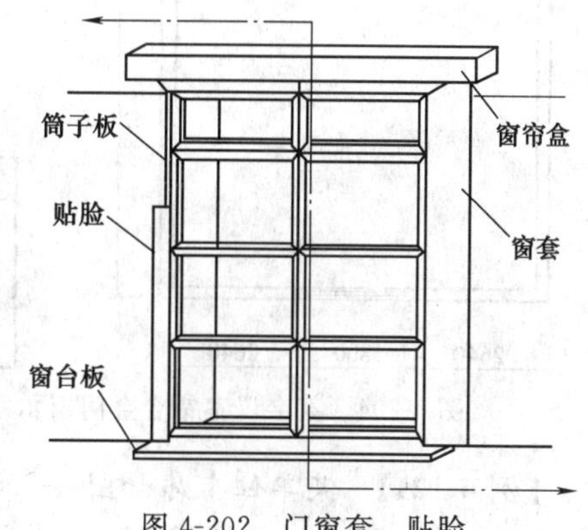

图 4-202 门窗套、贴脸

(9) 五金安装项目　五金是门窗的金属构件总称。包括合页、铰链、轨道、门吸、地吸、门夹、闭门器、门镜俗名叫做猫眼、压条（铜、铝、PVC）等。如图 4-203 所示。

(二) 工程量计算规则及实例

(1) 铝合金门窗、彩板组角门窗、塑钢门窗安装均按洞口面积以 m^2 计算。纱扇制作安

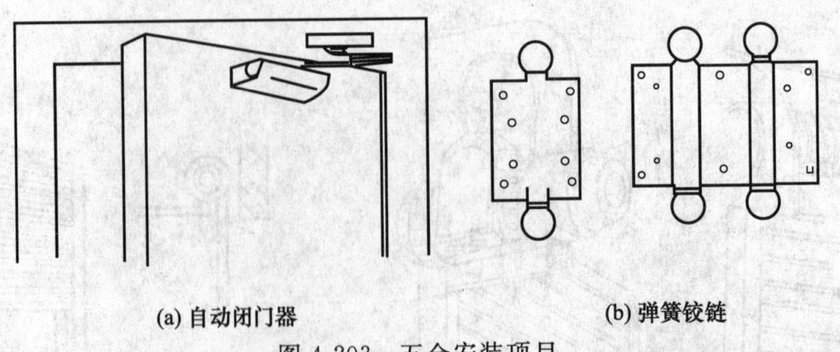

图 4-203　五金安装项目

装按扇外围面积计算。

计算公式：　　　　门窗工程量＝门窗洞口长×门窗洞口宽×樘数

纱扇工程量＝纱扇宽×纱扇高

【例 4-120】 某会议室安装铝合金门窗，门为单扇地弹簧门，带上亮洞口尺寸为：2.4m×0.9m（12 樘），窗为带上亮双扇带纱推拉窗，洞口尺寸为：2.1m×1.8m(8 樘)，门窗框厚 30 mm，如图 4-204 所示，计算铝合金门窗制作、安装工程量。

解：铝合金单扇地弹门制作、安装工程量＝2.4×0.9×12＝25.92（m^2），套用定额 4-002。

带上亮双扇铝合金推拉窗制作、安装工程量＝2.1×1.8×8＝30.24（m^2），套用定额 4-020。

(2) 卷闸门安装按其安装高度乘以门的实际宽度以 m^2 计算。安装高度算至滚筒顶点为准。带卷筒罩的按展开面积增加。电动装置安装以套计算，小门安装以个计算，小门面积不扣除。

计算公式：

$$S_{卷闸门}＝门的宽度×安装高度＋卷筒罩展开面积$$

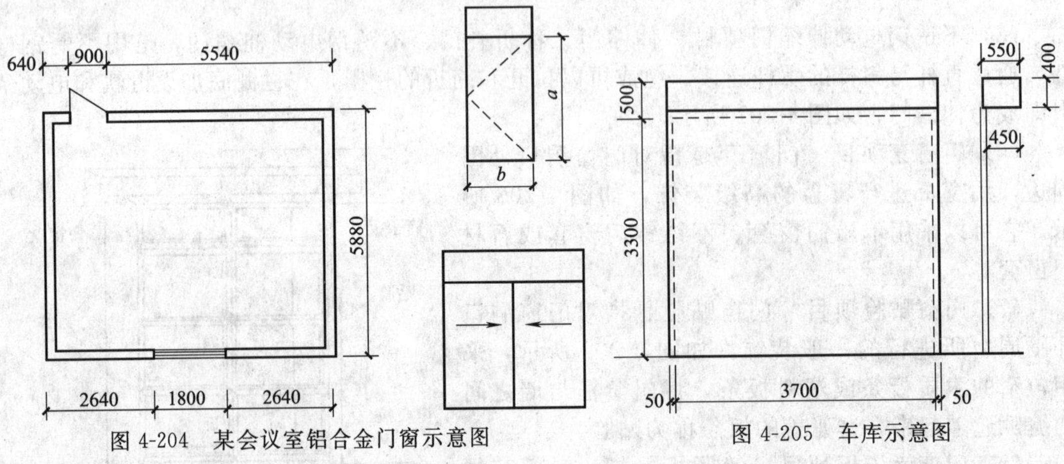

图 4-204　某会议室铝合金门窗示意图　　　图 4-205　车库示意图

【例 4-121】 某单位车库如图 4-205 所示，安装遥控电动铝合金卷闸门（带卷筒罩）3 樘。门洞口为 3700mm×3300mm，卷闸门上有一活动小门为 750mm×2000mm，试计算车库卷闸门工程量。

铝合金卷闸门工程量＝门帘工程量＋卷筒罩工程量

卷闸门工程量＝[(3.3＋0.5)×(3.7＋0.05×2)＋(0.55＋0.4＋0.45)×(3.7＋0.05×2)]×3

＝59.28（m^2）　　　套用定额 4-038

电动装置安装工程量＝3(套)　　　套用定额 4-039

小门安装工程量＝3(扇)　　　套用定额 4-040

(3) 防盗门、防盗窗、不锈钢格栅门按框外围面积以 m^2 计算。

计算公式：

防盗门、防盗窗、不锈钢格栅门工程量＝门窗图示长度×门窗图示宽度×樘数

【例 4-122】 某计算机室安装钢防盗门如图 4-206 所示，共 4 樘。计算钢防盗门安装工程量。

解 钢防盗门安装工程量＝1.2×2.7×4＝12.96 (m^2)，套用定额 4-047。

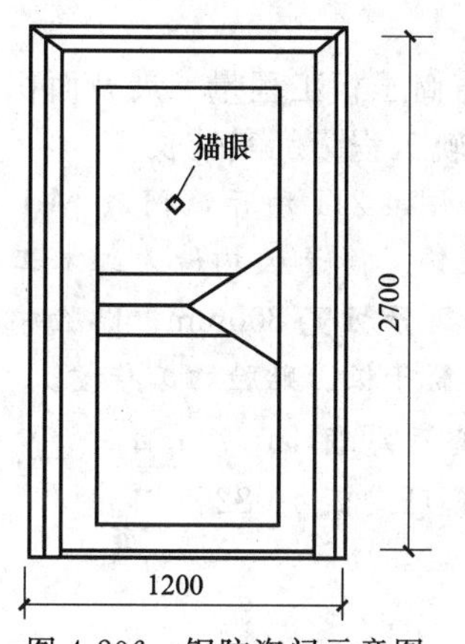

图 4-206 钢防盗门示意图

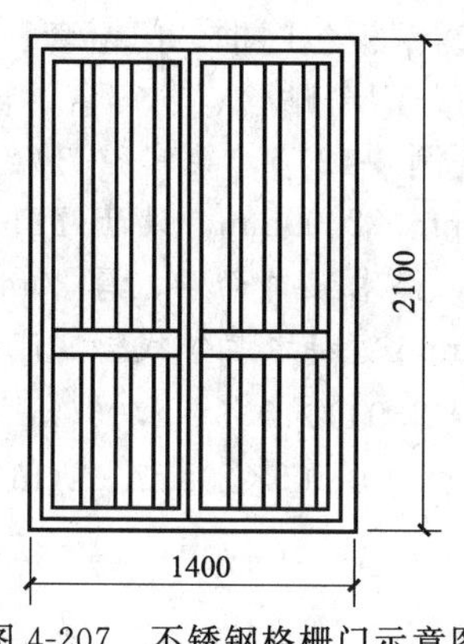

图 4-207 不锈钢格栅门示意图

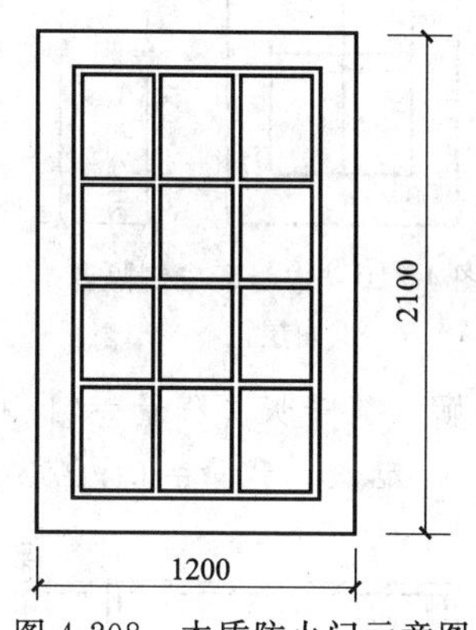

图 4-208 木质防火门示意图

【例 4-123】 某办公用房底层需安装图 4-207 所示不锈钢格栅门示意图，共 3 樘，求不锈钢格栅门安装工程量。

解 不锈钢格栅门安装工程量＝1.4×2.1×3＝8.82 (m^2)，套用定额 4-049。

(4) 成品防火门以框外围面积计算，防火卷帘门从地（楼）面算至端板顶点乘设计宽度。

计算公式： 成品防火门工程量＝门图示长度×门图示宽度×樘数

防火卷帘门工程量＝图示高度×设计宽度×樘数

【例 4-124】 某厨房安装木质防火门，如图 4-208 所示，计算其工程量。

解 木质防火门工程量＝1.2×2.1＝2.52 (m^2)，套用定额 4-051。

(5) 实木门框制作安装以延长米计算。实木门扇制作安装及装饰门扇制作按扇外围面积计算。装饰门扇及成品门扇安装按扇计算。

计算公式： 实木门框制作安装工程量＝门框实际设计长度

实木门扇制作安装工程量＝门扇图示高度×门扇宽度×个数

装饰门扇及成品门扇安装工程量＝门扇个数

【例 4-125】 某酒店包房为实木门框及门扇，如图 4-209 所示，计算其制作、安装工程量。

解 实木门框制作、安装工程量＝0.90×2＋(2.70－0.03×2)×2＝7.08 (m)，套用定额 4-054。

实木门扇制作、安装工程量＝(0.90－0.03×2)×(2.7－0.03×2)＝7.50 (m^2)，套用定额 4-055。

(6) 木门扇皮制隔音面层和装饰板隔音面层，按单面面积计算。

计算公式：

木门扇皮制隔音面层和装饰板隔音面层工程量＝图式设计高度×图式设计宽度

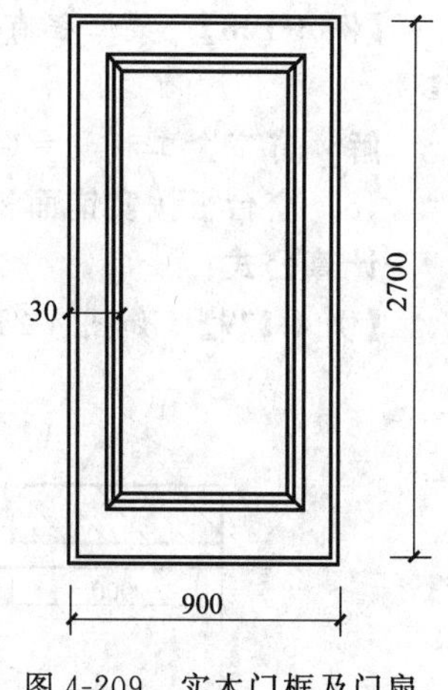

图 4-209 实木门框及门扇

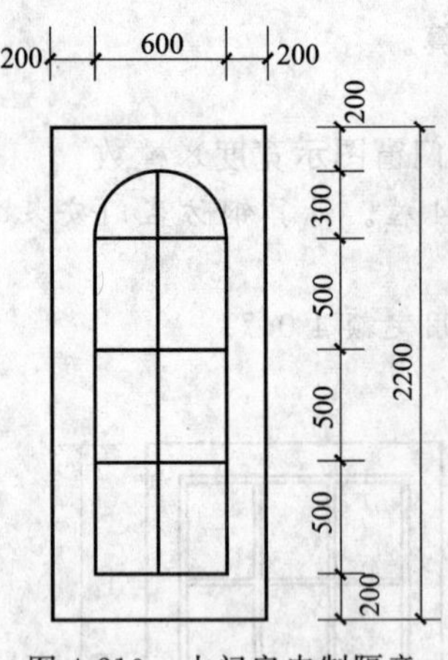

图 4-210 木门扇皮制隔音面层门

【例 4-126】 某 KTV 包房制作、安装木门扇皮制隔音面层门，如图 4-210 所示，计算其工程量。

解 皮制隔音面层门制作、安装工程量＝1.0×2.2＝2.2(m^2)，套用 4-063 定额子目。

(7) 不锈钢板包门框、门窗套、花岗岩门套、门窗筒子板按展开面积计算。门窗贴脸、窗帘盒、窗帘轨按延长米计算。

计算公式：

不锈钢板包门框、门窗套、门窗筒子板工程量＝展开面积

门窗贴脸、窗帘盒、窗帘轨工程量＝实铺长度

【例 4-127】 某宾馆门贴脸如图 4-211 所示，门洞 M-1 为 3000mm×2000mm，设计做门套装饰。筒子板构造为细木工板基层，榉木装饰面层，厚 30mm。筒子板宽 300mm；贴脸构造为 80mm 宽柚木装饰线脚。试计算筒子板、贴脸的工程量。

解 筒子板工程量＝(1.97×2＋2.94)×0.3＝2.06(m^2)，套用定额 4-077 子目。

贴脸工程量＝(1.97×2＋2.94＋0.08×2)＝7.04(m)，套用定额 4-082 子目。

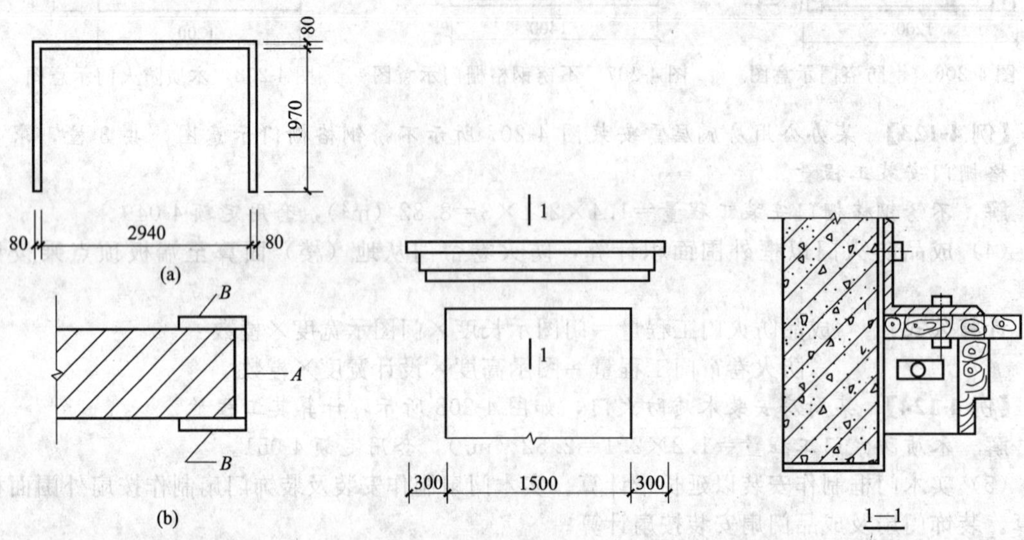

图 4-211 门贴脸示意图　　图 4-212 某工程硬木窗帘盒立面及剖面图

【例 4-128】 某工程有 20 个窗户，其窗帘盒为硬木，如图 4-212 所示，计算窗帘盒的工程量。

解 窗帘盒工程量＝(1.5＋0.3×2)×20＝42(m)，套用定额 4-085。

(8) 窗台板按实铺面积计算。

计算公式： 窗台板工程量＝实铺长度×实铺宽度

【例 4-129】 如图 4-213 所示，某酒店房间做西米黄大理石窗台板，计算此窗台板工

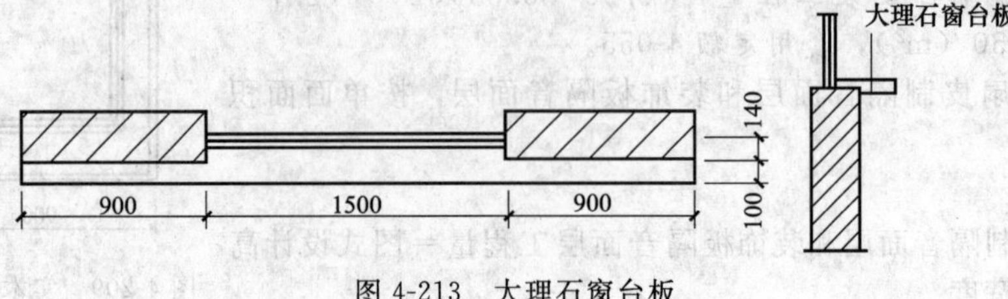

图 4-213 大理石窗台板

程量。

解 窗台板工程量=1.5×0.14+(1.5+0.9×2)×0.1=0.54(m^2)，套用定额4-088。

(9) 电子感应门及转门按定额尺寸以樘计算。

计算公式： 电子感应门及转门工程量=樘数

(10) 不锈钢电动伸缩门以樘计算。

计算公式： 不锈钢电动伸缩门工程量=樘数

【注释】 门窗五金安装按数量计算。

五、油漆、涂料、裱糊工程

(一) 油漆、涂料、裱糊工程定额项目

油漆、涂料、裱糊工程包括木材面油漆、金属面油漆、抹灰面油漆、涂料裱糊等4个分项共295个定额子目。这些子目主要是从以下三个方面划分的：一是按涂刷部位的不同列项；二是按涂刷遍数的不同列项；三是按油漆涂料的不同材质列项。

1. 木材面油漆项目

木材面油漆项目按部位分为单层木门、单层木窗、木扶手(不带托板)、其他木材面、木地板五项内容，除此之外的木材面油漆，均乘以一定折算系数，分别列入上述五个项目内套用定额。如图4-214所示。

图4-214 木材面刷油漆示意图

2. 金属面油漆项目

金属面油漆项目根据油漆品种分为醇酸磁漆、过氯乙烯清漆、沥青漆、银粉漆、防火漆等定额子目。

3. 抹灰面油漆项目

抹灰面油漆是指在水泥砂浆面、混凝土面等表面上的油漆涂刷。根据油漆品种分为乳胶漆、水性水泥漆、油漆画石纹抹灰面做假木纹(如图4-215所示)、外墙、真石漆、抹灰面刷墙漆等定额子目。

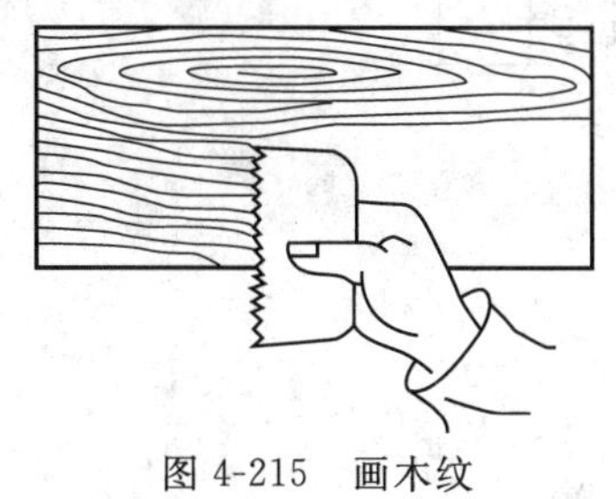

图4-215 画木纹

4. 涂料、裱糊项目

(1) 喷塑(一塑三油) 是指采用喷枪将专用塑性涂料，按分层要求进行喷涂的施工工艺。

花点喷涂分为大压花、中压花、喷中点、幼点。它们是指喷涂在底料上的喷点大小，可用喷枪嘴的直径进行控制。

① 大压花：喷点压平、点面积在1.2cm^2以上。

② 中压花：喷点压平、点面积在1～1.2cm^2以内。

③ 喷中点、幼点：喷点面积在1cm^2以下。

一塑三油是指一道骨料、三道油料(即一道底油、二道面油)的油漆结构。它是一种低价位的浮雕型喷涂工艺。

(2) 喷(刷)刮涂料项目 涂料系指涂敷于物体表面后，能与基层有很好的粘接，从而形成完整而牢固的保护膜的面层物质。这种物质对被涂物体有保护、装饰作用。

(3) 裱糊项目 裱糊是指在墙面、柱面、天棚面等，进行裱贴墙纸或墙布等软质卷材的施工工艺。它是在基层洁面的基础上，先涂刷底油，再刮腻子，然后粘贴墙纸(又称壁纸)。

(二) 工程量计算规则及实例

(1) 楼地面、天棚、墙、柱、梁面的喷(刷)涂料、抹灰面油漆及裱糊工程，均按附表相应的计算规则计算。如表 4-29 所示。

表 4-29　抹灰面油漆、涂料、裱糊

项目名称	系数	工程量计算方法
混凝土楼梯底(板式)	1.15	水平投影面积
混凝土楼梯底(梁式)	1.00	展开面积
混凝土花格窗、栏杆花饰	1.82	单面外围面积
楼地面、天棚、墙、柱、梁面	1.00	展开面积

计算公式：　混凝土楼梯底(板式)＝水平投影面积×1.15

混凝土楼梯底(梁式)＝展开面积×1.00

混凝土花格窗、栏杆花饰＝单面外围面积×1.82

楼地面、天棚、墙、柱、梁面＝展开面积×1.00

【例 4-130】　如图 4-216 所示，计算天棚刷乳胶漆三遍的工程量。

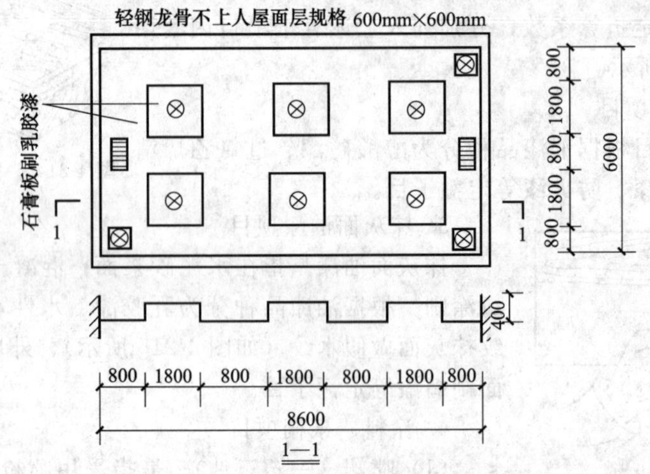

图 4-216　轻钢龙骨天棚示意图

解　平面　8.6×6.0＝51.6(m²)

跌落　1.8×4×0.4×6＝17.28(m²)

合计　51.60＋17.28＝68.98(m²)

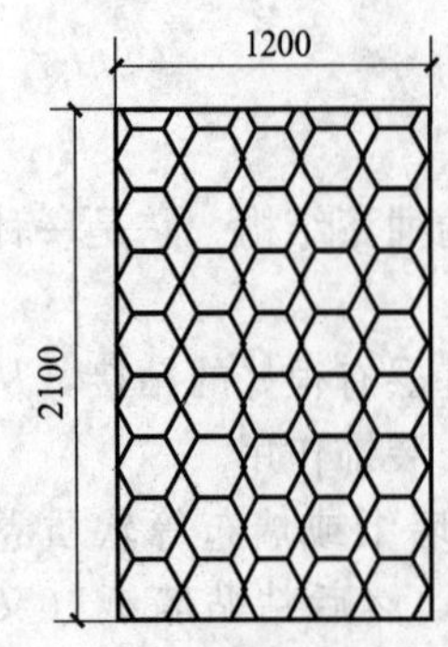

图 4-217　混凝土花格窗立面图

【例 4-131】　某计算机房窗户为混凝土花格窗，如图 4-217 所示，计算其涂料工程量。

解　混凝土花格窗涂料工程量＝1.2×2.1×1.82(系数)＝4.59(m²)

(2) 木材面的工程量分别按附表相应的计算规则计算。如表4-30～表 4-34 所示。

说明：木材面构件类型很多，定额中无法一一列出，只选取几种典型构件作为计算基础，分别执行单层木门定额、单层木窗定额、木扶手定额、其他木材面和木地板定额，其余构件按照以上附表乘以合适的系数获取工程量。

表 4-30 执行木门定额工程量系数表

项目名称	系数	工程量计算方法	项目名称	系数	工程量计算方法
单层木门	1.00	按单面洞口面积计算	单层全玻门	0.83	按单面洞口面积计算
双层(一玻一纱)木门	1.36		木百叶门	1.25	
双层(单裁口)木门	2.00				

表 4-31 执行木窗定额工程量系数表

项目名称	系数	工程量计算方法	项目名称	系数	工程量计算方法
单层玻璃窗	1.00	按单面洞口面积计算	单层组合窗	0.83	按单面洞口面积计算
双层(一玻一纱)木窗	2.00		双层组合窗	1.13	
双层框扇(单裁口)木窗	1.36		木百叶窗	1.50	
双层框三层(二玻一纱)木窗	2.60				

表 4-32 执行木扶手定额工程量系数表

项目名称	系数	工程量计算方法	项目名称	系数	工程量计算方法
木扶手(不带托板)	1.00	按延长米计算	挂衣板、黑板框、单独木线条 100mm 以外	0.52	按延长米计算
水扶手(带托板)	2.60				
窗帘盒	2.04		挂镜线、窗帘棍、单独木线条 100mm 以内	0.35	
封檐板、顺水板	1.74				

表 4-33 执行其他木材面定额工程量系数表

项 目 名 称	系 数	工程量计算方法
木板、纤维板、胶合板天棚	1.00	长×宽
木护墙、木墙裙	1.00	
窗台板、筒子板、盖板、门窗套、踢脚线	1.00	
清水板条天棚、檐口	1.07	
木方格吊顶天棚	1.20	
吸音板墙面、天棚面	0.87	
暖气罩	1.28	
木间壁、木隔断	1.90	单面外围面积
玻璃间壁露明墙筋	1.65	
木栅栏、木栏杆(带扶手)	1.82	
衣柜、壁柜	1.00	实刷展开面积
零星木装修	1.10	展开面积
梁柱饰面	1.00	展开面积

表 4-34 执行木地板定额工程量系数表

项 目 名 称	系 数	工程量计算方法
木地板、木踢脚线	1.00	长×宽
木楼梯(不包括底面)	2.30	水平投影面积

计算公式：木材面的工程量按表 4-30～表 4-34 中相应的工程量计算方法乘以表中的系数

【例 4-132】 如图 4-218 所示，某集团会议中心双开门节点图，门洞尺寸（宽）1500mm×（高）2400mm，墙厚 240mm，分别计算其门套、门贴脸、门线条及门扇的油漆工程量。

解 门套的油漆工程量＝(1.5＋2.4×2)×0.24＝1.51(m^2)，执行其他木材面定额。

门贴脸的油漆工程量＝ (1.5＋2.4×2)×2×0.35(系数)＝4.41(m)。

胡桃木门线条的油漆工程量＝[(止口条)(1.5＋2.4×2)＋(L 形线条)2.4×2] ×0.35(系数)＝3.89(m)。以上两项执行木扶手定额。

门扇的油漆工程量＝1.5×2.4＝3.6(m^2)，执行木门定额。

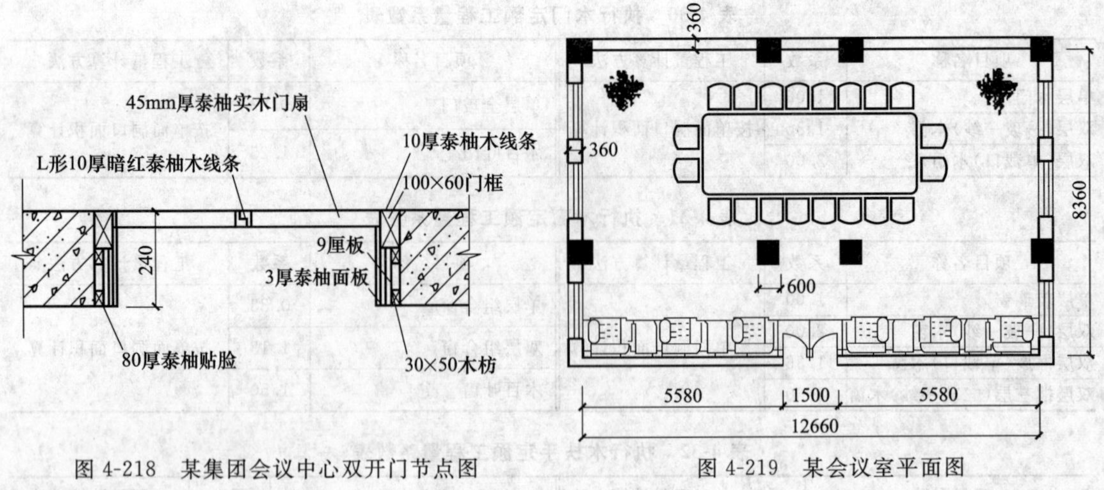

图 4-218　某集团会议中心双开门节点图　　　图 4-219　某会议室平面图

【例 4-133】 计算图 4-219、图 4-220 所示，某会议室木门窗润油粉、刮腻子、聚氨酯漆三遍的工程量。

解　单层木门油漆工程量＝1.0×2.2＝2.2(m^2)，套用定额 5-037。

双层木窗油漆工程量＝2.1×1.8×2.00(系数)×6(樘)＝45.36(m^2)，套用定额 5-038。

(3) 金属构件油漆的工程量按构件重量计算。

计算公式：　　　　金属构件油漆的工程量＝构件重量

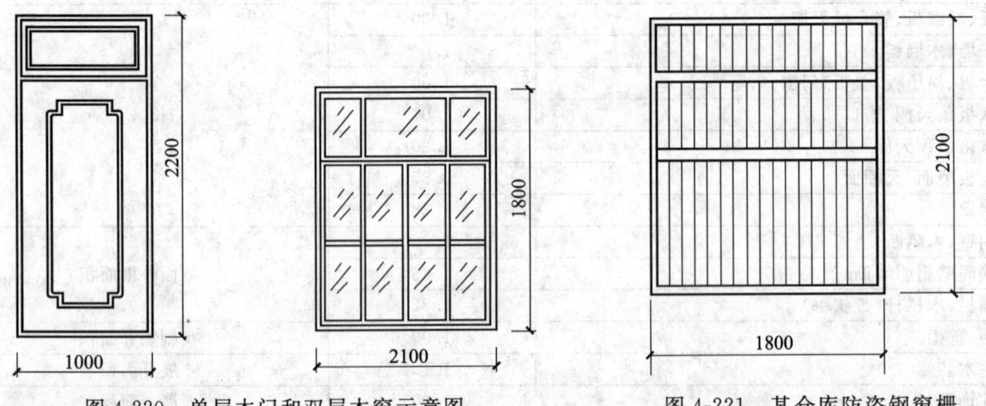

图 4-220　单层木门和双层木窗示意图　　　图 4-221　某仓库防盗钢窗栅

【例 4-134】 如图 4-221 所示，某仓库窗扇装有防盗钢窗栅，四周外框及两横档为 30×30×25 角钢，30 角钢 1.18kg/m；中间为Φ8 钢筋，Φ8 钢筋 0.395kg/m，试计算其油漆工程量。

解　防盗钢窗栅油漆工程量计算如下。

L30×25 角钢长度＝2.1×2＋1.8×4＝11.4(m)

Φ8 钢筋长度＝2.1×16＝33.6(m)

重量＝11.4×1.18＋33.6×0.395＝26.72(kg)

防盗钢窗栅油漆工程量＝26.72×1.71(系数)＝45.698(kg)＝0.046(t)

注意：很多省市制订了金属构件油漆工程量的计算方法和工程量系数表，是按照表中相应的工程量计算方法乘以系数来计算金属面油漆工程量。《全国统一基础定额》规定的金属面油漆工程量系数表如表 4-35～表 4-37 所示。

表 4-35 单层钢门窗工程量系数表

项目名称	系数	工程量计算方法
单层钢门窗	1.00	洞口面积
双层(一玻一纱)钢门窗	1.48	
钢百页钢门	2.74	
半截百页钢门	2.22	
满钢门或包铁皮门	1.63	
钢折叠门	2.30	
射线防护门	2.96	框(扇)外围面积
厂库房平开、推拉门	1.70	
铁丝网大门	0.81	
间壁	1.85	长×宽
平板屋面	0.74	斜长×宽
瓦垄板层面	0.89	
排水、伸缩缝盖板	0.78	展开面积
吸气罩	1.63	水平投影面积

(4) 定额中的隔墙、护壁、柱、天棚木龙骨及木地板中木龙骨带毛地板，刷防火涂料工程量计算规则如下。

① 隔墙 、护壁木龙骨按其面层正立面投影面积计算。

计算公式： 隔墙、护壁木龙骨刷防火涂料工程量＝隔墙、护壁面层宽度×高度

表 4-36 按其他金属面油漆项目计算工程量的系数表

项目名称	系数	计算方法	项目名称	系数	计算方法
钢屋架、天窗架、挡风架、托梁架、支架、檩条	1.00	以重量计算	钢栅栏门、栏杆、窗栅	1.71	以重量计算
钢墙架(空腹式)	0.50		钢爬梯	1.18	
钢墙架(格板式)	0.82		轻型钢屋架	1.42	
钢柱、吊车梁、花饰梁、柱、空花构件	0.63		踏步式钢扶梯	1.05	
钢操作台、走台、制动梁、车挡	0.71		零星铁件	1.32	

表 4-37 平板屋面涂刷磷化、锌黄底漆工程量系数表

项目名称	系数	工程量计算方法
平板屋面	1.00	斜长×宽
瓦垄板屋面	1.20	
排水、伸缩缝盖板	1.05	展开面积
吸气罩	2.20	水平投影面积
包镀锌铁皮门	2.20	洞口面积

【例 4-135】 某微机房隔墙铺木龙骨、胶合板基层面层如图 4-222 所示，求隔墙铺木龙骨刷防火涂料的工程量。

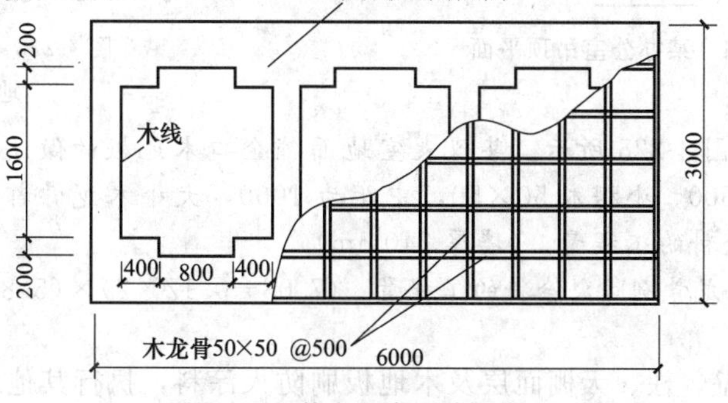

图 4-222 某微机房隔墙示意图

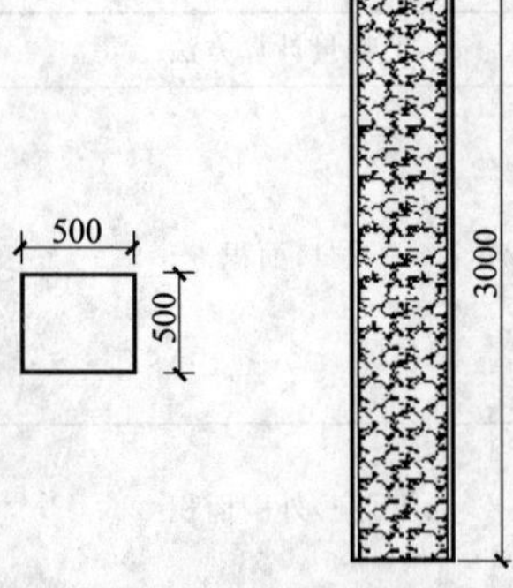

图 4-223　装饰柱饰面木龙骨大样图

解　工程量计算　隔墙铺木龙骨刷防火涂料的工程量＝6.0×3.0＝18（m^2）

② 柱木龙骨按其面层外围面积计算。

计算公式：柱木龙骨刷防火涂料工程量＝柱面层外围周长×高度

【例 4-136】　某证券营业厅装饰柱饰面木龙骨如图 4-223 所示，计算其防火涂料工程量。

解　装饰柱木龙骨防火涂料工程量＝0.50×4×3.0＝6.0（m^2）

③ 天棚木龙骨按其水平投影面积计算。

计算公式：　天棚木龙骨刷防火涂料工程量＝天棚水平投影长×宽度

【例 4-137】　某办公室吊顶平面如图 4-224 所示。计算吊顶木龙骨刷防火涂料所需工程量。

解　吊顶木龙骨刷防火涂料所需工程量＝10.76×7.26＝78.12（m^2）

④ 木地板中木龙骨及木龙骨带毛地板按地板面积计算。

计算公式：　木地板中木龙骨及木龙骨带毛地板刷防火涂料工程量＝地板实铺面积

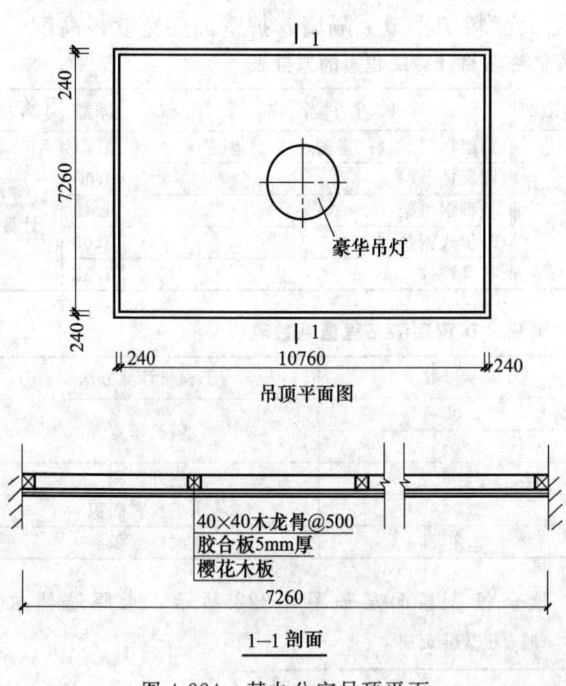

图 4-224　某办公室吊顶平面

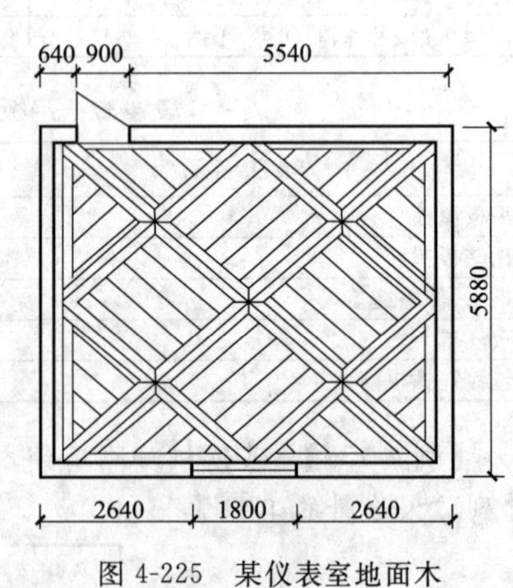

图 4-225　某仪表室地面木地板示意图

【例 4-138】　如图 4-225 所示。某仪表室地面铺企口木地板的做法：铺在楞木上，大楞木 50×60，中距为 500，小楞木 50×50，中距为 1000，大小木龙骨都刷防火涂料。求木地板中木龙骨刷防火涂料的工程量。（墙厚 240mm）

解　木地板中木龙骨刷防火涂料的工程量：(7.08－0.12×2)×(5.88－0.12×2)＋0.9×0.24＝38.79（m^2）

（5）隔墙、护壁、柱、天棚面层及木地板刷防火涂料，执行其他木材面刷防火涂料相应子目。

如：例 4-136～例 4-138 中的项目都执行其他木材面刷防火涂料相应子目，套用定额 5-158。

(6) 木楼梯（不包括底面）油漆，按水平投影面积乘以 2.3 系数，执行木地板相应子目。

【注释】 木楼梯因具有上面、下面及侧面，油漆需考虑整个楼梯的上、下、侧面油漆，其面积应按水平投影面积乘以系数 2.3 即为楼梯的上面，侧面油漆（不含底面油漆）。

计算公式： 木楼梯（不包括底面）油漆工程量＝水平投影面积×2.3（系数）

木楼梯底面油漆工程量＝展开面积

【例 4-139】 某客厅木楼梯如图 4-226 所示，设计为底油、油色、清漆两遍，计算木楼梯油漆工程量。

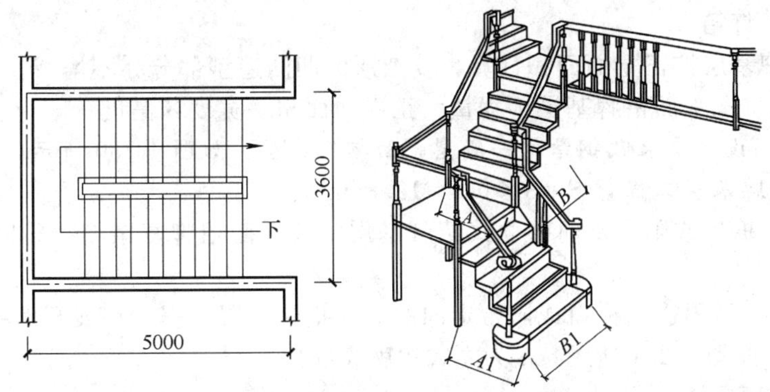

图 4-226　某客厅木楼梯示意图

解　木楼梯油漆工程量＝3.6×5.0×2.3（系数）＝41.4（m^2），套用定额 5-152。

六、其他工程

其他工程是指与建筑装饰工程相关的招牌、美术字、装饰条、室内零星装饰和营业装饰性柜类等。

(一) 其他工程定额项目

其他工程包括招牌灯箱基层、招牌灯箱面层、美术字安装、压条装饰线条、暖气罩、镜面玻璃、货架柜类、拆除、其他 9 个分项 211 个子目。

(1) 招牌、灯箱面层项目　招牌、灯箱面层是指安装在招牌、灯箱框架之上的面板制作和安装，不包括灯光、字体、油漆等的工料。其面层定额列有有机玻璃、玻璃、金属板、玻璃钢、胶合板、铝塑板等 6 种性质板材。如果设计采用其他板材者，可按相近性质材料套用，单价可以调整，但定额含量不变。灯箱是以悬挂、悬挑或附着方式支撑在雨篷下或墙面上，如图 4-227 所示。

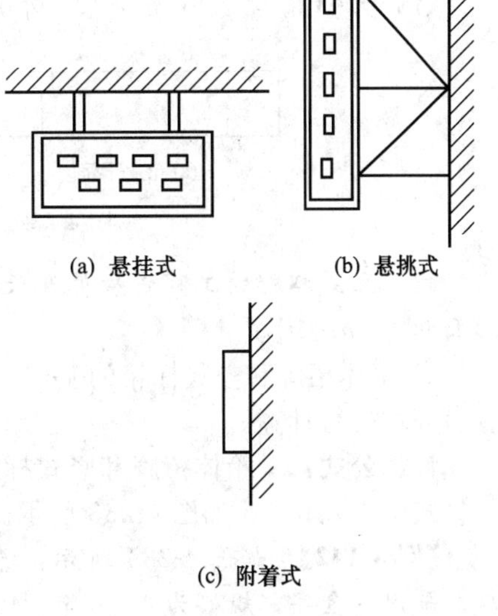

(a) 悬挂式　(b) 悬挑式　(c) 附着式

图 4-227　灯箱支撑方式

(2) 压条、装饰线条项目　压条、装饰线条是指用于各种装饰材料的交接面、分界面、层次面和封边封口等所用的窄条线板。根据其材质分为金属条、木质装饰线条、石材装饰线、其他装饰线等。木装饰线条如图 4-228 所示。

(3) 暖气罩项目　暖气罩是指遮挡室内暖气片或

暖气管的装饰罩，依其安装方式分为挂片式、平墙式、明式等三种，如图 4-229 所示。

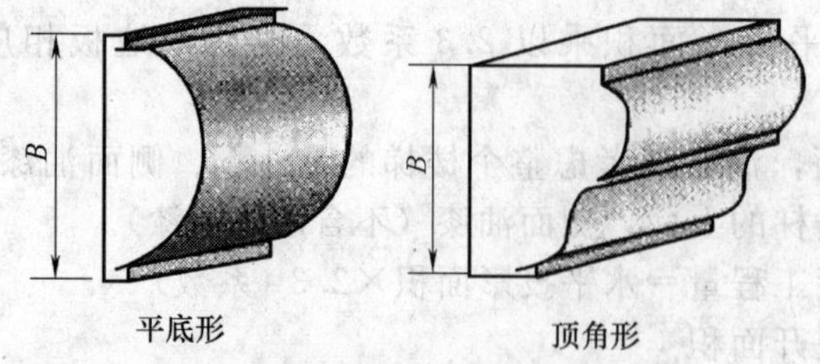

平底形　　顶角形

图 4-228　木质线条

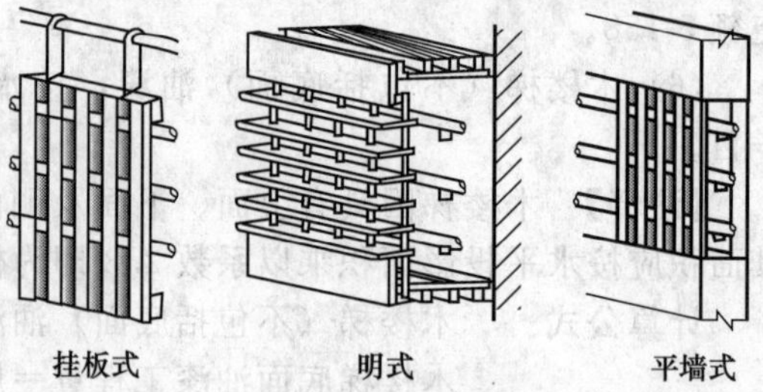

挂板式　　明式　　平墙式

图 4-229　暖气罩

（二）工程量计算规则

(1) 招牌 、灯箱

① 平面招牌基层按正立面面积计算，复杂形的凹凸造型部分亦不增减。

计算公式：　　平面招牌基层工程量＝正立面面积＝宽度×高度

【例 4-140】 设计要求做钢结构一般型平面招牌基层，如图 4-230 所示，计算其工程量。

解　平面招牌基层工程量 $S=8\times1.6=12.8(\text{m}^2)$。

② 沿雨篷、檐口或阳台走向的立式招牌基层，按平面招牌复杂型执行时，应按展开面积计算。

计算公式：　沿雨篷、檐口或阳台走向的立式招牌基层工程量＝展开面积＝$(a+2b)\times h$

式中，a、b 如图 4-231 所示，h 为立式招牌高度。

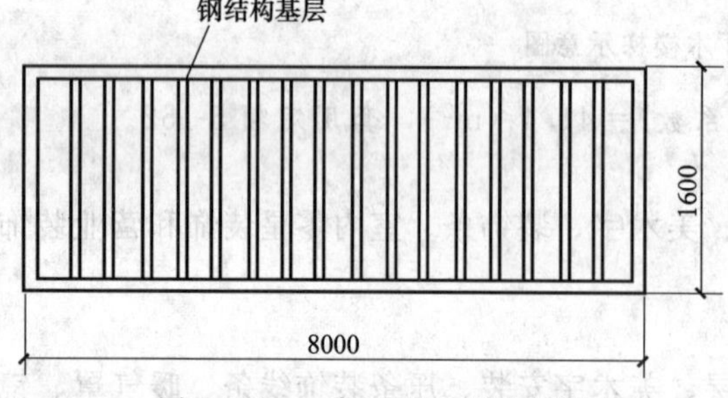

图 4-230　一般型平面招牌基层

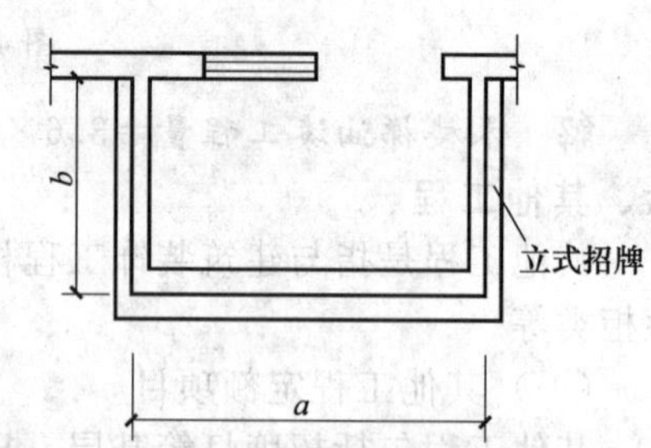

图 4-231　沿阳台走向的立式招牌示意图

【例 4-141】 计算如图 4-232 所示立式招牌的工程量。

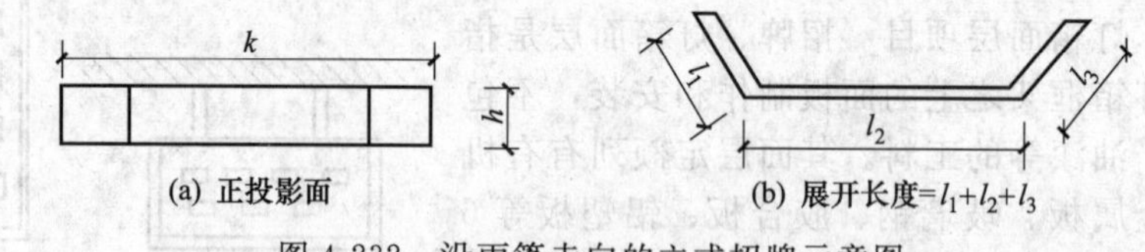

图 4-232　沿雨篷走向的立式招牌示意图

解　立式招牌的工程量按展开长度$(=l_1+l_2+l_3)$乘以招牌的高度来计算，而不应按投影面积 $k\times h$ 来计算。

③ 箱体招牌和竖式标箱的基层，按外围体积计算。突出箱外的灯饰、店徽及其他艺术装潢等均另行计算。

计算公式：　箱体招牌和竖式标箱的基层工程量＝$a\times b\times h$

式中，a、b、h 如图 4-233 所示。

【例 4-142】 如图 4-234 所示，某酒店采用钢结构箱式招牌，面层为象牙白色铝塑板，店名采用钛金字，规格为 400mm×400mm，计算该招牌基层工程量。

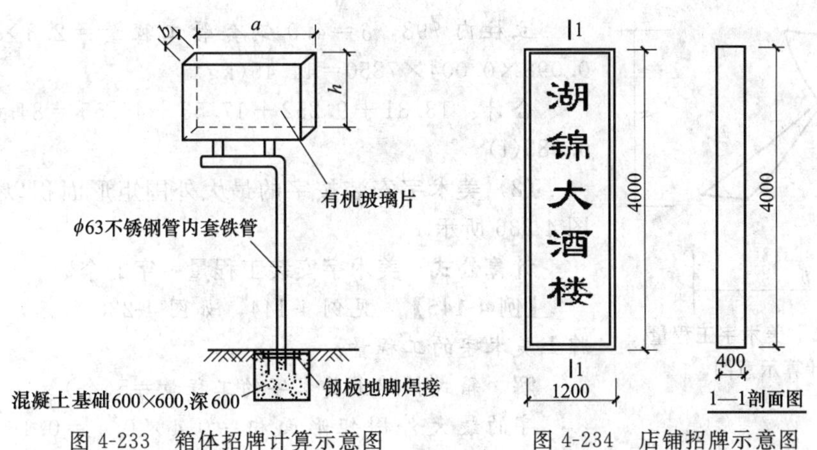

图 4-233　箱体招牌计算示意图　　　图 4-234　店铺招牌示意图

解　箱式招牌基层工程量为：1.2×4×0.4=1.92(m)，套用定额 6-009 子目。

④ 灯箱的面层按展开面积以 m^2 计算。

计算公式：　灯箱的面层工程量=$(a\times b+b\times h+a\times h)\times 2$

式中，a、b、h 如图 4-233 所示。

【例 4-143】　如图 4-234 所示，计算该招牌象牙白色铝塑板面层工程量。

解　该招牌面层工程量=(1.2×0.4+0.4×4+1.2×4)×2=13.76(m^2)，套用定额 6-019 子目。

⑤ 广告牌钢骨架以吨计算。

【例 4-144】　某公共汽车候车站广告牌钢骨架如图 4-235 所示，已知钢管比重 7.85kg/m，试计算该广告牌钢骨架的工程量。已知图中钢管厚 δ=1.2mm，立柱内有 ϕ98、δ=4.0、L=2300mm 钢套管。

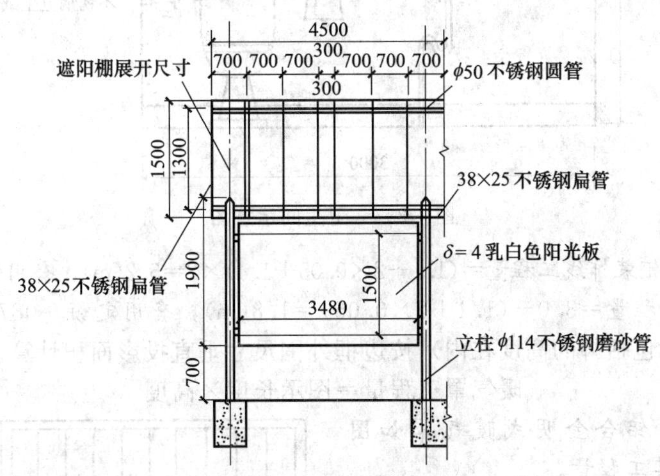

图 4-235　车站广告牌示意图

解　该广告牌钢骨架的工程量计算如下。

顶棚 ϕ50 不锈钢圆管工程量=4.5×2×3.14×0.05×0.0012×7850=13.31(kg)

顶棚 38×25 不锈钢扁管工程量=(4.5×2+1.3×7)×(0.038+0.025)×2×0.0012×7850
=9.252 (kg)

立柱 ϕ114 不锈钢磨砂管工程量=(1.9+0.7)×2×3.14×0.114×0.0012×7850
=17.53 (kg)

立柱内 ϕ98，δ＝4.0 钢套管工程量＝2.3×2×3.14×0.098×0.004×7850＝44.45(kg)

合计：13.31＋9.252＋17.53＋44.55＝84.642 (kg)＝0.085(t)

(2) 美术字安装按字的最大外围矩形面积以个计算。如图 4-236 所示。

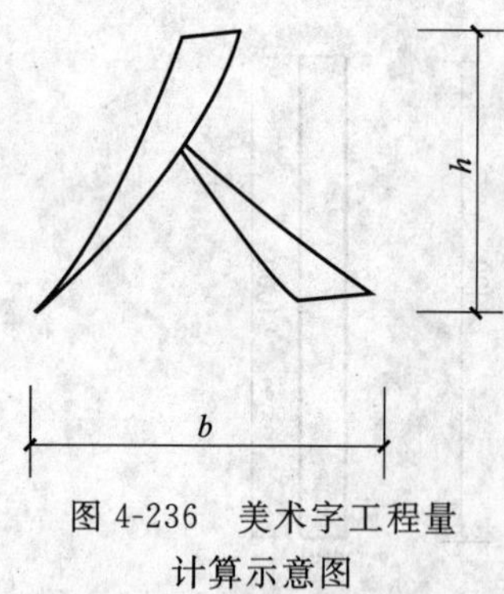

图 4-236 美术字工程量计算示意图

计算公式：美术字安装工程量＝字的个数

【例 4-145】 见例 4-144，如图 4-236 所示，计算箱式招牌上美术字的工程量。

解 箱式招牌上美术字的工程量＝5(个)

字的最大外围矩形面积＝0.4×0.4＝0.16(m^2)＜0.2(m^2)，钛金字，套用定额 6-047。

(3) 压条、装饰线条均按延长米计算。

计算公式： 压条、装饰线工程量＝图示长度

【例 4-146】 某影剧院卫生间如图 4-237 所示，求镜面不锈钢装饰线工程量。

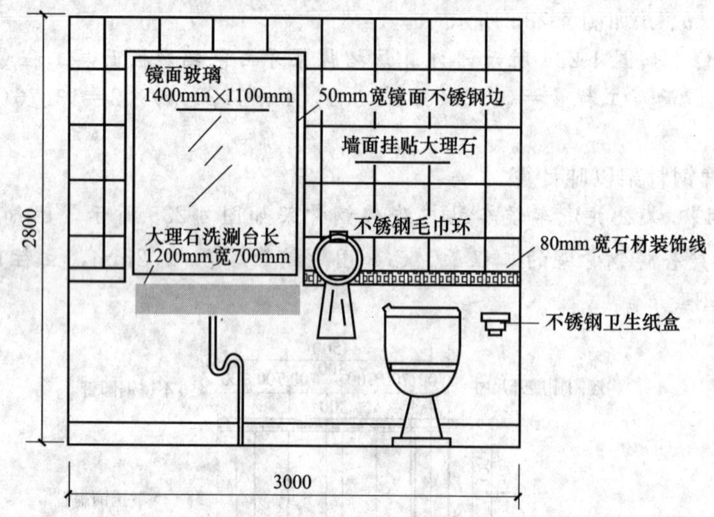

图 4-237 卫生间示意图

解 镜面不锈钢装饰线工程量＝(1.1＋2×0.05＋1.4)×2＝5.2(m)，套用定额 6-064 子目。

石材装饰线工程量＝3.0－(1.1＋2×0.05)＝1.8(m)，套用定额 6-087 子目。

(4) 暖气罩（包括脚的高度在内）按边框外围尺寸垂直投影面积计算。

计算公式： 暖气罩工程量＝图示长度×高度

【例 4-147】 铝合金明式暖气罩如图 4-238所示，计算其工程量。

解 暖气罩工程量 S＝1.5×0.85＝1.28(m^2)

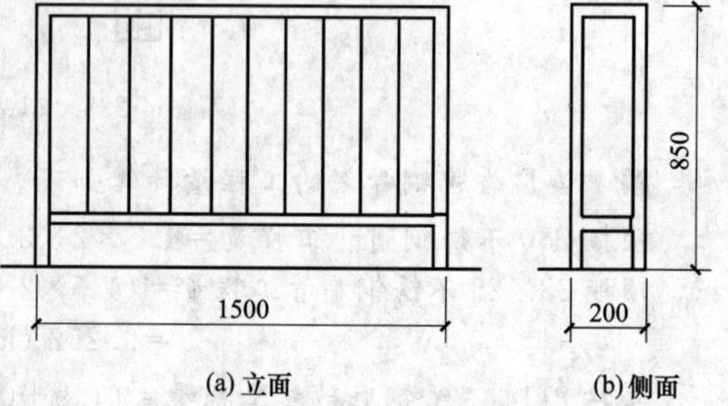

图 4-238 铝合金明式暖气罩

(5) 镜面玻璃安装、盛洗室木镜箱以正立面面积计算。

计算公式：镜面玻璃安装、盛洗室木镜箱＝镜面长×镜面高

【例 4-148】 如图 4-237 所示，求镜面玻

璃安装工程量。

解 镜面玻璃安装工程量＝1.4×1.1＝1.52(m^2)，套用定额 6-112 子目。

(6) 塑料箱、毛巾环、肥皂盒、金属帘子杆、浴缸拉手、毛巾杆安装以只或副计算。不锈钢旗杆以延长米计算。大理石洗漱台以台面投影面积计算（不扣除孔洞面积）。

【例 4-149】 如图 4-237 所示，求毛巾环、卫生纸盒及大理石洗漱台的工程量。

解 毛巾环工程量＝1 只，套用定额 6-201。

卫生纸盒工程量＝1 只，套用定额 6-202。

大理石洗漱台的工程量＝1.2×0.7＝0.84(m^2)，套用定额 6-210 子目。

(7) 货架、柜橱类均以正立面的高（包括脚的高度在内）乘以宽以 m^2 计算。

计算公式： 货架、柜橱类工程量＝高×宽

【例 4-150】 某商场货架样式如图 4-239 所示，求货架工程量。

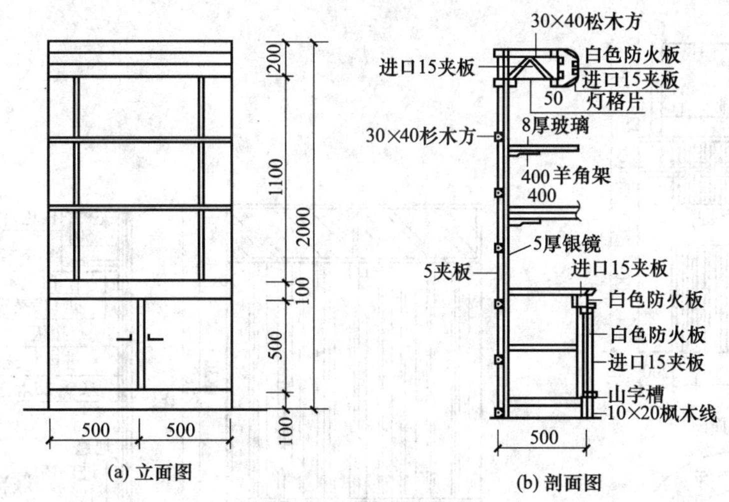

图 4-239 货架示意图

解 货架工程量＝(0.5＋0.5)×2.0＝2(m^2)，套用定额 6-121 子目。

【例 4-151】 某宾馆客房附墙矮柜样式如图 4-240 所示，求附墙矮柜工程量。

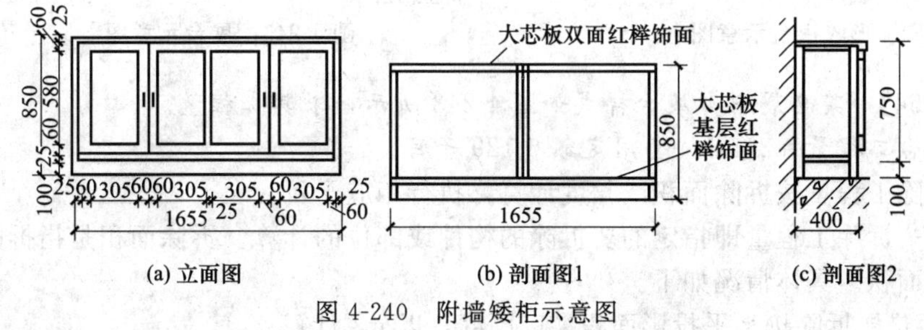

图 4-240 附墙矮柜示意图

解 附墙矮柜工程量＝0.85×1.655＝1.41(m^2)，套用定额 6-136 子目。

(8) 收银台、试衣间等以个计算，其他以延长米为单位计算。

【注释】 这里的其他是指展台、酒吧台、厨房柜台、附墙衣柜（书柜、酒柜）等。所谓延长米即指构件的展开长度。

计算公式： 收银台、试衣间工程量＝个数

其他工程量＝正立面图示长度

【例 4-152】 某购物中心收银台样式如图 4-241 所示，求收银台工程量。

解 收银台工程量＝1 个，套用定额 6-127 子目。

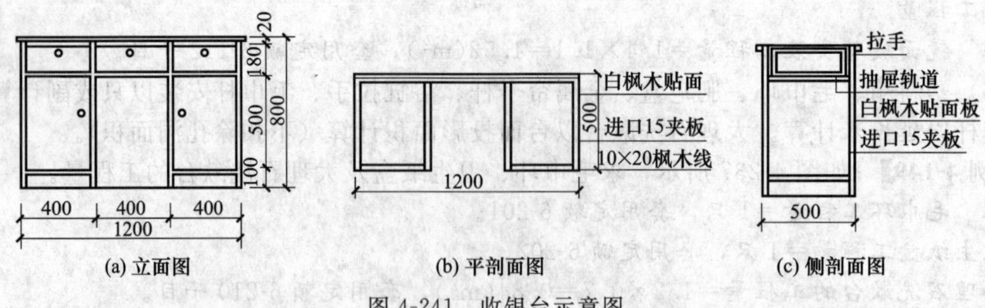

图 4-241　收银台示意图

【例 4-153】 某咖啡厅收银台样式如图 4-242 所示，求收银台工程量。

解　收银台工程量＝1 个，套用定额 6-127 子目。

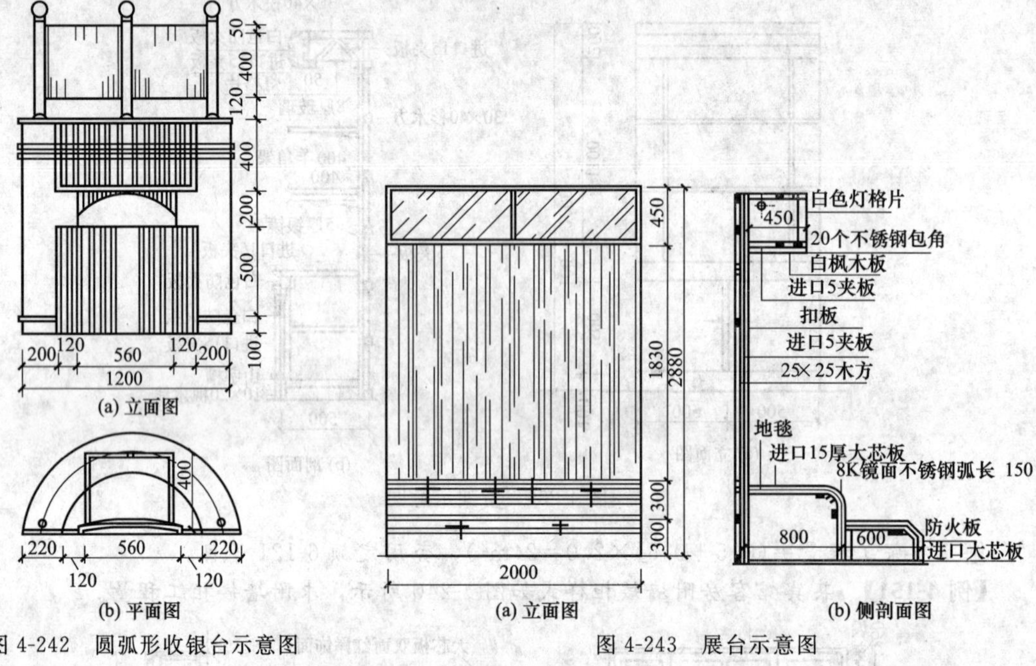

图 4-242　圆弧形收银台示意图　　　图 4-243　展台示意图

【例 4-154】 某会展中心展台样式如图 4-243 所示，求其工程量。

解　展台工程量＝2(m)，套用定额 6-129 子目。

(9) 拆除工程量按拆除面积或长度计算，执行相应子目。

【释义】 拆除工程量即指定的要拆除的构件或部位的计算。拆除面积是指拆除构件所占的垂直投影面积。具体情况如下。

① 地面垫层拆除按水平投影面积乘以厚度，以 m^3 计算。

② 地面的拆除按水平投影面积以 m^2 计算，踢脚板的拆除并入地面面积计算。

③ 钢筋混凝土构件拆除按实拆体积以 m^3 计算。预制钢筋混凝土楼板拆除包括找平层及抹灰层，按室内净面积以 m^2 计算。

④ 木楼梯拆除以住宅楼梯为准，不分单双跑，包括拆除楼梯的休息平台，每层为一座，以座计算；扶手按实拆长度以 m 计算。

⑤ 窗台板、筒子板、水磨石隔断、护墙板的拆除按实拆面积，以 m^2 计算。

⑥ 窗帘盒、棍、托的拆除，以长度在 2m 以内为准，按“份”计算。

⑦ 各种墙体的拆除按墙体厚度（包括抹灰层厚度）乘以拆除面积，不扣除门洞口，也不

计算门窗拆除，但也不增加突出墙面的挑檐、虎头砖、门窗台、附墙烟囱及砖垛等的体积。

⑧ 整樘门窗拆除按洞口尺寸，以 m^2 计算，仅拆除门窗框者按“个”计算，仅拆除门窗扇者按“扇”计算。

【例 4-155】 如图 4-237 所示，求拆除墙面大理石工程量。

解 拆除墙面大理石工程量＝3.0×2.8＝8.4(m^2)，套用定额 6-162 子目。

七、装饰装修工程技术措施项目工程量的计算

（一）装饰装修脚手架及项目成品保护费

1. 装饰装修脚手架工程定额项目

装饰装修脚手架包括满堂脚手架、外脚手架、内墙面粉饰脚手架、安全过道、封闭式安全笆、斜挑式安全笆、满挂安全网等 12 个子目。吊篮架由各省、市根据当地实际情况编制。

(1) 装饰装修脚手架类型

1) 装饰装修外脚手架　是指便于装饰装修人员对外墙装修，提供施工操作服务的工作架子，如图 4-244 所示，装饰装修人员可在上面安全行走和工作，并能临时摆放施工所需材料和工具。它分为外墙面脚手架、独立柱脚手架。

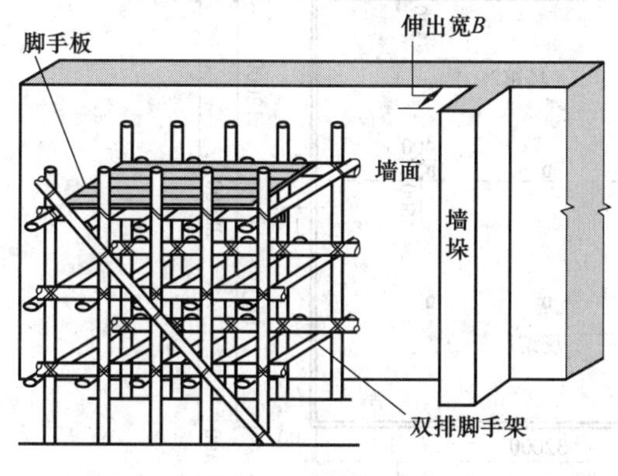

图 4-244　外脚手架

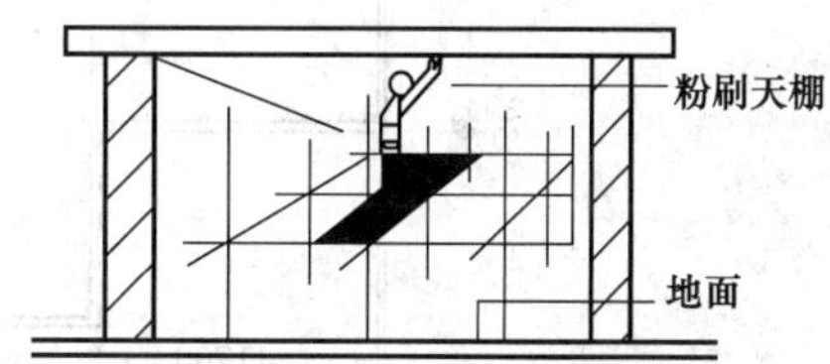

图 4-245　满堂脚手架

2) 满堂脚手架　是指装饰装修室内天棚所使用的脚手架，形如棋盘井格，如图 4-245 所示。计算满堂脚手架应根据天棚净高在 3.6m 以内、3.6～5.2m、5.2m 以上等三种情况的不同进行处理。

3) 内墙面粉饰脚手架项目　内墙面粉饰脚手架，又称为里脚手架，它是指装饰装修室内墙面所使用的脚手架。它按内墙的装饰高度不同，定额分为 3.6～6m 以内、10m 以内、20m 以内等三种情况。3.6m 以内只用简易脚手架，其简易脚手费用，应根据各省市的规定计算（有的规定按简易脚手计算，有的规定不计算）。

(2) 项目成品保护费　是指保管已施工完成的装饰装修项目后所需保护材料及人工费用。如对楼地面保护、楼梯台阶面保护、独立柱面保护、墙面保护等。常见如大理石铺砌成品后，在上方铺垫草席麻袋等软织物材料用于吸水，保护成品作用。

2. 工程量计算规则

(1) 装饰装修脚手架工程量计算规则

1) 满堂脚手架　按实际搭设的水平投影面积计算，不扣除附墙柱、柱所占的面积，其基本层高以 3.6m 以上至 5.2m 为准。凡超过 3.6m、在 5.2m 以内的天棚抹灰及装饰装修，应计算满堂脚手架基本层；层高超过 5.2m，每增加 1.2m 计算一个增加层，增加层的层数＝(层高－5.2m)＝1.2m，不足 0.6 舍去不计。室内凡计算了满堂脚手架者，其内墙面粉饰不再计算粉饰架，墙面垂直投影面积增加改架工 0.0128 工日/m^2。

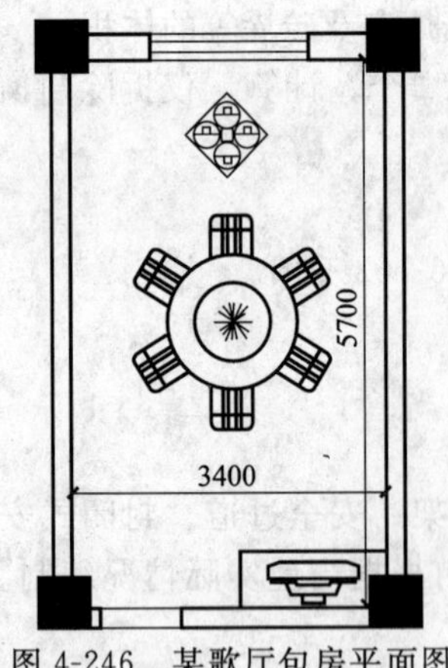

图 4-246　某歌厅包房平面图

计算公式：满堂脚手架工程量＝室内净长度×室内净宽度

【例 4-156】　某歌厅包房平面图如图 4-246 所示，该包房天棚做吊顶，室内净高 5.2m，计算其满堂脚手架工程量。

解　满堂脚手架搭设高度 4.2m，3.6m＜4.2m＜5.2m，所以只计算满堂脚手架基本层，不能计算增加层。

满堂脚手架工程量＝3.4×5.7＝19.38（m^2），套用定额 7-005。

【例 4-157】　某大学体育中心是一高低不同的多功能场馆，分别设有馆 1、馆 2、馆 3，如图 4-247 所示，要对其进行天棚装饰装修，计算搭设脚手架工程量。（注：图中虚线表示场馆的分界线。）

解　场馆 1 搭设面积　32×16＝512(m^2)

场馆 2 搭设面积　24×12＝288(m^2)

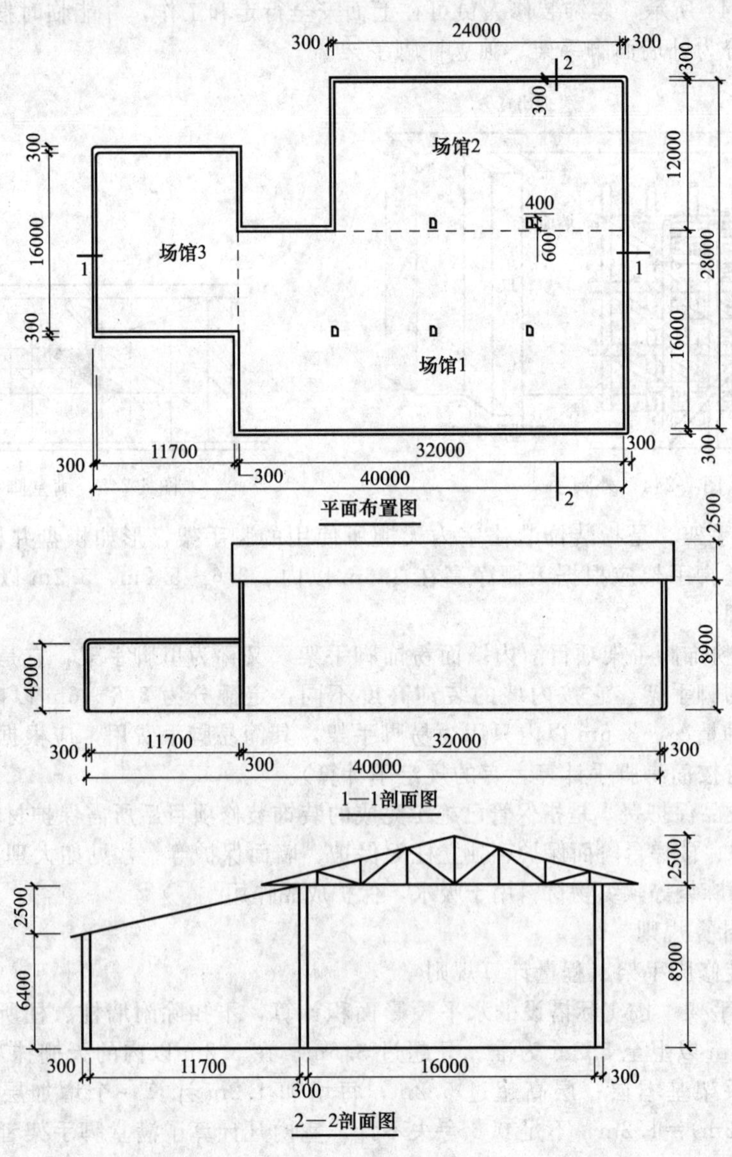

图 4-247　多功能场馆

场馆 3 搭设面积　$(11.7+0.3)\times16=192(m^2)$

合计：$512+288+192=992(m^2)$，套用定额 7-005。

场馆 1 平均高度　$8.9+2.5/2=10.15(m)$

增加层数　$(10.15-5.2)/1.2=4.125\approx4$(层)

场馆 2 平均高度　$6.4+2.5/2=7.65(m)$

增加层数　$(7.65-5.2)/1.2=2.04\approx2$(层)

场馆 3 平均高度为 4.9m＜5.2m，没有增加层。

增加层工程量合计：$4\times512+2\times288=2624(m^2)$，套用定额 7-006。

2）装饰装修外脚手架　按外墙的外边线长乘墙高以 m^2 计算，不扣除门窗洞口的面积。同一建筑物各面墙的高度不同，且不在同一定额步距内时，应分别计算工程量。定额中所指的檐口高度 5～45m 以内，系指建筑物自设计室外地坪面至外墙顶点或构筑物顶面的高度。

【注释】 步距是指同类定额一组之间的间距。全国建筑装饰装修消耗量定额分为四个步距：檐高 10m、20m、30m、45m 以内。

计算公式：　　装饰装修外脚手架工程量＝外墙的外边线长×墙高

【例 4-158】 某写字楼外墙面装饰如图 4-248 所示，计算其脚手架工程量。

解　装饰装修外脚手架工程量$=3.2\times3.86=12.35(m^2)$

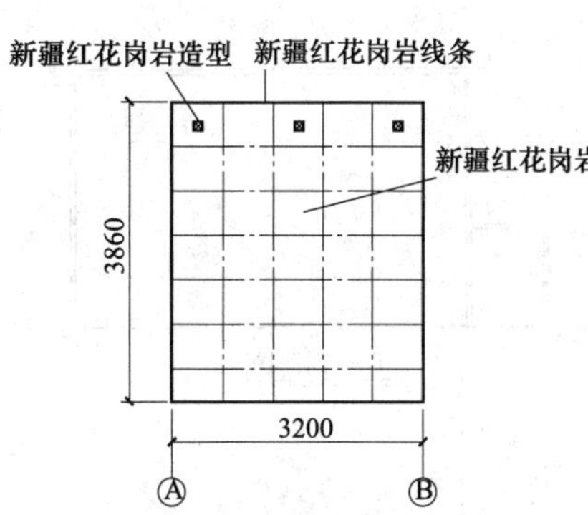

图 4-248　外墙面装饰立面图

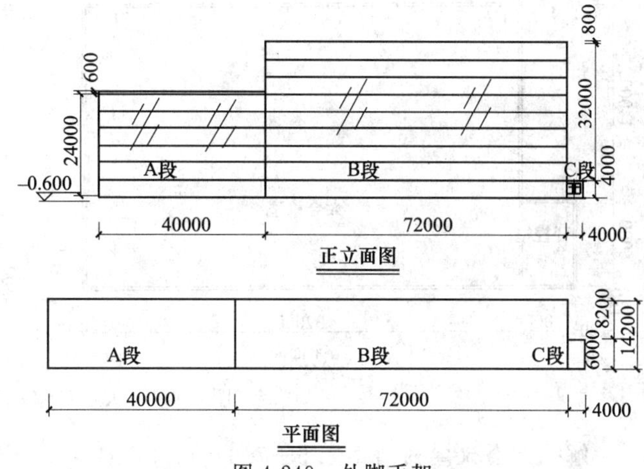

图 4-249　外脚手架

【例 4-159】 如图 4-249 所示，某一幢办公楼，要对其外墙面进行重新整修，计算搭设外脚手架。

解　A 段部分外墙需搭设脚手架高度为 $24+0.6\times2=25.2(m)$

面积为 $(40+14.2+40)\times25.2=2373.84(m^2)$

因高度在 20m 以上 30m 以内，所以套用定额 7-003。

B 段部分外墙需搭设脚手架高度为 $32.0+4.0+0.6+0.8=37.4(m)$

面积为 $(72+14.2)\times2\times37.4-14.2\times25.2-6.0\times(4.0+0.6)=6062.32(m^2)$

因高度在 30m 以上 45m 以内，所以套用定额 7-004

C 段部分外墙需搭设脚手架高度为 $4+0.6=4.6(m)$

面积为 $(4.0\times2+6)\times4.6=64.4(m^2)$

因高度在 10m 以内，所以套用定额 7-001。

3）利用主体外脚手架改变其步高作外墙面装饰架时，按每 $100m^2$ 外墙面垂直投影面积，增加改架工 1.28 工日；独立柱按柱周长增加 3.6m 乘柱高套用装饰装修外脚手架相应

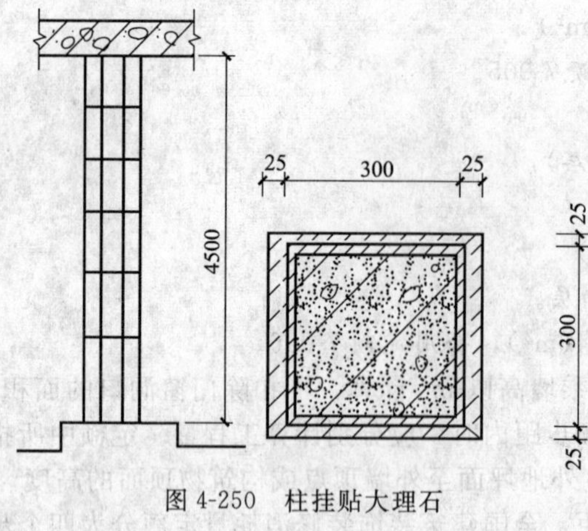

图 4-250　柱挂贴大理石

高度的定额。

计算公式： 利用主体外脚手架改变其步高作外墙面装饰架工程量＝外墙装饰架工程量

独立柱脚手架工程量＝(柱周长＋3.6)×柱高

【例 4-160】 某单位大门钢筋混凝土独立柱 2 根，挂贴大理石，如图 4-250 所示，计算该柱装饰装修外脚手架工程量。

解 柱装饰装修外脚手架工程量＝(0.3×4＋3.6)×4.5×2 根＝43.2(m^2)

因高度在 10m 以内，所以套用定额 7-001。

4）内墙面粉饰脚手架　均按内墙面垂直投影面积计算，不扣除门窗洞口的面积。

计算公式： 内墙面粉饰脚手架工程量＝内墙净长×净高

【例 4-161】 如图 4-251 所示，某公司一大会议室进行内墙面装修，计算搭设脚手架工程量。

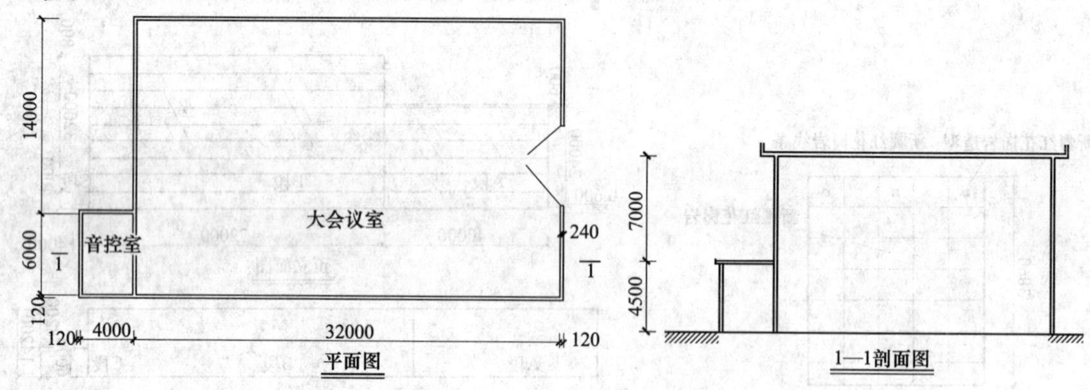

图 4-251　大会议室示意图

解 大会议室内墙高 4.5＋7.0＝11.5(m)

面积　(32－0.24＋6.0＋4.0－0.24)×2×11.5＝1138.96(m^2)

因高度在 10m 以内，所以套用定额 7-009。

音响室内墙高 4.5m。

面积　(6.0－0.24＋4.0－0.24)×2×4.5＝85.68(m^2)

因高度在 3.6m 以上 6m 以内，所以套用定额 7-007。

5）安全过道　按实际搭设的水平投影面积（架宽×架长）计算。

计算公式： 安全过道脚手架工程量＝架宽×架长

【例 4-162】 某临街建筑物，为安全施工沿街面上搭设了一条安全过道，脚手板长 15m，宽 2.4m，计算其工程量。

解 安全过道脚手架工程量＝15×2.4＝3.6(m^2)

6）封闭式安全笆　按实际封闭的垂直投影面积计算。实际用封闭材料与定额不符时，不作调整。

计算公式： 封闭式安全笆工程量＝封闭投影长度×垂直投影宽度

【例 4-163】 某一临街高层建筑，为施工安全，对建筑物施行垂直封闭，垂直封闭面的

长和高分别为20m和10m，要求计算垂直封闭面的工程量。

解 根据本条规则计算工程量：20×10=200(m²)=2(100m²)

7）斜挑式安全笆 按实际搭设的（长×宽）斜面面积计算。

计算公式： 斜挑式安全笆工程量=实际搭设的长×宽

8）满挂安全网 按实际满挂的垂直投影面积计算。

【注释】 安全网是建筑上人在高空进行建筑施工、设备安装时，在其下或其上设置的防止操作人员受伤或材料掉落伤人的棕绳网或尼龙网。

计算公式： 满挂安全网工程量=实挂长度×高度

【例4-164】 某一高层临街建筑物沿街面方向脚手架安设了立挂式安全网。实挂长度为10m，实挂高度为20m，要求计算安全网工程量。

解 根据本条规则计算安全网工程量：10×20=200(m²)=2(100m²)

【例4-165】 某工程挂安全网长110m，挂网高度为6m，求其安全网工程量。

解 安全网工程量=110×6=660(m²)

【例4-166】 挑出式安全网挑出宽度为1.5m，搭设长度为50m，计算其安全网工程量（钢管挑出）。

解 工程量=50×1.5=75.00(m²)

（2）项目成品保护工程量计算规则 按各章节相应子目规则执行。

【例4-167】 如图4-252所示为某套房平面图，施工中要求卧室木地板、内墙面要保护无瑕疵，实木地面用3mm胶合板保护，内墙面用彩条纤维布保护，内墙高2.7m，试计算成品保护工程量。

解 实木地面用3mm胶合板保护工程量=3.24×4.14+3.0×3.0=22.41(m²)，套用定额7-013子目。

内墙面用彩条纤维布保护工程量=[(3.24+4.14)×2+(3.0+3.0)×2]×2.7=72.25(m²)

套用定额7-015子目。

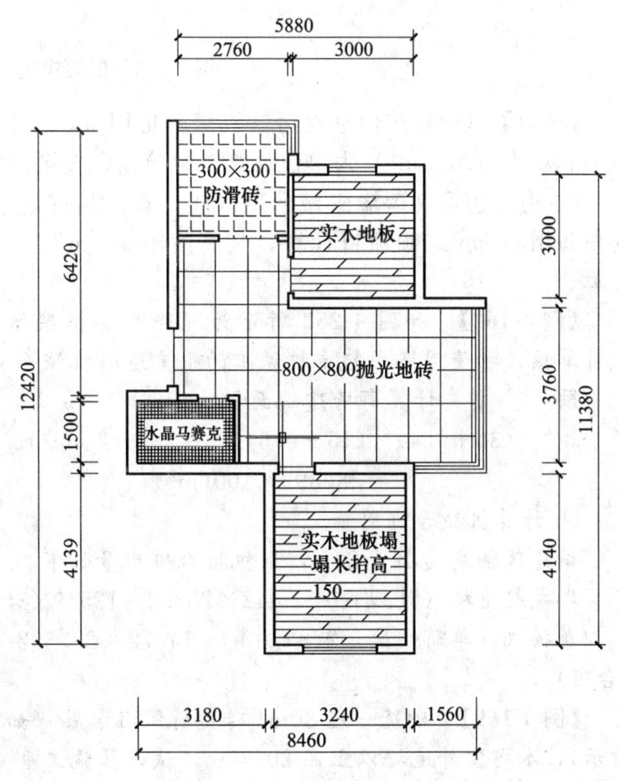

图4-252 某套房平面图

（二）垂直运输及超高增加费

1. 垂直运输工程定额项目

本分部分为垂直运输费和超高增加费2个分项共33个定额子目。

（1）垂直运输费项目 垂直运输是指将施工材料从地面经垂直运输机械，吊运到施工楼层位置所需的运输机械费用。装饰装修工程中的垂直运输一般采用卷扬机或施工电梯。根据装饰装修建筑物的对象，总的分为多层建筑物和单层建筑物。

1）多层建筑物的垂直运输费。按檐口高度不同而有所区别，定额分为多个层次。每个层次可根据具体施工高度计算垂直运输费用。如檐口高60m以内，垂直运输距离分为20m以内、20～40m、40～60m三种垂直运输距离，如果施工高度只在 40m 时，应计算 20m 以内和 20～40m 两种垂直运输机械费。

2）单层建筑物的垂直运输费。只按檐口高 20m 以内和 20m 以外进行确定。当檐口高度在 3.6m 以内单层建筑物，不计算垂直运输机械费。

（2）超高增加费　是指当建筑物垂直运输距离超过六层或檐口高度超过 20m 时，影响人工降效和机械降效而应补偿所增加的费用。因此，超高增加费应根据不同垂直运输距离分为各个层次。增加费定额按各个层次制定的超高费率（%）计算。

2. 垂直运输及超高增加费工程量计算规则及实例

垂直运输费的工程量，按装饰装修工程量计算的所有工日之和进行计算。如装饰装修工程中已计算的楼地面、墙柱面、门窗、天棚等项目的工日之和，套用相应檐口高度中垂直运输距离的定额费用，即：

$$垂直运输费＝装饰项目总工日×相应檐口高度\sum(定额垂直运输费)$$

（1）装饰装修楼层（包括楼层所有装饰装修工程量）　区别不同垂直运输高度（单层建筑物系檐口高度）按定额工日分别计算。

地下层超过二层或层高超过 3.6m 时，计取垂直运输费，其工程量按地下层全面积计算。

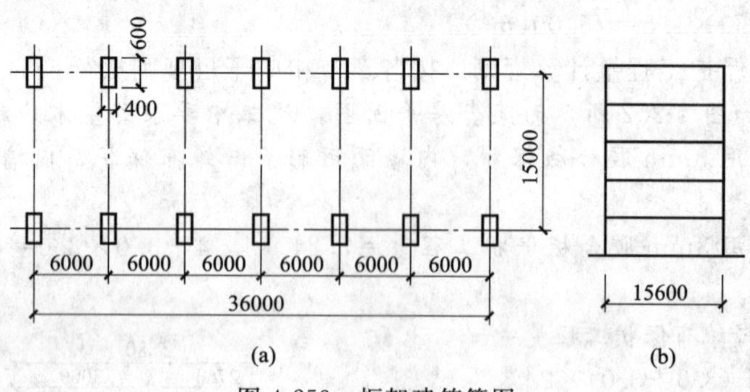

图 4-253　框架建筑简图

【注释】 ① 建筑物垂直运输机械台班用量，区分不同建筑物的结构类型及高度，按建筑面积以平方米（m^2）为单位计算。建筑面积按第四章第二节的规定计算。

② 构筑物垂直运输机械台班以座计算。超过规定高度时再按每增高 1m 定额项目计算，其高度不足 1m 时，亦按 1m 计算。

【例 4-168】 如图 4-253 所示为现浇 5 层框架结构商场，试计算该工程使用塔式起重机施工的垂直运输机械台班用量。

解 ① 首先计算商场建筑面积。

$(36+0.4)\times(15+0.6)\times5=2839.2\ (m^2)$

$=28.392\times100(m^2)$

② 计算机械台班用量。

该建筑物高度小于 20m，则机械台班用量如下。

塔式起重机（6t 以内）　442×28392＝12549（台班）

卷扬机（单筒快速，2t 以内）　14.72×28.392＝417.93（台班）

【例 4-169】 砌筑一座 30m³ 砖支筒保温水塔（如图 4-254 所示），水塔室外地坪以上高 20.47m，试计算施工垂直运输机械台班用量。

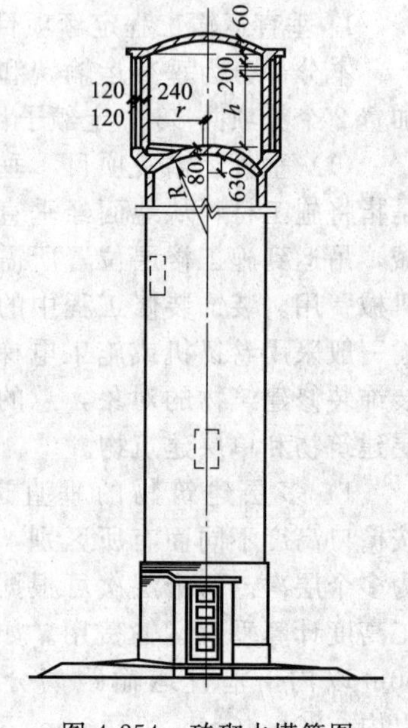

图 4-254　砖砌水塔简图

解 按计算规定，该水塔以21m计，其垂直运输机械台班按定额计算为：

单筒慢速5t以内卷扬机 50.00＋2.50＝52.50(台班)

(2) 超高增加费工程量 装饰装修楼面（包括楼层所有装饰装修工程量）区别不同的垂直运输高度（单层建筑物系檐口高度）以人工费与机械费之和按元分别计算。超高增加费按下式计算。

超高增加费＝装饰装修项目的(人工费＋机械费)×定额超高费率(%)

【注释】 垂直运输及超高增加费的计算，各地与以上《全国统一装饰装修工程消耗量定额》GYD-901—2002部分相差比较大，结合本地区实际，学习并掌握二者之间的联系和区别。

小　　结

本章介绍了工程量的基本概念及其编制依据和方法；建筑和装饰装修工程各个分部工程及可以计量的技术措施项目的工程量计算方法。通过本章的学习，学生可以具备定额计价模式下工程计量的基本技能。

思　考　题

1. 工程量的概念及其计算的技巧有哪些？
2. 怎样区分挖基槽、挖基坑及挖土方？工程量如何计算？
3. 砖护壁和混凝土护壁的人工挖孔桩工程量有何区别？如何计算？
4. 砌筑工程基础与上部结构的如何划分？工程量如何计算？
5. 现浇钢筋混凝土整体楼梯工程量应如何计算？与楼板连接部分工程量应该如何划分？
6. 金属结构工程量计算需注意什么？
7. 怎样计算卷材屋面的女儿墙、伸缩缝和天窗等处的弯起部分工程量？
8. 屋面坡度系数的意义，如何确定？
9. 保温隔热层厚度如何计算？
10. 整体地面面层和块料地面面层工程量计算有何区别？
11. 墙面、墙裙和踢脚板是如何划分的？
12. 天棚吊顶扣除单个0.3m^2以外的孔洞、独立柱及与天棚相连的窗帘盒所占面积，请问扣除独立柱是否以0.3m^2分界？
13. 某工程有普通木窗，设计窗框毛料断面55mm×110mm，窗扇毛料断面40mm×60mm，根据本地区消耗量定额的有关规定，求定额直接费。
14. 某工程楼梯栏杆以圆铁为主，每个楼梯栏杆重为412kg，试计算6个楼梯栏杆刷防锈漆一遍，调和漆两遍的预算费用。
15. 某综合楼地上16层，地下室1层，每层建筑面积为1000m^2。地下室钢筋混凝土底板600厚。室内外地坪高差0.30m，地下室层高4.00m，第一层层高5.00m，第二、三层层高4.50m，其余各层层高3.00m，结构形式为现浇钢筋混凝土框架结构。施工中为确保安全采取全封闭围护。计算脚手费、垂直运输费及超高费。

实训课题

以一幢多层框架结构房屋的施工图为例，结合本地区消耗量定额，对本章建筑工程和装饰装修工程各个分部工程列项并计算其工程量。

施工图预算

知识目标

- 了解施工图预算的概念和作用、施工图预算的编制依据
- 理解施工图预算的费用构成、施工图预算的编制步骤
- 掌握施工图预算的编制方法

能力目标

- 能正确识读施工图
- 能解释施工图预算文件的主要内容
- 能操作施工图预算主要工程量的复核
- 能处理编制施工图预算文件所需资料的收集工作

第一节 施工图预算的概述

一、施工图预算的概念

施工图预算也称为设计预算。它是在施工图设计完成后，根据施工图设计图纸、现行消耗量定额（预算定额）、费用定额以及地区设备、材料、施工机械台班等价格编制和确定的建筑安装工程造价文件。

建筑工程施工图预算有单位工程预算、单项工程预算以及建设项目总预算。首先编制单位工程施工图预算；然后汇总各单位工程施工图预算，得到单项工程施工图预算；最后汇总各单项施工图预算，得到建设项目总预算。

单位工程施工图预算又分为一般土建工程预算、给排水工程预算、暖通工程预算、电气工程照明预算、工业管道预算和特殊构筑物工程预算。本章只介绍一般土建工程施工图预算的编制。

二、施工图预算的作用

在我国社会主义市场经济下，施工图预算具有如下几方面的作用。

① 施工图预算是设计阶段控制工程造价的重要环节，是控制施工图设计不突破设计概算的重要措施。

② 施工图预算是编制或调整固定资产投资计划的依据。

③ 施工图预算对实行施工招标的工程，是编制标底的依据，也是承包企业投标报价的依据；对不宜实行施工招标的工程，采用施工图预算加调整价结算的工程，是确定合同价款或审查施工企业施工图预算的依据。

第二节 施工图预算的编制

一、施工图预算的编制依据

施工图预算的编制依据主要包括以下几点。

(1) 施工图纸、设计说明和标准图集　经过建设单位、设计单位和施工单位共同会审确定的施工图纸、设计说明和标准图集，反映了工程的具体内容、具体做法、结构尺寸及施工方法，是编制施工图预算的重要依据。

(2) 现行国家基础定额及各地区消耗量定额　是编制施工图预算的基础资料，是确定分项工程子目、计算工程量、计算工程费的依据。

(3) 施工组织设计或施工方案　包括了与编制施工图预算必需的相关的资料，例如建设工程的土质情况，土方的开挖方法、施工机械的选择，构配件的加工和堆放地点的规定等，直接影响计算工程量和选套预算单价。

(4) 材料、人工、机械台班预算价格及市场价格　是构成直接工程费的主要因素，尤其是材料费在工程成本中占的比重大，在我国市场经济条件下，人工、材料、机械台班的价格随市场而变化，为使预算造价尽可能接近实际，因此，合理确定人工、材料、机械台班的预算价格是编制施工图预算的重要依据。

(5) 建筑安装工程费用定额及取费标准　建筑安装工程费用定额是各省、自治区、直辖市和各专业部门规定的费用定额及计算程序。

(6) 预算员工作手册及有关工具书　预算员工作手册及有关工具书包括计算各种结构构件面积和体积的公式，钢材、木材等各种材料的规格、型号，各种单位换算比例，这些都是施工图预算中经常用到的，可大大地加快计算速度。

二、施工图预算的编制方法

单位工程施工图预算，通常有单价法和实物法两种编制方法。具体内容见第一章第二节。

三、施工图预算的编制步骤

(一) 单价法编制施工图预算的步骤

共包括以下九个步骤。

(1) 搜集各种编制依据资料　如施工图纸、施工组织设计或施工方案、现行建筑安装工程消耗量定额、费用定额及各地区调价规定等。

(2) 熟悉施工图纸、消耗量定额及施工现场情况和施工组织设计资料　只有对施工图和消耗量定额有全面详细的了解，才能迅速而准确地确定分项工程项目并计算出工程量，进而合理地编制施工图预算。

(3) 计算工程量　工程量的计算在整个施工图预算过程中是最重要、最繁杂的一个环节，也是施工图预算工作中的主要部分，直接影响着施工图预算的准确性。计算工程量一般可按下列具体步骤进行。

① 列出分部分项工程。根据施工图和消耗量定额项目，列出分部分项工程中须计算的工程量内容，该过程应避免漏项或重项。

② 按一定的计算顺序和计算规则列出计算式。计算工程量的工作，要认真、细致，并按一定的计算规则和顺序进行，避免和防止重算与漏算等现象。

③ 根据施工图示尺寸及有关数据进行数学计算。

(4) 套用消耗量定额单价

① 套用消耗量定额单价（即定额基价），用计算得到的分项工程量与相应的消耗量定额

单价相乘，得到“合价”。

② 将消耗量定额表内某一个分部工程中各个分项工程的合价相加所得的和数，称为“合计”，即为分部工程的直接费。

③ 汇总各分部合计即得单位工程定额直接费。

（5）编制工料分析表　根据各分部分项工程的工程量和定额中相应项目的用工工日及材料数量，计算出各分部分项工程所需的人工及材料数量，相加汇总得出该单位工程所需要的人工和材料用量。

（6）计算其他各项费用并汇总总造价　按照各地区规定费用项目及费率，分别计算出直接费、间接费、利润和税金，并汇总得到单位工程造价。

（7）复核　复核的内容主要是核查分项工程项目有无漏项或重项；工程量计算公式和结果有无少算、多算或错算；套用定额基价、换算单价等是否选用合适；各项费用及取费标准是否符合规定等。

（8）编制说明

① 施工图名称及编号；

② 所用消耗量定额及编制年份；

③ 费用定额及人工、材料、机械调差的有关文件名称文号；

④ 套用单价或补充单价方面的情况。

（9）填写封面　封面填写应写明工程名称、工程地点、建筑面积、单方造价、编制单位名称及负责人和编制日期，审查单位名称及负责人和审核日期等。如下所示。

建设工程概预算书

工程名称__________________　工程地点__________________

建筑面积__________________　单方造价__________________

建设单位__________________　施工单位__________________

审　　核__________________　编　　制__________________

年　　月　　日

（二）实物法编制施工图预算的步骤

共包括以下十个步骤。

① 搜集各种编制依据资料。

② 熟悉施工图纸和定额，了解现场情况和施工组织设计资料。

③ 计算工程量。

④ 套用相应消耗量定额人工、材料、机械台班消耗用量，求出各分项工程人工、材料、机械台班消耗数量，并汇总单位工程所需各类人工工日、材料和机械台班的消耗量。

⑤ 用当时当地的各类人工、材料和机械台班的市场单价分别乘以相应的人工、材料和机械台班的消耗量，并汇总得出单位工程的人工费、材料费和机械使用费。

在市场经济条件下，人工、材料和机械台班单价是随市场而变化的，而且它们是影响工程造价最主要的因素。实物法编制施工图预算，采用工程所在地的当时人工、材料、机械台班市场价格，较好地反映实际价格水平，工程造价的准确性高。

⑥ 编制工料分析表。

⑦ 计算其他各项费用并汇总造价。

⑧ 复核。

⑨ 编制说明。

⑩ 填写封面。

实物法与单价法的主要不同是：套用定额消耗量、采用当时当地的各类人工、材料和机械台班的市场单价。

第三节 施工图预算编制实例

一、工程概况

某公司值班室为一层平房，建筑面积 47.69m²，层高 3.3m。采用砖墙维护，按构造要求设置 C20 混凝土构造柱和圈梁。构造柱为 240mm×240mm，4Φ18，Φ6@150；圈梁高为 180，宽同墙厚，4Φ12，Φ6@150；门窗过梁为现场预制，除 M-1 过梁为 0.24×0.24，其余过梁均为 0.24×0.18，4Φ14。屋面板采用 120 厚 C30 混凝土现浇板，双向Φ6@150。

1. 工程做法表（见表 5-1）

表 5-1 工程做法表

地面	踢脚	内墙面	外墙面	天棚	散水	台阶	屋面
3：7 灰土垫层 40 厚 C15 混凝土垫层；20 厚水泥砂浆抹面	150 高水泥砂浆踢脚线	砖墙面抹(14＋6)mm 水泥砂浆；106 涂料两遍	砖墙面抹(14＋6)mm 水泥砂浆	天棚混合砂浆抹灰面；106 涂料两遍	60 厚 1m 宽 C15 素混凝土	C15 素混凝土，高度为 350mm	SBS 改性沥青油毡 2 厚冷贴法；屋面保温，炉(矿)渣，混凝土

2. 门窗统计表（见表 5-2）

表 5-2 门窗统计表

编号	尺寸(宽×高)/mm	数量	备注
M-1	1800×2400	1	镶板门(带亮)
M-2	800×2100	3	镶板门(带亮)
C-1	1200×1500	4	双层普通玻璃木窗

二、施工图

如图 5-1、图 5-2 所示。

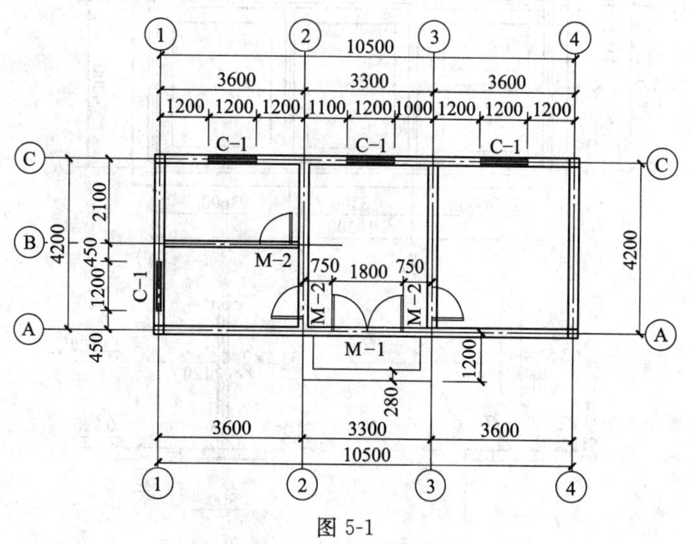

图 5-1

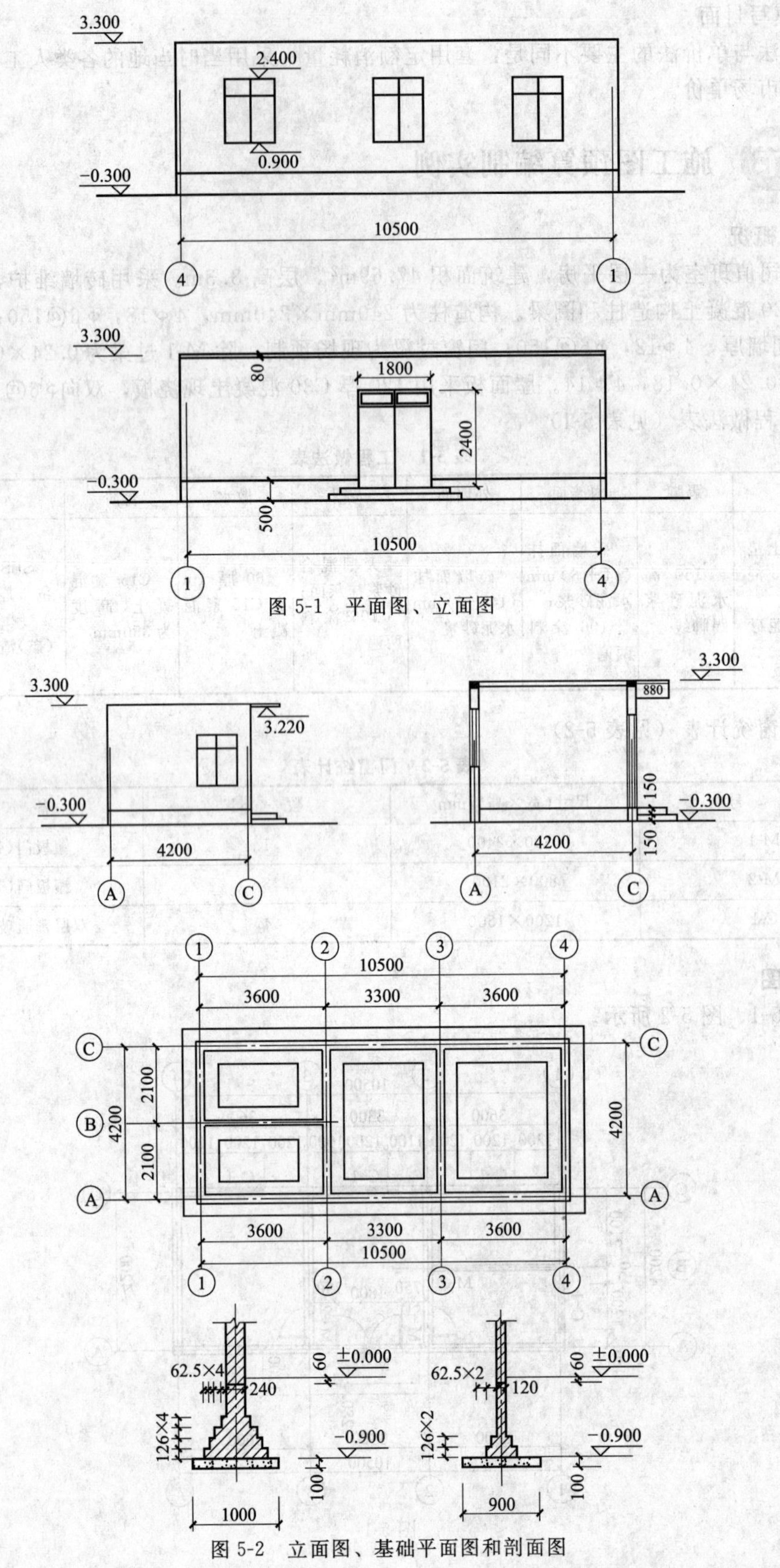

图 5-1 平面图、立面图

图 5-2 立面图、基础平面图和剖面图

三、施工图预算

<table>
<tr><td></td><td colspan="2">建设单位：</td></tr>
<tr><td></td><td colspan="2">工程名称：某值班室</td></tr>
<tr><td></td><td colspan="2">建筑面积：47.686 平方米</td></tr>
<tr><td></td><td colspan="2">工程造价：69915.31 元</td></tr>
<tr><td></td><td colspan="2">单方造价：1466.04 元/平方米</td></tr>
<tr><td></td><td></td><td></td></tr>
<tr><td colspan="2">建设单位(盖章)</td><td>施工单位(盖章)</td></tr>
<tr><td colspan="2"></td><td>编制日期：2013 年 2 月 12 日</td></tr>
<tr><td></td><td colspan="2">一、编制依据</td></tr>
<tr><td></td><td colspan="2">1. 某值班室施工图设计及有关说明</td></tr>
<tr><td></td><td colspan="2">2. 使用现行的建筑安装工程费，执行《建设工程工程量清单计价规范》(GB 50500—2013)、2013 版《湖北省房屋建筑与装饰工程消耗量定额及基价表》、《湖北省建筑安装工程费用定额》鄂建文[2013]66 号的相关规定</td></tr>
<tr><td></td><td colspan="2">3. 根据现场施工条件、实际情况</td></tr>
<tr><td></td><td colspan="2">二、工程概况
一层平房，建筑面积 47.69m²，层高 3.3m，砖混结构</td></tr>
</table>

四、工程量计算

工程费用汇总表、单位工程费用汇总表、单位工程预算表、工程量计算书、钢筋计算汇总表见表 5-3～表 5-7。

表 5-3 工程费用汇总表

工程名称：某值班室

序号	费 用 名 称	取 费 基 数	费率/%	费用金额/元
一	土石方工程	土石方工程		2265.93
二	建筑工程 12 层以下	建筑工程 12 层以下		41990.91
三	装饰工程	装饰工程		25658.47
四	工程造价	专业造价总合计		69915.31

表 5-4　单位工程费用汇总表

工程名称：某值班室

序号	费用名称	取费基数	费率/%	费用金额/元
一	土石方工程	土石方工程		2265.93
1	分部分项工程费	人工费＋材料费＋未计价材料费＋施工机具使用费		1782.51
1.1	人工费	人工费		1618.28
1.2	材料费	材料费		0.57
1.3	未计价材料费	主材费		
1.4	施工机具使用费	机械费		163.66
2	措施项目费	单价措施项目费＋总价措施项目费		73.24
2.1	单价措施项目费	人工费＋材料费＋施工机具使用费		
2.1.1	人工费	技术措施项目人工费		
2.1.2	材料费	技术措施项目材料费		
2.1.3	施工机具使用费	技术措施项目机械费		
2.2	总价措施项目费	安全文明施工费＋其他总价措施项目费		73.24
2.2.1	安全文明施工费	分部分项工程人工费＋分部分项工程施工机具使用费＋措施项目人工费＋措施项目施工机具使用费	3.46	61.66
2.2.2	其他总价措施项目费	分部分项工程人工费＋分部分项工程施工机具使用费＋措施项目人工费＋措施项目施工机具使用费	0.65	11.58
3	总包服务费			
4	企业管理费	分部分项工程人工费＋分部分项工程施工机具使用费＋措施项目人工费＋措施项目施工机具使用费	7.6	135.43
5	利润	分部分项工程人工费＋分部分项工程施工机具使用费＋措施项目人工费＋措施项目施工机具使用费	4.96	88.38
6	规费	分部分项工程人工费＋分部分项工程施工机具使用费＋措施项目人工费＋措施项目施工机具使用费	6.11	108.88
7	索赔与现场签证			
8	不含税工程造价	分部分项工程费＋措施项目费＋总包服务费＋企业管理费＋利润＋规费＋索赔与现场签证		2188.44
9	税前包干项目	税前包干价		
10	税金	不含税工程造价＋税前包干价	3.5411	77.49
11	税后包干项目	税后包干价		
12	含税工程造价	不含税工程造价＋税金＋税前包干项目＋税后包干项目		2265.93
二	建筑工程 12 层以下	建筑工程 12 层以下		41990.91
1	分部分项工程费	人工费＋材料费＋未计价材料费＋施工机具使用费		32969.23
1.1	人工费	人工费		9030.08
1.2	材料费	材料费		23564.83
1.3	未计价材料费	主材费		
1.4	施工机具使用费	机械费		374.32
2	措施项目费	单价措施项目费＋总价措施项目费		1310.03
2.1	单价措施项目费	人工费＋材料费＋施工机具使用费		
2.1.1	人工费	技术措施项目人工费		
2.1.2	材料费	技术措施项目材料费		
2.1.3	施工机具使用费	技术措施项目机械费		
2.2	总价措施项目费	安全文明施工费＋其他总价措施项目费		1310.03
2.2.1	安全文明施工费	分部分项工程人工费＋分部分项工程施工机具使用费＋措施项目人工费＋措施项目施工机具使用费	13.28	1248.9
2.2.2	其他总价措施项目费	分部分项工程人工费＋分部分项工程施工机具使用费＋措施项目人工费＋措施项目施工机具使用费	0.65	61.13

续表

序号	费用名称	取费基数	费率/%	费用金额/元
3	总包服务费			
4	企业管理费	分部分项工程人工费+分部分项工程施工机具使用费+措施项目人工费+措施项目施工机具使用费	23.84	2242.01
5	利润	分部分项工程人工费+分部分项工程施工机具使用费+措施项目人工费+措施项目施工机具使用费	18.17	1708.78
6	规费	分部分项工程人工费+分部分项工程施工机具使用费+措施项目人工费+措施项目施工机具使用费	24.72	2324.77
7	索赔与现场签证			
8	不含税工程造价	分部分项工程费+措施项目费+总包服务费+企业管理费+利润+规费+索赔与现场签证		40554.82
9	税前包干项目	税前包干价		
10	税金	不含税工程造价+税前包干价	3.5411	1436.09
11	税后包干项目	税后包干价		
12	含税工程造价	不含税工程造价+税金+税前包干项目+税后包干项目		41990.91
三	装饰工程	装饰工程		25658.47
1	分部分项工程费	人工费+材料费+未计价材料费+施工机具使用费		21296.7
1.1	人工费	人工费		7067.88
1.2	材料费	材料费		13832.59
1.3	未计价材料费	主材费		
1.4	施工机具使用费	机械费		396.23
2	措施项目费	单价措施项目费+总价措施项目费		482.18
2.1	单价措施项目费	人工费+材料费+施工机具使用费		
2.1.1	人工费	技术措施项目人工费		
2.1.2	材料费	技术措施项目材料费		
2.1.3	施工机具使用费	技术措施项目机械费		
2.2	总价措施项目费	安全文明施工费+其他总价措施项目费		482.18
2.2.1	安全文明施工费	分部分项工程人工费+分部分项工程施工机具使用费+措施项目人工费+措施项目施工机具使用费	5.81	433.66
2.2.2	其他总价措施项目费	分部分项工程人工费+分部分项工程施工机具使用费+措施项目人工费+措施项目施工机具使用费	0.65	48.52
3	总包服务费			
4	企业管理费	分部分项工程人工费+分部分项工程施工机具使用费+措施项目人工费+措施项目施工机具使用费	13.47	1005.42
5	利润	分部分项工程人工费+分部分项工程施工机具使用费+措施项目人工费+措施项目施工机具使用费	15.8	1179.33
6	规费	分部分项工程人工费+分部分项工程施工机具使用费+措施项目人工费+措施项目施工机具使用费	10.95	817.32
7	索赔与现场签证			
8	不含税工程造价	分部分项工程费+措施项目费+总包服务费+企业管理费+利润+规费+索赔与现场签证		24780.95
9	税前包干项目	税前包干价		
10	税金	不含税工程造价+税前包干价	3.5411	877.52
11	税后包干项目	税后包干价		
12	含税工程造价	不含税工程造价+税金+税前包干项目+税后包干项目		25658.47
四	工程造价	专业造价总合计		69915.31

表 5-5 单位工程预算表

工程名称：某值班室

序号	定额编号	定额名称	单位	工程量	单价/元	其中/元			合价/元	其中/元		
						人工费单价	材料费单价	机械费单价		人工费合价	材料费合价	机械费合价
		0101 砌筑工程							10231.93	3838.58	6253.85	139.5
1	A1-1 H5-8 5-9	直形砖基础 水泥砂浆M5 换为【水泥砂浆 M7.5】	$10m^3$	1.065	2718	945.2	1729.74	43.06	2894.67	1006.64	1842.17	45.86
2	A1-5 H5-9 5-2	混水砖墙 1/2 砖 水泥砂浆 M7.5 换为【水泥混合砂浆 M5】 内墙	$10m^3$	0.098	3562.7	1562.96	1963.31	36.43	349.14	153.17	192.4	3.57
3	A1-7	混水砖墙 1 砖 混合砂浆 M5 外墙	$10m^3$	2.147	3254.83	1247.68	1965.2	41.95	6988.12	2678.77	4219.28	90.07
		0102 混凝土及钢筋混凝土工程							12478.69	1989.33	10344.11	145.23
4	A2-83	构造柱 C20 商品混凝土	$10m^3$	0.25	4525.16	943.52	3581.64		1131.29	235.88	895.41	
5	A2-88	圈梁 C20 商品混凝土	$10m^3$	0.129	4558.17	895.84	3662.33		588	115.56	472.44	
6	A2-103	平板 C20 商品混凝土	$10m^3$	0.487	4168.58	485.88	3682.7		2030.1	236.62	1793.47	
7	A2-107	挑檐天沟 C20 商品混凝土	$10m^3$	0.076	4623.01	933.8	3689.21		351.35	70.97	280.38	
8	A2-121	台阶 C20 商品混凝土	$10m^2$	0.396	726.67	128.76	597.91		287.76	50.99	236.77	
9	A2-123	混凝土散水面层一次抹光 60mm C20 商品混凝土	$100m^2$	0.311	3234.67	534.16	2690.57	9.94	1005.98	166.12	836.77	3.09
10	A2-89	过梁 C20 商品混凝土	$10m^3$	0.057	4780.13	1114.48	3665.65		272.47	63.53	208.94	
11	A2-442	现浇构件圆钢筋(mm 以内)ϕ10 以内	t	0.815	4861.43	771.88	4024.43	65.12	3962.07	629.08	3279.91	53.07
12	A2-443	现浇构件圆钢筋(mm 以内)ϕ10 以外	t	0.562	5070.58	748.36	4163.74	158.48	2849.67	420.58	2340.02	89.07
		0105 屋面及防水工程							1929.21	212.92	1716.3	
13	A5-36	高聚物改性沥青防水卷材屋面 满铺	$100m^2$	0.383	5037.11	555.92	4481.19		1929.21	212.92	1716.3	
		0106 保温、隔热、防腐工程							2700.72	448.04	2252.68	
14	A6-1	屋面保温 泡沫混凝土块	$10m^3$	1.15	2348.45	389.6	1958.85		2700.72	448.04	2252.68	
		0107 混凝土、钢筋混凝土模板及支撑工程							5628.68	2541.21	2997.89	89.59

续表

序号	定额编号	定额名称	单位	工程量	单价/元	其中/元			合价/元	其中/元		
						人工费单价	材料费单价	机械费单价		人工费合价	材料费合价	机械费合价
15	A7-30	混凝土基础垫层　木模板　木支撑	100m²	0.071	4660.45	1076.72	3532.02	51.71	330.89	76.45	250.77	3.67
16	A7-48	构造柱　木模板　木支撑	100m²	0.21	8392.86	3755.12	4491.54	146.2	1762.5	788.58	943.22	30.7
17	A7-69	圈梁、压顶　直形　木模板　木支撑	100m²	0.067	5072.33	2781.44	2231.42	59.47	339.85	186.36	149.51	3.98
18	A7-95	平板　木模板　木支撑	100m²	0.387	6373.16	2746.68	3531.78	94.7	2466.41	1062.97	1366.8	36.65
19	A7-117	挑檐天沟　木模板　木支撑	100m²	0.095	7674.03	4493.16	3027.29	153.58	729.03	426.85	287.59	14.59
		0201　装饰工程项目							21296.73	7067.88	13832.59	396.23
20	A13-1	垫层　3∶7 灰土	10m³	1.0045	1466.82	572.96	881.23	12.63	1473.42	575.54	885.2	12.69
21	A13-19	垫层　炉(矿)渣混凝土	10m³	1.5312	2769.53	675.68	1927.45	166.4	4240.7	1034.6	2951.31	254.79
22	A13-20	水泥砂浆找平层　混凝土或硬基层上　厚度 20mm	100m²	0.38326	1343.39	635.36	670.49	37.54	514.87	243.51	256.97	14.39
23	A13-34	水泥砂浆　踢脚线底 12mm　面 8mm	100m²	0.06633	2874.68	2173.56	664.69	36.43	190.68	144.17	44.09	2.42
24	A14-21	墙面、墙裙　水泥砂浆　15+5　砖墙	100m²	2.3454	2011.4	1237.76	730.58	43.06	4717.54	2903.04	1713.5	100.99
25	A16-2	混凝土面天棚　水泥砂浆	100m²	0.38326	1709.31	1192.32	489.39	27.6	655.11	456.97	187.56	10.58
26	A17-5	无纱木门　单扇带亮　框扇安装	100m²	0.0936	58718.02	2627.04	56089.22	1.76	5496.01	245.89	5249.95	0.16
27	A17-15	单层玻璃窗　单扇　框扇安装	100m²	0.072	35002.05	5105.6	29893.51	2.94	2520.15	367.6	2152.33	0.21
28	A18-14	底油一遍　刮腻子　调和漆两遍　磁漆一遍　单层木窗	100m²	0.072	3392.35	2137	1255.35		244.25	153.86	90.39	
29	A18-17	润油粉　刮腻子　调和漆两遍　磁漆一遍　单层木门	100m²	0.0936	5270.32	3675.64	1594.68		493.3	344.04	149.26	
30	A18-320	抹灰面　106 涂料两遍　内墙	100m²	1.36764	428.75	341.92	86.83		586.38	467.62	118.75	
31	A18-320	抹灰面　106 涂料两遍　天棚	100m²	0.38326	428.75	341.92	86.83		164.32	131.04	33.28	
		0301　土石方工程							1782.5	1618.28	0.57	163.66
32	G1-143	人工挖沟槽　三类土　深度(m 以内)2	100m³	0.371	3228.97	3223.8		5.17	1197.95	1196.03		1.92
33	G1-241	自卸汽车运土方(载重 8t 以内)　运距　1km 以内	1000m³	0.015	7369.53		37.8	7331.73	110.54		0.57	109.98
34	G1-281	填土夯实　槽、坑	100m³	0.226	1057.03	828		229.03	238.89	187.13		51.76
35	G1-283	平整场地	100m²	1.244	189	189			235.12	235.12		

表 5-6　工程量计算书

工程名称：某值班室工程

序号	构件名称/构件位置	工程量计算式
	土石方工程	
	场地平整	
1	PZCD-1	外放 2m 的面积＝14.74×8.44＝124.406(m^2)
	人工挖土方	37.071m^3
1	TJ-1-JC	土方体积＝34.068m^3
1.1	〈1,B〉,〈4,B〉	土方体积＝(14.07〈顶面积〉＋14.07〈底面积〉)×0.7〈深度〉/2＝9.849(m^3)
1.2	〈4,B〉,〈4,A〉	土方体积＝(5.628〈顶面积〉＋5.628〈底面积〉)×0.7〈深度〉/2＝3.94(m^3)
1.3	〈4,A〉,〈1,A〉	土方体积＝(14.07〈顶面积〉＋14.07〈底面积〉)×0.7〈深度〉/2＝9.849(m^3)
1.4	〈1,A〉,〈1,B〉	土方体积＝(5.628〈顶面积〉＋5.628〈底面积〉)×0.7〈深度〉/2＝3.94(m^3)
1.5	〈2,B〉,〈2,A〉	土方体积＝(5.628〈顶面积〉＋5.628〈底面积〉)×0.7〈深度〉/2－0.694〈基槽〉＝3.245(m^3)
1.6	〈3,B〉,〈3,A〉	土方体积＝(5.628〈顶面积〉＋5.628〈底面积〉)×0.7〈深度〉/2－0.694〈基槽〉＝3.245(m^3)
2	TJ-2-JC	土方体积＝3.003m^3
3	运余土体积	37.071－22.605＝14.466(m^3)
4	回填土体积	37.071－10.65-3.81＝22.605(m^3)
	基础工程	
	条形基础	10.392＋0.26＝10.65(m^3)
	垫层	3.58＋0.234＝3.81(m^3)
1.1	TJ-1-1	体积＝10.392m^3
1.1.1	〈1,B〉,〈4,B〉	体积＝0.278〈截面面积〉×10.5〈长度〉＝2.924(m^3)
1.1.2	〈4,B〉,〈4,A〉	体积＝0.278〈截面面积〉×4.2〈长度〉＝1.17(m^3)
1.1.3	〈4,A〉,〈1,A〉	体积＝0.278〈截面面积〉×10.5〈长度〉＝2.924(m^3)
1.1.4	〈1,A〉,〈1,B〉	体积＝0.278〈截面面积〉×4.2〈长度〉＝1.17(m^3)
1.1.5	〈2,B〉,〈2,A〉	体积＝0.278〈截面面积〉×4.2〈长度〉－0.067〈扣条基体积〉＝1.103(m^3)

续表

序号	构件名称/构件位置	工程量计算式
1.1.6	〈3,B〉,〈3,A〉	体积＝0.278〈截面面积〉×4.2〈长度〉－0.067〈扣条基体积〉＝1.103(m^3)
1.2	TJ-1-2	体积＝3.58m^3
1.2.1	〈1,B〉,〈4,B〉	体积＝0.1〈截面面积〉×10.5〈长度〉＝1.05(m^3)
1.2.2	〈4,B〉,〈4,A〉	体积＝0.1〈截面面积〉×4.2〈长度〉＝0.42(m^3)
1.2.3	〈4,A〉,〈1,A〉	体积＝0.1〈截面面积〉×10.5〈长度〉＝1.05(m^3)
1.2.4	〈1,A〉,〈1,B〉	体积＝0.1〈截面面积〉×4.2〈长度〉＝0.42(m^3)
1.2.5	〈2,B〉,〈2,A〉	体积＝0.1〈截面面积〉×4.2〈长度〉－0.1〈扣条基体积〉＝0.32(m^3)
1.2.6	〈3,B〉,〈3,A〉	体积＝0.1〈截面面积〉×4.2〈长度〉－0.1〈扣条基体积〉＝0.32(m^3)
2.1	TJ-2-1	体积＝0.26m^3
2.1.1	〈1,B-2100〉,〈2,B-2100〉	体积＝0.077〈截面面积〉×3.6〈长度〉－0.019〈扣条基体积〉＝0.26(m^3)
2.2	TJ-2-2	体积＝0.234m^3
2.2.1	〈1,B-2100〉,〈2,B-2100〉	体积＝0.09〈截面面积〉×3.6〈长度〉－0.09〈扣条基体积〉＝0.234(m^3)
砌筑工程		
1	240 墙 ZQ-1	体积＝21.468m^3
1.1	〈1,B〉,〈2,B〉	体积＝(3.6〈长度〉×3.3〈高度〉－1.8〈C-1〉)×0.24〈厚度〉－0.073〈GL-1〉－0.095×2〈GZ-1〉－0.024×2〈GZ-1〉－0.145〈QL-1〉＝1.963(m^3)
1.2	〈4,B〉,〈4,A〉	体积＝4.2〈长度〉×3.3〈高度〉×0.24〈厚度〉－0.095×2〈GZ-1〉－0.024×2〈GZ-1〉－0.171〈QL-1〉＝2.918(m^3)
1.3	〈4,A〉,〈3,A〉	体积＝3.6〈长度〉×3.3〈高度〉×0.24〈厚度〉－0.095×2〈GZ-1〉－0.024×2〈GZ-1〉－0.145〈QL-1〉＝2.468(m^3)
1.4	〈1,A〉,〈1,B-2100〉	体积＝(2.1〈长度〉×3.3〈高度〉－1.8〈C-1〉)×0.24〈厚度〉－0.073〈GL-1〉－0.095×2〈GZ-1〉－0.024×2〈GZ-1〉－0.08〈QL-1〉＝0.84(m^3)
1.5	〈2,B〉,〈2,A〉	体积＝(3.96〈长度〉×3.3〈高度〉－1.68〈M-2〉)×0.24〈厚度〉－0.056〈GL-1〉－(0.095×2〈GZ-1〉)－(0.024×4〈GZ-1〉)－(0.08×2〈QL-1〉)＝2.231(m^3)
1.6	〈3,B〉,〈3,A〉	体积＝(3.96〈长度〉×3.3〈高度〉－1.68〈M-2〉)×0.24〈厚度〉－0.056〈GL-1〉－0.024×2〈GZ-1〉－0.171〈QL-1〉＝2.458(m^3)

续表

序号	构件名称/构件位置	工程量计算式
1.7	〈1,B-2100〉,〈1,B〉	体积＝2.1〈长度〉×3.3〈高度〉×0.24〈厚度〉－0.095×2〈GZ-1〉－0.024×2〈GZ-1〉－0.08〈QL-1〉＝1.345(m^3)
1.8	〈2,A〉,〈1,A〉	体积＝3.6〈长度〉×3.3〈高度〉×0.24〈厚度〉－0.095×2〈GZ-1〉－0.024×2〈GZ-1〉－0.145〈QL-1〉＝2.468(m^3)
1.9	〈3,A〉,〈2,A〉	体积＝(3.3〈长度〉×3.3〈高度〉－4.32〈M-1〉)×0.24〈厚度〉－0.132〈GL-2〉－0.095×2〈GZ-1〉－0.024×2〈GZ-1〉－0.132〈QL-1〉＝1.075(m^3)
1.10	〈3,B〉,〈4,B〉	体积＝(3.6〈长度〉×3.3〈高度〉－1.8〈C-1〉)×0.24〈厚度〉－0.073〈GL-1〉－0.095×2〈GZ-1〉－0.024×2〈GZ-1〉－0.145〈QL-1〉＝1.963(m^3)
1.11	〈2,B〉,〈3,B〉	体积＝(3.3〈长度〉×3.3〈高度〉－1.8〈C-1〉)×0.24〈厚度〉－0.073〈GL-1〉－0.095×2〈GZ-1〉－0.024×2〈GZ-1〉－0.132〈QL-1〉＝1.738(m^3)
2	120 墙 ZQ-2	体积＝0.982m^3
2.1	〈1,B-2100〉,〈2,B-2100〉	体积＝(3.36〈长度〉×3.3〈高度〉－1.68〈M-2〉)×0.12〈厚度〉×0.958〈折算系数〉－0.028〈GL-1〉－0.012×2〈GZ-1〉－0.048〈B-1〉＝0.982(m^3)
	门窗工程	
	门	
1	M-1	洞口面积＝4.32m^2
1.1	M-1[39]/〈2+1605,A〉	洞口面积＝4.32m^2
2	M-2	洞口面积＝5.04m^2
2.1	M-2[40]/〈2-785,B-2100〉	洞口面积＝1.68m^2
2.2	M-2[41]/〈2,A+666〉	洞口面积＝1.68m^2
2.3	M-2[42]/〈3,A+734〉	洞口面积＝1.68m^2
	窗	
1	C-1	洞口面积＝7.2m^2
1.1	C-1[43]/〈2-1151,B〉	洞口面积＝1.8m^2
1.2	C-1[44]/〈3-1397,B〉	洞口面积＝1.8m^2
1.3	C-1[45]/〈4-1799,B〉	洞口面积＝1.8m^2

续表

序号	构件名称/构件位置	工程量计算式
1.4	C-1[46]/〈1,A+1181〉	洞口面积=1.8m^2
	混凝土工程	
	构造柱	
1	GZ-1	体积=2.495m^3
1.1	GZ-1[16]/〈1,B〉	体积=0.24〈截面宽度〉×0.24〈截面高度〉×3.3〈高度〉+0.048〈加马牙槎体积〉=0.238(m^3)
1.2	GZ-1[17]/〈2,B〉	体积=0.24〈截面宽度〉×0.24〈截面高度〉×3.3〈高度〉+0.071〈加马牙槎体积〉=0.261(m^3)
1.3	GZ-1[18]/〈3,B〉	体积=0.24〈截面宽度〉×0.24〈截面高度〉×3.3〈高度〉+0.071〈加马牙槎体积〉=0.261(m^3)
1.4	GZ-1[19]/〈4,B〉	体积=0.24〈截面宽度〉×0.24〈截面高度〉×3.3〈高度〉+0.048〈加马牙槎体积〉=0.238(m^3)
1.5	GZ-1[20]/〈3,A〉	体积=0.24〈截面宽度〉×0.24〈截面高度〉×3.3〈高度〉+0.071〈加马牙槎体积〉=0.261(m^3)
1.6	GZ-1[21]/〈4,A〉	体积=0.24〈截面宽度〉×0.24〈截面高度〉×3.3〈高度〉+0.048〈加马牙槎体积〉=0.238(m^3)
1.7	GZ-1[22]/〈2,A〉	体积=0.24〈截面宽度〉×0.24〈截面高度〉×3.3〈高度〉+0.071〈加马牙槎体积〉=0.261(m^3)
1.8	GZ-1[23]/〈1,A〉	体积=0.24〈截面宽度〉×0.24〈截面高度〉×3.3〈高度〉+0.048〈加马牙槎体积〉=0.238(m^3)
1.9	GZ-1[24]/〈1,B-2100〉	体积=0.24〈截面宽度〉×0.24〈截面高度〉×3.3〈高度〉+0.059〈加马牙槎体积〉=0.249(m^3)
1.10	GZ-1[25]/〈2,B-2100〉	体积=0.24〈截面宽度〉×0.24〈截面高度〉×3.3〈高度〉+0.059〈加马牙槎体积〉=0.249(m^3)
	梁	
	圈梁	
1	QL-1	体积=1.287m^3
1.1	〈1,B〉,〈4,B〉	体积=0.24〈宽度〉×0.18〈高度〉×10.5〈长度〉−0.005×6〈GZ-1〉=0.422(m^3)
1.2	〈4,B〉,〈4,A〉	体积=0.24〈宽度〉×0.18〈高度〉×4.2〈长度〉−0.005×2〈GZ-1〉=0.171(m^3)
1.3	〈4,A〉,〈1,A〉	体积=0.24〈宽度〉×0.18〈高度〉×10.5〈长度〉−0.005×6〈GZ-1〉=0.422(m^3)
1.4	〈1,A〉,〈1,B〉	体积=0.24〈宽度〉×0.18〈高度〉×4.2〈长度〉−(0.005×2〈GZ-1〉+0.01〈GZ-1〉)=0.161(m^3)
1.5	〈2,B〉,〈2,A〉	体积=0.24〈宽度〉×0.18〈高度〉×3.96〈长度〉−0.01〈GZ-1〉−0.107〈B-1〉=0.054(m^3)
1.6	〈3,B〉,〈3,A〉	体积=0.24〈宽度〉×0.18〈高度〉×3.96〈长度〉−0.114〈B-1〉=0.057(m^3)

续表

序号	构件名称/构件位置	工程量计算式
	过梁	
1	GL-1	体积＝0.434m^3
1.1	GL-1[47]/〈2-1151,B〉	体积＝0.24〈宽度〉×0.18〈高度〉×1.7〈长度〉＝0.073(m^3)
1.2	GL-1[48]/〈3-1397,B〉	体积＝0.24〈宽度〉×0.18〈高度〉×1.7〈长度〉＝0.073(m^3)
1.3	GL-1[49]/〈4-1799,B〉	体积＝0.24〈宽度〉×0.18〈高度〉×1.7〈长度〉＝0.073(m^3)
1.4	GL-1[51]/〈3,A＋734〉	体积＝0.24〈宽度〉×0.18〈高度〉×1.3〈长度〉＝0.056(m^3)
1.5	GL-1[52]/〈2,A＋666〉	体积＝0.24〈宽度〉×0.18〈高度〉×1.3〈长度〉＝0.056(m^3)
1.6	GL-1[53]/〈2-785,B-2100〉	体积＝0.12〈宽度〉×0.18〈高度〉×1.3〈长度〉＝0.028(m^3)
1.7	GL-1[54]/〈1,A＋1181〉	体积＝0.24〈宽度〉×0.18〈高度〉×1.7〈长度〉＝0.073(m^3)
2	GL-2	体积＝0.132m^3
2.1	GL-2[50]/〈2＋1605,A〉	体积＝0.24〈宽度〉×0.24〈高度〉×2.3〈长度〉＝0.132(m^3)
	板	
1	B-1	体积＝4.869m^3
1.1	B-1[55]/〈2＋1650,B-2100〉	体积＝44.1〈原始面积〉×0.12〈厚度〉－0.416〈梁〉－0.007〈构造柱〉＝4.869(m^3)
	挑檐	
1	TY-1	体积＝0.756m^3
1.1	TY-1[115]/〈2＋1650,A-500〉	体积＝9.451〈面积〉×0.08〈厚度〉＝0.756(m^3)
模板、脚手架工程		
	模板	
	垫层模板	
1	TJ-1-2	模板面积＝6.58m^2
1.1	〈1,B〉,〈4,B〉	模板面积＝2.1〈侧模面积〉＋0.2〈端模面积〉－0.4〈扣条基模板面积〉＝1.9(m^2)
1.2	〈4,B〉,〈4,A〉	模板面积＝0.84〈侧模面积〉＋0.2〈端模面积〉－0.2〈扣条基模板面积〉＝0.84(m^2)

续表

序号	构件名称/构件位置	工程量计算式
1.3	〈4,A〉,〈1,A〉	模板面积=2.1〈侧模面积〉+0.2〈端模面积〉-0.4〈扣条基模板面积〉=1.9(m^2)
1.4	〈1,A〉,〈1,B〉	模板面积=0.84〈侧模面积〉+0.2〈端模面积〉-0.29〈扣条基模板面积〉=0.75(m^2)
1.5	〈2,B〉,〈2,A〉	模板面积=0.84〈侧模面积〉+0.2〈端模面积〉-0.49〈扣条基模板面积〉=0.55(m^2)
1.6	〈3,B〉,〈3,A〉	模板面积=0.84〈侧模面积〉+0.2〈端模面积〉-0.4〈扣条基模板面积〉=0.64(m^2)
2	TJ-2-2	模板面积=0.52m^2
2.1	〈1,B-2100〉,〈2,B-2100〉	模板面积=0.72〈侧模面积〉+0.18〈端模面积〉-0.38〈扣条基模板面积〉=0.52(m^2)
	构造柱模板	
1	GZ-1	模板面积=20.966m^2
1.1	GZ-1[16]/〈1,B〉	模板面积=0.96〈周长〉×3.3〈高度〉-0.115〈扣板模板面积〉-0.058〈扣圈梁模板面积〉-1.498〈扣墙模板面积〉+0.749〈加马牙槎模板面积〉=2.246(m^2)
1.2	GZ-1[17]/〈2,B〉	模板面积=0.96〈周长〉×3.3〈高度〉-0.115〈扣板模板面积〉-0.058〈扣圈梁模板面积〉-2.246〈扣墙模板面积〉+1.123〈加马牙槎模板面积〉=1.872(m^2)
1.3	GZ-1[18]/〈3,B〉	模板面积=0.96〈周长〉×3.3〈高度〉-0.115〈扣板模板面积〉-0.058〈扣圈梁模板面积〉-2.246〈扣墙模板面积〉+1.123〈加马牙槎模板面积〉=1.872(m^2)
1.4	GZ-1[19]/〈4,B〉	模板面积=0.96〈周长〉×3.3〈高度〉-0.115〈扣板模板面积〉-0.058〈扣圈梁模板面积〉-1.498〈扣墙模板面积〉+0.749〈加马牙槎模板面积〉=2.246(m^2)
1.5	GZ-1[20]/〈3,A〉	模板面积=0.96〈周长〉×3.3〈高度〉-0.115〈扣板模板面积〉-0.058〈扣圈梁模板面积〉-2.246〈扣墙模板面积〉+1.123〈加马牙槎模板面积〉=1.872(m^2)
1.6	GZ-1[21]/〈4,A〉	模板面积=0.96〈周长〉×3.3〈高度〉-0.115〈扣板模板面积〉-0.058〈扣圈梁模板面积〉-1.498〈扣墙模板面积〉+0.749〈加马牙槎模板面积〉=2.246(m^2)
1.7	GZ-1[22]/〈2,A〉	模板面积=0.96〈周长〉×3.3〈高度〉-0.115〈扣板模板面积〉-0.058〈扣圈梁模板面积〉-2.246〈扣墙模板面积〉+1.123〈加马牙槎模板面积〉=1.872(m^2)
1.8	GZ-1[23]/〈1,A〉	模板面积=0.96〈周长〉×3.3〈高度〉-0.115〈扣板模板面积〉-0.058〈扣圈梁模板面积〉-1.498〈扣墙模板面积〉+0.749〈加马牙槎模板面积〉=2.246(m^2)
1.9	GZ-1[24]/〈1,B-2100〉	模板面积=0.96〈周长〉×3.3〈高度〉-0.115〈扣板模板面积〉-0.058〈扣圈梁模板面积〉-1.872〈扣墙模板面积〉+1.123〈加马牙槎模板面积〉=2.246(m^2)
1.10	GZ-1[25]/〈2,B-2100〉	模板面积=0.96〈周长〉×3.3〈高度〉-0.115〈扣板模板面积〉-0.058〈扣圈梁模板面积〉-1.872〈扣墙模板面积〉+1.123〈加马牙槎模板面积〉=2.246(m^2)

续表

序号	构件名称/构件位置	工程量计算式
	圈梁模板	
1	QL-1	模板面积＝6.677m²
1.1	〈1,B〉,〈4,B〉	模板面积＝(10.74〈左长度〉＋10.26〈右长度〉)×0.18〈高度〉－0.043×6〈GZ-1〉－(0.403×2〈B-1〉＋0.367〈B-1〉)＝2.346(m²)
1.2	〈4,B〉,〈4,A〉	模板面积＝(4.44〈左长度〉＋3.96〈右长度〉)×0.18〈高度〉－0.043×2〈GZ-1〉－0.475〈B-1〉＝0.95(m²)
1.3	〈4,A〉,〈1,A〉	模板面积＝(10.74〈左长度〉＋10.26〈右长度〉)×0.18〈高度〉－0.043×6〈GZ-1〉－0.783〈挑檐〉－(0.367〈B-1〉＋0.403×2〈B-1〉)＝1.566(m²)
1.4	〈1,A〉,〈1,B〉	模板面积＝(4.44〈左长度〉＋3.96〈右长度〉)×0.18〈高度〉－(0.043×2〈GZ-1〉＋0.086〈GZ-1〉)－0.446〈B-1〉＝0.893(m²)
1.5	〈2,B〉,〈2,A〉	模板面积＝(3.96〈左长度〉＋3.96〈右长度〉)×0.18〈高度〉－0.086〈GZ-1〉－0.893〈B-1〉＝0.446(m²)
1.6	〈3,B〉,〈3,A〉	模板面积＝(3.96〈左长度〉＋3.96〈右长度〉)×0.18〈高度〉－0.95〈B-1〉＝0.475(m²)
	过梁模板	
1	GL-1	模板面积＝5.484m²
1.1	GL-1[47]/〈2-1151,B〉	模板面积＝0.612〈侧面面积〉＋0.288〈底部外露面积〉＝0.9(m²)
1.2	GL-1[48]/〈3-1397,B〉	模板面积＝0.612〈侧面面积〉＋0.288〈底部外露面积〉＝0.9(m²)
1.3	GL-1[49]/〈4-1799,B〉	模板面积＝0.612〈侧面面积〉＋0.288〈底部外露面积〉＝0.9(m²)
1.4	GL-1[51]/〈3,A＋734〉	模板面积＝0.468〈侧面面积〉＋0.192〈底部外露面积〉＝0.66(m²)
1.5	GL-1[52]/〈2,A＋666〉	模板面积＝0.468〈侧面面积〉＋0.192〈底部外露面积〉＝0.66(m²)
1.6	GL-1[53]/〈2-785,B-2100〉	模板面积＝0.468〈侧面面积〉＋0.096〈底部外露面积〉＝0.564(m²)
1.7	GL-1[54]/〈1,A＋1181〉	模板面积＝0.612〈侧面面积〉＋0.288〈底部外露面积〉＝0.9(m²)
2	GL-2	模板面积＝1.536m²
2.1	GL-2[50]/〈2＋1605,A〉	模板面积＝1.104〈侧面面积〉＋0.432〈底部外露面积〉＝1.536(m²)
	板模板	
1	B-1	模板面积＝38.729m²

续表

序号	构件名称/构件位置	工程量计算式
1.1	B-1[55]/〈2+1650,B-2100〉	模板面积=44.1〈原始面积〉-5.371〈梁〉=38.729(m^2)
	挑檐模板	
1	TY-1	面积=9.451m^2
	脚手架	158.7
1	脚手架	112.11+46.59
	楼地面工程	
1	水泥砂浆地面、天棚抹灰	38.326m^2
1.1	〈1+1800,B-1050〉,〈1+1800,A+1050〉,〈2+1650,B-2100〉,〈3+1800,B-2100〉	3.36×1.092×2+3.36×3.96+3.06×3.96=38.326m^2
2	水泥砂浆踢脚线	6.633m^2
2.1	〈1+1800,B-1050〉,〈1+1800,A+1050〉,〈2+1650,B-2100〉,〈3+1800,B-2100〉	踢脚抹灰面积=(10.56〈内墙皮长度〉×0.15〈踢脚高度〉-0.12〈M-2〉+0.009〈M-2〉)+[10.56〈内墙皮长度〉×0.15〈踢脚高度〉-0.12×2〈M-2〉+(0.009〈M-2〉+0.027〈M-2〉)]+[14.04〈内墙皮长度〉×0.15〈踢脚高度〉-(0.27〈M-1〉+0.12×2〈M-2〉)+(0.027〈M-1〉+0.027×2〈M-2〉)]+(14.64〈内墙皮长度〉×0.15〈踢脚高度〉-0.12〈M-2〉+0.027〈M-2〉)=6.633(m^2)
	墙柱面	
1	内墙面抹灰、涂料	136.764m^2
1.1	〈1+1800,B-1050〉,〈1+1800,A+1050〉,〈2+1650,B-2100〉,〈3+1800,B-2100〉	墙面抹灰面积=[10.56〈长度〉×3.18〈高度〉-0.12〈M-2〉-(1.56〈M-2〉+1.8〈C-1〉)]+[10.56〈长度〉×3.18〈高度〉-0.12×2〈M-2〉-(1.56×2〈M-2〉+1.8〈C-1〉)]+[14.04〈长度〉×3.18〈高度〉-(0.27〈M-1〉+0.12×2〈M-2〉)+(4.05〈M-1〉+1.56×2〈M-2〉+1.8〈C-1〉)]+[14.64〈长度〉×3.18〈高度〉-0.12〈M-2〉-(1.56〈M-2〉+1.8〈C-1〉)]=136.764(m^2)
2	外墙面抹灰	97.78m^2
2.1	外墙面抹灰	(10.74+4.44)×3.6-11.52=97.78(m^2)
	台阶	
1	TAIJ-1	体积=3.3×(1.2-0.12)×0.2+(3.3-0.28×2)×(1.2-0.12-0.28)×0.15=1.07(m^3)
	散水	
1	SS-1	面积=(30.06-3.3)×1+1×4-3=31.06(m^2)

表 5-7　钢筋计算汇总表

筋号	级别	直径	钢筋图形	计算公式	根数	总根数	单长/m	总长/m	总重/kg
楼层名称：首层					钢筋总重：1376.489kg				
构件名称：B-1[1]				构件数量：1	本构件钢筋重：570.762kg				
构件位置：〈1,B−1055〉,〈4,B−1055〉;〈2+1183,A〉,〈2+1183,B〉;〈2+365,A〉,〈2+365,B〉;〈1,B−1584〉,〈4,B−1584〉									
SLJ-1[1].1	一级	10	10500	$10260+\max(240/2,5\times d)+\max(240/2,5\times d)+12.5\times d+290$	21	21	10.9	229.22	141.32
SLJ-1[2].1	一级	10	4200	$3960+\max(240/2,5\times d)+\max(240/2,5\times d)+12.5\times d$	52	52	4.33	224.9	138.66
SLJ-2[3].1	一级	10	15 4410 15	$3960+24\times d+24\times d+12.5\times d$	52	52	4.57	237.38	146.354
SLJ-2[4].1	一级	10	15 10710 15	$10260+24\times d+24\times d+12.5\times d+290$	21	21	11.2	234.26	144.428
构件名称：TYB-2[2]				构件数量：1	本构件钢筋重：34.295kg				
构件位置：〈1−120,A−330〉,〈4+120,A−330〉									
SLJ-1[5].1	一级	10	10710	$10740-15-15+12.5\times d+290$	5	5	11.1	55.63	34.295
构件名称：FJ-1				构件数量：1	本构件钢筋重：91.538kg				
构件位置：〈4+120,A〉,〈1−120,A〉									
FJ-1[1].1	一级	10	50 1000 50	$1000+50+50$	2	2	1.1	2.2	1.356
FJ-1[1].2	一级	10	50 1105 15	$880+50+24\times d+6.25\times d$	106	106	1.23	130.7	80.581
FJ-1[1].1	一级	6	10640	$10640+174$	4	4	10.8	43.26	9.601
构件名称：GZ-1[1]				构件数量：10	本构件钢筋重：41.077kg				
构件位置 〈1,B〉;〈2,B〉;〈3,B〉;〈4,B〉;〈3,A〉;〈4,A〉;〈2,A〉; 〈1,A〉;〈1,B-2100〉;〈2,B-2100〉									
全部纵筋.1	二级	18	507 2785	$3300-500-120+34\times d$	4	40	3.29	131.68	263.043

续表

楼层名称:首层				钢筋总重:1376.489kg					
筋号	级别	直径	钢筋图形	计算公式	根数	总根数	单长/m	总长/m	总重/kg
插筋.1	二级	18	1112	500+34×d	4	40	1.11	44.48	88.853
箍筋.1	二级	6	210 [210]	2×[(240−2×15)+(240−2×15)]+2×(75+1.9×d)+(8×d)	25	250	1.06	265.25	58.873
构件名称:GL-1[1]			构件数量:4		本构件钢筋重:10.787kg				
构件位置:〈2−1151,B〉;〈3−1397,B〉;〈4−1799,B〉;〈1,A+1181〉									
过梁全部纵筋.1	二级	14	1670	1200+250−15+250−15	4	16	1.67	26.72	32.289
过梁箍筋.1	一级	6	150 [210]	2×[(240−2×15)+(180−2×15)]+2×(75+1.9×d)+(8×d)	13	52	0.94	48.93	10.861
构件名称:GL-1[4]			构件数量:1		本构件钢筋重:14.976kg				
构件位置:〈2+1605,A〉									
过梁全部纵筋.1	二级	14	2270	1800+250−15+250−15	4	4	2.27	9.08	10.972
过梁箍筋.1	一级	6	210 [210]	2×[(240−2×15)+(240−2×15)]+2×(75+1.9×d)+(8×d)	17	17	1.06	18.04	4.003
构件名称:GL-1[5]			构件数量:2		本构件钢筋重:8.227kg				
构件位置:〈3,A+734〉;〈2,A+666〉									
过梁全部纵筋.1	二级	14	1270	800+250−15+250−15	4	8	1.27	10.16	12.278
过梁箍筋.1	一级	6	150 [210]	2×[(240−2×15)+(180−2×15)]+2×(75+1.9×d)+(8×d)	10	20	0.94	18.82	4.177
构件名称:GL-1[7]			构件数量:1		本构件钢筋重:7.695kg				
				构件位置:〈2−785,B−2100〉					
过梁全部纵筋.1	二级	14	1270	800+250−15+250−15	4	4	1.27	5.08	6.139
过梁箍筋.1	一级	6	150 [90]	2×[(120−2×15)+(180−2×15)]+2×(75+1.9×d)+(8×d)	10	10	0.7	7.01	1.556

续表

楼层名称：首层(绘图输入)					钢筋总重：1376.489kg				
筋号	级别	直径	钢筋图形	计算公式	根数	总根数	单长/m	总长/m	总重/kg
构件名称：QL-1[1]				构件数量：2	本构件钢筋重：51.59kg				
构件位置：〈1，B〉，〈4，B〉；〈4，A〉，〈1，A〉									
上部钢筋.1	二级	12	10710	10740－15－15＋576	1	2	11.3	22.57	20.04
上部钢筋.2	二级	12	183 10710 183	10260＋34×d＋34×d＋576	1	2	11.7	23.3	20.69
下部钢筋.1	二级	12	10710	10740－15－15＋576	1	2	11.3	22.57	20.04
下部钢筋.2	二级	12	183 10710 183	10260＋34×d＋34×d＋576	1	2	11.7	23.3	20.69
箍筋.1	一级	6	150 210	2×[(240－2×15)＋(180－2×15)]＋2×(75＋1.9×d)＋(8×d)	52	104	0.94	97.86	21.721
构件名称：QL-1[2]				构件数量：1	本构件钢筋重：20.697kg				
构件位置：〈4，B〉，〈4，A〉									
上部钢筋.1	二级	12	4410	4440－15－15	1	1	4.41	4.41	3.915
上部钢筋.2	二级	12	183 4410 183	3960＋34×d＋34×d	1	1	4.78	4.78	4.24
下部钢筋.1	二级	12.	4410	4440－15－15	1	1	4.41	4.41	3.915
下部钢筋.2	二级	12	183 4410 183	3960＋34×d＋34×d	1	1	4.78	4.78	4.24
箍筋.1	一级	6	150 210	2×[(240－2×15)＋(180－2×15)]＋2×(75＋1.9×d)＋(8×d)	21	21	0.94	19.76	4.386
构件名称：QL-1[4]				构件数量：1	本构件钢筋重：20.488kg				
构件位置：〈1，A〉，〈1，B〉									
上部钢筋.1	二级	12	4410	4440－15－15	1	1	4.41	4.41	3.915

续表

楼层名称:首层(绘图输入)				钢筋总重:1376.489kg					
筋号	级别	直径	钢筋图形	计算公式	根数	总根数	单长/m	总长/m	总重/kg
上部钢筋.2	二级	12	183 4410 183	$3960+34\times d+34\times d$	1	1	4.78	4.78	4.24
下部钢筋.1	二级	12	4410	4440−15−15	1	1	4.41	4.41	3.915
下部钢筋.2	二级	12	183 4410 183	$3960+34\times d+34\times d$	1	1	4.78	4.78	4.24
箍筋.1	一级	6	150 210	$2\times[(240-2\times15)+(180-2\times15)]+2\times(75+1.9\times d)+(8\times d)$	20	20	0.94	18.82	4.177
构件名称:QL-1[5]			构件数量:1		本构件钢筋重:21.138kg				
构件位置:〈2,B〉,〈2,A〉									
上部钢筋.1	二级	12	183 4410 183	$3960+34\times d+34\times d$	2	2	4.78	9.55	8.48
下部钢筋.1	二级	12	183 4410 183	$3960+34\times d+34\times d$	2	2	4.78	9.55	8.48
箍筋.1	一级	6	150 210	$2\times[(240-2\times15)+(180-2\times15)]+2\times(75+1.9\times d)+(8\times d)$	20	20	0.94	18.82	4.177
构件名称:QL-1[6]			构件数量:1		本构件钢筋重:21.347kg				
构件位置:〈3,B〉,〈3,A〉									
上部钢筋.1	二级	12	183 4410 183	$3960+34\times d+34\times d$	2	2	4.78	9.55	8.48
下部钢筋.1	二级	12	183 4410 183	$3960+34\times d+34\times d$	2	2	4.78	9.55	8.48
箍筋.1	一级	6	150 210	$2\times[(240-2\times15)+(180-2\times15)]+2\times(75+1.9\times d)+(8\times d)$	21	21	0.94	19.76	4.386

小　结

本章主要介绍了施工图预算的有关知识点。介绍了施工图预算的概念和作用、施工图预算的编制依据；施工图预算的费用构成、施工图预算的编制步骤，并通过案例讲解了施工图预算的编制方法。

思 考 题

1. 编制施工图预算的依据有哪些？
2. 编制施工图预算的方法有哪些？有何区别？
3. 简述施工图预算的编制步骤。

实训课题

完成某工程的施工图预算的编制。采取专用周的形式，时间为1周。内容包括如下。

① 工程量计算；

② 定额套用，计算直接工程费；

③ 工料分析与价差调整；

④ 取费，计算工程造价。

第六章 工程量清单及计价的编制

知识目标

- 了解工程量清单及计价的有关概念
- 理解工程量清单计价规范的内容
- 掌握工程量清单及计价的编制方法

能力目标

- 能解释工程量清单及计价的编制格式
- 能应用工程量清单计价规范的附录进行清单工程量的计算
- 能操作工程量清单及计价的编制
- 能处理清单计价模式下的招标控制价和投标报价的编制

第一节 概述

一、计价规范概述

《建设工程工程量清单计价规范》(GB 50500—2013) 自 2013 年 7 月 1 日起实施。《建设工程工程量清单计价规范》是住房和城乡建设部根据结合我国当前的实际情况，总结了《建设工程工程量清单计价规范》(GB 50500—2008) 实施以来的经验，组织专家编写制定的。

(一) 计价规范的内容

《建设工程工程量清单计价规范》是统一建设工程计价文件的编制原则和计价方法，规范建设工程造价计价行为，调整建设工程工程量清单计价规范活动中，发包人与承包人各种关系的规范文件。与其配套的还包括《房屋建筑与装饰工程工程量计算规范》(GB 50854—2013) 在内的 9 本计量规范。

《建设工程工程量清单计价规范》(以下简称规范) 共包括十六章、十一个附录。第一章为总则，第二章为术语，第三章为一般规定，第四章为工程量清单编制，第五章为招标控制价，第六章为投标报价，第七章为合同价款约定，第八章为工程计量，第九章为合同价款调整，第十章为合同价款期中支付，第十一章为竣工结算与支付，第十二章为合同解除的价款结算与支付，第十三章为合同价款争议的解决，第十四章为工程造价鉴定，第十五章为工程计价资料与档案，第十六章为工程计价表格。附录 A 为物价变化合同价款调整方法，附录 B 为工程计价文件封面，附录 C 为工程计价文件扉页，附录 D 为工程计价总说明，附录 E 为工程计价汇总表。附录 F 为分部分项工程和措施项目计价表，附录 G 为其他项目计价表，附录 H 为规费、税金项目计价表，附录 J 为工程计量申请（核准）表，附录 K 为合同价款支付申请（核准）表，附录 L 为主要材料、工程设备一览表。

计量规范包括《房屋建筑与装饰工程工程量计算规范》(GB 50854—2013)、《仿古建筑工程工程量计算规范》(GB 50855—2013)、《通用安装工程工程量计算规范》(GB 50856—2013)、《市政工程工程量计算规范》(GB 50857—2013)、《园林工程工程量计算规范》(GB 50858—2013)、《矿山工程工程量计算规范》(GB 50859—2013)、《构筑物工程工程量计算规范》(GB 50860—2013)、《城市轨道交通工程工程量计算规范》(GB 50861—2013)、《爆破工程工程量计算规范》(GB 50862—2013) 9 本计量规范。

(二) 总则

总则共计七条，规定了规范制定的目的、依据、适用范围、基本原则及执行规范与执行其他标准之间的关系等基本事项。

为规范建设工程工程量清单计价行为，统一建设工程计价文件的编制原则和计价方法，根据《中华人民共和国建筑法》、《中华人民共和国合同法》、《中华人民共和国招标投标法》等法律法规制定本规范。规范适用于建设工程发承包及实施阶段的计价活动。建设工程发承包及实施阶段的工程造价应由分部分项工程费、措施项目费、其他项目费、规费和税金组成。

招标工程清单、招标控制价、投标报价、工程计量、合同价款调整、合同价款结算与支付以及工程造价鉴定等工程造价文件的编制与核对，应由具有专业资格的工程造价人员承担。承担工程造价文件的编制与核对的工程造价人员及其所在单位，应对工程造价文件的质量负责。

建设工程发承包及实施阶段的计价活动应遵循客观、公正、公平的原则。建设工程发承包及实施阶段的计价活动是政策性、经济性、技术性很强的一项工作，除应遵循本规范外，还应符合国家有关法律、法规及标准、规范的规定。

(三) 术语

共计五十二条，是对规范特有的术语给予定义或涵义，具体内容参考《建设工程工程量清单计价规范》(GB 50500—2013)。

(四) 计价规范的特点

1. 强制性

(1) 确立了工程计价标准体系的形成。近年来，我国相继发布了《建筑工程建筑面积计算规范》(GB/T 50353—2005)、《水利工程工程量清单计价规范》(GB 50501—2007)、《建筑工程计价设备材料划分标准》(GB/T 50531—2009)。此次规范修订，共发布了 10 本工程计价计量规范，特别是 9 个专业工程计量规范的出台，使整个工程计价标准体系明晰，为下一步工程计价标准的制定打下了坚实的基础。

(2) 强化了工程计价计量的强制性规定。在保留了 08 规范强制性条文的基础上，又在一些重要环节新增了部分强制性条文，在规范发承包双方计价行为方面得到了加强。

2. 适用性

(1) 注重了与施工合同的衔接。计价规范明确定义适用于“工程施工发承包及实施阶段”。因此，在名词、术语、条文设置上尽可能与施工合同相衔接，既重视规范的指引和指导作用，又充分尊重发承包双方的意思自治，为造价管理与合同管理相统一搭建了平台。

(2) 明确了工程计价风险分担的范围。计价规范根据现行法律法规的规定，进一步细化、细分了发承包阶段工程计价风险，并提出了风险的分类负担规定，为发承包双方共同应对计价风险提供了依据。

(3) 完善了招标控制价制度。计价规范从编制、复核、投诉与处理对招标控制价作了详细规定。

(4) 规范了不同合同形式的计量与价款支付。计价规范将合同价款争议专列一章，根据现行法律规定立足于把争议解决在萌芽状态，为及时并有效解决施工过程中的合同价款争议，提出了不同的解决方法。

(5) 增加了工程造价鉴定的专门规定。由于不同的利益诉求，一些施工合同纠纷采用仲裁、诉讼的方式解决，这时，工程造价鉴定意见就成了一些施工合同纠纷案件裁决或判决的主要依据。因此，计价规范对此作出了相应的规定。

(6) 细化了措施项目计价的规定。计价规范根据措施项目计价的特点，按照单价项目、总价项目分类列项，明确了措施项目的计价方式。

(7) 增强了规范的操作性。计价规范尽量避免条文点到为止，增加了操作方面的规定。在项目划分上体现简明适用；项目特征既体现本项目的价值，又方便操作人员的描述；计量单位和计算规则，既方便了计量的选择，又考虑了与现行计价定额的衔接。

(8) 保持了规范的先进性。计价规范增补了建筑市场新技术、新工艺、新材料的项目，删去了淘汰的项目。对土石分类重新进行了定义，实现了与现行国家标准的衔接。

3. 竞争性　计价规范中人工、材料、机械没有具体的消耗量，投标企业可根据企业定额和市场价格信息，也可参照当地建设行政主管部门发布的社会平均消耗量定额进行报价。

二、工程量清单概述

工程量清单概述，介绍了工程量清单编制人、工程量清单组成和分部分项工程量清单、措施项目清单、其他项目清单的编制等。

（一）工程量清单编制的一般规定

① 招标工程量清单应由具有编制招标文件能力的招标人，或受其委托具有相应资质的工程造价咨询人编制。

② 招标工程量清单必须作为招标文件的组成部分，其准确性和完整性应由招标人负责。

③ 招标工程量清单是工程量清单计价的基础，应作为编制招标控制价、投标报价、计算或调整工程量、索赔等的依据之一。

④ 招标工程量清单应以单位（项）工程为单位编制，应由分部分项工程量清单、措施项目清单、其他项目清单、规费和税金项目清单组成。

（二）分部分项工程量清单

(1) 分部分项工程量清单必须载明项目编码、项目名称、项目特征、计量单位和工程量。

(2) 分部分项工程量清单必须根据相关工程国家计量规范规定的项目编码、项目名称、项目特征、计量单位和工程量计算规则进行编制。

(3) 分部分项工程量清单的项目编码，应采用十二位阿拉伯数字表示，一至九位应按附录的规定设置；十至十二位应根据拟建工程的工程量清单项目名称和项目特征设置，同一招标工程的项目编码不得有重码。

(4) 分部分项工程量清单的项目名称应按下列规范确定。

① 项目名称应按计量规范附录的项目名称结合拟建工程的实际确定。

② 编制工程量清单出现附录中未包括的项目，编制人应做补充，并应报省级或行业工程造价管理机构备案，省级或行业工程造价管理机构应汇总报住房和城乡建设部标准定额研究所。

③ 补充项目的编码由计量规范的代码与B和三位阿拉伯数字组成，并应从×B001起顺序编制，同一招标工程的项目不得重码。如建筑与装饰工程的补充项目编码应从01B001起顺序编制。补充的工程量清单中需附有补充项目的名称、项目特征、计量单位、工程量计算规则、工程内容。

(5) 分部分项工程量项目特征应按计量规范附录中规定的项目特征，结合拟建工程项目的实际予以描述。

(6) 分部分项工程量清单的计量单位应按计量规范附录中规定的计量单位确定。当计量单位有两个或两个以上时，应根据所编工程量清单项目的特征要求，选择最适宜表现该项目特征并方便计量和组成综合单价的单位。

(7) 工程数量应按下列规定进行计算。

① 工程数量应按计量规范附录中规定的工程量计算规则计算。

② 工程数量的有效位数应遵守下列规定：以 t 为单位，应保留小数点后三位数字，第四位四舍五入；以 m^3、m^2、m 为单位，应保留小数点后两位数字，第三位四舍五入；以"个"、"项"等为单位，应取整数。

总之，在编制分部分项工程量清单时要注意，其内容应满足两方面的要求：一要满足规范管理、方便管理的要求；二要满足计价的要求。为了满足上述要求，规范提出了分部分项工程量清单的五个要件，即项目编码、项目名称、项目特征、计量单位、工程量。

（三）措施项目清单

(1) 措施项目清单必须根据相关工程现行国家计量规范的规定编制。

(2) 措施项目应根据拟建工程的实际情况列项。

(3) 措施项目中列出了项目编码、项目名称、项目特征、计量单位、工程量计算规则的项目，编制工程量清单时，应按照分部分项工程的规定执行。

(4) 措施项目中仅列出项目编码、项目名称，未列出项目特征、计量单位和工程量计算规则的项目，编制工程量清单时，应按计量规范附录规定的项目编码、项目名称确定。

（四）其他项目清单

(1) 其他项目清单按照下列内容列项，暂列金额，暂估价（包括材料暂估价、工程设备暂估单价、专业工程暂估价），计日工，总承包服务费。

(2) 暂列金额应根据工程特点有关计价规定估算。

暂列金额是招标人在工程量清单中暂定并包括在合同价款中的一笔款项。用于施工合同签订时尚未确定或者不可预见的所需材料、设备、服务的采购，施工中可能发生的工程变更、合同约定调整因素出现时的工程价款调整以及发生的索赔、现场签证确认等的费用。暂列金额可根据工程的复杂程度、设计深度、工程环境条件（包括地质、水文、气候条件等）进行估算，一般可按分部分项工程费和措施项目费的10%～15%为参考。

(3) 暂估价中的材料、工程设备暂估单价应根据工程造价信息或参照市场价格估算，列出明细表；专业工程暂估价应分不同专业，按有关计价规定估算，列出明细表。

(4) 计日工应列出项目名称、计量单位和暂估数量。

(5) 总承包服务费应列出服务项目及其内容等。总承包服务费包括为配合协调发包人进行的专业工程发包，对发包人自行采购的材料采购、工程设备等进行保管以及施工现场管理、竣工资料汇总整理等服务所需的费用。

(6) 编制其他项目清单，出现未列项目，编制人应根据工程实际情况补充。

（五）规费项目清单

① 规费项目清单应按照下列内容列项：社会保险费（包括养老保险费、失业保险费、医疗保险费、工伤保险费、生育保险费），住房公积金，工程排污费。

② 编制规费项目清单，出现未列项目，编制人根据省级政府或省级有关权力部门的规定进行补充。

（六）税金项目清单

① 税金项目清单应按照下列内容列项：营业税、城市维护建设税、教育费附加、地方教育附加。

② 编制税金项目清单，出现未列项目，编制人应根据税务部门的规定列项。

三、工程量清单计价概述

工程量清单计价，规定了工程量清单计价的工作范围、工程量清单计价价款构成、工程量清单计价单价和招标控制价、报价的编制、工程量调整及其相应单价的确定等。

（一）工程量清单计价的一般规定

① 采用工程量清单计价，建设工程造价由分部分项工程费、措施项目费、其他项目费、规费和税金组成。

② 工程量清单应采用综合单价计价。

③ 措施项目中的安全文明施工费必须按国家或省级、行业建设主管部门的规定计算，不得作为竞争性费用。

④ 规费和税金必须按国家或省级、行业建设主管部门的规定计算，不得作为竞争性费用。

⑤ 建设工程发承包，必须在招标文件、合同中明确计价中的风险内容及其范围，不得采用无限风险、所有风险或类似语句规定计价中的风险内容及范围。

（二）计价原则

工程量清单计价应遵循公平、合法、诚实信用的原则。

(1) 公平原则　该原则是市场经济活动的基本原则。计价活动要有高度的透明度，工程量清单的编制要实事求是，不弄虚作假，招标要机会均等、公平地对待所有投标人。投标人要从本企业的实际情况出发，不能低于成本报价，不能串通报价。

(2) 合法原则　工程量清单计价活动是政策性、经济性、技术性很强的工作，涉及国家的法律、法规和标准规范比较广泛。所以工程量清单计价活动必须符合包括建筑法、招标投标法、合同法以及涉及工程造价的工程质量、安全及环境保护等方面的工程建设标准规范。

(3) 诚实信用原则　不但在计价过程中遵守职业道德，做到计价公平合理、诚信，在合同签订、履行以及办理工程竣工结算过程中也应遵循诚信原则。

工程量清单计价必须做到科学合理、实事求是。造价工程师在招标拦标价或者投标报价编制、工程结算审核和工程造价鉴定中，不得有意抬高、压低价格，一方面，严格禁止招标方恶意压价以及投标方恶意低价中标，避免豆腐渣工程；另一方面，要严格禁止抬高价格，增加投资。

（三）计价依据

工程量清单的计价依据是计价时不可缺少的资料，内容有：工程量清单、消耗量定额、计价规范、招标文件、施工图纸及图纸答疑、施工组织设计及人工、材料、机械台班价格、费用标准等。

(1) 工程量清单　是由招标人提供的，供投标人计价的工程量资料。

(2) 定额　包括消耗量定额和企业定额。

消耗量定额，是由当地建设行政主管部门根据合理的施工组织设计，按照正常施工条件下制定的，生产一个规定计量单位工程合格产品所需人工、材料、机械台班的社会平均消耗量。主要供编制拦标价时使用，这个消耗量标准也可供施工企业在投标报价时参考。

企业定额，是施工企业根据本企业的施工技术和管理水平，以及有关工程造价资料制定的，供本企业使用的人工、材料、机械台班消耗量定额。企业定额是本企业投标报价时的重要依据。

定额是编制招标控制价或投标报价组合分部分项工程综合单价时，确定人工、材料、机械消耗量的依据。目前，绝大部分施工企业还没有企业自己的消耗量定额，可参照当地建设行政主管部门编制的消耗量定额，并结合企业自身的具体情况，进行投标报价。

(3) 建设工程工程量清单计价规范　是采用工程量清单计价时，必须遵照执行的强制性标准。计价规范是编制工程量清单和工程量清单计价的重要依据。

(4) 招标文件　招标文件的具体要求是工程量清单计价的前提条件，只有清楚地了解招标文件的具体要求，如招标范围、内容、施工现场条件等，才能正确计价。

(5) 施工图纸及图纸答疑　是编制工程量清单的依据，也是计价的重要依据。

(6) 施工组织设计或施工方案　是计算施工技术措施费用的依据。如施工排水、降水，土方施工，钢筋混凝土构件模板支设，垂直运输机械，脚手架等，均需根据施工组织设计或施工方案计算。

(7) 人工、材料、机械台班价格及费用标准　人工、材料、机械台班价格算的确定非常重要，应在调查研究的基础上根据市场确定。

费用标准包括管理费费率、措施费费率等，费率的大小直接影响最终的工程造价。费用比例系数的测算应根据企业自身具体情况而定。

(四) 计价程序

(1) 熟悉施工图纸及相关资料，了解现场情况　在编制工程量清单之前，要先熟悉施工图纸，以及图纸答疑、地质勘探报告，到工程建设地点了解现场实际情况，以便正确编制工程量清单。熟悉施工图纸及相关资料便于列出分部分项工程项目名称，了解现场便于列出施工措施项目名称。

(2) 编制工程量清单　工程量清单是由招标人或其委托人，根据施工图纸、招标文件、计价规范，以及现场实际情况，经过精心计算编制而成的。工程量清单的编制方法详见本章第二节的内容。

(3) 计算综合单价　是指招标人或指投标人，根据工程量清单、招标文件、消耗量定额或企业定额、施工组织设计、施工图纸、材料预算价格等资料，计算分项工程的单价。综合单价的内容包括：人工费、材料和工程设备费、施工机具使用费、企业管理费、利润和一定范围内的风险费用六部分。综合单价的计算方法详见本章第三节的内容。

(4) 计算分部分项工程费　在综合单价计算完成之后，根据工程量清单及综合单价，计算分部分项工程费用。分部分项工程费的计算方法详见本章第三节的内容。

(5) 计算措施费　措施费包括环境保护费、文明施工费、安全施工费、临时设施费、夜间施工费、二次搬运费、大型机械进出场及安拆费、混凝土及钢筋混凝土模板费、脚手架、施工排水降水费、垂直运输机械费等内容。根据工程量清单提供的措施项目计算。措施费的计算方法详见本章第三节的内容。

(6) 计算其他项目费　其他项目费由招标人部分和投标人部分两个部分的内容组成。根据工程量清单列出的内容计算。其他项目费的计算方法详见本章第三节的内容。

(7) 计算单位工程费　前面各项内容计算完成之后，将整个单位工程费包括的内容汇总起来，形成整个单位工程费。在汇总单位工程费之前，要计算各种规费及该单位工程的税金。单位工程费内容包括分部分项工程费、措施项目费、其他项目费、规费和税金并考虑风险因素六部分，这六部分之和即单位工程费。单位工程费的计算方法详见本章第三节的内容。

(8) 计算单项工程费　在各单位工程费计算完成之后，将属同一单项工程的各单位工程费汇总，形成该单项工程的总费用。

(9) 计算工程项目总价　各单项工程费计算完成之后，将各单项工程费汇总，形成整个项目的总价。

(五) 工程量清单计价方法

计价规范明确规定综合单价法为工程量清单的计价方法，也是目前普遍采用的方法。

综合单价法的基本思路是：先计算出分项工程的综合单价，再用综合单价乘以工程量清单给出的工程量，得到分部分项工程费，再加措施项目费、其他项目费及规费，再用分部分项工程费、措施项目费、其他项目费、规费的合计，乘以税率得到税金，最后汇总得到单位工程费。

综合单价法的重点是综合单价的计算。综合单价的内容包括人工费、材料和工程设备费、施工机具使用费、管理费、利润及一定的风险费用六个部分。措施项目费（施工组织部分）、其他项目费及规费是在分部分项工程费计算完成后进行计算。

第二节 工程量清单的编制

一、分部分项工程量清单的编制

分部分项工程量清单应表明建设工程的全部实体工程名称和相应数量，该清单为不可调整的清单（闭口清单），编制时应避免错项、漏项。

（一）分部分项工程工程量清单项目及计算规则

A. 土（石）方工程

1. 土方工程

（1）平整场地（010101001） 是指±30cm以内的就地挖、填、找平。其目的是为建筑物施工放线做准备。

项目特征：土壤类别；弃土运距；取土运距。

工程量计算规则：按设计图示尺寸以建筑物首层建筑面积计算。

工作内容：土方挖填；场地找平；运输。

（2）挖一般土方（010101002） 是指厚度＞±300mm的竖向布置挖土、山坡切土或超出沟槽、基坑范围的土方开挖。

项目特征：土壤类别；挖土深度；弃土运距。

工程量计算规则：按设计图示尺寸以体积计算。

工作内容：排地表水；土方开挖；围护（挡土板）及拆除；基底钎探；运输。

（3）挖基础土方（010101003） 是指开挖底宽≤7m且底长＞3倍底宽的土方。

项目特征：土壤类别；挖土深度；弃土运距。

工程量计算规则：按设计图示尺寸以基础垫层底面积乘以挖土深度计算。

计算公式：

$$V_{挖}=S_{垫层}\times H$$

式中，$V_{挖}$为基础挖土工程量；$S_{垫层}$为基础垫层底面积；H为挖基础土方深度。

工作内容：排地表水；土方开挖；围护（挡土板）及拆除；基底钎探；运输。

（4）挖基坑土方（010101004） 是指开挖底长≤3倍底宽且底面积≤150m^{3}的土方。

项目特征：土壤类别；挖土深度；弃土运距。

工程量计算规则：按设计图示尺寸以基础垫层底面积乘以挖土深度计算。

工作内容：排地表水；土方开挖；围护（挡土板）及拆除；基底钎探；运输。

挖基槽、基坑一般土方因工作面和放坡增加的工程量是否并入各土方工程量中，应按各省、自治区、直辖市或行业建设主管部门的规定实施，如并入各土方工程量中，可按表6-1、表6-2的规定计算。

表6-1 放坡系数表

土类别	放坡起点/m	人工挖土	机械挖土		
			在坑内作业	在坑上作业	顺沟槽在坑上作业
一、二类土	1.20	1∶0.5	1∶0.33	1∶0.75	1∶0.50
三类土	1.50	1∶0.33	1∶0.25	1∶0.67	1∶0.33
四类土	2.00	1∶0.25	1∶0.10	1∶0.33	1∶0.25

注：1. 沟槽、基坑中土类别不同时，分别按其放坡起点、放坡系数，依不同土类别厚度加权平均计算。

2. 计算放坡时，在交接处的重复工程量不予扣除，原槽、坑作基础垫层时，放坡自垫层上表面开始计算。

表 6-2　基础施工所需工作面宽度计算表

基础材料	每边各增加工作面宽/mm
砖基础	200
浆砌毛石、条石基础	150
混凝土基础垫层支模板	300
混凝土基础支模板	300
基础垂直面做防水层	1000(防水层面)

【例 6-1】　计算如图 6-1 所示某工程挖基础土方工程量，并根据计价规范列出相应的项目编码。(墙厚度均为 240mm，砖大放脚为等高式，三类土)

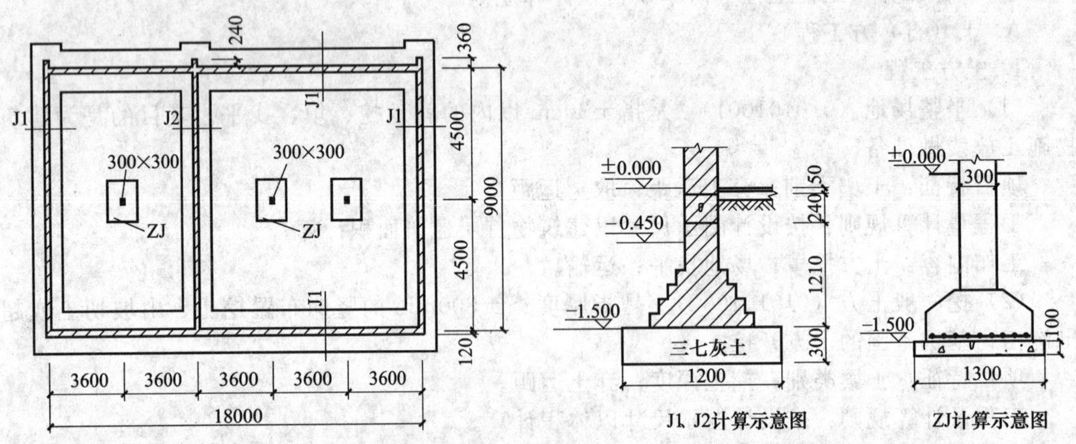

图 6-1　某工程基础平面图

解　① 挖沟槽土方（墙基础）010101003001

挖土深度：$H=1.8-0.45=1.35$(m)，小于三类土放坡起点 1.50m，故可不放坡。砖基础的工作面为每边 0.20m。

垫层底面积：$S_{垫层}=(18+9)\times2\times(1.2+0.2\times2)+(9-1.6)\times(1.2+0.2\times2)=86.4+11.84=98.24(m^2)$

$V_{挖}=1.35\times98.24+1.6\times1.35\times0.24\times3$(附墙垛体积)$=132.62+1.56=134.18(m^3)$

② 挖基坑土方（柱基础）010101004001

挖土深度：$H=1.6-0.45=1.15$（m），小于三类土放坡起点 1.50m，故可不放坡。砖基础的工作面为每边 0.30m。

垫层底面积：$S_{垫层}=1.9\times1.9\times3=10.83(m^2)$

$V_{挖}=1.15\times10.83=12.45(m^3)$

(5) 冻土开挖（010101005）

项目特征：冻土厚度；弃土运距。

工程量计算规则：按设计图示尺寸开挖面积乘以厚度以体积计算。

工作内容：爆破；开挖；清理；运输。

(6) 挖淤泥、流砂（010101006）

项目特征：挖掘深度；弃淤泥、流砂距离。

工程量计算规则：按设计图示位置、界限尺寸以体积计算。

工作内容：开挖、运输。

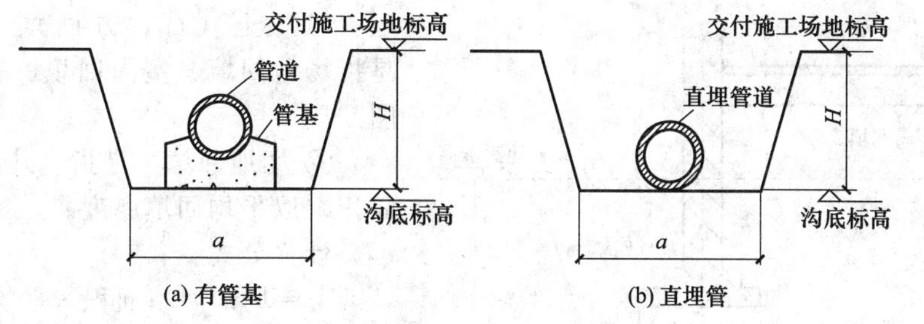

图 6-2　管沟土方计算示意图

(7) 管沟土方（010101007）　是指房屋建筑工程室外给水排水管沟土方。见图 6-2。

项目特征：土壤类别；管外径；挖沟深度；回填要求。

工程量计算规则：按设计图示尺寸以管道中心线长度计算。

工作内容：排地表水；土方开挖；围护（挡土板）支撑；运输；回填。

管沟工作面增加的工程量可按表 6-3 计算。

表 6-3　管沟施工每侧所需工作面宽度计算表

管道结构宽 m / 管沟材料	≤500	≤1000	≤2500	>2500
混凝土及钢筋混凝土管道/mm	400	500	600	700
其他材质管道/mm	300	400	500	600
管道结构宽：有管座的按基础外缘，无管座的按管道外径。				

2. 石方工程（010102）

(1) 挖一般石方（010102001）　挖一般石方是指厚度>±300mm 的竖向布置挖石、山坡凿石或超出沟槽、基坑石方范围的石方工程。

项目特征：岩石类别；开凿深度；弃渣运距。

工程量计算规则：按设计图示尺寸以体积计算。

工作内容：排地表水；凿石；运输。

(2) 挖沟槽石方（010102002）　挖沟槽石方是指底宽≤7m 且底长>3 倍底宽的石方工程。

项目特征：岩石类别；开凿深度；弃渣运距。

工程量计算规则：按设计图示尺寸沟槽底面积乘以挖石深度以体积计算。

工作内容：排地表水；凿石；运输。

(3) 挖基坑石方（010102003）　挖沟槽石方是指底长≤3 倍底宽且底面积≤150m^2 的石方工程。

项目特征：岩石类别；开凿深度；弃渣运距。

工程量计算规则：按设计图示尺寸基坑底面积乘以挖石深度以体积计算。

工作内容：排地表水；凿石；运输。

(4) 挖管沟石方（010102004）

项目特征：岩石类别；管外径；挖沟深度。

工程量计算规则：以米计量，按设计图示尺寸以管道中心线长度计算；以立方米计算，按设计图示截面积乘以长度计算。

工作内容：排地表水；凿石；回填；运输。

3. 土石方回填（010103）

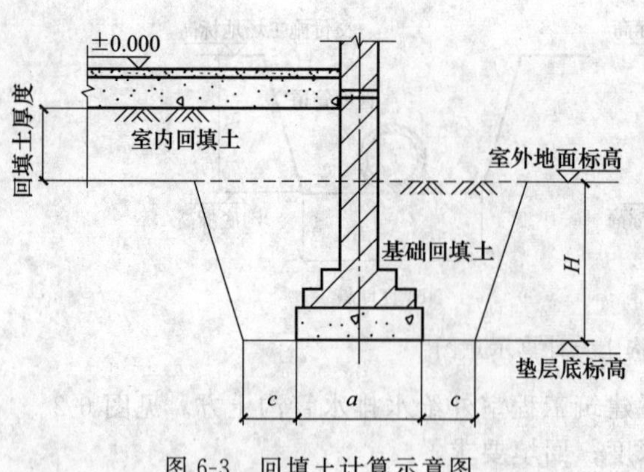

图 6-3　回填土计算示意图

(1) 土（石）方回填（010103001）是指场地回填、室内回填、基础回填。见图 6-3。

① 场地回填　是指室外回填土，回填面积乘以平均回填厚度。

计算公式：

$V_{填}$＝场地回填面积×平均回填厚度

② 室内回填　又称房心回填，主墙间净面积乘以平均回填厚度。

计算公式：

$V_{填}$＝室内净面积×平均回填厚度

式中，$V_{填}$ 为基础回填体积；室内净面积为主墙间净面积（不扣除间隔墙、柱、垛等面积）；平均回填厚度为室内地坪至交付施工场地的高差扣减室内面层垫层（室内做法）等。

【例 6-2】 计算如图 6-1 所示室内回填土工程量。假设室内垫层 100mm、找平层 20mm、面层 25mm。

解　室内净面积＝(9－0.24)×[(7.2－0.24)＋(10.8－0.24)]－0.3×0.3×3＝153.48－0.27＝153.21(m²)

回填土平均厚度＝0.45－(0.1＋0.02＋0.025)＝0.305(m)

$V_{填}$＝室内净面积×平均回填厚度＝153.21×0.305＝46.73(m³)

③ 基础回填　是指挖方体积减去设计室外地坪以下埋设的基础体积，包括基础垫层及其他构筑物。

计算公式：　$V_{填}=V_{挖}-V_{埋}$

式中，$V_{填}$ 为基础回填体积；$V_{挖}$ 为按规则计算的挖基础土方体积；$V_{埋}$ 为设计室外地坪以下埋设的基础体积（包括基础、垫层及其他构筑物）。

【例 6-3】 计算如图 6-1 所示某工程墙基础回填土方工程量，并根据计价规范列出相应的项目编码。

解　土方回填（墙基础）010103001001

$V_{挖}$＝134.18m³（见例6-1）

$V_{砖基础体积}=b(H+h)\times L$＋附墙垛增加体积

＝0.24×(1.05＋0.656)×(54＋8.76)＋0.24×0.24×1.05×3

＝25.70＋0.18＝25.88(m³)

$V_{垫层}$＝[74.16（见例6-1）＋0.24×1.2×3（附墙垛垫层面积）]×0.3

＝73.16×0.3＝21.95(m³)

$V_{填}=V_{挖}-(V_{墙基础}+V_{垫层})$＝134.18－(25.88＋21.95)＝86.35(m³)

项目特征：密实度要求；填方材料品种；填方粒径要求；填方来源、运距。

工程量计算规则：按设计图示尺寸以体积计算。

工作内容：运输；回填；压实。

(2) 余方弃置（010103002）

项目特征：废弃料品种；运距。

工程量计算规则：按挖方清单项目工程量减利用回填方体积（正数）计算。

工作内容：余方点装料运输至弃置点。

B. 地基处理与边坡支护工程

地基处理与边坡支护工程包括：地基处理、基坑与边坡支护。

1. 地基处理（010201）

地基处理包括换填垫层（010201001）、铺设土工合成材料（010201002）、预压地基（010201003）、强夯地基（010201004）、振冲密实（不填料）（010201005）、振冲桩（填料）（010201006）、砂石桩（010201007）、水泥粉煤灰碎石桩（010201008）、深层搅拌桩（010201009）、粉喷桩（010201010）、夯实水泥土桩（010201011）、高压喷射注浆桩（010201012）、石灰桩（010201013）、灰土（土）挤密桩（010201014）、柱锤冲扩桩（010201015）、注浆地基（010201016）、褥垫层（010201017）。

（1）换填垫层（010201001）

项目特征：材料种类及配比；压实系数；掺加剂品种。

工程量计算规则：按设计图示尺寸以体积计算。

工作内容：分层铺填；碾压、振密或夯实；材料运输。

（2）强夯地基（010201004）

项目特征：夯击能量；夯击遍数；夯击点布置形式、间距；地耐力要求；夯填材料种类。

工程量计算规则：按设计图示处理范围以面积计算。

工作内容：铺设夯填材料；强夯；夯填材料运输。

（3）深层搅拌桩（010201009）

项目特征：地层情况；空桩长度、桩长；桩径；桩截面尺寸；水泥强度等级、掺量。

工程量计算规则：按设计图示尺寸以桩长计算。

工作内容：预搅下钻、水泥浆制作、喷浆搅拌提升成桩；材料运输。

（4）注浆地基（010201016）

项目特征：地层情况；空钻深度、注浆深度；注浆间距；浆液种类及配比；注浆方法；水泥强度等级。

工程量计算规则：以米计量，按设计图示尺寸以钻孔深度计算。以立方米计量，按设计图示尺寸以加固体积计算。

工作内容：成孔；注浆导管制作、安装；浆液制作、压浆；材料运输。

2. 基坑与边坡支护（010202）

基坑与边坡支护包括地下连续墙（010202001）、咬合灌注桩（010202002）、圆木桩（010202003）、预制钢筋混凝土板桩（010202004）、型钢桩（010202005）、钢板桩（010202006）、锚杆（锚索） （010202007）、土钉（010202008）、喷射混凝土、水泥砂浆（010202009）、钢筋混凝土支撑（010202010）、钢支撑（010202011）。

（1）地下连续墙（010202001）

项目特征：地层情况；导墙类型、截面；墙体厚度；成槽深度；混凝土种类、强度等级；接头形式。

工程量计算规则：按设计图示墙中心线长乘以厚度乘以槽深以体积计算。

工作内容：导墙挖填、制作、安装、拆除；挖土成槽、固壁、清底置换；混凝土制作、运输、灌注、养护；接头处理；土方、废泥浆外运；打桩场地硬化及泥浆池、泥浆沟。

（2）钢板桩（010202006）

项目特征：地层情况；桩长；板桩厚度。

工程量计算规则：以吨计算，按设计图示尺寸以质量计算；以平方米计算，按设计图示墙中心线长乘以桩长以面积计算。

工作内容：工作平台搭拆；桩机移位；打拔钢板桩。

C. 桩基工程

桩基工程包括：打桩、灌注桩。

1. 打桩（010301）

（1）预制钢筋混凝土方桩（010301001）

项目特征：地层情况；送桩深度、桩长；桩截面；桩倾斜度；沉桩方法；接桩方式；混凝土强度等级。

工程量计算规则：以米计算，按设计图示尺寸以桩长（包括桩尖）计算；以立方米计算，按设计图示截面积乘以桩长（包括桩尖）以实体积计算；以根计算，按设计图示数量计算。

工作内容：工作平台搭拆；桩机竖拆、移位；沉桩；接桩；送桩。

（2）预制钢筋混凝土管桩（010301002）

项目特征：地层情况；送桩深度、桩长；桩外径、壁厚；桩倾斜度；沉桩方法；桩尖类型；混凝土强度等级；填充材料种类；防护材料种类。

工程量计算规则：以米计算，按设计图示尺寸以桩长（包括桩尖）计算；以立方米计算，按设计图示截面积乘以桩长（包括桩尖）以实体积计算；以根计算，按设计图示数量计算。

工作内容：工作平台搭拆；桩机竖拆、移位；沉桩；接桩；送桩；桩尖制作安装；填充材料、刷防护材料。

打送桩如图 6-4、图 6-5 所示。打试验桩和大斜桩应按相应项目单独列项，并应在项目特征中注明试验桩或斜桩（斜率）。

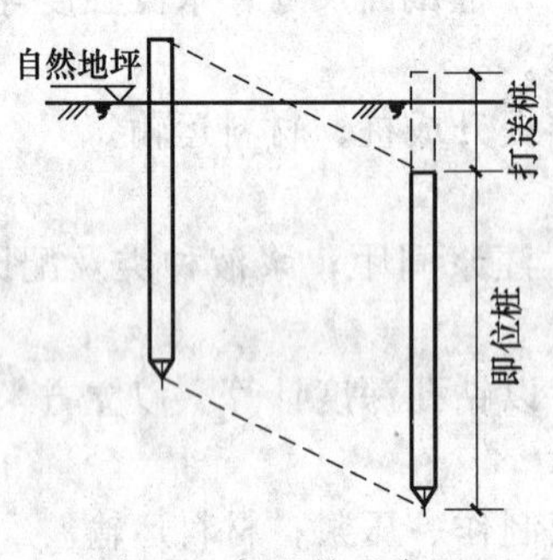

图 6-4　打送桩示意图

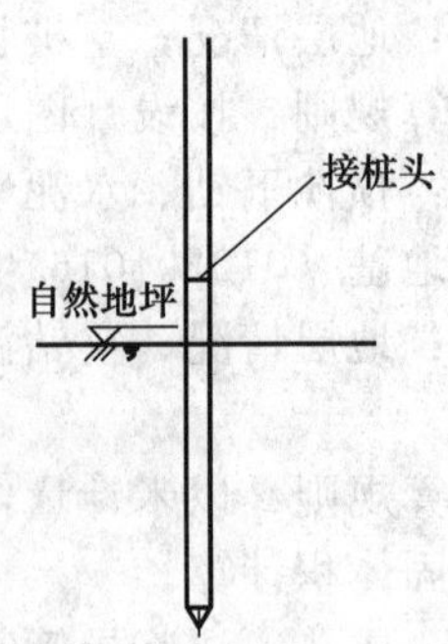

图 6-5　接桩示意图

（3）钢管桩（010301003）

项目特征：地层情况；送桩深度、桩长；材质；管径、壁厚；桩倾斜度；沉桩方法；填充材料种类；防护材料种类。

工程量计算规则：以吨计量，按设计图示尺寸以重量计算；以根计算，按设计图示数量计算。

工作内容：工作平台搭拆；桩机竖拆、移位；沉桩；接桩；送桩；切割钢管、精割盖帽；管内取土；填充材料，刷防护材料。

（4）截（凿）桩头（010301004）

项目特征：桩类型；桩头截面、高度；混凝土强度等级；有无钢筋。

工程量计算规则：以立方米计算，按设计桩截面乘以桩头长度以体积计算；以根计量，按设计图示数量计算。

工作内容：截（切割）桩头；凿平；废料外运。

2. 灌注桩（010302）

（1）泥浆护壁成孔灌注桩（010302001）　泥浆护壁成孔灌注桩是指在泥浆护壁条件下成孔，采用水下灌注混凝土的桩。其成孔方法包括冲击钻成孔、冲抓锥成孔、回旋钻成孔、潜水钻成孔、泥浆护壁的旋挖成孔等。如图 6-6(a) 所示。

项目特征：地层情况；空桩长度、桩长；桩径；成孔方法；护筒类型、长度；混凝土种类、强度等级。

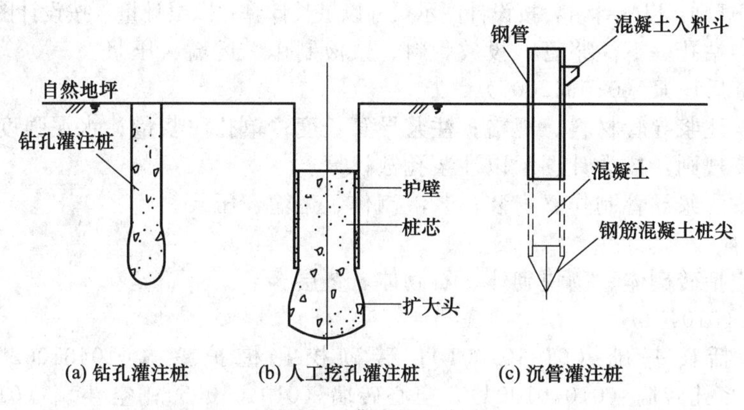

图 6-6　灌注桩示意图

工程量计算规则：以米计量，按设计图示尺寸以桩长（包括桩尖）计算；以立方米计量，按不同截面在桩上范围内以体积计算；以根计量，按设计图示数量计算。

工作内容：护筒埋设；成孔、固壁；混凝土制作、运输、灌注、养护；土方、废泥浆外运；打桩场地硬化及泥浆池、泥浆沟。

(2) 沉管灌注桩（010302002）

项目特征：地层情况；空桩长度、桩长；复打长度；桩径；沉管方法；桩尖类型；混凝土种类、强度等级。

沉管灌注桩的沉管方式包括锤击沉管法、振动沉管法、振动冲击沉管法、内夯沉管法等。如图 6-6(c) 所示。

工程量计算规则：以米计量，按设计图示尺寸以桩长（包括桩尖）计算；以立方米计量，按不同截面在桩上范围内以体积计算；以根计量，按设计图示数量计算。

工作内容：打（沉）拔钢管；桩尖制作、安装；混凝土制作、运输、灌注、养护。

(3) 干作业成孔灌注桩（010302003）　干作业成孔灌注桩是指不用泥浆护壁和套管护壁的情况下，用钻机成孔后，下钢筋笼、灌注混凝土的桩，适用于地下水位以上的土层使用。其成孔方法包括螺旋钻成孔、螺旋钻成孔扩底、干作业的旋挖成孔等。

项目特征：地层情况；空桩长度、桩长；桩径；扩孔直径、高度；成孔方法；混凝土种类、强度等级。

工程量计算规则：以米计量，按设计图示尺寸以桩长（包括桩尖）计算；以立方米计量，按不同截面在桩上范围内以体积计算；以根计量，按设计图示数量计算。

工作内容：成孔、扩孔；混凝土制作、运输、灌注、养护。

(4) 挖孔桩土（石）方（010302004）

项目特征：地层情况；挖孔深度；弃土（石）运距。

工程量计算规则：按设计图示尺寸（含护壁）截面积乘以挖孔深度以立方米计算。

工作内容：排地表水；挖土、凿石；基地钎探；运输。

(5) 人工挖孔灌注桩（010302005）　如图 6-6(b) 所示。

项目特征：桩芯长度；桩芯直径、扩底直径、扩底高度；护壁厚度、高度；护壁混凝土种类、强度等级；桩芯混凝土种类、强度等级。

工程量计算规则：以立方米计量，按桩芯混凝土体积计算；以根计量，按设计图示数量计算。

工作内容：护壁制作；混凝土制作、运输、灌注、振捣、养护。

(6) 钻孔压浆桩（010302006）

项目特征：地层情况；孔钻长度、桩长；钻孔直径；水泥强度等级。

工程量计算规则：以米计量，按设计图示尺寸以桩长计算；以根计量，按设计图示数量计算。

工作内容：钻孔、下注浆管、投放骨料、浆液制作、运输、压浆。

(7) 灌注桩后压浆 (010302007)

项目特征：注浆导管材料、规格；注浆导管长度；单孔注浆量；水泥强度等级。

工程量计算规则：按设计图示以注浆孔数计算。

工作内容：注浆导管制作、安装；浆液制作、运输、压浆。

D. 砌筑工程

砌筑工程包括砖砌体、砌块砌体、石砌体、垫层。

1. 砖砌体 (010401)

砖砌体包括砖基础 (010401001)；砖砌挖孔桩护壁 (010401002)；实心砖墙 (010401003)；多孔砖墙 (010401004)；空心砖墙 (010401005)；空斗墙 (010401006)；空花墙 (010401007)；填充墙 (010401008)；实心砖柱 (010401009)；多孔砖柱 (010401010)；砖检查井 (010401011)；零星砌砖 (010401012)；砖散水、地坪 (010401013)；砖地沟、明沟 (010401014)。

(1) 砖基础 (010401001)： 包括带形砖基础和独立桩基础两类。

项目特征：砖品种、规格、强度等级；基础类型；砂浆强度等级；防潮层材料种类。

工程量计算规则：按设计图示尺寸以体积计算。包括附墙垛基础宽出部分体积，扣除地梁（圈梁）、构造柱所占体积，不扣除基础大放脚 T 形接头处的重叠部分及嵌入基础内的钢筋、铁件、管道、基础砂浆防潮层和单个面积 0.3m^2 以内的空洞所占体积，靠墙暖气沟的挑檐不增加。见图 6-7。

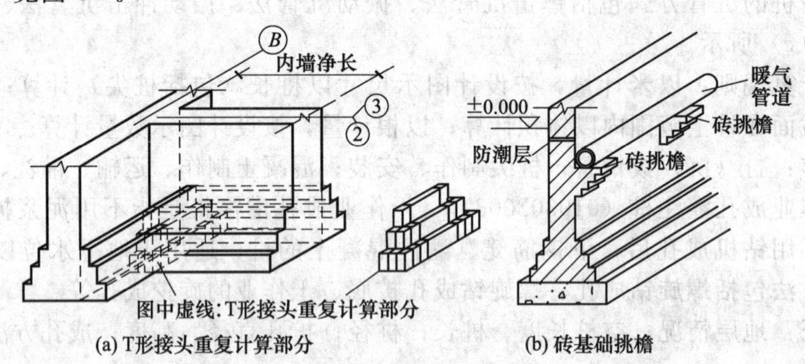

图 6-7 砖基础部分示意图

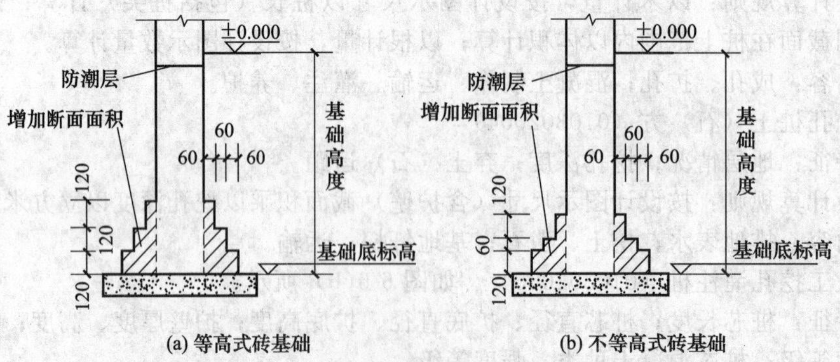

图 6-8 砖基础图

基础长度：外墙按中心线，内墙按净长线计算。

工作内容：砂浆制作、运输；铺设垫层；砌砖；防潮层铺设；材料运输。

① 带形基础 即砖墙下的砖基础，又称条形砖基础。见图 6-8。

带形基础工程量计算公式见第四章第三节。

基础大放脚折加高度，见表 6-4。

表 6-4 标准砖大放脚的折加高度

大放脚台数	折加高度							
	0.5 砖		1 砖		1.5 砖		2 砖	
	等高	不等高	等高	不等高	等高	不等高	等高	不等高
1	0.137	0.137	0.066	0.066	0.043	0.043	0.032	0.032
2	0.411	0.342	0.197	0.164	0.129	0.108	0.096	0.08
3			0.394	0.328	0.259	0.216	0.193	0.161
4			0.656	0.525	0.432	0.345	0.321	0.257
5			0.984	0.788	0.647	0.518	0.482	0.386
6			1.378	1.083	0.906	0.712	0.672	0.53
7			1.838	1.444	1.208	0.949	0.90	0.707
8			2.363	1.838	1.553	1.208	1.157	0.900
9			2.950	2.297	1.942	1.510	1.445	1.125
10			3.610	2.789	2.373	1.834	1.768	1.366

【例 6-4】 计算如图 6-1 所示带形砖基础工程量。

解 从图中得知：基础墙厚 $b=240\text{mm}$，基础高 $H=1.5\text{m}$，等高式大放脚，大放脚台数 $n=4$

从表 6-1 查出 $h=0.656\text{m}$

$$L_{外}=(18+9)\times2=54(\text{m}), L_{内}=9-0.24=8.76(\text{m})$$

根据公式 $V_{砖基础体积}=b(H+h)\times L+$附墙垛增加体积$=0.24\times(1.5+0.656)\times(54+8.76)+0.24\times0.24\times1.5\times3=32.48+0.26=32.74$ (m^3)

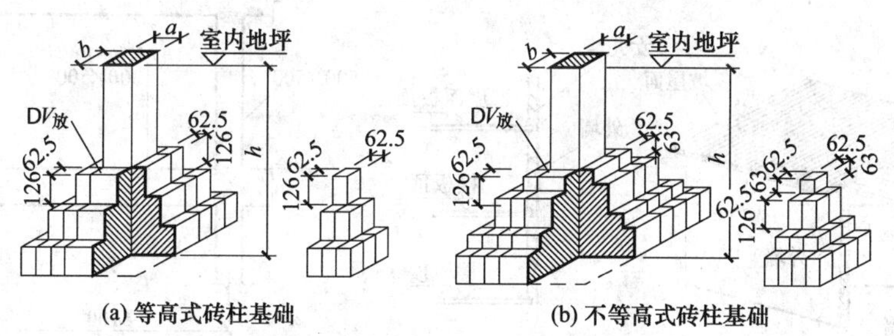

图 6-9 砖柱基础计算示意图

② 独立砖基础 即砖柱基础。见图 6-9。

计算公式：

$$V_{独立砖基础}=a\times b\times(H+h)$$

(2) 实心砖墙（010401003）、多孔砖墙（010401004）、空心砖墙（010401005）

项目特征：砖品种、规格、强度等级；墙体类型；砂浆强度等级、配合比。

工程量计算规则：按设计图示尺寸以体积计算。扣除门窗洞口、过人洞、空圈、嵌入墙内的钢筋混凝土柱、梁、圈梁、挑梁、过梁及凹进墙内的壁龛、管槽、暖气槽、消火栓箱所占体积。不扣除梁头、板头、檩头、垫木、木楞头、沿椽木、木砖、门窗走头、砖墙内加固钢筋、木筋、铁件、钢管及单个面积 0.3m^2 以内的空洞所占体积。凸出墙面的腰线、挑檐、压顶、窗台线、虎头砖、门窗套的体积亦不增加。凸出墙面的砖垛并入墙体体积内计算。

基础长度：外墙按中心线，内墙按净长线计算。

① 墙长度外墙按中心线，内墙按净长线计算。在计算墙长时，两墙 L 形相交时，两墙均算至中心线（见图 6-10 中①节点）；两墙 T 形相交时，外墙拉通计算，内墙按净长计算（见图 6-10 中②节点）；两墙十字相交时，内墙均按净长计算（见图 6-10 中③节点）。

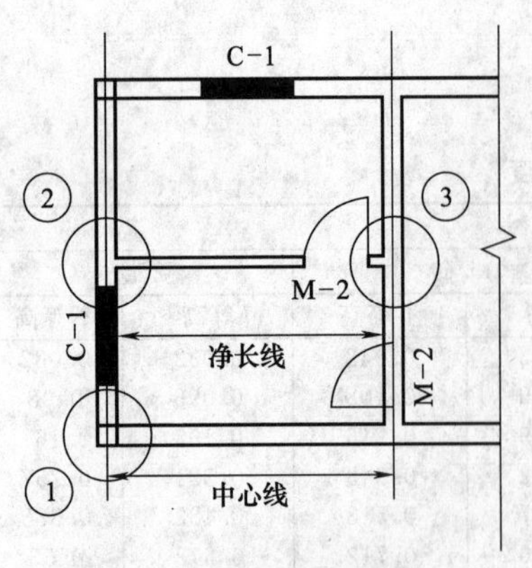

图 6-10　墙长计算示意图（一）

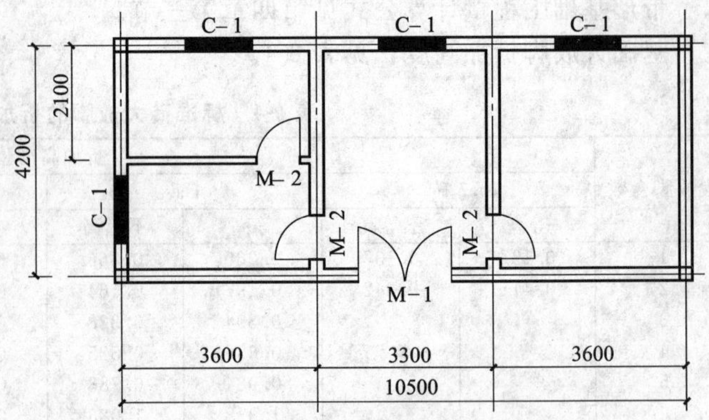

图 6-11　墙长计算示意图（二）

【例 6-5】　计算图 6-11 所示的墙长。（内外墙厚为 240mm，隔墙为 120mm）

$$L=(10.5+4.2)\times2+(4.2-0.24)\times2+(3.6-0.24)=40.68(\text{m})$$

② 墙高度。

a. 外墙。见第四章第三节。

b. 内墙。位于屋架下弦者，算至屋架下弦底；无屋架下弦者算至天棚底另加 100mm［见图 6-12（a)］。有钢筋混凝土板隔层者算至楼板顶；有框架梁时算至梁底［见图 6-12（b)］。

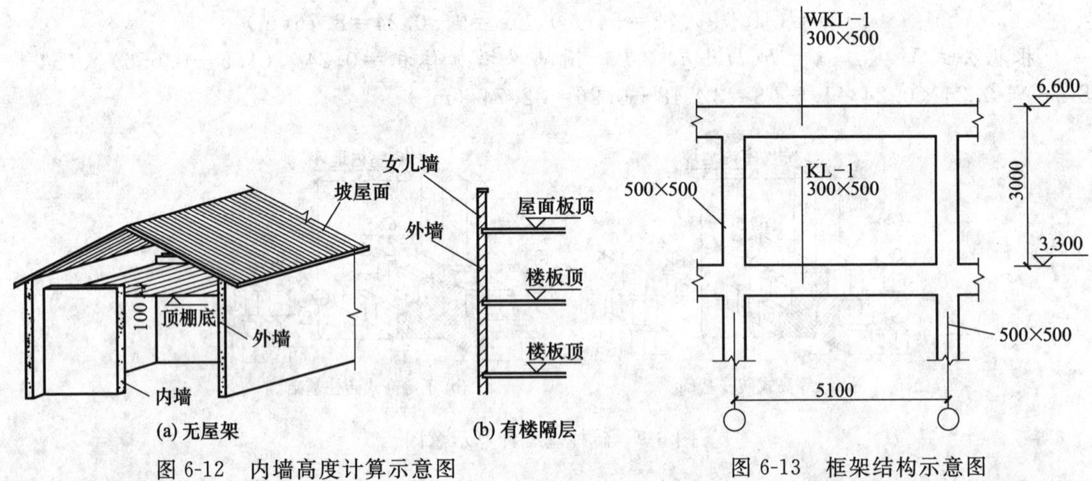

图 6-12　内墙高度计算示意图

图 6-13　框架结构示意图

c. 女儿墙。从屋面板上表面算至女儿墙顶面（如有混凝土压顶算至压顶下表面)。

【例 6-6】　计算如图 6-13 所示框架间墙体工程量（设框架间墙体厚度为 300 厚粉煤灰砌块)。

解　$V_{墙体}=(5.1-0.5)\times(3.0-0.5)\times0.3=3.45\ (\text{m}^3)$

d. 内、外山墙。按其平均高度计算。

③ 框架间墙：不分内外墙按墙体净尺寸以体积计算。

④ 围墙。高度算至压顶上表面（如有混凝土压顶时算至压顶下表面)，围墙柱并入围墙体积内。见图 6-14。

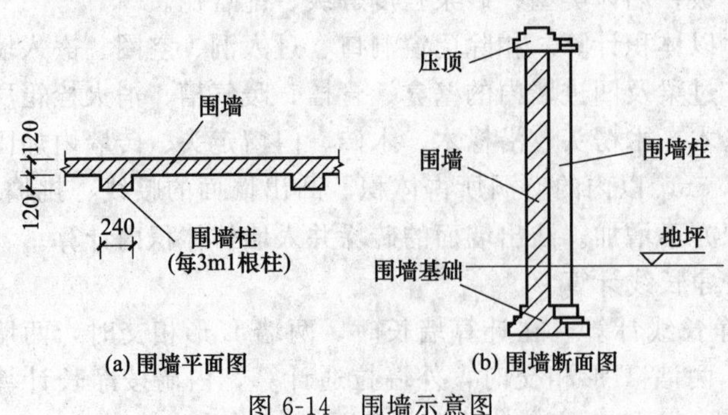

图 6-14　围墙示意图

工作内容：砂浆制作、运输；

砌砖；刮缝；砖压顶砌筑；材料运输。

(3) 空斗墙（010401006）

项目特征：砖品种、规格、强度等级；墙体类型；砂浆强度等级、配合比。

工程量计算规则：按设计图示尺寸以空斗墙外形体积计算。墙角、内外墙交接处、门窗洞口立边、窗台砖、屋檐处的实砌部分体积并入空斗墙体积内。见图 6-15。

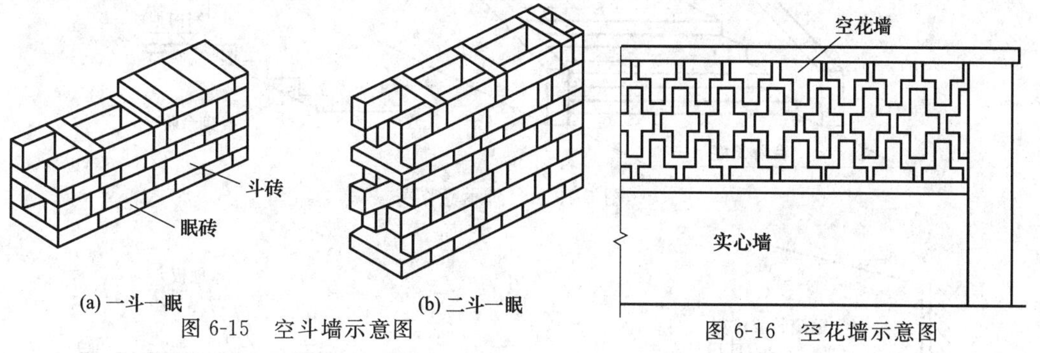

图 6-15　空斗墙示意图

图 6-16　空花墙示意图

工作内容：砂浆制作、运输；砌砖；装填充料；刮缝；材料运输。

(4) 空花墙（010401007）

项目特征：砖品种、规格、强度等级；墙体类型；砂浆强度等级。

工程量计算规则：按设计图示尺寸以空花部分外形体积计算，不扣除空洞部分体积。见图 6-16。

工作内容：砂浆制作、运输；砌砖；装填充料；刮缝；材料运输。

(5) 填充墙（010401008）

项目特征：砖品种、规格、强度等级；墙体类型；填充材料种类及厚度；砂浆强度等级、配合比。

工程量计算规则：按设计图示尺寸以填充墙外形体积计算。见图 6-17。

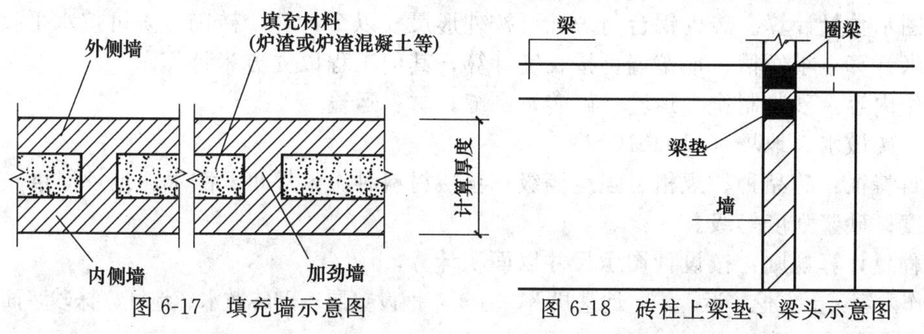

图 6-17　填充墙示意图

图 6-18　砖柱上梁垫、梁头示意图

工作内容：砂浆制作、运输；砌砖；装填充料；刮缝；材料运输。

(6) 实心砖柱（010401009）、多孔砖柱（010401010）

项目特征：砖品种、规格、强度等级；柱类型；砂浆强度等级、配合比。

工程量计算规则：按设计图示尺寸以体积计算。扣除混凝土及钢筋混凝土梁垫、梁头、板头所占体积。见图 6-18。

工作内容：砂浆制作、运输；砌砖；刮缝；材料运输。

(7) 零星砌砖（010401012）　零星砌体的范围包括：台阶、台阶挡墙、梯带、锅台、炉灶、蹲台、池槽、池槽腿、砖胎模、花台、花池、楼梯栏板、阳台栏板、地垄墙、≤0.3m^{2}的孔洞填塞等；框架外表面的镶贴砖部分；空斗墙的窗间墙、窗台下、楼板下、梁头下等的实砌部分。见图 6-19～图 6-21。

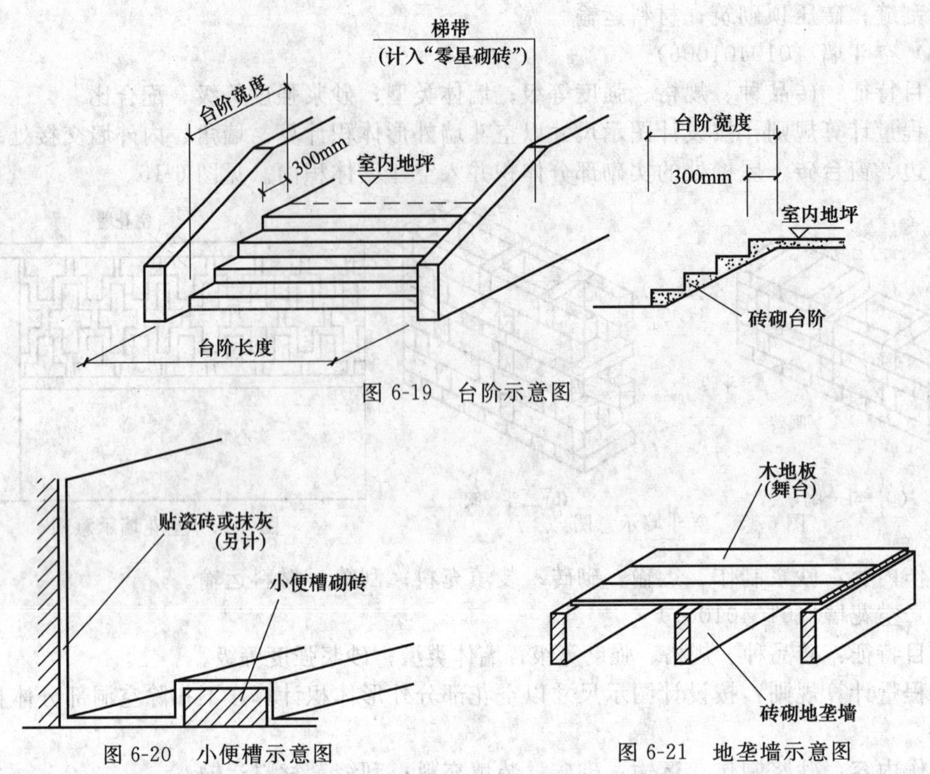

图 6-19　台阶示意图

图 6-20　小便槽示意图

图 6-21　地垄墙示意图

项目特征：零星砌砖名称、部位；砖品种、规格、强度等级；砂浆强度等级、配合比。

计量单位：m^3、m^2、m、个。

工程量计算规则：以立方米计量，按设计图示尺寸截面积乘以长度计算；以平方米计量，按设计图示尺寸水平投影面积计算；以米计量，按设计图示尺寸长度计算；以个计量，按设计图示数量计算。砖砌锅台与炉灶可按外形尺寸以个计算，砖砌台阶可按水平投影面积以平方米计算，小便槽、地垄墙可按长度计算，其他工程以立方米计算。

工作内容：砂浆制作、运输；砌砖；刮缝；材料运输。

(8) 砖散水、地坪（010401013）

项目特征：砖品种、规格、强度等级；垫层材料种类、厚度；散水、地坪厚度；面层种类、厚度；砂浆强度等级。

工程量计算规则：按设计图示尺寸以面积计算。

工作内容：土方挖、运、填；地基找平、夯实；铺设垫层；砌砖散水、地坪；抹砂浆面层。

(9) 砖地沟、明沟（010401014）

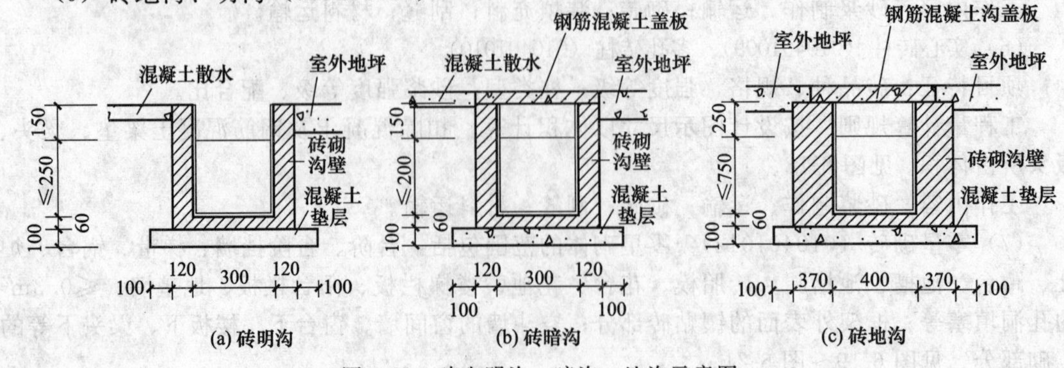

图 6-22　砖砌明沟、暗沟、地沟示意图

项目特征：砖品种、规格、强度等级；沟截面尺寸；垫层材料种类、厚度；混凝土强度等级；砂浆强度等级、配合比。

工程量计算规则：按设计图示尺寸以中心线长度计算。如图 6-22 所示。

工作内容：土方挖、运、填；铺设垫层；底板混凝土制作、运输、浇筑、振捣、养护；砌砖；刮缝、抹灰；材料运输。

2. 砌块砌体（010402）

（1）砌块墙（010402001）

项目特征：砌块品种、规格、强度等级；墙体类型；砂浆强度等级。

工程量计算规则：同前实心砖墙（010401003）清单项目的计算规则。

工作内容：砂浆制作、运输；砌砖、砌块；勾缝；材料运输。

（2）砌块柱（010402002）

项目特征：砌块品种、规格、强度等级；墙体类型；砂浆强度等级。

工程量计算规则：按设计图示尺寸以体积计算。扣除混凝土及钢筋混凝土梁垫、梁头、板头所占体积。

工作内容：砂浆制作、运输；砌砖、砌块；勾缝；材料运输。

3. 垫层（010404001）

项目特征：垫层材料种类、配合比、厚度。

工程量计算规则：按设计图示尺寸以立方米计算。

工作内容：垫层材料的拌制；垫层铺设；材料运输。

E. 混凝土及钢筋混凝土

混凝土及钢筋混凝土工程包括现浇混凝土基础、现浇混凝土柱、现浇混凝土梁、现浇混凝土墙、现浇混凝土板、现浇混凝土楼梯、现浇混凝土其他构件、后浇带、预制混凝土柱、预制混凝土梁、预制混凝土屋架、预制混凝土板、预制混凝土楼梯、其他预制构件、钢筋工程、螺栓、铁件等部分。

混凝土工程量共性计算规则如下。

（1）计量单位

① 扶手、压顶、电缆沟、地沟：m。

② 现浇楼梯、散水、坡道：m^2。

③ 其余构件：m^3。

（2）工程量计算规则

① 凡按体积计算的各类混凝土及钢筋混凝土构件项目，均不扣除构件内钢筋、预埋铁件所占体积。

② 现浇墙及板类构件、散水、坡道，不扣除单个面积在 0.3m^2 以内的孔洞所占体积。

③ 预制板类构件，不扣除单个尺寸在 300mm×300mm 以内的孔洞所占体积。

④ 现浇构件中伸出构件的锚固钢筋应并入钢筋工程量内。除设计（包括规范规定）标明的搭接外，其他施工搭接不计算工程量，在综合单价中综合考虑。

（3）工作内容

① 现浇混凝土工程项目工作内容中包括模板工程的内容，同时又在措施项目中单列了现浇混凝土模板工程项目。招标人应根据工程实际情况选用。若招标人在措施项目清单中未编列现浇混凝土模板项目清单，即表示现浇混凝土模板项目不单列，现浇混凝土工程项目的综合单价中应包括模板工程费用。

② 预制混凝土构件按现场制作编制项目，工作内容中包括模板工程，不再另列。若采用成品预制混凝土构件时，构件成品价（包括模板、钢筋、混凝土等所有费用）应计入综合

单价中。

1. 现浇混凝土基础（010401）

现浇混凝土基础包括垫层、带形基础、独立基础、满堂基础、桩承台基础、设备基础等。

垫层（010501001）、带形基础（010501002）、独立基础（010501003）、满堂基础（010501004）、桩承台基础（010501005）、设备基础（010501006），如图 6-23～图 6-25。

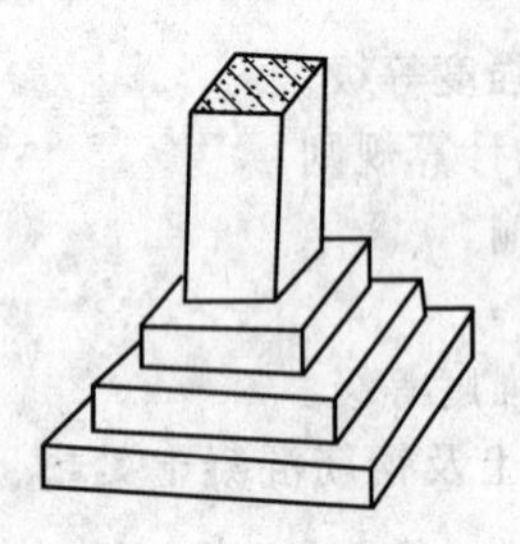

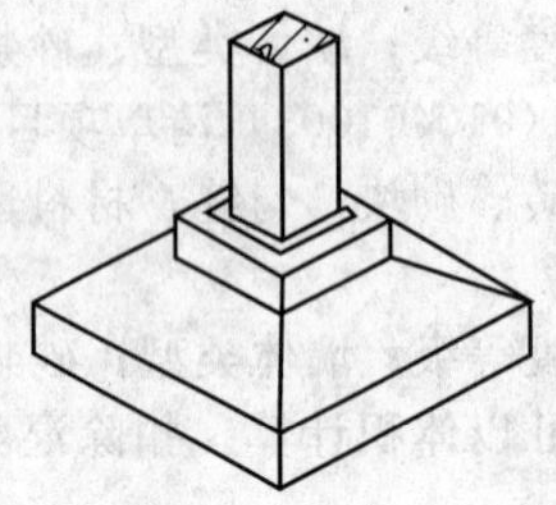

图 6-23 独立基础示意图

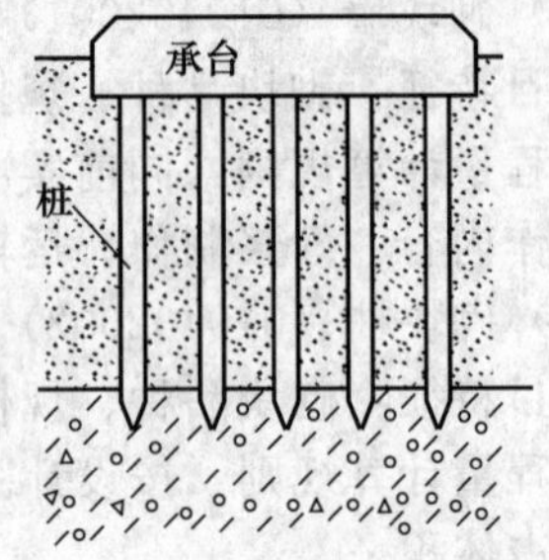

图 6-24 桩基础示意图

项目特征：混凝土种类；混凝土强度等级；灌浆材料及其强度等级。

工程量计算规则：按设计图示尺寸以体积计算。不扣除构件内钢筋、预埋铁件和伸入承台基础的桩头所占体积。

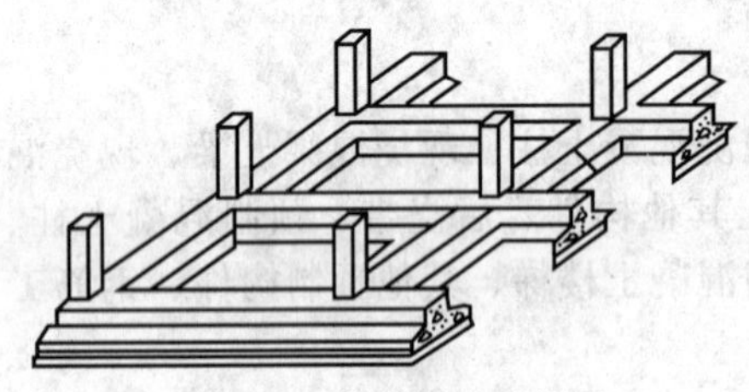

图 6-25 带形基础示意图

工作内容：模板及支撑制作、安装、拆除、堆放、运输及清理模内杂物、刷隔离剂等；混凝土制作、运输、浇筑、振捣、养护。

【例 6-7】 计算图 6-26 杯口基础的工程量。

解 $V_{棱台}=h[a\times b+(a+A)\times(b+B)+A\times B]/6$

式中，$V_{棱台}$为棱台工程量；a、b 分别为上底长和宽。A、B 分别为下底长和宽；h 为棱台的高。

$V=V_{棱台}+V_{长方体}=0.4\times[0.95\times1.15+(0.95+2.00)\times(1.15+2.50)+2.00\times2.50]+[0.95\times1.15\times0.25+2.00\times2.50\times0.20]/6=2.21(m^3)$

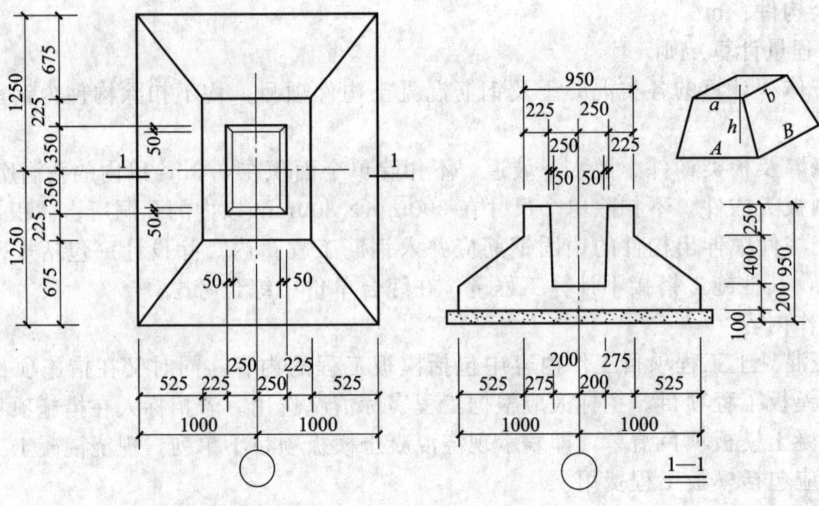

图 6-26 杯口基础详图

2. 现浇混凝土柱（010502）

现浇混凝土柱包括矩形柱（010502001）、构造柱（010502002）、异形柱（010502003）。

项目特征：柱形状；混凝土种类；混凝土强度等级。

工程量计算规则：按设计图示尺寸以体积计算。

工作内容：模板及支撑制作、安装、拆除、堆放、运输及清理模内杂物、刷隔离剂等；混凝土制作、运输、浇筑、振捣、养护。

（1）矩形柱计算公式

$$V_{矩形柱}=abH+V_{牛腿}$$

式中，a、b 为矩形柱断面长、宽；H 为矩形柱高；$V_{牛腿}$ 为柱牛腿的体积。

柱高的计算见第四章第三节。

（2）构造柱按全高计算，嵌接墙体部分（俗称马牙槎）并入柱身体积计算。如图 6-27 所示。

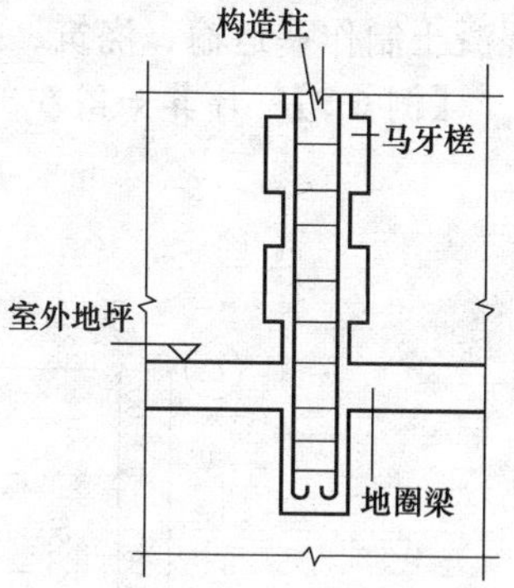

图 6-27 构造柱计算示意图

计算公式： $V_{构造柱}=abH+V_{马牙槎}$

$$V_{马牙槎}=0.03\times 墙厚\times n\times H$$

式中，a、b 为构造柱断面长、宽；H 为构造柱高；$V_{马牙槎}$ 为构造柱马牙槎的体积，0.03 为马牙槎断面宽度；n 为马牙槎水平投影的个数。

【例 6-8】 计算如图 6-28 所示构造柱 GZ1、GZ2 的工程量。（设构造柱总高 21m）

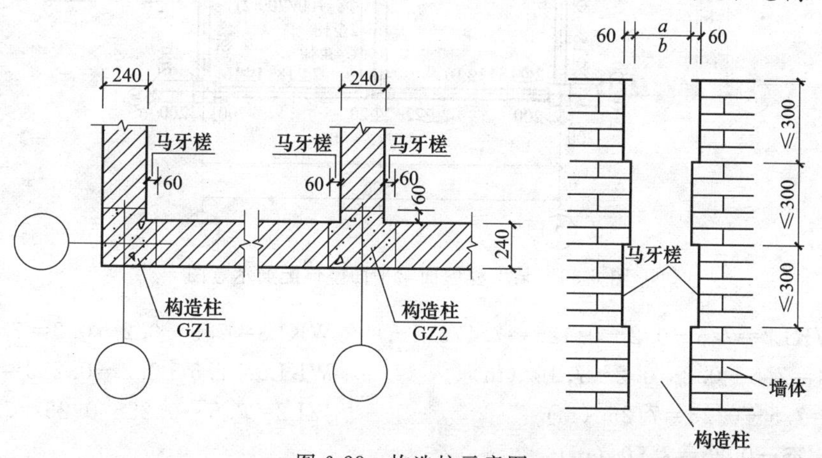

图 6-28 构造柱示意图

解 已知 $a=0.24$m，$b=0.24$m，$H=21$m，$n=2$（GZ1），$n=3$（GZ2）

$$V_{马牙槎}=0.03\times 墙厚\times n\times H=0.03\times 0.24\times 5\times 21=0.76(\mathrm{m}^3)$$

$$V_{构造柱}=2abH+V_{马牙槎}=2\times 0.24\times 0.24\times 21\times 2+0.76=3.18\ (\mathrm{m}^3)$$

3. 现浇混凝土梁（010503）

现浇混凝土梁包括基础梁（010503001）、矩形梁（010503002）、异形梁（010503003）、圈梁（010503004）、过梁（010503005）、弧形梁、拱形梁（010503006）。

项目特征：混凝土种类；混凝土强度等级。

工程量计算规则：按设计图示尺寸以体积计算。不扣除构件内钢筋、预埋铁件，伸入墙内的梁头、梁垫并入梁体积内。见图 6-29。

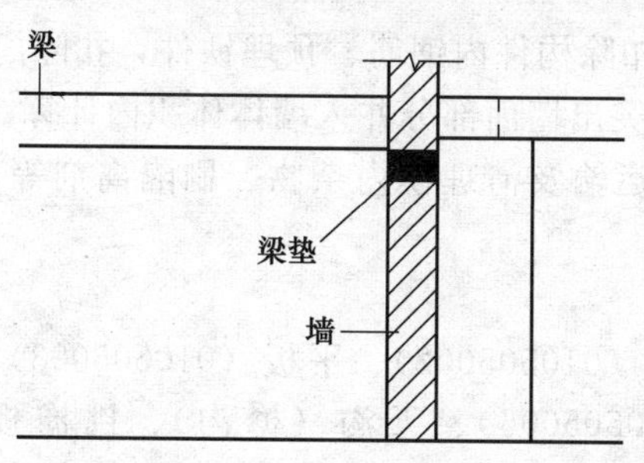

图 6-29 梁头、梁垫计算示意图

计算公式：

$$V_{梁}=S_{梁}\times L_{梁}+V_{梁垫}$$

式中，$V_{梁}$ 为梁体积；$S_{梁}$ 为梁断面积；$L_{梁}$ 为梁长；$V_{梁垫}$为现浇梁垫体积。

梁长的计算见第四章第三节。

工作内容：模板及支撑制作、安装、拆除、堆放、运输及清理模内杂物、刷隔离剂等；混凝土制作、运输、浇筑、振捣、养护。

【例 6-9】 计算如图 6-30 所示某工程屋面梁 WKL、JZL、L 的长度。

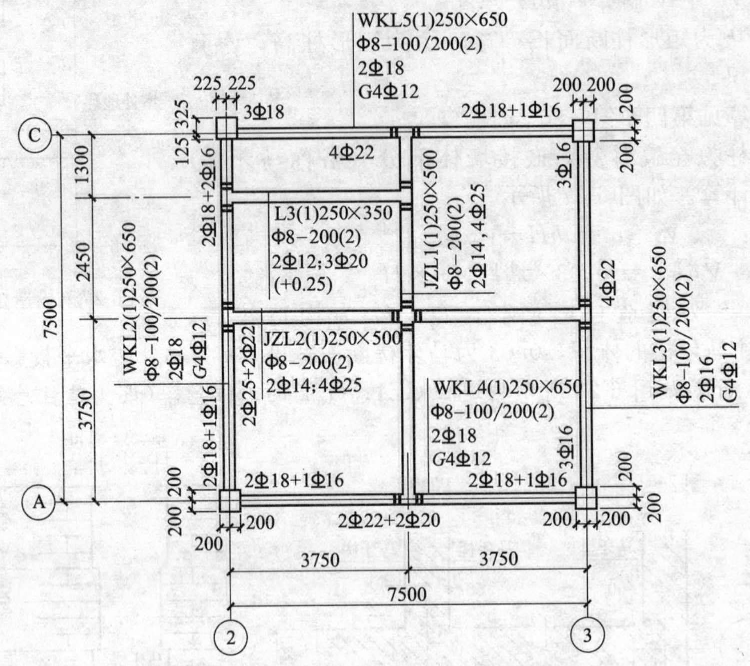

图 6-30　某工程屋面梁平面整体配筋示意图

解　WKL2＝7.5－0.2－0.125＝7.175（m）

WKL3＝7.5－0.2－0.2＝7.10（m）

WKL4＝7.5－0.2－0.2＝7.10（m）

WKL5＝7.5－0.2－0.225＝7.075（m）

JZL1＝7.5－0.25＝7.25（m）

JZL2＝7.5－0.25－0.25＝7.00（m）

L3＝3.75－0.25＝3.50（m）

4. 现浇混凝土墙（010504）

现浇混凝土墙包括直形墙（010504001）、弧形墙（010504002）、短肢剪力墙（010504003）、挡土墙（010504004）。

项目特征：混凝土种类；混凝土强度等级。

工程量计算规则：按设计图示尺寸以体积计算。不扣除构件内钢筋、预埋铁件，扣除门窗洞口及单个面积 0.3m^2 以外的空洞所占体积，墙垛及突出墙面部分并入墙体体积内计算。

工作内容：模板及支撑制作、安装、拆除、堆放、运输及清理模内杂物、刷隔离剂等；混凝土制作、运输、浇筑、振捣、养护。

5. 现浇混凝土板（010505）

现浇混凝土板包括：有梁板（010505001）、无梁板（010505002）、平板（010505003）、拱板（010505004）、薄壳板（010505005）、栏板（010505006）、天沟（檐沟）、挑檐板（010505007）、雨篷、悬挑板、阳台板（010505008）、空心板（010505009）、其他板（010505010）。

项目特征：混凝土种类；混凝土强度等级。

工程量计算规则：按设计图示尺寸以体积计算。不扣除构件内钢筋、预埋 铁件及单个面积≤0.3m^2 的柱、垛及孔洞所占体积。压形钢板混凝土楼板扣除构件内压形钢板所占体积。有梁板（包括主、次梁与板）按梁、板体积之和计算，无梁板按板和柱帽体积之和计算，各类板伸入墙内的板头并入板体积内计算，薄壳板的肋、基梁并入薄壳体 积内计算。

工作内容：模板及支撑制作、安装、拆除、堆放、运输及清理模内杂物、刷隔离剂等；混凝土制作、运输、浇注、振捣、养护。

（1）有梁板（010505001） 是指梁、板同时浇筑为一个整体的板，见图 6-31（a）。工程量按梁（包括主、次梁）、板体积之和计算。

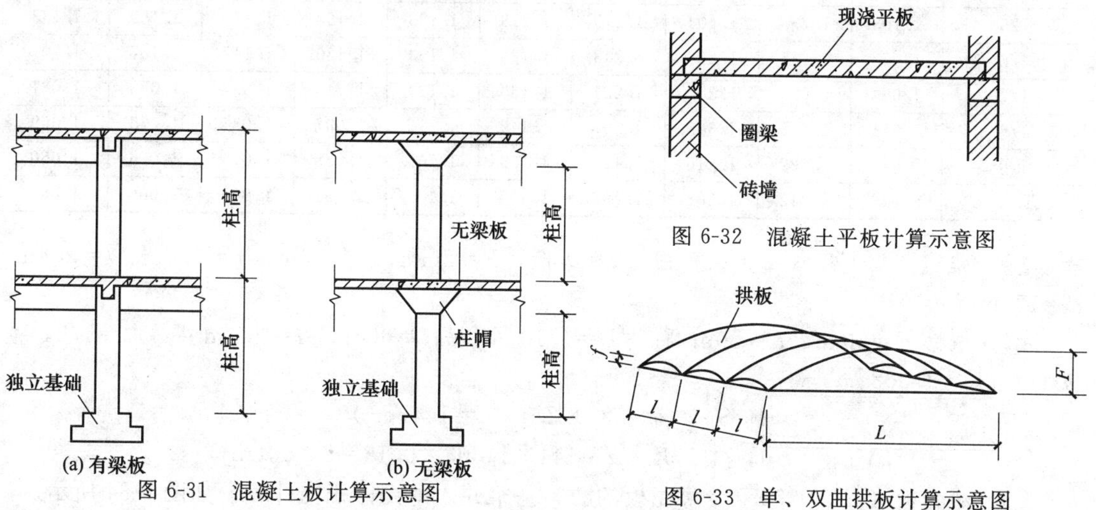

图 6-31 混凝土板计算示意图

图 6-32 混凝土平板计算示意图

图 6-33 单、双曲拱板计算示意图

计算公式：

$$V_{有梁板}=S_{板}\times d_{板}+b_{梁}\times h_{梁}\times L_{梁}$$

式中，$V_{有梁板}$为有梁板工程量；$S_{板}$为板面积；$d_{板}$为板厚；$b_{梁}$为梁宽；$h_{梁}$为梁高；$L_{梁}$为梁长（梁与柱连接时，梁长算至柱侧面，主梁与次梁连接时，次梁长算至主梁侧面）。

【例 6-10】 计算如图 6-30 所示有梁板的工程量，设板厚为 100mm。

解 ① 计算板的体积

$$V_{板}=(7.5+0.25)\times(7.5+0.25)\times0.10=6.01(m^3)$$

② 计算梁的体积

梁长分别为 WKL2＝7.175m，WKL3＝7.10m，WKL4＝7.10m，WKL5＝7.075m，JZL1＝7.25m，JZL2＝7.00m，L3＝3.50m（例 6-9）

$V_{主梁}=7.175\times0.25\times(0.65-0.1)+7.10\times0.25\times(0.65-0.10)+7.10\times0.25\times(0.65-0.10)+7.075\times0.25\times(0.65-0.10)=3.91(m^3)$

$V_{次梁}=7.25\times0.25\times(0.50-0.10)+7.00\times0.25\times(0.50-0.10)+3.50\times0.25\times(0.35-0.10)=1.64(m^3)$

③ 有梁板的工程量＝6.01＋3.91＋1.64＝11.56（m^3）

（2）无梁板（010505002） 是指直接由柱子支撑的板，如图 6-31(b) 所示。

计算公式：

$$V_{无梁板}=S_{板}\times d_{板}+V_{柱帽}$$

式中，$V_{无梁板}$为无梁板工程量；$S_{板}$ 为板面积；$d_{板}$ 为板厚；$V_{柱帽}$为柱帽体积。

（3）平板（010505003） 是指直接由墙支撑的板。如图 6-32 所示。

（4）拱板（010505004） 按体积计算，如图 6-33 所示。

计算公式：

$$V_{拱板}=S_{投影面积}\times K\times d$$

式中，$V_{拱板}$为拱板体积；$S_{投影面积}$为拱板水平投影面积；d为拱板厚；K为单、双曲拱板展开面积系数，见表 6-5。

表 6-5　单、双曲拱板展开面积系数（K）

f/l	单曲拱系数	F/L								
		1/2	1/3	1/4	1/5	1/6	1/7	1/8	1/9	1/10
		1.571	1.274	1.159	1.103	1.073	1.054	1.041	1.033	1.026
		双曲拱系数（K）								
1/2	1.571	2.467	2.001	1.821	1.733	1.686	1.655	1.635	1.622	1.612
1/3	1.274	2.001	1.623	1.477	1.406	1.366	1.342	1.326	1.316	1.308
1/4	1.159	1.821	1.477	1.344	1.279	1.243	1.221	1.207	1.197	1.190
1/5	1.103	1.733	1.406	1.279	1.218	1.183	1.163	1.149	1.139	1.133
1/6	1.073	1.685	1.366	1.243	1.183	1.150	1.130	1.117	1.107	1.101
1/7	1.054	1.655	1.342	1.221	1.163	1.130	1.110	1.097	1.088	1.081
1/8	1.041	1.635	1.326	1.207	1.149	1.117	1.097	1.084	1.075	1.069
1/9	1.033	1.622	1.316	1.197	1.139	1.107	1.088	1.075	1.066	1.060
1/10	1.026	1.612	1.308	1.190	1.133	1.101	1.081	1.069	1.060	1.054

【例 6-11】 某工程双曲拱板如图 6-33 所示，$F=2\text{mm}$、$L=20\text{m}$，$f=0.8\text{m}$、$l=2.4\text{m}$，$d=120\text{mm}$。

解 根据$F=2\text{mm}$、$L=20\text{m}$得$F/L=1/10$，根据$f=0.8\text{m}$、$l=2.4\text{m}$得$f/l=1/3$，查表 6-4，$K=1.308$。

$$S_{投影面积}=20\times2.4\times3=144(\text{m}^2)$$

$$V_{拱板}=S_{投影面积}\times K\times d=144\times1.308\times0.12=22.60(\text{m}^3)$$

（5）薄壳板（010505005）　薄壳板的肋、基梁并入薄壳体积内计算，如图 6-34 所示。

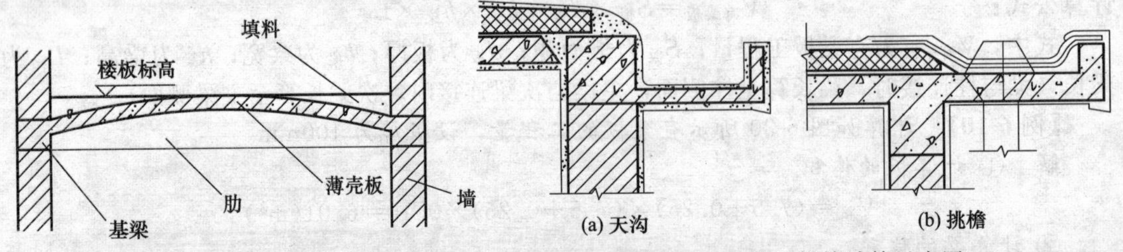

图 6-34　薄壳板计算示意图

图 6-35　天沟、挑檐计算示意图

（6）天沟（檐沟）、挑檐板（010505007）　天沟是指屋面排水用的现浇钢筋混凝土天沟，如图 6-35（a）所示；挑檐是指挑出外墙的屋面檐口板，如图 6-35（b）。

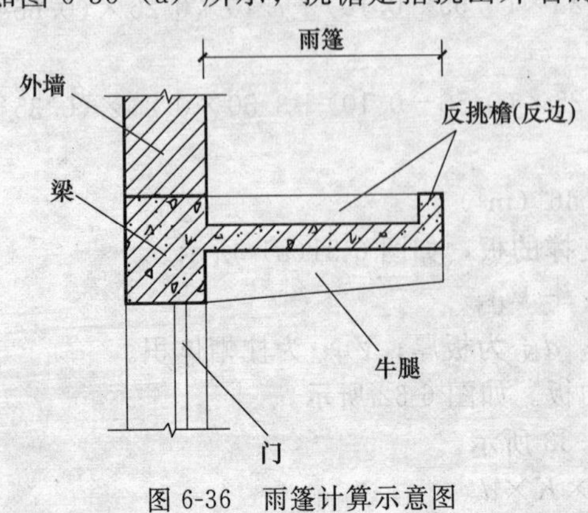

图 6-36　雨篷计算示意图

项目特征：混凝土种类；混凝土强度等级。

工程量计算规则：按设计图示尺寸以体积计算。

工作内容：模板及支撑制作、安装、拆除、堆放、运输及清理模内杂物、刷隔离剂等；混凝土制作、运输、浇筑、振捣、养护。

（7）雨篷、悬挑板、阳台板（010505008）

工程量计算规则：按设计图示尺寸以墙外部分体积计算，包括伸出墙外的牛腿和雨篷反挑檐的体积。如图 6-36 所示。

(8) 空心板 (010505009)

工程量计算规则：按设计图示尺寸以体积计算。空心板 (GBF 高强薄壁蜂巢芯板等) 应扣除空心部分体积。

(9) 其他板 (010405009) 是指零星薄形构件，像板带、叠合板 (预制混凝土板上现浇的后浇层)。

工程量计算规则：按设计图示尺寸以体积计算。

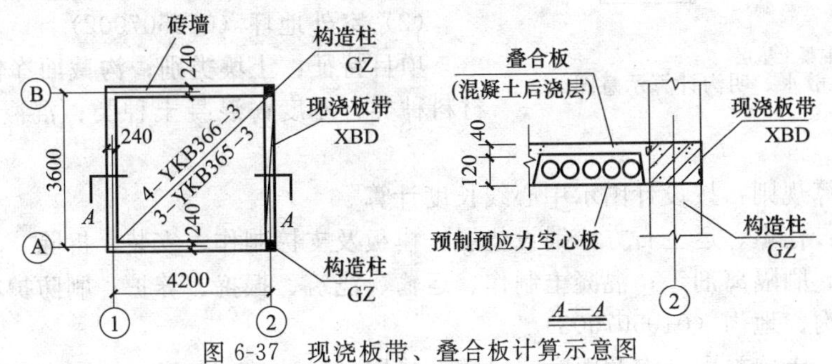

图 6-37　现浇板带、叠合板计算示意图

【例 6-12】 计算如图 6-37 所示的板带及叠合板的工程量。

解 (1) 板带工程量 $V=0.24\times3.36\times0.16=0.13(\mathrm{m}^3)$

(2) 叠合板工程量 $V=3.36\times3.96\times0.04=0.53(\mathrm{m}^3)$

6. 现浇混凝土楼梯 (010506)

现浇混凝土楼梯包括直形楼梯 (010506001)、拱形楼梯 (010506002) 两类。

项目特征：混凝土种类；混凝土强度等级。

工程量计算规则：以平方米计算，按设计图示尺寸以水平投影面积计算。不扣除宽度≤500mm 的楼梯井，伸入墙内部分不计算。水平投影面积包括踏步、平台梁、平台、斜梁和楼梯的连接梁。当整体楼梯与现浇板无梯梁连接时，以楼梯的最后一个踏步边缘加 300mm 为界。如图 6-38 所示。以立方米计算，按设计图示尺寸以体积计算。

工作内容：混凝土制作、运输、浇筑、振捣、养护。

【例 6-13】 计算如图 6-38 所示现浇楼梯的混凝土工程量。

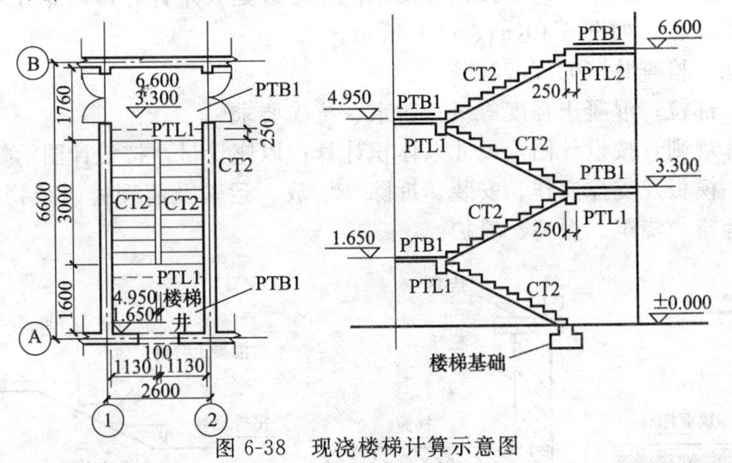

图 6-38　现浇楼梯计算示意图

解 $S=(2.60-0.24)\times(1.6+3.0+0.25)\times2=2.36\times4.85\times2=22.89(\mathrm{m}^2)$

7. 现浇混凝土其他构件 (010507)

(1) 散水、坡道 (010507001)

项目特征：垫层材料种类、厚度；面层厚度；混凝土种类、混凝土强度等级；混凝土拌

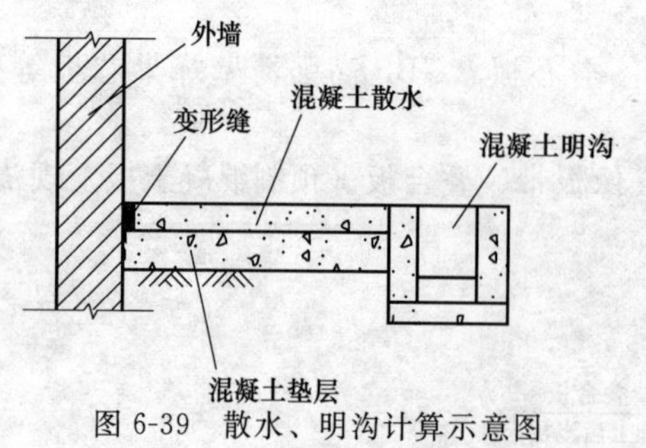

图 6-39 散水、明沟计算示意图

合料要求；变形缝填塞材料种类。

工程量计算规则：按设计图示尺寸以面积计算。不扣除单个面积 0.3m² 以内的孔洞所占面积。如图6-39所示。

工作内容：地基夯实；铺设垫层，混凝土制作、运输、浇筑、振捣、养护；变形缝填塞。

（2）室外地坪（010507002）

项目特征：土壤类别；沟截面净空尺寸；垫层材料种类、厚度；混凝土种类；混凝土强度等级；防护材料种类。

工程量计算规则：按设计图示中心线长度计算。

工作内容：挖填、运土石方；铺设垫层；模板及支撑制作、安装、拆除、堆放、运输及清理模内杂物、刷隔离剂等；混凝土制作、运输、浇筑、振捣、养护；刷防护材料。

（3）电缆沟、地沟（010507003）

项目特征：土壤类别；沟截面净空尺寸；垫层材料种类、厚度；混凝土种类；混凝土强度等级；防护材料种类。

工程量计算规则：按设计图示尺寸以中心线长度计算。

工作内容：挖填、运土石方；铺设垫层；模板及支撑制作、安装、拆除、堆放、运输及清理模内杂物、刷隔离剂等；混凝土制作、运输、浇筑、振捣、养护；刷防护材料。

（4）台阶（010507004）

项目特征：踏步高、宽；混凝土种类；混凝土强度等级。

工程量计算规则：以平方米计量，按设计图示尺寸水平投影面积计算，如图 6-40(c) 所示。

工作内容：模板及支撑制作、安装、拆除、堆放、运输及清理模内杂物、刷隔离剂等；混凝土制作、运输、浇筑、振捣、养护。

（5）扶手、压顶（010507005）

项目特征：断面尺寸；混凝土种类；混凝土强度等级。

工程量计算规则：以米计量，按设计图示的中心线延长米计算；以立方米计算，按设计图示尺寸以体积计算。如图 6-40(a)、(b) 所示。

（6）化粪池、检查井（010507006）

项目特征：部位；混凝土强度等级；防水、抗渗要求。

工程量计算规则：按设计图示尺寸以体积计算；以座计量，按设计图示数量计算。

工作内容：模板及支撑制作、安装、拆除、堆放、运输及清理模内杂物、刷隔离剂等；混凝土制作、运输、浇筑、振捣、养护。

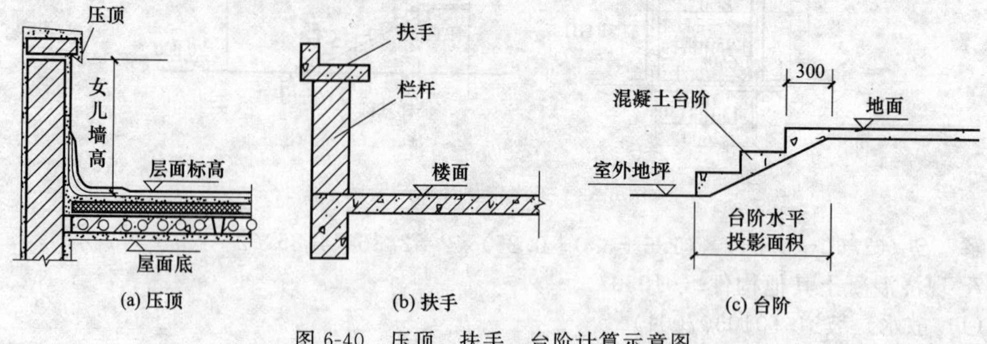

图 6-40 压顶、扶手、台阶计算示意图

(7) 其他构件（010507007）

现浇混凝土其他构件包括：现浇小型池槽、压顶、扶手、台阶、垫块、门框等。

项目特征：构件类型；构件规格；部位；混凝土种类；混凝土强度等级。

工程量计算规则：按设计图示尺寸以体积计算；以座计量，按设计图示数量计算。

工作内容：模板及支撑制作、安装、拆除、堆放、运输及清理模内杂物、刷隔离剂等；混凝土制作、运输、浇筑、振捣、养护。

8. 后浇带（010508）

后浇带（010508001）

项目特征：混凝土种类；混凝土强度等级。

工程量计算规则：按设计图示尺寸以体积计算。如图 6-41 所示。

工作内容：模板及支撑制作、安装、拆除、堆放、运输及清理模内杂物、刷隔离剂等；混凝土制作、运输、浇筑、振捣、养护及混凝土交接面、钢筋等的清理。

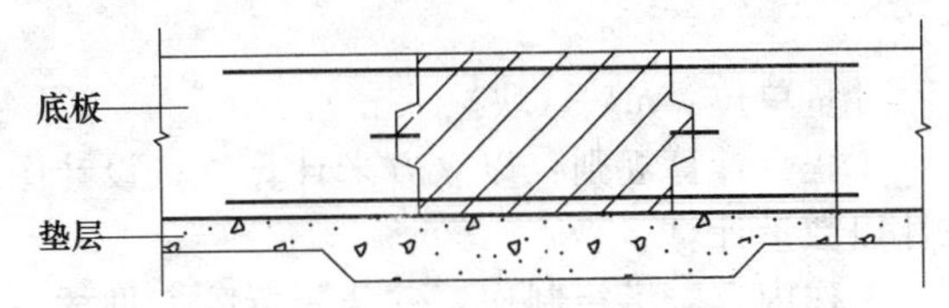

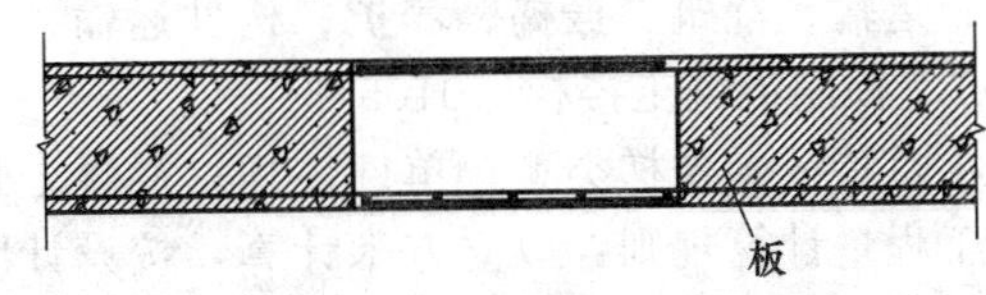

图 6-41　混凝土后浇带计算示意图

9. 预制混凝土柱（010509）

预制混凝土柱包括矩形柱（010509001）、异形柱（010509002）两类。

项目特征：图代号；单件体积；安装高度；混凝土强度等级；砂浆（细石混凝土）强度等级、配合比。

计量单位：m^3/(根)。

工程量计算规则：以立方米计算，按设计图示尺寸以体积计算，不扣除构件内钢筋、预埋铁件所占体积；以根计算，按设计图示尺寸以“数量”计算。

工作内容：模板制作、安装、拆除、堆放、运输及清理模内杂物、刷隔离剂等；混凝土制作、运输、浇筑、振捣、养护；构件运输、安装；砂浆制作、运输；接头灌缝、养护。

10. 预制混凝土梁（010510）

预制混凝土梁包括矩形梁（010510001）、异形梁（010510002）、过梁（010510003）、拱形梁（010510004）、鱼腹式吊车梁（010510005）、其他梁（010510006）六类。

项目特征：图代号；单件体积；安装高度；混凝土强度等级；砂浆（细石混凝土）强度等级、配合比。

工程量计算规则：同预制混凝土柱。

工作内容：同预制混凝土柱。

11. 预制混凝土屋架（010511）

预制混凝土屋架包括折线型屋架（010511001）、组合屋架（010511002）、薄腹屋架（010511003）、门式钢架屋架（010511004）、天窗架屋架（010511005）五类。

项目特征：图代号；屋架的类型、跨度；单件体积；安装高度；混凝土强度等级；砂浆（细石混凝土）强度等级、配合比。

计量单位：m^3/(榀)。

工程量计算规则：同预制混凝土柱。

工作内容：同预制混凝土柱。

12. 预制混凝土板（010512）

包括平板（010512001）、空心板（010512002）、槽形板（010512003）、网架板（010512004）、折线板（010512005）、带肋板（010512006）、大型板（010512007）。

项目特征：图代号；单件体积；安装高度；混凝土强度等级；砂浆（细石混凝土）强度等级、配合比。

计量单位：m^3/(块)。

工程量计算规则：以立方米计算，按设计图示尺寸以体积计算。不扣除构件内钢筋、预埋铁件及单个尺寸300mm×300mm以内的空洞所占体积，扣除空心板空洞体积；以块计量，按设计图示尺寸以“数量”计算。

工作内容：模板制作、安装、拆除、堆放、运输及清理模内杂物、刷隔离剂等；混凝土制作、运输、浇筑、振捣、养护；构件运输、安装；砂浆制作、运输；接头灌缝、养护。

沟盖板、井盖板、井圈（010512008）

项目特征：单件体积；安装高度；混凝土强度等级；砂浆（细石混凝土）强度等级、配合比。

计量单位：m^3、(块)、(套)。

工程量计算规则：以立方米计算，按设计图示尺寸以体积计算；以块计量，按设计图示尺寸以数量计算。

工作内容：模板制作、安装、拆除、堆放、运输及清理模内杂物、刷隔离剂等；混凝土制作、运输、浇筑、振捣、养护；构件运输、安装；砂浆制作、运输；接头灌缝、养护。

13. 预制混凝土楼梯（010513）

项目特征：楼梯类型；单件体积；混凝土强度等级；砂浆（细石混凝土）强度等级。

工程量计算规则：以立方米计算，按设计图示尺寸以体积计算，不扣除构件内钢筋、预埋铁件所占体积，扣除空心踏步板空洞体积；以段计量，按设计图示数量计算。

工作内容：模板制作、安装、拆除、堆放、运输及清理模内杂物、刷隔离剂等；混凝土制作、运输、浇筑、振捣、养护；构件运输、安装；砂浆制作、运输；接头灌缝、养护。

14. 钢筋工程（010515）

(1) 现浇混凝土钢筋（010515001）、预制构件钢筋（010515002）、钢筋网片（010515003）、钢筋笼（010515004）

项目特征：钢筋种类、规格。

工程量计算规则：按设计图示钢筋（网）长度（面积）乘以单位理论质量计算。

工作内容：钢筋制作、运输；钢筋安装；焊接（绑扎）。

(2) 先张法预应力钢筋（010515005）

项目特征：钢筋种类、规格；锚具种类。

工程量计算规则：按设计图示钢筋长度乘以单位理论质量计算。

工作内容：钢筋制作、运输；钢筋张拉。

(3) 后张法预应力钢筋（010515006）、预应力钢丝（010515007）、预应力钢绞线（010515008）

项目特征：钢筋种类、规格；钢丝束种类、规格；钢绞线种类、规格；锚具种类；砂浆强度等级。

工程量计算规则：按设计图示钢筋（钢丝束、钢绞线）长度乘以单位理论质量计算。具体见第四章第三节钢筋工程量计算一般规则。

工作内容：钢筋、钢丝束、钢绞线制作、运输；钢筋、钢丝束、钢绞线安装；预埋管孔道铺设；锚具安装；砂浆制作、运输；孔道压浆、养护。

15. 支撑钢筋（铁马）（010515009）

项目特征：钢筋种类；规格。

工程量计算规则：按钢筋长度乘单位理论质量计算。

工作内容：钢筋制作、焊接、安装。

16. 声测管（010515010）

项目特征：材质、规格、型号。

工程量计算规则：按设计图示尺寸以质量计算。

工作内容：检测管截断、封头；套管制作、焊接；定位、固定。

17. 螺栓、铁件（010516）

（1）螺栓（010516001）、预埋铁件（010516002）

项目特征：螺栓种类、规格；钢材种类；铁件尺寸。

工程量计算规则：按设计图示尺寸以质量计算。

工作内容：螺栓、铁件制作，运输；螺栓、铁件安装。

（2）机械连接（010516003）

项目特征：连接方式；螺纹套筒种类；规格。

工程量计算规则：按数量计算。

工作内容：钢筋套丝；套筒连接。

18. 钢筋计算相关问题

① 根据《混凝土结构施工图平面整体表示方法制图规则和构造》（11G101）图集介绍。见第四章第三节钢筋计算。

【例 6-14】 计算如图 6-42(a) 所示箍筋的工程量。梁断面 250mm×650mm，混凝土强度等级为 C20，一类环境，箍筋直径为 8mm，双肢箍。

解 钢筋每米重量为：$0.006167d^2=0.006167\times8^2=0.395(\text{kg/m})$，由图可知钢筋保护层为 30mm，箍筋弯钩长度为 190mm。

箍筋长度$=(0.25+0.65)\times2-(0.03-0.008)\times8+0.19=1.8-0.176+0.19=1.624(\text{m})$

箍筋工程量$=1.624\times0.395=0.642(\text{kg})$

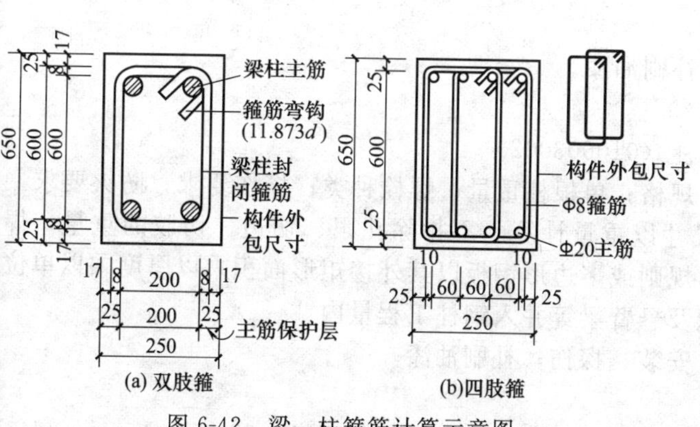

图 6-42　梁、柱箍筋计算示意图

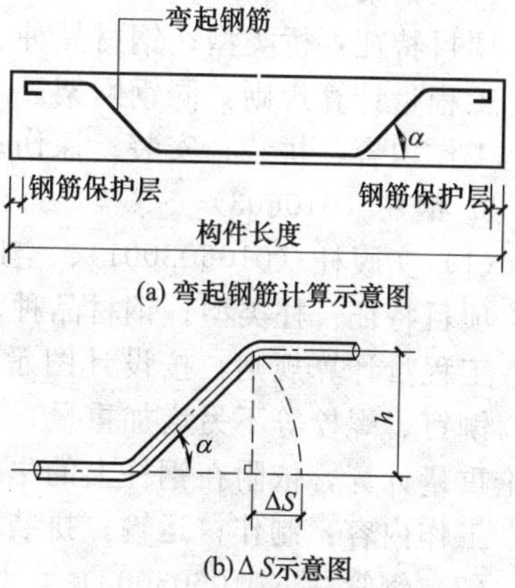

弯起钢筋
钢筋保护层
钢筋保护层
构件长度
(a) 弯起钢筋计算示意图
(b) ΔS示意图

图 6-43　弯起钢筋计算示意图

② 弯起钢筋，如图 6-43 所示。

弯起钢筋长度＝构件长度－保护层＋$\Delta S\times2$＋钢筋弯钩长度

式中，ΔS 为弯起钢筋增加值，见第四章第三节中表 4-9。

注：梁高≤50mm，$\alpha=30°$；500mm＜梁高≤800mm，$\alpha=45°$；梁高＞800mm，$\alpha=60°$。

【例 6-15】 计算如图 6-43 所示单根弯起钢筋的工程量。假设梁长为 4800mm，梁断面为 300mm × 500mm，混凝土强度等级为 C20，一类环境，弯起角度 45°，钢筋直径为 18mm。

解 查平法图集《11G101-1》，钢筋保护层为30mm。

钢筋每米重为 $0.006167d^2=0.006167\times18^2=1.998(kg/m)$

弯起钢筋长度=构件长度-保护层+$\Delta S\times2$+钢筋弯钩长度=$4.8-0.03\times2+0.41\times2\times(0.5-0.03\times2-0.018)+6.25\times2\times0.018=4.8-0.06+0.346+0.225=5.311(m)$

弯起钢筋的工程量=$5.311\times1.988=10.558(kg)$

F. 金属结构工程

1. 钢网架（010601）

项目特征：钢材品种、规格；网架节点形式、连接方式；网架跨度、高度；探伤要求；防火要求。

工程量计算规则：按设计图示尺寸以重量计算。不扣除孔眼的重量，焊条、铆钉等不另增加重量。

工作内容：拼装；安装；探伤；补刷油漆。

2. 钢屋架、钢托架、钢桁架、钢架桥（010602）

(1) 钢屋架（010602001）

项目特征：钢材品种、规格；单榀重量；屋架跨度、安装高度；螺栓种类；探伤要求；防火要求。

工程量计算规则：以榀计量，按设计图示数量计算；以吨计量，按设计图示尺寸以质量计算，不扣除孔眼的质量，焊条、铆钉、螺栓等不另增加质量。

工作内容：拼装；安装；探伤；补刷油漆。

(2) 钢托架（010602002）、钢桁架（010602003）

项目特征：钢材品种、规格；单榀重量；安装高度；螺栓种类；探伤要求；防火要求。

工程量计算规则：同钢网架。

工作内容：拼装；安装；探伤；补刷油漆。

(3) 钢架桥（010602004）

项目特征：桥类型；钢材品种、规格；单榀重量；安装高度；螺栓种类；探伤要求。

工程量计算规则：同钢网架。

工作内容：拼装；安装；探伤；补刷油漆。

3. 钢柱（010603）

(1) 实腹柱（010603001）、空腹柱（010603002）

项目特征：柱类型；钢材品种、规格；单根柱重量；螺栓种类；探伤要求；防火要求。

工程量计算规则：按设计图示尺寸以重量计算。不扣除孔眼、切边、切肢的重量，焊条、铆钉、螺栓等不另增加重量，不规则或多边形钢板以其外接矩形面积乘以厚度乘以单位理论重量计算，依附在钢柱上的牛腿及悬臂梁等并入钢柱工程量内。

工作内容：制作；运输；拼装；安装；探伤；补刷油漆。

(2) 钢管柱（010603003）

项目特征：钢材品种、规格；单根柱重量；螺栓种类；探伤要求；防火要求。

工程量计算规则：按设计图示尺寸以重量计算。不扣除孔眼、切边、切肢的重量，焊条、铆钉、螺栓等不另增加重量，不规则或多边形钢板以其外接矩形面积乘以厚度乘以单位理论质量计算，依附在钢管柱上的节点板、加强环、内衬管、牛腿等并入钢管柱工程量内。

工作内容：拼装；安装；探伤；刷油漆。

4. 钢梁（010604）

(1) 钢梁（010604001）

项目特征：梁类型；钢材品种、规格；单根重量；螺栓种类；安装高度；探伤要求；防火要求。

工程量计算规则：按设计图示尺寸以重量计算。不扣除孔眼、切边、切肢的重量，焊条、铆钉、螺栓等不另增加重量，不规则或多边形钢板以其外接矩形面积乘以厚度乘以单位理论重量计算，制动梁、制动板、制动桁架、车挡等并入钢吊车梁工程量内。

工作内容：拼装；安装；探伤；补刷油漆。

（2）钢吊车梁（010604002）

项目特征：钢材品种、规格；单根重量；螺栓种类；安装高度；探伤要求；防火要求。

工程量计算规则：同钢梁。

工作内容：拼装；安装；探伤；补刷油漆。

5. 钢板楼板、墙板（010605）

（1）钢板楼板（010605001）

项目特征：钢材品种、规格；钢板厚度；螺栓种类；防火要求。

工程量计算规则：按设计图示尺寸以铺设水平投影面积计算。不扣除单个面积≤0.3m^2柱、垛及孔洞所占面积。

工作内容：拼装；安装；擦伤；补刷油漆。

（2）钢板墙板（010605002）

项目特征：钢材品种、规格；压型钢板厚度、复合板厚度；螺栓种类；复合板夹芯材料种类、层数、型号、规格；防火要求。

工程量计算规则：按设计图示尺寸以铺设水平投影面积计算。不扣除单个面积≤0.3m^2梁、孔洞所占面积，包角、包边、窗台泛水等不另增加面积。

工作内容：拼装；安装；探伤；补刷油漆。

G. 木结构工程

1. 木屋架（010701）

（1）木屋架（010701001）

项目特征：跨度；材料品种、规格；刨光要求；拉杆及夹板种类；防护材料种类。

工程量计算规则：以榀计量，按设计图示数量计算；以立方米计量，按设计图示的规格尺寸以体积计算。

工作内容：制作；运输；安装；刷防护材料。

（2）钢木屋架（010701002）

项目特征：跨度；木材品种、规格；刨光要求；钢材品种、规格；防护材料种类。

工程量计算规则：以榀计量，按设计图示数量计算。

工作内容：制作；运输；安装；刷防护材料。

2. 木构件（010702）

（1）木柱（010702001）、木梁（010503002）

项目特征：构件规格尺寸；木材种类；刨光要求；防护材料种类。

工程量计算规则：按设计图示尺寸以体积计算。

工作内容：制作；运输；安装；刷防护材料。

（2）木梁（010702002）、木檩（010702003）

项目特征：构件规格尺寸；木材种类；刨光要求；防护材料种类。

工程量计算规则：以立方米计量，按设计图示尺寸以体积计算；以米计量，按设计图示尺寸以长度计算。

工作内容：制作；运输；安装；刷防护材料。

（3）木楼梯（010702004）

项目特征：楼梯形式；木材种类；刨光要求；防护材料种类。

工程量计算规则：按设计图示尺寸以水平投影面积计算。不扣除宽度≤300mm的楼梯井，伸入墙内部分不计算。木楼梯的栏杆（栏板）、扶手，应按其他装饰工程中相关项目编码列项。

工作内容：制作；运输；安装；刷防护材料。

(4) 其他木构件（010702005）

项目特征：构件名称；构件规格尺寸；木材种类；刨光要求；防护材料种类。

工程量计算规则：以立方米计算，按设计图示尺寸以体积计算；以米计量，按设计图示尺寸以长度计算。

工作内容：制作；运输；安装；刷防护材料。

3. 屋面木基层（010703）

项目特征：椽子断面尺寸及椽距；望板材料种类、厚度；防护材料种类。

工程量计算规则：按设计图示尺寸以斜面积计算。不扣除房上烟囱、风帽底座、风道、小气窗、斜沟等所占面积。小气窗的出檐部分不另增加。

H. 门窗工程

1. 木门（010801）

(1) 木质门（010801001）、木质门带套（010801002）、木质连窗门（010801003）、木质防火门（010801004）

项目特征：门代号及洞口尺寸；镶嵌玻璃品种、厚度。

工程量计算规则：以樘计量，按设计图示数量计算；以平方米计量，按设计图示洞口尺寸以面积计算。

工作内容：门安装；玻璃安装；五金安装。

(2) 木门框（010801005）

项目特征：门代号及洞口尺寸；框截面尺寸；防护材料种类。

工程量计算规则：以樘计量，按设计图示数量计算；以米计量，按设计图示框的中心线以延长米计算。

工作内容：木门框制作、安装；运输；刷防护材料。

(3) 门锁安装（010801006）

项目特征：锁品种；锁规格。

工程量计算规则：按设计图示数量计算。

工作内容：安装。

2. 金属门

(1) 金属（塑钢）门（010802001）

项目特征：门代号及洞口尺寸；门框或扇外围尺寸；门框、扇材质；玻璃品种、厚度。

工程量计算规则：以樘计量，按设计图示数量计算；以平方米计量，按设计图示洞口尺寸以面积计算。

工作内容：门安装；五金安装；玻璃安装。

(2) 彩板门（010802002）

项目特征：门代号及洞口尺寸；门框或扇外围尺寸。

工程量计算规则：以樘计量，按设计图示数量计算；以平方米计量，按设计图示洞口尺寸以面积计算。

工作内容：门安装；五金安装；玻璃安装。

(3) 钢质防火门（010802003）、防盗门（010802004）

项目特征：门代号及洞口尺寸；门框或扇外围尺寸；门框、扇材质。

工程量计算规则：以樘计量，按设计图示数量计算；以平方米计量，按设计图示洞口尺寸以面积计算。

工作内容：门安装；五金安装。

3. 金属卷帘门（010803）

金属卷闸门包括金属卷帘（闸）门（010803001）、防火卷帘（闸）门（010803002）。

项目特征：门代号及洞口尺寸；门材质；启动装置品种、规格。

工程量计算规则：以樘计量，按设计图示数量计算；以平方米计量，按设计图示洞口尺寸以面积计算。

工程内容：门运输、安装；启动装置、活动小门、五金安装。

4. 厂库房大门、特种门（010804）

（1）木板大门（010804001）、钢木大门（010108002）、全钢板大门（010108003）

项目特征：门代号及洞口尺寸；门框或扇外围尺寸；门框、扇材质；五金种类、规格；防护材料种类。

工程量计算规则：以樘计量，按设计图示数量计算；以平方米计量，按设计图示洞口尺寸以面积计算。

工作内容：门（骨架）制作、运输；门、五金配件安装；刷防护材料。

（2）防护铁丝门（010804004）

项目特征：门代号及洞口尺寸；门框或扇外围尺寸；门框、扇材质；五金种类、规格；防护材料种类。

工程量计算规则：以樘计量，按设计图示数量计算；以平方米计量，按设计图示门框或扇以面积计算。

工作内容：门（骨架）制作、运输；门、五金配件安装；刷防护材料。

（3）金属格栅门（010805005）

项目特征：门代号及洞口尺寸；门框或扇外围尺寸；门框、扇材质；启动装置的品种、规格。

工程量计算规则：以樘计量，按设计图示数量计算；以平方米计量，按设计图示洞口尺寸以面积计算。

工作内容：门安装；启动装置、五金配件安装。

（4）钢质花饰大门（010804006）、特种门（特种门有冷藏门、冷冻间门、保温门、变电室门、隔音门、防射线门、人防门、金库门等，010804007）

项目特征：门代号及洞口尺寸；门框或扇外围尺寸；门框、扇材质。

工程量计算规则：以樘计量，按设计图示数量计算；以平方米计量，按设计图示洞口尺寸以面积计算。

工作内容：门安装；五金配件安装。

5. 其他门

包括电子感应门（010805001）、旋转门（010805002）、电子对讲门（010805003）、电动伸缩门（010805004）、全玻自由门（010805005）、镜面不锈钢饰面门（010805006）、复合材料门（010805007）。

项目特征：门代号及洞口尺寸；门框或扇外围尺寸；门框、扇材质；玻璃品种、厚度；启动装置的品种、规格；电子配件品种、规格。

工程量计算规则：以樘计量，按设计图示数量计算；以平方米计量，设计图示洞口尺寸以面积计算。

工程内容：门安装；启动装置、五金、电子配件安装。

6. 木窗

(1) 木质窗 (010806001)、木飘 (凸) 窗 (010806002)

项目特征：窗代号及框的外围尺寸；玻璃品种、厚度。

工程量计算规则：以樘计量，按设计图示数量计算；以平方米计量，按设计图示洞口尺寸以面积计算。

工程内容：窗安装；五金、玻璃安装。

(2) 木橱窗 (010806003)

项目特征：窗代号；框截面及外围展开面积；玻璃品种、厚度；防护材料种类。

工程量计算规则：以樘计量，按设计图示数量计算；以平方米计量，按设计图示尺寸以框外围展开面积计算。

工程内容：窗制作、运输、安装；五金、玻璃安装；刷防护材料。

(3) 木纱窗 (010806004)

项目特征：窗代号及框的外围尺寸；窗纱材料品种、规格。

工程量计算规则：以樘计量，按设计图示数量计算；以平方米计量，按框的外围尺寸以面积计算。

工程内容：窗安装；五金安装。

7. 金属窗

金属窗包括金属 (塑钢、断桥) 窗 (010807001)、金属防火窗 (010807002)、金属百叶窗 (010807003)、金属纱窗 (010807004)、金属格栅窗 (010807005)、金属 (塑钢、断桥) 橱窗 (010807006)、金属 (塑钢、断桥) 飘 (凸) 窗 (010807007)、彩板窗 (010807008)、复合材料窗 (010807009)

(1) 金属 (塑钢、断桥) 窗 (010807001)、金属防火窗 (010807002)、金属百叶窗 (020406004)

项目特征：窗代号及洞口尺寸；框、扇材质；玻璃品种、厚度。

工程量计算规则：以樘计量，按设计图示数量计算；以平方米计量，按设计图示洞口尺寸以面积计算。

工作内容：窗安装；五金、玻璃安装。

(2) 金属纱窗 (010807004)

项目特征：窗代号及框的外围尺寸；框材质；窗纱材料品种、规格。

工程量计算规则：以樘计量，按设计图示数量计算；以平方米计量，按框的外围尺寸以面积计算。

工作内容：窗安装；五金安装。

(3) 金属格栅窗 (010807005)

项目特征：窗代号及框的外围尺寸；框材质；窗纱材料品种、规格。

工程量计算规则：以樘计量，按设计图示数量计算；以平方米计量，按框的外围尺寸以面积计算。

工作内容：窗安装；五金安装。

8. 门窗套 (010808)

门窗套包括木门窗套 (010808001)、木筒子板 (010808002)、饰面夹板筒子板 (010808003)、金属门窗套 (010808004)、石材门窗套 (010808005)、门窗木贴脸 (010808006)、成品木门窗套 (010808007)。

(1) 木门窗套 (010808001)

项目特征：窗代号及洞口尺寸；门窗套展开宽度；基层材料种类；面层材料品种、规格；线条品种、规格；防护材料种类。

工程量计算规则：以樘计量，按设计图示数量计算；以平方米计量，按设计图示尺寸以展开面积计算；以米计量，按设计图示中心以延长米计算。

工作内容：清理基层；立筋制作、安装；基层板安装；面层铺贴；线条安装；刷防护材料。

(2) 木筒子板（010808002)、饰面夹板筒子板（010808003)

项目特征：筒子板宽度；基层材料种类；面层材料品种、规格；线条品种、规格；防护材料种类。

工程量计算规则：以樘计量，按设计图示数量计算；以平方米计量，按设计图示尺寸以展开面积计算；以米计量，按设计图示中心以延长米计算。

工作内容：清理基层；立筋制作、安装；基层板安装；面层铺贴；线条安装；刷防护材料。

(3) 门窗木贴脸（010808006)

项目特征：门窗代号及洞口尺寸；贴脸板宽度；防护材料种类。

工程量计算规则：以樘计量，按设计图示数量计算；以米计量，按设计图示中心以延长米计算。

工作内容：安装

(4) 成品木门窗套（010808007)

项目特征：门窗代号及洞口尺寸；门窗套展开宽度；门窗套材料品种、规格。

工程量计算规则：以樘计量，按设计图示数量计算；以平方米计量，按设计图示尺寸以展开面积计算；以米计量，按设计图示中心以延长米计算。

工作内容：清理基层；立筋制作、安装；板安装

9. 窗台板（010809)

窗台板包括木窗台板（010809001)、铝塑窗台板（010809002)、金属窗台板（010809003)、石材窗台板（010809004)

项目特征：基层材料种类；窗台面板材质、规格、颜色；防护材料种类；黏结层厚度、砂浆配合比。

工程量计算规则：按设计图示尺寸以展开面积计算。

工作内容：基层清理；基层制作、安装；窗台板制作、安装；刷防护材料；抹找平层。

10. 窗帘、窗帘盒、轨（010810)

窗帘、窗帘盒、轨包括窗帘（010810001)、木窗帘盒（010810002)、饰面夹板、塑料窗帘盒（010810003)、铝合金窗帘盒（010810004)、窗帘轨（010810005)。

(1) 窗帘（010810001)

项目特征：窗帘材质；窗帘高度、宽度；窗帘层数；带幔要求。

工程量计算规则：以米计量，按设计图示尺寸以成活后长度计算；以平方米计量，按图示尺寸以成活后展开面积计算。

工作内容：制作、运输；安装。

(2) 木窗帘盒（010810002)、饰面夹板、塑料窗帘盒（010810003)、铝合金窗帘盒（010810004)

项目特征：窗帘盒材质；防护材料种类。

工程量计算规则：按设计图示尺寸以长度计算。

工作内容：制作、运输、安装；刷防护材料。

(3) 窗帘轨（010810005)

项目特征：窗帘轨材质；轨的数量；防护材料种类。

工程量计算规则：按设计图示尺寸以长度计算。

工作内容：制作、运输、安装；刷防护材料。

I. 屋面及防水工程

1. 瓦、型材及其他屋面（010901）

（1）瓦屋面（010901001）

项目特征：瓦品种、规格；黏结层砂浆的配合比。

工程量计算规则：按设计图示尺寸以斜面积计算，不扣除房上烟囱、风帽底座、风道、小气窗、斜沟等所占面积，小气窗的出檐部分不增加面积。

计算公式： $S_{斜屋面}=S_{屋面水平投影面积}\times$屋面坡度系数

$S_{屋面水平投影面积}=$水平投影长度×水平投影宽度

工作内容：砂浆制作、运输、摊铺、养护；安瓦、作瓦脊。

【例 6-16】 计算如图 6-44 所示屋面工程量。

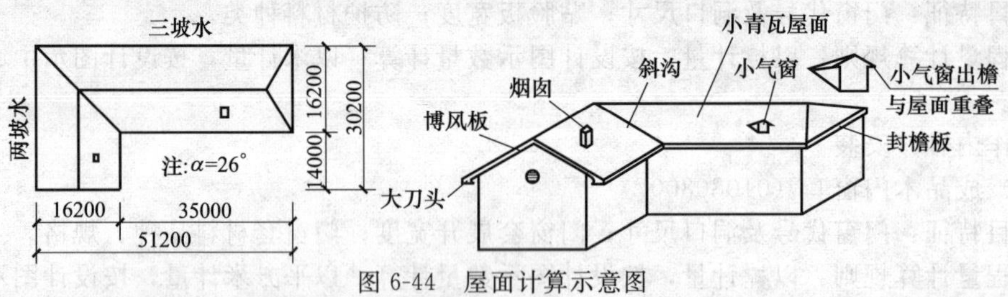

图 6-44 屋面计算示意图

解 根据图 6-44 得知 $\alpha=26°$，屋面坡度系数$=1/\cos26°=1.1126$

$S_{屋面水平投影面积}=$水平投影长度×水平投影宽度$=51.20\times30.20-35.00\times14.00=1056.24$（$m^2$）

$S_{斜屋面}=S_{屋面水平投影面积}\times$屋面坡度系数$=1056.24\times1.1126=1175.17$（$m^2$）

（2）型材屋面（010901002）

项目特征：型材品种、规格；金属檩条材料品种、规格；接缝、嵌缝材料种类。

工程量计算规则：按设计图示尺寸以斜面积计算，不扣除房上烟囱、风帽底座、风道、小气窗、斜沟等所占面积，小气窗的出檐部分不增加面积。

工作内容：檩条制作、运输、安装；屋面型材安装；接缝、嵌缝。

（3）阳光板屋面（010901003）

项目特征：阳光板品种、规格；骨架材料品种、规格；接缝、嵌缝材料种类；油漆品种、刷漆遍数。

工程量计算规则：按设计图示尺寸以斜面积计算，不扣除屋面面积≤0.3m^2 孔洞所占面积。

工作内容：骨架制作、运输、安装、刷防护材料、油漆；阳光板安装；接缝、嵌缝。

（4）玻璃钢屋面（010901004）

项目特征：玻璃钢品种、规格；骨架材料品种、规格；玻璃钢固定方式；接缝、嵌缝材料种类；油漆品种、刷漆遍数。

工程量计算规则：按设计图示尺寸以斜面积计算，不扣除屋面面积≤0.3m^2 孔洞所占面积。

工作内容：骨架制作、运输、安装、刷防护材料、油漆；玻璃钢制、作安装；接缝、嵌缝。

（5）膜结构屋面（010901005）

项目特征：膜布品种、规格、颜色；支柱（网架）钢材品种、规格；钢丝绳品种、规格；锚固基座做法；油漆品种、刷油漆遍数。

工程量计算规则：按设计图示尺寸以需要覆盖的水平面积计算。

工作内容：膜布热压胶接；支柱（网架）制作、运输、安装；膜布安装；穿钢丝绳、锚头锚固；锚固基座、挖土、回填；刷防护材料、油漆。

2. 屋面防水及其他（010902）

屋面防水包括屋面卷材防水、屋面涂膜防水、屋面刚性层、屋面排水管、屋面天沟、檐沟等。

（1）屋面卷材防水（010902001） 包括石油沥青油毡卷材防水、APP改性沥青卷材防水、SBS改性沥青卷材防水等。

项目特征：卷材品种、规格；防水层数；防水层做法。

工程量计算规则：按设计图示尺寸以面积计算。

① 斜屋顶（不包括平屋顶找坡）按斜面积计算，平屋顶按水平投影面积计算。

② 不扣除房上烟囱、风帽底座、风道、屋面小气窗和斜沟等所占面积。

③ 屋面女儿墙、伸缩缝和天窗等处的弯起部分，并入屋面工程量内。见图6-45。

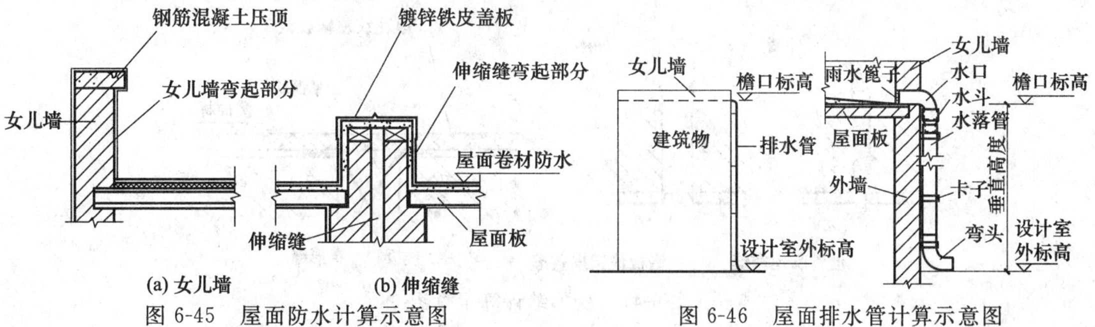

图6-45 屋面防水计算示意图

图6-46 屋面排水管计算示意图

工作内容：基层处理；刷底油；铺油毡卷材、接缝。

（2）屋面涂膜防水（010902002）

项目特征：防水膜品种；涂膜厚度、遍数、增强材料种类。

工程量计算规则：同屋面卷材防水。

工作内容：基层处理；刷基层处理剂；铺布、喷涂防水层。

（3）屋面刚性层（010902003）

项目特征：刚性层厚度；混凝土强度种类；混凝土强度等级；嵌缝材料种类；钢筋规格、型号。

工程量计算规则：按设计图示尺寸以面积计算。不扣除房上烟囱、风帽底座、风道等所占面积。

工作内容：基层处理；混凝土制作、运输、铺筑、养护。

（4）屋面排水管（010902004）

项目特征：排水管品种、规格；雨水斗、山墙出水口品种、规格；接缝、嵌缝材料种类；油漆品种、刷油漆遍数。

工程量计算规则：按设计图示尺寸以长度计算。如设计未标注尺寸，以檐口至设计室外散水上表面垂直距离计算。如图6-46。

工作内容：排水管及配件安装、固定；雨水斗、山墙出水口、雨水箅子安装；接缝、嵌缝；刷漆。

（5）屋面排（透）气管（010902005）

项目特征：排（透）气管品种、规格；接缝、嵌缝材料种类；油漆品种、刷漆遍数。

工程量计算规则：按设计图示尺寸以长度计算。

工作内容：排（透）气管及配件安装、固定；铁件制作、安装；接缝、嵌缝；刷漆。

(6) 屋面（廊、阳台）泄（吐）水管（010902006）

项目特征：吐水管品种、规格；接缝、嵌缝材料种类；吐水管长度；油漆品种、刷漆遍数。

工程量计算规则：按设计图示数量计算。

工作内容：水管及配件安装、固定；接缝、嵌缝；刷漆。

(7) 屋面天沟、檐沟（010902007）

项目特征：材料品种、规格；接缝、嵌缝材料种类。

工程量计算规则：按设计图示尺寸以展开面积计算。

工作内容：天沟材料铺设；天沟配件安装；接缝、嵌缝；刷防护材料。

(8) 屋面变形缝（010902008）

项目特征：嵌缝材料种类；止水带材料种类；盖缝材料；防护材料种类。

工程量计算规则：按设计图示尺寸以长度计算。如图 6-47。

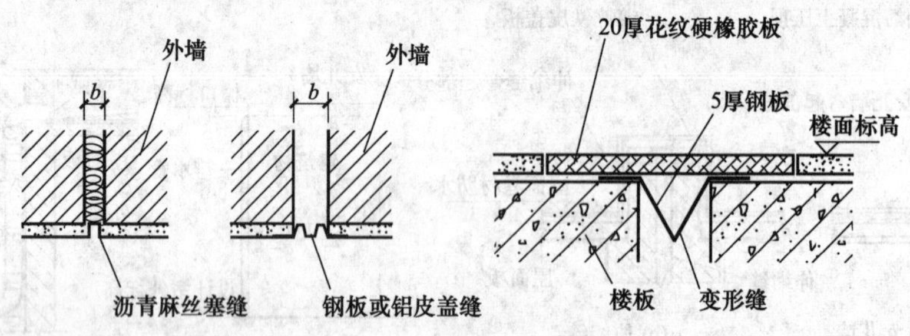

图 6-47 变形缝计算示意图

工作内容：清缝；填塞防水材料；止水带安装；盖缝制作、安装；刷防护材料。

3. 墙面防水、防潮（010903）

(1) 墙面卷材防水（010903001）

项目特征：卷材品种、规格、厚度；防水层数；防水层做法。

工程量计算规则：按设计图示尺寸以面积计算。

工作内容：基层处理；刷黏结剂；铺防水卷材；接缝、嵌缝。

(2) 墙面涂膜防水（010903002）

项目特征：防水膜品种；涂膜厚度、遍数；增强材料种类。

工程量计算规则：同墙面卷材防水。

工作内容：基层处理；刷基层处理剂；铺布、喷涂防水层。

(3) 墙面砂浆防水（防潮）（010903003）

项目特征：防水层做法；砂浆厚度、配合比；钢丝网规格。

工程量计算规则：同墙面卷材防水。

工作内容：基层处理；刷基层处理剂；设置分格缝；砂浆制作、运输、摊铺、养护。

(4) 墙面变形缝（010903004）

项目特征：嵌缝材料种类；止水带材料种类；盖缝材料；防护材料种类。

工程量计算规则：按设计图示以长度计算。

工作内容：清缝；填塞防水材料；止水带安装；盖缝制作、安装；刷防护材料。

4. 楼（地）面防水、防潮（010904）

(1) 楼（地）面卷材防水（010904001）

项目特征：卷材品种、规格、厚度；防水层数；防水层做法；反边高度。

工程量计算规则：按设计图示尺寸以面积计算。

① 楼（地）面防水：按主墙间净空面积计算；扣除凸出地面的构筑物、设备基础等所占面积，不扣除间壁墙及单个面积≤0.3m^2 柱、垛、烟囱和孔洞所占面积。

② 楼（地）面防水反边高度≤300mm 算作地面防水，反边高度>300mm 按墙面防水计算。

工作内容：基层处理；刷黏结剂；铺防水卷材；接缝、嵌缝。

（2）楼（地）面涂膜防水（010904002）

项目特征：防水膜品种；涂膜厚度、遍数；增强材料种类；反边高度。

工程量计算规则：同楼（地）面卷材防水。

工作内容：基层处理；刷基层处理剂；铺布、喷涂防水层。

（3）楼（地）面砂浆防水（防潮）（010904003）

项目特征：防水层做法；砂浆厚度、配合比；反边高度。

工程量计算规则：同楼（地）面卷材防水。

工作内容：基层处理；砂浆制作、运输、摊铺、养护。

（4）楼（地）面变形缝（010904004）

项目特征：嵌缝材料种类；止水带材料种类；盖缝材料；防护材料种类。

工程量计算规则：按设计图示以长度计算。

工作内容：清缝；填塞防水材料；止水带安装；盖缝制作、安装；刷防护材料。

J. 保温、隔热、防腐工程

1. 隔热、保温（011001）

（1）保温隔热屋面（011001001）

项目特征：保温隔热材料品种，规格及厚度；隔气层厚度；黏结材料种类、做法；防护材料种类、做法。

工程量计算规则：按设计图示尺寸以面积计算。扣除面积>0.3m^2 孔洞及占位面积。

工作内容：基层清理；刷黏结材料；铺粘保温层；铺、刷（喷）防护材料。

（2）保温隔热天棚（011001002）

项目特征：保温隔热部位；保温隔热方式；踢脚线、勒脚线保温做法；龙骨材料品种规格；保温隔热面层材料品种、规格、性能；保温隔热材料品种、规格及厚度；增强网及抗裂防水砂浆种类；黏结材料种类及做法；防护材料种类及做法。

工程量计算规则：按设计图示尺寸以面积计算。扣除门窗洞口以及面积>0.3m^2 梁、孔洞所占面积；门窗洞口侧壁以及墙相连的柱，并入保温墙体工程量内。

工作内容：基层清理；刷界面剂；安装龙骨；填贴保温材料；保温板安装；铺设增强格网、抹抗裂、防水砂浆面层；嵌缝；铺、刷（喷）防护材料。

（3）保温柱、梁（011001004）

项目特征：同保温隔热墙面。

工程量计算规则：按设计图示尺寸以面积计算。①柱按设计图示柱断面保温层中心线展开长度乘保温层高度以面积计算，扣除面积>0.3m^2 梁所占面积。②梁按设计图示梁断面保温层中心线展开长度乘保温层长度以面积计算。

工作内容：同保温隔热墙面。

（4）保温隔热楼地面（011001005）

项目特征：保温隔热部位；保温隔热材料品种、规格、厚度；隔气层材料品种、厚度；黏结材料种类、做法；防护材料种类、做法。

工程量计算规则：按设计图示尺寸以面积计算。扣除面积≥0.3 m^{2}柱、垛、孔洞等所占面积。门洞、空圈、暖气包槽、壁龛的开口部分不增加面积。

工作内容：基层清理；刷黏结材料；铺粘保温层；铺、刷（喷）防护材料。

(5) 其他保温隔热（011001006）

项目特征：保温隔热部位；保温隔热方式；隔气层材料品种、厚度；保温隔热面层材料品种、规格、性能；保温隔热材料品种、规格及厚度；增强网及抗裂防水砂浆种类；黏结材料种类及做法；防护材料种类及做法。

工程量计算规则：按设计图示尺寸以展开面积计算。扣除面积＞$0.3m^2$ 孔洞及占位面积。

工作内容：基层清理；刷界面剂；安装龙骨；填贴保温材料；保温板安装；粘贴面层；铺设增强格网、抹抗裂、防水砂浆面层；嵌缝；铺、刷（喷）防护材料。

2. 防腐面层（011002）

防腐混凝土面层（011002001）、防腐砂浆面层（011002002）

项目特征：防腐部位；面层厚度；砂浆、混凝土、胶泥种类、配合比。

工程量计算规则：按设计图示尺寸以面积计算。

① 平面防腐：扣除凸出地面的构筑物、设备基础等以及面积＞$0.3m^2$ 孔洞、柱、垛等所占面积，门洞、空圈、暖气包槽、壁龛的开口部分不增加面积。

② 立面防腐：扣除门、窗、洞口以及面积＞$0.3m^2$ 孔洞、梁所占面积，门、窗、洞口侧壁、垛突出部分按展开面积并入墙面积内。

工作内容：基层清理；基层刷稀胶泥；砂浆制作、运输、摊铺、养护；混凝土制作、运输、摊铺、养护。

3. 其他防腐（011003）

(1) 隔离层（011003001）

项目特征：隔离层部位；隔离层材料品种；隔离层做法；黏结材料种类。

工程量计算规则：按设计图示尺寸以面积计算。

① 平面防腐：扣除凸出地面的构筑物、设备基础等以及面积＞$0.3m^2$ 孔洞、柱、垛等所占面积，门洞、空圈、暖气包槽、壁龛的开口部分不增加面积。

② 立面防腐：扣除门、窗、洞口以及面积＞$0.3m^2$ 孔洞、梁所占面积，门、窗、洞口侧壁、垛突出部分按展开面积并入墙面积内。

工作内容：基层清理、刷油；煮沥青；胶泥调制；隔离层铺设。

(2) 砌筑沥青浸渍砖（011003002）

项目特征：砌筑部位；浸渍砖规格；胶泥种类；浸渍砖砌法。

工程量计算规则：按设计图示尺寸以体积计算。

工作内容：基层清理；胶泥调制；浸渍砖铺砌。

(3) 防腐涂料（011003003）

项目特征：涂刷部位；基层材料类型；刮腻子的种类、遍数；涂料品种、刷涂遍数。

工程量计算规则：同隔离层。

工作内容：基层清理；刮腻子；刷涂料。

K. 楼地面装饰工程

楼地面工程包括整体面层及找平层，块料面层，橡塑面层，其他材料面层，踢脚线，楼梯面层，台阶面层，零星装饰项目。且楼面和地面的基本层次不同，应按不同的面层分别列项。

1. 整体面层及找平层（011101）

(1) 水泥砂浆楼地面（011101001）

项目特征：找平层厚度、砂浆配合比；素水泥浆遍数；面层厚度、砂浆配合比；面层做法要求。

工程量计算规则：按设计图示尺寸以面积计算。扣除凸出地面的构筑物、设备基础、室内铁道、地沟等所占面积；不扣除隔墙及≤0.3m^2 以内的柱、垛、附墙烟囱及孔洞所出面积；不增加门洞、空圈、暖气包槽、壁龛的开口部分的面积。

工作内容：基层清理；抹找平层；抹面层；材料运输。

【例 6-17】 计算如图 6-48 所示楼面抹水泥砂浆工程量。

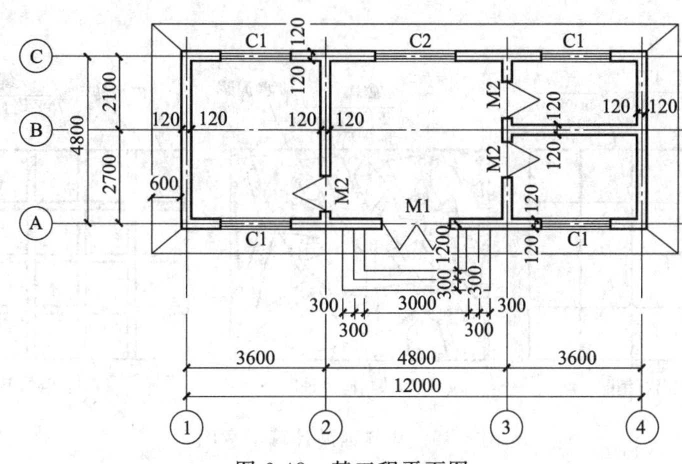

图 6-48 某工程平面图

解 楼面抹水泥砂浆工程量 $S=[(3.6-0.24)+(4.8-0.24)]\times(4.8-0.24)+[(2.7-0.24)+(2.1-0.24)]\times(3.6-0.24)=7.92\times4.56+4.32\times3.36=36.12+14.52=50.64$ (m^2)

(2) 现浇水磨石楼地面 (011101002)

项目特征：找平层厚度、砂浆配合比；面层厚度、水泥石子浆配合比；嵌条材料种类、规格；石子种类、规格、颜色；颜料种类、颜色；图案要求；磨光、酸洗、打蜡要求。

工程量计算规则：同水泥砂浆楼地面。

工作内容：基层清理；抹找平层；面层铺设；嵌缝条安装；磨光、酸洗、打蜡；材料运输。

(3) 细石混凝土楼地面 (011101003)

项目特征：找平层厚度、砂浆配合比；面层厚度、混凝土强度等级。

工程量计算规则：同水泥砂浆楼地面。

工作内容：基层清理；抹找平层；面层铺设；材料运输。

(4) 菱苦土楼地面 (011101004)

项目特征：找平层厚度；砂浆配合比；面层厚度、打蜡要求。

工程量计算规则：同水泥砂浆楼地面。

工作内容：清理基层；抹找平层；面层铺设；打蜡；材料运输。

(5) 自流坪楼地面 (011101005)

项目特征：找平层砂浆配合比、厚度；界面剂材料种类；中层漆材料种类、厚度；面漆材料种类、厚度；面层材料种类。

工程量计算规则：同水泥砂浆楼地面。

工作内容：基层处理；抹找平层；涂界面剂；涂刷中层漆；打磨、吸尘；镘自流平面漆（浆）；拌和自流平浆料；铺面层。

(6) 平面砂浆找平层 (011101006)

平面砂浆找平层只适用于仅做找平层的平面抹灰。

项目特征：找平层厚度、砂浆配合比。

工程量计算规则：按设计图示尺寸以面积计算。

工作内容：基层清理；抹找平层；材料运输。

2. 块料面层（011102）

块料面层包括石材楼地面（011102001）、碎石材楼地面（011102002）、块料楼地面（011102003）。且楼面和地面的基本层次不同，应按不同的面层、不同的铺贴方式分别列项。如图 6-49 所示。

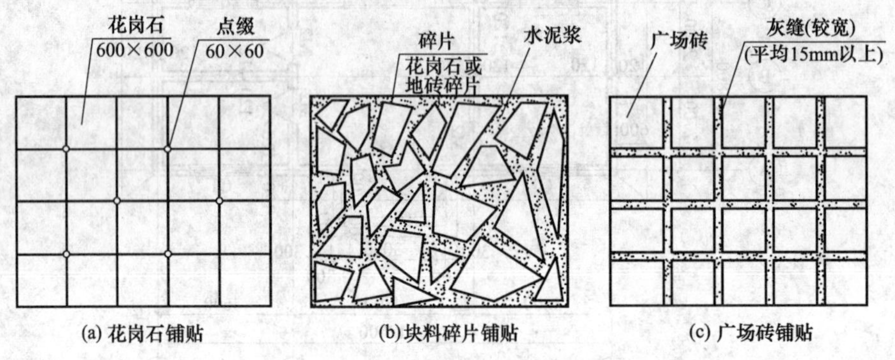

图 6-49　块料铺贴计算示意图

项目特征：找平层厚度、砂浆配合比；结合层厚度、砂浆配合比；面层材料品种、规格、颜色；嵌缝材料种类；防护层材料种类；酸洗、打蜡要求。

工程量计算规则：按设计图示尺寸以面积计算。门洞、空圈、暖气包槽、壁龛的开口部分并入相应的工程量内。

工作内容：基层清理、抹找平层；面层铺设、磨边；嵌缝；刷防护材料；酸洗、打蜡；材料运输。

3. 橡塑面层（011103）

橡塑面层包括橡胶板楼地面（011103001）、橡胶板卷材楼地面（011103002）、塑料板楼地面（011103003）、塑料卷材楼地面（011103004）。上述项目中如涉及找平层，另按整体面层及找平层中找平层项目编码列项。

项目特征：黏结层厚度、材料种类；面层材料品种、规格、颜色；压线条种类。

工程量计算规则：按设计图示尺寸以面积计算。门洞、空圈、暖气包槽、壁龛的开口部分面积并入相应的工程量内。

工作内容：基层清理；面层铺贴；压缝条装钉；材料运输。

4. 其他材料面层（011104）

其他材料面层包括地毯、竹、木（复合）地板、金属复合地板、防静电地板。

项目特征：面层材料品种、规格、颜色；防护材料种类；黏结材料种类；压线条种类。

工程量计算规则：按设计图示尺寸以面积计算。门洞、空圈、暖气包槽、壁龛的开口部分面积并入相应的工程量内。

工作内容：基层清理、铺贴面层、刷防护材料、装钉压条、材料运输。

5. 踢脚线（011105）

踢脚线包括水泥砂浆踢脚线（011105001）、石材踢脚线（011105002）、块料踢脚线（011105003）、塑料板踢脚线（011105004）、木质踢脚线（011105005）、金属踢脚线（011105006）、防静电踢脚线（011105007）。

项目特征：踢脚线高度；底层厚度、砂浆配合比；面层厚度、砂浆配合比。

工程量计算规则：以平方米计量，按设计图示长度乘以高度以面积计算；以米计算，按延长米计算。

工作内容：基层清理；底层抹灰；面层铺贴、磨边；擦缝；磨光、酸洗、打蜡；刷防护材料；材料运输。

6．楼梯装饰（011106）

楼梯装饰包括石材楼梯面层（011106001）、块料楼梯面层（011106002）、拼碎块料面层（011106003）、水泥砂浆楼梯面层（011106004）、现浇水磨石楼梯面层（011106005）、地毯楼梯面层（011106006）、木板楼梯面层（011106007）、橡胶板楼梯面层（011106008）、塑料板楼梯面层（011106009）。

项目特征：找平层厚度、砂浆配合比；黏结层厚度、材料种类；面层材料品种、规格、颜色；防滑条材料种类、规格；勾缝材料种类；防护层材料种类；酸洗、打蜡要求。

工程量计算规则：按设计图示尺寸以楼梯（包括踏步、休息平台及≤500mm 的楼梯井）水平投影面积计算。楼梯与楼地面相连时，算至梯口梁内侧边沿；无梯口梁者，算至最上一层踏步边沿加 300mm。

工作内容：基层清理；抹找平层；面层铺贴、磨边；贴嵌防滑条；勾缝；刷防护材料；酸洗、打蜡；材料运输。

【例 6-18】 计算如图 6-38 所示楼梯贴花岗石工程量。

解 楼梯贴花岗石工程量 $S=(2.60-0.24)\times(1.6+3.0+0.30)\times2=2.36\times4.90\times2=23.13\text{m}^2$

7．台阶装饰（011107）

包括石材台阶面（011107001）、块料台阶面（011107002）、拼碎块料台阶面（011107003）、水泥砂浆台阶面（011107004）、现浇水磨石台阶面（011107005）、垛假石台阶面（011107006）。

项目特征：找平层厚度、砂浆配合比；黏结材料种类；面层材料品种、规格、品牌、颜色；勾缝材料种类；防滑条材料种类、规格；防护材料种类。

工程量计算规则：按设计图示尺寸以台阶（包括最上层踏步边沿加 300mm）水平投影面积计算。如图 6-50 所示。

工作内容：基层清理；铺设垫层；抹找平层；面层铺贴；贴嵌防滑条；勾缝；刷防护材料；材料运输。

【例 6-19】 计算如图 6-50 所示台阶贴花岗石的工程量。

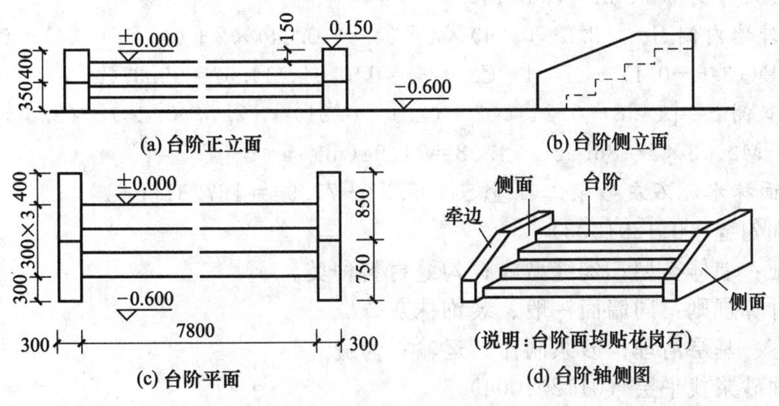

图 6-50 台阶计算示意图

解 台阶贴花岗石的工程量 $S=7.80\times(0.9+0.3)=9.36(m^2)$

8. 零星装饰项目（011108）

（1）石材零星项目（011108001）、碎拼石材零星项目（011108002）、块料零星项目（011108003）。

项目特征：工程部位；找平层厚度、砂浆配合比；黏结层厚度、材料种类；面层材料品种、规格、品牌、颜色；勾缝材料种类；防护材料种类；酸洗、打蜡要求。

工程量计算规则：按设计图示尺寸以面积计算。

工作内容：清理基层；抹找平层、面层铺贴、磨边；勾缝；刷防护材料；酸洗、打蜡；材料运输。

（2）水泥砂浆零星项目（011108004）

项目特征：工程部位；找平层厚度、砂浆配合比；面层厚度、砂浆配合比。

工程量计算规则：按设计图示尺寸以面积计算。

工作内容：清理基层；抹找平层；抹面层；材料运输。

L. 墙、柱面装饰与隔断、幕墙工程

1. 墙面抹灰（011201）

墙面抹灰包括墙面一般抹灰、墙面装饰抹灰、墙面勾缝和立面砂浆找平层。

（1）墙面一般抹灰（011201001）、墙面装饰抹灰（011201002）

项目特征：墙体类型；底层厚度、砂浆配合比，面层厚度、砂浆配合比；装饰面材料种类；分格缝宽度、材料种类。

工程量计算规则：按设计图示尺寸以面积计算。扣除墙裙、门窗洞口及单个$>0.3m^2$以外的孔洞面积；不扣除踢脚板、挂镜线和墙与构件交换处的面积；门窗洞口和孔洞的侧壁及顶面不增加面积。墙垛和附墙烟囱侧壁面积并入相应的墙面面积内。

① 内墙面抹灰面积，按内墙净长乘以抹灰高度计算。内墙面抹灰高度：无墙裙的按室内楼地面至天棚底面之间距离计算；有墙裙的按墙裙顶至天棚底面之间距离计算；有吊顶天棚抹灰，高度算至天棚底。

② 内墙裙抹灰面积按内墙净长乘以墙裙高度计算。

③ 外墙面抹灰面积，按外墙面的垂直投影面积计算。

③ 墙裙抹灰面积，按外墙长度乘以墙裙高度计算。

工作内容：基层清理；砂浆制作、运输；底层抹灰；抹面层；抹装饰面；勾分格缝。

【例 6-20】 计算如图 6-48 所示内墙面抹水泥石灰砂浆工程量。假设层高 3.6m，楼板厚度 100mm，M1 尺寸为 1200×2700mm，M2 尺寸为 900×2700mm，C1 尺寸为 1500mm×1800mm，C2 尺寸为 900mm×700mm。

解 ① 外墙内侧 $S=[(3.6-0.24)\times4+(4.8-0.24)\times2+(4.8-0.24)+(2.1-0.24)+(2.7-0.24)]\times(3.6-0.1)-C1\times4-C2-M1=110.04-14.67=95.37(m^2)$

② 内墙双侧 $S=[(4.8-0.24)\times3+(2.1-0.24)+(2.7-0.24)+(3.6-0.24)\times2]\times(3.6-0.1)-M2\times3\times2=86.52-14.58=71.94(m)$

③ 内墙面抹水泥石灰砂浆工程量 $S=95.37+71.94=167.31(m^2)$

（2）墙面勾缝（011201003）

项目特征：墙体类型；勾缝型式；勾缝材料种类。

工程量计算规则：同墙面一般、装饰抹灰。

工作内容：基层清理；砂浆制作、运输；勾缝。

（3）立面砂浆找平层（011201004）

立面砂浆找平项目适用于仅做找平层的立面抹灰。

项目特征：基层类型；找平层砂浆厚度、配合比。

工程量计算规则：同墙面一般、装饰抹灰。

工作内容：基层清理；砂浆制作、运输；抹灰找平。

2. 柱（梁）面抹灰（011202）

柱（梁）面抹灰包括柱、梁面一般抹灰、装饰抹灰、砂浆找平及柱面勾缝。

（1）柱、梁面一般抹灰（011202001）、柱、梁面装饰抹灰（011202002）。

项目特征：柱（梁）体类型；底层厚度、砂浆配合比；面层厚度、砂浆配合比；装饰面材料种类；分格缝宽度、材料种类。

工程量计算规则：柱面抹灰，按设计图示柱断面周长乘以高度以面积计算。梁面抹灰，按设计图示梁断面周长乘长度以面积计算。

工作内容：基层清理；砂浆制作、运输；底层抹灰；抹面层；勾分格缝。

（2）柱、梁面砂浆找平（011202003）

砂浆找平项目适用于仅做找平层的柱（梁）面抹灰。

项目特征：柱（梁）体类型；找平的砂浆厚度、配合比。

工程量计算规则：同柱（梁）面抹灰。

工作内容：基层清理；砂浆制作、运输；抹灰找平。

（3）柱面勾缝（011202004）

项目特征：勾缝形式；勾缝材料种类。

工程量计算规则：按设计图示柱断面周长乘高度以面积计算。

工作内容：基层清理；砂浆制作、运输；勾缝。

3. 零星抹灰（011203）

（1）零星项目包括一般抹灰（011203001）、零星项目装饰抹灰（011203002）。

项目特征：基层类型、部位；底层厚度、砂浆配合比；面层厚度、砂浆配合比，装饰面材料种类；分格缝宽度、材料种类。

工程量计算规则：按设计图示尺寸以面积计算。

工作内容：基层清理；砂浆制作、运输；底层抹灰；抹面层，抹装饰面；勾分格缝。

（2）零星项目砂浆找平（011203003）

项目特征：基层类型、部位；找平的砂浆厚度、配合比。

工程量计算规则：按设计图示尺寸以面积计算。

工作内容：基层清理；砂浆制作、运输；抹灰找平。

4. 墙面块料面层（011204）

墙面镶贴块料包括石材墙面、碎拼石材墙面、块料墙面、干挂石材钢骨架。

（1）石材墙面（011204001）、碎拼石材墙面（011204002）、块料墙面（011204003）。

项目特征：墙体类型；安装方式；面层材料品种、规格、颜色；缝宽、嵌缝材料种类；防护材料种类；磨光、酸洗、打蜡要求。

工程量计算规则：按镶贴表面积计算。

工作内容：基层清理；砂浆制作、运输；黏结层铺贴；面层安装；嵌缝；刷防护材料；磨光、酸洗、打蜡。

（2）干挂石材钢骨架（011204004）

项目特征：骨架种类、规格；防锈漆品种、刷油漆遍数。

工程量计算规则：按设计图示尺寸以质量计算。

工作内容：骨架制作、运输、安装；刷漆。

5. 柱（梁）面镶贴块料（011205）

(1) 石材柱面（011205001）、块料柱面（011205002）、拼碎石材柱面（011205003）。

项目特征：柱截面类型、尺寸；安装方式；面层材料品种、规格、颜色；缝宽、嵌缝材料种类；防护材料种类；磨光、酸洗、打蜡要求。

工程量计算规则：按镶贴表面积计算。

工作内容：基层清理；砂浆制作、运输；粘贴层铺贴；面层安装；嵌缝；刷防护材料；磨光、酸洗、打蜡。

(2) 石材梁面（011205004）、块料梁面（011205005）。

项目特征：安装方式；面层材料品种、规格、颜色；缝宽、嵌缝材料种类；防护材料种类；磨光、酸洗、打蜡要求。

工程量计算规则：按镶贴表面积计算。

工作内容：基层清理；砂浆制作、运输；黏结层铺贴；面层安装；嵌缝；刷防护材料；磨光、酸洗、打蜡。

6. 零星镶贴块料（011206）

零星镶贴块料包括石材零星项目（011206001）、块料零星项目（011206002）、拼碎石材零星项目（011206003）。

项目特征：基层类型、部位；安装方式；面层材料品种、规格、颜色；缝宽、嵌缝材料种类；防护材料种类；磨光、酸洗、打蜡要求。

工程量计算规则：按镶贴表面积计算。

工作内容：基层清理；砂浆制作、运输；面层安装；嵌缝；刷防护材料；磨光、酸洗、打蜡。

M. 天棚工程

天棚工程包括天棚抹灰、天棚吊顶、采光天棚及天棚其他装饰。

1. 天棚抹灰（011301001）

又称直接式天棚。如图 6-51。

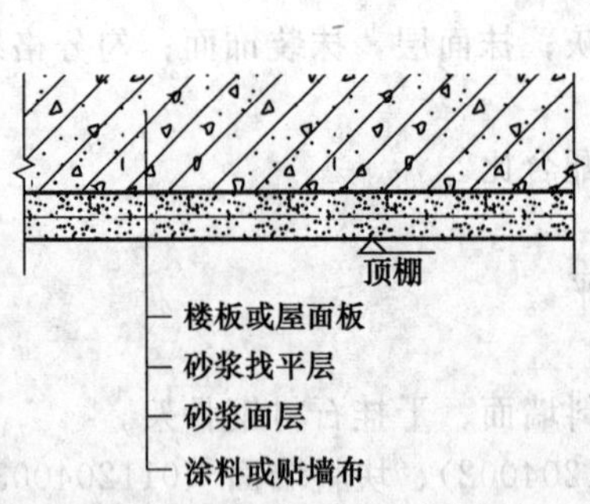

图 6-51　顶棚抹灰（直接式）计算示意图

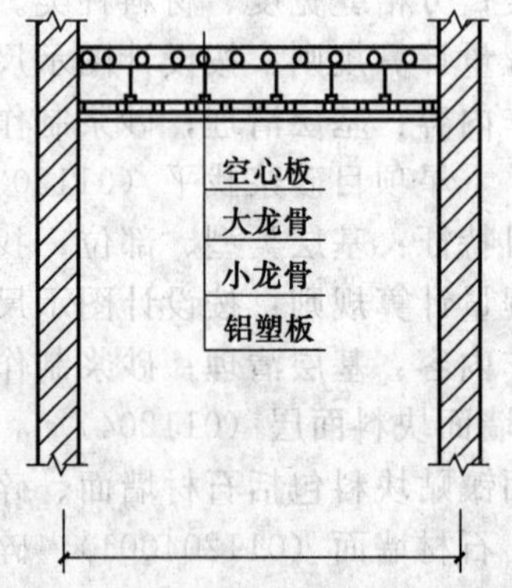

图 6-52　顶棚吊顶（间接式）计算示意图

项目特征：基层类型；抹灰厚度、材料种类；装饰线条道数；砂浆配合比。

工程量计算规则：按设计图示尺寸以天棚的水平投影面积计算。不扣除隔墙、垛、柱、附墙烟囱、检查口和管道所占的面积，带梁天棚的梁两侧抹灰面积并入天棚面积内，板式楼梯底面抹灰工程量，按楼梯底面的斜面积计算，锯齿形楼梯底板抹灰工程量，按楼梯底面的展开面积计算。

工作内容：基层清理；底层抹灰；抹面层；抹装饰线条。

【例 6-21】 计算如图 6-48 顶棚抹灰工程量。

解 顶棚抹灰工程量 $S=[(3.6-0.24)+(4.8-0.24)]\times(4.8-0.24)+[(2.7-0.24)+$

(2.1－0.24)]×(3.6－0.24)＝7.92×4.56＋4.32×3.36＝ 36.12＋14.52＝50.64 (m^2)

2. 天棚吊顶（011302）

包括天棚吊顶（011302001）（又称间接式天棚，如图 6-52）；格栅吊顶（011302002）；吊筒吊顶（011302003）；藤条造型悬挂吊顶（011302004）、织物软雕吊顶（011302005）、装饰网架吊顶（011302006）。

项目特征：吊顶形式、吊顶规格、高度；龙骨材料种类、规格、中距；基层材料种类、规格；面层材料品种、规格、品牌、颜色；压条材料种类、规格；嵌缝材料种类；防护材料种类；油漆品种、刷漆遍数。

工程量计算规则：按设计图示尺寸以天棚的水平投影面积计算。天棚吊顶面积中的灯槽及跌级、锯齿形、吊挂式、藻井式天棚面积不展开计算。不扣除间壁墙、检查口、附墙烟囱、柱垛和管道所占面积。应扣除单个>0.3m^2 以外的孔洞、独立柱及与天棚相连的窗帘盒所占的面积。

工作内容：基层清理、吊杆安装；龙骨安装；基层板铺贴；面层铺贴；嵌缝；刷防护材料、油漆。

3. 采光天棚（011303001）

项目特征：骨架类型；固定类型、固定材料品种、规格；面层材料品种、规格；嵌缝、塞口材料种类。

工程量计算规则：按框外围展开面积计算。

工作内容：清理基层；面层制安；嵌缝、塞口；清洗。

4. 天棚其他装饰（011304）

(1) 灯带（槽）(011304001)

项目特征：灯带型式、尺寸；格栅片材料品种、规格、品牌、颜色；安装固定方式。

工程量计算规则：按设计图示尺寸以灯带框外围面积计算。

工作内容：安装，固定。

(2) 送风口、回风口（011304002）

项目特征：风口材料品种、规格；安装固定方式；防护材料种类。

工程量计算规则：按设计图示数量计算。

工作内容：安装，固定；刷防护材料。

N. 油漆、涂料、裱糊工程

1. 门油漆（011401）

门油漆包括木门油漆（011401001）、金属门油漆（011401002）。

项目特征：门类型；门代号及洞口尺寸；腻子种类；刮腻子要求；防护材料种类；油漆品种、刷漆遍数。

工程量计算规则：以樘计量，按设计图示数量计算；以平方米计算，按设计图示洞口尺寸以面积计算。

工作内容：基层清理；刮腻子；刷防护材料、油漆。

2. 窗油漆（011402）

窗油漆包括木窗油漆（011402001）、金属窗油漆（011402002）。

项目特征：窗类型；窗代号及洞口尺寸；腻子种类；刮腻子要求；防护材料种类；油漆品种、刷漆遍数。

工程量计算规则：以樘计量，按设计图示数量计算；以平方米计量，按设计图示洞口尺寸以面积计算。

工作内容：基层清理；刮腻子；刷、喷涂料。

3. 木扶手及其他板条线条油漆（011403）

包括木扶手油漆（011403001）、窗帘盒油漆（011403002）、封檐板、顺水板油漆（011403003）、挂衣板、黑板框油漆（011403004）、挂镜线、窗帘棍、单独木线油漆（011403005）。

项目特征：断面尺寸；腻子种类；刮腻子遍数；防护材料种类；油漆品种、刷漆遍数。

工程量计算规则：按设计图示尺寸以长度计算。

工作内容：基层清理；刮腻子；刷防护材料、油漆。

4. 木材面油漆（011404001）

项目特征：腻子种类；刮腻子要求；防护材料种类；油漆品种、刷漆遍数。

工程量计算规则：按设计图示尺寸以面积计算。

工作内容：基层清理；刮腻子；刷防护材料、油漆。

5. 金属面油漆（011405001）

项目特征：构件名称；腻子种类；刮腻子要求；防护材料种类；油漆品种、刷漆遍数。

工程量计算规则：以吨计量；按设计图示尺寸以质量计算；以平方米计量，按设计展开面积计算。

工作内容：基层清理；刮腻子；刷防护材料、油漆。

6. 抹灰面油漆（011406）

(1) 抹灰面油漆（011406001）

项目特征：基层类型；线条宽度、道数；腻子种类；刮腻子要求；防护材料种类；油漆品种、刷漆遍数；部位。

工程量计算规则：按设计图示尺寸以面积计算。

工作内容：基层清理；刮腻子；刷防护材料、油漆。

(2) 抹灰线条油漆（011406002）

项目特征：基层类型；线条宽度、道数；腻子种类；刮腻子要求；防护材料种类；油漆品种、刷漆遍数。

工程量计算规则：按设计图示尺寸以长度计算。

工作内容：基层清理；刮腻子；刷防护材料、油漆。

(3) 满刮腻子（011406003）

项目特征：基层类型；腻子种类；刮腻子遍数。

工程量计算规则：按设计图示尺寸以面积计算。

工作内容：基层清理；刮腻子。

O. 其他装饰工程

1. 柜类、货架（011501）

包括柜台（011501001）、酒柜（011501002）、衣柜（011501003）、存包柜（011501004）、鞋柜（011501005）、书柜（011501006）、厨房壁柜（011501007）、木壁柜（011501008）、厨房低柜（011501009）、厨房吊柜（011501010）、矮柜（011501011）、吧台背柜（011501012）、酒吧吊柜（011501013）、酒吧台（011501014）、展台（011501015）、收银台（011501016）、试衣间（011501017）、货架（011501018）、书架（011501019）、服务台（011501020）。

项目特征：台柜规格、材料种类、规格；五金种类、规格；防护材料种类；油漆品种、刷漆遍数。

工程量计算规则：以个计量，按设计图示数量计算；以米计量，按设计图示尺寸以延长米计算；以立方米计量，按设计图示尺寸以体积计算。

工作内容：台柜制作、运输、安装（安放）；刷防护材料、油漆；五金件安装。

2. 扶手、栏杆、栏板装饰（011503）

（1）金属扶手带栏杆栏板（011503001）、硬木扶手带栏杆栏板（011503002）、塑料扶手带栏杆栏板（011503003）。如图 6-53 所示。

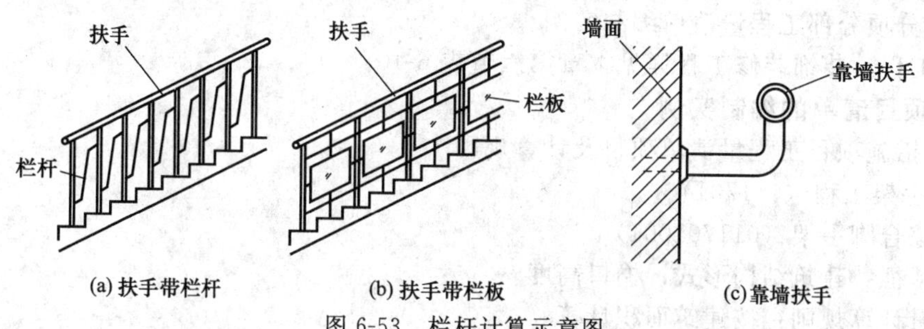

图 6-53　栏杆计算示意图

项目特征：扶手材料种类、规格；栏杆材料种类、规格；栏板材料种类、规格、颜色；固定配件种类；防护材料种类。

工程量计算规则：按设计图示尺寸以扶手中心线（包括弯头长度）计算。

工作内容：制作；运输；安装；刷防护材料。

（2）GRC 栏杆、扶手（011503004）

项目特征：栏杆的规格；安装间距；扶手类型规格；填充材料种类。

工程量计算规则：按设计图示以扶手中心线长度（包括弯头长度）计算。

工作内容：制作、运输、安装、刷防护材料。

（3）金属靠墙扶手（011503005）、硬木靠墙扶手（011503006）、塑料靠墙扶手（011503007）。

项目特征：扶手材料种类、规格；固定配件种类；防护材料种类。

工程量计算规则：按设计图示尺寸以扶手中心线（包括弯头长度）计算。

工作内容：制作；运输；安装；刷防护材料。

（4）玻璃栏板（011503008）

项目特征：栏杆玻璃的种类、规格、颜色；固定方式；固定配件种类。

工程量计算规则：按设计图示尺寸以扶手中心线（包括弯头长度）计算。

工作内容：制作；运输；安装；刷防护材料。

3. 暖气罩

包括饰面板暖气罩（011504001）、塑料板暖气罩（011504002）、金属暖气罩（011504003）。

项目特征：暖气罩材质；防护材料种类。

工程量计算规则：按设计图示尺寸以垂直投影面积（不展开）计算。

工程内容：暖气罩制作、运输、安装；刷防护材料。

4. 浴厕配件（011505）

（1）洗漱台（011505001）

项目特征：材料品种、规格、颜色；支架、配件品种、规格。

工程量计算规则：按设计图示尺寸以台面外接矩形面积计算，不扣除孔洞、挖弯、削角所占面积，挡板、吊沿板面积并入台面面积内。按设计图示数量计算。

工程内容：台面及支架运输、安装；杆、环、盒、配件安装；刷油漆。

（2）晒衣架（011505002）、帘子杆（011505003）、浴缸拉手（011505004）、卫生间扶手（011505005）、毛巾杆（架）（011505006）、毛巾环（011505007）、卫生纸盒（011505008）、

肥皂盒（011505009）。

项目特征：材料品种、规格、颜色；支架、配件品种、规格。

工程量计算规则：按设计图示数量计算。

工程内容：台面及支架运输、安装；杆、环、盒、配件安装；刷油漆。

（二）分项分部工程量清单编制实例

建筑工程、装饰装修工程详见本章第六节表 6-10。

二、措施项目清单的编制实例

（一）措施项目工程量清单项目及计算规则

1. 脚手架工程（011701）

(1) 综合脚手架（011701001）

项目特征：建筑结构形式；檐口高度。

工程量计算规则：按建筑面积计算。

工作内容：场内、场外材料搬运；搭、拆脚手架、斜道、上料平台；安全网的铺设；选择附墙点与主体连接；测试电动装置、安全锁等；拆除脚手架后材料的堆放。

(2) 外脚手架（011701002）、里脚手架（011701003）

项目特征：搭设方式；搭设高度；脚手架材质。

工程量计算规则：按所服务对象的垂直投影面积计算。

工作内容：场内、场外材料搬运；搭、拆脚手架、斜道、上料平台；安全网的铺设；拆除脚手架后材料的堆放。

(3) 悬空脚手架（011701004）

项目特征：搭设方式；悬挑宽度；脚手架材质。

工程量计算规则：按搭设的水平投影面积计算。

工作内容：同外脚手架。

(4) 挑脚手架（011701005）

项目特征：同悬空脚手架。

工程量计算规则：按搭设长度乘以搭设层数以延长米计算。

工作内容：同外脚手架。

(5) 满堂脚手架（011701006）

项目特征：搭设方式；搭设高度；脚手架材质。

工程量计算规则：按搭设的水平投影面积计算。

工作内容：同外脚手架。

(6) 整体提升架（011701007）

项目特征：搭设方式及启动装置；搭设高度。

工程量计算规则：按所服务对象的垂直投影面积计算。

工作内容：场内、场外材料搬运；选择附墙点与主体连接；搭、拆脚手架、斜道、上料平台；安全网的铺设；测试电动装置、安全锁等；拆除脚手架后材料的堆放。

(7) 外装饰吊篮（011701008）

项目特征：升降方式及启动装置；搭设高度及吊篮型号。

工程量计算规则：按所服务对象的垂直投影面积计算。

工作内容：场内、场外材料搬运；吊篮的安装；测试电动装置、安全锁、平衡控制器等；吊篮的拆卸。

2. 混凝土模板及支架（撑）（011702）

(1) 基础（011702001）、矩形柱（011702002）、构造柱（011702003）、异形柱

(011702004)、基础梁（011702005)、矩形梁（011702006)、异性梁（011702007)、圈梁(011702008)、过梁（011702009)、弧形、拱形梁（011702010)、直形墙（011702011)、弧形墙（011702012)、短肢剪力墙、电梯井墙（011702013)、有梁板（011702014)、无梁板(011702015)、平板（011702016)、拱板（011702017)、薄壳板（011702018)、空心板(011702019)、其他板（011702020)、栏板（011702021)。

项目特征：基础类型；柱截面形状；梁截面形状；支撑高度。

工程量计算规则：按模板与现浇混凝土构件的接触面积计算。①现浇混凝土墙、板单孔面积≤0.3m^2 的孔洞不予扣除，洞侧壁模板亦不增加；单孔面积>0.3m^2 时应予扣除，洞侧壁模板面积并入墙、板工程量内计算。②现浇框架分别按梁、板、柱有关规定计算；附墙柱、暗梁、暗柱并入墙内工程量内计算。③柱、梁、墙、板相互连接的重叠部分，均不计算模板面积。④构造柱按图示外露部分计算模板面积。

工作内容：模板制作；模板安装、拆除、整理堆放及场内外运输；清理模板黏结物及模内杂物、刷隔离剂等。

(2) 天沟檐沟（011702022)

项目特征：构件类型。

工程量计算规则：按模板与现浇混凝土构件的接触面积计算。

工作内容：同基础。

(3) 雨篷、悬挑板、阳台板（011702023)

项目特征：构件类型；板厚度。

工程量计算规则：按图示外挑部分尺寸的水平投影面积计算，挑出墙外的悬臂梁及板边不另计算。

工作内容：同基础。

(4) 楼梯（011702024)

项目特征：类型。

工程量计算规则：按楼梯（包括休息平台、平台梁、斜梁和楼板层的连接梁）的水平投影面积计算，不扣除宽度≤500mm 的楼梯井所占面积，楼梯踏步、踏步板、平台梁等侧面模板不另计算，伸入墙内部分亦不增加。

工作内容：同基础。

(5) 其他现浇构件（011702025)

项目特征：构件类型。

工程量计算规则：按模板与现浇混凝土构件的接触面积计算。

工作内容：同基础。

(6) 电缆沟、地沟（011702026)

项目特征：沟类型；沟截面。

工程量计算规则：按模板与电缆沟、地沟接触的面积计算。

工作内容：同基础。

(7) 台阶（011702027)

项目特征：台阶踏步宽。

工程量计算规则：按设计图示台阶水平投影面积计算，台阶端头两侧不另计算模板面积。架空式混凝土台阶，按现浇楼梯计算。

工作内容：同基础。

(8) 扶手（011702028)

项目特征：扶手断面尺寸。

工程量计算规则：按模板与扶手的接触面积计算。

工作内容：同基础。

(9) 散水 (011702029)

工程量计算规则：按模板与散水的面积计算。

工作内容：同基础。

(10) 后浇带 (011702030)

项目特征：后浇带部位。

工程量计算规则：按模板与后浇带的接触面积计算。

工作内容：同基础。

(11) 化粪池 (011702031)、检查井 (011702032)

项目特征：化粪池、检查井部位；化粪池、检查井规格。

工程量计算规则：按模板与混凝土接触面积计算。

工作内容：同基础。

3. 垂直运输 (011703001)

项目特征：建筑物建筑类型及结构形式；地下室建筑面积；建筑物檐口高度、层数。

工程量计算规则：按建筑面积计算；按施工工期日历天数计算。

工作内容：垂直运输机械的固定装置、基础制作、安装；行走式垂直运输机械轨道的铺设、拆除、摊销。

4. 超高施工增加 (011704001)

项目特征：建筑物建筑类型及结构形式；建筑物檐口高度、层数；单层建筑物檐口高度超过 20m，多层建筑物超过 6 层部分的建筑面积。

工程量计算规则：按建筑物超高部分的建筑面积计算。

工作内容：建筑物超高引起的人工工效降低以及由于人工工效降低引起的机械降效；高层施工用水加压水泵的安装、拆除及工作台班；通信联络设备的使用及摊销。

5. 大型机械设备进出场及安拆 (011705001)

项目特征：机械设备名称；机械设备规格型号。

工程量计算规则：按使用机械设备的数量计算。

工作内容：安拆费包括施工机械、设备在现场进行安装拆卸所需人工、材料、机械和试运转费用以及机械辅助设施的拆除、搭设、拆除等费用。

进出场费包括施工机械、设备整体或分体自停放地点运至施工现场或由一施工现场运至另一施工地点所发生的运输、装卸、辅助材料等费用。

6. 施工排水、降水 (011706)

(1) 成井 (011706001)

项目特征：成井方式；地层情况；成井直径；井（滤）管类型、直径。

工程量计算规则：按设计图示尺寸以钻孔深度计算。

工作内容：准备钻孔机械、埋设护筒、钻机就位；泥浆制作、固壁；成孔、出渣、清孔等；对接上、下井管（滤管），焊接，安放，下滤料，洗井，连接试抽等。

(2) 排水、降水 (011706002)

项目特征：机械规格型号；降排水管规格。

工程量计算规则：按排、降水日历天数计算。

工作内容：管道安装、拆除，场内搬运等；抽水、值班、降水设备维修等。

7. 安全文明施工及其他措施项目 (011707)

安全文明施工及其他措施项目包括安全文明施工 (011707001)、夜间施工

(011707002)、非夜间施工照明(011701003)、二次搬运(011707004)、冬雨季施工(011707005)、地上、地下设施、建筑物的临时保护设施(011707006)、已完工程及设备保护(011707007)。

(二)建筑工程、装饰装修工程措施项目清单详见本章第六节表6-10、表6-11。

三、其他项目清单的编制

建筑工程、装饰装修工程其他项目清单编制详见本章第六节表6-12。

四、规费项目清单的编制实例

建筑工程详、装饰装修工程详见本章第六节表6-13。

五、税金项目清单实例

建筑工程、装饰装修工程详见本章第六节表6-13。

第三节 工程量清单计价的编制

一、分部分项工程量清单计价

(一)概述

1. 工程量清单计价的基本原理

以招标人提供的工程量清单为平台，投标人根据自身的技术、财务、管理能力进行投标报价，招标人根据具体的评标细则进行优选，这种计价方式是市场定价体系的具体表现形式。

工程量清单计价的基本过程可以描述为：在统一的工程量计算规则的基础上，制定工程量清单项目设置规则，根据具体的施工图纸计算出各个单项目的工程量，再根据各种渠道所获得的工程造价信息和经验数据计算得到工程造价。

2. 工程量清单计价的特点和作用

(1)工程量清单计价方法的特点

① 满足竞争的需要。招投标过程本身就是一个竞争的过程，招标人给出工程量清单，投标人去填单价(此单价中一般包括成本、利润)，填高了中不了标，填低了又要赔本，这时候就体现出了企业技术、管理水平的重要，形成了企业整体实力的竞争。

② 提供了一个平等的竞争条件。采用施工图预算来投标报价，由于设计图纸的缺陷，不同投标企业的人员理解不一，计算出的工程量也不同，报价相去甚远，容易产生纠纷。而工程量清单报价就为投标者提供一个平等竞争的条件，相同的工程量，由企业根据自身的实力来填不同的单价，符合商品交换的一般性原则。

③ 有利于工程款的拨付和工程造价的最终确定。中标后，业主要与中标施工企业签订施工合同，工程量清单报价基础上的中标价就成了合同价的基础。投标清单上的单价也就成了拨付工程款的依据。业主根据施工企业完成的工程量，可以很容易地确定进度款的拨付额。工程竣工后，再根据设计变更、工程量的增减乘以相应单价，业主也很容易确定工程的最终造价。

④ 有利于实现风险的合理分担。采用工程量清单报价方式后，投标单位只对自己所报的成本、单价等负责，而对工程量的变更或计算错误等不负责任；相应地，对于这一部分风险则应由业主承担，这种格局符合风险合理分担与责权利关系对等的一般原则。

⑤ 有利于业主对投资的控制。采用施工图预算形式，业主对因设计变更、工程量的增减所引起的工程造价变化不敏感，往往等竣工结算时才知道这些对项目投资的影响有多大，但此时常常是为时已晚，而采用工程量清单计价的方式则一目了然，在要进行设计变更时，能马上知道它对工程造价的影响，这样业主就能根据投资情况来决定是否变更或进行方案比

较，以决定最恰当的处理方法。

(2) 工程量清单计价方法对推进我国工程造价管理体制改革的重大作用

① 用工程量清单招标符合我国当前工程造价体制改革中“逐步建立以市场形成价格为主的价格机制”的目标。这一目标的本身就是要把价格的决定权逐步交给发包单位、交给施工企业、交给建筑市场，并最终通过市场来配置资源，决定工程价格。它能真正实现通过市场机制决定工程造价。

② 采用工程量清单招标有利于将工程的“质”与“量”紧密结合起来。质量、造价、工期三者之间存在着一定的必然联系，报价当中必须充分考虑到工期和质量因素，这是客观规律的反映和要求。采用工程量清单招标有利于投标单位通过报价的调整来反映质量、工期、成本三者之间的科学关系。

③ 有利于业主获得最合理的工程造价。增加了综合实力强、社会信誉好的企业的中标机会，更能体现招标投标宗旨。同时也可为建设单位的工程成本控制提供准确、可靠的依据。

④ 有利于标底的管理与控制。在传统的招标投标方法中，标底的正确与否、保密程度如何一直是人们关注的焦点。而采用工程量清单招标方法，工程量是公开的，是招标文件内容的一部分，标底只起到参考和一定的控制作用（即控制报价不能突破工程概算的约束），而与评标过程无关，并且在适当的时候甚至可以不编制标底。这就从根本上消除了标底准确性和标底泄露所带来的负面影响。

⑤ 有利于中标企业精心组织施工、控制成本。中标后，中标企业可以根据中标价及投标文件中的承诺，通过对单位工程成本、利润进行分析，统筹考虑、精心选择施工方案；并根据企业定额合理确定人工、材料、施工机械要素的投入与配置，优化组合，合理控制现场费用和施工技术措施费用等，以便更好地履行承诺，抓好工程质量和工期。

3. 工程量计价的依据

工程量清单计价的确定依据，主要包括工程量清单、定额、工料单价、费用及利润标准、施工组织设计、招标文件、施工图纸及图纸答疑、现场踏勘情况、计价规范。

(1) 工程量清单　是由招标人提供的工程清单，综合单价应根据工程量清单中提供的项目名称及该项目所包括的工程内容来确定。

(2) 定额　是指消耗量定额或企业定额。消耗量定额是在编制标底时确定综合单价的依据；企业定额是在编制投标时确定综合单价的依据，若投标企业没有企业定额时可参照消耗量定额确定综合单价。

定额的人工、材料、机械消耗量是计算综合单价中人工费、材料费、机械费的基础。

(3) 工料单价　是指人工单价、材料单价（即材料预算价格）、机械台班单价。分部分项工程费的人工费、材料费、机械费，是由定额中工料消耗量乘以相应的工料单价计算得到的，见下列各式。

$$人工费=\sum(工日数\times人工单价)$$

$$材料费=\sum(材料数量\times材料单价)$$

$$机械费=\sum(机械台班数\times机械台班单价)$$

(4) 其他直接费用、管理费的费率、利润率　除人工费、材料费、机械费外的各种费用（如其他直接费、管理费等）及利润，是根据各种费率、利润率乘以其基础费计算的。

(5) 计价规范　分部分项工程费的综合单价所包括的范围，应符合计价规范中项目特征及工程内容中规定的要求。

(6) 招标文件　计价包括的内容应满足招标文件的要求，如工程招标发包、甲方供应材料的方式，甲方预留金等。

(7) 施工图纸及图纸答疑　在确定计价时，除满足工程量清单中给出的内容外，还应尽量注意施工图纸及图纸答疑的具体内容，才能有效地确定综合单价。

(8) 现场踏勘情况　通过现场考察，可以了解工程项目的现场情况、自然条件、施工条件以及周围环境条件，以便于正确计价。

(9) 施工组织设计　现场踏勘情况及施工组织设计，是计算脚手架、模板等施工技术措施费的重要资料。

(二) 综合单价的确定

1. 综合单价的概念

综合单价是指分部分项工程的单价。

分部分项工程费由分项工程数量乘以综合单价汇总而成，所以综合单价是计算分部分项工程费的基础。

2. 综合单价的组成

综合单价由下列内容组成。

① 人工费是指施工现场工人的工资。

② 材料费是指分部分项工程消耗的材料费。

③ 机械费是指分部分项工程的机械费。

④ 管理费是指为施工组织管理发生的费用。

⑤ 利润是指企业应获得的利润。

3. 综合单价的确定方法

由于计价规范与《全国统一建筑装饰装修工程消耗量定额》中的工程量计算规则、计量单位、项目内容不尽相同，综合单价的确定方法有以下几种。

(1) 直接套用定额组价　根据单项定额组价，是指一个分项工程的单价仅用一个定额项目组合而成。这种组价较简单，在一个单位工程中大多数的分项工程可利用这种方法组价。

1) 项目特点。内容比较简单，计价规范与所使用消耗量定额中的工程量计算规则相同。

2) 组价方法。直接使用相应的定额中消耗量组合单价，有以下几个步骤。

第一步：直接套用定额的消耗量。

第二步：计算直接费。

直接费＝人工费＋材料费＋机械费＝定额消耗量(或企业定额消耗量)×人工、材料、机械单价

第三步：计算管理费及利润。

建筑工程管理费＝直接工程费×管理费率

建筑工程利润＝(直接工程费＋管理费)×利润率

装饰装修工程管理费＝人工费×管理费率

装饰装修工程利润＝人工费×利润率

第四步：汇总形成综合单价。

综合单价＝(直接工程费＋管理费＋利润＋风险因素)/定额用量

3) 举例。

【例 6-22】 计算如图 6-54 所示 M5.0 水泥砂浆砌砖基础综合单价。

(假设该工程为五类建筑工程，工程地处青海省西宁市，管理费率为 4%，利润率为 1.5%，考虑高原降效系数：人工为 1.09，机械为 1.25)

解　第一步：直接套用定额的消耗量 $V=32.74\text{m}^3$ (见例 6-4)

第二步：计算直接费

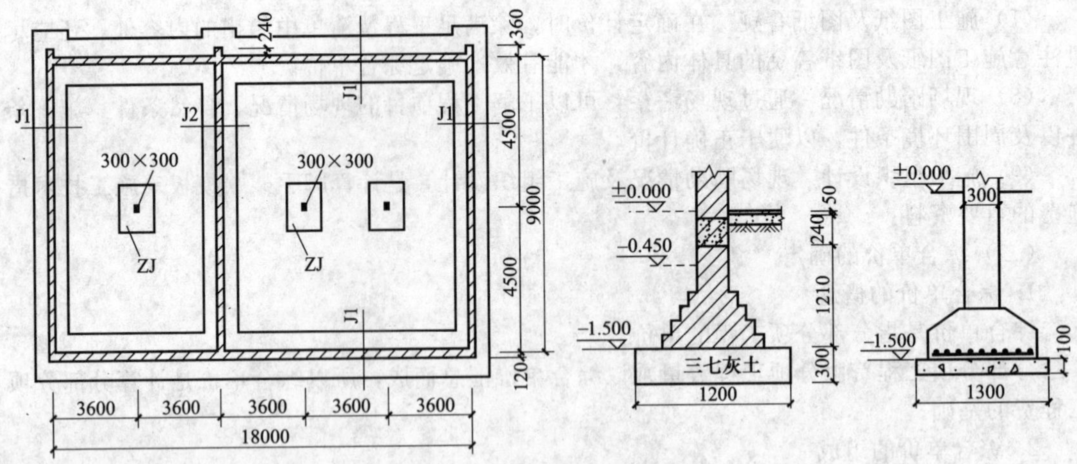

图 6-54 某工程基础平面图

定额编号 A3-1 带形砖基础直接费＝(310.35×1.09＋1215.48＋20.30×1.25)/10×26.92＝4251.04(元)；其中，人工费＝910.65(元)。

第三步：计算管理费及利润

建筑工程管理费＝直接费×管理费率＝4251.04×4%＝170.042(元)

建筑工程利润＝(直接费＋管理费)×利润率＝(4251.04＋170.042)×1.5%＝66.316(元)

第四步：汇总形成综合单价

综合单价＝(直接费＋管理费＋利润＋风险因素)/定额用量＝(4251.04＋170.042＋66.316＋0)/26.92＝166.69(元/m^3)

【例 6-23】 计算如图 6-55 所示内墙面一般抹灰综合单价。

(假设该工程为四类装饰装修工程，工程地处青海省西宁市，管理费率为 31%，利润率为 16%，考虑高原降效系数：人工为 1.09，机械为 1.25)

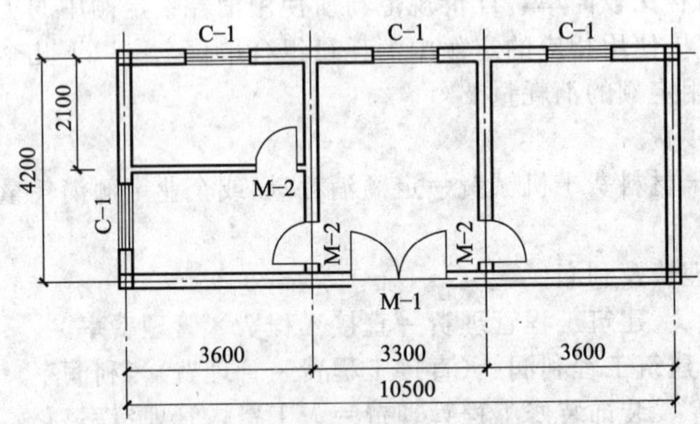

图 6-55 某建筑平面图

解 第一步：直接套用定额的消耗量 $S=105.58\text{m}^2$

第二步：计算直接工程费

定额编号 B2-1 墙面一般抹灰直接费＝(3.47×1.09＋2.33＋0.18×1.25)×105.58＝669.09(元)；其中，人工费＝399.34(元)。

第三步：计算管理费及利润

装饰装修工程管理费＝人工费×管理费率＝399.34×31%＝123.795(元)

装饰装修工程利润＝人工费×利润率＝399.34×16%＝63.894(元)

第四步：汇总形成综合单价

综合单价＝(直接费＋管理费＋利润＋风险因素)/定额用量＝(669.09＋123.795＋63.894＋0)/105.58＝8.12(元/m^2)

(2) 重新计算工程量组价　是指工程量清单给出的分项项目的单位，与所用的消耗量定额的单位不同，或工程量计算规则不同，需要按消耗量定额的计算规则重新计算工程量来组价综合单价。

工程量清单根据计价规范计算规则编制的，综合性很大，其工程量的计量单位或计算规则可能与所使用的消耗量定额中计量单位或计算规则不同，例如现浇混凝土压顶，工程量清单单位是“延长米”，而消耗量定额的计量单位是“m^3”，就需要重新计算工程量。

1) 特点。内容比较复杂，《计价规范》与所使用的消耗量定额的计量单位或计算规则不同。

2) 组价方法。

第一步：重新计算工程量，根据所使用定额中的工程量计算规则计算工程量。

第二步：计算工料消耗系数。

工料消耗系数＝定额工程量/规范工程量

第三步：计算直接工程费

直接工程费＝人工费＋材料费＋机械费＝定额消耗量（或企业定额消耗量）×人工、材料、机械单价

第四步：计算管理费及利润

第五步：汇总形成综合单价

综合单价＝(直接工程费＋管理费＋利润＋风险因素)/定额用量×工料消耗系数

3) 举例。

【例 6-24】 现浇混凝土压顶，清单工程量为 37.80m，消耗量定额工程量为 1.36m^3。计算综合单价。

(假设该工程为五类建筑工程，工程地处青海省西宁市，管理费率为 4%，利润率为 1.5%，考虑高原降效系数：人工为 1.09，机械为 1.25)

解　第一步：按消耗量定额计算现浇混凝土压顶的工程量，现浇混凝土工程量除另有规定者外，均按设计图示尺寸以体积计算，现浇混凝土工程量为 1.36m^3。

第二步：工料消耗系数＝定额工程量/规范工程量＝1.36/37.80＝0.036

第三步：直接工程费＝定额编号 A4-48 现浇混凝土压顶直接费＝(674.71×1.09＋1876.21＋89.31×1.25)/10×1.36＝370.37(元)；其中，人工费＝100.02(元)。

第四步：计算管理费及利润。

管理费＝直接费×管理费率＝370.37×4%＝14.828

利润＝(直接工程费＋管理费)×利润率＝(370.37＋14.828)×1.5%＝5.778

第五步：汇总形成综合单价。

综合单价＝(370.37＋14.282＋5.778＋0)/1.36×0.036＝10.34(元/m^2)

(3) 复合组价　工程量清单是根据计价规范计算规则编制的，综合性很大，而消耗量定额项目划分得相对较细，这时就需要根据多项定额组价，这种组价较为复杂。例如《计价规范》规定人工挖基槽应包括人工挖基槽、原土打夯、基底钎探、运输四项内容，所以在组合人工挖基槽的综合单价时，要将原土打夯、基底钎探、运输组合进人工挖基槽的综合单价中。

1) 特点。内容复杂，须根据多项定额项目进行组合综合单价。

2) 组价方法。下面通过实例来介绍这种组价方法。

例如组合“人工挖基槽”的综合单价。清单工程量为 88.71m^3。

《计价规范》规定基础土方工程量按“垫层的面积乘以挖土深度”计算，且综合了人工挖基槽、原土打夯、基地钎探、运输四项内容。

第一步：按消耗量定额计算每一项的工程量。

A1-133 人工挖基槽＝156.90 m^3；A1-298 原土打夯＝89.91m^2。

A2-96 基地钎探＝2m^2；A1-129 运输＝22.43m^3。

第二步：确定每一项的综合单价。

A1-133人工挖基槽＝[(人工费＋材料费＋机械费)＋人工费×(管理费＋利润)]/定额工程量＝[1476.82/88.71×(1＋4%)]×(1＋1.5%)＝17.57(元/m^3)

A1-298原土打夯＝[(人工费＋材料费＋机械费)＋人工费×(管理费＋利润)]/定额工程量＝[47.13/89.91×(1＋4%)]×(1＋1.5%)＝0.55(元/m^2)

A2-96基地钎探＝[(人工费＋材料费＋机械费)＋人工费×(管理费＋利润)]/定额工程量＝[4.16/2.00×(1＋4%)]×(1＋1.5%)＝2.20(元/m)

A1-129运输＝[(人工费＋材料费＋机械费)＋人工费×(管理费＋利润)]/定额工程＝[704.02/22.43×(1＋4%)]×(1＋1.5%)＝33.13(元/m^3)

第三步：确定工料系数。

人工挖基槽＝定额工程量/规范工程量＝88.71 /88.71＝1.00

原土打夯＝定额工程量/规范工程量＝88.91/88.71＝1.002

基地钎探＝定额工程量/规范工程量＝2.0/88.71＝0.023

运输＝定额工程量/规范工程量＝22.43/88.71＝0.253

第四步：组合人工挖基槽综合单价。

人工挖基槽综合单价＝9.94×1.00＋0.55×1.002＋2.20×0.023＋33.13×0.253＝26.55(元/m^3)

不论哪种组价方法，都必须弄清以下两个问题。

① 拟组价项目的内容。用计价规范规定的内容与相同定额项目的内容作比较，看拟组价项目该用哪几个定额项目来组合单价。如“人工挖基槽”项目计价规范规定此项目包括人工挖基槽、原土打夯、基地钎探、运输四项内容，而定额分别列有人工挖基槽、原土打夯、基地钎探、运输，所以根据人工挖基槽、原土打夯、基地钎探、运输定额项目组合该综合单价。

② 计价规范与定额的工程量计算是否相同。在组合单价时要弄清具体项目包括的内容，各部分内容是直接套用定额组价，还是需要重新计算工程量组价。能直接组价的内容，用前面讲述的“直接套用定额组价”方法进行组价；若不能直接套用定额组价的项目，用前面讲述的“重新计算工程量”方法进行组价。

（三）分部分项工程费的计算

1. 分部分项工程费的计算

分部分项工程费由分项清单工程量乘以综合单价汇总而成。

其计算公式为：

$$分部分项工程费=\sum(清单工程量\times综合单价)$$

2. 分部分项工程费的计算实例

建筑工程、装饰装修工程分部分项工程费见本章第六节表 6-10；分部分项工程综合单价分析表见本章第六节表 6-14。

二、措施项目清单计价

措施项目清单计价常用方法有按综合单价计算（技术措施项目费）和按费率计算（组织措施项目费）两种。

（一）技术措施项目费的计算

按综合单价计算，即按清单工程量乘以综合单价计算。

$$技术措施项目费=\sum(清单工程量\times综合单价)$$

计算方法同分部分项工程费的计算方法。按综合单价计算的费用包括脚手架费、混凝土模板及支架（撑）费、垂直运输费、超高施工增加费、大型机械设备进出场及安拆费、施工排水、降水费。

（二）组织措施项目费的计算

1. 组织措施项目的内容

组织措施项目包括安全文明施工（含环境保护、文明施工、安全施工、临时设施）、夜间施工、非夜间施工照明、二次搬运、冬雨季施工、大型机械设备进出场及安拆，施工排水，施工降水，地上、地下设施，建筑物的临时保护设施，已完工程及设备保护。

2. 组织措施项目费的计算

按费率计算，是指按费率乘以计算基数计算。

（1）组织措施费的计算基数　可以是“人工费”、“直接工程费”或“人工费＋机械费”。

人工费是指分部分项工程费中人工费的总和。

直接工程费是指分部分项工程费中人工费、材料费、机械费的总和。

机械费是指分部分项工程中机械费的总和。

措施费的计算基数应以当地的具体规定为准。

（2）组织措施项目费的费率　根据我国目前的实际情况，组织措施项目费率有两种计算方法。

第一种方法是按当地行政主管部门规定计算。为防止建筑市场的恶性竞争，确保安全施工、文明施工，以及安全文明施工措施落实到位，切实改善施工从业人员的作业条件和生产环境，防止安全事故发生，有的地方规定安全文明施工费按当地行政主管部门规定计算，且不得作为竞争性费用。

第二种方法是企业自行确定。企业根据自己的情况并结合工程实际自行确定措施费的计算费率。

（三）措施项目清单计价实例。

建筑工程，装饰装修工程见本章第六节表6-10、表6-11。

三、其他项目清单计价

其他项目费包括暂列金额、暂估价、计日工和总承包服务费。

（一）暂列金额

在编制招标控制价时，暂列金额可根据工程的复杂程度、设计深度、工程环境条件（包括地质、水文、气候条件等）进行估算，一般可按分部分项工程费的10%～15%作为参考。

在编制投标报价时，暂列金额应按招标人在其他项目清单中列出的金额填写，不得变动。

合同价款中的暂列金额在用于各项价款调整、索赔与现场签证后，若有余额，余额归发包人，若出现差额，则由发包人补足并反映在相应项目的工程价款中。

（二）暂估价

暂估价是招标人在工程量清单中提供的用于支付必然发生但暂时不能确定价格的材料的单价以及专业工程的金额。

暂估价包括材料暂估价和专业工程暂估价。在编制招标控制价时，材料暂估单价应按工程造价管理机构发布的工程造价信息中的材料单价计算，工程造价信息未发布的材料单价，其单价参考市场价格估算；专业工程暂估价应分不同的专业，按有关计价规定进行估算。为方便合同管理和计价，需要纳入工程量清单项目综合单价中的暂估价最好只是材料费，以方便投标人组价。对专业工程暂估价一般应是综合暂估价，包括除规费、税金以外的管理费、利润等。

（三）计日工

计日工是在施工过程中，承包人完成发包人提出的施工图纸以外的零星工作项目或工作，按合同中约定的综合单价计价。

计日工包括计日工人工、材料和施工机械。在编制招标控制价时，对计日工中的人工单价和施工机械台班单价应按省级、行业建设主管部门或其授权的工程造价管理机构公布的单价计算；材料应按工程造价管理机构发布的工程造价信息中的材料单价计算，工程造价信息未发布的材料单价，其单价参考市场价格计算。

在编制投标价时，计日工按招标人在其他项目清单中列出的项目和数量，自主确定综合单价并计算计日工费用。

（四）总承包服务费

总承包服务费是指总承包人为配合协调发包人进行的工程分包自行采购的设备、材料等进行管理、服务以及施工现场管理、竣工资料汇总整理等服务所需的费用。

在编制招标控制价时，总承包服务费应按照省级或行业建设主管部门的规定计算。可参考下列标准。

① 招标人仅要求对分包的专业工程进行总承包管理和协调时，按分包的专业工程估算造价的1.5%计算。

② 招标人要求对分包的专业工程进行总承包管理和协调，并同时要求提供配合服务时，根据招标文件列出的配合服务内容和提出的要求，按分包的专业工程估算造价的3%～5%计算。

③ 招标人自行供应材料的，按招标人供应材料价值的1%计算。

在编制投标报价时，总承包服务费应根据招标人在招标文件中列出的分包专业工程内容和供应材料、设备情况，按照招标人提出的协调、配合与服务要求和施工现场管理需要自主确定。

（五）其他项目清单计价实例

建筑工程，装饰装修工程见第六节表6-12。

四、规费

（一）规费计算

规费包括工程排污费、工程定额测定费、社会保障费（养老保险、失业保险、医疗保险）、住房公积金、危险作业意外伤害保险、工伤保险。规费应按国家或省级、行业建设主管部门的规定计算，不得作为竞争性费用。

（二）规费计算实例

建筑工程，装饰装修工程见本章第六节表6-13。

五、税金

（一）税金的计算（见第三章第三节）

（二）税金计算实例

建筑工程，装饰装修工程见本章第六节表6-13。

第四节 招标控制价的编制

一、招标控制价的概念

招标控制价就是拦标价，是对工程限定的最高工程造价。招标人根据国家或省级、行业建设主管部门颁发的有关计价依据和办法，按设计施工图纸计算的，对招标工程限定的最高工程造价。

招标控制价是招标人的预期价格，对工程招标阶段的工作有着一定的作用。

① 招标控制价是招标人控制建设工程投资、确定工程合同价格的参考依据。

② 招标控制价是衡量、评审投标人投标报价是否合理的尺度和依据。

因此，招标控制价必须以严肃认真的态度和科学的方法进行编制，应当实事求是，综合考虑和体现发包方和承包方的利益。没有合理的招标控制价可能会导致工程招标的失误，达不到降低建设投资、缩短建设周期、保证工程质量、择优选用工程承包队伍的目的。

二、招标控制价的编制依据和编制要求

（一）招标控制价的编制依据

① 建设工程工程量清单计价规范；

② 国家或省级、行业建设主管部门颁发的计价定额和计价办法；

③ 建设工程设计文件及相关资料；

④ 拟定的招标文件及招标工程量清单；

⑤ 施工现场情况、工程特点及常规施工方案；

⑥ 工程造价管理机构发布的工程造价信息；当工程造价信息没有发布时，参照市场价；

⑦ 其他相关资料。

（二）招标控制价的编制要求

① 国有资金投资的工程建设工程招标，招标人必须编制招标控制价。为了有利于客观、合理的评审投标报价和避免哄抬标价造成国有资产流失，国有资金投资的工程建设项目应实行工程量清单招标，并应编制招标控制价，作为招标人能够接受的最高交易价格。一个工程项目只能编制一个招标控制价。

② 招标控制价超过批准的概算时，招标人应当将其报原概算审批部门审核。我国对国有资金投资项目的投资控制实行的是投资概算控制制度，项目投资原则上不能超过批准的投资概算。因此，在工程招标发包时，招标控制价超过批准的概算时，招标人应当将其报原概算审批部门重新审核。

③ 投标人的投标报价高于招标控制价的，其投标应予以拒绝。财政性资金投资的工程属政府采购范围，政府采购工程进行招投标的，适用于《中华人民共和国招标投标法》，投标人的投标报价高于招标控制价的，其投标应予以拒绝。

④ 招标控制价应由具有编制能力的招标人或受其委托具有相应资质的工程造价咨询人编制。具有相应资质的工程造价咨询人是指根据《工程造价咨询企业管理办法》的规定，依法取得工程造价咨询企业资质，并在其资质许可的范围内接受招标人的委托，编制招标控制价的工程造价咨询企业（分甲、乙两级）。

⑤ 工程造价咨询人不得同时接受招标人和投标人对同一工程的招标控制价和投标报价的编制。

⑥ 招标控制价应在招标时公布，不应上调或下浮，招标人应将招标控制价及有关资料报送工程所在地工程造价管理机构备查。

三、招标控制价的编制步骤

招标控制价由具有编制招标文件能力的招标人自行编制，也可委托具有相应资质和能力的工程造价咨询人编制。

招标控制价的编制步骤如下。

（一）准备工作

① 熟悉施工图设计及说明书。如果发现图纸中有问题或不明确之处，可要求设计单位进行交底、补充，做好记录，在招标文件中加以说明。

② 勘察现场，实地了解现场情况及周围环境，确定施工方案、包干系数和技术措施费等有关费用。

③ 了解招标文件中规定的招标范围，材料、半成品和设备的加工订货情况，工程质量和工期要求，物资供应方式，还要进行市场调查，掌握材料、设备的市场价格。

（二）收集编制资料

包括招标文件相关条款、设计文件、工程定额、施工方案、现场环境和条件、市场价格信息等。总之，凡在工程建设实施过程中可能影响工程费用的各种因素，在编制招标控制价前都必须予以考虑。

（三）计算招标控制价

招标控制价应根据所必需的资料，依据招标文件、设计图纸、施工组织设计、人工、材料、机械台班市场价格、相关消耗量定额以及计价办法等进行计算。

① 以工程量清单确定划分的计价项目及其工程量，按照采用的消耗量定额或招标文件的规定，计算整个工程的人工、材料、机械台班需用量。

② 确定人工、材料、机械台班的市场价格，编制分部分项工程费。

③ 确定工程施工中的施工组织及施工技术措施费用。

④ 确定其他项目费。

⑤ 根据招标文件的要求，通过综合计算完成分部分项工程和措施项目所发生的人工费、材料费、机械费、管理费、利润，形成综合单价再汇总其他各项规费和税金，按综合单价编制工程招标控制价。综合单价中应包括招标文件中划分的应由投标人承担的风险范围及其费用。招标文件中没有明确的，如是工程造价咨询人编制，应提请招标人明确；如是招标人编制，应予明确。

第五节 投标价的编制

一、投标价的概念

投标报价是指投标人根据招标文件及有关计算工程的造价的资料，计算工程预算总造价，在工程预算总造价的基础上，再考虑投标策略以及各种造价的因素，然后提出投标报价。

投标单位的投标报价应该根据本企业的管理水平、装备能力、技术力量、劳动效率、技术措施及本企业的定额，计算出由本企业完成该工程的预计直接费，再加上实际可能发生的一切间接费，即实际预测的工程成本，根据投标中竞争的情况，进行盈亏分析，确定利润和考虑适当的风险费，作出竞争决策的原则，最后提出报价书。

二、投标报价的依据

① 工程量清单计价规范；

② 国家或省级、行业建设主管部门颁发的计价办法；

③ 企业定额，国家或省级、行业建设主管部门颁发的计价定额和计价办法；

④ 招标文件、招标工程量清单及其补充通知、答疑纪要；

⑤ 建设工程设计文件及相关资料；

⑥ 施工现场情况、工程特点及投标时拟定的施工组织设计或施工方案；

⑦ 与建设项目相关的标准、规范等技术资料；

⑧ 市场价格信息或工程造价管理机构发布的工程造价信息；

⑨ 其他的相关资料。

三、工程量清单计价模式下的投标报价

工程量清单计价模式的投标报价一般是由招标人或招标人委托的工程造价咨询人，将拟建招标工程全部项目和内容按相关的计算规则计算出工程量，列在清单上作为招标文件的组成部分，供投标人逐项填报单价，计算出总价，作为投标报价，然后通过评标竞争，最终确定合同价。工程量清单报价由招标人给出工程量清单，投标者填报单价，单价应完全依据企业技术、管理水平等企业实力而定，以满足市场竞争的需要。

采取工程量清单综合单价计算投标报价时，投标人填工程量清单中的单价是综合单价，应包括人工费、材料费、机械费、管理费、利润、税金及风险金等全部费用，将工程量与该单价相乘得出合价，将全部合价汇总后即得出投标总报价。综合单价中应包括招标文件中划分的应由投标人承担的风险范围及其费用，招标文件中没有明确的，应提请招标人明确。

四、投标报价的程序

(1) 复核或计算工程量　工程招标文件中提供有工程量清单，投标价格计算之前，要对工程量进行校核。

(2) 确定综合单价、计算合价　在投标报价中，复核或计算各分部分项工程的实物工程量以后，就需要确定各个分部分项工程的单价，并按招标文件中规定的格式要求填写报价。

计算综合单价时，应将构成分部分项的工程的所有费用项目都归入其中。人工、材料、机械费用应是根据分部分项工程的人工、材料、机械消耗量及其相应的市场价格而得。一般来说，投标人应根据自己的标准价格数据库，计算出工程的投标价格。在应用综合单价数据针对某一具体工程进行投标报价时，需要对选用的单价进行审核评价与调整，使之符合拟投标工程的实际情况，反映市场价格的变化。

(3) 确定分包工程费　来自分包人的工程分包费用是投标价格的一个重要组成部分，有时总承包人投标价格中的相当部分来自分包工程费。因此，在编制投标价格时需要有一个合适的价格来衡量分包人的报价，需熟悉分包工程的范围，对分包人的能力进行评估。

(4) 确定利润　利润是指承包人的预期利润，确定利润取值的目标是考虑既可以获得最大的可能利润，又要保证投标价格具有一定的竞争性。投标报价时承包人应根据市场竞争情况确定在该工程上的利润率。

(5) 确定风险费　风险费对承包人来说是个未定数，如果预计的风险没有全部发生，则可能预计的风险费有剩余，这部分剩余和计划利润加在一起就是盈余；如果风险费估计不足，则只有由利润来贴补，盈余自然就少，甚至可能成为负值。在投标时应根据工程所在地的实际情况，由有经验的专业人员对可能的风险因素进行逐项分析后确定一个比较合理的费用比率。

(6) 确定投标价格　如前所述，将所有分部分项工程的合价累加汇总后就可得出工程的总价，但是这样计算的工程总价，还不能作为投标价格，因为计算出来的价格有可能重复计算或漏算，也有可能某些费用的预估有偏差等。因此必须对计算出的工程总价作出某些必要的调整。调整投标价格应当建立在对工程盈亏分析的基础上，盈亏预测应用多种方法从多角进行，找出计算中的问题以及分析可以通过采取哪些措施降低成本、增加盈利，确定最后的投标报价。

第六节 工程量清单计价的编制实例

一、工程概况

① 本工程一楼为办公室，二楼为住宅楼的培训楼，框架结构。

② 建筑面积469.04m^2，相对标高±0.000，室内外标高差300（室外相对标高-0.30）。

③ 基础为C30独立基础，C15基础垫层；框架梁、板、柱为C30，预制过梁、楼梯等其他构件C20。

④ 墙体为240厚砖墙，卫生间与洗脸间分隔为120厚砖墙，采用MU10机制砖，M10混合砂浆。

⑤ 构造柱设置要求：两墙相交处或墙长大于4m时设置，构造柱断面尺寸均同墙宽，4ф16，ф6@200。

二、屋面、台阶、散水及房间内外墙、顶棚、楼地面

见表6-6。

表6-6 装饰做法

类别	部位	做法
地面	一层地面	素土夯实;80厚C10混凝土;素水泥浆结合层一道;25厚1∶4干硬性水泥砂浆,面上撒素水泥;8厚地砖,水泥砂浆擦缝
楼面	二层卫生间厨房	50厚C20细石混凝土找0.5%～1%;1.5厚聚氨酯防水涂料;四周上翻150高;25厚1∶4干硬性水泥砂浆,面上撒素水泥;8厚地砖,水泥砂浆擦缝
楼面	二层其他	素水泥浆一道;20厚1∶2水泥砂浆抹光
内墙	卫生间厨房	15厚1∶3水泥石灰砂浆;素水泥浆一道;5厚水泥砂浆加20%107胶;8厚面砖,水泥砂浆擦缝
内墙	其他房间	5厚1∶0.5∶3水泥石灰砂浆;15厚1∶1∶6水泥石灰砂浆两次抹灰;107胶素水泥砂浆一遍;防瓷涂料两遍
天棚	所有房间	7厚1∶1∶4水泥石灰砂浆;5厚1∶0.5∶3水泥石灰砂浆,表面防瓷涂料
踢脚	一层	17厚1∶3水泥砂浆;3厚1∶1水泥砂浆加20%107胶,8厚面砖
踢脚	二层除卫生间厨房	6厚1∶3水泥砂浆;6厚1∶2水泥砂浆抹面
外墙	面砖详见立面	15厚1∶3水泥石灰砂浆;3厚1∶1水泥砂浆加20%107胶,8厚面砖
外墙	涂料	12厚1∶3水泥砂浆;8厚1∶2.5水泥砂浆,喷涂料两遍
屋面	卷材屋面	150厚加气混凝土砌块;20厚1∶8水泥加气混凝土碎渣找2%坡;20厚1∶2水泥砂浆找平层;二层3厚SBS改性沥青防水卷材;25厚中砂;30厚250×250混凝土板,缝宽3,1∶1水泥砂浆填缝
油漆	木门	基层清理;润粉;刮腻子;刷色;漆片两遍;清漆两遍
	楼梯栏杆	除锈;防锈漆或红丹一遍;刮腻子;调和粉漆两遍(棕色)
散水	混凝土散水	素土夯实;60厚中砂铺垫;60厚C15混凝土;20厚1∶2水泥砂浆抹面
台阶	混凝土台阶	素土夯实;150厚中砂铺垫;130厚C15混凝土;20厚1∶2水泥砂浆抹面

三、门窗表

见表6-7。

表 6-7　门窗表

编号	洞口尺寸	数量			类别	编号	洞口尺寸	数量			类别
		一层	二层	总计				一层	二层	总计	
M-1	1500×2100	1		1	M-1 钢质防盗门,其余木门	C-3	1200×1600		2	2	塑钢窗
M-2	800×2100		6	6		C-4	900×1600	2	2	4	
M-3	950×2100	2	2	4		C-5	1000×1600		2	2	
M-4	900×2100	2	8	10		C-6	900×1600		2	2	
M-5	1000×2100	10		10		C-7	1200×1400		1	1	
M-6	800×2100		2	2		C-8	1800×2000	2		2	
MC-1	2400×2200		2	2	塑钢窗	C-9	1500×2000	2		2	
QBC-1	1800×1600		4	4	塑钢窗	C-10	1200×2000	2		2	
QBC-2	1500×1600		2	2		C-11	1800×1600	2		2	

四、培训楼工程施工图

如图 6-56～图 6-67 所示。

五、工程量清单

见表 6-8～表 6-15。

六、工程量计算

见表 6-16、表 6-17。

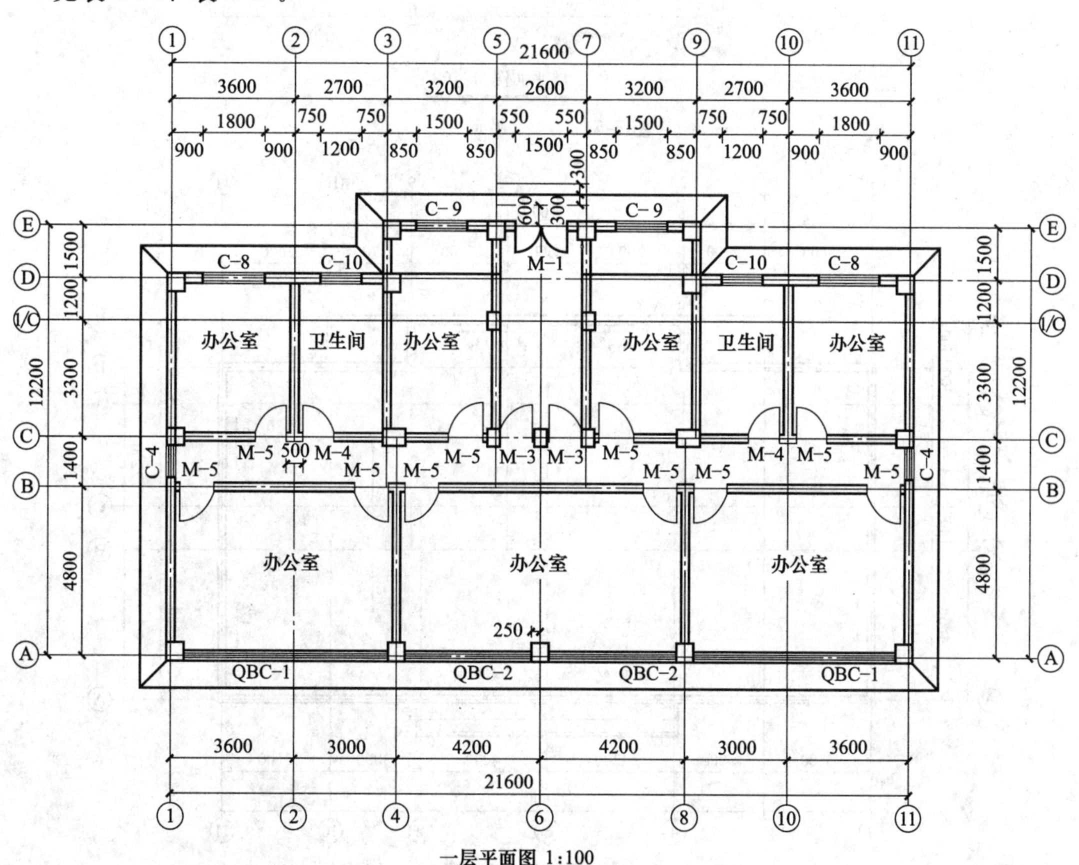

图 6-56　一层平面图

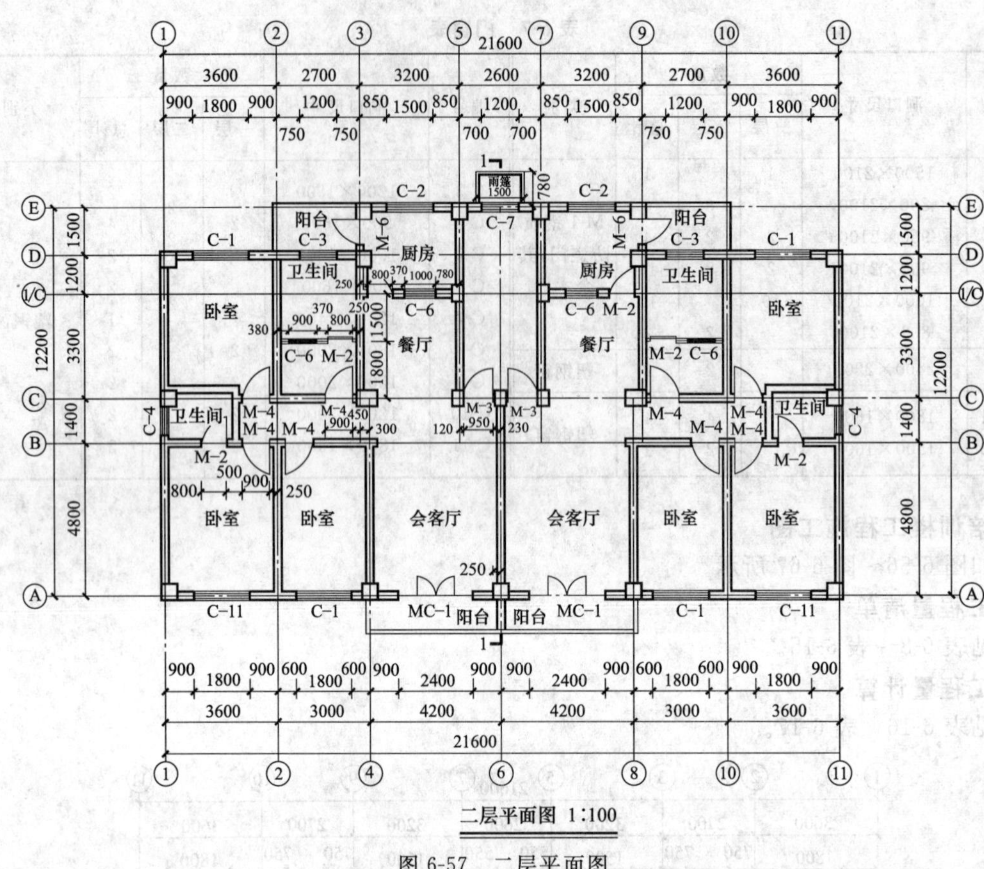

图 6-57　二层平面图

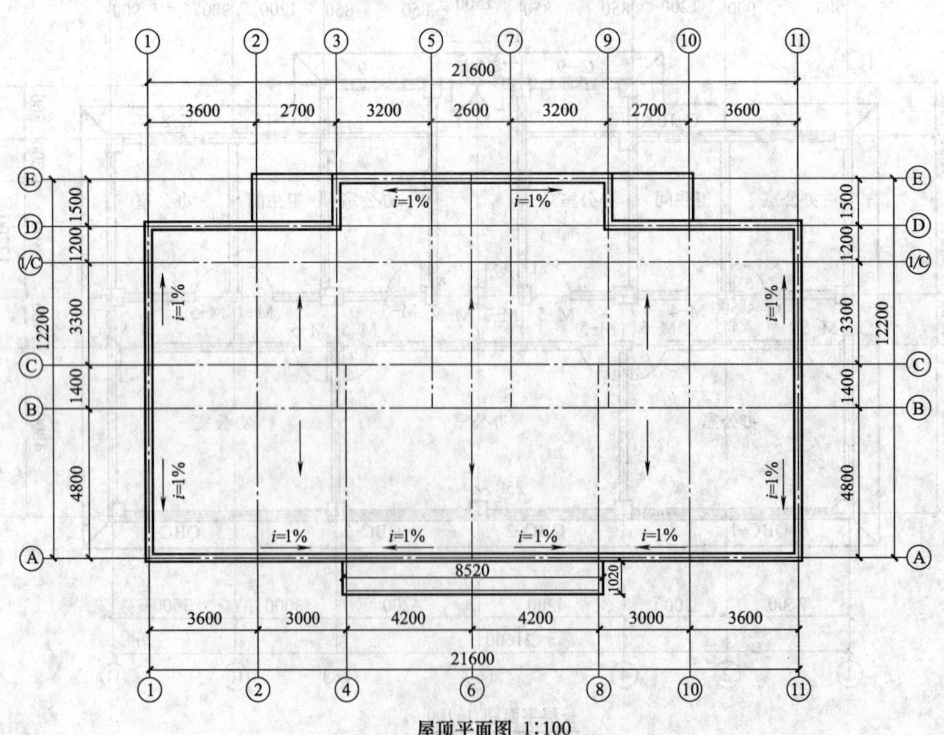

图 6-58　层顶平面图

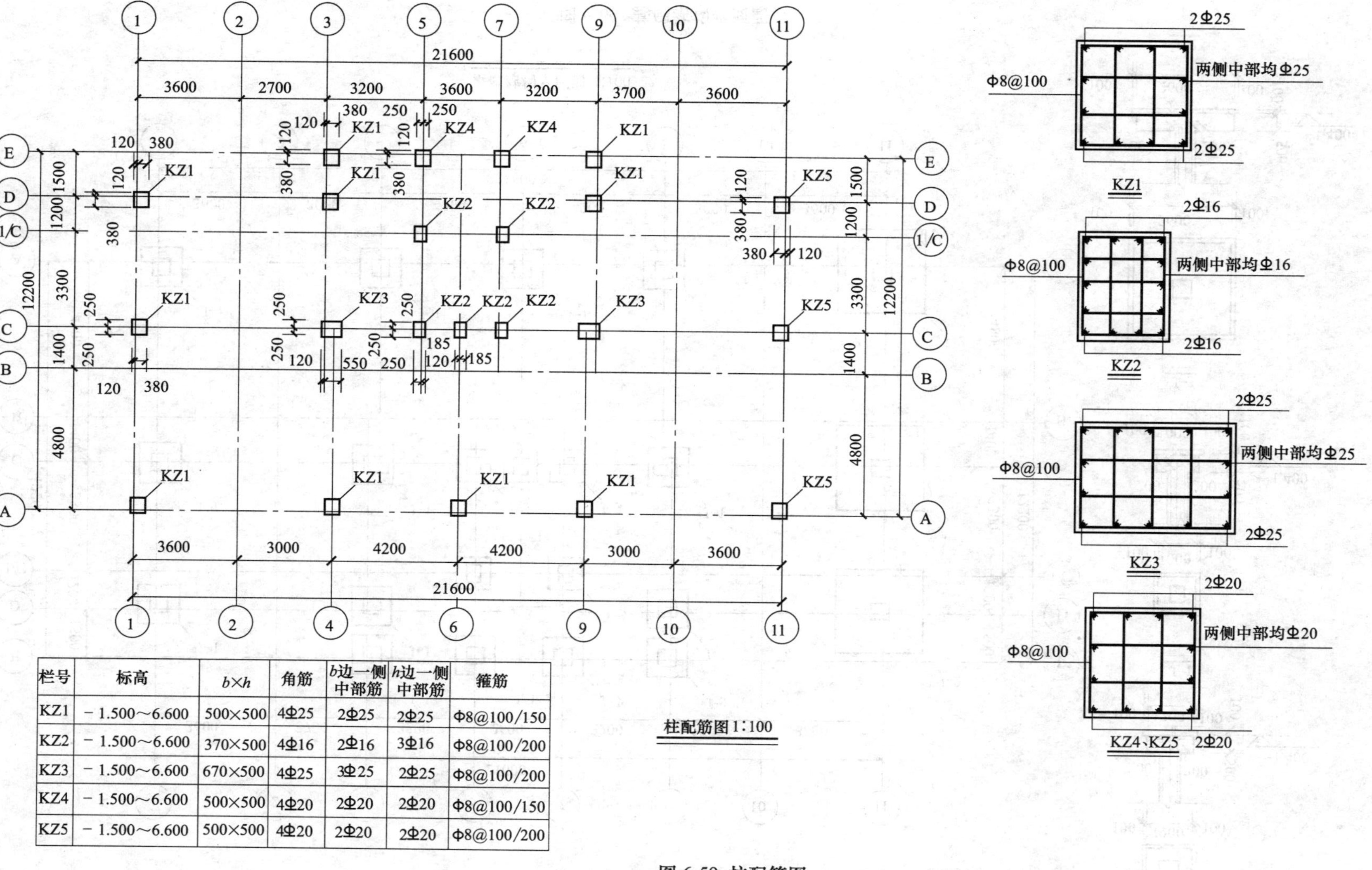

栏号	标高	$b\times h$	角筋	b边一侧中部筋	h边一侧中部筋	箍筋
KZ1	−1.500～6.600	500×500	4Φ25	2Φ25	2Φ25	Φ8@100/150
KZ2	−1.500～6.600	370×500	4Φ16	2Φ16	3Φ16	Φ8@100/200
KZ3	−1.500～6.600	670×500	4Φ25	3Φ25	2Φ25	Φ8@100/200
KZ4	−1.500～6.600	500×500	4Φ20	2Φ20	2Φ20	Φ8@100/150
KZ5	−1.500～6.600	500×500	4Φ20	2Φ20	2Φ20	Φ8@100/200

图 6-59 柱配筋图

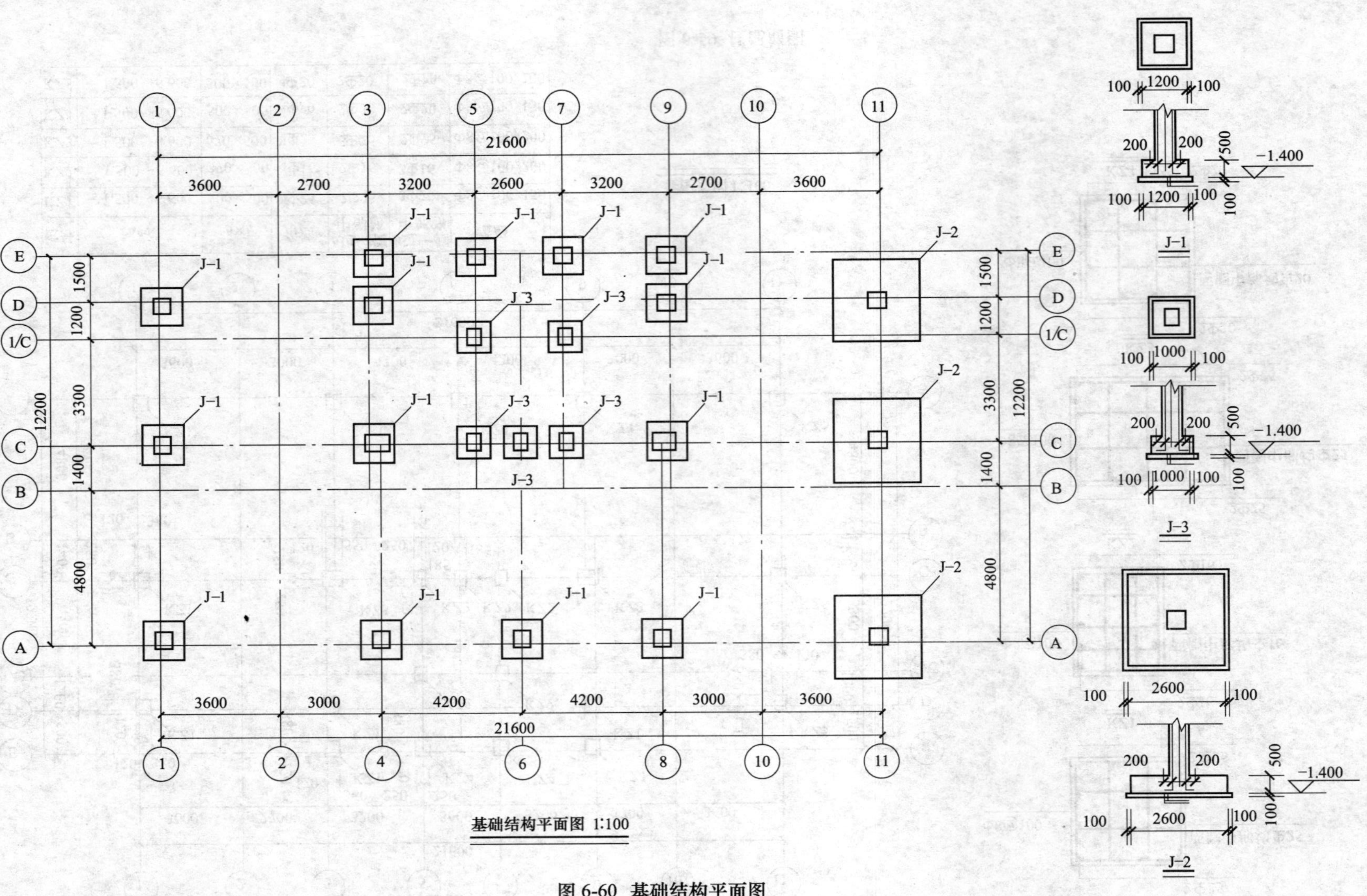

图 6-60 基础结构平面图

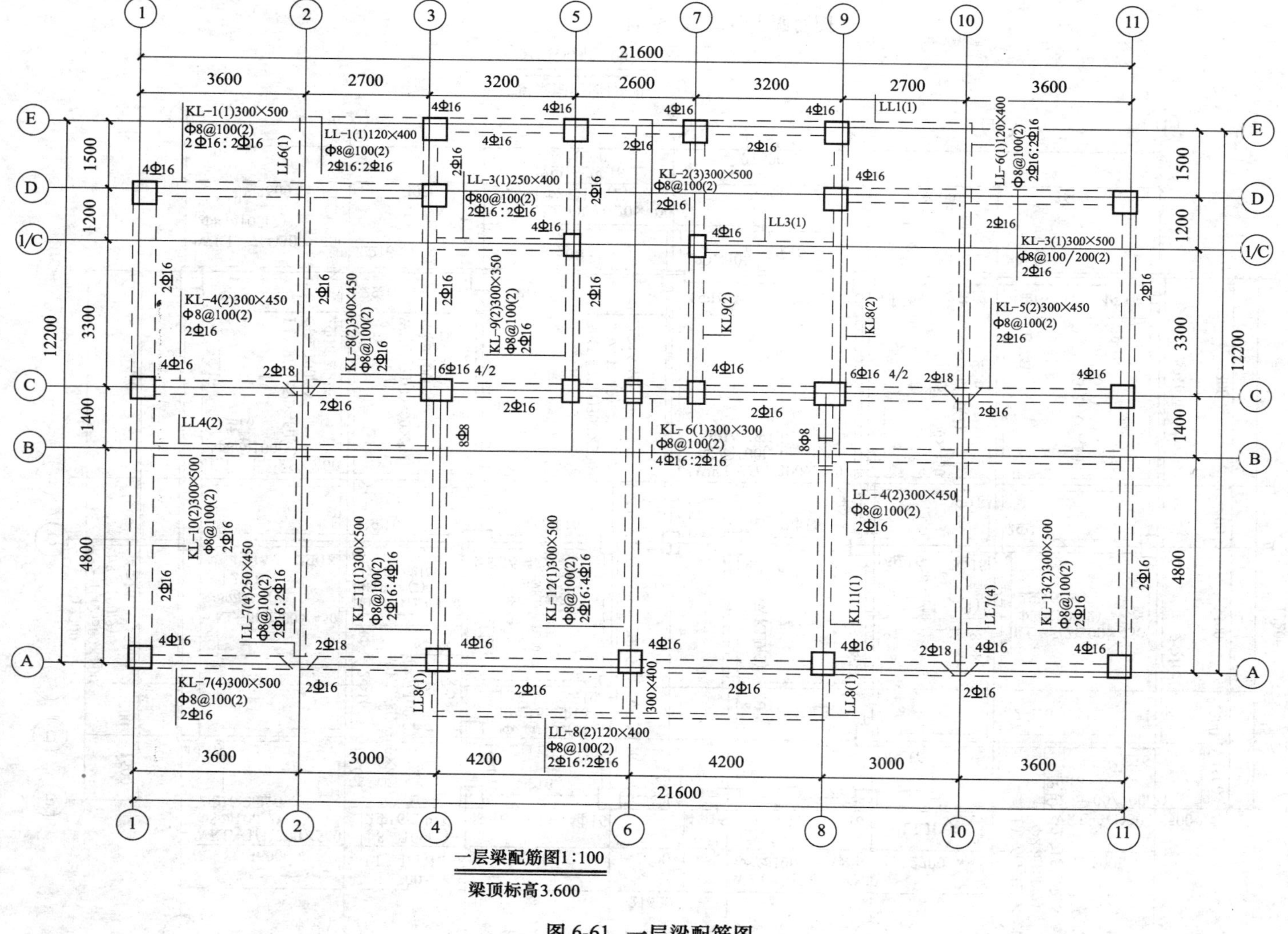

图 6-61 一层梁配筋图

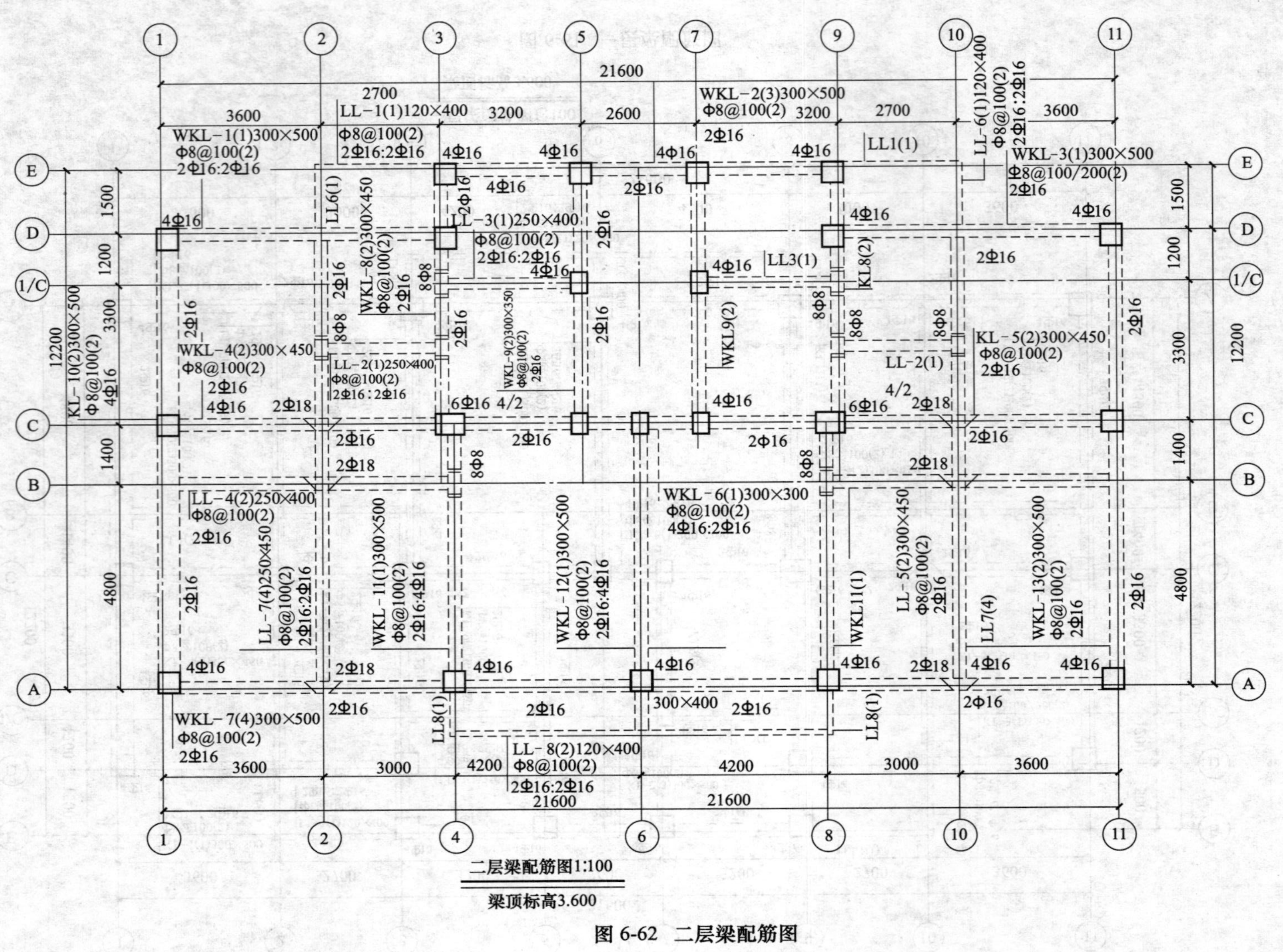

WKL-1(1)300×500
Φ8@100(2)
2Φ16:2Φ16
LL-1(1)120×400
Φ8@100(2)
2Φ16:2Φ16
WKL-2(3)300×500
Φ8@100(2)
2Φ16
LL-6(1)120×400
Φ8@100(2)
2Φ16:2Φ16
WKL-3(1)300×500
Φ8@100/200(2)
2Φ16
LL1(1)
LL6(1)
WKL-8(2)300×450
Φ8@100(2)
2Φ16
LL-3(1)250×400
Φ8@100(2)
2Φ16:2Φ16
LL3(1)
KL8(2)
KL-10(2)300×500
Φ8@100(2)
4Φ16
WKL-4(2)300×450
Φ8@100(2)
2Φ16
4Φ16
LL-2(1)250×400
Φ8@100(2)
2Φ16:2Φ16
WKL-9(2)300×350
Φ8@100(2)
2Φ16
WKL9(2)
KL-5(2)300×450
Φ8@100(2)
2Φ16
LL-2(1)
4/2
LL-4(2)250×400
Φ8@100(2)
2Φ16
WKL-6(1)300×300
Φ8@100(2)
4Φ16:2Φ16
LL-7(4)250×450
Φ8@100(2)
2Φ16:2Φ16
WKL-11(1)300×500
Φ8@100(2)
2Φ16:4Φ16
WKL-12(1)300×500
Φ8@100(2)
2Φ16:4Φ16
WKL11(1)
LL-5(2)300×450
Φ8@100(2)
2Φ16
LL7(4)
WKL-13(2)300×500
Φ8@100(2)
2Φ16
WKL-7(4)300×500
Φ8@100(2)
2Φ16
LL8(1)
300×400
LL-8(2)120×400
Φ8@100(2)
2Φ16:2Φ16
21600
12200
二层梁配筋图1:100
梁顶标高3.600

图 6-62 二层梁配筋图

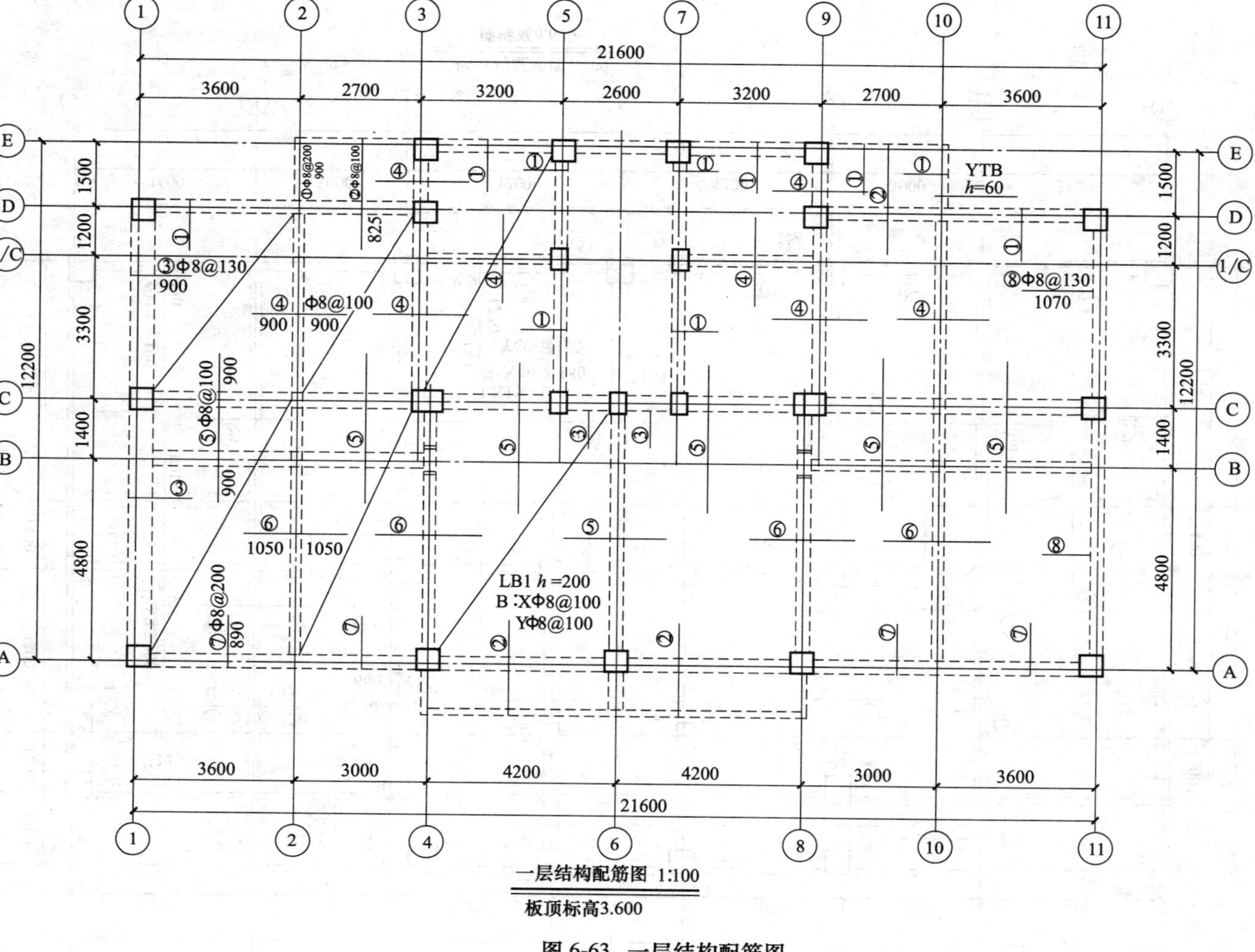

图 6-63　一层结构配筋图

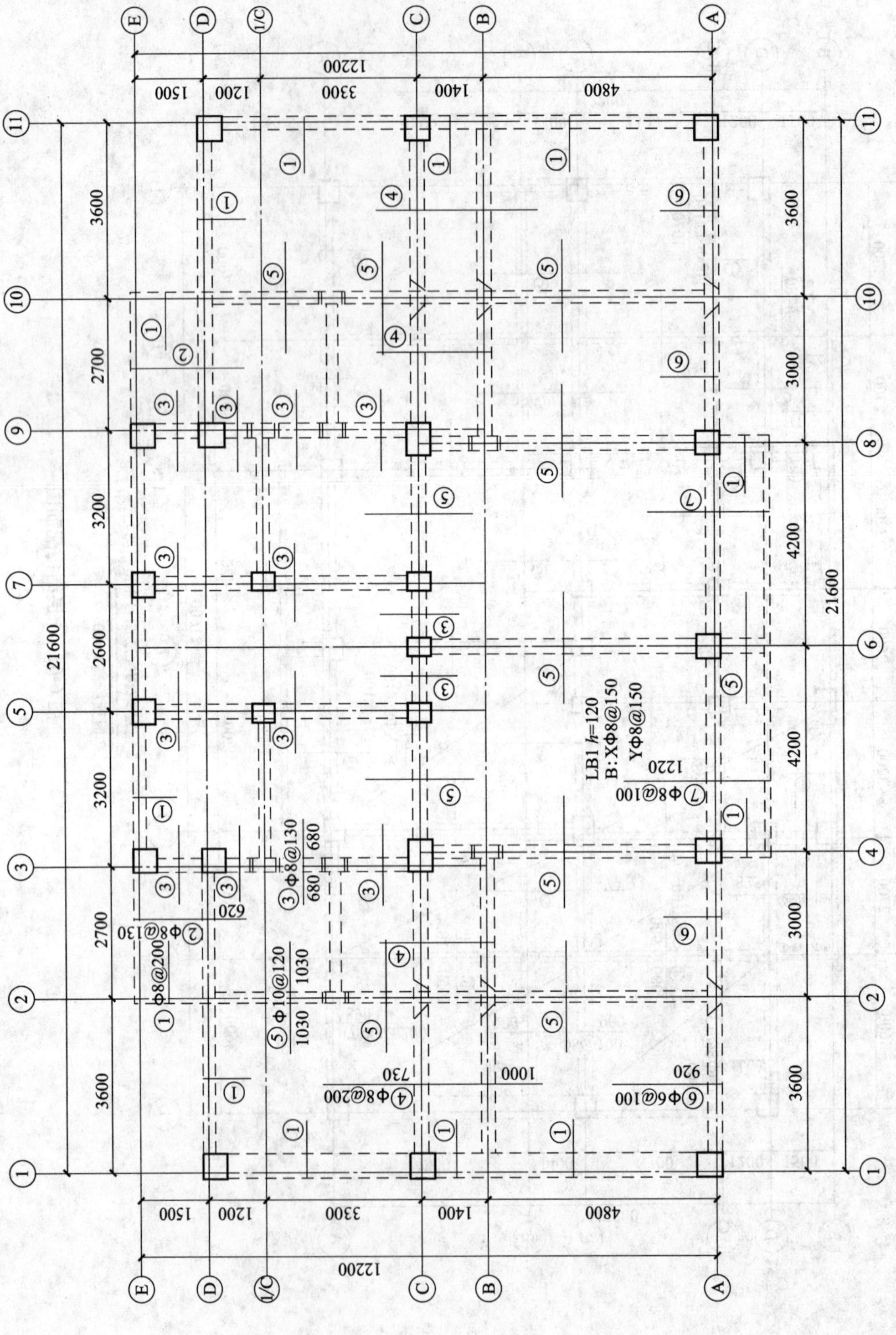

二层结构配筋图1:100

板顶标高6.600

图 6-64 二层结构配筋图

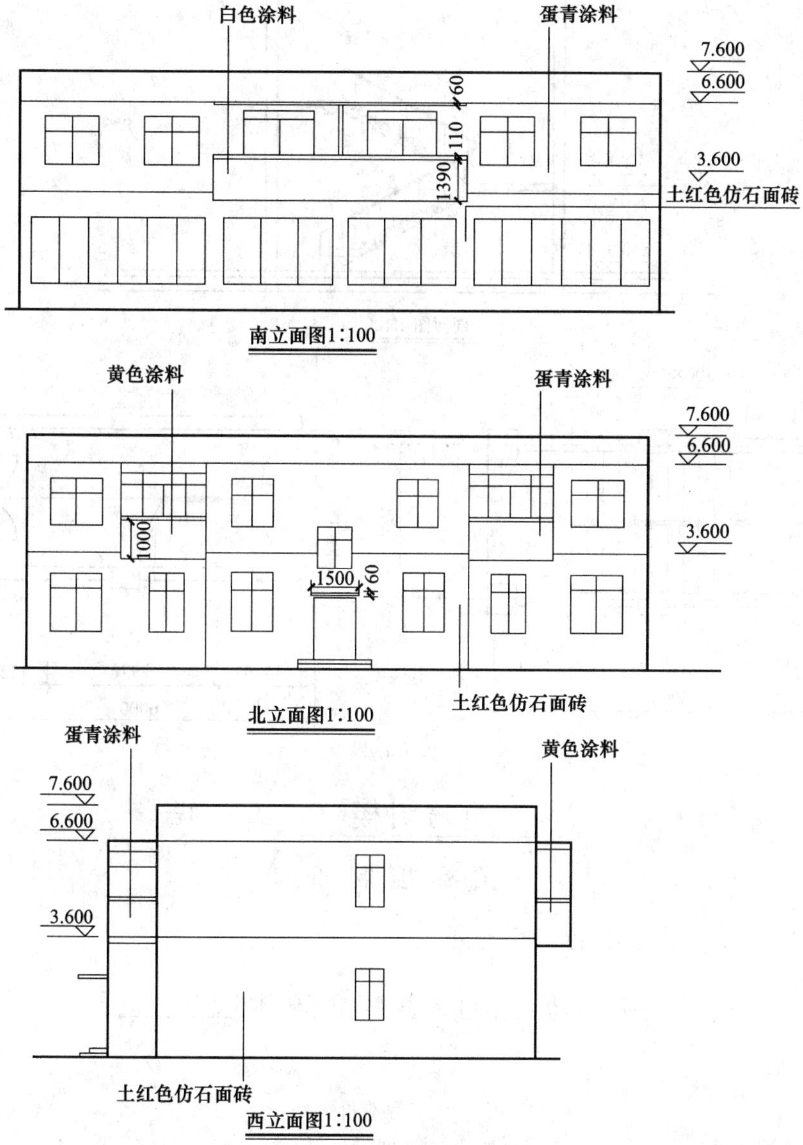

白色涂料
蛋青涂料
7.600
6.600
60
110
1390
3.600
土红色仿石面砖
南立面图1:100
黄色涂料
蛋青涂料
7.600
6.600
1000
3.600
1500
60
土红色仿石面砖
北立面图1:100
蛋青涂料
黄色涂料
7.600
6.600
3.600
土红色仿石面砖
西立面图1:100

图 6-65 立面图

黄色涂料
蛋青涂料
7.600
6.600
1020
3.600
780
东立面图 1:100
土红色仿石面砖
7.600
6.600
3.600
±0.000
-0.300
1—1剖面图 1:100

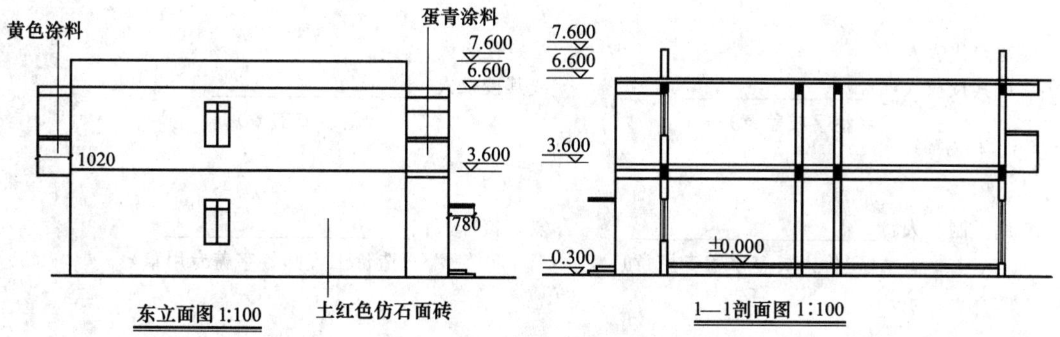

图 6-66 东立面图、剖面图

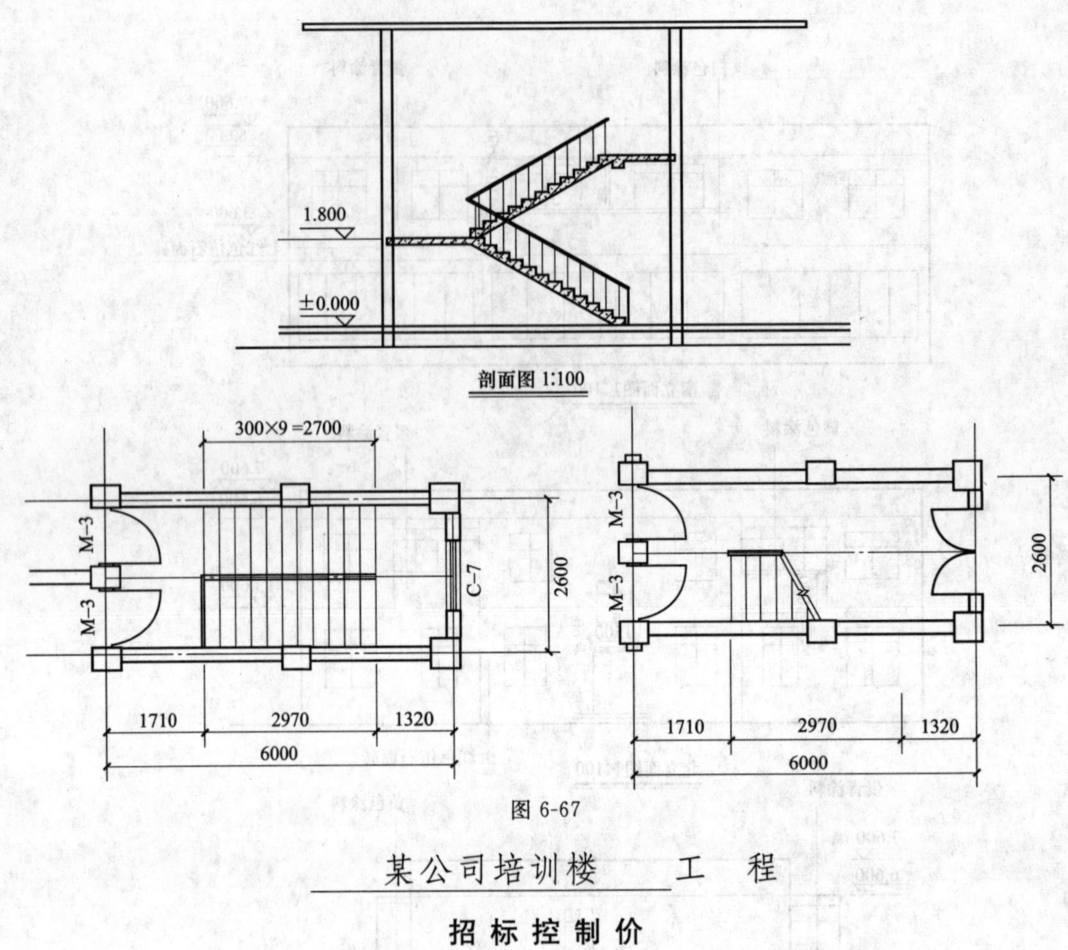

图 6-67

某公司培训楼　　工　程

招 标 控 制 价

招标控制价（小写）：人民币 626，643.48 元

（大写）：陆拾贰万陆仟陆佰肆拾叁元肆角捌分

招标人：××公司
（单位盖章）

工程造价
咨 询 人：
（单位资质专用章）

法定代表人
或其授权人：
（签字或盖章）

法定代表人
或其授权人：
（签字或盖章）

编　制　人：
（造价人员签字盖专用章）

复　核　人：
（造价工程师签字盖专用章）

编制时间：　　年　　月　日　　　复核时间：　　年　　月　日

表 6-8

总 说 明

工程名称：某公司培训楼工程　　　　第　页共　页

1. 本工程一楼为办公室，二楼为住宅楼的培训楼，框架结构。
2. 建筑面积 469.04m²，相对标高±0.000，室内外标高差 300(室外相对标高－0.30)。
3. 基础为 C30 独立基础，C15 基础垫层；框架梁、板、柱为 C30，预制过梁、楼梯等其他构件 C20。
4. 墙体为 240 厚砖墙，卫生间与洗脸间分隔为 120 厚砖墙，采用 MU10 机制砖，M10 混合砂浆。
5. 编制依据：

建筑安装工程费执行《建设工程工程量清单计价规范》(GB 50500—2013)；2013 版《湖北省房屋建筑与装饰工程消耗量定额及基价表》；《湖北省建筑安装工程费用定额》鄂建文[2013]66 号的相关规定执行。

表 6-9　单位工程招标控制价汇总表

工程名称：某公司培训楼　　　　标段

序号	汇总内容	金额/元	其中：暂估价/元
一	分部分项工程费	439377.11	
1.1	土石方工程	4647.68	
1.2	砌筑工程	58615.4	
1.3	混凝土及钢筋混凝土工程	98886.74	
1.4	门窗工程	72186.73	
1.5	屋面及防水工程	2439.6	
1.6	保温、隔热、防腐工程	32875.12	
1.7	楼地面装饰工程	18541.32	
1.8	墙、柱面装饰与隔断、幕墙工程	125532.91	
1.9	天棚工程	50.73	
1.10	油漆、涂料、裱糊工程	25600.88	
1.11	其中：人工费	133604.3	
1.12	其中：施工机具使用费	2654.89	
二	措施项目合计	132985.64	
2.1	单价措施项目费	114166.96	
2.1.1	其中：人工费	44660.21	
2.2.2	其中：施工机具使用费	8931.36	
2.2	总价措施项目费	18818.68	
三	其他项目费		—
3.1	其中：人工费		
3.2	其中：施工机具使用费		
四	规费	32849.56	—
五	税前包干项目		
六	税金	21431.17	—
七	税后包干项目		
八	设备费		
九	含税工程造价	626643.48	
	招标控制价合计：	626643.48	0

注：本表适用于单位工程招标控制价或投标报价的汇总，如无单位工程划分，单项工程也使用本表汇总。

表 6-10　分部分项工程和单价措施项目清单与计价表

工程名称：某公司培训楼　　　　　　　　　　　　　　标段

序号	项目编码	项目名称	项目特征描述	计量单位	工程量	金额/元	
						综合单价	合价
	A.1	土石方工程					
1	010101001001	平整场地	土壤类别：综合	m^2	252.79	2.13	538.44
2	010101004001	挖基坑土方	土壤类别：三类土 基础类型：独立基础 垫层底宽、底面积：1400×1400 挖土深度：1.6m 弃土运距：100m	m^3	69.79	58.88	4109.24
		分部小计					4647.68
	A.4	砌筑工程					
3	010401003001	实心砖墙	砖品种、规格、强度等级：MU10 普通黏土砖 墙体类型：外墙 墙体厚度：240 勾缝要求：砂浆勾缝 砂浆强度等级、配合比：混合 M10	m^3	49.39	384.44	18987.49
4	010401003002	实心分隔砖墙	砖：MU10 普通黏土砖 墙体类型：内墙 墙体厚度：240 砂浆：混合 M10	m^3	0.64	384.44	246.04
5	010401003003	实心女儿砖墙	砖品种、规格、强度等级：MU10 普通黏土砖 墙体类型：女儿墙 墙体厚度：240 墙体高度：880 勾缝要求：砂浆勾缝 砂浆强度等级、配合比：混合 M10	m^3	12.21	384.44	4694.01
6	010401003004	实心砖墙	砖品种、规格、强度等级：MU10 普通黏土砖 墙体类型：内墙 墙体厚度：115 勾缝要求：砂浆勾缝 砂浆强度等级、配合比：混合 M10	m^3	0.52	421.1	218.97
7	010401003005	实心砖墙	砖品种、规格、强度等级：MU10 普通黏土砖 墙体类型：内墙 墙体厚度：240 勾缝要求：砂浆勾缝 砂浆强度等级、配合比：混合 M10	m^3	89.66	384.44	34468.89
		分部小计					58615.4

续表

序号	项目编码	项目名称	项目特征描述	计量单位	工程量	金额/元	
						综合单价	合价
	A.5	混凝土及钢筋混凝土工程					
8	010501003001	独立基础	混凝土强度等级:C30	m^3	27.53	482.51	13283.5
9	010502001001	矩形柱	混凝土强度等级:C30 柱截面尺寸:500×500	m^3	24.75	524.68	12985.83
10	010502001002	矩形柱	混凝土强度等级:C30 柱截面尺寸:370×500	m^3	6.11	524.68	3205.79
11	010502001003	矩形柱	混凝土强度等级:C30 柱截面尺寸:670×500	m^3	4.42	524.68	2319.09
12	010502002001	构造柱	混凝土强度等级:C20 柱截面尺寸:240×240	m^3	7.66	492.15	3769.87
13	010503005001	过梁	梁截面:240×200 混凝土强度等级:C20	m^3	0.26	524.85	136.46
14	010503005002	过梁	梁截面:240×240 混凝土强度等级:C20	m^3	6.64	524.83	3484.87
15	010505001001	有梁板	混凝土强度等级:C30	m^3	106.47	480.6	51169.48
16	010505006001	栏板	板厚度:120mm 混凝土强度等级:C20	m^3	1.96	490.8	961.97
17	010505008001	雨篷	混凝土强度等级:C20	m^3	0.58	491.84	285.27
18	010505008002	雨篷、悬挑板、阳台板	混凝土强度等级:C20	m^3	0.48	512.35	245.93
19	010506001001	直形楼梯	混凝土强度等级:C30	m^2	13.59	138.98	1888.74
20	010507001001	散水、坡道	素土夯实;60厚中砂铺垫;60厚C15混凝土;20厚1:2水泥砂浆抹面	m^2	55.33	67.29	3723.16
21	010507004001	台阶	素土夯实; 150厚中砂铺垫; 130厚C15混凝土; 20厚1:2水泥砂浆抹面	m^2	2.81	149.76	420.83
22	010507005001	女儿墙压顶	梁底标高:6.600 梁截面:300×90 混凝土强度等级:C20	m^3	1.83	549.7	1005.95
		分部小计					98886.74
	A.8	门窗工程					
23	010801001001	木质门	胶合板门 门类型:木门 骨架材料种类:胶合板 防护层材料种类:酚醛清漆油漆品种、刷漆遍数	m^2	32.34	627.66	20298.52
24	010801003001	木质连窗门	连窗门 门窗类型:塑钢门连窗 骨架材料种类:塑钢	m^2	10.56	574.5	6066.72

续表

序号	项目编码	项目名称	项目特征描述	计量单位	工程量	金额/元	
						综合单价	合价
25	010802001001	金属（塑钢）门	塑钢门 门类型:塑钢门 框材质、外围尺寸:塑钢	m^2	21	471.84	9908.64
26	010802003001	钢质防火门	钢质防火门 门类型:防火防盗门 框材质、外围尺寸:钢质	m^2	3.15	708.08	2230.45
27	010802004001	防盗门	防盗门 门类型:防盗门 框材质、外围尺寸:钢质	m^2	7.98	360.88	2879.82
28	010807001001	金属（塑钢、断桥）窗	阳台塑钢窗	m^2	28.6	353.89	10121.25
29	010807001002	金属（塑钢、断桥）窗	塑钢窗 窗类型:推拉窗	m^2	58.44	353.89	20681.33
		分部小计					72186.73
	A.9	屋面及防水工程					
30	010902004001	屋面排水管		m	30.4	80.25	2439.6
		分部小计					2439.6
	A.10	保温、隔热、防腐工程					
31	011001001001	屋面	20厚1:8水泥加气混凝土碎渣找2%坡; 20厚1:2水泥砂浆找平层; 二层3厚SBS改性沥青防水卷材; 25厚中砂; 30厚250×250混凝土板,缝宽3,1:1水泥砂浆填缝	m^2	253.49	129.69	32875.12
		分部小计					32875.12
	A.11	楼地面装饰工程					
32	011101001001	水泥砂浆楼地面	素水泥浆一道 20厚1:2水泥砂浆	m^2	386.24	20.07	7751.84
33	011102003001	块料楼地面	陶瓷楼地面 找平层:50厚混凝土找坡0.5%~1% 防水层:1.5厚聚氨酯防水涂料	m^2	40.8	159.84	6521.47
34	011105001001	水泥砂浆踢脚线	水泥砂浆踢脚线 踢脚线高度:150mm 底层:1:3水泥砂浆找平(6厚) 面层:1:2水泥砂浆厚6	m^2	24.59	35.22	866.06

续表

序号	项目编码	项目名称	项目特征描述	计量单位	工程量	金额/元	
						综合单价	合价
35	011105003001	块料踢脚线	陶瓷踢脚线 踢脚线高度:150mm 底层:1∶3 水泥砂浆找平(17 厚) 粘贴层:3～4 厚 1∶1 水泥砂浆加 20%107 胶 面层:8 厚面砖	m^2	40.63	83.73	3401.95
		分部小计					18541.32
	A.12	墙、柱面装饰与隔断、幕墙工程					
36	011201001001	墙面一般抹灰	阳台外面一般抹灰 墙体类型:外墙 底层:12 厚 1∶3 水泥砂浆 面层厚:8 厚 1∶2.5 水泥砂浆	m^2	22.99	23.86	548.54
37	011201001002	墙面一般抹灰	内墙面混凝土抹灰 5 厚 1∶0.5∶3 混合砂浆 15 厚 1∶1∶6 混合砂浆	m^2	1057.49	21.07	22281.31
38	011203001001	零星项目一般抹灰	栏板压顶水泥砂浆抹灰 墙体类型:栏板压顶 底层:12 厚 1∶3 水泥砂浆 面层:8 厚 1∶2.5 水泥砂浆	m^2	256.39	23.86	6117.47
39	011204001001	石材墙面	土红防石墙面 墙体材料:外墙 底层厚度、砂浆配合比:15 厚 1∶3 水泥砂浆 挂贴方式:粘贴 面层:大理石	m^2	184.96	230.87	42701.72
40	011204003001	块料墙面	陶瓷锦砖墙面 内墙 15 厚 1∶3 水泥砂浆 5 厚 1∶1 水泥砂浆加 20%107 胶 8 厚面砖	m^2	236.34	77.15	18233.63
41	011204003002	块料墙面	蛋青色面砖墙面 墙体材料:外墙 底层:15 厚 1∶3 水泥砂浆 贴结:3 厚 1∶1 水泥砂浆,20%107 胶 挂贴方式:粘贴 面层:4 厚陶瓷锦砖	m^2	462.09	77.15	35650.24

续表

序号	项目编码	项目名称	项目特征描述	计量单位	工程量	金额/元	
						综合单价	合价
		分部小计					125532.91
	A.13	天棚工程					
42	011301001001	天棚抹灰	天棚混凝土抹灰 7厚1：1：4水泥石灰砂浆 5厚1：0.5：3水泥砂浆	m^2	2.82	17.99	50.73
		分部小计					50.73
	A.14	油漆、涂料、裱糊工程					
43	011403001001	木扶手油漆	木扶手油漆	m	8.25	15.08	124.41
44	011403001002	木扶手油漆	硬木扶手带栏杆、栏板	m	8.25	39.2	323.4
45	011405001001	铸铁栏杆油漆	铸铁栏杆油漆	t	0.032	315.94	10.11
46	011407001001	墙面喷刷涂料	内墙面涂料 防瓷涂料二遍	m^2	1054.67	15.93	16800.89
47	011407001002	墙面喷刷涂料	天棚防瓷涂料二遍	m^2	462.09	17.19	7943.33
48	011407001003	墙面喷刷涂料	外墙黄色涂料 涂料遍数:2遍	m^2	22.99	12.19	280.25
49	011407004001	线条刷涂料	阳台压顶刷涂料 线条宽度:110 涂料品种、遍数:白色涂料2遍	m	9.72	12.19	118.49
		分部小计					25600.88
		措施项目					
50	011701001001	综合脚手架		m^2	469.04	28.43	13334.81
51	011703001001	垂直运输		m^2	469.04	18.66	8752.29
52	011702001001	基础		m^2	58.09	59.49	3455.77
53	011702002001	矩形柱		m^2	352.8	53.98	19044.14
54	011702003001	构造柱		m^2	60.67	100.32	6086.41
55	011702009001	过梁		m^2	81.83	97.8	8002.97
56	011702014001	有梁板		m^2	743.16	60.9	45258.44
57	011702021001	栏板		m^2	66.42	74.74	4964.23
58	011702023001	雨篷、悬挑板、阳台板		m^2	8.69	171.06	1486.51
59	011702023002	雨篷、悬挑板、阳台板		m^2	4.5	194.51	875.3
60	011702024001	楼梯		m^2	13.59	213.84	2906.09
		分部小计					114166.96

表 6-11　总价措施项目清单与计价表

工程名称：某公司培训楼

项目编码	项目名称	计算基础	费率/%	金额/元	调整费率/%	调整后金额/元
A	房屋建筑工程			18818.68		
011707001001	安全文明施工费			17584.65		
1	安全施工费			9635.12		
1.1	房屋建筑工程(12层以下或檐高≤40m)	建筑工程人工费+建筑工程机械费	7.2	6411.83		
1.2	装饰工程	装饰装修工程人工费+装饰装修工程机械费	3.29	3179.11		
1.3	土石方工程	土石方工程人工费+土石方工程机械费	1.06	44.18		
2	文明施工费,环境保护费			4583.7		
2.1	房屋建筑工程(12层以下或檐高≤40m)	建筑工程人工费+建筑工程机械费	3.68	3277.16		
2.2	装饰工程	装饰装修工程人工费+装饰装修工程机械费	1.29	1246.52		
2.3	土石方工程	土石方工程人工费+土石方工程机械费	1.44	60.02		
3	临时设施费			3365.83		
3.1	房屋建筑工程(12层以下或檐高≤40m)	建筑工程人工费+建筑工程机械费	2.4	2137.28		
3.2	装饰工程	装饰装修工程人工费+装饰装修工程机械费	1.23	1188.54		
3.3	土石方工程	土石方工程人工费+土石方工程机械费	0.96	40.01		
011707002001	夜间施工增加费			284.77		
4.1	房屋建筑工程(12层以下或檐高≤40m)	建筑工程人工费+建筑工程机械费	0.15	133.58		
4.2	装饰工程	装饰装修工程人工费+装饰装修工程机械费	0.15	144.94		
4.3	土石方工程	土石方工程人工费+土石方工程机械费	0.15	6.25		
011707004001	二次搬运					
011707005001	冬雨季施工增加费			702.45		

续表

项目编码	项目名称	计算基础	费率/%	金额/元	调整费率/%	调整后金额/元
6.1	房屋建筑工程(12层以下或檐高≤40m)	建筑工程人工费＋建筑工程机械费	0.37	329.5		
6.2	装饰工程	装饰装修工程人工费＋装饰装修工程机械费	0.37	357.53		
6.3	土石方工程	土石方工程人工费＋土石方工程机械费	0.37	15.42		
01B999	工程定位复测费			246.81		
7.1	房屋建筑工程(12层以下或檐高≤40m)	建筑工程人工费＋建筑工程机械费	0.13	115.77		
7.2	装饰工程	装饰装修工程人工费＋装饰装修工程机械费	0.13	125.62		
7.3	土石方工程	土石方工程人工费＋土石方工程机械费	0.13	5.42		
B	通用安装工程					
031302001001	安全文明施工费					
031302002001	夜间施工增加费					
031302004001	二次搬运					
031302005001	冬雨季施工增加费					
03B999	工程定位复测费					

注:1."计算基础"中安全文明施工费可为"定额基价"、"定额人工费"或"定额人工费＋定额机械费",其他项目可为"定额人工费"或"定额人工费＋定额机械费"。

2. 按施工方案计算的措施费,若无"计算基础"和"费率"的数值,也可只填"金额"数值,但应在备注栏说明施工方案出处或计算方法。

表 6-12　其他项目清单与计价汇总表

工程名称:某公司培训楼　　标段:　　第 1 页 共 1 页

序号	项目名称	金额/元	结算金额/元	备注
1	暂列金额			
2	暂估价			
2.1	材料暂估价			
2.2	专业工程暂估价			
3	计日工			
4	总承包服务费			
5	索赔与现场签证			
	合　计	0		—

注:材料(工程设备)暂估单价进入清单项目综合单价,此处不汇总。

表 6-13 规费、税金项目计价表

工程名称：某公司培训楼

序号	项目名称	计算基础	计算基数	计算费率/%	金额/元
1	规费	社会保险费＋住房公积金＋工程排污费	32849.56		32849.56
1.1	社会保险费	养老保险金＋失业保险金＋医疗保险金＋工伤保险金＋生育保险金	24560.72		24560.72
1.1.1	养老保险金	房屋建筑工程＋装饰工程＋通用安装工程＋土石方工程	15604.59		15604.59
1.1.1.1	房屋建筑工程	建筑工程人工费＋建筑工程机械费＋其他项目人工费＋其他项目机械费	89053.14	11.68	10401.41
1.1.1.2	装饰工程	装饰装修工程人工费＋装饰装修工程机械费	96629.57	5.26	5082.72
1.1.1.3	土石方工程	土石方工程人工费＋土石方工程机械费	4168.05	2.89	120.46
1.1.2	失业保险金	房屋建筑工程＋装饰工程＋通用安装工程＋土石方工程	1556.48		1556.48
1.1.2.1	房屋建筑工程	建筑工程人工费＋建筑工程机械费＋其他项目人工费＋其他项目机械费	89053.14	1.17	1041.92
1.1.2.2	装饰工程	装饰装修工程人工费＋装饰装修工程机械费	96629.57	0.52	502.47
1.1.2.3	土石方工程	土石方工程人工费＋土石方工程机械费	4168.05	0.29	12.09
1.1.3	医疗保险金	房屋建筑工程＋装饰工程＋通用安装工程＋土石方工程	4821		4821
1.1.3.1	房屋建筑工程	建筑工程人工费＋建筑工程机械费＋其他项目人工费＋其他项目机械费	89053.14	3.7	3294.97
1.1.3.2	装饰工程	装饰装修工程人工费＋装饰装修工程机械费	96629.57	1.54	1488.1
1.1.3.3	土石方工程	土石方工程人工费＋土石方工程机械费	4168.05	0.91	37.93
1.1.4	工伤保险金	房屋建筑工程＋装饰工程＋通用安装工程＋土石方工程	1814.73		1814.73
1.1.4.1	房屋建筑工程	建筑工程人工费＋建筑工程机械费＋其他项目人工费＋其他项目机械费	89053.14	1.36	1211.12

续表

序号	项目名称	计算基础	计算基数	计算费率/%	金额/元
1.1.4.2	装饰工程	装饰装修工程人工费＋装饰装修工程机械费	96629.57	0.61	589.44
1.1.4.3	土石方工程	土石方工程人工费＋土石方工程机械费	4168.05	0.34	14.17
1.1.5	生育保险金	房屋建筑工程＋装饰工程＋通用安装工程＋土石方工程	763.92		763.92
1.1.5.1	房屋建筑工程	建筑工程人工费＋建筑工程机械费＋其他项目人工费＋其他项目机械费	89053.14	0.58	516.51
1.1.5.2	装饰工程	装饰装修工程人工费＋装饰装修工程机械费	96629.57	0.25	241.57
1.1.5.3	土石方工程	土石方工程人工费＋土石方工程机械费	4168.05	0.14	5.84
1.2	住房公积金	房屋建筑工程＋装饰工程＋通用安装工程＋土石方工程	6377.48		6377.48
1.2.1	房屋建筑工程	建筑工程人工费＋建筑工程机械费＋其他项目人工费＋其他项目机械费	89053.14	4.87	4336.89
1.2.2	装饰工程	装饰装修工程人工费＋装饰装修工程机械费	96629.57	2.06	1990.57
1.2.3	土石方工程	土石方工程人工费＋土石方工程机械费	4168.05	1.2	50.02
1.3	工程排污费	房屋建筑工程＋装饰工程＋通用安装工程＋土石方工程	1911.36		1911.36
1.3.1	房屋建筑工程	建筑工程人工费＋建筑工程机械费＋其他项目人工费＋其他项目机械费	89053.14	1.36	1211.12
1.3.2	装饰工程	装饰装修工程人工费＋装饰装修工程机械费	96629.57	0.71	686.07
1.3.3	土石方工程	土石方工程人工费＋土石方工程机械费	4168.05	0.34	14.17
2	税金	分部分项工程费＋措施项目合计＋其他项目费＋规费＋税前包干项目	605212.31	3.5411	21431.17

表 6-14 分部分项工程量清单综合单价分析表

工程名称：某公司培训楼

序号	项目编码	工程项目名称	单位	数量	综合单价/元					
					人工费	材料费	机械使用费	管理费	利润	小计
1	010101001001	平整场地	m^2	252.79	1.89			0.14	0.09	2.13
	G1-283	平整场地	$100m^2$	2.5279	189			14.36	9.37	212.73
2	010101004001	挖基坑土方	m^3	69.79	52.16		0.15	3.98	2.59	58.88
	G1-152	人工挖基坑 三类土 深度(m 以内)2	$100m^3$	0.6979	3796.8		14.92	289.69	189.06	4290.47
	G1-219	双(单)轮车运土方 运距 50m 以内	$100m^3$	0.6979	957			72.73	47.47	1077.2
	G1-220×2	双(单)轮车运土方 500m 以内每增加 50m 子目乘以系数 2	$100m^3$	0.6979	462			35.11	22.92	520.03
3	010401003001	实心砖墙	m^3	49.39	124.77	201.3	4.19	30.75	23.43	384.44
	A1-7 H5-2 5-4	混水砖墙 1 砖 混合砂浆 M5 换为(水泥混合砂浆 M10)	$10m^3$	4.939	1247.68	2012.97	41.95	307.45	234.33	3844.38
4	010401003002	实心分隔砖墙	m^3	0.64	124.77	201.3	4.19	30.75	23.44	384.44
	A1-7 H5-2 5-4	混水砖墙 1 砖 混合砂浆 M5 换为(水泥混合砂浆 M10)	$10m^3$	0.064	1247.68	2012.97	41.95	307.45	234.33	3844.38
5	010401003003	实心女儿砖墙	m^3	12.21	124.77	201.3	4.19	30.75	23.43	384.44
	A1-7 H5-2 5-4	混水砖墙 1 砖 混合砂浆 M5 换为(水泥混合砂浆 M10)	$10m^3$	1.221	1247.68	2012.97	41.95	307.45	234.33	3844.38
6	010401003004	实心砖墙	m^3	0.52	152.4	199.19	3.87	37.25	28.38	421.1
	A1-6 H5-9 5-10	混水砖墙 3/4 砖 水泥砂浆 M7.5 换为(水泥砂浆 M10)	$10m^3$	0.052	1524	1991.89	38.64	372.53	283.93	4210.99
7	010401003005	实心砖墙	m^3	89.66	124.77	201.3	4.19	30.75	23.43	384.44
	A1-7 H5-2 5-4	混水砖墙 1 砖 混合砂浆 M5 换为(水泥混合砂浆 M10)	$10m^3$	8.966	1247.68	2012.97	41.95	307.45	234.33	3844.38
8	010501003001	独立基础	m^3	27.53	46.74	416.14		11.14	8.49	482.51
	A2-70 换	独立基础 C30 商品混凝土	$10m^3$	2.753	467.36	4161.39		111.42	84.92	4825.09
9	010502001001	矩形柱	m^3	24.75	75.89	416.91		18.09	13.79	524.68
	A2-80 换	矩形柱 C30 商品混凝土	$10m^3$	2.475	758.88	4169.08		180.92	137.89	5246.77
10	010502001002	矩形柱	m^3	6.11	75.89	416.91		18.09	13.79	524.68

续表

序号	项目编码	工程项目名称	单位	数量	综合单价/元					
					人工费	材料费	机械使用费	管理费	利润	小计
	A2-80 换	矩形柱　C30 商品混凝土	$10m^3$	0.611	758.88	4169.08		180.92	137.89	5246.77
11	010502001003	矩形柱	m^3	4.42	75.89	416.91		18.09	13.79	524.68
	A2-80 换	矩形柱　C30 商品混凝土	$10m^3$	0.442	758.88	4169.08		180.92	137.89	5246.77
12	010502002001	构造柱	m^3	7.66	94.35	358.16		22.49	17.14	492.15
	A2-83	构造柱　C20 商品混凝土	$10m^3$	0.766	943.52	3581.64		224.94	171.44	4921.54
13	010503005001	过梁	m^3	0.26	111.46	366.58		26.58	20.27	524.85
	A2-89	过梁　C20 商品混凝土	$10m^3$	0.026	1114.48	3665.65		265.69	202.5	5248.32
14	010503005002	过梁	m^3	6.64	111.45	366.56		26.57	20.25	524.83
	A2-89	过梁　C20 商品混凝土	$10m^3$	0.664	1114.48	3665.65		265.69	202.5	5248.32
15	010505001001	有梁板	m^3	106.47	42.48	420.27		10.13	7.72	480.6
	A2-101 换	有梁板　C30 商品混凝土	$10m^3$	10.647	424.84	4202.71		101.28	77.19	4806.02
16	010505006001	栏板	m^3	1.96	90.62	362.11		21.6	16.46	490.8
	A2-105	栏板　C20 商品混凝土	$10m^3$	0.196	906.16	3621.11		216.03	164.65	4907.95
17	010505008001	雨篷	m^3	0.58	86	369.72		20.5	15.62	491.84
	A2-108	雨篷　C20 商品混凝土	$10m^3$	0.058	860	3697.18		205.02	156.26	4918.46
18	010505008002	雨篷、悬挑板、阳台板	m^3	0.48	137.21	293.19	17.13	36.79	28.04	512.35
	A2-46	阳台　C20 现浇混凝土	$10m^3$	0.048	1372	2931.86	171.3	367.92	280.42	5123.5
19	010506001001	直形楼梯	m^2	13.59	27.3	100.21		6.51	4.96	138.98
	A2-113 换	整体楼梯　C30 商品混凝土	$10m^2$	1.359	273	1002.1		65.08	49.6	1389.78
20	010507001001	散水、坡道	m^2	55.33	9.6	53.94	0.29	1.85	1.61	67.29
	G1-284	原土夯实　平地	$100m^2$	0.5533	55.8		16.07	5.46	3.56	80.89
	A13-3	垫层　砂 60 厚	$10m^3$	0.33198	189.88	1083.93	4.59	26.2	30.73	1335.33
	A13-18	垫层　商品混凝土	$10m^3$	0.33198	426.96	3421.28		57.51	67.46	3973.21
	A2-123	混凝土散水面层一次抹光 60mmC20 商品混凝土	$100m^2$	0.5533	534.16	2690.57	9.94	129.71	98.86	3463.24
21	010507004001	台阶	m^2	2.81	21.27	120.53	0.07	4.21	3.68	149.76
	A13-3	垫层　砂 150 厚	$10m^3$	0.04215	189.88	1083.93	4.59	26.2	30.73	1335.33
	A13-18	垫层　商品混凝土 130 厚	$10m^3$	0.03653	426.96	3421.28		57.51	67.46	3973.21
	A2-121	台阶　C20 商品混凝土	$10m^2$	0.281	128.76	597.91		30.7	23.4	780.77

续表

序号	项目编码	工程项目名称	单位	数量	综合单价/元					
					人工费	材料费	机械使用费	管理费	利润	小计
22	010507005001	女儿墙压顶	m^3	1.83	124.84	372.42		29.76	22.68	549.7
	A2-117	压顶 C20 商品混凝土	$10m^3$	0.183	1248.4	3724.22		297.62	226.83	5497.07
23	010801001001	木质门	m^2	32.34	34.47	583.07	0.02	4.65	5.45	627.66
	A17-7	无纱木门 单扇无亮 框扇安装	$100m^2$	0.3234	2348.72	55635.68	1.76	316.61	371.38	58674.15
	A17-192	普通拉手安装 长 30cm 以下	10 套	1.8	197.36	480		26.58	31.18	735.12
24	010801003001	木质连窗门	m^2	10.56	26.16	540.67	0.02	3.53	4.13	574.5
	A17-13	连窗门 无纱 框扇安装	$100m^2$	0.1056	2615.58	54067.16	1.47	352.52	413.49	57450.22
25	010802001001	金属(塑钢)门	m^2	21	74.28	364.56	8.71	11.18	13.11	471.84
	A17-34	铝合金门安装 平开门推拉门	$100m^2$	0.21	6488.32	34170.14	870.75	991.27	1162.73	43683.21
	A17-192	普通拉手安装 长 30cm 以下	10 套	1	197.36	480		26.58	31.18	735.12
26	010802003001	钢质防火门	m^2	3.15	92.19	588.9		12.42	14.57	708.08
	A17-84	钢制防火门 成品安装	$100m^2$	0.0315	8592.64	57366.5		1157.43	1357.64	68474.21
	A17-192	普通拉手安装 长 30cm 以下	10 套	0.1	197.36	480		26.58	31.18	735.12
27	010802004001	防盗门	m^2	7.98	34.09	316.81		4.59	5.39	360.88
	A17-70	钢防盗门 安装	$100m^2$	0.0798	2420.06	29274.56		325.98	382.37	32402.97
	A17-192	普通拉手安装 长 30cm 以下	10 套	0.4	197.36	480		26.58	31.18	735.12
28	010807001001	金属(塑钢、断桥)窗	m^2	28.6	66.38	258.75	7.22	9.91	11.63	353.89
	A17-37	铝合金窗安装 推拉窗	$100m^2$	0.286	6638.32	25874.87	721.81	991.41	1162.9	35389.31
29	010807001002	金属(塑钢、断桥)窗	m^2	58.44	66.38	258.75	7.22	9.91	11.63	353.89
	A17-37	铝合金窗安装 推拉窗	$100m^2$	0.5844	6638.32	25874.87	721.81	991.41	1162.9	35389.31
30	010902004001	屋面排水管	m	30.4	27.12	41.73		6.47	4.93	80.25
	A5-78	塑料(PVC)落水管 ϕ100mm	10m	3.04	171.8	358.91		40.96	31.22	602.89
	A5-80	塑料雨水口方形(接口直径) ϕ75mm	10 个	0.6	245.52	232.96		58.53	44.61	581.62

续表

序号	项目编码	工程项目名称	单位	数量	综合单价/元					
					人工费	材料费	机械使用费	管理费	利润	小计
	A5-86	塑料弯头 ϕ75mm	10个	0.6	258.32	62.7		61.58	46.94	429.54
31	011001001001	屋面	m^2	253.49	20.81	100.38	0.46	4.35	3.7	129.69
	A6-3	屋面保温 沥青矿渣棉毡	$10m^3$	2.02792	369.2	3857.78		88.02	67.08	4382.08
	A13-21	水泥砂浆找平层 填充材料上 厚度20mm	$100m^2$	2.5349	651.52	752.52	46.37	94.01	110.27	1654.69
	A5-36	高聚物改性沥青防水卷材屋面 满铺	$100m^2$	2.5349	555.92	4481.19		132.53	101.01	5270.65
	A6-9	屋面保温 铺中砂	$100m^2$	2.5349	149.56	60.55		35.66	27.18	272.95
	A6-93	30厚250×250混凝土板	$10m^3$	0.76047	1428.04	5523.79		340.44	259.47	7551.74
32	011101001001	水泥砂浆楼地面	m^2	386.24	8.36	8.78	0.38	1.18	1.38	20.07
	A13-30	水泥砂浆面层 楼地面 厚度20mm	$100m^2$	3.8624	836.36	877.69	37.54	117.71	138.08	2007.38
33	011102003001	块料楼地面	m^2	40.8	43.22	102.02	1.2	6.3	7.09	159.84
	A13-26	现浇细石混凝土找平层 厚度30mm	$100m^2$	0.408	604	935.78	48.94	87.95	103.16	1779.83
	A13-27×4	现浇细石混凝土找平层 厚度每增减5mm 子目乘以系数4	$100m^2$	0.408	419.04	582.12	32.64	60.84	71.37	1166.01
	A5-48	聚合物水泥防水涂料屋面(JS)厚1.5mm	$100m^2$	0.408	308.88	4208		73.64	56.12	4646.64
34	011105001001	水泥砂浆踢脚线	m^2	24.59	21.74	6.65	0.36	2.98	3.49	35.22
	A13-34	水泥砂浆 踢脚线底12mm 面8mm	$100m^2$	0.2459	2173.56	664.69	36.43	297.69	349.18	3521.55
35	011105003001	块料踢脚线	m^2	40.63	52.49	15.57	0.24	7.1	8.33	83.73
	A13-99	陶瓷锦砖 踢脚线 水泥砂浆	$100m^2$	0.4063	5248.76	1556.93	24.29	710.28	833.14	8373.4
36	011201001001	墙面一般抹灰	m^2	22.99	12.38	7.31	0.43	1.73	2.02	23.86
	A14-21	墙面、墙裙 水泥砂浆(mm)15+5 砖墙	$100m^2$	0.2299	1237.76	730.58	43.06	172.53	202.37	2386.3
37	011201001002	墙面一般抹灰	m^2	1057.49	11.44	5.72	0.43	1.6	1.88	21.07
	A14-32	墙面、墙裙 混合砂浆(mm)15+5 砖墙	$100m^2$	10.5749	1144.12	571.87	43.06	159.91	187.57	2106.53
38	011203001001	零星项目一般抹灰	m^2	256.39	12.38	7.31	0.43	1.73	2.02	23.86

续表

序号	项目编码	工程项目名称	单位	数量	综合单价/元					
					人工费	材料费	机械使用费	管理费	利润	小计
	A14-21	墙面、墙裙　水泥砂浆(mm)15+5 砖墙	100m²	2.5639	1237.76	730.58	43.06	172.53	202.37	2386.3
39	011204001001	石材墙面	m²	184.96	72.3	136.04	1.06	9.88	11.59	230.87
	A14-120	挂贴大理石(花岗岩)　砖墙面	100m²	1.8496	7229.56	13603.94	106.25	988.13	1159.06	23086.94
40	011204003001	块料墙面	m²	236.34	48.57	14.29	0.06	6.55	7.68	77.15
	A14-149	陶瓷锦砖　水泥砂浆粘贴　墙面	100m²	2.3634	4857.12	1429.3	5.52	655	768.3	7715.24
41	011204003002	块料墙面	m²	462.09	48.57	14.29	0.06	6.55	7.68	77.15
	A14-149	陶瓷锦砖　水泥砂浆粘贴　墙面	100m²	4.6209	4857.12	1429.3	5.52	655	768.3	7715.24
42	011301001001	天棚抹灰	m²	2.82	9.6	5.15	0.33	1.34	1.57	17.99
	A16-3	混凝土面天棚　混合砂浆	100m²	0.0282	960.2	515.29	33.12	133.8	156.94	1799.35
43	011403001001	木扶手油漆	m	8.25	10.43	1.6		1.4	1.65	15.08
	A18-23	润油粉、刮腻子、调和漆一遍、磁漆两遍木扶手无托板	100m	0.0825	1042.7	159.66		140.45	164.75	1507.56
44	011403001002	木扶手油漆	m	8.25	27.11	4.15		3.65	4.28	39.2
	A18-23	润油粉、刮腻子、调和漆一遍、磁漆两遍木扶手无托板	100m	0.2145	1042.7	159.66		140.45	164.75	1507.56
45	011405001001	铸铁栏杆油漆	t	0.032	160.31	108.75		21.56	25.31	315.94
	A18-236	调和漆　两遍　其他金属面	t	0.032	160.42	108.64		21.61	25.35	316.02
46	011407001001	墙面喷刷涂料	m²	1054.67	10.86	1.89		1.46	1.72	15.93
	A18-312	内墙仿瓷涂料两遍	100m²	10.5467	1086.2	188.86		146.31	171.62	1592.99
47	011407001002	墙面喷刷涂料	m²	462.09	2.4	14.09		0.32	0.38	17.19
	A18-309	墙面钙塑涂料　内墙及天棚面	100m²	4.6209	239.5	1409.18		32.26	37.84	1718.78
48	011407001003	墙面喷刷涂料	m²	22.99	5.62	3.86	0.83	0.87	1.02	12.19
	A18-339	外墙 JH801 涂料　抹灰面	100m²	0.2299	562.18	386.07	82.53	86.84	101.86	1219.48
49	011407004001	线条刷涂料	m	9.72	5.62	3.86	0.83	0.87	1.02	12.19
	A18-339	外墙 JH801 涂料　抹灰面	100m²	0.0972	562.18	386.07	82.53	86.84	101.86	1219.48

表 6-15 单价措施清单综合单价分析表

工程名称：某公司培训楼

序号	项目编码	工程项目名称	单位	数量	综合单价/元					
					人工费	材料费	机械使用费	管理费	利润	小计
1	011701001001	综合脚手架	m^2	469.04	9.71	14.07	0.4	2.41	1.84	28.43
	A8-1	综合脚手架 建筑面积	$100m^2$	4.6904	970.76	1407.12	40.17	241.01	183.69	2842.75
2	011703001001	垂直运输	m^2	469.04			13.14	3.13	2.39	18.66
	A9-1	檐高 20m 以内(6 层以内)卷扬机施工	$100m^2$	4.6904			1313.76	313.2	238.71	1865.67
3	011702001001	基础	m^2	58.09	22.3	26.71	0.78	5.5	4.19	59.49
	A7-18	独立基础 钢筋混凝土 木模板 木支撑	$100m^2$	0.5809	2229.96	2670.78	78.38	550.31	419.43	5948.86
4	011702002001	矩形柱	m^2	352.8	25.83	15.42	1.33	6.47	4.93	53.98
	A7-40	矩形柱 胶合板模板 钢支撑	$100m^2$	3.528	2583.28	1541.53	132.65	647.48	493.48	5398.42
5	011702003001	构造柱	m^2	60.67	37.55	44.92	1.46	9.3	7.09	100.32
	A7-48	构造柱 木模板 木支撑	$100m^2$	0.6067	3755.12	4491.54	146.2	930.07	708.87	10031.8
6	011702009001	过梁	m^2	81.83	44.83	32.46	1.18	10.97	8.36	97.8
	A7-60	过梁 木模板 木支撑	$100m^2$	0.8183	4483.4	3246.36	117.56	1096.87	835.99	9780.18
7	011702014001	有梁板	m^2	743.16	26.91	19.42	2.29	6.96	5.31	60.9
	A7-87	有梁板 胶合板模板 钢支撑	$100m^2$	7.4316	2691.2	1942.09	229.35	696.26	530.66	6089.56
8	011702021001	栏板	m^2	66.42	25.45	36.89	1.2	6.35	4.84	74.74
	A7-114	栏板、遮阳板 木模板 木支撑	$100m^2$	0.6642	2544.88	3689.43	120.41	635.41	484.28	7474.41
9	011702023001	雨篷、悬挑板、阳台板	m^2	8.69	62.37	77.02	3.85	15.79	12.03	171.06
	A7-111	阳台、雨篷 直形 木模板 木支撑	$10m^2$	0.869	623.72	770.21	38.5	157.87	120.33	1710.63
10	011702023002	雨篷、悬挑板、阳台板	m^2	4.5	68.16	93.86	2.71	16.9	12.88	194.51
	A7-112	阳台、雨篷 圆弧形 木模板 木支撑	$10m^2$	0.45	681.64	938.57	27.13	168.97	128.78	1945.09
11	011702024001	楼梯	m^2	13.59	89.17	81.74	3.85	22.18	16.9	213.84
	A7-109	楼梯 直形 木模板 木支撑	$10m^2$	1.359	891.68	817.38	38.54	221.76	169.02	2138.38

表 6-16 工程量计算书

工程名称：某值班室工程

序号	构件名称/构件位置	工程量计算式
	基坑土方	土方体积＝32.928〈DJ-1-JK〉＋28.224〈DJ-2-JK〉＋8.64〈DJ-3-JK〉＝69.792(m^3)
1	DJ-1-JK	土方体积＝32.928m^3
1.1	〈1＋130,C〉	土方体积＝1.96〈面积〉×1.2〈深度〉＝2.352(m^3)
1.2	〈1＋130,D－130〉	土方体积＝1.96〈面积〉×1.2〈深度〉＝2.352(m^3)
1.3	〈1＋130,A＋130〉	土方体积＝1.96〈面积〉×1.2〈深度〉＝2.352(m^3)
1.4	〈4,A＋130〉	土方体积＝1.96〈面积〉×1.2〈深度〉＝2.352(m^3)
1.5	〈8,A＋130〉	土方体积＝1.96〈面积〉×1.2〈深度〉＝2.352(m^3)
1.6	〈6,A＋130〉	土方体积＝1.96〈面积〉×1.2〈深度〉＝2.352(m^3)
1.7	〈3＋130,E－130〉	土方体积＝1.96〈面积〉×1.2〈深度〉＝2.352(m^3)
1.8	〈3＋130,D－130〉	土方体积＝1.96〈面积〉×1.2〈深度〉＝2.352(m^3)
1.9	〈5,E－130〉	土方体积＝1.96〈面积〉×1.2〈深度〉＝2.352(m^3)
1.10	〈7,E－130〉	土方体积＝1.96〈面积〉×1.2〈深度〉＝2.352(m^3)
1.11	〈9－130,E－130〉	土方体积＝1.96〈面积〉×1.2〈深度〉＝2.352(m^3)
1.12	〈9－130,D－130〉	土方体积＝1.96〈面积〉×1.2〈深度〉＝2.352(m^3)
1.13	〈3＋130,C〉	土方体积＝1.96〈面积〉×1.2〈深度〉＝2.352(m^3)
1.14	〈9－130,C〉	土方体积＝1.96〈面积〉×1.2〈深度〉＝2.352(m^3)
2	DJ-2-JK	土方体积＝28.224m^3
2.1	〈11－130,C〉	土方体积＝7.84〈面积〉×1.2〈深度〉＝9.408(m^3)
2.2	〈11－130,A＋130〉	土方体积＝7.84〈面积〉×1.2〈深度〉＝9.408(m^3)
2.3	〈11－130,E－130〉	土方体积＝7.84〈面积〉×1.2〈深度〉＝9.408(m^3)
3	DJ-3-JK	土方体积＝8.64m^3
3.1	〈6,C〉	土方体积＝1.44〈面积〉×1.2〈深度〉＝1.728(m^3)
3.2	〈7＋65,C〉	土方体积＝1.44〈面积〉×1.2〈深度〉＝1.728(m^3)
3.3	〈5－65,C〉	土方体积＝1.44〈面积〉×1.2〈深度〉＝1.728(m^3)
3.4	〈7＋65,D－1200〉	土方体积＝1.44〈面积〉×1.2〈深度〉＝1.728(m^3)
3.5	〈5－65,D－1200〉	土方体积＝1.44〈面积〉×1.2〈深度〉＝1.728(m^3)
	土方回填	回填体积＝69.79－27.53－5.82－3.59＝32.79＋36.26＝69.05(m^3)
	独立基础	
	独立基础	体积＝27.53m^3
	垫层	体积＝5.81m^3
1	J-1	体积＝13.383＋2.744＝16.127(m^3)
1.1	J-1-1	体积＝10.08＋2.25＋0.603＋0.45＝13.383(m^3)

续表

序号	构件名称/构件位置	工程量计算式
1.1.1	〈3+130,D−130〉,〈1+130,C〉,〈9−130,E−130〉,〈1+130,A+130〉,〈7,E−130〉,〈6,A+130〉,〈5,E−130〉,〈3+130,C〉,〈9−130,D−130〉,〈8,A+130〉,〈4,A+130〉,〈9−130,C〉,〈1+130,D−130〉,〈3+130,E−130〉	0.72〈体积〉×14=10.08(m^3)
1.1.2	〈4,A+130〉,〈8,A+130〉,〈3+130,D−130〉,〈1+130,D−130〉,〈9−130,D−130〉,〈1+130,A+130〉,〈1+130,C〉,〈9−130,E−130〉,〈6,A+130〉,〈3+130,E−130〉	(0.5〈截面宽度〉×0.5〈截面高度〉×1〈高度〉−0.025〈扣独基体积〉)〈体积〉×10=2.25(m^3)
1.1.3	〈8+85,C〉,〈4−85,C〉	(0.67〈截面宽度〉×0.5〈截面高度〉)×1〈高度〉×2=0.603(m^3)
1.1.4	〈5,E−130〉,〈7,E−130〉	(0.5〈截面宽度〉×0.5〈截面高度〉)×1〈高度〉×2−0.05〈扣独基体积〉=0.45(m^3)
1.2	J-1-2 垫层	0.196〈体积〉×14=2.744(m^3)
2	J-2	体积=10.815+2.352=13.167(m^3)
2.1	J-2-1	体积=10.14+0.675=10.815(m^3)
2.1.1	〈11−130,C〉,〈11−130,E−130〉,〈11−130,A+130〉	3.38〈体积〉×3=10.14(m^3)
2.1.2	〈11−130,C〉,〈11−130,A+130〉,〈11−130,D−130〉	(0.5〈截面宽度〉×0.5〈截面高度〉)×1〈高度〉×3−0.075〈扣独基体积〉=0.675(m^3)
2.2	J-2-2 垫层	0.784〈体积〉×3=2.352(m^3)
3	J-3	体积=3.333+0.72=4.053(m^3)
3.1	J-3-1	体积=2.5+0.833=3.333(m^3)
3.1.1	〈7+65,C〉,〈7+65,D−1200〉,〈5−65,C〉,〈6,C〉,〈5−65,D−1200〉	0.5〈体积〉×5=2.5(m^3)
3.1.2	〈5−65,D−1200〉,〈7+65,D−1200〉,〈5−65,C〉,〈7+65,C〉,〈6,C〉	(0.37〈截面宽度〉×0.5〈截面高度〉)×1〈高度〉×5−0.095〈扣独基体积〉=0.833(m^3)
3.2	J-3-2 垫层	0.144〈体积〉×5=0.72(m^3)
	墙	
	240 外墙	
1	Q-1	体积=25.794〈首层〉+23.591〈二层〉=49.385(m^3)
1.1	〈1,A〉,〈1,D〉	体积=(10.7〈长度〉×3.6〈高度〉−1.44〈门窗〉)×0.24〈厚度〉−0.081〈过梁〉−1.296〈柱〉−0.044〈马牙槎〉−1.104〈梁〉=6.374(m^3)
1.2	〈1,D〉,〈3,D〉	体积=(6.3〈长度〉×3.6〈高度〉−6〈门窗〉)×0.24〈厚度〉−0.192〈过梁〉−0.639〈柱〉−0.044〈马牙槎〉−0.667〈梁〉=2.46(m^3)
1.3	〈3,D〉,〈3,E〉	体积=1.5〈长度〉×3.6〈高度〉×0.24〈厚度〉−0.432〈柱〉−0.108〈梁〉=0.756(m^3)
1.4	〈3,E〉,〈9,E〉	体积=(9〈长度〉×3.6〈高度〉−9.15〈门窗〉)×0.24〈厚度〉−0.307〈过梁〉−1.52〈柱〉−0.868〈梁〉=2.883(m^3)
1.5	〈9,E〉,〈9,D〉	体积=1.5〈长度〉×3.6〈高度〉×0.24〈厚度〉−0.432〈柱〉−0.108〈梁〉=0.756(m^3)
1.6	〈9,D〉,〈11,D〉	体积=(6.3〈长度〉×3.6〈高度〉−6〈门窗〉)×0.24〈厚度〉−0.192〈过梁〉−0.639〈柱〉−0.044〈马牙槎〉−0.667〈梁〉=2.46(m^3)

续表

序号	构件名称/构件位置	工程量计算式
1.7	〈11,D〉,〈11,A〉	体积=(10.7〈长度〉×3.6〈高度〉-1.44〈门窗〉)×0.24〈厚度〉-0.081〈过梁〉-1.296〈柱〉-0.044〈马牙槎〉-1.104〈梁〉=6.374(m³)
1.8	〈11,A〉,〈1,A〉	体积=(21.6〈长度〉×3.6〈高度〉-42.548〈门窗〉)×0.24〈厚度〉-2.366〈柱〉-0.09〈马牙槎〉-2.264〈梁〉=3.73(m³)
1.9	〈1,A〉,〈1,D〉	体积=(10.7〈长度〉×3〈高度〉-1.44〈门窗〉)×0.24〈厚度〉-1.08〈柱〉-0.036〈马牙槎〉-1.104〈梁〉=5.138(m³)
1.10	〈3,E〉,〈9,E〉	体积=(9〈长度〉×3〈高度〉-6.48〈门窗〉)×0.24〈厚度〉-1.268〈柱〉-0.868〈梁〉-0.082〈过梁〉=2.707(m³)
1.11	〈11,D〉,〈11,A〉	体积=(10.7〈长度〉×3〈高度〉-1.44〈门窗〉)×0.24〈厚度〉-1.08〈柱〉-0.036〈马牙槎〉-1.104〈梁〉=5.138(m³)
1.12	〈11,A〉,〈1,A〉	体积=(21.6〈长度〉×3〈高度〉-20.28〈门窗〉)×0.24〈厚度〉-1.974〈柱〉-0.072〈马牙槎〉-2.264〈梁〉-0.334〈过梁〉=6.044(m³)
1.13	〈9,D〉,〈11,D〉	体积=(6.3〈长度〉×3〈高度〉-4.8〈门窗〉)×0.24〈厚度〉-0.533〈柱〉-0.036〈马牙槎〉-0.667〈梁〉=2.148(m³)
1.14	〈1,D〉,〈3,D〉	体积=(6.06〈长度〉×3〈高度〉-4.8〈门窗〉)×0.24〈厚度〉-0.36〈柱〉-0.036〈马牙槎〉-0.667〈梁〉=2.148(m³)
1.15	〈9,E〉,〈9,D〉	体积=(1.5〈长度〉×3〈高度〉-1.68〈门窗〉)×0.24〈厚度〉-0.075〈过梁〉-0.36〈柱〉-0.108〈梁〉=0.134(m³)
	240 内墙	
2	Q-2	体积=47.203〈首层〉+42.455〈二层〉=89.658(m³)
2.1	〈1,C〉,〈11,C〉	体积=(21.36〈长度〉×3.6〈高度〉-16.17〈门窗〉)×0.24〈厚度〉-0.673〈过梁〉-2.979〈柱〉-0.092〈马牙槎〉-1.863〈梁〉=8.967(m³)
2.2	〈1,B〉,〈11,B〉	体积=(21.36〈长度〉×3.6〈高度〉-12.6〈门窗〉)×0.24〈厚度〉-0.519〈过梁〉-0.829〈柱〉-0.225〈马牙槎〉-1.322〈梁〉=12.537(m³)
2.3	〈2,D〉,〈2,C〉	体积=4.26〈长度〉×3.6〈高度〉×0.24〈厚度〉-0.045〈马牙槎〉-0.46〈梁〉=3.176(m³)
2.4	〈3,D〉,〈3,C〉	体积=4.26〈长度〉×3.6〈高度〉×0.24〈厚度〉-0.544〈柱〉-0.045〈马牙槎〉-0.392〈梁〉=2.699(m³)
2.5	〈4,B〉,〈4,A〉	体积=4.56〈长度〉×3.6〈高度〉×0.24〈厚度〉-0.225〈柱〉-0.022〈马牙槎〉-0.516〈梁〉=3.177(m³)
2.6	〈5,E〉,〈5,C〉	体积=5.76〈长度〉×3.6〈高度〉×0.24〈厚度〉-0.769〈柱〉-0.409〈梁〉=3.799(m³)
2.7	〈7,E〉,〈7,C〉	体积=5.76〈长度〉×3.6〈高度〉×0.24〈厚度〉-0.769〈柱〉-0.409〈梁〉=3.799(m³)
2.8	〈9,D〉,〈9,C〉	体积=4.26〈长度〉×3.6〈高度〉×0.24〈厚度〉-0.544〈柱〉-0.045〈马牙槎〉-0.392〈梁〉=2.699(m³)

续表

序号	构件名称/构件位置	工程量计算式
2.9	〈10,D〉,〈10,C〉	体积=4.26〈长度〉×3.6〈高度〉×0.24〈厚度〉−0.045〈马牙槎〉−0.46〈梁〉=3.176(m^3)
2.10	〈8,B〉,〈8,A〉	体积=4.56〈长度〉×3.6〈高度〉×0.24〈厚度〉−0.225〈柱〉−0.022〈马牙槎〉−0.516〈梁〉=3.177(m^3)
2.11	〈1,B〉,〈4,B〉	体积=(6.48〈长度〉×3〈高度〉−5.46〈门窗〉)×0.24〈厚度〉−0.237〈过梁〉−0.072〈马牙槎〉−0.661〈梁〉−0.259〈柱〉=2.126(m^3)
2.12	〈4,B〉,〈4,A〉	体积=4.68〈长度〉×3〈高度〉×0.24〈厚度〉−0.274〈柱〉−0.018〈马牙槎〉−0.516〈梁〉=2.562(m^3)
2.13	〈5,E〉,〈5,C〉	体积=5.88〈长度〉×3〈高度〉×0.24〈厚度〉−0.727〈柱〉−0.409〈梁〉=3.098(m^3)
2.14	〈7,E〉,〈7,C〉	体积=5.88〈长度〉×3〈高度〉×0.24〈厚度〉−0.727〈柱〉−0.409〈梁〉=3.098(m^3)
2.15	〈9,D〉,〈9,C〉	体积=4.38〈长度〉×3〈高度〉×0.24〈厚度〉−0.713〈柱〉−0.073〈马牙槎〉−0.366〈梁〉=2.001(m^3)
2.16	〈10,D〉,〈10,C〉	体积=4.26〈长度〉×3〈高度〉×0.24〈厚度〉−0.172〈柱〉−0.073〈马牙槎〉−0.434〈梁〉=2.387(m^3)
2.17	〈8,B〉,〈8,A〉	体积=4.68〈长度〉×3〈高度〉×0.24〈厚度〉−0.274〈柱〉−0.018〈马牙槎〉−0.516〈梁〉=2.562(m^3)
2.18	〈8,B〉,〈11,B〉	体积=(6.48〈长度〉×3〈高度〉−5.46〈门窗〉)×0.24〈厚度〉−0.237〈过梁〉−0.259〈柱〉−0.072〈马牙槎〉−0.661〈梁〉=2.126(m^3)
2.19	〈9,C〉,〈10,C〉	体积=(3.93〈长度〉×3〈高度〉−3.78〈门窗〉)×0.24〈厚度〉−0.162〈过梁〉−0.259〈柱〉−0.036〈马牙槎〉−0.386〈梁〉=1.08(m^3)
2.20	〈5,C〉,〈7,C〉	体积=(2.6〈长度〉×3〈高度〉−3.99〈门窗〉)×0.24〈厚度〉−0.168〈过梁〉−0.44〈柱〉−0.144〈梁〉=0.164(m^3)
2.21	〈1,C+300〉,〈2−1350,C+300〉	体积=2.13〈长度〉×3〈高度〉×0.24〈厚度〉−0.055〈柱〉=1.479(m^3)
2.22	〈2,C〉,〈2−1350,C〉	体积=(3.93〈长度〉×3〈高度〉−3.78〈门窗〉)×0.24〈厚度〉−0.162〈过梁〉−0.259〈柱〉−0.036〈马牙槎〉−0.386〈梁〉=1.08(m^3)
2.23	〈2−1350,C+300〉,〈2−1350,B〉	体积=1.58〈长度〉×3〈高度〉×0.24〈厚度〉=1.138(m^3)
2.24	〈10+1350,C+300〉,〈11,C+300〉	体积=2.13〈长度〉×3〈高度〉×0.24〈厚度〉−0.055〈柱〉=1.479(m^3)
2.25	〈10+1350,B〉,〈10+1350,C+300〉	体积=1.58〈长度〉×3〈高度〉×0.24〈厚度〉=1.138(m^3)
2.26	〈6,C〉,〈6,A〉	体积=5.96〈长度〉×3〈高度〉×0.24〈厚度〉−0.281〈柱〉−0.668〈梁〉=3.342(m^3)
2.27	〈7,D−1200〉,〈9,D−1200〉	体积=(2.96〈长度〉×3〈高度〉−3.28〈门窗〉)×0.24〈厚度〉−0.111〈过梁〉−0.094〈柱〉−0.018〈马牙槎〉−0.272〈梁〉=0.849(m^3)
2.28	〈3,D−1200〉,〈5,D−1200〉	体积=(2.96〈长度〉×3〈高度〉−3.28〈门窗〉)×0.24〈厚度〉−0.111〈过梁〉−0.094〈柱〉−0.018〈马牙槎〉−0.272〈梁〉=0.849(m^3)
2.29	〈2,B〉,〈2,A〉	体积=4.56〈长度〉×3〈高度〉×0.24〈厚度〉−0.036〈马牙槎〉−0.492〈梁〉=2.754(m^3)
2.30	〈10,A〉,〈10,B〉	体积=4.56〈长度〉×3〈高度〉×0.24〈厚度〉−0.036〈马牙槎〉−0.492〈梁〉=2.754(m^3)
2.31	〈3,D〉,〈3,C〉	体积=4.5〈长度〉×3〈高度〉×0.24〈厚度〉−0.799〈柱〉−0.073〈马牙槎〉−0.366〈梁〉=2.001(m^3)
	120 内墙	
3	Q-3	体积=0.515m^3
3.1	〈2,C+1800〉,〈3,C+1800〉	体积=(2.46〈长度〉×3〈高度〉−3.12〈门窗〉)×0.12〈厚度〉×0.958〈折算系数〉−0.096〈过梁〉−0.018〈马牙槎〉−0.118〈梁〉=0.257(m^3)

续表

序号	构件名称/构件位置	工程量计算式
3.2	〈9,C+1800〉,〈10,C+1800〉	体积=(2.46〈长度〉×3〈高度〉−3.12〈门窗〉)×0.12〈厚度〉×0.958〈折算系数〉−0.096〈过梁〉−0.018〈马牙槎〉−0.118〈梁〉=0.257(m^3)
	240 间壁墙	
4	JBQ-1	体积=0.639m^3
4.1	〈6,A〉,〈6,A−1140〉	体积=1.02〈长度〉×3〈高度〉×0.24〈厚度〉−0.095〈梁〉=0.64(m^3)
	女儿墙	
5	NEQ-1	体积=12.208(m^3)
5.1	〈3,E〉,〈3,D−30〉	体积=1.53〈长度〉×0.88〈高度〉×0.24〈厚度〉−0.051〈柱〉−0.011〈马牙槎〉−0.028〈梁〉=0.233(m^3)
5.2	〈3,D−30〉,〈1,D−30〉	体积=6.3〈长度〉×0.88〈高度〉×0.24〈厚度〉−0.051〈柱〉−0.011〈马牙槎〉−0.131〈梁〉=1.138(m^3)
5.3	〈1,D−30〉,〈1,A〉	体积=10.67〈长度〉×0.88〈高度〉×0.24〈厚度〉−0.101〈柱〉−0.023〈马牙槎〉−0.22〈梁〉=1.909(m^3)
5.4	〈1,A〉,〈11,A〉	体积=21.6〈长度〉×0.88〈高度〉×0.24〈厚度〉−0.203〈柱〉−0.046〈马牙槎〉−0.446〈梁〉=3.868(m^3)
5.5	〈11,A〉,〈11,D〉	体积=10.7〈长度〉×0.88〈高度〉×0.24〈厚度〉−0.101〈柱〉−0.023〈马牙槎〉−0.221〈梁〉=1.915(m^3)
5.6	〈11,D〉,〈9,D〉	体积=6.3〈长度〉×0.88〈高度〉×0.24〈厚度〉−0.051〈柱〉−0.011〈马牙槎〉=1.268(m^3)
5.7	〈9,D〉,〈9,E〉	体积=1.5〈长度〉×0.88〈高度〉×0.24〈厚度〉−0.051〈柱〉−0.011〈马牙槎〉−0.027〈梁〉=0.228(m^3)
5.8	〈9,E〉,〈3,E〉	体积=9〈长度〉×0.88〈高度〉×0.24〈厚度〉−0.051〈柱〉−0.011〈马牙槎〉−0.189〈梁〉=1.65(m^3)
	柱	
	500×500	体积=16.5〈KZ-1〉+3.3〈KZ-4〉+4.95〈KZ-5〉=24.75(m^3)
1	KZ-1	体积=9〈首层〉+7.5〈二层〉=16.5(m^3)
1.1	〈1+130,D−130〉	体积=0.5〈截面宽度〉×0.5〈截面高度〉×3.6〈高度〉=0.9(m^3)
1.2	〈3+130,E−130〉	体积=0.5〈截面宽度〉×0.5〈截面高度〉×3.6〈高度〉=0.9(m^3)
1.3	〈3+130,D−130〉	体积=0.5〈截面宽度〉×0.5〈截面高度〉×3.6〈高度〉=0.9(m^3)
1.4	〈1+130,C〉	体积=0.5〈截面宽度〉×0.5〈截面高度〉×3.6〈高度〉=0.9(m^3)
1.5	〈1+130,A+130〉	体积=0.5〈截面宽度〉×0.5〈截面高度〉×3.6〈高度〉=0.9(m^3)
1.6	〈4,A+130〉	体积=0.5〈截面宽度〉×0.5〈截面高度〉×3.6〈高度〉=0.9(m^3)
1.7	〈6,A+130〉	体积=0.5〈截面宽度〉×0.5〈截面高度〉×3.6〈高度〉=0.9(m^3)
1.8	〈8,A+130〉	体积=0.5〈截面宽度〉×0.5〈截面高度〉×3.6〈高度〉=0.9(m^3)
1.9	〈9−130,D−130〉	体积=0.5〈截面宽度〉×0.5〈截面高度〉×3.6〈高度〉=0.9(m^3)
1.10	〈9−130,E−130〉	体积=0.5〈截面宽度〉×0.5〈截面高度〉×3.6〈高度〉=0.9(m^3)
1.11	〈1+130,D−130〉	体积=0.5〈截面宽度〉×0.5〈截面高度〉×3〈高度〉=0.75(m^3)
1.12	〈3+130,E−130〉	体积=0.5〈截面宽度〉×0.5〈截面高度〉×3〈高度〉=0.75(m^3)
1.13	〈3+130,D−130〉	体积=0.5〈截面宽度〉×0.5〈截面高度〉×3〈高度〉=0.75(m^3)
1.14	〈1+130,C〉	体积=0.5〈截面宽度〉×0.5〈截面高度〉×3〈高度〉=0.75(m^3)
1.15	〈1+130,A+130〉	体积=0.5〈截面宽度〉×0.5〈截面高度〉×3〈高度〉=0.75(m^3)

续表

序号	构件名称/构件位置	工程量计算式
1.16	〈4,A+130〉	体积=0.5〈截面宽度〉×0.5〈截面高度〉×3〈高度〉=0.75(m^3)
1.17	〈6,A+130〉	体积=0.5〈截面宽度〉×0.5〈截面高度〉×3〈高度〉=0.75(m^3)
1.18	〈8,A+130〉	体积=0.5〈截面宽度〉×0.5〈截面高度〉×3〈高度〉=0.75(m^3)
1.19	〈9−130,D−130〉	体积=0.5〈截面宽度〉×0.5〈截面高度〉×3〈高度〉=0.75(m^3)
1.20	〈9−130,E−130〉	体积=0.5〈截面宽度〉×0.5〈截面高度〉×3〈高度〉=0.75(m^3)
	370×500	体积=6.105m^3
2	KZ-2	体积=3.33〈首层〉+2.775〈二层〉=6.105(m^3)
2.1	〈5−65,C〉	体积=0.37〈截面宽度〉×0.5〈截面高度〉×3.6〈高度〉=0.666(m^3)
2.2	〈5−65,D−1200〉	体积=0.37〈截面宽度〉×0.5〈截面高度〉×3.6〈高度〉=0.666(m^3)
2.3	〈7+65,D−1200〉	体积=0.37〈截面宽度〉×0.5〈截面高度〉×3.6〈高度〉=0.666(m^3)
2.4	〈7+65,C〉	体积=0.37〈截面宽度〉×0.5〈截面高度〉×3.6〈高度〉=0.666(m^3)
2.5	〈6,C〉	体积=0.37〈截面宽度〉×0.5〈截面高度〉×3.6〈高度〉=0.666(m^3)
2.6	〈5−65,C〉	体积=0.37〈截面宽度〉×0.5〈截面高度〉×3〈高度〉=0.555(m^3)
2.7	〈5−65,D−1200〉	体积=0.37〈截面宽度〉×0.5〈截面高度〉×3〈高度〉=0.555(m^3)
2.8	〈7+65,D−1200〉	体积=0.37〈截面宽度〉×0.5〈截面高度〉×3〈高度〉=0.555(m^3)
2.9	〈7+65,C〉	体积=0.37〈截面宽度〉×0.5〈截面高度〉×3〈高度〉=0.555(m^3)
2.10	〈6,C〉	体积=0.37〈截面宽度〉×0.5〈截面高度〉×3〈高度〉=0.555(m^3)
	670×500	体积=4.422(m^3)
3	KZ-3	体积=2.412〈首层〉+2.01〈二层〉=4.422(m^3)
3.1	〈4−85,C〉	体积=0.67〈截面宽度〉×0.5〈截面高度〉×3.6〈高度〉=1.206(m^3)
3.2	〈8+85,C〉	体积=0.67〈截面宽度〉×0.5〈截面高度〉×3.6〈高度〉=1.206(m^3)
3.3	〈4−85,C〉	体积=0.67〈截面宽度〉×0.5〈截面高度〉×3〈高度〉=1.005(m^3)
3.4	〈8+85,C〉	体积=0.67〈截面宽度〉×0.5〈截面高度〉×3〈高度〉=1.005(m^3)
4	KZ-4	体积=1.8〈首层〉+1.5〈二层〉=3.3(m^3)
4.1	〈5,E−130〉	体积=0.5〈截面宽度〉×0.5〈截面高度〉×3.6〈高度〉=0.9(m^3)
4.2	〈7,E−130〉	体积=0.5〈截面宽度〉×0.5〈截面高度〉×3.6〈高度〉=0.9(m^3)
4.3	〈5,E−130〉	体积=0.5〈截面宽度〉×0.5〈截面高度〉×3〈高度〉=0.75(m^3)
4.4	〈7,E−130〉	体积=0.5〈截面宽度〉×0.5〈截面高度〉×3〈高度〉=0.75(m^3)
5	KZ-5	体积=2.7〈首层〉+2.25〈二层〉=4.95(m^3)
5.1	〈11−130,D−130〉	体积=0.5〈截面宽度〉×0.5〈截面高度〉×3.6〈高度〉=0.9(m^3)
5.2	〈11−130,C〉	体积=0.5〈截面宽度〉×0.5〈截面高度〉×3.6〈高度〉=0.9(m^3)
5.3	〈11−130,A+130〉	体积=0.5〈截面宽度〉×0.5〈截面高度〉×3.6〈高度〉=0.9(m^3)
5.4	〈11−130,D−130〉	体积=0.5〈截面宽度〉×0.5〈截面高度〉×3〈高度〉=0.75(m^3)

续表

序号	构件名称/构件位置	工程量计算式
5.5	〈11－130,C〉	体积＝0.5〈截面宽度〉×0.5〈截面高度〉×3〈高度〉＝0.75(m^3)
5.6	〈11－130,A＋130〉	体积＝0.5〈截面宽度〉×0.5〈截面高度〉×3〈高度〉＝0.75(m^3)
	构造柱	
6	GZ-1	体积＝3.326〈首层〉＋3.531〈二层〉＋0.807〈女儿墙〉＝7.664(m^3)
6.1	〈1,B〉	体积＝0.24〈截面宽度〉×0.24〈截面高度〉×3.6〈高度〉－0.029〈扣非圈梁体积〉＋0.067〈加马牙槎体积〉＝0.246(m^3)
6.2	〈2,B〉	体积＝0.24〈截面宽度〉×0.24〈截面高度〉×3.6〈高度〉－0.026〈扣非圈梁体积〉＋0.045〈加马牙槎体积〉＝0.227(m^3)
6.3	〈4,B〉	体积＝0.24〈截面宽度〉×0.24〈截面高度〉×3.6〈高度〉－0.029〈扣非圈梁体积〉＋0.067〈加马牙槎体积〉＝0.246(m^3)
6.4	〈2,C〉	体积＝0.24〈截面宽度〉×0.24〈截面高度〉×3.6〈高度〉－0.026〈扣非圈梁体积〉＋0.068〈加马牙槎体积〉＝0.249(m^3)
6.5	〈2,D〉	体积＝0.24〈截面宽度〉×0.24〈截面高度〉×3.6〈高度〉－0.029〈扣非圈梁体积〉＋0.067〈加马牙槎体积〉＝0.246(m^3)
6.6	〈3,D－1200〉	体积＝0.24〈截面宽度〉×0.24〈截面高度〉×3.6〈高度〉－0.026〈扣非圈梁体积〉＋0.045〈加马牙槎体积〉＝0.227(m^3)
6.7	〈2,A〉	体积＝0.24〈截面宽度〉×0.24〈截面高度〉×3.6〈高度〉－0.029〈扣非圈梁体积〉＋0.045〈加马牙槎体积〉＝0.223(m^3)
6.8	〈9,D－1200〉	体积＝0.24〈截面宽度〉×0.24〈截面高度〉×3.6〈高度〉－0.026〈扣非圈梁体积〉＋0.045〈加马牙槎体积〉＝0.227(m^3)
6.9	〈10,B〉	体积＝0.24〈截面宽度〉×0.24〈截面高度〉×3.6〈高度〉－0.026〈扣非圈梁体积〉＋0.045〈加马牙槎体积〉＝0.227(m^3)
6.10	〈8,B〉	体积＝0.24〈截面宽度〉×0.24〈截面高度〉×3.6〈高度〉－0.029〈扣非圈梁体积〉＋0.067〈加马牙槎体积〉＝0.246(m^3)
6.11	〈11,B〉	体积＝0.24〈截面宽度〉×0.24〈截面高度〉×3.6〈高度〉－0.029〈扣非圈梁体积〉＋0.067〈加马牙槎体积〉＝0.246(m^3)
6.12	〈10,A〉	体积＝0.24〈截面宽度〉×0.24〈截面高度〉×3.6〈高度〉－0.029〈扣非圈梁体积〉＋0.045〈加马牙槎体积〉＝0.223(m^3)
6.13	〈10,D〉	体积＝0.24〈截面宽度〉×0.24〈截面高度〉×3.6〈高度〉－0.029〈扣非圈梁体积〉＋0.067〈加马牙槎体积〉＝0.246(m^3)
6.14	〈10,C〉	体积＝0.24〈截面宽度〉×0.24〈截面高度〉×3.6〈高度〉－0.026〈扣非圈梁体积〉＋0.068〈加马牙槎体积〉＝0.249(m^3)
6.15	〈1,B〉	体积＝0.24〈截面宽度〉×0.24〈截面高度〉×3〈高度〉－0.029〈扣非圈梁体积〉＋0.054〈加马牙槎体积〉＝0.198(m^3)
6.16	〈2,B〉	体积＝0.24〈截面宽度〉×0.24〈截面高度〉×3〈高度〉－0.026〈扣非圈梁体积〉＋0.055〈加马牙槎体积〉＝0.202(m^3)
6.17	〈4,B〉	体积＝0.24〈截面宽度〉×0.24〈截面高度〉×3〈高度〉－0.029〈扣非圈梁体积〉＋0.036〈加马牙槎体积〉＝0.18(m^3)
6.18	〈2,C〉	体积＝0.24〈截面宽度〉×0.24〈截面高度〉×3〈高度〉－0.026〈扣非圈梁体积〉＋0.055〈加马牙槎体积〉＝0.202(m^3)
6.19	〈2,D〉	体积＝0.24〈截面宽度〉×0.24〈截面高度〉×3〈高度〉－0.029〈扣非圈梁体积〉＋0.054〈加马牙槎体积〉＝0.198(m^3)
6.20	〈3,D－1200〉	体积＝0.24〈截面宽度〉×0.24〈截面高度〉×3〈高度〉－0.026〈扣非圈梁体积〉＋0.055〈加马牙槎体积〉＝0.202(m^3)
6.21	〈2,A〉	体积＝0.24〈截面宽度〉×0.24〈截面高度〉×3〈高度〉－0.029〈扣非圈梁体积〉＋0.054〈加马牙槎体积〉＝0.198(m^3)
6.22	〈9,D－1200〉	体积＝0.24〈截面宽度〉×0.24〈截面高度〉×3〈高度〉－0.026〈扣非圈梁体积〉＋0.055〈加马牙槎体积〉＝0.202(m^3)
6.23	〈10,B〉	体积＝0.24〈截面宽度〉×0.24〈截面高度〉×3〈高度〉－0.026〈扣非圈梁体积〉＋0.055〈加马牙槎体积〉＝0.202(m^3)

续表

序号	构件名称/构件位置	工程量计算式
6.24	〈8,B〉	体积＝0.24〈截面宽度〉×0.24〈截面高度〉×3〈高度〉－0.029〈扣非圈梁体积〉＋0.036〈加马牙槎体积〉＝0.18(m^3)
6.25	〈11,B〉	体积＝0.24〈截面宽度〉×0.24〈截面高度〉×3〈高度〉－0.029〈扣非圈梁体积〉＋0.054〈加马牙槎体积〉＝0.198(m^3)
6.26	〈10,A〉	体积＝0.24〈截面宽度〉×0.24〈截面高度〉×3〈高度〉－0.029〈扣非圈梁体积〉＋0.054〈加马牙槎体积〉＝0.198(m^3)
6.27	〈10,D〉	体积＝0.24〈截面宽度〉×0.24〈截面高度〉×3〈高度〉－0.029〈扣非圈梁体积〉＋0.054〈加马牙槎体积〉＝0.198(m^3)
6.28	〈10,C〉	体积＝0.24〈截面宽度〉×0.24〈截面高度〉×3〈高度〉－0.026〈扣非圈梁体积〉＋0.055〈加马牙槎体积〉＝0.202(m^3)
6.29	〈2,C＋1800〉	体积＝0.24〈截面宽度〉×0.24〈截面高度〉×3〈高度〉－0.026〈扣非圈梁体积〉＋0.046〈加马牙槎体积〉＝0.193(m^3)
6.30	〈3,C＋1800〉	体积＝0.24〈截面宽度〉×0.24〈截面高度〉×3〈高度〉－0.026〈扣非圈梁体积〉＋0.046〈加马牙槎体积〉＝0.193(m^3)
6.31	〈9,C＋1800〉	体积＝0.24〈截面宽度〉×0.24〈截面高度〉×3〈高度〉－0.026〈扣非圈梁体积〉＋0.046〈加马牙槎体积〉＝0.193(m^3)
6.32	〈10,C＋1800〉	体积＝0.24〈截面宽度〉×0.24〈截面高度〉×3〈高度〉－0.026〈扣非圈梁体积〉＋0.046〈加马牙槎体积〉＝0.193(m^3)
6.33	〈1,D－30〉	体积＝0.24〈截面宽度〉×0.24〈截面高度〉×0.97〈高度〉－0.005〈扣非圈梁体积〉＋0.011〈加马牙槎体积〉＝0.062(m^3)
6.34	〈3,D－30〉	体积＝0.24〈截面宽度〉×0.24〈截面高度〉×0.97〈高度〉－0.005〈扣非圈梁体积〉＋0.011〈加马牙槎体积〉＝0.062(m^3)
6.35	〈3,E〉	体积＝0.24〈截面宽度〉×0.24〈截面高度〉×0.97〈高度〉－0.005〈扣非圈梁体积〉＋0.011〈加马牙槎体积〉＝0.062(m^3)
6.36	〈9,E〉	体积＝0.24〈截面宽度〉×0.24〈截面高度〉×0.97〈高度〉－0.005〈扣非圈梁体积〉＋0.011〈加马牙槎体积〉＝0.062(m^3)
6.37	〈9,D〉	体积＝0.24〈截面宽度〉×0.24〈截面高度〉×0.97〈高度〉－0.005〈扣非圈梁体积〉＋0.011〈加马牙槎体积〉＝0.062(m^3)
6.38	〈11,D〉	体积＝0.24〈截面宽度〉×0.24〈截面高度〉×0.97〈高度〉－0.005〈扣非圈梁体积〉＋0.011〈加马牙槎体积〉＝0.062(m^3)
6.39	〈11,A〉	体积＝0.24〈截面宽度〉×0.24〈截面高度〉×0.97〈高度〉－0.005〈扣非圈梁体积〉＋0.011〈加马牙槎体积〉＝0.062(m^3)

续表

序号	构件名称/构件位置	工程量计算式
6.40	〈11,B+550〉	体积=0.24〈截面宽度〉×0.24〈截面高度〉×0.97〈高度〉-0.005〈扣非圈梁体积〉+0.011〈加马牙槎体积〉=0.062(m^3)
6.41	〈1,A〉	体积=0.24〈截面宽度〉×0.24〈截面高度〉×0.97〈高度〉-0.005〈扣非圈梁体积〉+0.011〈加马牙槎体积〉=0.062(m^3)
6.42	〈1,B+550〉	体积=0.24〈截面宽度〉×0.24〈截面高度〉×0.97〈高度〉-0.005〈扣非圈梁体积〉+0.011〈加马牙槎体积〉=0.062(m^3)
6.43	〈6,A〉	体积=0.24〈截面宽度〉×0.24〈截面高度〉×0.97〈高度〉-0.005〈扣非圈梁体积〉+0.011〈加马牙槎体积〉=0.062(m^3)
6.44	〈9+500,A〉	体积=0.24〈截面宽度〉×0.24〈截面高度〉×0.97〈高度〉-0.005〈扣非圈梁体积〉+0.011〈加马牙槎体积〉=0.062(m^3)
6.45	〈3-500,A〉	体积=0.24〈截面宽度〉×0.24〈截面高度〉×0.97〈高度〉-0.005〈扣非圈梁体积〉+0.011〈加马牙槎体积〉=0.062(m^3)
	梁	
	300×500	1.74〈(W)KL-1〉+2.172〈(W)KL-2〉+1.74〈(W)KL-3〉+5.804〈(W)KL-7〉+2.832〈(W)KL-10〉+3.342〈(W)KL-11〉+1.672〈(W)KL-12〉+0.244〈(W)KL-12-A〉+2.834〈(W)KL-13〉=22.37(m^3)
1	(W)KL-1	体积=0.87〈首层〉+0.87〈二层〉=1.74(m^3)
1.1	〈1+30,D-30〉,〈3+30,D-30〉	体积=0.3〈宽度〉×0.5〈高度〉×6.45〈长度〉-0.098〈非构造柱〉=0.87(m^3)
1.2	〈1+30,D-30〉,〈3+30,D-30〉	体积=0.3〈宽度〉×0.5〈高度〉×6.45〈长度〉-0.098〈非构造柱〉=0.87(m^3)
2	(W)KL-2	体积=1.086〈首层〉+1.086〈二层〉=2.172(m^3)
2.1	〈3+30,E-30〉,〈9-30,E-30〉	体积=0.3〈宽度〉×0.5〈高度〉×9.24〈长度〉-0.301〈非构造柱〉=1.087(m^3)
2.2	〈3+30,E-30〉,〈9-30,E-30〉	体积=0.3〈宽度〉×0.5〈高度〉×9.24〈长度〉-0.301〈非构造柱〉=1.087(m^3)
3	(W)KL-3	体积=0.87〈首层〉+0.87〈二层〉=1.74(m^3)
3.1	〈9-30,D-30〉,〈11-30,D-30〉	体积=0.3〈宽度〉×0.5〈高度〉×6.45〈长度〉-0.098〈非构造柱〉=0.87(m^3)
3.2	〈9-30,D-30〉,〈11-30,D-30〉	体积=0.3〈宽度〉×0.5〈高度〉×6.45〈长度〉-0.098〈非构造柱〉=0.87(m^3)
4	(W)KL-7	体积=2.902〈首层〉+2.902〈二层〉=5.804(m^3)
4.1	〈1+30,A+30〉,〈11-30,A+30〉	体积=0.3〈宽度〉×0.5〈高度〉×21.54〈长度〉-0.332〈非构造柱〉=2.902(m^3)
4.2	〈1+30,A+30〉,〈11-30,A+30〉	体积=0.3〈宽度〉×0.5〈高度〉×21.54〈长度〉-0.332〈非构造柱〉=2.902(m^3)
5	(W)KL-10	体积=1.416〈首层〉+1.416〈二层〉=2.832m^3(m^3)
5.1	〈1+30,A+30〉,〈1+30,D-30〉	体积=0.3〈宽度〉×0.5〈高度〉×10.64〈长度〉-0.181〈非构造柱〉=1.416(m^3)
5.2	〈1+30,A+30〉,〈1+30,D-30〉	体积=0.3〈宽度〉×0.5〈高度〉×10.64〈长度〉-0.181〈非构造柱〉=1.416(m^3)
6	(W)KL-11	体积=1.671〈首层〉+1.671〈二层〉=3.342(m^3)
6.1	〈8,C〉,〈8,A+30〉	体积=0.3〈宽度〉×0.5〈高度〉×6.17〈长度〉-0.09〈非构造柱〉=0.836(m^3)

续表

序号	构件名称/构件位置	工程量计算式
6.2	〈4,A+30〉,〈4,C〉	体积=0.3〈宽度〉×0.5〈高度〉×6.17〈长度〉−0.09〈非构造柱〉=0.836(m^3)
6.3	〈4,A+30〉,〈4,C〉	体积=0.3〈宽度〉×0.5〈高度〉×6.17〈长度〉−0.09〈非构造柱〉=0.836(m^3)
6.4	〈8,C〉,〈8,A+30〉	体积=0.3〈宽度〉×0.5〈高度〉×6.17〈长度〉−0.09〈非构造柱〉=0.836(m^3)
7	(W)KL-12	体积=0.836〈首层〉+0.836〈二层〉=1.672(m^3)
7.1	〈6,A+30〉,〈6,C〉	体积=0.3〈宽度〉×0.5〈高度〉×6.17〈长度〉−0.09〈非构造柱〉=0.836(m^3)
7.2	〈6,A+30〉,〈6,C〉	体积=0.3〈宽度〉×0.5〈高度〉×6.17〈长度〉−0.09〈非构造柱〉=0.836(m^3)
7.3	(W)KL-12-A	体积=0.122〈首层〉+0.122〈二层〉=0.244(m^3)
7.4	〈6,A+30〉,〈6,A−1080〉	体积=0.3〈宽度〉×0.4〈高度〉×1.02〈长度〉=0.122(m^3)
7.5	〈6,A+30〉,〈6,A−1080〉	体积=0.3〈宽度〉×0.4〈高度〉×1.02〈长度〉=0.122(m^3)
8	(W)KL-13	体积=1.417〈首层〉+1.417〈二层〉=2.834(m^3)
8.1	〈11−30,A+30〉,〈11−30,D−30〉	体积=0.3〈宽度〉×0.5〈高度〉×10.64〈长度〉−0.181〈非构造柱〉=1.417(m^3)
8.2	〈11−30,A+30〉,〈11−30,D−30〉	体积=0.3〈宽度〉×0.5〈高度〉×10.64〈长度〉−0.181〈非构造柱〉=1.417(m^3)
	300×450	体积=2.222〈(W)KL-4〉+2.222〈(W)KL-5〉+2.63〈(W)KL-8〉+1.693〈L-4〉+0.846〈L-5〉=9.613(m^3)
9	(W)KL-4	体积=1.111〈首层〉+1.111〈二层〉=2.222(m^3)
9.1	〈1+30,C〉,〈5,C〉	体积=0.3〈宽度〉×0.45〈高度〉×9.32〈长度〉−0.146〈非构造柱〉=1.111(m^3)
9.2	〈4,C〉,〈5,C〉	体积=0.3〈宽度〉×0.45〈高度〉×2.9〈长度〉−0.063〈非构造柱〉=0.328(m^3)
9.3	〈1+30,C〉,〈3+30,C〉	体积=0.3〈宽度〉×0.45〈高度〉×6.15〈长度〉−0.047〈非构造柱〉=0.783(m^3)
10	(W)KL-5	体积=1.111〈首层〉+1.111〈二层〉=2.222(m^3)
10.1	〈7,C〉,〈11−30,C〉	体积=0.3〈宽度〉×0.45〈高度〉×9.32〈长度〉−0.146〈非构造柱〉=1.111(m^3)
10.2	〈7,C〉,〈8,C〉	体积=0.3〈宽度〉×0.45〈高度〉×2.9〈长度〉−0.063〈非构造柱〉=0.328(m^3)
10.3	〈9−30,C〉,〈11−30,C〉	体积=0.3〈宽度〉×0.45〈高度〉×6.15〈长度〉−0.047〈非构造柱〉=0.783(m^3)
11	(W)KL-8	体积=1.315〈首层〉+1.315〈二层〉=2.63(m^3)
11.1	〈3+30,C〉,〈3+30,E−30〉	体积=0.3〈宽度〉×0.45〈高度〉×5.37〈长度〉−0.068〈非构造柱〉=0.658(m^3)
11.2	〈9−30,E−30〉,〈9−30,C〉	体积=0.3〈宽度〉×0.45〈高度〉×5.37〈长度〉−0.068〈非构造柱〉=0.658(m^3)
11.3	〈9−30,E−30〉,〈9−30,C〉	体积=0.3〈宽度〉×0.45〈高度〉×5.37〈长度〉−0.068〈非构造柱〉=0.658(m^3)
11.4	〈3+30,C〉,〈3+30,E−30〉	体积=0.3〈宽度〉×0.45〈高度〉×5.37〈长度〉−0.068〈非构造柱〉=0.658(m^3)
12	L-4	体积=1.693〈首层〉(m^3)
12.1	〈8,B〉,〈11−30,B〉	体积=0.3〈宽度〉×0.45〈高度〉×6.27〈长度〉=0.847(m^3)
12.2	〈1+30,B〉,〈4,B〉	体积=0.3〈宽度〉×0.45〈高度〉×6.27〈长度〉=0.847(m^3)
13	L-5	体积=0.846〈二层〉(m^3)
13.1	〈8,B〉,〈11−30,B〉	体积=0.3〈宽度〉×0.45〈高度〉×6.27〈长度〉=0.847(m^3)

续表

序号	构件名称/构件位置	工程量计算式
	300×300	体积＝0.35〈(W)KL－6〉(m^3)
14	(W)KL-6	体积＝0.174〈首层〉＋0.174〈二层〉＝0.35(m^3)
14.1	〈5,C〉,〈7,C〉	体积＝0.3〈宽度〉×0.3〈高度〉×2〈长度〉－0.006〈非构造柱〉＝0.174(m^3)
14.2	〈5,C〉,〈7,C〉	体积＝0.3〈宽度〉×0.3〈高度〉×2〈长度〉－0.006〈非构造柱〉＝0.174(m^3)
	300×350	体积＝2.07〈(W)KL－9〉(m^3)
15	(W)KL-9	体积＝1.035〈首层〉＋1.035〈二层〉＝2.07(m^3)
15.1	〈5,C〉,〈5,E－30〉	体积＝0.3〈宽度〉×0.35〈高度〉×5.67〈长度〉－0.078〈非构造柱〉＝0.518(m^3)
15.2	〈7,C〉,〈7,E－30〉	体积＝0.3〈宽度〉×0.35〈高度〉×5.67〈长度〉－0.078〈非构造柱〉＝0.518(m^3)
15.3	〈5,C〉,〈5,E－30〉	体积＝0.3〈宽度〉×0.35〈高度〉×5.67〈长度〉－0.078〈非构造柱〉＝0.518(m^3)
15.4	〈7,C〉,〈7,E－30〉	体积＝0.3〈宽度〉×0.35〈高度〉×5.67〈长度〉－0.078〈非构造柱〉＝0.518(m^3)
	120×400	体积＝0.50＋0.98＋0.276＝1.74(m^3)
16	L-1	体积＝0.25〈首层〉＋0.25〈二层〉＝0.50(m^3)
16.1	〈2－60,E＋60〉,〈3,E＋60〉	体积＝0.12〈宽度〉×0.4〈高度〉×2.76〈长度〉－0.006〈非构造柱〉＝0.126(m^3)
16.2	〈9,E＋60〉,〈10＋60,E＋60〉	体积＝0.12〈宽度〉×0.4〈高度〉×2.76〈长度〉－0.006〈非构造柱〉＝0.126(m^3)
16.3	〈2－60,E＋60〉,〈3,E＋60〉	体积＝0.12〈宽度〉×0.4〈高度〉×2.76〈长度〉－0.006〈非构造柱〉＝0.126(m^3)
16.4	〈9,E＋60〉,〈10＋60,E＋60〉	体积＝0.12〈宽度〉×0.4〈高度〉×2.76〈长度〉－0.006〈非构造柱〉＝0.126(m^3)
17	L-8	体积＝0.48〈首层〉＋0.48〈二层〉＝0.98(m^3)
17.1	〈4,A＋30〉,〈4,A－1080〉	体积＝0.12〈宽度〉×0.4〈高度〉×0.96〈长度〉＝0.046(m^3)
17.2	〈4,A－1080〉,〈8,A－1080〉	体积＝0.12〈宽度〉×0.4〈高度〉×8.1〈长度〉＝0.388(m^3)
17.3	〈8,A－1080〉,〈8,A＋30〉	体积＝0.12〈宽度〉×0.4〈高度〉×0.96〈长度〉＝0.046(m^3)
17.4	〈4,A＋30〉,〈4,A－1080〉	体积＝0.12〈宽度〉×0.4〈高度〉×0.96〈长度〉＝0.046(m^3)
17.5	〈4,A－1080〉,〈8,A－1080〉	体积＝0.12〈宽度〉×0.4〈高度〉×8.1〈长度〉＝0.388(m^3)
17.6	〈8,A－1080〉,〈8,A＋30〉	体积＝0.12〈宽度〉×0.4〈高度〉×0.96〈长度〉＝0.046(m^3)
18	L-6	体积＝0.136〈首层〉＋0.136〈二层〉＝0.272(m^3)
18.1	〈10＋60,E＋60〉,〈10＋60,D－30〉	体积＝0.12〈宽度〉×0.4〈高度〉×1.43〈长度〉＝0.068(m^3)
18.2	〈2－60,D－30〉,〈2－60,E＋60〉	体积＝0.12〈宽度〉×0.4〈高度〉×1.43〈长度〉＝0.068(m^3)
18.3	〈2－60,D－30〉,〈2－60,E＋60〉	体积＝0.12〈宽度〉×0.4〈高度〉×1.43〈长度〉＝0.068(m^3)
18.4	〈10＋60,E＋60〉,〈10＋60,D－30〉	体积＝0.12〈宽度〉×0.4〈高度〉×1.43〈长度〉＝0.068(m^3)
	250×400	体积＝1.108〈L-3〉(m^3)
19	L-3	体积＝0.554〈首层〉＋0.554〈二层〉＝1.108(m^3)
19.1	〈7,D－1200〉,〈9－30,D－1200〉	体积＝0.25〈宽度〉×0.4〈高度〉×2.87〈长度〉－0.01〈非构造柱〉＝0.277(m^3)
19.2	〈3＋30,D－1200〉,〈5,D－1200〉	体积＝0.25〈宽度〉×0.4〈高度〉×2.87〈长度〉－0.01〈非构造柱〉＝0.277(m^3)
19.3	〈7,D－1200〉,〈9－30,D－1200〉	体积＝0.25〈宽度〉×0.4〈高度〉×2.87〈长度〉－0.01〈非构造柱〉＝0.277(m^3)

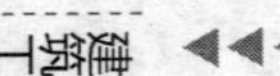

续表

序号	构件名称/构件位置	工程量计算式
19.4	〈3+30,D−1200〉,〈5,D−1200〉	体积=0.25〈宽度〉×0.4〈高度〉×2.87〈长度〉−0.01〈非构造柱〉=0.277(m³)
	250×450	体积=4.384〈L−7〉+0.705〈L−4〉=5.089(m³)
20	L-7	体积=2.192〈首层〉+2.192〈二层〉=4.384(m³)
20.1	〈10,D−30〉,〈10,A+30〉	体积=0.25〈宽度〉×0.45〈高度〉×9.74〈长度〉=1.096(m³)
20.2	〈2,A+30〉,〈2,D−30〉	体积=0.25〈宽度〉×0.45〈高度〉×9.74〈长度〉=1.096(m³)
20.3	〈10,D−30〉,〈10,A+30〉	体积=0.25〈宽度〉×0.45〈高度〉×9.74〈长度〉=1.096(m³)
20.4	〈2,A+30〉,〈2,D−30〉	体积=0.25〈宽度〉×0.45〈高度〉×9.74〈长度〉=1.096(m³)
21	L-4	体积=0.705〈二层〉(m³)
21.1	〈1+30,B〉,〈4,B〉	体积=0.25〈宽度〉×0.45〈高度〉×6.27〈长度〉=0.706(m³)
	过梁	
1	GL-1	体积=3.389〈首层〉+3.249〈二层〉=6.638(m³)
1.1	〈6+9,E〉,〈4+1200,E〉,〈8−1200,E〉	体积=0.24〈宽度〉×0.24〈高度〉×2〈长度〉个×3个=0.345(m³)
1.2	〈6−627,C〉,〈6+630,C〉	体积=0.24〈宽度〉×0.24〈高度〉×1.45〈长度〉×2个=0.168(m³)
1.3	〈2+683,C〉,〈10−683,C〉,〈1,C−682〉,〈11,C−680〉	体积=0.24〈宽度〉×0.24〈高度〉×1.4〈长度〉×4个=0.324(m³)
1.4	〈2−839,C〉,〈1+797,B〉,〈3−489,B〉,〈4+789,B〉,〈5−708,C〉,〈7+708,C〉,〈8−789,B〉,〈9+489,B〉,〈11−797,B〉,〈10+839,C〉	体积=0.24〈宽度〉×0.24〈高度〉×1.5〈长度〉×10个=0.86(m³)
1.5	〈2−321,A〉,〈10+265,A〉	体积=0.24〈宽度〉×0.24〈高度〉×6.47〈长度〉×2个=0.746(m³)
1.6	〈5−811,A〉,〈7+811,A〉	体积=0.24〈宽度〉×0.24〈高度〉×4.2〈长度〉×2个=0.484(m³)
1.7	〈2+1138,D〉,〈10−1138,D〉	体积=0.24〈宽度〉×0.24〈高度〉×1.7〈长度〉×2个=0.196(m³)
1.8	〈2−1794,D〉,〈10+1794,D〉	体积=0.24〈宽度〉×0.24〈高度〉×2.3〈长度〉×2个=0.264(m³)
1.9	〈2−1675,D〉,〈10+1675,D〉,〈3−1235,A〉,〈9+1235,A〉,〈1+1688,A〉,〈11−1688,A〉	体积=0.24〈宽度〉×0.24〈高度〉×2.3〈长度〉×6=0.132×6=0.792(m³)
1.10	〈2+1211,D〉,〈10−1211,D〉,〈6−25,E〉	体积=0.24〈宽度〉×0.24〈高度〉×1.7〈长度〉×3=0.098×3=0.294(m³)
1.11	〈3,E−741〉,〈9,E−681〉,〈8−306,D−1200〉,〈4+306,D−1200〉,〈1+1618,B〉,〈11−1618,B〉	体积=0.24〈宽度〉×0.24〈高度〉×1.3〈长度〉×6=0.075×6=0.45(m³)
1.12	〈4+1402,E〉,〈8−1402,E〉	体积=0.24〈宽度〉×0.24〈高度〉×2〈长度〉×2=0.115×2=0.23(m³)
1.13	〈7+1197,D−1200〉,〈5−1197,D−1200〉	体积=0.24〈宽度〉×0.24〈高度〉×1.5〈长度〉×2=0.086×2=0.172(m³)
1.14	〈5+642,C〉,〈7−642,C〉	体积=0.24〈宽度〉×0.24〈高度〉×1.45〈长度〉×2=0.084×2=0.168(m³)
1.15	〈3−766,C〉,〈2−693,C〉 〈2+662,B〉,〈2−691,B〉 〈1,C−476〉,〈10+691,B〉 〈10−662,B〉,〈10+693,C〉 〈9+766,C〉,〈11,C−476〉	体积=0.24〈宽度〉×0.24〈高度〉×1.4〈长度〉×10=0.081×10=0.81(m³)

续表

序号	构件名称/构件位置	工程量计算式
1.16	GL－1(24)/〈5－688,A〉,GL－1(25)/〈7＋1010,A〉	体积＝0.24〈宽度〉×0.24〈高度〉×2.9〈长度〉×2＝0.167×2＝0.334(m^3)
2	GL-2	体积＝0.259〈二层〉m^3
2.1	〈3－677,C＋1800〉,〈9＋677,C＋1800〉	体积＝0.24〈宽度〉×0.2〈高度〉×1.3〈长度〉×2＝0.062×2＝0.124(m^3)
2.2	〈2＋899,C＋1800〉,〈10－899,C＋1800〉	体积＝0.24〈宽度〉×0.2〈高度〉×1.4〈长度〉×2＝0.067×2＝0.134(m^3)
	女儿墙压顶	体积＝1.826m^3
1	NEQYD	体积＝1.826m^3
1.1	〈3,E〉,〈3,D－30〉	体积＝0.3〈宽度〉×0.09〈高度〉×1.53〈长度〉＝0.041(m^3)
1.2	〈3,D－30〉,〈1,D－30〉	体积＝0.3〈宽度〉×0.09〈高度〉×6.3〈长度〉＝0.17(m^3)
1.3	〈1,D－30〉,〈1,A〉	体积＝0.3〈宽度〉×0.09〈高度〉×10.67〈长度〉＝0.288(m^3)
1.4	〈1,A〉,〈11,A〉	体积＝0.3〈宽度〉×0.09〈高度〉×21.6〈长度〉＝0.583(m^3)
1.5	〈11,A〉,〈11,D〉	体积＝0.3〈宽度〉×0.09〈高度〉×10.7〈长度〉＝0.289(m^3)
1.6	〈11,D〉,〈9,D－30〉	体积＝0.3〈宽度〉×0.09〈高度〉×6.3〈长度〉＝0.17(m^3)
1.7	〈9,D－30〉,〈9,E〉	体积＝0.3〈宽度〉×0.09〈高度〉×1.53〈长度〉＝0.041(m^3)
1.8	〈9,E〉,〈3,E〉	体积＝0.3〈宽度〉×0.09〈高度〉×9〈长度〉＝0.243(m^3)
	板	
1	B-1,H＝200	体积＝39.611〈首层〉m^3
1.1	B-1(1)/〈2＋1350,E－750〉	体积＝4.05〈原始面积〉×0.2〈厚度〉－0.098〈梁〉＝0.712(m^3)
1.2	B-1(2)/〈2＋1350,D－2250〉	体积＝12.15〈原始面积〉×0.2〈厚度〉－0.383〈梁〉＝2.047(m^3)
1.3	B-1(3)/〈1＋1800,D－2250〉	体积＝16.2〈原始面积〉×0.2〈厚度〉－0.492〈梁〉－0.012〈非构造柱〉＝2.736(m^3)
1.4	B-1(4)/〈1＋1800,C－700〉	体积＝5.04〈原始面积〉×0.2〈厚度〉－0.283〈梁〉－0.004〈非构造柱〉＝0.721(m^3)
1.5	B-1(5)/〈3－1200,C－700〉	体积＝4.2〈原始面积〉×0.2〈厚度〉－0.241〈梁〉－0.005〈非构造柱〉＝0.594(m^3)
1.6	B-1(6)/〈1＋1800,B－2400〉	体积＝17.28〈原始面积〉×0.2〈厚度〉－0.51〈梁〉－0.008〈非构造柱〉＝2.938(m^3)
1.7	B-1(7)/〈3－1200,B－2400〉	体积＝14.4〈原始面积〉×0.2〈厚度〉－0.444〈梁〉－0.004〈非构造柱〉＝2.432(m^3)
1.8	B-1(8)/〈5－800,B－2400〉	体积＝20.16〈原始面积〉×0.2〈厚度〉－0.428〈梁〉－0.008〈非构造柱〉＝3.596(m^3)
1.9	B-1(9)/〈5－800,C－700〉	体积＝5.88〈原始面积〉×0.2〈厚度〉－0.201〈梁〉－0.01〈非构造柱〉＝0.965(m^3)
1.10	B-1(10)/〈4＋1300,D＋150〉	体积＝8.64〈原始面积〉×0.2〈厚度〉－0.353〈梁〉－0.035〈非构造柱〉＝1.34(m^3)
1.11	B-1(11)/〈4＋1300,C＋1650〉	体积＝10.56〈原始面积〉×0.2〈厚度〉－0.376〈梁〉－0.012〈非构造柱〉＝1.724(m^3)
1.12	B-1(12)/〈8－1300,C＋1650〉	体积＝10.56〈原始面积〉×0.2〈厚度〉－0.376〈梁〉－0.012〈非构造柱〉＝1.724(m^3)
1.13	B-1(13)/〈8－1300,D＋150〉	体积＝8.64〈原始面积〉×0.2〈厚度〉－0.353〈梁〉－0.035〈非构造柱〉＝1.34(m^3)
1.14	B-1(14)/〈7＋800,C－700〉	体积＝5.88〈原始面积〉×0.2〈厚度〉－0.201〈梁〉－0.01〈非构造柱〉＝0.965(m^3)
1.15	B-1(15)/〈7＋800,B－2400〉	体积＝20.16〈原始面积〉×0.2〈厚度〉－0.428〈梁〉－0.008〈非构造柱〉＝3.596(m^3)
1.16	B-1(16)/〈9＋1200,B－2400〉	体积＝14.4〈原始面积〉×0.2〈厚度〉－0.444〈梁〉－0.004〈非构造柱〉＝2.432(m^3)
1.17	B-1(17)/〈10＋1800,B－2400〉	体积＝17.28〈原始面积〉×0.2〈厚度〉－0.51〈梁〉－0.008〈非构造柱〉＝2.938(m^3)

续表

序号	构件名称/构件位置	工程量计算式
1.18	B-1(18)/〈9+1200,C−700〉	体积＝4.2〈原始面积〉×0.2〈厚度〉−0.241〈梁〉−0.005〈非构造柱〉＝0.594(m^3)
1.19	B-1(19)/〈10+1800,C−700〉	体积＝5.04〈原始面积〉×0.2〈厚度〉−0.283〈梁〉−0.004〈非构造柱〉＝0.721(m^3)
1.20	B-1(20)/〈10+1800,D−2250〉	体积＝16.2〈原始面积〉×0.2〈厚度〉−0.492〈梁〉−0.012〈非构造柱〉＝2.736(m^3)
1.21	B-1(21)/〈9+1350,D−2250〉	体积＝12.15〈原始面积〉×0.2〈厚度〉−0.383〈梁〉＝2.047(m^3)
1.22	B-1(22)/〈9+1350,E−750〉	体积＝4.05〈原始面积〉×0.2〈厚度〉−0.098〈梁〉＝0.712(m^3)
2	B-2,H＝120	体积＝25.211〈二层〉m^3
2.1	B-2(1)/〈1+1800,D−2250〉	体积＝16.2〈原始面积〉×0.12〈厚度〉−0.295〈梁〉−0.007〈非构造柱〉＝1.642(m^3)
2.2	B-2(2)/〈2+1350,D−1350〉	体积＝7.29〈原始面积〉×0.12〈厚度〉−0.169〈梁〉＝0.706(m^3)
2.3	B-2(3)/〈2+1350,C+900〉	体积＝4.86〈原始面积〉×0.12〈厚度〉−0.134〈梁〉＝0.449(m^3)
2.4	B-2(4)/〈4+1300,D+150〉	体积＝8.64〈原始面积〉×0.12〈厚度〉−0.212〈梁〉−0.021〈非构造柱〉＝0.804(m^3)
2.5	B-2(5)/〈4+1300,C+1650〉	体积＝10.56〈原始面积〉×0.12〈厚度〉−0.225〈梁〉−0.007〈非构造柱〉＝1.035(m^3)
2.6	B-2(6)/〈1+1800,C−700〉	体积＝5.04〈原始面积〉×0.12〈厚度〉−0.16〈梁〉−0.002〈非构造柱〉＝0.442(m^3)
2.7	B-2(7)/〈1+1800,B−2400〉	体积＝17.28〈原始面积〉×0.12〈厚度〉−0.296〈梁〉−0.005〈非构造柱〉＝1.773(m^3)
2.8	B-2(8)/〈3−1200,B−2400〉	体积＝14.4〈原始面积〉×0.12〈厚度〉−0.258〈梁〉−0.002〈非构造柱〉＝1.467(m^3)
2.9	B-2(9)/〈3−1200,C−700〉	体积＝4.2〈原始面积〉×0.12〈厚度〉−0.136〈梁〉−0.003〈非构造柱〉＝0.365(m^3)
2.10	B-2(10)/〈5−800,B−1700〉	体积＝26.04〈原始面积〉×0.12〈厚度〉−0.378〈梁〉−0.011〈非构造柱〉＝2.736(m^3)
2.11	B-2(11)/〈2+1350,E−750〉	体积＝4.05〈原始面积〉×0.12〈厚度〉−0.059〈梁〉＝0.427(m^3)
2.12	B-2(12)/〈7+800,B−1700〉	体积＝26.04〈原始面积〉×0.12〈厚度〉−0.378〈梁〉−0.011〈非构造柱〉＝2.736(m^3)
2.13	B-2(13)/〈9+1200,B−2400〉	体积＝14.4〈原始面积〉×0.12〈厚度〉−0.266〈梁〉−0.002〈非构造柱〉＝1.459(m^3)
2.14	B-2(14)/〈10+1800,B−2400〉	体积＝17.28〈原始面积〉×0.12〈厚度〉−0.306〈梁〉−0.005〈非构造柱〉＝1.763(m^3)
2.15	B-2(15)/〈9+1200,C−700〉	体积＝4.2〈原始面积〉×0.12〈厚度〉−0.144〈梁〉−0.003〈非构造柱〉＝0.356(m^3)
2.16	B-2(16)/〈10+1800,C−700〉	体积＝5.04〈原始面积〉×0.12〈厚度〉−0.17〈梁〉−0.002〈非构造柱〉＝0.433(m^3)
2.17	B-2(17)/〈9+1350,C+900〉	体积＝4.86〈原始面积〉×0.12〈厚度〉−0.134〈梁〉＝0.449(m^3)
2.18	B-2(18)/〈8−1300,C+1650〉	体积＝10.56〈原始面积〉×0.12〈厚度〉−0.225〈梁〉−0.007〈非构造柱〉＝1.035(m^3)
2.19	B-2(19)/〈8−1300,D+150〉	体积＝8.64〈原始面积〉×0.12〈厚度〉−0.212〈梁〉−0.021〈非构造柱〉＝0.804(m^3)
2.20	B-2(20)/〈10+1800,D−2250〉	体积＝16.2〈原始面积〉×0.12〈厚度〉−0.295〈梁〉−0.007〈非构造柱〉＝1.642(m^3)
2.21	B-2(21)/〈9+1350,D−1350〉	体积＝7.29〈原始面积〉×0.12〈厚度〉−0.169〈梁〉＝0.706(m^3)
2.22	B-2(22)/〈9+1350,E−750〉	体积＝4.05〈原始面积〉×0.12〈厚度〉−0.059〈梁〉＝0.427(m^3)
2.23	B-2(23)/〈6,D−1500〉	体积＝15.6〈原始面积〉×0.12〈厚度〉−0.307〈梁〉−0.009〈非构造柱〉＝1.556(m^3)
	栏板	
1	LB-1	体积＝0.546m^3
1.1	〈9,E+90〉,〈10+90,E+90〉	体积＝0.066〈截面面积〉×2.67〈中心线长度〉＝0.176(m^3)

续表

序号	构件名称/构件位置	工程量计算式
1.2	〈10+90,E+90〉,〈10+90,D〉	体积=0.066〈截面面积〉×1.47〈中心线长度〉=0.097(m^3)
1.3	〈2−90,D〉,〈2−90,E+90〉	体积=0.066〈截面面积〉×1.47〈中心线长度〉=0.097(m^3)
1.4	〈2−90,E+90〉,〈3,E+90〉	体积=0.066〈截面面积〉×2.67〈中心线长度〉=0.176(m^3)
2	LB-2	体积=0.613m^3
2.1	〈4−90,A〉,〈4−90,A−1110〉	体积=0.059〈截面面积〉×0.99〈中心线长度〉=0.059(m^3)
2.2	〈4−90,A−1110〉,〈6,A−1110〉	体积=0.059〈截面面积〉×4.17〈中心线长度〉=0.248(m^3)
2.3	〈8+90,A−1110〉,〈8+90,A〉	体积=0.059〈截面面积〉×0.99〈中心线长度〉=0.059(m^3)
2.4	〈6,A−1110〉,〈8+90,A−1110〉	体积=0.059〈截面面积〉×4.17〈中心线长度〉=0.248(m^3)
	雨篷	
1	YP-1,YP-2	体积=0.07〈YP-1〉+0.51〈YP-2〉=0.58(m^3)
1.1	YP-1〈6,E+450〉	体积=1.17〈面积〉×0.06〈厚度〉=0.07(m^3)
1.2	YP-2〈6,A−555〉	体积=8.494〈面积〉×0.06〈厚度〉=0.51(m^3)
	阳台	
1	YT-1	板体积=0.484〈YT-1〉(m^3)
1.1	YT-1(1)/〈5−800,A−540〉	板体积=4.032〈板面积〉×0.06〈厚度〉=0.242(m^3)
1.2	YT-1(2)/〈7+800,A−540〉	板体积=4.032〈板面积〉×0.06〈厚度〉=0.242(m^3)
	楼梯	
1	LT-1	投影面积=13.594m^2
1.1	LT-1(1)/〈6,D−1500〉	投影面积=13.594m^2
	散水	
1	SS-1	面积=55.328m^2
1.1	SS-1(1)/〈4+1050,E+520〉	面积=23.664〈面积〉−2.08〈台阶〉=21.584(m^2)
1.2	SS-1(2)/〈6,A−520〉	面积=33.744〈面积〉=33.744(m^2)
	屋面混凝土板	
1	30厚300×300混凝土板	253.492〈面积〉×0.3=76.05(m^2)
	屋面防水卷材	防水面积=253.492(m^2)
1	屋面防水卷材	253.492〈面积〉m^2
	屋面排水管	30.4m
1	雨水管	(7.6)×4=30.4(m)
	保温隔热屋面	43.09m^3
1	保温隔热屋面	253.492〈面积〉×0.17=43.09(m^3)
	楼地面	
1	水泥砂浆地面	196.31+20.96+173.52=386.24(m^2)

续表

序号	构件名称/构件位置	工程量计算式
1.1	首层其他〈1+1800,D−2250〉,〈2−300,B−2400〉〈6,B−2400〉,〈10+300,B−2400〉,〈10+1800,D−2250〉,〈6,C−700〉,〈4+1300,D−1500〉,〈8−1300,D−1500〉,〈6,D−1500〉	14.314+29.002+37.21+29.002+14.314+24.778+17.05+17.05+13.594=196.31(m²)
1.2	首层卫生间〈2+1350,D−2250〉,〈9+1350,D−2250〉	10.48+10.48=20.959(m²)
1.3	二层其他〈1+1800,D−2100〉,〈1+1800,B−2400〉,〈3−1200,B−2400〉,〈4−75,C+950〉,〈8+75,C+950〉,〈10+1800,D−2100〉,〈10+1800,B−2400〉,〈9+1200,B−2400〉,〈6,D−1500〉	13.639+15.322+12.586+38.416+38.416+13.639+15.322+12.586+13.594=173.516(m²)
2	陶瓷地面	40.801m²
2.1	〈2+1350,D−1350〉,〈2+1350,C+900〉,〈1+1125,C−550〉,〈4+1300,D+150〉,〈8−1300,D+150〉,〈9+1350,D−1350〉,〈9+1350,C+900〉,〈11−1125,C−550〉	6.199+3.985+2.935+7.282+7.282+6.199+3.985+2.935=40.801(m²)
3	水泥砂浆踢脚线	24.585m²
3.1	二层其他水泥砂浆踢脚线	[15.24〈内墙皮长度〉×0.15〈踢脚高度〉−0.135〈门窗洞口〉+0.027〈门窗侧壁〉]+[15.84〈块料长度〉×0.15〈踢脚高度〉−0.255〈门窗洞口〉+0.063〈门窗侧壁〉]+[14.64〈块料长度〉×0.15〈踢脚高度〉−0.135〈门窗洞口〉+0.027〈门窗侧壁〉]+[35.14〈内墙皮长度〉×0.15〈踢脚高度〉+0.246〈柱〉−1.013〈门窗洞口〉+0.207〈门窗侧壁〉]+[35.14〈内墙皮长度〉×0.15〈踢脚高度〉+0.246〈柱〉−1.013〈门窗洞口〉+0.207〈门窗侧壁〉]+[15.24〈块料长度〉×0.15〈踢脚高度〉−0.135〈门窗洞口〉+0.027〈门窗侧壁〉]+[15.84〈块料长度〉×0.15〈踢脚高度〉−0.255〈门窗洞口〉+0.063〈门窗侧壁〉]+[14.64〈内墙皮长度〉×0.15〈踢脚高度〉−0.135〈门窗洞口〉+0.027〈门窗侧壁〉]+[16.24〈块料长度〉×0.15〈踢脚高度〉+0.039〈柱〉−0.285〈门窗洞口〉+0.072〈门窗侧壁〉]=24.585(m²)
4	陶瓷踢脚线	26.799+13.83=40.629(m²)
4.1	首层	[15.24〈内墙皮长度〉×0.15〈踢脚高度〉−0.15〈门窗洞口〉+0.036〈门窗侧壁〉]+[21.84〈内墙皮长度〉×0.15〈踢脚高度〉−0.3〈门窗洞口〉+0.072〈门窗侧壁〉]+[25.44〈内墙皮长度〉×0.15〈踢脚高度〉+0.078〈柱〉−0.3〈门窗洞口〉+0.072〈门窗侧壁〉]+[21.84〈内墙皮长度〉×0.15〈踢脚高度〉−0.3〈门窗洞口〉+0.072〈门窗侧壁〉]+[15.24〈内墙皮长度〉×0.15〈踢脚高度〉−0.15〈门窗洞口〉+0.036〈门窗侧壁〉]+[45.04〈内墙皮长度〉×0.15〈踢脚高度〉+0.195〈柱〉−2.055〈门窗洞口〉+0.486〈门窗侧壁〉]+[17.44〈内墙皮长度〉×0.15〈踢脚高度〉+0.117〈柱〉−0.15〈门窗洞口〉+0.036〈门窗侧壁〉]+[17.44〈内墙皮长度〉×0.15〈踢脚高度〉+0.117〈柱〉−0.15〈门窗洞口〉+0.036〈门窗侧壁〉]+[16.24〈内墙皮长度〉×0.15〈踢脚高度〉+0.039〈柱〉−0.51〈门窗洞口〉+0.108〈门窗侧壁〉]=26.799(m²)

续表

序号	构件名称/构件位置	工程量计算式
4.2	厨卫	[9.96〈内墙皮长度〉×0.15〈踢脚高度〉－0.12〈门窗洞口〉＋0.018〈门窗侧壁〉]＋[8.16〈内墙皮长度〉×0.15〈踢脚高度〉－0.255〈门窗洞口〉＋0.045〈门窗侧壁〉]＋[6.94〈内墙皮长度〉×0.15〈踢脚高度〉－0.12〈门窗洞口〉＋0.036〈门窗侧壁〉]＋[10.84〈块料长度〉×0.15〈踢脚高度〉＋0.078〈柱〉－0.24〈门窗洞口〉＋0.072〈门窗侧壁〉]＋[10.84〈块料长度〉×0.15〈踢脚高度〉＋0.078〈柱〉－0.24〈门窗洞口〉＋0.072〈门窗侧壁〉]＋[9.96〈块料长度〉×0.15〈踢脚高度〉－0.12〈门窗洞口〉＋0.018〈门窗侧壁〉]＋[8.16〈块料长度〉×0.15〈踢脚高度〉－0.255〈门窗洞口〉＋0.045〈门窗侧壁〉]＋[6.94〈块料长度〉×0.15〈踢脚高度〉－0.12〈门窗洞口〉＋0.036〈门窗侧壁〉]＋26.88×0.15＝13.83(m^2)
5	水泥砂浆台阶面	2.808m^2
	墙柱面	
1	抹灰内墙面	565.722＋488.944＝1054.67(m^2)
1.1	首层混合砂浆内墙面抹灰、涂料	[15.24〈长度〉×3.4〈高度〉－5.7〈门窗洞口〉]＋[21.84〈长度〉×3.4〈高度〉－17.334〈门窗洞口〉]＋[25.44〈长度〉×3.4〈高度〉＋1.768〈柱〉－20.48〈门窗洞口〉]＋[21.84〈长度〉×3.4〈高度〉－17.334〈门窗洞口〉]＋[15.24〈长度〉×3.4〈高度〉－5.7〈门窗洞口〉]＋[45.04〈长度〉×3.4〈高度〉＋4.42〈柱〉－31.65〈门窗洞口〉]＋[17.44〈长度〉×3.4〈高度〉＋2.652〈柱〉－5.1〈门窗洞口〉]＋[17.44〈长度〉×3.4〈高度〉＋2.652〈柱〉－5.1〈门窗洞口〉]＋[16.24〈长度〉×3.6〈高度〉＋0.936〈柱〉－7.14〈门窗洞口〉]＝565.722(m^2)
1.2	二层混合砂浆内墙面抹灰、涂料	[15.24〈长度〉×2.88〈高度〉－4.77〈门窗洞口〉]＋[15.84〈长度〉×2.88〈高度〉－6.45〈门窗洞口〉]＋[14.64〈长度〉×2.88〈高度〉－4.77〈门窗洞口〉]＋[35.14〈长度〉×2.88〈高度〉＋4.723〈柱〉－17.215〈门窗洞口〉]＋[35.14〈长度〉×2.88〈高度〉＋4.723〈柱〉－17.215〈门窗洞口〉]＋[15.24〈长度〉×2.88〈高度〉－4.77〈门窗洞口〉]＋[15.84〈长度〉×2.88〈高度〉－6.45〈门窗洞口〉]＋[14.64〈长度〉×2.88〈高度〉－4.77〈门窗洞口〉]＋16.24〈长度〉×2.88〈高度〉＋0.749〈柱〉－5.67〈门窗洞口〉＋[21.946＋16.358]＝488.944(m^2)
2	陶瓷锦砖内墙面	85.266＋171.119＝256.39(m^2)
2.1	首层陶瓷锦砖内墙面	[13.44〈长度〉×3.4〈高度〉－4.29〈门窗洞口〉＋1.227〈门窗侧壁〉]＋[13.44〈长度〉×3.4〈高度〉－4.29〈门窗洞口〉＋1.227〈门窗侧壁〉]＝85.266(m^2)
2.2	二层陶瓷锦砖内墙面	[9.96〈长度〉×2.73〈高度〉－4.92〈门窗洞口〉＋1.254〈门窗侧壁〉]＋[8.16〈长度〉×2.73〈高度〉－4.755〈门窗洞口〉＋1.014〈门窗侧壁〉]＋[6.94〈长度〉×2.73〈高度〉－3〈门窗洞口〉＋1.164〈门窗侧壁〉]＋[10.84〈长度〉×2.73〈高度〉＋1.42〈柱〉－7.12〈门窗洞口〉＋2.496〈门窗侧壁〉]＋[10.84〈长度〉×2.73〈高度〉＋1.42〈柱〉－7.12〈门窗洞口〉＋2.496〈门窗侧壁〉]＋[9.96〈长度〉×2.73〈高度〉－4.92〈门窗洞口〉＋1.254〈门窗侧壁〉]＋[8.16〈长度〉×2.73〈高度〉－4.755〈门窗洞口〉＋1.014〈门窗侧壁〉]＋[6.94〈长度〉×2.73〈高度〉－3〈门窗洞口〉＋1.164〈门窗侧壁〉]＝171.119(m^2)

续表

序号	构件名称/构件位置	工程量计算式
3	抹灰外墙面	22.986＋236.344＋184.96＝444.29(m^2)
3.1	外墙抹灰、涂料	(9.72×1.25)＋(4.2×1.29×2)＝22.986(m^2)
3.2	外墙抹灰、仿石面砖	3.9×(21.84＋12.6＋12.44×2)＋9.24×7.6－(5.97×2.2＋3.7×2.2＋1.8×2＋1.5×2＋1.2×2＋0.9×1.6)×2－1.5×1.2＝236.344(m^2)
3.3	外墙抹灰、面砖	4×(21.84＋7.2＋12.44×2)－(1.8×1.6×3＋2.4×2.2＋0.9×1.6)×2＝184.96(m^2)
1	天棚抹灰	462.09(m^2)
1.1	雨篷天棚抹灰	1.17(m^2)
1.2	阳台天棚抹灰	8.494(m^2)
1.3	天棚抹灰	452.43(m^2)
	门窗工程	
	门	
1	M-1	1 樘　1.5×2.1×1＝3.15(m^2)
2	M-2	6 樘　0.8×2.1×6＝10.08(m^2)
3	M-4	4 樘　0.95×2.1×4＝7.98(m^2)
4	M-5	10 樘　0.9×2.1×10＝18.9(m^2)
5	M-6	10 樘　1.0×2.1×10＝21(m^2)
6	M-7	2 樘　0.8×2.1×2＝3.36(m^2)
7	MC-11 〈5－688,A〉,〈7＋1010,A〉	2 樘　2.4×2.2×2＝10.56(m^2)
	窗	
1	C-1	4 樘　1.8×1.6×4＝11.52(m^2)
2	C-2	2 樘　1.5×1.6×2＝4.8(m^2)
3	C-3	2 樘　1.2×1.6×2＝3.84(m^2)
4	C-4	4 樘　0.9×1.6×4＝5.76(m^2)
5	C-5	2 樘　1.0×1.6×2＝3.2(m^2)
6	C-6	2 樘　0.9×1.6×2＝2.88(m^2)
7	C-7	1 樘　1.2×1.4×1＝1.68(m^2)
8	C-8	2 樘　1.8×2.0×2＝7.2(m^2)
9	C-9	2 樘　1.5×2.0×2＝6(m^2)
10	C-10	2 樘　1.2×2.0×2＝4.8(m^2)
11	C-11	2 樘　1.8×1.6×2＝5.76(m^2)
12	QBC-1	2 樘　(6.6－0.5×2)×(3.6－0.5－0.9)＝12.32(m^2)
13	QBC-2	2 樘　(4.2－0.5)×2×(3.6－0.5－0.9)＝16.28(m^2)

表 6-17　钢筋计算汇总表

楼层名称:首层				钢筋总重:1376.489kg					
筋号	级别	直径	钢筋图形	计算公式	根数	总根数	单长/m	总长/m	总重/kg
构件名称:KL-1[1]			构件数量:1		本构件钢筋重:101.249kg				
构件位置:〈1+30,D−30〉,〈3+30,D−30〉									
1. 跨中筋 1	一级	16	240 6750 240	500−25+15×d+5800+500−25+15×d	2	2	7.23	14.46	22.823
1. 下部钢筋 1	一级	16	240 6750 240	500−25+15×d+5800+500−25+15×d	2	2	7.23	14.46	22.823
1. 侧面构造筋 1	一级	12	6160	15×d+5800+15×d	2	2	6.16	12.32	10.938
1. 箍筋 1	一级	8	450 250	2×[(300−2×25)+(500−2×25)]+2×(11.9×d)+(8×d)	64	64	1.65	105.86	41.769
1. 拉筋 1	一级	6	250	(300−2×25)+2×(75+1.9×d)+(2×d)	30	30	0.44	13.05	2.897
构件名称:DJ-1[1]			构件数量:13		本构件钢筋重:13.817kg				
构件位置:〈1+30,C〉;〈1+130,A+130〉;〈4,A+130〉;〈8,A+130〉;〈6,A+130〉;〈3+130,E−130〉;〈3+130,D−130〉;〈5,E−130〉;〈7,E−130〉;〈9−130,E−130〉;〈9−130,D−130〉;〈3+130,C〉;〈9−130,C〉									
横向底筋 1	一级	10	1120	1200−2×40+12.5×d	9	117	1.25	145.67	89.808
纵向底筋 1	一级	10	1120	1200−2×40+12.5×d	9	117	1.25	145.67	89.808
构件名称:B-1-1[12]			构件数量:1		本构件钢筋重:499.127kg				
构件位置:〈1+30,B−1959〉,〈11−30,B−1959〉									
SLJ-1[1].1	一级	8	21540	21240+max(300/2,5×d)+max(300/2,5×d)+12.5×d+480	56	56	22.1	1238.72	488.781
SLJ-1[1].2	一级	8	8400	8100+max(300/2,5×d)+max(300/2,5×d)+12.5×d+240	3	3	8.74	26.22	10.346
构件名称:KZ-1[1]			构件数量:10		本构件钢筋重:252.47kg				
构件位置:〈1+130,D−130〉;〈3+130,E−130〉;〈3+130,D−130〉;〈1+130,C〉;〈1+130,A+130〉;〈4,A+130〉;〈6,A+130〉;〈8,A+130〉;〈9−130,D−130〉;〈9−130,E−130〉									
全部纵筋 1	二级	25	3733	4600−4100/3+max(2500/6,500,500)	12	120	3.73	447.96	1726.158
箍筋 1	一级	8	440 440	2×[(500−2×30)+(500−2×30)]+2×(11.9×d)+(8×d)	41	410	2.01	825.74	325.825
箍筋 2	一级	8	440 163	2×[(500−2×30−25)/3×1+25)+(500−2×30)]+2×(11.9×d)+(8×d)	82	820	1.46	1198.02	472.721

小　结

本章介绍了工程量清单及计价有关知识，介绍了工程量清单及计价的概念；工程量清单计价规范的内容；建筑工程工程量计算规则及计算方法；装饰工程工程量计算规则及计算方法；工程量清单及计价的编制。

思　考　题

1. 平整场地、挖基础土方、回填土的工程量怎样计算？各自的项目编码是什么？

2. 砖混结构的砖墙长度怎样计算？在计算砖墙工程量时哪些体积应扣除，哪些体积不扣除，哪些体积不增加？框架结构的砌体工程量怎样计算？

3. 柱高及梁长各怎样计算？现浇混凝土梁、柱工程量各怎样计算？

4. 区别现浇混凝土有梁板、无梁板、平板。工程量怎样计算？

5. 现浇混凝土扶手、压顶、台阶、门框、垫块、散水、坡道的工程量怎样计算？各执行什么项目编码？

6. 屋面找平层、找坡层、保温层、防水层、保护层怎样编列项目编码？并根据计价规范查出相关项目编码。

7. 水泥砂浆踢脚线和花岗石踢脚线各怎样计算工程量？

8. 墙面抹灰、墙面镶贴块料的工程量各怎样计算？

9. 什么是“零星抹灰”和“零星镶贴块料”？工程量怎样计算，项目编码是多少？

10. 顶棚抹灰和顶棚吊顶的工程量各怎样计算？项目编码是多少？

11. 实木装饰门、铝合金窗、金属卷闸门的工程量各怎样计算？项目编码是多少？

12. 什么是工程量清单？工程量清单由几部分组成，各包括哪些内容？

13. 脚手架、施工电梯、甲方采购供应材料（即甲方供料）、基础开挖挡土板，各应列入什么清单的什么项目？

14. 分部分项工程费包括哪些内容？如何计算？

15. 什么是综合单价？计算依据有哪些？如何确定综合单价？

16. 什么是措施项目费、其他项目费和规费、税金？包括哪些内容？如何计算？

实训课题

完成某工程工程量清单及计价的编制，采取专用周的形式，时间为1周。内容包括以下。

① 清单工程量计算；

② 工程量清单的编制；

③ 综合单价的计算；

④ 工程量清单计价的编制。

第七章 工程结算

知识目标

- 了解竣工结算、工程预付款与进度款支付的概念
- 理解工程结算的方式、工程变更的内容及索赔程序
- 掌握工程变更价款的确定方法和索赔费用的计算方法

能力目标

- 能解释工程结算各个阶段（预付款、进度款、竣工结算和维修保证金）的含义
- 能操作工程变更价款的确定和索赔费用的计算
- 能处理合同索赔工作

知识链接

- 财政部、原建设部《建设工程价款结算暂行办法》（财建［2004］369号文）

第一节 工程价款结算

一、工程结算的概念

工程结算是指承包商在工程实施过程中，依据承发包合同中关于工程付款条款的规定和已经完成的工程量，按照约定程序进行的工程预付款、工程进度款、工程价款结算活动。

从事工程结算活动，应该遵循合法、平等、诚信的原则进行，应该符合国家有关法律、法规和政策规定。

工程结算款是工程项目承发包中一项非常重要的工作，它是工程建设能够顺利进行的重要保证，也是反映工程项目进展情况的重要指标。由于建设项目生产周期一般都比较长，资金需求量比较大，只有及时结算工程价款，才能保证工程项目顺利实施。在施工过程中，根据已经结算的工程价款占工程总价款的比例，能够近似地反映工程进度情况，有利于掌握工程总体进度状况。

二、工程结算的方式

根据财政部、原建设部《建设工程价款结算暂行办法》（财建［2004］369号文）之规定，工程价款的结算方式主要有按月结算和分段结算两种方式。承发包双方采取何种结算方式，在合同中应该写明。在实际工程中工程款结算可以采取以下方式进行。

（1）按月结算与支付　即实行旬末或月中支付进度款，月末结算，竣工后清算的办法。合同工期在两个年度以上的工程，在年终进行工程盘点，办理年度结算。我国现行的建筑安装工程价款结算中，大多数工程实行这种结算方式。

（2）分段结算与支付　即当年开工，当年不能竣工的工程，按照工程形象进度，划分不同阶段支付工程进度款（具体划分在合同中明确）。分段结算也可以按月预支工程款。

（3）竣工后一次结算与支付　建设项目或单项工程全部建筑安装工程建设期在12个月以内，或者工程承包合同价值在100万元以下的，可以实行工程价款每月月中预支，竣工后一次结算的方式。

三、工程预付款与进度款的支付

1. 工程预付款的结算

工程预付款是指实行包工包料的工程，施工企业在承包工程过程中，需要一定数量的备料周转金，称为工程预付款（也称预付备料款）。采用按月结算方式时，建设单位一般按照合同约定，在工程开工前拨付给施工单位一定数额的备料周转资金，以便承包单位提前储备材料和订购构配件。实行工程预付款的工程项目，合同双方应在施工合同中约定工程预付款的金额、扣回的办法、起扣点。

（1）预收工程款的数额　工程预付款以工程当年施工正常储备需要为原则确定数额。一般取决于主要材料及构配件占工程总造价的比重，材料储备期、施工期和承包方式等因素。

施工企业常年应储备的备料款限额，可按下式计算：

$$备料款数额=\frac{年度承包工程总值\times 主要材料占合同价的比例}{年度施工日历天数}\times 材料储备天数 \quad (7\text{-}1)$$

合同双方可以在合同中约定工程预付款的数额、起扣点以及扣回办法。

《建设工程价款结算暂行办法》指出，原则上工程预付款的预付比例不低于合同金额的10%，不高于合同金额的30%，对重大工程项目，按年度工程计划逐年预付。

一般建筑工程，备料款额度一般不超过当年建筑工作量（包括水、电、暖）的30%，安装工程按年安装工作量的10%；材料占合同价比重较多的安装工程按年计划产值的15%左右拨付。

采用包工不包料的工程，材料全部由建设单位提供，可以不预付备料款。

（2）预付工程款的支付时限　在具备施工条件的前提下，发包人应在双方签订合同后的一个月内或不迟于约定的开工日期前的7天内预付工程款，发包人不按约定预付，承包人应在预付时间到期后10天内向发包人发出要求预付的通知，发包人收到通知后仍不按要求预付，承包人可在发出通知14天后停止施工，发包人应从约定应付之日起向承包人支付应付款的利息（利率按同期银行贷款利率计），并承担违约责任。

（3）预付工程款的扣回　预付的工程款必须在合同中约定抵扣方式，并在工程进度款中进行抵扣。预付备料款的扣还方式如下。

① 可以从未施工工程尚需的主要材料及构件的价值相当于备料款数额时起扣，从每次进度结算款中，按照材料比重扣抵工程价款，竣工前全部扣清。

预付备料款的起扣点按照以下公式计算：

$$开始扣回预付备料款时的工程价值=年度承包工程合同价-\frac{预付备料款}{主要材料占年度合同价的比重} \quad (7\text{-}2)$$

其中开始扣回预付备料款时的工程价值即为开始扣回预付备料款时累计完成工程量金额。

当已完工程超过开始扣回预付备料款时的工程价值时，就要从每次结算工程价款中陆续扣回预付备料款。每次应该扣回的数额按照以下方法计算：

$$\begin{aligned}第一次应扣回预付备料款=&（累计已完工程价值-开始扣回预付备料款时的价值）\\&\times 主要材料费占工程价值的比重\end{aligned} \quad (7\text{-}3)$$

以后各次应扣回预付备料款＝每次结算的已完工程价值×主要材料费占工程价值的比重 (7-4)

在实际的工程结算中，对工期较短的工程，不需要分期扣回。对跨年度工程，预计次年承包工程价值大于或相当于当年承包工程价值时，可以不扣回当年的预付备料款；如果小于当年承包工程价值时，应按实际承包工程价值进行调整，在当年扣回部分预付备料款，并将未扣回部分转入次年，直到竣工年度，再按上述方法扣回。

② 建设部《招标文件示范文本》中规定，在承包方完成金额累计达到合同总价的10%后，由承包方开始向发包方开始还款，发包方从每次应付给承包方的金额中扣回工程预付款，发包方至少在合同规定的完工期前三个月将工程预付款的总计金额按照逐次分摊的方法扣回。

2. 工程进度款的支付

根据财政部、建设部《建设工程价款结算暂行办法》(财建［2004］369号文)，工程进度款的结算与支付应该符合以下规定。

(1) 工程进度款结算方式

① 按月结算与支付。即实行按月支付进度款，竣工后清算的办法。合同工期在两个年度以上的工程，在年终进行工程盘点，办理年度结算。

② 分段结算与支付。即当年开工、当年不能竣工的工程按照工程形象进度，划分不同阶段支付工程进度款。具体划分在合同中明确。

(2) 工程量的计算

① 承包人应当按照合同约定的方法和时间，向发包人提交已完工程量的报告。发包人接到报告后14天内核实已完工程量，并在核实前1天通知承包人，承包人应提供条件并派人参加核实，承包人收到通知后不参加核实，以发包人核实的工程量作为工程价款支付的依据。发包人不按约定时间通知承包人，致使承包人未能参加核实，核实结果无效。

② 发包人收到承包人报告后14天内未核实完工程量，从第15天起，承包人报告的工程量即视为被确认，作为工程价款支付的依据。双方合同另有约定的，按合同执行。

③ 对承包人超出设计图纸(含设计变更)范围和因承包人原因造成返工的工程量，发包人不予计量。

(3) 工程进度款支付

① 根据确定的工程计量结果，承包人向发包人提出支付工程进度款申请，14天内，发包人应按不低于工程价款的60%，不高于工程价款的90%向承包人支付工程进度款。按约定时间发包人应扣回的预付款，与工程进度款同期结算抵扣。工程预付款通常是在剩余工程款中的材料费等于预付工程款时开始抵扣(即“起扣点”)。

② 发包人超过约定的支付时间不支付工程进度款，承包人应及时向发包人发出要求付款的通知，发包人收到承包人通知后仍不能按要求付款，可与承包人协商签订延期付款协议，经承包人同意后可延期支付，协议应明确延期支付的时间和从工程计量结果确认后第15天起计算应付款的利息(利率按同期银行贷款利率计)。

③ 发包人不按合同约定支付工程进度款，双方又未达成延期付款协议，导致施工无法进行，承包人可停止施工，由发包人承担违约责任。

四、竣工结算

1. 竣工结算的概念

竣工结算是指施工企业按照合同规定完成承包的所有工程内容后，经验收质量合格，符合合同要求后，向发包单位进行的最终工程价款结算。竣工结算一般由施工单位编制，建设单位审核同意后，按照合同约定签字盖章认可，最后通过银行办理工程价款结算。工程竣工结算分为单位工程竣工结算、单项工程竣工结算和建设项目竣工总结算。

2. 竣工结算的编制依据

① 工程施工合同或施工协议书。

② 招标文件、投标文件。

③ 工程竣工资料（包括设计变更、各种技术签证、费用签证等）。工程竣工报告及工程验收单是编制竣工结算的首要条件，未竣工的工程，或虽竣工但未验收的工程，均不能进行竣工结算。

④ 竣工图纸。

⑤ 计价规范。

⑥ 国家及当地现行的有关计价法律、法规和政策。（包括国家及当地现行的概预算定额，材料预算价格，费用定额及有关文件规定，解释说明等）。

3. 竣工结算的有关规定

(1) 工程竣工结算编审　单位工程竣工结算由承包人编制，发包人审查；实行总承包的工程，由具体承包人编制，在总包人审查的基础上，发包人审查。

单项工程竣工结算或建设项目竣工总结算由总（承）包人编制，发包人可直接进行审查，也可以委托具有相应资质的工程造价咨询机构进行审查。政府投资项目，由同级财政部门审查。单项工程竣工结算或建设项目竣工总结算经发、承包人签字盖章后有效。

承包人应在合同约定期限内完成项目竣工结算编制工作，未在规定期限内完成的并且提不出正当理由延期的，责任自负。

(2) 工程竣工结算审查期限　单项工程竣工后，承包人应在提交竣工验收报告的同时，向发包人递交竣工结算报告及完整的结算资料，发包人应按以下规定时限进行核对（审查）并提出审查意见。

工程竣工结算报告金额审查时间有如下规定。

500 万元以下，从接到竣工结算报告和完整的竣工结算资料之日起 20 天；

500 万元～2000 万元，从接到竣工结算报告和完整的竣工结算资料之日起 30 天；

2000 万元～5000 万元，从接到竣工结算报告和完整的竣工结算资料之日起 45 天；

5000 万元以上，从接到竣工结算报告和完整的竣工结算资料之日起 60 天。

建设项目竣工总结算在最后一个单项工程竣工结算审查确认后 15 天内汇总，送发包人后 30 天内审查完成。

(3) 工程竣工价款结算　发包人收到承包人递交的竣工结算报告及完整的结算资料后，应按本办法规定的期限（合同约定有期限的，从其约定）进行核实，给予确认或者提出修改意见。发包人根据确认的竣工结算报告向承包人支付工程竣工结算价款，保留 5%左右的质量保证（保修）金，待工程交付使用一年质保期到期后清算（合同另有约定的，从其约定），质保期内如有返修，发生费用应在质量保证（保修）金内扣除。

4. 竣工结算的一般程序

工程完工后，双方应按照约定的合同价款、合同价款调整内容以及索赔事项，进行工程竣工结算。办理竣工结算时，首先工程要按照法定的竣工验收程序，通过竣工验收；其次由承包商提交工程结算资料，编制工程竣工结算书；包括工程进度款支付凭证、各分部分项工程验收凭证、工程变更单、工程合同、工程索赔资料等；再次，由监理工程师核实承包商提供的工程结算资料，由承包方、发包方和监理工程师三方核实该资料，由建设单位或其委托的具有相应资质的造价咨询单位审核竣工工程结算书；第四，由总监理工程师签发竣工工程结算《工程款支付证书》，建设单位对该证书进行审批；最后，由建设单位通过银行支付工程结算款。竣工结算程序如图 7-1 所示。

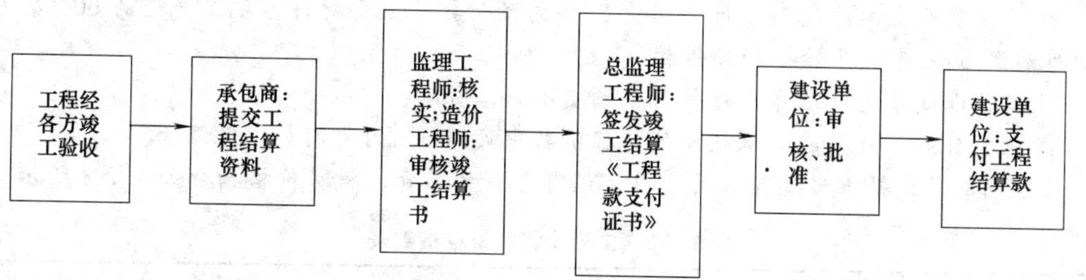

图 7-1 竣工结算程序

【例 7-1】 某施工企业承包某工程项目，甲乙双方签订的关于工程价款的合同内容如下。

① 建筑安装工程造价 700 万元，建筑材料及设备费占施工产值的 60%；

② 预付工程款为建筑安装工程造价的 20%，工程实施后，预付工程款从未施工工程尚需的主要材料及构件的价值相当于工程预付款数额时起扣，从每次结算工程价款中按照材料和设备占施工产值的比重扣抵工程预付款，竣工前全部扣清；

③ 工程进度款逐月计算；

④ 工程保修金为建筑安装工程造价的 3%，竣工结算月一次扣留；

⑤ 材料和设备差价按照规定进行调整（按有关规定上半年材料差价上调 10%，在 6 月份一次调增）。

工程各月实际完成产值如表 7-1 所示。

表 7-1 各月实际完成产值

月 份	二	三	四	五	六
完成产值/万元	63	120	173	224	120

问：(1) 该工程预付款、起扣点为多少？

(2) 该工程 2 至 5 月拨付工程款为多少？累计工程款为多少？

(3) 6 月份办理工程竣工结算，该工程结算造价为多少？甲方应付结算款为多少？

解 (1) 工程预付款 700×20%=140（万元）

起扣点 700−140÷60%=467（万元）

(2) 各月拨付工程款为：2 月 工程款 63 万元，累计 63 万元

3 月 工程款 120 万元，累计 183 万元

4 月 工程款 173 万元，累计 356 万元

5 月 工程款 224−(224+356−467)×60%=156.2（万元）

累计 512.2 万元。

(3) 工程结算总造价为 700+700×60%×10%=742（万元）

甲方应付工程结算款 742 − 512.2 −(742×3%)−140=67.54（万元）

【例 7-2】 某承包商于某年承包某办公楼工程。与业主签订的承包合同的部分内容如下。

① 工程合同价 2000 万元，工程价款采用调值动态结算。该工程的人工费占工程价款的 35%，材料费占 50%，不调值费用占 15%。具体的调值公式为：$P_0\times(0.15+0.35A/A_0+0.23B/B_0+0.12C/C_0+0.08D/D_0+0.07E/E_0)$。

式中，A_0、B_0、C_0、D_0、E_0 为基期价格指数；A、B、C、D、E 为工程结算日期的价格指数。

② 开工前业主向承包商支付合同价20%的预付款，主要材料占施工产值的60%。当工程进度达到60%时，开始抵扣预付款。

③ 工程进度款逐月结算，每月月中预支半月工程款。

④ 业主自第一月起，从承包商的工程价款中按照5%的比例扣留保修金。

该合同的原始报价日期为3月1日。结算各月的工资、材料价格指数如表7-2所示。

表7-2 工资、材料价格指数表

代　号	A_0	B_0	C_0	D_0	E_0
3月指数	100	153.4	154.4	160.3	144.4
5月指数	110	156.2	154.4	162.2	160.2
6月指数	108	158.2	156.2	162.2	162.2
7月指数	108	158.4	158.4	162.2	164.2
8月指数	110	160.2	158.4	164.2	162.4
9月指数	110	160.2	160.2	164.2	162.8

未调值前各月完成的工程情况如下。

5月份完成工程200万元，其中业主供料部分的材料费为5万元；

6月份完成工程300万元；

7月份完成工程400万元，另外由于业主方设计变更，导致工程局部返工，造成拆除材料费损失1500元，人工费损失1000万元，重新施工人工、材料费合计1.5万元；

8月份完成工程600万元，另外由于施工中采用的模板形式与定额不符，造成模板增加费用3000元；

9月份完成工程500万元，另有批准的工程索赔1万元。

问：(1) 工程预付款为多少？

(2) 确定每月终业主应支付的工程款。

解　(1) 工程预付款：2000×20%=400(万元)

(2) 5月份月终支付：200×(0.15+0.35×110/100+0.23×156.2/153.4+0.12×154.4/154.4+0.08×162.2/160.3+0.07×160.2/144.4)×(1−5%)−5−200×50%=94.08(万元)

6月份月终支付：300×(0.15+0.35×108/100+0.23×158.2/153.4+0.12×156.2/154.4+0.08×162.2/160.3+0.07×162.2/144.4)×(1−5%)−5−200×50%=148.16(万元)

7月份月终支付：[400×(0.15+0.35×108/100+0.23×158.4/153.4+0.12×158.4/154.4+0.08×162.2/160.3+0.07×164.2/144.4)+0.15+0.1+1.5]×(1−5%)−400×50%=200.34(万元)

8月份月终支付：600×(0.15+0.35×110/100+0.23×160.2/153.4+0.12×158.4/154.4+0.08×164.2/160.3+0.07×162.2/144.4)×(1−5%)−600×50%−300×60%=123.62(万元)

9月份月终支付：[500×(0.15+0.35×110/100+0.23×160.2/153.4+0.12×160.2/154.4+0.08×164.2/160.3+0.07×162.8/144.4)+1]×(1−5%)−500×50%−(400−300)×60%=33.77(万元)

【课堂互动】 若双方合同约定，每月签发付款最低金额或预付备料款扣回按照自起扣点月份起各月平均扣回时，这时，应怎样结算工程款？由此可以得出什么结论？

点评　当双方合同约定，每月签发付款最低金额或预付备料款扣回按照自起扣点月份起各月平均扣回时，应该按照合同约定的工程结算方式进行结算。由此，可以得出结论：工程进度款的结算应按双方约定的合法方式进行，合同是双方进行工程款结算的重要依据。

第二节 工程变更价款的确定

一、工程变更的概念

工程变更，是指施工过程中出现了与签订合同时的预计条件不一致的情况，而需要改变原定施工承包范围内的某些工作内容，是相对原施工合同而发生的变更。包括设计变更、进度计划变更、施工条件变更以及原招标文件和工程量清单中未包括的“新增工程”。

施工中发生工程变更，必须按照合同约定办理相关手续，该变更才能生效。施工中发生工程变更，承包人按照经发包人认可的变更设计文件，进行变更施工。其中，政府投资项目重大变更，需按基本建设程序报批后方可施工。

二、工程变更的内容与管理

（一）工程变更的内容

由于工程施工周期长，施工条件复杂，工程合同履行过程中不可预见因素多，发生合同变更是较常见的现象，几乎每一个工程施工项目都会发生工程变更，有时是事先不可预见，无法事先约定，这时需要双方依据工程现场情况和合同约定进行处理。

由于工程变更往往涉及到工程价款的变更，因此，发生工程变更一定要通过发包方委托的监理工程师发出变更指令或签字认可该变更才有效。工程变更的内容有以下几方面。

(1) 承包商提出的工程变更　承包方鉴于现场情况的变化或出于施工便利，受施工设备限制，遇到不能预见的地质条件或地下障碍，为了节约工程成本和加快工程施工进度等原因，可以要求变更设计。

(2) 业主方提出变更　业主方根据自己的实际需要提出的变更。

(3) 监理工程师提出工程变更　监理工程师根据施工现场的地形、地质、水文、施工条件、施工难易程度及临时发生的各种问题各方面的原因，综合考虑认为需要的变更。

(4) 工程相邻地段的第三方提出变更　例如当地政府和群众提出的变更设计。

(5) 设计方提出变更　设计单位对原设计有新的考虑或为进一步完善设计等提出变更设计。

（二）工程变更的管理

变更设计必须遵守设计任务书和初步设计审批的原则，符合有关技术标准设计规范，必须在合同条款的约束下进行，任何变更不能使合同失效。无总监理工程师或其代表签发的设计变更令，承包商不得做任何工程设计和变更，否则驻地监理工程师可不予计量和支付。

在工程设计变更确定后 14 天内，设计变更涉及工程价款调整的，由承包人向发包人提出，经发包人审核同意后调整合同价款。

工程设计变更确定后 14 天内，如承包人未提出变更工程价款报告，则发包人可根据所掌握的资料决定是否调整合同价款和调整的具体金额，重大工程变更涉及工程价款变更报告和确认的时限由发承包双方协商确定。

收到变更工程价款报告一方，应在收到之日起 14 天内予以确认或提出协商意见。自变更工程价款报告送达之日起 14 天内，对方未确认也未提出协商意见时，视为变更工程价款报告已被确认。工程师无正当理由不确认时，自变更价款报告送达之日起 14 天后，变更工程价款报告自动生效。

确认增（减）的工程变更价款作为追加（减少）合同价款与工程进度款同期支付。因乙方自身原因导致的工程变更，乙方无权要求追加合同价款。

三、我国现行工程变更价款的确定方法

变更合同价款按下列方法进行。

① 合同中已有适用于变更工程的价格，按合同已有的价格变更合同价款；

② 合同中只有类似于变更工程的价格，可以参照类似价格变更合同价款；

③ 合同中没有适用或类似于变更工程的价格，由承包人或发包人提出适当的变更价格，经对方确认后执行。如双方不能达成一致的，双方可提请工程所在地工程造价管理机构进行咨询或按合同约定的争议或纠纷解决程序办理。

【例 7-3】 某厂（甲方）与某承包商（乙方）签订某工程项目施工合同。合同采用工程量清单方式，双方约定：每一分项工程的实际工程量增加（或减少）超过招标文件中给出的工程量10%以上时调整单价。

工程施工中，发生设计变更，致使土方开挖工程量由招标文件中的300m³ 增至350m³，超过了10%；合同中该工作的综合单价为55元/m³，经协商调整后综合单价为50元/m³。试计算土方工程的结算价为多少？

解 按照合同约定，该分项工程量未超过原工程量10%的部分按照合同综合单价结算，超过部分按照调整后的综合单价结算。因此，该分项工程的结算价应按照以下方法计算。

按原单价结算的工程量　$300\times(1+10\%)=330(m^3)$

按新单价结算的工程量　$350-330=20(m^3)$

结算价 $=330\times55+20\times50=19150$（元）

所以，该分项工程结算价为19150元。

第三节 工程索赔

一、工程索赔的分类

（一）工程索赔的概念

工程索赔是指在合同的实施过程中，合同一方对于非自身原因使己方遭受损失，按照合同约定或法律法规规定该损失应由对方承担，向对方提出的补偿要求。索赔是相互的、双向的，既可以由承包人向发包人发出，也可以由发包人向承包人提出。通常，索赔是指承包商向业主提出的索赔；反索赔是指业主向承包商提出的索赔。

（二）工程索赔的分类

工程索赔按照分类标准不同，可以进行以下分类。

（1）按索赔发生的原因分类

① 不利的自然条件引起的索赔；包括地质条件变化起的索赔和工程中人为障碍引起的索赔。

② 工期延长和延误的索赔。一是承包商要求延长工期，二是承包商要求偿付由于非承包商原因导致工程延误而造成的损失。

③ 加速施工的索赔。

④ 因施工临时中断和工效降低引起的索赔。

⑤ 业主不正当地终止工程引起的索赔。

⑥ 业主风险和特殊风险引起的索赔。

⑦ 物价上涨引起的索赔。

⑧ 拖欠支付工程款引起的索赔。

⑨ 法规、汇率变化引起的索赔。

⑩ 因合同条文模糊不清甚至错误引起的索赔。

（2）按索赔的目的分类　可以分为工期索赔和费用索赔。工期索赔是指要求得到工期的补偿；费用索赔是指要求得到费用的增加。

（3）按索赔的处理方式分类　可以分为单项索赔和总索赔。单项索赔是指发生索赔事件后，每一事件进行一次索赔；总索赔又称一揽子索赔，是指在工程竣工结算之前，将施工工程中未得到解决的或承包人对发包人答复不满意的单项索赔集中起来，综合提出一份索赔报告。

二、承包商向业主的索赔

（一）搜集索赔证据应注意的问题

索赔事件发生后，承包商可以就非自身原因导致自己在工期和经济方面的损失，依据合同和相关法律法规向发包方提出索赔。在进行索赔时应注意以下方面。

① 索赔必须按照合同约定程序进行（该程序在《施工合同示范文本》通用条款中约定）；

② 注意收集相关索赔证据。

搜集索赔证据要按照以下思路进行：索赔事件确实发生（证据证明该事件的真实性），己方确实存在损失，己方损失与索赔事件之间存在必然的因果关系。通过这种思路收集到的证据可以形成完整的证据链条，能够提高索赔成功的概率。

（二）索赔的证据资料

对索赔证据要求具有真实性、全面性、关联性、及时性，同时还要求索赔证据具有法律证明效力。可以作为索赔证据的资料如下。

① 招标文件、工程合同及其附件、发包人认可的施工组织设计、工程图纸、技术规范等；

② 工程各项有关设计交底记录、变更图纸、变更施工指令等；

③ 工程各项经发包人或监理工程师签认的签证；

④ 工程各项往来书信、指令、信函、通知、答复等；

⑤ 工程各项会议纪要；

⑥ 施工计划及现场实施情况记录；

⑦ 施工日志及工长工作日志、备忘录；

⑧ 工程送电、送水，道路开通、封闭的日期及数量记录；

⑨ 工程停电、停水和干扰事件影响的日期及恢复施工的日期；

⑩ 工程预付款、进度款拨付的数额及日期记录；

⑪ 图纸变更、交底记录的送达份数及日期记录；

⑫ 工程有关施工部位的照片及录像等；

⑬ 工程现场气候记录，有关天气的温度、风力、雨雪等情况记录；

⑭ 工程验收报告及各项技术鉴定报告等；

⑮ 工程材料采购、订货、运输、进场、验收、使用等方面的凭据；

⑯ 工程会计、核算资料；

⑰ 国家、省、自治区、市有关影响工程造价、工期的文件、规定等。

三、施工索赔费用的计算

1. 索赔费用的组成

承包人通过费用损失索赔，要求发包人对索赔事件引起的直接损失和间接损失给予合理的补偿。费用项目构成、计算方法与合同报价中基本相同，但具体的费用构成内容却因索赔事件性质不同而有所不同。

2. 索赔费用的计算方法

费用索赔的计算方法有总费用法和修正总费用法以及分项法。

(1) 总费用法和修正总费用法　总费用法又称总成本法，就是计算出该项工程的总费用，再从这个实际开支的总费用中减去投标报价时的成本费用，即为要求索赔的费用额。

这种方法计算费用索赔额并不十分科学，但仍被经常采用，原因是对于某些索赔事件，难于精确地确定它们导致的各项费用增加额。

一般认为，在具备以下条件时采用总费用法是合理的：

① 已开支的实际总费用经过审核，认为是比较合理的；

② 承包人的原始报价是比较合理的；

③ 费用的增加是由于对方原因造成的，其中没有承包人管理不善的责任；

④ 由于该项索赔事件的性质和现场记录的不足，难于采用更精确地计算方法。

修正总费用是指对难于用实际总费用进行审核的，可以考虑是否能计算出与索赔事件有关的单项工程总费用和该单项工程的投标报价。若可行，可按其单项工程的实际费用与报价的差值来计算其索赔的金额。

(2) 分项法　该方法是将索赔的损失费用分项进行计算。计算通常分为三步。第一步，分析每个或每类索赔事件所影响的费用项目，不得有遗漏。这些费用项目通常应与合同报价中的费用项目一致。第二步，计算每个费用项目受索赔事件影响后的数值，通过与合同价中的费用值进行比较即可得到该项费用的索赔值。第三步，将各费用项目的索赔值汇总，得到总费用索赔。

各索赔费用的计算如下。

① 人工费索赔。包括额外雇佣劳务人员、加班工作、工资上涨、人员闲置和劳动生产率降低引起的费用。

对于额外雇佣劳务人员和加班工作的人工费，用投标时人工单价乘以工时数即可；对于人员闲置导致的人工费增加，发包人通常认为不应该计算闲置人员的奖金、福利等报酬，所以在原人工单价基础上乘以折扣系数，一般该系数为0.75；工资上涨是指由于工程变更，使承包人的大量劳动力资源的使用从前期推到后期，而后期工资水平上涨，因此应得到相应的补偿。

若额外雇佣劳务，合同中约定按照计日工计算，则人工费按计日工表中的人工单价计算。

对于劳动生产率降低导致的人工费索赔，有以下两种计算方法：第一，实际成本和预算成本比较法；第二，正常施工期与受影响施工期比较法。

② 材料费索赔。主要包括材料消耗量和材料价格的索赔。追加额外工作、变更工作性质、现场条件的变化引起施工方案变化等，都可能引起材料用量的变化或使用不同的材料。物价上涨可能引起材料价格的上涨，材料手续费增加，施工现场条件或施工方案变化可能引起运距增加，二次搬运等情况发生，从而导致运输费用增加。材料费索赔需要提供准确的数据和充分的证据。

③ 施工机械费索赔。包括机械数量的增加、机械闲置或工作效率降低、机械台班费率上涨等原因引起的机械费索赔。

通常采取以下方法计算索赔额。

第一，采用公布的行业标准租赁费率。可用以下计算式计算。

$$\text{机械索赔费}=\text{设备额外增加工时(包括闲置)}\times\text{设备租赁费率} \tag{7-5}$$

第二，参考定额标准进行计算。采用标准定额中的费率或单价可以被双方接受。对于监理工程师指令实施的计日工作，应采用计日工表中的机械设备单价计算。对于租赁设备，均采用租赁费率。在处理使用闲置设备时，一般都建议对设备标准费率中的不变费用和可变费用分别扣除 50%和 25%。

④ 现场管理费索赔。当发生不利的自然条件、工期延长和延误、业主要求加速施工、施工临时中断、业主不正当地终止工程等情况时，会引起现场管理费的增加。现场管理费包括工地的临时设施费、通讯费、办公费、现场管理人员的工资等。现场管理费索赔一般按照式（7-6）计算：

$$现场管理费索赔值=索赔的直接成本费用\times现场管理费率 \tag{7-6}$$

现场管理费率的确定可以选用以下方法。

第一，合同百分比法，即按照合同中管理费比率确定；

第二，行业平均水平，即采用行业公开认可的行业管理费标准确定；

第三，原始估价法，即采用投标报价中的管理费率确定；

第四，历史数据法，即采用以往相似工程的管理费率。

⑤ 公司管理费索赔。公司管理费是承包人上级部门提取的管理费。如公司总部办公楼的折旧费、总部职员的工资、差旅费等。公司管理费无法直接计入某具体工作中，只能按一定比例分摊。

公司管理费与现场管理费相比较，其数额较为固定，一般仅在工程延期和工程范围变更时才允许索赔。

⑥ 融资成本、利润及机会利润的索赔。融资成本又称资金成本，是为了筹集和使用资金所付出的代价，包括资金筹集成本和资金占用成本。资金筹集成本是指在筹集资金过程中发生的各项筹资费用，如发行费、公证费、担保费等；资金占用费用是指使用资金过程中发生的经常性费用，如利息。

由于承包人只有在索赔事件处理完成后一段时间内才能得到其索赔费用，所以承包人不得不从银行贷款或以自有资金垫付，这就产生了融资成本问题，主要表现在额外贷款利息的支付和自有资金的机会利润损失。可以索赔利息的情况如下。

第一，发包人推迟支付工程款和保留金。这种金额的利息通常以合同约定的利率计算。

第二，承包人借款或动用自有资金来弥补合法索赔事项引起的现金流量缺口。这种情况可以参照有关金融机构的利率标准，或者假设把这些资金用于其他工程可以得到的收益来计算索赔费用，后者实际是机会利润的损失。

利润是完成一定工程量的报酬，因此在工程量增加时可以索赔利润。

机会利润损失是由于工程延期或合同终止而使承包人失去承揽其他工程的机会而造成的损失。在某些国家和地区，是可以索赔机会利润的。

【例 7-4】 某工程项目，业主与承包商签订施工合同。合同《专用条款》规定：钢材、木材、水泥由业主供货到现场，其他材料由承包商自行采购。

当工程施工至第五层框架柱钢筋绑扎时，因业主提供的钢筋未到，使该项作业从 10 月 3 日至 10 月 16 日停工（该项作业的总时差为零）。

10 月 7 日至 10 月 9 日因停电、停水使得第三层的砌砖停工（该项作业的总时差为 4 天）。

10 月 14 日至 10 月 17 日因砂浆搅拌机发生故障使第一层抹灰迟开工（该项作业的总时差为 4 天）。

为此，承包商于 10 月 20 日向监理工程师提交了一份索赔意向书，并于 10 月 25 日送交了一份工期、费用索赔计算书和索赔依据的详细材料。其计算书如下。

1. 工期索赔

（1）框架柱扎筋　　10 月 3 日至 10 月 16 日停工，　　计 14 天

（2）砌砖　　10 月 7 日至 10 月 9 日停工，　　计 3 天

(3) 抹灰　　　　　　　　　　10 月 14 日至 10 月 17 日迟开工，计 4 天

总计请求延长工期：　21 天

2. 费用索赔

(1) 窝工机械设备费：

一台塔吊　　　　　　14×234=3276（元）

一台混凝土搅拌机　　14×55=770（元）

一台砂浆搅拌机　　　6×24=144（元）

小计：　　　　　　　4190 元

(2) 窝工人工费

扎筋　　　　　　　　35 人×20.15×14=9873.50（元）

砌砖　　　　　　　　30 人×20.15×3=1813.50（元）

抹灰　　　　　　　　35 人×20.15×4=2821.00（元）

小计：　　　　　　　14508.00 元

(3) 保函费延期补偿　　(1500×10%×6‰/365)×20=490（元）

(4) 管理费增加　　　　(4190+14508.00+490)×15%=2878.2（元）

(5) 利润损失　　　　　(4190+14508.00+490+2878.2)×5%=1103.31（元）

经济索赔合计：　　　23169.51 元

问：(1) 承包商提出的工期索赔是否正确？应予以批准的工期索赔为多少天？

(2) 假定经双方协商一致，窝工机械设备费索赔按台班单价的 65% 计；考虑对窝工人工应合理安排个人从事其他作业后的降效损失，窝工人工费索赔按每工日 10 元计；保函费计算方式合理；管理费、利润损失不予补偿。试确定经济索赔额。

解　(1) 承包商提出的工期索赔不正确。

① 框架柱绑扎钢筋停工 14 天，应予以补偿。这是由于业主的原因造成的，且该项作业位于关键线路上。

② 砌砖停工，不予工期补偿。因为该项停工虽属于业主原因造成的，但该项作业不在关键线路上，且未超过工作总时差。

③ 抹灰停工，不予工期补偿，因为该停工属于承包商自身的原因造成的。

因此，同意补偿工期：14+0+0=14（天）。

(2) 经济索赔的审定。

① 窝工机械费

一台塔吊：14×234×65%=2129.5 元（按惯例闲置机械只应计取折旧费）。

一台混凝土搅拌机：14×55×65%=500.5 元（按惯例闲置机械只应计取折旧费）。

一台砂浆搅拌机：3×24×65%=46.8 元（因停电闲置可按折旧计取）。

因故障，砂浆搅拌机停机 4 天应由承包商自行负责损失，故不给予补偿。

小计：2129.4+500.5+46.8=2676.7（天）

② 窝工人工费

扎筋窝工：35×10×14=4900（元）（业主原因造成，但窝工工人已做其他工作，所以只补偿功效差）。

砌砖窝工：30×10×3=900（元）（业主原因造成，只考虑降效费用）。

抹灰窝工：不应补偿，因为系承包商责任。

小计：4900+900=5800（元）

③ 保函费补偿　1500×10%×6‰/365×14=350（元）

经济补偿合计　2676.7＋5800＋350＝8826.7（元）

四、施工索赔程序

发生索赔事件或意识到存在索赔机会后，承包人可以按照以下程序以书面形式向发包人索赔。

(1) 索赔事件发生后28天内，向工程师发出索赔意向通知；这种意向通知标志着一项索赔的开始。它包括四个方面的内容：①事件发生的时间和情况描述；②索赔依据的合同条款和理由；③有关后续资料的提供，包括及时记录和提供事件发展的动态；④对工程成本和工期产生影响的严重程度，以期引起发包人（监理工程师）的注意。

(2) 提交索赔报告。承包人在发出索赔意向通知后28天内，向监理工程师递交反映费用和工期具体损失状况的索赔报告。索赔报告的内容应包括：索赔的合同依据、索赔的详细理由、索赔事件发生的过程、索赔要求（费用金额或工期延期的天数）及计算方法，并附相应的证明材料。如果索赔事件的影响延续，在合同规定的期限内还不能计算出索赔额和工期延展天数时，承包人应按监理工程师合理要求的时间间隔，定期陆续报出每一时间段内的索赔证据资料和要求。在索赔事件的影响结束后，报出最终详细报告，提出索赔论证资料和累计索赔额。

(3) 监理工程师在收到承包人送交的索赔报告后，于28天内予以答复，或要求承包人进一步补充索赔理由和证据。在评审过程中，承包人应对监理工程师提出的各种质疑作出圆满的答复。

(4) 工程师在收到承包人送交的索赔报告和有关资料后28天内未予答复或未对承包人作进一步要求，视为该项索赔已经认可。

(5) 当该索赔事件持续进行时，承包人应当阶段性向工程师发出索赔意向，在索赔事件终了后28天内，向监理工程师送交索赔的有关资料和最终索赔报告。索赔答复程序同(3)、(4)规定。

【例7-5】 某汽车制造厂土方施工过程中，承包商在合同标明有松软土的地方没有遇到松软土，因此工期提前1个月。但在合同中另一未标明有坚硬岩石的地方遇到更多的坚硬岩石，开挖工作变得更加困难，工期因此拖延了5个月。由于工期拖延，使得施工不得不在雨季进行，按一般公认标准计算，影响工期2个月。由于遇到的地质条件比原合理预计的复杂，造成了实际生产率比原计划低得多，推算影响工期3个月。为此承包商准备索赔。

问：(1) 该项施工索赔能否成立？为什么？

(2) 在该索赔事件中提出的索赔内容包括哪些？

(3) 在工程索赔中，通常可以提供的索赔证据有哪些？

(4) 承包商应提供的索赔文件有哪些？

解　(1) 该施工索赔成立。施工中在合同未标明有坚硬岩石的地方遇到了更多的坚硬岩石，延误的工期均由于该事件所致。该事件属于施工现场条件与原来的勘察有很大差异，属于甲方的责任范围。

(2) 本事件使承包商由于意外地质条件造成施工困难，导致工期延长，相应产生额外工程费用，因此，应该包括费用和工期索赔。

(3) 可以提供的索赔证据见本章第三节（略）。

(4) 承包商应提供的索赔文件如下。

① 索赔信；

② 索赔报告；

③ 索赔证据及详细计算书等附件。

小　结

本章主要介绍建设工程项目进行工程价款结算时所涉及的一系列知识点。介绍了包括竣工结算、工程预付款与进度款、工程保修金的概念；工程结算的方式、方法；工程预付款的支付、扣回与进度款的支付、管理等问题；发生工程变更时的处理，包括工程变更的内容及索赔；索赔程序，工程变更价款的确定方法和索赔费用的计算方法。通过实例说明工程预付款、进度款的计算方法以及发生索赔事件时如何处理。

思 考 题

1. 什么是工程结算？工程结算的方式有哪些？

2. 什么是工程预付款、工程进度款、竣工结算？

3. 工程预付款在什么时间拨付？什么时间扣回？

4. 工程进度款的结算方式有哪两种？

5. 竣工结算由谁编制？由谁审查？审查时限有什么规定？

6. 什么是工程变更？通常可以发生哪些内容的变更？

7. 工程变更价款的确定方法有哪些？

8. 对工程变更的管理有哪些规定？

9. 工程合同未约定或约定不明的工程价款结算可依据什么进行？

10. 什么是工程索赔？根据索赔主体、索赔目的的不同，索赔可以怎样分类？

11. 承包商向业主索赔时应注意哪些方面的问题？

12. 施工索赔证据的收集应贯彻什么原则？哪些资料可以作为施工索赔的证据？

13. 简述施工索赔程序。

14. 索赔报告应包括哪些内容？

练 习 题

1. 某工程项目业主与承包商签订了工程施工合同。合同中估算工程量为5300m³，单价为180元/m³。合同工期6个月。有关付款条款如下：

① 开工前业主向承包商支付估算合同价20%的预付工程款；

② 业主自第一个月起，从承包商的工程款中按照5%的比例扣保修金；

③ 当累计实际完成工程量超过（或低于）估算工程量的10%时，可以进行调价，调价系数为0.9（或1.1）；

④ 每月签发付款最低金额为15万元；

⑤ 预付工程款从乙方获得累计工程款超过估算合同价的30%以后的下个月起，至第5个月均匀扣除。

承包商每月实际完成并签证确认的工程量如表7-3所示。

表7-3　各月实际完成工程量

月　份	1	2	3	4	5	6
完成工程量/m³	800	1000	1200	1200	1200	500
累计完成工程量/m³	800	1800	3000	4200	5400	5900

问题：

(1) 估算合同总价为多少？

(2) 预付工程款为多少？预付工程款从哪个月起扣留？每月应扣预付工程款为多少？

(3) 每月工程价款为多少？应签证的工程款为多少？应签发的付款金额为多少？

2. 某承包商于某年承包某工程项目施工，与业主签订的承包合同要求如下。

① 工程合同价1000万元；工程价款采用调值公式动态结算。该工程的人工费占工程价款的35%，材料费与设备费占55%，不调值费用占10%；

② 工程预付款为建筑安装工程造价的25%，当工程进度款达到合同价的60%时开始从超过部分工程

结算款中按60%抵扣工程预付款，竣工前全部扣清；

③ 工程进度款逐月结算，每月月中预支半月工程款；

④ 工程保修金为建筑安装工程造价的3%，竣工结算一次扣留；

⑤ 承包商每月实际完成并经工程师签证确认的工程量如表7-4所示：

⑥ 该合同的原始报价日期为2月1日。若A_0、B_0、C_0、D_0、E_0分别表示基期（2月份）价格指数；A、B、C、D、E分别表示工程结算日期的价格指数；则结算各月的工资、材料物价指数如表7-5所示。

表7-4　各月实际完成产值

月　　份	三	四	五	六	七
完成产值/万元	85	220	280	305	110

表7-5　工资、材料物价指数表

代号	A_0	B_0	C_0	D_0	E_0
2月指数	100	153.4	154.4	160.3	144.4
代号	A	B	C	D	E
3月指数	110	156.2	154.4	162.2	160.2
4月指数	108	158.2	156.2	162.2	162.2
5月指数	108	158.4	158.4	162.2	164.2
6月指数	110	160.2	158.4	164.2	162.4
7月指数	110	160.2	160.2	164.2	162.8

问题：(1) 该工程的预付款、起扣点为多少？

(2) 该工程每月拨付工程款为多少？累计工程款为多少？

(3) 该工程7月份办理工程竣工结算，该工程结算造价为多少？甲方应付工程结算款为多少？

3. 某施工单位（乙方）与建设单位（甲方）签订了某项工业建筑的地基强夯处理合同，内容包括开挖土方、填方、点夯、满夯等。由于工程量无法准确确定，依据施工合同的规定，按施工图预算方式计价，乙方必须严格按照施工图及施工合同规定的内容及技术要求施工。工程量由造价工程师负责计量。根据该工程的合同特点，监理工程师提出的工程量计量与工程款支付程序的要点如下。

① 乙方对已完工的分项工程在7天内向监理工程师申请质量认证，取得质量认证后，向监理工程师提交计量申请报告。

② 监理工程师在收到报告后7天内核实已完工程量，并在计量前24小时通知乙方，乙方为计量提供便利条件并派人参加。乙方不参加计量，监理工程师按照规定的计量方法自行计量，计量结果有效。计量结束后，监理工程师签发计量证书。

③ 乙方凭质量认证和计量证书向监理工程师提出付款申请。监理工程师在收到计量申请报告后7天内未进行计量，报告中的工程量从第8天起自动生效，直接作为支付工程价款的依据。

④ 监理工程师审核申报材料，确定支付款额，向甲方提供付款证明。

⑤ 甲方根据乙方取得的付款证明对工程的价款进行支付或结算。

工程开工前，乙方提交了施工组织设计并得到了批准。

问题：(1) 在工程施工过程中，当进行到施工图所规定的处理范围边缘时，乙方在取得在场的监理工程师认可情况下，为了使夯击质量得到保证，将夯击范围适当扩大。施工完成后，乙方将扩大范围内的施工工程量向监理工程师提出计量付款的要求，但遭到拒绝。试问监理工程师拒绝承包商的要求是否合理？为什么？

(2) 在工程施工过程中，乙方根据监理工程师指示就部分工程进行了变更施工。试问变更部分合同价款应根据什么原则进行确定？

(3) 在开挖土方过程中，有两项重大原因使工期发生较大拖延：一是土方开挖遇到了一些工程地质勘探没有探明的孤石，排除孤石拖延了一定的时间；二是施工过程中遇到数天季节性大雨，由于雨后土壤含水量过大不能立即进行强夯施工，从而耽误了部分工期。随后，乙方按照索赔程序提出了延长工期并补偿停工期间窝工损失的要求。试问监理工程师是否应该受理这两起索赔事件？为什么？

【拓展视野】 建造师、监理工程师、造价工程师执业资格考试的这部分知识点的连接。

参考文献

[1] 吴贤国. 建筑工程概预算. 第 2 版. 北京：中国建筑工业出版社，2007.

[2] 王武齐. 建筑工程计量与计价. 第 2 版. 北京：中国建筑工业出版社，2008.

[3] 袁建新. 建筑工程计量与计价. 第 2 版. 北京：人民交通出版社，2009.

[4] 建筑安装工程费用项目组成（建标 [2013] 44 号).

[5] 湖北省建设工程造价管理总站. 2013 版《湖北省房屋建筑与装饰工程消耗量定额及基价表》. 武汉：长江出版社，2013.

[6] 许焕兴 . 土建工程造价 . 北京：中国建筑工业出版社，2005.

[7] 国家建筑标准设计图集 11G101 系列 . 北京：中国计划出版社，2011.

[8] 中国建设工程造价管理协会 . 图释建筑工程建筑面积计算规范 . 北京：中国计划出版社，2007.

[9] 工程造价员网校. 建筑工程工程量清单计算实例答疑与评析. 北京：中国建筑工业出版社，2009.

[10] 姚斌. 建筑工程工程量清单计价实施指南. 北京：中国电力出版社，2009.

[11] 全国统一建筑工程预算工程量计算规则（GJDGZ-101 — 1995).

[12] 全国统一建筑工程基础定额（GJD-101 — 1995).

[13] 张国栋. 全国统一建筑工程基础定额应用手册. 第 2 版. 北京：中国建材工业出版社，2006.

[14] 全国统一建筑装饰装修工程消耗量定额（GYD 901—2002).

[15] 田永福. 编制装饰装修工程量清单与定额. 北京：中国建筑工业出版社，2004.

[16] 李海军，张慧芳. 装饰装修工程量清单计价编制实例. 郑州：黄河水利出版社，2008.

[17] 林毅辉. 全国统一建筑装饰装修工程消耗量定额应用百例图解. 济南：山东科学技术出版社，2004.

[18] 韩秀君. 一图一算・建筑・装饰工程造价. 北京：机械工业出版社，2009.

[19] 肖伦斌，孙庆武. 建筑装饰工程计价. 武汉：武汉理工大学出版社，2009.

[20] 建设工程工程量清单计价规范（GB 50500—2013).

[21] 建设工程价款结算暂行办法 . 财建 [2004] 369 号文 .

[22] 建筑工程建筑面积计算规范（GB 50353 — 2005).